# The Handbook for Electronics Engineer

# 电子工程师手册

## 基础卷

杨贵恒　主　编

秦陆洋　常思浩　陈贤　黄蔚　朱真兵　副主编

化学工业出版社

·北京·

"电子工程师手册"系列分为"基础卷""提高卷"和"设计卷",共3本。本书为"基础卷",主要介绍了电子技术入门基础(电路与电路模型、电路的基本变量、电路的基本元件和基尔霍夫定律)、电子元器件〔电阻器、电容器、电感器和变压器、二极管、晶体三极管、晶闸管、电力晶体管、功率场效应晶体管(Power MOSFET)、绝缘栅双极晶体管(IGBT)、电声器件和其他辅助器件(继电器、光电耦合器和霍尔传感器)〕、电子测量与仪器〔电子测量基础、万用表、示波器、信号发生器、频域测量仪器和电子仪器维修基础(维护基本知识、焊接工具和常用检修方法)〕。

《电子工程师手册(基础卷)》具有起点低、内容由浅入深、语言通俗易懂、结构安排符合学习认知规律等特点,适合作为有志成为电子工程师的读者的入门自学图书,也适合作为高等职业院校和社会培训机构的电子技术入门教材,还可作为高等院校电子工程、通信工程和电气工程等相关专业师生的教学参考书。

**图书在版编目(CIP)数据**

电子工程师手册.基础卷/杨贵恒主编.—北京:化学
工业出版社,2019.10
ISBN 978-7-122-35044-2

Ⅰ.①电… Ⅱ.①杨… Ⅲ.①电子技术-技术手册
Ⅳ.①TN-62

中国版本图书馆 CIP 数据核字(2019)第 168153 号

责任编辑:高墨荣　　　　　　　　　　　　装帧设计:王晓宇
责任校对:宋　玮

出版发行:化学工业出版社(北京市东城区青年湖南街 13 号　邮政编码 100011)
印　　装:三河市延风印装有限公司
787mm×1092mm　1/16　印张 33¼　字数 868 千字　2020 年 2 月北京第 1 版第 1 次印刷

购书咨询:010-64518888　　售后服务:010-64518899
网　　址:http://www.cip.com.cn
凡购买本书,如有缺损质量问题,本社销售中心负责调换。

定　　价:108.00 元

# 前言

　　电子工程师是指从事各类电子设备和信息系统研究、教学、产品设计、科技开发、生产和管理等工作的高级工程技术人才。 电子工程师一般分为硬件工程师和软件工程师两类。 其中硬件工程师主要负责硬件电路原理图、PCB（Printed Circuit Board）设计、硬件电路测试等；软件工程师主要负责嵌入式系统（如单片机）软件程序编写、测试，或者开发、测试 PC（Personal Computer）端的上位机程序等。

　　要想成为一名合格的电子工程师，必须具有扎实的理论基础、丰富的电子知识、良好的电子电路分析能力。 其中硬件工程师需要有良好的手动操作能力，能熟练读图，会使用各种电子测量、生产工具，而软件工程师除需要精通电路知识外，还应了解各类电子元器件的原理、型号、用途，精通单片机开发技术，熟悉各种相关设计软件，会使用编程语言。

　　我国电子工程师的人数近百万，而据相关部门的不完全统计，电子工程本科以上学历者仅占 48%，也就是说从事电子工程师岗位工作的人，很大一部分是通过自学成为电子工程师的。 因此，有相当一部分读者迫切需要电子工程师的自学书，以便早日达成自己的愿望，"电子工程师手册"就是在此背景下应运而生的。

　　"电子工程师手册"系列分为"基础卷""提高卷"和"设计卷"，共 3 本。 各册的具体内容分别说明如下。

　　《电子工程师手册（基础卷）》的主要内容包括：电子技术入门基础（电路与电路模型、电路的基本变量、电路的基本元件和基尔霍夫定律）、电子元器件［电阻器、电容器、电感器和变压器、二极管、晶体三极管、晶闸管、电力晶体管、功率场效应晶体管（Power MOSFET）、绝缘栅双极晶体管（IGBT）、电声器件和其他辅助器件（继电器、光电耦合器和霍尔传感器）］、电子测量与仪器［电子测量基础、万用表、示波器、信号发生器、频域测量仪器和电子仪器维修基础（维护基本知识、焊接工具和常用检修方法）］。

　　《电子工程师手册（提高卷）》的主要内容包括模拟电子技术基础和数字电子技术基础两大部分。 模拟电子技术基础部分的主要内容有：电路分析基础、放大电路基础、功率放大电路与差动放大电路、负反馈放大电路、集成运算放大电路、谐振电路、信号处理与产生电路、信号变换电路、反馈控制电路、电波传播与天线、常用集成稳压电源以及高频开关电源电路；数字电子技术基础部分的主要内容有：逻辑代数基础、组合逻辑电路、时序逻辑电路、脉冲波形的产生与整形、半导体存储器与可编程控制器以及数模和模数转换。

　　《电子工程师手册（设计卷）》的主要内容包括单片机原理及应用和 Protel 电路设计与制版两大部分。 单片机原理及应用部分的主要内容有：初识单片机、单片机 C 语言基础、输入/输出端口、中断系统、定时/计数器、串行通信接口、存储器及 I/O 口的扩展、键盘与显示器的扩展、常用数据传输接口与技术以及 A/D 与 D/A 接口的扩展；Protel 电路设计与制版部分的主要内容有：Protel DXP 概述、原理图设计基础、原理图设计的基本操作、原理图元器件的制作、层次原理图的设计、生成报表和清单、PCB 设计基础、PCB 的设计、PCB 元器件封装的设计、生成 PCB 报表和打印输出以及电路仿真。

本书由杨贵恒主编，秦陆洋（重庆工程学院）、常思浩、陈贤、黄蔚、朱真兵副主编，参加编写工作的还有：张颖超、强生泽、向成宣、李锐、文武松、甘剑锋、阮喻、王胜春、王培文、金丽萍、刘小丽、刘凡、赵英、杨翔、张伟、余佳玲、杨科目、雷绍英、李光兰、温中珍、杨胜、邓红梅、汪二亮、杨蕾、杨楚渝、杨沙沙、杨洪、杨昆明和杨新等。

"电子工程师手册"系列具有起点低、内容由浅入深、语言通俗易懂、结构安排符合学习认知规律等特点，适合作为有志成为电子工程师的读者的入门自学图书，也适合作为高等职业院校和社会培训机构的电子技术入门教材，还可作为高等院校电子工程、通信工程和电气工程等相关专业师生的教学参考书。

由于编者学识所限，书中难免存在不妥之处，恳请广大读者提出宝贵意见和建议。

编者
2020 年初春

# 目录

# 第1章
# 电子技术入门基础

## 1.1 电路与电路模型

在人们日常生活中经常用到的电灯、电风扇、电视机等这样一些名字本身都"带电"的家用电器显然都是有"电"才能正常工作。随着科技的发展，人们日常工作和生活的各个领域几乎都离不开电。电能够完成诸多工作，帮助电实现各种功能的就是电路。通俗地讲，电路就是各种电器件按照一定方式连接形成的电流通路。电路可以提供能量，也可以对信号和信息进行处理等。如图1-1所示为计算机主板和显卡的实物图片。电路的种类很多，看上去让人眼花缭乱，人们通过研究发现，尽管各种电器件从外形到功能区别相当大，但可从本质特性对其进行分类，比如白炽灯中的钨丝和电炉中的金属丝都可以用"电阻"来描述。根据

(a) 计算机主板局部

(b) 计算机显卡

图 1-1　计算机主板和显卡的实物图片

其本质特性，人们建立了"元件"的概念。进一步研究发现，电路的元件也是有限的，它们相互连接在一起要满足一定的规则。这些发现给我们研究、分析电路带来了极大方便。通过对电路的分析、了解，结合相关的理论和实际，就可以设计出新的电路。

电路理论就是解决电路相关问题的有力武器。电路理论包括电路分析和电路综合两个方面的内容。简单地讲，电路分析解决的是"为什么"的问题，是对给定电路的剖析。电路分析的主要任务是对结构明确、元件参数一定的电路，求出其由输入（也称激励）产生的输出（也称响应）；而电路综合则是解决"怎么做"的问题，也就是设计出一个符合要求的电路，在事先给定了电路的输入和输出的情况下，要找到或设计出能实现此输入与输出的电路结构以及组成电路元件的相关参数。显然，在电路分析和电路综合两者之中，电路分析是基础，是电子工程师首先要掌握的问题。

## 1.1.1 电路模型

实际的电路是各种零、部件按照一定的方式相互连接而成的。如图 1-2 所示就是一个简单的实际电路，它完成的主要功能就是提供照明。在电路分析中，主要任务并不是研究像电池、灯泡、导线这样一些具体的东西，而是把它们理想化，把零、部件画为理想的元件、理想的导线等，从而得到实际电路的一个理想化模型——电路模型，用于描述该实际电路，并通过进一步的分析，用分析所得结果来反映实际电路的物理现象。图 1-2(b) 就是图 1-2(a) 所示实际电路的电路模型。由于电路模型仅仅是实际电路在一定条件下的近似或抽象，分析计算结果与实际的电路相比可能会出现一定的误差。表 1-1 列出了一些常用的电路符号。

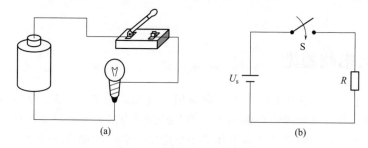

(a)　　　　　　　　　　(b)

图 1-2　简单电路及其模型

**表 1-1　一些常用的电路符号**

| 符号 | 名称 | 符号 | 名称 |
|---|---|---|---|
| ▭ | 电阻 | Ⓥ | 电压表 |
| ⊗ | 电灯 | Ⓐ | 电流表 |
| ⊣⊢ | 电池 | ▭ | 熔丝 |
| ⊶ | 开关 | ⏚ 或 ⏛ | 接地 |

## 1.1.2 集总参数电路

实际电路的模型化首先就是实际器件的模型化。电路理论主要研究电路中发生的电磁现象。尽管实际器件的种类繁多，但在电磁现象上具有共同点。把这些共同点抽象出来，用以构成理想的元件。

　　理想的电路元件是抽象化的模型，它仅具有一种物理特性，没有体积、长度等概念，其电磁特性集中表现在空间的一个点上，称为集总参数元件。比如，电阻元件是消耗电磁能量的，所有的电磁能量的消耗都集中于电阻元件。电能只能集中于电容元件，磁能只能集中于电感元件。由集总参数元件构成的电路称为集总参数电路。

　　用集总参数电路来近似地描述实际电路是有条件的，它要求实际电路的尺寸 $l$ 要远远小于电路工作时的电磁波的波长 $\lambda$，即：$l \ll \lambda$。

　　实际电路的尺寸与电磁信号波长的关系决定了分析模型能否采用集总参数。比如，我国电力系统的供电频率为 50Hz，对应波长为 6000km，对于大多数用电器和电路来讲，其尺寸远小于市电波长，因此可采用集总参数电路的概念来分析市电作用下的电路。但是对频率较高的信号，比如闭路电视信号，由于其工作频率较高，一般在几十兆赫兹以上，其对应的波长为 10m 左右，此时传输闭路电视信号的馈线（一般是同轴电缆）就不是远小于信号波长的，所以就不能用集总参数模型去分析。在普通电路分析中，均可视其为集总参数电路。

　　通常，谈到"元件"，均是指理想化的元件。实际的器件与电路元件不可混为一谈。一般情况下，实际电路中的电阻器、电容器和电感器等可以用电路元件中的电阻、电容和电感等来模拟。但在一些条件下需要用一些元件的组合来模拟。比如一个实际的线绕电阻，在频率比较低的条件下可以用一个电阻元件来模拟，当频率较高时，就需要考虑其表现出的电感特性和电容特性，这时，实际的线绕电阻可用电阻、电感及电容的组合来模拟。

## 1.1.3　电路分析的对象与方法

　　电路分析的对象是理想元件的模型及电路模型。电路分析的主要方法，首先是建立实际电路的电路模型，再按照一定的规律和方法，建立相应的数学模型、列出方程，通过求解这些数学方程得到分析结果，也就是实际电路的近似特性。以上过程如图 1-3 所示。

图 1-3　电路分析的方法

# 1.2　电路的基本变量

　　用于描述电路的工作状态以及元件特性的变量有电流、电压、电荷、磁链、功率、能量等。常用的基本变量为电流、电压和功率。在讨论电路中物理量的时候，主要明确该物理量是描述电路的哪一方面的问题、定义是什么、单位是什么、方向如何等相关问题。

## 1.2.1　电流及其参考方向

　　电荷的定向移动形成电流。单位时间内通过导线横截面的电荷量称为电流强度，简称电流，通常用符号 $i$ 表示。习惯上把正电荷运动的方向定义为电流的方向。如图 1-4 中 $I$ 的方向就是电流的方向。

　　如果在时间 $\Delta t$ 内通过某导体横截面的电荷数为 $\Delta q$，则其平均电流为：

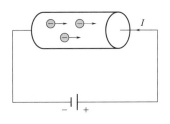

图 1-4　电子的定向
移动及电流的方向

$$i = \Delta q / \Delta t \tag{1-1}$$

当 $\Delta t \rightarrow 0$ 时，可得

$$i = \lim_{\Delta t \to 0} \frac{\Delta q}{\Delta t} = \frac{dq}{dt} \tag{1-2}$$

这里的是某个时刻的瞬时电流，它可以是变化的，也可以是稳定不变的。若电流大小和方向都不随时间的变化而改变，则这种电流称为恒定电流，简称直流（Direct Current，DC），通常用大写字母 $I$ 表示。而用 $i$ 表示随时间变化的电流，如图 1-5 所示。在恒定电流（直流）情况下，$I$ 可以用平均电流来表示：

$$I = q / t \tag{1-3}$$

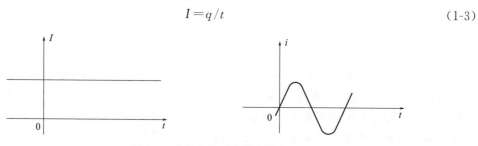

图 1-5　直流电流及交流电流

在国际单位制（SI，来自法文 Système international d'unités；其英文为：International System of Units）中，电流的基本单位为安培（库仑/秒），简称安，用符号 A 表示。另外，电流的单位还有毫安（mA）和微安（μA）等。$1\ mA = 10^{-3}\ A$；$1\ \mu A = 10^{-6}\ A$。

在电路分析中，描述电流时需要指明电流的大小和方向。对一个给定的电路而言，不经过分析就直接给出电流的真实方向是很困难的，另外交流电路中电流方向随时间变化，也需要建立一个分析的基准。为了便于分析，引入了电流"参考方向"的概念。

电流的参考方向是在对电路进行分析前对电流人为指定的一个方向，通常用箭头符号表示。其方向是任意的，但一经选定，在整个电路分析过程中就不再改变。经分析计算，如果计算的结果为正值，表示电流的实际方向与参考方向相同；如果计算结果为负值，表示真实方向与参考方向相反。如图 1-6 所示，在 a、b 间有一器件，流经它的电流 $i$ 的参考方向用图示箭头表示，并在该箭头符号附近标上符号 $i$（在本图中是标在箭头符号的上方），表示是电流 $i$ 的参考方向。电流的参考方向也可用双下标表示。如 $i_{ab}$ 表示图示电流的参考方向为由 a 指向 b。对电流而言，只有大小而没有参考方向是不能描述其物理意义的，因此在求解电路时，必须设定电流的参考方向。

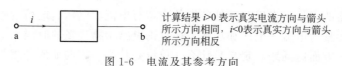

计算结果 $i>0$ 表示真实电流方向与箭头
所示方向相同，$i<0$ 表示真实方向与箭头
所示方向相反

图 1-6　电流及其参考方向

## 1.2.2　电压及其参考方向

在导体中向某一特定方向移动电子需要做功或能量转换。当正电荷从高电位移到低电位时，电场力做功，将电能转化为其他形式的能，比如电荷经过电阻将电能转换为热能；当正电荷在电源内部由低电位向高电位移动时，必由外力做功，将其他形式的能转化为电能，比如在图 1-4 中的电子移动是由电池提供了外加的电动势，将化学能转换为电能。为了描述在电路两点之间的能量变化，引入了"电压"这一概念，也称其为两点之间的"电位差"。

电压的定义：单位正电荷由 a 点移动到 b 点时电场力做的功称为 a、b 两点的电压。用

符号 $U$ 或 $u$ 表示，则

$$u_{ab}=dw/dq \tag{1-4}$$

式中，$w$ 的单位为焦耳，符号为 J；$q$ 的单位为库仑，符号为 C；电压 $u_{ab}$ 的单位为伏特（焦耳/库仑，简称伏），符号为 V。电压常用单位还有毫伏（mV）、微伏（$\mu$V）。$1mV=10^{-3}V$；$1\mu V=10^{-6}V$。

$dw$ 为单位正电荷从 a 点到 b 点获得或失去的能量。如果正电荷由 a 点到 b 点是获得能量，则 a 的电位比 b 点的电位低。如果正电荷从 a 点到 b 点是失去能量，则 a 点的电位比 b 点的电位高。因此，电压也就是电位差。

习惯上，把电位降落的方向规定为电压的方向（从高电位到低电位）。用符号"＋"来表示高电位端，符号"－"表示低电位端，则电压的方向由"＋"指向"－"。

如果电压的大小和方向都不随时间改变，则这种电压称为直流电压或恒定电压，用符号 $U$ 表示。此时

$$U=W/q \tag{1-5}$$

与电流一样，在分析电路时也要事先设定电压的参考方向。电压的参考方向的选定是任意的。可以用"＋""－"符号或箭头符号表示。经分析计算，如果结果为正值，则表示电压的实际方向与设定的参考方向相同；如果结果为负值，则表示电压实际的方向与参考方向相反，如图 1-7 所示。

计算结果 $u>0$ 表示真实电压方向与图示方向相同，$u<0$ 表示真实方向与图示方向相反

图 1-7 电压及其参考方向

由于电压指的是两点间的电位相对高低，也常用带双下标的符号表示其参考方向，下标的第一位代表高电位点，第二位代表低电位点。显然，有：

$$u_{ab}=-u_{ba} \tag{1-6}$$

由上述可知，电压的正负必须对应相应的参考方向。抛开电压的参考方向仅谈电压的正负是毫无意义的。

## 1.2.3 关联参考方向

对电路中待分析的某个相同的部件或同一段电路而言，其电流和电压的参考方向是任意选定的，两个参考方向是相对独立的。但在实际应用中，两者之间通常需要联合考虑。习惯上，用"关联"这一概念来表示。所谓的关联参考方向，就是电流的参考方向从电压的参考方向的"＋"指向电压的"－"，否则就是非关联，如图 1-8 所示。

参考方向关联          参考方向非关联

图 1-8 关联参考方向与非关联参考方向

## 1.2.4 功率和能量

尽管电流和电压两个基本变量能够表示电路中的工作状态和元件特性，但大多数情况下还需要了解电路的能量分布及其传输情况。

描述电路中的能量转换和传输的量是功率，其定义为能量对时间的变化率，通常用符号 $p$ 表示，即：

$$p = \mathrm{d}w/\mathrm{d}t \tag{1-7}$$

根据式(1-2) 和式(1-4) 可以得到：

$$p = \frac{\mathrm{d}w}{\mathrm{d}t} = \frac{\mathrm{d}w}{\mathrm{d}q} \times \frac{\mathrm{d}q}{\mathrm{d}t} = ui \tag{1-8}$$

由式(1-8) 可知，功率 $p$ 是与电压和电流都有关的量，因此需要考虑其参考方向的关联性。如图 1-9 所示，在参考方向关联的情况下，计算功率时用式(1-8)；在参考方向非关联的情况下，用式(1-9) 计算。

$$p = -ui \tag{1-9}$$

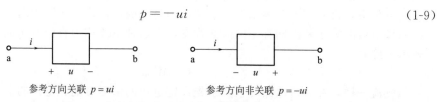

图 1-9　参考方向关联及其功率计算公式

功率的单位是瓦特（简称瓦，符号为 W）。如果电路为直流，则上述公式可写为如下形式。

参考方向关联时：

$$P = UI \tag{1-10}$$

参考方向非关联时：

$$P = -UI \tag{1-11}$$

用上述公式计算功率时，不管关联还是非关联，计算的都是吸收功率，即，如果计算的结果为正，表示吸收功率；结果为负，表示输出功率。需要注意的是公式中的正负符号仅表示参考方向的关联与否，不表示功率的正负。

【例 1-1】 如图 1-10 所示的电路，已知某时刻的电流和电压值，求该时刻各电路的功率，并指明功率是吸收还是输出。

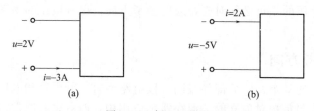

图 1-10　例 1-1 题图

【解】 图 1-10(a) 的电压、电流为关联参考方向，所以

$$p = ui = 2 \times (-3) = -6(\text{W})$$

吸收 $-6\text{W}$ 功率，说明电路输出功率为 6W。通常，以上的解答一般写为

$$p = ui = 2 \times (-3) = -6(\text{W}) \qquad (\text{输出功率})$$

图 1-10(b) 的电压、电流为非关联参考方向，所以

$$p = -ui = -(-5) \times 2 = 10(\text{W}) \qquad (\text{吸收功率})$$

# 1.3　电路的基本元件

组成电路模型的最小单元是电路元件。简单地讲，电路就是元件的相互连接。电路分析

就是确定电路中流过某些元件的电流或该元件两端的电压，因此必须明确元件的电压与电流之间的关系。电压、电流之间的关系简称为伏安关系（Volt Ampere Relation，VAR），是表征电路元件的常用手段。用于描述伏安关系的曲线，我们称为伏安关系曲线。

电路中的元件，根据其产生能量的能力分为两大类：有源元件和无源元件。有源元件具有产生能量的功能，无源元件不能产生能量。在电路分析中，无源元件主要有电阻元件、电容元件、电感元件、理想变压器等。有源元件主要有独立电源、受控电源等。

根据电路元件的端子个数，可分为二端元件和多端元件。二端元件也称为单端口（单口元件）。需要注意的是"端口"的概念和"端子"（端钮）的概念是不同的：一个端口，是由两个端钮构成的，但不是任意两个端钮都可以构成端口。构成一个端口的条件是：在任意时刻，从一个端钮流入的电流等于从另一个端钮流出的电流。如图 1-11 所示，端钮 a、b 是一个端口，c、d 是一个端口，e、f 也是一个端口，但 c、e 就不是。

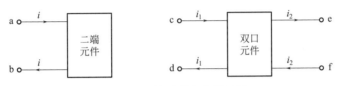

图 1-11　二端元件和多端元件

## 1.3.1　电阻元件

电阻元件是实际电阻器的理想化模型，是无源二端元件。电阻元件的定义：任何一个二端元件，如果在任意时刻的电压 $u(t)$ 和电流 $i(t)$ 之间的关系（伏安关系）可以由 $ui$（或 $iu$）平面上的一条曲线所决定，则此二端元件就称为电阻元件。

电阻元件按照其伏安特性曲线进行分类。根据伏安特性曲线是否是过原点的直线可分为线性电阻和非线性电阻，如图 1-12 所示图中过原点的直线代表线性电阻。另外根据伏安特性曲线是否随时间变化又可分为时变电阻和非时变电阻。

图 1-12　线性电阻及非线性电阻

这些曲线都是在规定 $u$、$i$ 关联参考方向条件下测得的。以前学过的欧姆定律实际上就是指的线性非时变电阻的伏安特性，线性非时变电阻的电路符号如图 1-13 所示。

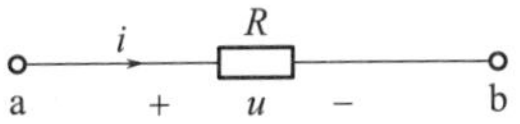

图 1-13　线性非时变电阻的电路符号

通常说的电阻元件，习惯上就是指的线性非时变电阻元件，简称电阻。显然，在电压和电流参考方向关联的情况下，有：

$$u = Ri \tag{1-12}$$

如果电压、电流参考方向非关联，则：

$$u = -Ri \tag{1-13}$$

在式(1-12)、式(1-13) 中的 $R$ 表征的是线性非时变电阻的特性，是一个与电压、电流无关的量，是一种电路参数。电阻的单位为欧姆（简称欧，符号为 Ω）。在线性非时变电阻的伏安特性曲线中，它是该直线的斜率。

电阻元件的伏安关系还可以表示为另外一种形式：

$$i = Gu \qquad (1\text{-}14)$$

式中，$G$ 为表征线性非时变电阻的另一个参数——电导。在一定的电压下，电导的增大将使电流增大，因此电导是表征电阻元件传导电流能力的大小。其单位为西门子（符号为 S）。显然，有：

$$G = 1/R \qquad (1\text{-}15)$$

同样，在电压、电流参考方向非关联的条件下，有

$$i = -Gu \qquad (1\text{-}16)$$

当电阻 $R = 0$ 时，电阻元件相当于理想的导线，称为"短路"，此时有 $G \to \infty$。

通常，电阻是一种耗能元件。在参考方向关联的情况下，线性非时变电阻的功率为

$$p = ui = i^2 R = u^2/R \qquad (1\text{-}17)$$

常用的实际电阻从结构上分为线绕电阻、金属膜电阻、碳膜电阻等；从封装形式上分为直插式和表面安装；从使用方式上分为固定电阻和可调电阻等。

实际电阻在一定条件下，比如温度恒定，电压、电流限制在一定范围内，可以用线性非时变电阻作为其模型。理想的电阻元件完全满足欧姆定律。但实际电阻在使用时对电压、电流和功率都有一定的限制，否则会造成器件的损坏。因此在电子设备中的电阻根据其使用场合可能有不同的额定电流、额定电压及额定功率。

## 1.3.2　电压源

理想电源是从实际电源抽象出来的一种电路模型，是有源元件。

表示电源特性的参数仅由电源本身结构确定，与电路其他部分的电压、电流无关的电源称为独立源。独立源又分为独立电压源和独立电流源。

一个二端元件，在任一电路中，不论流过它的电流是多少，其两端的电压始终能保持为某给定的时间函数 $u_s(t)$ 或定值 $U_s$，则该二端元件称为独立电压源，简称电压源。

电压源的主要特性有两个：

① 电压源的电压为定值 $U_s$ 或某给定的时间函数 $u_s(t)$，与流过元件的电流无关；

② 流过电压源的电流可以是任意的，是由与该电压源连接的外电路决定的。

电压源分为直流电压源和时变电压源两大类。如果电压源的端电压保持为定值 $U_s$，则该电压源称为直流电压源，如果端电压保持为某给定的时间函数 $u_s(t)$，则该电压源称为时变电压源。电压源的符号如图 1-14(a) 所示，图中的"＋""－"表示电压源的参考极性。如果是直流电压源，也可用如图 1-14(b) 所示的符号表示。

电压源的伏安关系可以用下式表示：

$$u(t) = u_s(t) \qquad （对任意的 i） \qquad (1\text{-}18)$$

直流电压源的伏安特性曲线如图 1-15 所示。流经电压源的电流是由外电路决定的，电流可能从电压源的正极性端流出，也可能从外电路流进电压源的正极性端，因此电压源可能输出能量，也可能吸收能量。上述特性表现在图 1-15 中，就是电流 $i$ 的值可能是正的，也可能是负的。

## 1.3.3　电流源

一个二端元件，在任一电路中，不论其两端的电压是多少，流经它的电流始终能保持为某给定的时间函数 $i_s(t)$ 或定值 $I_s$，则该二端元件称为独立电流源，简称电流源。

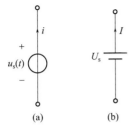

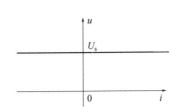

图 1-14　电压源符号

图 1-15　直流电压源的伏安特性曲线

电流源的主要特性有两个：

① 电流源的电流为定值 $I_s$ 或某给定的时间函数 $i_s(t)$，与元件两端的电压无关；

② 电流源两端的电压可以是任意的，是由与该电流源连接的外电路决定的。

同理，电流源可分为直流电流源和时变电流源两大类。如果电流源的电流保持为定值 $I_s$，则该电流源称为直流电流源，如果端电流保持为某给定的时间函数 $i_s(t)$，则该电流源称为时变电流源。电流源的符号如图 1-16 所示，图中箭头表示电流源的参考方向。电流源的伏安关系可以用下式表示：

$$i(t)=i_s(t)　　　（对于任意的 u）\tag{1-19}$$

直流电流源的伏安特性曲线如图 1-17 所示。电流源两端的电压是由外电路决定的，因此电流源可能对外电路提供能量，也可能消耗能量。

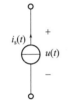

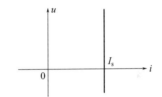

图 1-16　电流源符号

图 1-17　直流电流源的伏安特性曲线

## 1.3.4　受控源

电压源及电流源都是独立源。所谓独立，指的是表征电压源和电流源的特征只与电源本身有关，而与电源以外的其他电路无关。具体来讲，电压源的输出电压和电流源的输出电流都与电源以外的电路无关。

如果电源的参数（输出电压或输出电流）受电源以外其他支路的电压或电流控制，这种电源称为受控源。例如，在电子电路中的电压放大器，其输出电压 $u_2$ 通常是输入电压 $u_1$ 的函数，其表达式为：

$$u_2=\mu u_1\tag{1-20}$$

因此，从受控源的组成来看，可以分为两个部分，一个是控制量，一个是受到控制的电源。电压放大器及其对应模型如图 1-18 所示。

图 1-18 中输出电压 $u_2$ 是受控制的电源，输入电压 $u_1$ 是控制量，两者满足如下关系：

$$\begin{cases} i_1=0 \\ u_2=\mu u_1 \end{cases}\tag{1-21}$$

称此四端元件为电压控制电压源，简称 VCVS（Voltage Controlled Voltage Source）。由于电源有两种形式——电压源和电流源，而控制量也有两种——电流与电压，因此受控源

图 1-18　电压放大器及其对应模型

可以分为四种类型：电压控制电压源、电流控制电压源（Current Controlled Voltage Source，CCVS）、电压控制电流源（Voltage Controlled Current Source，VCCS）、电流控制电流源（Current Controlled Current Source，CCCS）。后三种受控源的模型如图 1-19 所示。

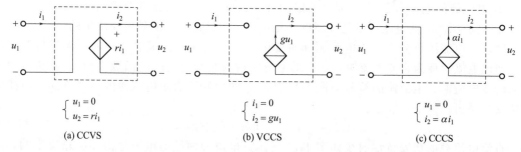

(a) CCVS　　　　　　　　(b) VCCS　　　　　　　　(c) CCCS

图 1-19　CCVS、VCCS 和 CCCS 模型及其伏安关系

受控源中的 $\mu$、$r$、$g$、$\alpha$ 称为比例系数，分别具有不同的量纲。其中，$\mu$ 称为电压放大系数，是一个无量纲的常数；$r$ 是一个具有电阻量纲的常数，称为转移电阻；$g$ 是一个具有电导量纲的常数，称为转移电导；$\alpha$ 称为电流放大倍数，是一个无量纲的常量。

受控电压源的输出电流 $i_2$、受控电流源的电压 $u_2$ 与独立源一样，都是由与其相连接的外接电路所决定的。

受控源可输出功率，可视为有源元件。但受控源不能单独作为电路的激励。只有在电路已经被独立源激励时，受控源才可能向外输出电压或电流，才有可能向外提供功率。

# 1.4　基尔霍夫定律

电路中的电压、电流要受到两类约束：一类是元件的特性约束——元件约束；另一类就是元件间相互连接形成的电路结构的约束——结构约束。基尔霍夫定律就是关于电路结构的约束。基尔霍夫定律是分析一切集总参数电路的基本依据。电路中的一些重要定理、分析方法都是以这个基本定律和相关元件的伏安关系共同推导、证明和归纳总结得出的。

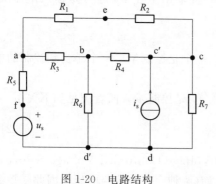

图 1-20　电路结构

## 1.4.1　相关术语

（1）支路

支路就是电路中一段无分支的电路。支路通常由一个二端元件组成，也可以由两个或两个以上的元件依次相连而成。如图 1-20 中的 ab、aec、bc'、c'd、cd 等。

（2）节点

电路中 3 个或 3 个以上的支路的连接点称为节

点。如图 1-20 中的 a、b、c、d。其中 c 点实际上是 $R_2$、$R_4$、$R_7$ 及 $i_s$ 的连接点,在图中虽然分成了两个点 c、$c'$,但在两点之间并没有元件存在,实际上是一个节点。同样 d、$d'$ 也是一个节点。

(3)回路

从电路中的某一节点出发,不重复且连续地经过一些支路和节点而到达另一节点,就构成了路径。如图 1-20 中的 $abd'$、aec 等。如果经过一条路径后又回到了出发点形成了闭合,就构成了回路。简单地讲,电路中任一闭合路径称为回路。图 1-20 中的 $abd'$a、aecba、$bc'$db 等都是回路。

(4)网孔

内部不含有跨接支路的回路称为网孔。如图 1-20 中的 $abd'$a、$bc'$db 等都是网孔,而 bc-db 则不是,因为其内部含有跨接支路 $c'$d。

## 1.4.2 基尔霍夫电流定律

基尔霍夫电流定律(Kirchhoff's Current Law,KCL)是描述电路中的与同一节点相连接的各支路的电流之间的相互关系。

基尔霍夫电流定律可以表述为:对于集总参数电路中的任一节点,在任意时刻,流出该节点电流的和等于流入该节点电流的和。即对任一节点,有

$$\sum_{流入} i(t) = \sum_{流出} i(t) \tag{1-22}$$

进一步地,如果定义流出节点的电流为正,流入节点的电流为负,则基尔霍夫电流定律可以表述为:对于集总参数电路中的任一节点,在任意时刻,所有连接于该节点的各支路的电流的代数和等于零。即对任一节点,有

$$\sum_{k=1}^{m} i_k(t) = 0 \tag{1-23}$$

式中,$i_k$ 为与该节点相连的某一支路上的电流;$m$ 为与该节点相连的支路的个数。

基尔霍夫电流定律对各支路的元件的性质没有要求,只要是集总参数元件,基尔霍夫电流定律都是成立的。基尔霍夫电流定律不仅适用于电路中的节点,对于电路中的任一假设的闭合面它也是成立的。如图 1-21 所示电路,对闭合曲面 S,有

$$i_1(t) + i_2(t) - i_3(t) = 0 \tag{1-24}$$

因为闭合曲面可以看作是一个广义的节点。这样就很好理解如图 1-22 所示的电路中的电流 $i = 0$ 了。

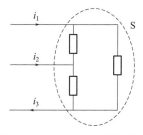

图 1-21 KCL 应用于封闭曲面

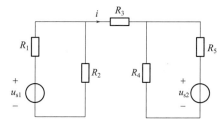

图 1-22 与 KCL 相关的例子

【例 1-2】 如图 1-23 所示,已知 $i_1 = 1A$,$i_3 = 2A$,$i_5 = 1A$,求电流 $i_4$。

【解】 设流经电阻 $R_2$ 的电流 $i_2$ 的参考方向如图 1-23 所示。

对节点 b,由 KCL 有:

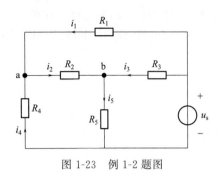

图 1-23　例 1-2 题图

$$-i_2 - i_3 + i_5 = 0$$

所以　　$i_2 = i_5 - i_3 = 1 - 2 = -1(\text{A})$

同样，对节点 a，由 KCL 得：

$$i_4 = i_2 - i_1 = -1 - 1 = -2(\text{A})$$

在使用 KCL 解决相关问题时，一定要明确其适用范围，即只要是集总参数电路都适用。KCL 并没有对电流的形式作规定，也就是说与节点相关的电流可以是时变的也可以是非时变的。同时，还要掌握使用的方法，即先设定相关电流的参考方向，再根据参考方向列写 KCL 方程，最后才代入相关数值。

## 1.4.3　基尔霍夫电压定律

基尔霍夫电压定律（Kirchhoff's Voltage Law，KVL）描述的是回路中各元件电压之间的关系。其表述为：在集总参数电路中，在任意时刻，沿任一回路绕行，回路中所有支路电压降的代数和恒为零。即对任一回路，有：

$$\sum_{k=1}^{m} u_k(t) = 0 \tag{1-25}$$

式中，$u_k$ 为该回路上某一元件两端的电压；$m$ 为该回路上元件的个数。

如图 1-24 所示电路，从 a 点出发沿顺时针方向绕行，有：

$$-R_4 i_4 - R_1 i_1 + u_s + R_2 i_2 - R_3 i_3 = 0$$

在电路分析时，常常需要求出电路中某两点之间的电压。如图 1-24 所示电路中节点间的电压，根据 KVL 可以知道，沿绕行方向有：

$$u_{ab} + u_{bc} + u_{cd} + u_{da} = 0$$

将上式整理后得到：$u_{ab} + u_{bc} = -u_{cd} - u_{da}$。

上式左端是沿路径 abc 的电压 $u_{ac}$，即：$u_{ac} = u_{ab} + u_{bc}$。

右端是沿路径 adc 的电压 $u_{ac}$，即：$u_{ac} = -u_{cd} - u_{da}$。

由上式可知，二者是相等的。因此，电路中任意两点之间的电压，只与起点和终点的位置有关，而与所选择的路径无关。

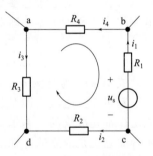

图 1-24　KVL 示例电路

由上述分析可以得到求电路中某两点之间电压的方法：在集总参数电路中，任意两点之间的电压等于从一点到另一点的任一路径上电压降的代数和。

【例 1-3】　如图 1-25 所示电路，求 $U_{ab}$。

【解】　$U_{ab} = RI + u_{s1} - u_{s2} = 2 \times (-3) + 5 - 2 = -3(\text{V})$

【例 1-4】　如图 1-26 所示电路，已知 $U_{s1} = 20\text{V}$，$U_{s2} = 16\text{V}$，$U_{s3} = 8\text{V}$，$R_1 = 5\Omega$，$R_2 = R_3 = 3\Omega$，$R_4 = 2\Omega$，求 $U_{ab}$、$U_{ac}$。

【分析】　对求两点之间的电压问题，都可以归结为寻找两点之间的合适的路径，该路径上的电压易知或易求，进而转化为求路径中的支路的电流等问题。对本题而言，求 $U_{ab}$ 需要求出 $R_1$ 上的电流，求 $U_{ac}$ 的路径有两条，只要求出 $R_2$ 或 $R_3$ 上的电流即可。

【解】　由于 ab 支路是悬空支路，由 KCL 易知 ab 支路上的电流为零，因此：

$$U_{ab} = U_{s1} = -20(\text{V})$$

由于 ab 支路、ce 支路上的电流为零，因此回路 bdeb 上的电流相等。设该电流为 $I$，参考方向如图 1-26 所示，由 KVL 得：

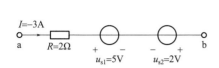

图 1-25　例 1-3 题图

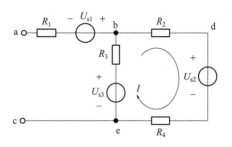

图 1-26　例 1-4 题图

$$R_2 I + U_{s2} + R_4 I - U_{s3} + R_3 I = 0$$

即：
$$R_2 I + R_3 I + R_4 I = U_{s3} - U_{s2}$$

所以
$$I = \frac{U_{s3} - U_{s2}}{R_2 + R_3 + R_4} = \frac{8 - 16}{3 + 3 + 2} = -1(\text{A})$$

$$U_{ac} = U_{ab} + U_{bc} = U_{ab} - R_3 I + U_{s3} = -20 - 3 \times (-1) + 8 = -9(\text{V})$$

在使用 KVL 解决相关问题时，要明确其适用范围，即只要是集总参数电路都适用。KVL 并没有对电压的形式作规定。同时，还要掌握其使用方法：先设定相关电压的参考方向和回路的绕行方向，再按照设定的绕行方向和相关电压的参考方向列写 KVL 方程，最后才代入相关的数值。

**【例 1-5】**　求图 1-27 所示含受控源电路中的电流 $I$ 及受控源的功率。

**【解】**　首先识别电路中的受控源。先从菱形符号看出它是一个受控电压源，再从标注 $3I$ 看出是电流控制的电压源，且控制量就是待求电流 $I$。

顺着电流 $I$ 的参考方向列写回路 KVL 方程：

$$3I + 2I - 3 + 5I = 0$$

解得：$I = 0.3\text{A}$

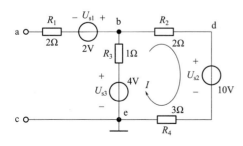

图 1-27　例 1-5 题图

受控源的电压 $U$，可运用电路中两点间电压的求解方法计算：
$$U = -IR_1 + U_s - IR_2 = -1.5 + 3 - 0.6 = 0.9(\text{V}) \text{ 或 } U = 3I = 3 \times 0.3 = 0.9(\text{V})$$

受控源的电压 $U$ 与电流 $I$ 参考方向关联，所以：
$$P = UI = 0.9 \times 0.3 = 0.27(\text{W})$$

即此受控源消耗功率 $0.27\text{W}$。

## 1.4.4　电路中各点电位及其计算

电路中各点电位及其计算，即为 KVL 的应用。电路中，为了便于分析，常常会选定某一个点作为参考点并认为该点的电位为零，称为零电位点。电路中其他的点到这个参考点的电压定义为该点的电位。在电路中通常以大地或设备的机壳作为参考点。

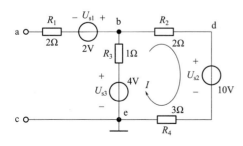

图 1-28　电路中的电位

如图 1-28 所示电路，可以指定点 e 为参考点，并在图上用接地符号把它标识出来。这样，其他几个点 a、b、c、d 分别到 e 的电压就是该点电位。

通常，某点的电位用符号 $V$（或 $v$）加上一个该点的标识符做下标来表示。如 a 点的电位可以表示为 $V_a$（大写 $V$ 表示直流电位）或者 $v_a$（小写 $v$ 表示时变电位）。显然：

$$V_a = U_{ae}$$

计算网孔回路中的电流：

$$I = \frac{U_{s3} - U_{s2}}{R_2 + R_3 + R_4} = \frac{4-10}{2+1+3} = -1(\mathrm{A})$$

根据电路中两点间电压的计算方法，可以求出 a 点的电位。

$$V_a = U_{ae} = -U_{s1} - R_3 I + U_{s3} = -2 - 1 \times (-1) + 4 = 3(\mathrm{V})$$

同样，可以求得 d 点的电位：

$$V_d = U_{de} = U_{s2} + R_4 I = 10 + 3 \times (-1) = 7(\mathrm{V})$$

或者：

$$V_d = U_{de} = -R_2 I - R_3 I + U_{s3} = -2 \times (-1) - 1 \times (-1) + 4 = 7(\mathrm{V})$$

利用已知的两点的电位，可以求出两点间的电压。

另外，如果已经知道 b 点的电位 $V_b$ 和 d 点的电位 $V_d$，则：

$$U_{bd} = U_{be} + U_{ed} = U_{be} - U_{de} = V_b - V_d$$

即电路中两点间的电压就是两点间的电位之差。

# 第2章
# 电阻器

电子在物体内做定向运动时会遇到阻力，这种阻力称为电阻。具有一定电阻数的元件称为电阻器，简称电阻。电阻器是电源电路中应用最广泛的一种电子元器件，约占其元器件总数的 35% 以上，其质量的好坏直接影响到电源电路工作的稳定性。电阻器的国际单位是欧姆（Ω），此外，在实际应用中，还常用千欧（kΩ）和兆欧（MΩ）等单位。它们之间的换算关系为：$1M\Omega = 10^3 k\Omega = 10^6 \Omega$。在电路图中，电阻的单位符号"Ω"通常省略。人们通常将电阻器分为三类：阻值固定的电阻器称为普通电阻器或固定电阻器；阻值连续可调的电阻器称为可变电阻器（其中最常用的是电位器）；具有特殊作用的电阻器称为特殊电阻器。

## 2.1 普通电阻器

### 2.1.1 主要类型

在电路中，电阻器主要用来控制电压和电流，即起分压、降压、限流、分流、隔离、滤波（与电容器配合）、阻抗匹配和信号幅度调节等作用。电流通过电阻器时，会消耗电能而发热，变成热能，因此电阻器是一种耗能元件。普通电阻器的电路图形符号如图 2-1 所示。

图 2-1(a) 所示为国内现在使用的普通电阻器的电路图形符号，图 2-1(b) 所示为我国曾经使用过以及现在国外普遍使用的普通电阻器的电路图形符号。在电路中，普通电阻器通常用字母 R 来表示。根据其制造材料和结构的不同，可将普通电阻器分为薄膜（碳膜、金属膜、金属氧化膜和合成膜等）型电阻器、实芯（有机合成材料和无机合成材料）电阻

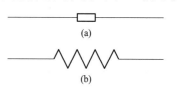

图 2-1 普通电阻器的
电路图形符号

器、玻璃釉膜电阻器和线绕电阻器等。

（1）碳膜电阻器

碳膜电阻器采用碳膜作为导电层，属于薄膜型电阻器的一种。它是将气态碳氢化合物在高温和真空中热分解出的结晶碳沉积在柱形或管形陶瓷骨架上制成的，其型号标志为 RT。改变碳膜的厚度和用刻槽的方法变更碳膜的长度可得到不同的阻值。在碳膜电阻器的外表面一般涂有一层绿色或橙色的保护漆。碳膜电阻器的高频特性好，具有良好的稳定性；其温度系数不大且是负值，价格低廉但体积较大；其阻值范围宽，一般为 $2.1\Omega\sim10M\Omega$；其额定功率有 1/8W、1/4W、1/2W、1W、2W、5W 和 10W 等。碳膜电阻器广泛应用于交流、直流和脉冲电路中，其外形及其内部结构如图 2-2 所示。

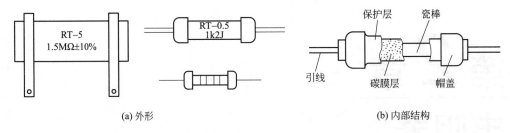

(a) 外形　　　　　　　　　　　　　　　(b) 内部结构

图 2-2　碳膜电阻器的外形及其内部结构

（2）金属膜电阻器

金属膜电阻器采用金属膜作为导电层，也属于薄膜型电阻器的一种。这种电阻器是采用高真空加热蒸发（高温分解、化学沉积、烧渗等）技术，将合金材料（有高阻、中阻、低阻三种）蒸镀在陶瓷骨架上制成的。金属膜一般为镍铬合金，也可用其他金属或合金材料。在电阻器的外表面通常涂有蓝色或红色保护漆。其型号标志为 RJ。改变金属膜厚度和用刻槽的方法变更金属膜的长度，可以得到不同的阻值。这种电阻器的精度、稳定度和高频性能等都比碳膜电阻器好；在相同功率条件下，其体积比碳膜电阻小得多；其阻值范围为 $1\Omega\sim1000M\Omega$；额定功率有 1/8W、1/4W、1/2W、1W、2W、10W、25W 等。常用在频率和精度要求较高的场合，但其成本相对较高。金属膜电阻器的外形及其内部结构如图 2-3 所示。

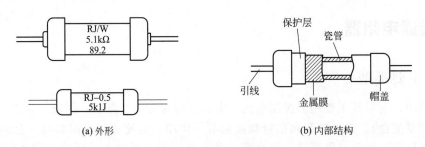

(a) 外形　　　　　　　　　　　　　　　(b) 内部结构

图 2-3　金属膜电阻器的外形及其内部结构

（3）实心电阻器

实心电阻器通常是用碳质导电物质做导电材料，用云母粉、石英粉、玻璃粉和二氧化钛等做填料，另加黏合剂经加热压制而成的一种电阻器。按照黏合剂的不同，分为有机实心电阻器和无机实心电阻器，其型号标志分别为 RS 和 RN。有机实心电阻器具有较强的过负荷能力，但其固有噪声较高，稳定性较差，分布电感和分布电容也较大，只可作为普通电阻器使用，而不能用于要求较高的电路中。无机实心电阻器的优点是电阻温度系数较大，缺点是阻值范围较小。常见的有机实心电阻器外形如图 2-4 所示。

（4）玻璃釉膜电阻器

玻璃釉膜电阻器又称金属陶瓷电阻器或厚膜电阻器。它是由贵金属银、钯、铑、钌等的氧化物（如氧化钯、氧化钌等）粉末与玻璃釉粉末混合，再经有机黏合剂按一定比例调制成一定黏度的浆料，然后用丝网印刷法涂覆在陶瓷骨架上，最后经高温烧结而成的。其型号标志为 RI。玻璃釉膜电阻器的阻值范围为 $4.7\Omega \sim 200M\Omega$；其额定功率一般为 1/8W、1/4W、1/2W、1W、2W 等，大功率型有 500W。玻璃釉膜电阻器具有耐温、耐湿、性能稳定、

图 2-4　有机实心电阻器外形

噪声小、高频特性好、阻值范围大、体积小、重量轻等优点，主要应用在高功率、高可靠性电路中。常见玻璃釉膜电阻器的外形结构如图 2-5 所示。

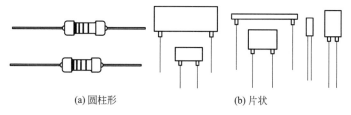

(a) 圆柱形　　　　　　　　(b) 片状

图 2-5　常见玻璃釉膜电阻器的外形结构

（5）线绕电阻器

线绕电阻器是用电阻率较大的合金线（即电阻丝，采用镍铬合金、锰铜合金、康铜丝等材料制成）缠绕在绝缘基棒上制成的。其型号标志为 RX。其阻值大小由合金线的长短和粗

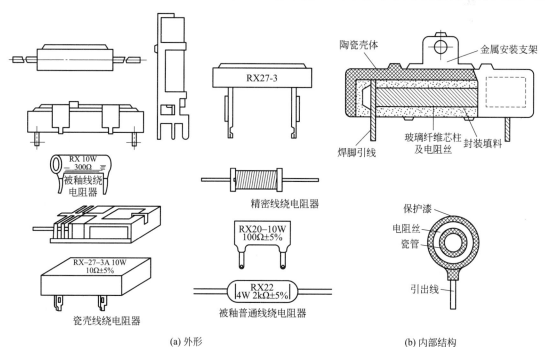

(a) 外形　　　　　　　　(b) 内部结构

图 2-6　常见线绕电阻器的外形及其内部结构

细决定，阻值范围为 $0.1\Omega\sim5M\Omega$，额定功率为 $1/8\sim500W$。这种电阻器具有耐高温、功率大、噪声低和电阻值精度高等优点，其缺点是有比较大的分布电感和电容，高频特性差，只能应用在直流和低频交流的场合。线绕电阻器常用在电源电路中作为限流电阻，也可制成功率较大的精密型电阻器，用作分流电阻。常见线绕电阻器外形及其内部结构如图 2-6 所示。

## 2.1.2 型号及其含义

普通电阻器的型号一般由四部分组成，各部分有其确切的含义，如图 2-7 所示。其中每部分代表的含义如表 2-1 所示。

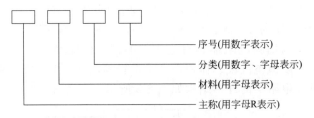

图 2-7 普通电阻器的型号

表 2-1 普通电阻器的型号及各部分代表的含义

| 第一部分（主称） | | 第二部分（材料） | | 第三部分（分类） | | 第四部分（序号） |
|---|---|---|---|---|---|---|
| 符号 | 意义 | 符号 | 意义 | 符号 | 意义 | |
| R | 电阻器 | T | 碳膜 | 1 | 普通 | 用个位数或无数字表示。对主称和材料相同，仅尺寸和性能指标略有差别，但基本上不影响互换使用的产品应给出同一序号。如果尺寸、性能指标的差别影响互换使用时，则在序号后用大写字母予以区别 |
| | | J | 金属膜 | 2 | 普通或阻燃 | |
| | | Y | 氧化膜 | 3 或 C | 高超频 | |
| | | C | 沉积膜 | 4 | 高阻 | |
| | | H | 合成膜 | 5 | 高温 | |
| | | P | 硼碳膜 | 6 | 高湿 | |
| | | U | 硅碳膜 | 7 或 J | 精密 | |
| | | X | 线绕 | 8 | 高压 | |
| | | S | 有机实心 | 9 | 特殊 | |
| | | N | 无机实心 | G | 高功率 | |
| | | I | 玻璃釉膜 | T | 可调 | |
| | | | | X | 小型 | |
| | | | | L | 测量用 | |

普通电阻器的型号举例如图 2-8 所示。

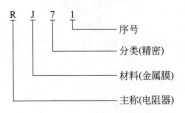

图 2-8 普通电阻器的型号举例

## 2.1.3 主要参数

普通电阻器的主要参数有：标称阻值（简称阻值）、允许误差、额定功率、最高工作电压和额定工作电压、温度系数以及环境温度等。了解普通电阻器的这些参数，可以在设计电路时合理地选用电阻器。

（1）标称阻值

标称阻值通常是指电阻器上标注的电阻值。常用的有

E24（精度等级为Ⅰ，允许误差为±5%）、E12（精度等级为Ⅱ，允许误差为±10%）和E6（精度等级为Ⅲ，允许误差为±20%）三个系列，其中 E24 系列分别有 1.0、1.1、1.2、1.3、1.5、1.6、1.8、2.0、2.2、2.4、2.7、3.0、3.3、3.6、3.9、4.3、4.7、5.1、5.6、6.2、6.8、7.5、8.2、9.1 乘以 $10^N$（$N=0$、1、2、3…）所得的数值；E12 系列分别有 1.0、1.2、1.5、1.8、2.2、2.7、3.3、3.9、4.7、5.6、6.8、8.2 乘以 $10^N$（$N=0$、1、2、3…）所得的数值；E6 系列分别有 1.0、1.5、2.2、3.3、4.7、6.8 乘以 $10^N$（$N=0$、1、2、3…）所得的数值。

（2）允许误差

一个电阻器的实际阻值不可能与标称阻值完全相等，两者之间总会存在一定的误差，电阻器允许的误差范围称为电阻器的允许误差。通常，普通电阻器的允许误差为±5%、±10%和±20%。如 E24 系列电阻器的允许误差为±5%，E12 系列电阻器的允许误差为±10%，E6 系列电阻器的允许误差为±20%，而高精度电阻器的允许误差范围可高达±0.001%。允许误差小的电阻器，其阻值精度较高，稳定性也较好，但其生产成本相对较高，价格较贵。

（3）额定功率

电阻器的额定功率是指在正常大气压力和规定温度下，电阻器能长期连续工作并能满足规定性能要求时，所允许消耗的最大功率，常用 $P_R$ 表示。在额定功率限度以下，电阻器可以正常工作而不会改变其性能，也不会损坏。为便于生产和选用，国家对电阻器规定了一个额定功率系列，如表 2-2 所示。其中 1/8W 和 1/4W 的电阻器较为常用。大功率电阻器因体积较大，其额定功率一般都直接标注在电阻器上，而小功率电阻器的额定功率往往不标注。在电路中，电阻器额定功率常用国家规定的通用符号表示，如图 2-9 所示。

表 2-2　电阻器额定功率系列　　　　　　　　　　　　　　　　　　　　W

| 类别 | 额定功率系列 |
|---|---|
| 非线绕电阻器 | 1/20，1/8，1/4，1/2，1，2，5，10，25，50，100 |
| 线绕电阻器 | 1/20，1/8，1/4，1/2，1，2，3，4，5，6，6.5，7.5，8，10，16，25，40，50，75，100，150，250，500 |

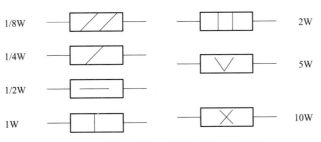

图 2-9　不同功率电阻器的电路图形符号

（4）最高工作电压

最高工作电压是指电阻器长期工作不发生过热或电击穿损坏时的工作电压。如果电压超过该规定值，则电阻器内部将产生火花，引起噪声，导致电路性能变差，甚至导致电阻器永久损坏。电阻器的额定功率越大，其最高工作电压相对也越高。

部分碳膜电阻器的最高工作电压参数规格如表 2-3 所示。部分金属膜电阻器的最高工作电压参数规格如表 2-4 所示。

表 2-3 部分碳膜电阻器的最大工作电压参数规格

| 型号 | 额定功率/W | 标称电阻范围 | 最高工作电压/V |
|---|---|---|---|
| RT-0.125 | 0.125 | 5.1Ω～1MΩ | 100 |
| RT-0.25 | 0.25 | 10Ω～5.1MΩ | 350 |
| RT-0.5 | 0.5 | 10Ω～10MΩ | 400 |
| RT-1 | 1 | 27Ω～10MΩ | 500 |
| RT-2 | 2 | 27Ω～10MΩ | 750 |
| RT-5 | 5 | 47Ω～10MΩ | 800 |
| RT-10 | 10 | 47Ω～10MΩ | 1000 |

表 2-4 部分金属膜电阻器的最大工作电压参数规格

| 型号 | 额定功率/W | 标称电阻范围 | 最高工作电压/V |
|---|---|---|---|
| RT-0.125 | 0.125 | 30Ω～510kΩ | 150 |
| RT-0.25 | 0.25 | 30Ω～1MΩ | 200 |
| RT-0.5 | 0.5 | 30Ω～5.1MΩ | 250 |
| RT-1 | 1 | 30Ω～10MΩ | 300 |
| RT-2 | 2 | 30Ω～10MΩ | 350 |

（5）温度系数

温度系数是表示电阻器热稳定性随温度变化的物理量。温度系数是指在规定的某一温度范围内，温度每变化1℃，电阻器阻值的相对变化量，即

$$\alpha_T = \frac{R_2 - R_1}{R_1(t_2 - t_1)}$$

式中，$\alpha_T$ 为温度系数，$℃^{-1}$；$R_1$、$R_2$ 分别为环境温度为 $t_1$（℃）和 $t_2$（℃）时的电阻器的阻值，Ω。电阻器的温度系数越小，其热稳定性越好。

## 2.1.4 标识方法

电阻器的标识方法有直标法和色标法两种。

（1）直标法

采用直标法的电阻器，其阻值（通常用阿拉伯数字表示）、允许误差（通常用百分数表示）和单位符号（用 Ω、kΩ 和 MΩ 表示）直接标注在电阻器的表面上。大功率电阻器的额定功率也直接标注在电阻器上。例如，电阻器表面上印有 RT-0.5-100Ω±10%，其含义是额定功率为 0.5W、阻值为 100Ω、允许误差为 ±10% 的碳膜电阻器；电阻器表面上印有 RJ-4.7kΩ±5%，其含义是阻值为 4.7kΩ、允许误差为 ±5% 的金属膜电阻器。

在有的电阻器上，其电阻值和允许误差用数字和英文字母有规律地组合在一起表示。通常，英文符号 R、k、M 前面的数字表示整数电阻值，后面的数字表示小数电阻值；分别用英文字母 Y（±0.001%）、Z（±0.002%）、E（±0.005%）、L（±0.01%）、P（±0.02%）、W（±0.05%）、B（±0.1%）、C（±0.25%）、D（±0.5%）、F（±1%）、G（±2%）、J（±5%）、K（±10%）、M（±20%）、N（±30%）表示电阻器相应的允许误差。例如，4k7J 表示电阻器的电阻值为 4.7kΩ，其允许误差为 ±5%；3R3K 表示电阻器的电阻值为 3.3Ω，其允许误差为 ±10%。

（2）色标法

色标法是用标在电阻器上不同颜色的色环表示其阻值和允许误差。小功率电阻器的体积较小，用直标法表示电阻器的阻值和允许误差有时比较困难，所以广泛使用色标法。

一般用背景区别电阻器的种类：通常用浅色（浅绿色、浅蓝色、浅棕色）表示碳膜电阻器，用红色表示金属或金属氧化膜电阻器，用深绿色表示线绕电阻器。用色环表示电阻器的阻值大小及其精度。

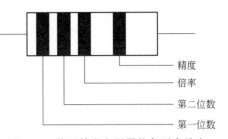

图 2-10　普通精度电阻器的色环表示法

普通精度电阻器大多用四色环表示其阻值和允许误差，如图 2-10 所示。第一、二色环表示有效数字（通常第一色环最靠近电阻端部），第三色环表示倍率（倍乘数），与前三色环距离较大的第四环表示允许误差。有关色码标注的含义如表 2-5 所示。

表 2-5　色环颜色及其含义

| 色环颜色 | 有效数字 | 乘数 | 误差/% | 色环颜色 | 有效数字 | 乘数 | 误差/% |
| --- | --- | --- | --- | --- | --- | --- | --- |
| 黑色 | 0 | $10^0$ | — | 紫色 | 7 | $10^7$ | ±0.1 |
| 棕色 | 1 | $10^1$ | ±1 | 灰色 | 8 | $10^8$ | — |
| 红色 | 2 | $10^2$ | ±2 | 白色 | 9 | $10^9$ | — |
| 橙色 | 3 | $10^3$ | — | 金色 | — | $10^{-1}$ | ±5 |
| 黄色 | 4 | $10^4$ | — | 银色 | — | $10^{-2}$ | ±10 |
| 绿色 | 5 | $10^5$ | ±0.5 | 无色 | — | — | ±20 |
| 蓝色 | 6 | $10^6$ | ±0.25 | | | | |

例如，第一色环到第四色环的排列依次为黄、紫、橙、金。由表 2-5 可知，此色环电阻器的阻值为 $47 \times 10^3 \Omega$，即此电阻器的标称值为 $47k\Omega$，允许误差为 ±5%。牢记表 2-5 中各种颜色的色环所代表的数字就可以很快地知道色环电阻器的阻值。

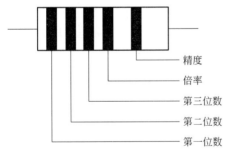

图 2-11　精密型电阻器的色环表示法

精密性电阻器常采用五色环表示其阻值和允许误差，如图 2-11 所示。五色环的前三环表示有效数字，第四环表示倍率，与前四色环距离较大的第五环表示允许误差。由于多了一位有效数字，从而使电阻器的阻值表示更精确。

例如，第一色环到第五色环的排列依次为棕、绿、黑、棕、棕。由表 2-5 可知，此色环电阻器的阻值为 $150 \times 10^1 \Omega$，即此电阻器的标称值为 $1500\Omega$，允许误差为 ±1%。

## 2.1.5　典型应用

（1）选用普通电阻器的基本原则

① 优先选用通用型电阻器。通用型电阻器种类很多，如碳膜电阻器、金属膜电阻器、玻璃釉膜电阻器、实心电阻器、线绕电阻器等。这类电阻器的品种多、规格齐、来源充足、价格便宜。所以在满足电路工作要求的前提下，应优先选用此类电阻器。这不仅有利于拓宽所需电阻器的供应渠道，而且也便于日后维修。

② 标称阻值与额定功率必须满足电路设计要求。在电气设备的实用电路图中，对所用电阻器都标出了额定阻值的具体数值，有的同时标出了所需功率的数值。在选用电阻器时，应按照电路图标注的标称阻值和功率要求进行选配。对于在电路图中未标注出功率的电阻器（说明对功率不作要求），一般只选用功率大于 1/8W 的电阻器即能满足使用要求。对电阻器的功率而言，在设计电子线路时，要掌握的一个重要原则是：所用电阻器的额定功率必须大于实际承受功率的两倍。例如，经过设计计算，电路中某电阻器实际承受功率为 0.5W，此时则应选用额定功率为 1W 以上的电阻器上机使用。

③ 根据电路工作频率选择电阻器。由于各种电阻器的结构和制造工艺不同，其分布参数也不相同。RX 型线绕电阻器的分布电感和分布电容都比较大，只适用于频率低于 50kHz 的电路；RH 型合成膜电阻器和 RS 型有机实心电阻器可以用在几十兆赫兹的电路中；RT 型碳膜电阻器可在 100MHz 左右的电路中工作；而 RJ 型金属膜电阻器和 RY 型氧化膜电阻器可以工作在高达数百兆赫兹的高频电路中。

④ 根据电路对温度稳定性的要求选择电阻器。由于电阻器在电路中的作用不同，所以对它们在稳定性方面的要求也不尽相同。例如，在退耦电路中使用的电阻器，即使阻值有所变化，对电路工作影响并不大。而应用在稳压电源电路中作电压取样的电阻器，其阻值的变化，将影响输出电压的变化，所以工作于此类电路中时，必须要使用温度系数小的电阻器。实心电阻器温度系数较大，不宜用在稳定性要求较高的电路中；碳膜电阻器、金属膜电阻器、玻璃釉膜电阻器都具有较好的温度特性，很适用于稳定度较高的场合；线绕电阻器由于采用特殊的合金线绕制，它的温度系数极小，因此其阻值最为稳定。

⑤ 根据安装位置选用电阻器。由于制作电阻器的材料和工艺不同，因此相同功率的电阻器，其体积并不相同。例如相同功率的碳膜电阻器的体积就比金属膜电阻器大 1 倍左右，因此适合于安装在元件比较紧凑的电路中；反之，在元件安装位置比较宽松的场合，选用碳膜电阻器就相对经济一些。

⑥ 根据工作环境条件选用电阻器。使用电阻器的环境（温度、湿度等）条件不同时，所选用的电阻器种类也不相同。例如，沉积碳膜电阻器不宜用于易受潮气和电解腐蚀影响的场合；如果环境温度较高，可以选用金属膜电阻器或氧化膜电阻器，这两类电阻器都可以在 ±125℃ 的温度条件下长期工作。

⑦ 在小信号高增益前置放大电路中，应选用噪声电动势小的电阻器，以减小噪声对有用信号的干扰。例如可选用金属膜电阻器、金属氧化膜电阻器、碳膜电阻器。实心电阻器的噪声电动势较大，一般不宜在前置放大电路中使用。

（2）普通电阻器使用注意事项

① 电阻器在上机安装前应用万用表检测一下其阻值是否与标称值相符。有些阻值已经改变的电阻器，若不进行测试就安装到电路上，会使电路工作失常。

② 安装电阻器前，应将引线刮光镀锡，确保焊接可靠，无虚焊。在高频电路中，为了减小分布参数对电路的影响，电阻器的引线不宜过长。

③ 安装电阻器时，两端必须安装在可靠的支撑点上，以免因振动等原因使电路造成短路或断路。装配时应使其阻值标示部分向上，以便于在调试和维修中查找核对。

④ 额定功率 10W 以上的线绕电阻器，安装时必须焊接在特制的支架上，周围应留出一定的散热空间，并注意将其他元件，特别是对温度敏感的元件，如晶体管、热敏电阻等，尽可能远离该电阻器。

（3）普通电阻器的应用电路

在电路中，电阻器主要用来控制电压和电流，即起分压、降压、限流、分流、隔离、滤波（与电容器配合）、阻抗匹配和信号幅度调节等作用。

① 分压电路 在串联电路中，每个电阻器上承担的电压与该电阻器的阻值相关，因此可根据该特性从不同的电阻器上取出相应的电压值供其他电路使用。电阻分压电路如图 2-12 所示。电路由 $R_1$ 和 $R_2$ 串联组成。分压电路有两个回路：输入信号回路和输出信号回路。

电阻分压电路的作用是将输入信号进行衰减，以便得到比输入信号电压低的电压。电阻分压电路可以对交流和直流信号进行衰减。

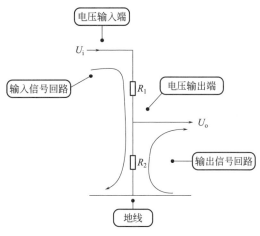

图 2-12 典型的电阻分压电路

在整机电路中，电路中的许多点需要合适的、不同大小的直流工作电压，而整机直流工作电压比较高，且只有一种大小的电压。通过多个电阻分压电路，给电路中相关点提供大小恰当的直流工作电压。

输入回路：电路中 $U_i$ 为输入信号电压，它可以是直流电压，也可以是交流电压。输入信号回路是：输入信号 $U_i$ 端 →$R_1$→$R_2$→地线→信号源内电路（图中未画出），构成回路。

输入信号电流流过电阻 $R_1$ 和 $R_2$，$R_1$ 和 $R_2$ 相当于输入信号源的负载电阻。

输出回路：分压电路对输入信号电压分压后，通过输出端向后级负载电路（图中未画出）输出电压。分压电路的输出端就是 $R_1$ 与 $R_2$ 的连接点，输出信号电压在这一连接点与地线之间输出，分压电路的负载电路也接在这点与地线之间。输出信号回路是：输出电压 $U_o$ 端→负载电路（图中未画出）→地线→$R_2$，构成回路。

输出电压 $U_o$ 计算公式：

$$U_o = \frac{R_2}{R_1+R_2} U_i$$

从上式可看出，由于 $R_1+R_2$ 的阻值大于 $R_2$，所以分压电路的输出电压 $U_o$ 小于输入电压 $U_i$，分压电路具有将输入电压减小的功能。

输出电压大小分析：从上式可以看出，在输入信号电压大小不变的情况下，改变电阻器 $R_1$ 或 $R_2$ 的阻值大小，即可改变输出电压的大小。所以，输出电压的大小分析可以分成下列两种情况进行：

a. 输入电压 $U_i$ 和电阻 $R_2$ 不变。如果电阻 $R_1$ 阻值增大，输出电压将减小。为了方便这一特性的记忆，可以用一个极限情况来说明，即 $R_1$ 的阻值增大到开路［如图 2-13（a）所示］，此时输入电压就无法加到分压电路的输出端，所以此时输出电压为零。

如果电阻 $R_1$ 的阻值减小，输出电压将增大。也可以用一个极限情况来记忆这一特性，即 $R_1$ 的阻值减小到短路［如图 2-13（b）所示］，此时已经不存在分压电路，电路的输出端与输入端连接在一点，所以输出电压等于输入电压。

b. 输入电压 $U_i$ 和电阻 $R_1$ 不变。如果 $R_2$ 的阻值增大，电路的输出电压也增大。可以用一个极限情况来记忆：当 $R_2$ 的阻值增大到开路时，分压电路变成如图 2-14（a）所示的等效电路，这时由于 $R_2$ 的断开没有电流流到地线的回路，所以 $R_1$ 中没有电流流动，$R_1$ 上的压降降为 0V。输出电压等于输入电压减电阻 $R_1$ 上电压，$R_1$ 上电压为 0V，所以输出电压等于输入电压。这是分压电路中的一个重要电路状态，电路分析中时常用到这一结论。

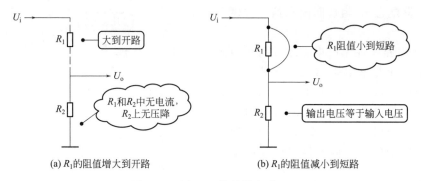

图 2-13　图 2-12 的等效电路一

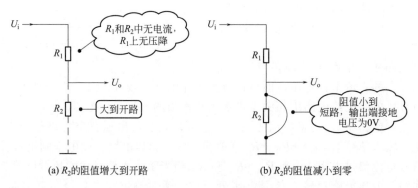

图 2-14　图 2-12 的等效电路二

如果电阻 $R_2$ 的阻值减小，分压电路的输出电压也减小。记忆这一特性也可用一个极限情况说明：当 $R_2$ 的阻值减小到零时，分压电路变成了如图 2-14（b）所示的等效电路，此时分压电路的输出端接地，输出电压为零。

输出电压分析小结：如表 2-6 所示是分压电路输出电压大小分析小结。

表 2-6　分压电路输出电压大小分析总结

| 元器件名称 | 其他条件 | 阻值变化情况 | 输出电压大小变化情况 |
|---|---|---|---|
| $R_1$ | 输入电压 $U_i$ 和电阻 $R_2$ 的阻值大小不变 | 阻值增大 | 减小 |
| | | 阻值减小 | 增大 |
| | | 开路 | 0V |
| | | 短路 | 等于输入电压 |
| $R_2$ | 输入电压 $U_i$ 和电阻 $R_1$ 的阻值大小不变 | 阻值增大 | 增大 |
| | | 阻值减小 | 减小 |
| | | 开路 | 等于输入电压 |
| | | 短路 | 0V |

② 降压电路　当某个电器的额定电压小于电源电压时，为了使其正常工作，可以用一个阻值适当的电阻器与其串联，再接入电路。这样，可将电器两端的实际电压降低为其要求的额定电压，保证此电器能正常工作。那么，这个阻值适当的电阻器即为降压电阻器。

在电路中，最常见的降压电路是发光二极管供电电路。由于发光二极管的工作电压通常为 $1.8\sim3V$，工作电流通常为 10mA 左右，为了使其他电路正常工作，通常电源供电电压都高于 3V，因此在发光二极管工作电路中，必须使用降压电阻器将供电电压降低到发光二极管的正常范围内。发光二极管的供电降压电路如图 2-15 所示。

在图 2-15 所示电路中，供电电压为 9V，设发光二极管的工作电压为 2V（普通发光二极管的工作电压），工作电流为 10mA（此时亮度可以满足一般要求，正常工作电流在 3～20mA 之间；电流越大，则其发光强度越高），则降压电阻器上的压降就需要 7V。根据欧姆定律 $R=U/I$ 可以计算出 $R=7/0.01=700(\Omega)$。由于发光二极管的供电电压要求不高，因此选用误差为 5% 的电阻器即可满足上述要求。

③ 限流电路　为了保证通过电路的电流不超过其额定值，保护电路不致因通过的电流过大而损坏，在有些电路中需要设置一个电阻器来限制电路中通过的最大电流，这个电阻器就被称为限流电阻器。如图 2-16 所示为带有限流电阻的可调基极偏置电路。

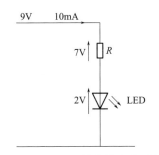
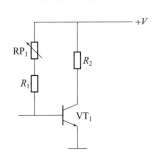

图 2-15　发光二极管的供电降压电路　　　　图 2-16　带有限流电阻的可调基极偏置电路

电路中的 $VT_1$ 是用于放大的三极管，三极管有一个特性，当其静态电流（基极电流）在一定范围内变化时，其电流放大倍数可以改变。

在一些放大器中为了调节三极管基极静态电流，将基极偏置电阻设置成可变电阻器，即电路中的 $RP_1$。如果电路中没有电阻 $R_1$，当 $RP_1$ 的阻值不小心被调到很小甚至是 0 时，直流工作电压 $+V$ 就直接加到了三极管 $VT_1$ 的基极，会有很大的电流流过 $VT_1$ 的基极而烧坏三极管 $VT_1$。电路中的电阻 $R_1$ 就是为了防止可变电阻器 $RP_1$ 的阻值调到最小时，出现三极管 $VT_1$ 基极电压等于 $+V$ 的情况，因为如果这样的话 $VT_1$ 的基极电流就会过大而损坏三极管 $VT_1$。电路中加入 $R_1$ 后，当 $RP_1$ 调到最小时，还有电阻 $R_1$ 串联在直流工作电压 $+V$ 与 $VT_1$ 基极之间，$R_1$ 限制了三极管 $VT_1$ 的基极电流，起到保护作用。

（4）普通电阻器的检测

检测普通电阻器时，主要用万用表的欧姆挡检测电阻器的标称值。

① 使用万用表欧姆挡时的注意事项

a. 对于指针式万用表，每次改换挡位时，都要重新调零。将红黑两表笔短接，旋转调零旋钮，使万用表指针指到欧姆刻度线的 0Ω 处。对数字式万用表，则不用调零。

b. 要合理选择量程。万用表一般有 R×1、R×10、R× 100、R×1k 和 R×10k 等挡，根据被测电阻值的大小选择合适的量程可以准确地得到被测电阻器的阻值，如果量程选择不当会使测量值不准确，误差大。

c. 检测方法要得当。检测时要避免人体对检测结果的影响，尤其是在测量阻值较大的电阻器时，用手触到电阻器就给电阻器并联了人体电阻，所测得的阻值就不准确。

② 用万用表检测固定电阻器的方法

a. 不在路检测：将万用表置于适当的欧姆挡位并调零后，直接用两表笔接触电阻器的两端，即可在万用表表盘的欧姆刻度线上读出电阻值。

b. 在路检测：在检修工作中，有时会怀疑某电阻器短路或断路，为了方便省时间，往往不将电阻器焊下而直接用万用表的欧姆挡进行测量，这时要考虑到在路测量时其他元器件对测量值的影响。测得的电阻值为电路的等效电阻，只能供参考。要根据电路结构和经验来进行电阻器的在路检测判断，如果无法判断，只能将电阻器焊下，对其进行不在路检测。

（5）普通电阻器的修复与代换

① 对于碳膜电阻器或金属膜电阻器，如果属于引线折断故障，可以把断头的铜压帽（卡圈）上的漆膜刮去，重新焊出引线，继续使用。但要注意操作动作要快，以免电阻器因受热过度导致阻值变化或造成压帽松脱。

② 碳膜电阻器如果阻值高，可以用小刀刮去保护漆，露出碳膜，然后用铅笔在碳膜上来回涂抹，使阻值变小，直至阻值达到所需值，然后再涂上一层漆作为绝缘保护膜。如果阻值偏低，则可以将电阻表面碳膜用砂纸或小刀轻轻地刮掉一些。刮时不能太急、太重，应边刮边用万用表测量，达到要求阻值后，再用漆将被刮表面涂覆住即可。

③ 在修理过程中，若发现某一电阻器变值或损坏，手头又没有同规格电阻器置换，还可采用串、并联电阻器的方法进行应急处理：

a.利用电阻器串联公式，将小阻值电阻器变成所需大阻值电阻器。电阻器串联公式为：

$$R_X = R_1 + R_2 + R_3 + \cdots\cdots$$

b.利用电阻器并联公式，将大阻值电阻器变成所需小阻值电阻器。电阻器并联公式为：

$$R_X = \frac{1}{R_1} + \frac{1}{R_2} + \frac{1}{R_3} + \cdots\cdots$$

c.利用电阻器串联和并联相结合，可以将大阻值电阻器变成所需小阻值电阻器。

注意，在采用串、并联方法时，除了应计算总电阻是否符合要求之外，还必须检查每个电阻器的额定功率值是否比其在电路中所承受的实际功率大一倍以上。

## 2.2 电位器

电阻器除了前述的普通电阻器外，还有可调整电阻值的电阻器，被称为"可变电阻器"。这种电阻器可通过调整转轴角度来改变电阻值。更精密一点的微调电阻器则须旋转数圈才能调整 0%～100% 的电阻值，常用于精密仪器调校上。通过调节可变电阻器的转轴，可以使它的输出电位发生改变，所以这种连续可调的电阻器，又被称为电位器。电位器是电气设备中常用的可调电子元件，由一个电阻体和一个转动或滑动系统组成。在电气设备的相关电路中，电位器的作用是用来分压、分流和用来作为变阻器。

### 2.2.1 主要类型

电位器是一种连续可调的电阻器，其滑动臂（动接点）的接触刷在电阻体上滑动，可获

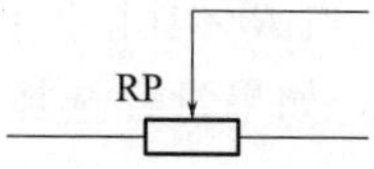

图 2-17 电位器的
电路图形符号

得与电位器外加输入电压和可动臂转角成一定关系的输出电压，电位器在电路中通常用字母 R 或 RP（旧标准用 W）表示，其电路图形符号如图 2-17 所示。常见电位器的外形和名称如图 2-18 所示。

电位器有多种分类方法。

（1）按电阻体的材料分类

电位器按电阻体的材料可分为线绕电位器和非线绕电位器两大类。

线绕电位器又可分为通用线绕电位器、精密线绕电位器、大功率线绕电位器和预调式线绕电位器等。

非线绕式电位器可分为实心电位器和膜式电位器两种类型。其中实心电位器又分为有机

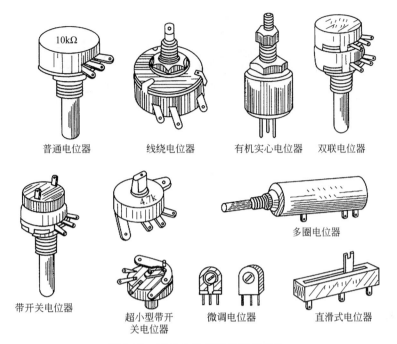

普通电位器　　　线绕电位器　　　有机实心电位器　　双联电位器

多圈电位器

带开关电位器　　超小型带开
　　　　　　　　关电位器　　　微调电位器　　　直滑式电位器

图 2-18　常见电位器的外形和名称

合成实心电位器、无机合成实心电位器和导电塑料电位器；膜式电位器又分为碳膜电位器和金属膜电位器。

（2）按调节方式分类

电位器按调节方式可分为旋转式电位器、推拉式电位器、直滑式电位器等多种。

（3）按电阻值的变化规律分类

电位器按电阻值的变化规律可分为直线式电位器、指数式电位器和对数式电位器。

（4）按结构特点分类

电位器按其结构特点可分为单圈电位器、多圈电位器、单联电位器、双联电位器、多联电位器、抽头式电位器、带开关电位器、锁紧型电位器、非锁紧型电位器和贴片式电位器等多种。

（5）按驱动方式分类

电位器按驱动方式可分为手动调节电位器和电动调节电位器。

（6）其他分类方式

电位器除能按以上各种方式分类外，还可以分为普通电位器、磁敏电位器、光敏电位器、电子电位器和步进电位器等。

## 2.2.2　基本结构与工作原理

（1）电位器的基本结构与接法

电位器主要由电阻体、定片、动片触点、操作柄和金属外壳等组成。电位器的操作柄用来控制动片在电阻体上的滑动，外壳用来起屏蔽作用，以避免在操作柄时引起干扰；电位器金属外壳在电路中接地（操作柄与外壳相连），这样调整电位器时干扰比较小，可以达到抑制干扰的目的。典型合成碳膜电位器的结构如图 2-19 所示。它有三个引出端，其中 1、3 两端电阻最大，2-3 或 1-2 间的电阻值可以通过与轴相连的簧片（一般轴与簧片之间是绝缘的）位置不同而加以改变。电位器的三种连接方法如图 2-20 所示。双联电位器的结构与单联电位器一样，只是有两个相同的单联电位器结构，它们组合在一起。

图 2-19　合成碳膜电位器的结构

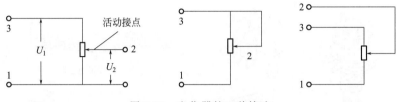

图 2-20　电位器的三种接法

（2）电位器调节电阻原理

转动电位器的转柄时，动片在电阻体上滑动，动片到两个定片之间的阻值大小将发生改变，当动片到一个定片的阻值增大时，动片到另一个定片的阻值将减小；当动片到一个定片的阻值减小时，动片到另一个定片的阻值将增大。如图 2-21 所示，电位器在电路中相当于两个电阻器构成的串联电路，动片将电位器的电阻体分成两个电阻 $R_1$ 和 $R_2$。当动片向定片 1 端滑动时，$R_1$ 的阻值将减小，同时 $R_2$ 的阻值增大。当动片向定片 2 端滑动时，$R_1$ 的阻值将增大，同时 $R_2$ 的阻值减小。$R_1$ 和 $R_2$ 的阻值之和始终等于电位器的标称值。

（3）电位器的作用

电位器的主要作用有两个：一是用作变阻器；二是用作分压器。

如图 2-22（a）所示为电位器用作变阻器。由于电位器的 3 端与电位器的活动触点 2 端已短接，电位器两端即 1、3 间的电阻值就为 1、2 端间的电阻值，随活动触点 2 端的移动，1、3 点间电阻值就在 $0\Omega$ 至电位器的标称值之间变化。

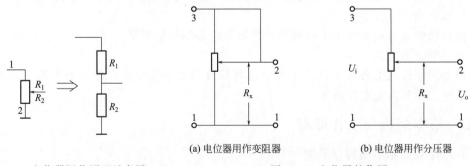

图 2-21　电位器调节原理示意图　　　　图 2-22　电位器的作用

如图 2-22（b）所示为电位器用作分压器。电位器的输入电压 $U_i$ 由 1、3 两端输入，输出电压 $U_o$ 由 1、2 两端输出。2 端为电位器的活动触点。因为 $U_i$ 等于 2、3 间电压 $U_{23}$ 与 1、2 间电压 $U_{12}$ 之和，即：$U_i = U_{23} + U_{12}$。输出电压 $U_o$ 就是 $U_{12}$，改变活动触点 2 端在电位器上的位置，就改变了 $U_{12}$，即改变了输出电压 $U_o$，输出电压 $U_o$ 可在 $0 \sim U_i$ 间连续变化。

## 2.2.3 型号及其含义

按照国家标准规定,电位器的型号由四部分组成,如图2-23所示。由图2-23可见,第一部分为主称;第二、三部分用字母分别表示其电阻体的材料和类别,各字母符号含义如表2-7所示;第四部分用阿拉伯数字表示序号。

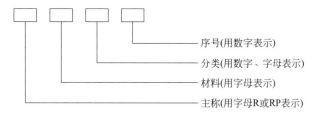

序号(用数字表示)
分类(用数字、字母表示)
材料(用字母表示)
主称(用字母R或RP表示)

图2-23 电位器的型号

表2-7 电位器的型号及各部分代表的含义

| 第一部分(主称) | | 第二部分(材料) | | 第三部分(分类) | | 第四部分(序号) |
|---|---|---|---|---|---|---|
| 符号 | 意义 | 符号 | 意义 | 符号 | 意义 | |
| R、RP | 电位器 | J | 金属膜 | G | 高压类 | 通常用阿拉伯数字表示。对主称和材料相同,仅尺寸和性能指标略有差别,但基本上不影响互换使用的产品应给出同一序号。如果尺寸、性能指标的差别影响互换使用时,则在序号后用大写字母予以区别 |
| | | Y | 氧化膜 | H | 组合类 | |
| | | H | 合成碳膜 | B | 片式类 | |
| | | X | 线绕 | W | 螺杆驱动预调类 | |
| | | S | 有机实心 | Y | 旋转预调类 | |
| | | N | 无机实心 | J | 单圈旋转精密类 | |
| | | I | 玻璃釉膜 | D | 多圈旋转精度类 | |
| | | D | 导电塑料 | M | 直滑式精密类 | |
| | | F | 复合膜 | X | 旋转低功率类 | |
| | | | | Z | 直滑式低功率类 | |
| | | | | P | 旋转功率类 | |
| | | | | T | 特殊类 | |
| | | | | R | 耐热类 | |

## 2.2.4 主要参数及其标注方法

(1)电位器的主要参数

由于制作电位器所用的电阻材料与相应的固定电阻器相同,所以其主要参数的定义,如额定功率等与相应的固定电阻器也基本相同。但由于电位器存在活动触点,而且阻值是可调的,因此还有其特有的几项参数。下面对其主要参数作简要介绍。

① 标称阻值 标称阻值是指电位器上标示的电阻值,它等于电阻体两个固定端之间的电阻值。其单位有欧姆(Ω)、千欧(kΩ)和兆欧(MΩ)。线绕电位器和非线绕电位器的标称值应符合E6和E12两个系列规定值。

② 额定功率 电位器的额定功率是指其在直流或交流电路中,在规定的大气压力及额定温度下长期连续正常工作时所允许消耗的最大功率。常用的电位器额定功率有0.1W、0.25W、0.5W、1W、1.6W、2W、3W、5W、10W、16W和25W等。

③ 允许偏差　允许偏差指的是电位器的实测阻值与标称阻值偏差范围。一般线绕电位器的允许偏差有 ±20％、±10％ 和 ±5％ 三种，而非线绕电位器的允许偏差有 ±10％、±5％、±2％ 和 ±1％ 四种。高精度电位器的允许偏差可达到 0.1％。

④ 阻值变化规律　电位器的阻值变化规律是指其阻值随滑动触点旋转角度或滑动行程之间的变化关系。这种关系常用的有直线式、指数式（反转对数式）和对数式三种，分别用字母 A、B、C 表示。如图 2-24 所示是三种形式电位器的阻值随活动触点的旋转角度变化的曲线图。图中，纵坐标表示当转柄在某一角度时，其实际电阻值与电位器总电阻值的百分数，横坐标表示的是某一旋转角与最大旋转角的百分数。

由图 2-24 可知：直线式电位器的阻值变化与旋转角度成直线关系。当电阻体上导电物质分布均匀时，单位长度的阻值大致相等。这种电位器适用于要求均匀调节的场合，如分压器、晶体管偏流调整电路等。

指数式（反转对数式）电位器上的导电物质分布不均匀，电位器开始转动时，阻值变化较小，当转动角度增大时，阻值变化较大。指数式电位器单位面积允许承受的功率不等，阻值变化小的一端允许承受的功率大一些。指数式电位器普遍应用于音量调节电路里，因为人耳对声音响度的听觉最灵敏，当音量大到一定程度后，人耳的听觉逐渐变迟钝。所以音量调节一般采用指数式电位器，使声音的变化显得平稳、舒适。

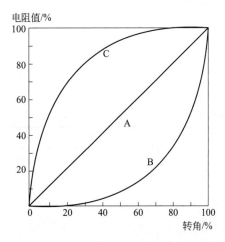

图 2-24　电位器阻值变化规律
A—直线式；B—指数式
（反转对数式）；C—对数式

对数式电位器电阻体上的导电物质分布也不均匀，在电位器开始转动阶段，其阻值变化很大，当转动角度增大，转动到接近阻值大的一端时，阻值变化比较小。对数式电位器适用于与指数式电位器要求相反的电子电路中，如电视机的对比度和音调控制电路。

⑤ 最大工作电压　最大工作电压是指电位器在规定条件下，长期（指工作寿命内）可靠地工作不损坏所允许承受的最高工作电压。一般也可称为额定工作电压。电位器的实际工作电压要小于额定电压。如果工作电压高于额定电压，则电位器所承受的功率要超过额定功率，则导致电位器过热损坏。电位器的最大工作电压同电位器的结构、材料、尺寸、额定功率等因素有关。比如，WHJ 型电位器最大工作电压为 250V，WH20 型电位器最大工作电压为 200V，WH25 型电位器最大工作电压为 150V，而 WH102 型电位器最大工作电压为 100V。

⑥ 动噪声　动噪声是指电位器在外加电压作用下，其动触点在电阻体上滑动时产生的电噪声，该噪声的大小与转轴速度、接触点和电阻体之间的接触电阻、动接触点的数目、电阻体电阻率的不均匀变化及外加的电压大小等因素有关。

⑦ 分辨率　当电位器的阻值连续变化时，其阻值变化量与输出电压的比值称为电位器的分辨率。对于直线式线绕电位器而言，其分辨率为绕组总匝数的倒数（以百分数表示）。这种电位器的总匝数越多，分辨率越高。而对于非线绕电位器而言，其阻值变化是连续的，因而其分辨率要高于线绕电位器。

（2）电位器参数的标识方法

电位器参数的标识方法通常采用直接标注法，即用字母和数字直接将有关参数标注在电位器的壳体上，用以表示电位器的型号、类别、标称阻值、额定功率和误差等。电位器的标称阻值的标识方法通常有两种：一种是在外壳上直接标出其电阻最大值，其电阻最小值一般视为零；另一种是用三位有效数字表示，前两位有效数字表示电阻的有效值，第三位数字表示倍率。例如，标识为"332"的电位器，其最大阻值为 $33 \times 10^2$，即 $3300\Omega = 3.3k\Omega$。

在选用电位器时，除了要注意其电阻值、额定功率、体积大小以及安装是否方便外，还要注意电位器阻值的变化规律。

## 2.2.5 几种常用的电位器

（1）线绕电位器

线绕电位器是利用康铜丝或镍铬合金电阻丝绕在一个环状骨架上制成的。这种电位器额定功率大（几瓦或数十瓦）、耐温高、耐磨性能好、噪声低，阻值可以调得很精确而且稳定性好。它一般是直线式电位器，其型号为 WX-×××。线绕电位器的阻值范围比较小，一般为几十欧姆至几千欧姆之间，阻值允许偏差为 $\pm 5\%$、$\pm 10\%$ 和 $\pm 20\%$。这种电位器通常用于电源调节或大电流分压电路中。由于它是电阻丝绕制而成的，其电感量较大，故线绕电位器很少用于高频电路。线绕电位器的外形参见图 2-18。

（2）碳膜电位器

碳膜电位器的电阻体是用碳粉和树脂的混合物喷涂（蒸涂）在马蹄形胶木板上制成的，碳膜涂有一层银粉，以确保碳膜片与引出线接触良好。电位器的中间引线由与轴相连的滑动簧片和电阻体胶木片上的接触环实现连接。碳膜电位器的外形、内部结构及连接方式如图 2-25 所示。碳膜电位器的型号为 WT××，其额定功率常用的有 0.1W、0.25W 和 0.5W 三种，最高工作电压为 200V，电阻的标称阻值为 $510\Omega \sim 5.1M\Omega$。碳膜电位器的优点是结构简单、成本低、噪声小、电阻范围宽、寿命长，其缺点是功率较小（一般小于 2W，否则体积较大）、耐热及耐湿性能差、滑动噪声与温度系数也较大，在家用电器电路中应用广泛。

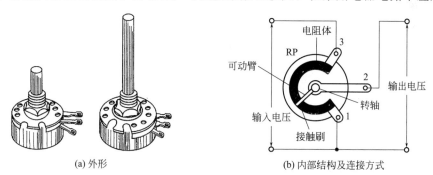

(a) 外形　　　　　　　　　　(b) 内部结构及连接方式

图 2-25　碳膜电位器的外形、内部结构及连接方式

（3）金属膜电位器

金属膜电位器有金属合金膜、金属氧化膜、氧化钽膜等电位器。金属膜电位器的电阻体是用上述几种材料通过真空技术，沉积在陶瓷基体上而制成的。

金属膜电位器的主要性能特点如下：①耐热性能好，其满负荷温度可达 $+70℃$，温度系数与线绕电位器相近；②分辨率极高，接触电阻很小；③金属膜电位器的分布电容和分布电感小，频率范围很宽，可用于直流电路和高频电路；④噪声电动势很低，仅次于线绕电位器；⑤耐磨性不好，阻值范围小（$10\Omega \sim 100k\Omega$）。

（4）实心电位器

主要为有机实心电位器，它是用炭黑、石英粉、有机黏合剂等材料混合加热压制，构成电阻体，然后再压入塑料基体上，经加热聚合而成的。有机实心电位器可以制成小型的、微调式、直线式、对数式等多种电位器。

实心电位器的性能特点：①可靠性高，体积小。它的体积比其他电位器小很多，适于小型化的家用电气设备。②有机实心电位器的阻值连续可变，因此分辨率很高，这是线绕电位器不能相比的。③阻值范围很宽，一般为$100\Omega \sim 4.7M\Omega$。④耐磨性能好，耐热性较好，过负荷能力强。⑤噪声大，耐温性差，温度系数大。实心电位器主要用于对可靠性及温度要求较高的通用小型电子设备中。

（5）单联电位器与双联电位器

单联电位器是由一个独立的转轴控制一组电位器。

双联电位器通常是将两个规格相同的电位器装在同一转轴上，调节转轴时，两个电位器的滑动触点同步转动。但也有部分双联电位器为异步异轴。双联电位器一般用于立体声音响器材中作音量或音调控制。图 2-26 所示是双联电位器的外形图。

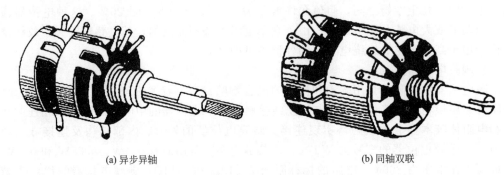

(a) 异步异轴　　　　　　　　　　　　　　　(b) 同轴双联

图 2-26　双联电位器的外形

## 2.2.6　典型应用

（1）电位器选择的原则

① 根据电路要求和用途，选用具有适宜的阻值变化特性的电位器。

凡具有分压性质的电路，如用于稳压电源电路中的输出电压调节、晶体管工作点的调节等均应选用直线式电位器；在用于收录机、电视机等的音量控制时，应选用指数式（反对数式）电位器；在用于音调调制时，宜采用对数式电位器。

② 根据电路要求和使用场合，选用合适类型的电位器。

对于要求不高的普通电源电路或使用环境较好的场合，宜首选碳膜电位器。这类电位器结构简单，价廉，稳定性较好，规格齐全。

对于要求性能稳定、电阻温度系数小、需要精密调节的场合，或消耗的功率较大的电压电路，宜采用普通线绕电位器；而对于需要进行电压或电流微调的电路，则应选用微调型线绕电位器；对于需要进行大电流调节的电源电路，应选用功率型线绕电位器。

③ 根据安装位置、用途，应注意电位器的结构、形体大小以及轴柄式样和长短。

对于不经常调整阻值的电源电路，应选用轴柄短并有刻槽的电位器，一般用螺丝刀（螺钉旋具）调整后不要再轻易转动；对于振动幅度大或在移动状态下工作的电路，应选用带锁紧螺母的电位器；对装在仪器或电器面板上的电位器，应选轴柄尺寸稍长且螺纹可调的电位器；对于小型或袖珍型收音机的音量控制，应选用带开关的小型或超小型电位器。

（2）电位器的正确使用

① 认真检测好坏。使用前必须对电位器进行认真的检测，确认电位器无故障后再上机

安装使用。尤其是对一些曾用过的旧电位器，必须要仔细检查其引出端子是否松动，接触是否良好可靠。对于不符合要求的电位器不能勉强凑合使用，否则将影响电路正常工作，甚至导致其他元器件损坏。

② 安装牢固可靠。安装电位器时，应用紧固零件将其固定牢靠。不得使电位器松动，与电路中其他元件相碰。在日常使用中，发现松动，应及时紧固，以避免后患。

③ 正确连接引脚，在额定值内使用。电位器在装入电路时，要正确连接三根引脚。在使用时不能超负载使用，要在规定的额定值内使用。尤其注意中心触刷，金属膜电位器、陶瓷电位器、导电塑料电位器的触刷不能过电流，有时一个火花就能烧坏触刷损坏电位器。

④ 调节用力适度。电位器是一种可调的电子器件，由于调节频繁，磨损就比较严重，因此在家用电气设备中，电位器的损坏是常见的故障。为了延长电位器的使用寿命，减少损坏的概率，在使用中，应注意调节时用力均匀。

（3）电位器的典型应用电路

图 2-27 所示电路为电位器在电压调整电路中的应用电路。旋转电位器 RP 的转轴，即可改变 1、2 脚之间的阻值，进而改变 RP 与 $R$ 串联之后的电阻值，最终达到调整 LED 两端电压并改变 LED 发光亮度的目的。

（4）电位器的检测

① 电位器各引脚的识别方法

a. 找电位器动片的方法。电位器的动片往往在两定片之间，以此特征可方便地找出动片，如图 2-28 所示电位器中间的引脚为动片引脚。

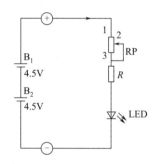

图 2-27 电位器电压调整电路

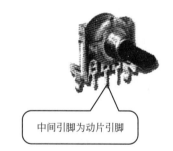

中间引脚为动片引脚

图 2-28 找电位器动片方法示意图

另外一个方法是通过万用表对电位器阻值的测量确定动片引脚，其方法是：选用万用表的 R×1k 挡，红表笔接一根引脚，黑表笔任意接一根引脚，调节电位器操作柄，观察阻值是否变化，然后红、黑表笔再分别换引脚，调节电位器操作柄时观察阻值是否变化，哪次测量中阻值不变化时，说明红、黑表笔所接引脚之外的另一根引脚为动片引脚。

使用万用表检测法可以找出电位器动片，如图 2-29 所示是接线示意图，当万用表红、黑表笔不接在动片上时，调节电位器操作柄时万用表指示的阻值不变化。

b. 找电位器接地定片引脚的方法。电位器三根引脚中有一根接地的定片引脚，分辨这一

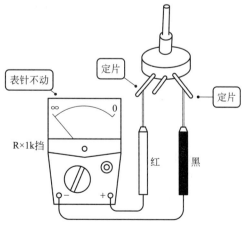

图 2-29 用万用表找电位器动片原理示意图

接地引脚片的方法有以下两种。

第一种方法：电位器接在电路中，测量电位器某一根定片引脚与线路板地线之间的电阻为零时，说明该定片为接地定片引脚。

第二种方法：用万用表欧姆挡来分辨。方法是，将转柄逆时针方向旋转到底，然后测量电位器动片与某一定片之间的阻值为零时，说明这一定片为接地的定片引脚。

这一测量方法的原理是：在电位器使用中转柄顺时针方向转动为阻值增大，当电位器逆时针方向旋转到底时，动片引脚与定片引脚之间的电阻为零，这样可以在确定动片引脚的前提下，确定接地定片的引脚。

c. 找电位器另一根定片引脚的方法。确定动片和接地定片引脚后，剩下的一根引脚为另一根定片引脚。这一定片在电路中往往接信号传输线热端，信号从此引脚加到电位器中，将此引脚称为热端引脚。

d. 找电位器外壳引脚的方法。在一些电位器中，除上述三根正常作用的引脚外，还多出一根外壳接地引脚，此引脚与电位器金属外壳相连，可以用万用表的欧姆挡进行识别，测量各引脚与金属外壳之间的电阻大小，为零的引脚为外壳接地引脚，如图 2-30 所示是找外壳接地引脚时接线示意图。

② 电位器阻值测量方法　对电位器阻值测量分为在路检测和不在路（脱开）检测两种。由于一般电位器的引脚用引线与线路板上的电路相连，焊下引线比较方便，所以常用不在路检测的方法，这样测量的结果能够准确说明问题。

主要分以下两种情况：

a. 测量两固定引片之间的阻值，应等于该电位器外壳上的标称阻值，远大于或远小于标称阻值都说明电位器有问题。

b. 检测阻值变化情况，方法是：用万用表欧姆挡相应量程，一支表笔接动片，另一支表笔搭一个定片，如图 2-31 所示，缓慢地左右旋转电位器的转柄，表针指示的阻值应从零到最大值（等于标称阻值），然后再从最大值到零连续变化。

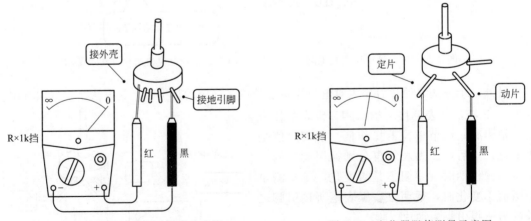

图 2-30　找外壳接地引脚时接线示意图　　　图 2-31　电位器阻值测量示意图

③ 检测电位器的活动臂与电阻体的接触情况　将万用表的两支表笔分别接至定臂和活动臂上，平缓地旋转电位器的转轴，表头的指针应平稳地从小到大或从大到小移动。若指针呈间歇式或跳跃式变动，则说明活动臂与电阻体接触不良，用同样的方法检测另一定臂与活动臂的接触是否良好。

④ 检测电位器各引脚与金属外壳的绝缘情况　将万用表置于 R×10k 挡，一支表笔接金

属外壳，另一支表笔分别接电位器三根引脚，每根引脚与外壳间电阻值都应为无穷大，若测出某脚与外壳间阻值不为无穷大，甚至为零，则证明此电位器绝缘有问题，不能用。

⑤ 检测带有开关的电位器的开关性能　将万用表置于R×1挡，两表笔分别接触开关的两根引脚，旋动电位器的旋柄，使开关动作，在"开"时，万用表电阻值应为0Ω，在"关"时，电阻值应为无穷大。同时还应听到开关动作时清脆的响声。如果开、关时电阻值不对，说明开关已坏或有接触不良现象。

(5) 电位器的修复与代换

① 电位器的修复　电位器常见故障有接触不良、电阻体磨损、旋转不灵活等。修复时可针对不同情况采取下列几种办法进行处理：

a.簧片弹性不足时，可把电位器拆开，将簧片接点和簧片根部适当向下压，使簧片接点和碳膜之间接触压力增加。

b.若因碳膜层表面磨损，造成接触不良时，可适当将簧片接点向里或向外拨动一下，使接点离开原碳膜层位置，接触变得良好。

c.碳膜层部分磨损脱落，可用浓铅笔芯研成粉末，掺入黏合剂，拌匀后涂抹在碳膜脱落位置。

d.如果引出脚和碳膜层之间接触不良，可用汽油或酒精将接触处清洗干净，再用起子或钳子将引出脚处夹紧。

e.如果电位器出现关不死（即调不到零）的现象，可用较粗的铅笔在碳膜电阻体的终端接触处反复涂抹，以消除死点。

f.当电位器旋转不灵活时，一般是由于轴内进入灰尘或润滑油干枯造成的。可将电位器拆开，用汽油或酒精清洗，然后在转轴处加入适量黄油，按原位装好即可使用。若嫌拆卸电位器困难，也可直接在转轴处滴入些汽油，边滴汽油边转动转轴，使污物逐渐排出，最后滴入一小滴机油即可恢复灵活。

② 电位器的代换　电位器损坏严重时，要更换新品。更换时最好选用原类型、同型号、同阻值、同功率的电位器，还应注意电位器的轴长及轴端形状能与原旋钮配合。如果实在找不到原型号、原阻值的电位器，可用相似阻值和型号的电位器代换。代换的电位器的额定功率一般不要小于原电位器的额定功率；代换的电位器的体积大小、外形和阻值范围应同原电位器相近。

③ 电位器的更换操作方法　电位器有多根引脚，为了防止在更换时不接错引脚，可采用如下步骤进行更换。

第一步，将原电位器的固定螺钉取下，但不要焊下原电位器引脚片上的引线，让引线连在电位器上。

第二步，将新电位器装上，并固定好。

第三步，在原电位器引脚片上焊下一根引线，将此引线焊在新电位器对应引脚上，新、旧电位器对照焊接。

第四步，同样方法，将各引脚线焊好。采用这种焊下一根再焊上一根的方法可避免引线之间相互焊错位置。

## 2.3　特殊电阻器

随着科技的日益发展，特殊用途电阻器得到了越来越广泛的应用，常见的有热敏电阻器、压敏电阻器、光敏电阻器、湿敏电阻器、磁敏电阻器、气敏电阻器和力敏电阻器等，这类电阻器人们通常也称为敏感电阻器。它们主要用于温度补偿、温度控制、过载保护、自动检测和自动控制等方面。

## 2.3.1　热敏电阻器

热敏电阻器是一种对温度反应比较敏感、其阻值会随着温度的变化而变化的非线性电阻器，通常由单晶、多晶等对温度敏感的半导体材料制成。热敏电阻器在电路中用文字符号"RT"或"R"表示，其电路图形符号如图 2-32 所示。

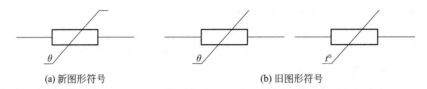

(a) 新图形符号　　　　　　　　　(b) 旧图形符号

图 2-32　热敏电阻器的电路图形符号

（1）热敏电阻器的种类

热敏电阻器根据其结构、形状、灵敏度、受热方式及温变特性的不同可分为多种类型。

① 按结构及形状分：可分为圆片形（片状）热敏电阻器、圆柱形（柱形）热敏电阻器以及圆圈形（垫圈状）热敏电阻器等多种，如图 2-33 所示。

② 按对温度变化的灵敏度分：可分为高灵敏型（突变型）热敏电阻器和低灵敏度型（缓变型）热敏电阻器。

③ 按受热方式分：可分为直热式热敏电阻器和旁热式热敏电阻器。

④ 按温变（温度变化）特性分：可分为正温度系数（PTC）热敏电阻器和负温度系数（NTC）热敏电阻器。

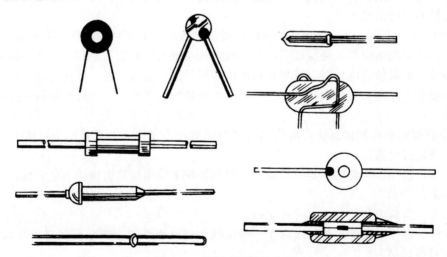

图 2-33　热敏电阻器的外形

（2）热敏电阻器的型号命名方法

热敏电阻器的型号命名分为四部分：

第一部分用字母"M"表示主称为敏感电阻器。

第二部分用字母表示敏感电阻器的类别，"Z"表示正温度系数热敏电阻器，"F"表示负温度系数热敏电阻器。

第三部分用数字 0～9 表示热敏电阻器的用途或特征。

第四部分用数字或字母、数字的混合表示序号，代表某种规格、性能。

热敏电阻器型号中各部分的含义见表2-8。

例如型号为MZ73A-1的热敏电阻器，其型号中各部分的含义为：M表示敏感电阻器、Z表示正温度系数热敏电阻器、7表示消磁用、3A-1表示序号；型号为MF53-1的热敏电阻器，其型号中各部分的含义为：M表示敏感电阻器、F表示负温度系数热敏电阻器、5表示测温用、3-1表示序号。

表 2-8　热敏电阻器型号中各部分的含义

| 主　称 | | 类　别 | | 用途或特征 | | 序号 |
|---|---|---|---|---|---|---|
| 字母 | 含义 | 字母 | 含义 | 数字 | 含义 | |
| M | 敏感电阻器 | Z | 正温度系数热敏电阻器 | 1 | 普通型 | 一般用数字或字母、数字的混合表示序号。代表着某种规格、性能等 |
| | | | | 5 | 测温 | |
| | | | | 6 | 温度控制 | |
| | | | | 7 | 消磁 | |
| | | | | 9 | 恒温 | |
| | | F | 负温度系数热敏电阻器 | 0 | 特殊型 | |
| | | | | 1 | 普通型 | |
| | | | | 2 | 稳压 | |
| | | | | 3 | 微波测量 | |
| | | | | 4 | 旁热式 | |
| | | | | 5 | 测温 | |
| | | | | 6 | 温度控制 | |
| | | | | 8 | 线性型 | |

（3）热敏电阻器的主要参数

热敏电阻器的主要参数有：标称阻值、额定功率、电阻温度系数、热时间常数、允许误差、测量功率、材料常数、耗散系数、最高工作温度、开关温度、标称电压、工作电流、稳压范围、最大电压和绝缘电阻等。

① 标称阻值：一般指20℃时的电阻值。在测量热敏电阻的标称阻值时，必须在标称温度下进行，并应注意测量仪表的测量电流不要太大，以免引起电阻体的温度上升，影响测量的准确度。用万用表测量其阻值时，测量的时间尽量短，以提高测量准确度。热敏电阻器外表通常不标记过多的字符，只标记标称电阻，例如标有"330t°"，表示这个热敏电阻器的电阻值在20℃时为330Ω。

② 额定功率：它是指在标准大气压和最高环境温度下，热敏电阻长期连续工作所允许的耗散功率。在实际使用时，热敏电阻所消耗的功率不得超过额定功率。

③ 电阻温度系数：电阻温度系数表示热敏电阻器在零功率条件下，其温度每变化1℃所引起电阻值的相对变化量，单位是％/℃。

④ 热时间常数：是指热敏电阻器的热惰性，即在无功功率状态下，当环境温度突变时，电阻体温度由初值变化到最终温度之差的63.2％所需的时间。其热时间常数愈小，表明热敏电阻的热惰性愈小，即温度变化后电阻达到稳定值的时间愈短。

⑤ 测量功率：是指在规定的环境温度下，电阻体受测量电源加热而引起阻值变化不超过0.1％时所消耗的功率。

⑥ 材料常数：是反映热敏电阻器热灵敏度的指标。通常该值越大，热敏电阻器的灵敏度和电阻率越高。

⑦ 耗散系数：是指热敏电阻器温度每增加 1℃ 所耗散的功率。

⑧ 开关温度：是指热敏电阻器的零功率电阻值为最低电阻值两倍时所对应的温度。

⑨ 最高工作温度：是指热敏电阻器在规定的标准条件下，长期连续工作时所允许承受的最高温度。

⑩ 标称电压：是指稳压用的热敏电阻器在规定温度下，与标称工作电流所对应的电压值。

⑪ 工作电流：是指稳压用的热敏电阻器在正常工作状态下的规定电流值。

⑫ 稳压范围：是指稳压用热敏电阻器在规定环境温度范围内稳定电压的范围值。

⑬ 最大电压：是指在规定环境温度下，热敏电阻器正常工作所允许连续施加的最高电压值。

⑭ 绝缘电阻：是指在规定环境条件下，热敏电阻器的电阻体与绝缘外壳之间的电阻值。

（4）正温度系数热敏电阻器

正温度系数热敏电阻器也称 PTC 型热敏电阻器，属于直热式热敏电阻器。

① 正温度系数热敏电阻器的结构与特性　正温度系数热敏电阻器是以钛酸钡（BaTiO$_3$）为主要原料，再掺入锶（Sr）、锆（Zr）等稀土元素后制成的。其主要特性是在工作温度范围内具有正的电阻温度系数，即电阻值与温度变化成正比例关系，当温度升高时，电阻值随之增大。

② 正温度系数热敏电阻器的作用与应用　正温度系数热敏电阻器在常温下，其电阻值较小，仅有几欧姆至几十欧姆，当流经它的电流超过额定值时，其电阻值能在几秒内迅速增大至数百欧姆至数千欧姆以上。正温度系数热敏电阻器广泛用于过热保护和过流保护等电路中。图 2-34 为正温度系数热敏电阻器在彩色电视机中的应用电路。

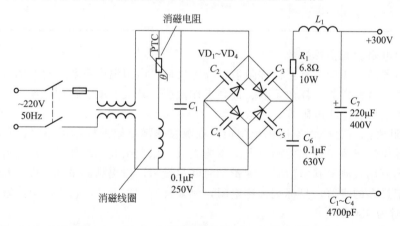

图 2-34　PTC 型热敏电阻器在彩电中的应用电路

③ 常用的正温度系数热敏电阻器　常用的限流用小功率 PTC 型热敏电阻器有 MZ2 系列和 MZ21 系列，其主要参数见表 2-9。常用的电动机过热保护用 PTC 热敏电阻器有 MZ61 系列，其主要参数见表 2-10。

④ 正温度系数热敏电阻的检测方法　检测时，将万用表置于 R×1 挡，具体可分为两步操作：

a.常温检测（室内温度接近 25℃）。将两表笔接触 PTC 热敏电阻的两引脚测出其实际阻值，并与标称阻值相对比，二者相差在 ±20Ω 内即为正常。实际阻值若与标称阻值相差过大，则说明其性能不良或已损坏。

表 2-9　MZ 系列限流用小功率 PTC 热敏电阻器的主要参数

| 型号 | 额定工作电压/V | 标称阻值/kΩ | 开关温度/℃ | 最大电流/A | 最大耗散功率/W | 绝缘电阻/MΩ | 外形尺寸/mm | |
|---|---|---|---|---|---|---|---|---|
| | | | | | | | 直径 | 厚度 |
| MZ2A | 220 | 0.1～0.3 | 60 | 0.5 | 0.1 | >100 | 6 | 5 |
| MZ2B | 220 | 0.1～2 | 70 | 0.5 | 0.1 | >100 | 6 | 5 |
| MZ2C | 220 | 0.1～1.5 | 80 | 0.5 | 0.1 | >100 | 6 | 5 |
| MZ2D | 220 | 100 | 120 | 0.5 | 0.1 | >100 | 6 | 5 |
| MZ21-1 | 220 | 300 | 60 | 0.6 | 0.1 | >100 | 9 | 6 |
| MZ21-2 | 220 | 10、15 | 80 | 0.75 | 0.1 | >100 | 15 | 6 |

表 2-10　MZ61 系列电动机过热保护用 PTC 热敏电阻器的主要参数

| 型号 | 控温点（温度以间隔5℃成系列）温度代号 | 对应于规定温度下的电阻值/ kΩ | | | | 使用环境温度/℃ | 时间常数/s | 绝缘电阻/MΩ |
|---|---|---|---|---|---|---|---|---|
| | | 开关温度为−20℃ | 开关温度为−5℃ | 开关温度为+5℃ | 开关温度为+15℃ | | | |
| MZ61-1 | T50～T60 | ≤0.55 | ≤1.2 | ≥2.8 | ≥8.5 | −40～+30 | ≤15 | ≥100 |
| MZ61-2 | T85～T120 | ≤0.75 | ≤0.5 | ≥1.3 | ≥4 | −40～+30 | ≤15 | ≥100 |
| MZ61-3 | T126～T158 | ≤0.75 | ≤0.5 | ≥1.3 | ≥4 | −40～+30 | ≤15 | ≥100 |

b.加温检测。在常温测试正常的基础上，即可进行第二步测试——加温检测。将一热源靠近 PTC 热敏电阻对其加热，同时用万用表检测其电阻值是否随温度的升高而增大，如是，说明热敏电阻正常，若阻值无变化，说明其性能变劣，不能再继续使用。

（5）负温度系数热敏电阻器

负温度系数热敏电阻器也称 NTC 热敏电阻器，是应用较多的温度敏感型电阻器。

① 负温度系数热敏电阻器的结构与特性　负温度系数热敏电阻器是用锰（Mn）、钴（Co）、镍（Ni）、铜（Cu）、铝（Al）等金属氧化物（具有半导体性质）或碳化硅（SiC）等材料采用陶瓷工艺制成的。其主要特性是电阻值与温度变化成反比，即在工作温度范围内当温度升高时，电阻值却随之减小。

② 负温度系数热敏电阻器的作用与应用　NTC 热敏电阻器广泛应用于电视机、显示器、音响设备等家电、办公产品中，这些电器内往往安装有大容量电解电容器作滤波或旁路用，在开机瞬间，电容器对电源几乎呈短路状态，其冲击电流很大，容易造成变压器、整流堆或保险管过载。若在对设备的整流输出端串接上 NTC 热敏电阻器，如图 2-35 所示，这样在开机瞬间，电容器的充电电流便受到 NTC 元件的限制。约开机 15s 后，NTC 元件升温相对稳定，其上的分压也逐步降至零点几伏。这样小的压降，可视此种元件在完成软启动功能后为短接状态，不会影响电器的正常工作。

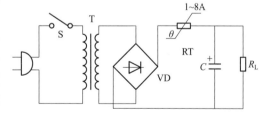

图 2-35　NTC 热敏电阻器在家用电器中的应用

③ 常用的负温度系数热敏电阻器　常用稳压用 NTC 热敏电阻器有 MF21、MF22 和 RR系列等，其主要参数见表 2-11。另外，常用的普通型 NTC 热敏电阻器有 MF11～MF17 系列，其主要参数见表 2-12。常用的温度检测用 NTC 热敏电阻器有 MF53 系列和 MF57 系列，其主要参数见表 2-13。

表 2-11　稳压用 NTC 热敏电阻器的主要参数

| 型号 | 标称电压/V | 稳压范围/V | 标称电流/mA | 工作电流范围/mA | 允许最大电压变化/V | 允许最大瞬间时过负荷电流/mA |
|---|---|---|---|---|---|---|
| MF21-2 | 2 | 1.6～3 | 2 | 0.4～6 | 0.4 | 3 |
| MF21-2A | 2 | 1.5～2 | 2 | 0.3～2 | 0.4 | 5 |
| MF22-1 | 2 | 1.6～3 | 2 | 1.6～3 | 0.4 | 9 |
| MF22-2 | 2 | 1.6～3 | 2 | 1.6～3 | 0.4 | 9 |
| MF22-2A | 2 | 1.6～3 | 2 | 0.6～6 | 0.4 | 10 |
| MF22-3 | 4 | 3～4.2 | 2 | 0.4～6 | 0.8 | 10 |
| MF22-4 | 6 | 4.2～7.8 | 2 | 0.4～6 | 1.2 | 10 |
| RR827A | 2 | 1.6～3 | 2 | 0.2～2 | 1.2 | 6 |
| RR827B | 2 | 1.6～3 | 4 | 2～5 | 1.2 | 10 |
| RR827C/E | 2 | 2～2.3 | 4 | 1.5～4 | 1.2 | 10 |
| RR827D | 2 | 2～2.5 | 3 | 2.5～3.5 | 1.2 | 6 |
| RR831 | 3 | 2.8～4 | 2 | 0.2～3 | 1.2 | 6 |
| RR841 | 4 | 3～5 | 2 | 0.2～2 | 0.6 | 6 |

表 2-12　普通型 NTC 热敏电阻器的主要参数

| 型号 | 标称阻值范围 | 额定功率/W | 最高工作温度/℃ | 热时间常数/s | 用途 |
|---|---|---|---|---|---|
| MF11 | 10～100Ω,110Ω～4.7kΩ,5.1～15kΩ | 0.25 | 85 | ≤60 | 温度补偿温度检测温度控制 |
| MF12-1 | 1Ω～430kΩ,470kΩ～1MΩ | 1 | 125 | ≤60 | |
| MF12-2 | 1Ω～100kΩ,110kΩ～1MΩ | 0.5 | 125 | ≤60 | |
| MF12-3 | 56～510Ω,560Ω～5.6kΩ | 0.25 | 125 | ≤60 | |
| MF13 | 0.82Ω～10kΩ,11Ω～300kΩ | 0.25 | 125 | ≤30 | 温度补偿温度控制 |
| MF14 | 0.82Ω～10kΩ,11Ω～300kΩ | 0.5 | 125 | ≤60 | |
| MF15 | 100Ω～47kΩ,51Ω～100kΩ | 0.5 | 155 | ≤30 | |
| MF16 | 10Ω～47kΩ,51Ω～100kΩ | 0.5 | 125 | ≤60 | |
| MF17 | 6.8kΩ～1MΩ | 0.25 | 155 | ≤20 | |

表 2-13　温度检测用 NTC 热敏电阻器的主要参数

| 型号 | 标称阻值 | 额定功率/W | 热时间常数/s | 温度范围/℃ | 材料常数 |
|---|---|---|---|---|---|
| MF53-1 | 1Ω～30kΩ | 0.25 | ≤60 | -10～+55 | 3500(1±10%) |
| MF53-2 | 2～890Ω | 0.25 | ≤120 | -10～+55 | 3500(1±10%) |
| MF53-3 | 2～890Ω | 0.25 | ≤120 | -10～+55 | 3500(1±10%) |
| MF57-1 | 220～470Ω | 0.5 | ≤50 | -10～+55 | 3000(1±5%) |
| MF57-2 | 220Ω～5kΩ | 0.5 | ≤50 | -10～+55 | 3600(1±5%) |
| MF57-3 | 300Ω～1kΩ | 0.5 | ≤50 | -10～+55 | 3900(1±5%) |
| MF57-4 | 1Ω～10kΩ | 0.5 | ≤50 | -10～+55 | 4300(1±5%) |

④ 负温度系数热敏电阻的检测方法 用万用表电阻挡的适当量程测量 NTC 热敏电阻器的电阻值时，可用手指捏住电阻器使其温度升高，或利用电烙铁、吹风机等工具对电阻器加热。若电阻器的阻值能随着温度的升高而变小，则说明该电阻器性能良好；若电阻器阻值不随着温度变化而变化，则说明该电阻器已损坏或性能不良。

## 2.3.2 压敏电阻器

压敏电阻器是电压灵敏电阻器（VSR）的简称，当外加电压施加到某一临界值时，其阻值会急剧变小，是一种对电压敏感的非线性过电压保护半导体元件。它在电路中通常用文字符号"RV"或"R"表示，图 2-36 是其电路图形符号。

（1）压敏电阻器的种类

压敏电阻器可以按结构、制造过程、使用材料和伏安特性分类。

① 按结构分：压敏电阻器可分为结型压敏电阻器、体型压敏电阻器、单颗粒层压敏电阻器和薄膜压敏电阻器等。

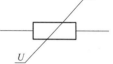

图 2-36 压敏电阻器
电路图形符号

② 按使用材料分：压敏电阻器可分为氧化锌压敏电阻器、碳化硅压敏电阻器、金属氧化物压敏电阻器、锗（硅）压敏电阻器、钛酸钡压敏电阻器等。

③ 按其伏安特性分：压敏电阻器可分为对称型压敏电阻器（无极性）和非对称型压敏电阻器（有极性）。

（2）压敏电阻器的结构特性与应用

① 压敏电阻器的结构特性 压敏电阻器与普通电阻器不同，其电阻值随端电压的变化而变化。它是根据半导体材料的非线性特性制成的。图 2-37 是压敏电阻器的外形，其内部结构如图 2-38 所示。

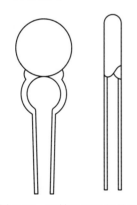

图 2-37 压敏电阻器的外形

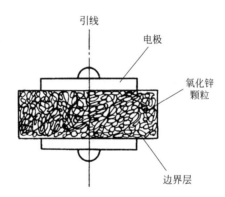

图 2-38 压敏电阻器的内部结构

普通电阻器遵守欧姆定律，而压敏电阻器的电压与电流则呈特殊的非线性关系。当压敏电阻器两端所加电压低于标称额定电压时，压敏电阻器的电阻值将接近无穷大，内部几乎无电流通过。当压敏电阻器两端电压略高于标称额定电压时，压敏电阻器将迅速击穿导通，并由高阻状态变为低阻状态，工作电流也急剧增大。当其两端电压低于标称额定电压时，压敏电阻器又能恢复为高阻状态。当压敏电阻器两端电压超过其最大限制电压时，压敏电阻器将完全击穿损坏，无法再自行恢复。

② 压敏电阻器的应用 压敏电阻器的主要特点是工作电压范围宽（6～3000V，分若干挡），广泛地应用在家用电器及其他电子产品中，起过电压保护、防雷、抑制浪涌电流、吸

收尖峰脉冲、限幅、高压灭弧、消噪、保护半导体元器件等作用。压敏电阻器在过压保护电路中的典型应用如图 2-39 所示。

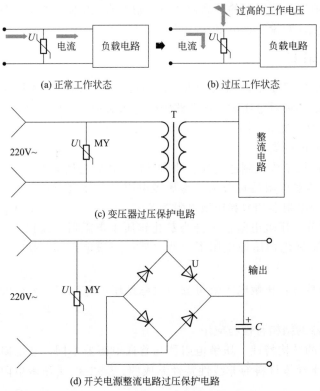

(a) 正常工作状态　　　　　　　　(b) 过压工作状态

(c) 变压器过压保护电路

(d) 开关电源整流电路过压保护电路

图 2-39　采用压敏电阻器的过压保护电路

由于电网电压的波动或人为的配电故障，经常会使电网产生浪涌过电压，威胁电子仪器及各种家电的整流电路和电源变压器的安全。若将压敏电阻器并接在整流二极管或电源变压器的输入端即可起到保护作用。

（3）压敏电阻器的型号命名方法

压敏电阻器的型号命名分为四部分：

第一部分用字母"M"表示主称为敏感电阻器。

第二部分用字母"Y"表示敏感电阻器为压敏电阻器。

第三部分用字母表示压敏电阻器的用途或特征。

第四部分用数字表示序号，有的在序号的后面还标有标称电压、通流容量、电阻体直径以及电压误差等。

压敏电阻器型号中各部分的含义见表 2-14。

（4）压敏电阻器的主要参数

压敏电阻器的主要参数有标称电压、电压比、最大控制电压、残压比、通流容量、漏电流、电压温度系数、电压非线性系数、绝缘电阻、静态电容等。

① 标称电压　标称电压是指标注在压敏电阻器阻体上的设计电压。一般规定为：压敏电阻器上流过规定电流（多定为 1mA）时在其两端产生的端电压，也称压敏电压。

② 电压比　电压比是指压敏电阻器流过规定倍数的两个电流时，分别产生的两个直流端电压降的比值。通常采用的是 10 倍标称电流时压敏电阻的端电压与标称电压之比；也有用标称电压值与 0.1 倍标称电流时端电压之比。

表 2-14　压敏电阻器型号中各部分的含义

| 主　称 | | 类　别 | | 用途或特征 | | 序　号 |
| --- | --- | --- | --- | --- | --- | --- |
| 字母 | 含义 | 字母 | 含义 | 字母 | 含义 | |
| M | 敏感电阻器 | Y | 压敏电阻器 | 无 | 普通型 | 一般用数字或字母、数字的混合表示序号。代表着某种规格、性能等 |
| | | | | D | 通用 | |
| | | | | B | 补偿 | |
| | | | | C | 消磁 | |
| | | | | E | 消噪 | |
| | | | | G | 过压保护 | |
| | | | | H | 灭弧 | |
| | | | | K | 高可靠型 | |
| | | | | L | 防雷 | |
| | | | | M | 防静电 | |
| | | | | N | 高能型 | |
| | | | | P | 高频 | |
| | | | | S | 元器件保护 | |
| | | | | T | 特殊型 | |
| | | | | W | 稳压 | |
| | | | | Y | 环型 | |
| | | | | Z | 组合型 | |

③ 最大限制电压　最大限制电压是指压敏电阻器两端所能承受的最高电压值。

④ 残压比　流过压敏电阻器的电流为某一值时，在它两端所产生的电压称为这一电流值的残压。残压比则是残压与标称电压之比。

⑤ 通流容量　通流容量又称通流量，是指在规定条件下，允许通过压敏电阻器上的最大脉冲电流值。规定的条件有：规定的时间间隔和次数、施加规定的标准冲击电流波形以及规定的标称电压变化率等。

⑥ 漏电流　漏电流又称等待电流，是指在规定温度和最大直流电压下，流过压敏电阻器的电流。由于它是在电路上处于等待状态时一直产生的电流，通常又称为等待电流。其值越小越好，以减少功率的无谓损耗。

⑦ 电压温度系数　电压温度系数是指在规定的温度范围（通常是指温度为 $20\sim70℃$）内，压敏电阻器标称电压的变化率，即在通过压敏电阻器的电流保持恒定，温度每变化 $1℃$ 时压敏电阻器两端电压的相对变化。

⑧ 电流温度系数　电流温度系数是指在压敏电阻器的两端电压保持恒定时，温度每变化 $1℃$，流过压敏电阻器电流的相对变化。

⑨ 电压非线性系数　电压非线性系数是指压敏电阻器在给定的外加电压作用下，其静态电阻值与动态电阻值之比。

⑩ 绝缘电阻　绝缘电阻是指压敏电阻器的引出线（引脚）与电阻体绝缘表面间的阻值。

⑪ 静态电容　静态电容是指压敏电阻器本身固有的电容容量。

⑫ 浪涌寿命　浪涌寿命是指在规定环境条件下，施加给压敏电阻器规定的连续等间隔脉冲波，它仍能保持正常工作所能经受脉冲波的最大次数。

⑬ 最大稳压电流　最大稳压电流是指在规定的环境条件下，保证稳压压敏电阻器正常工作所允许连续施加的最大电流。

（5）常用的压敏电阻器

常用的浪涌电流抑制及过电压保护压敏电阻器有 MYJ 系列、MYD 系列、MYG20 系列、MYH 系列、MYG3 系列、MYG4 系列等，各系列产品的主要参数见表 2-15～表 2-19。

表 2-15　MYJ 系列压敏电阻器的主要参数

| 型号 | 标称电压 /V | 最大限制 电压/V | 通流容量 /kA | 静态电容 /pF | 外形尺寸/mm | |
|---|---|---|---|---|---|---|
| | | | | | 直径 | 厚度 |
| MYJ07K560 | 56(1±10%) | 110(2.5A) | 0.125 | 950 | 9 | 4 |
| MYJ05K271 | 270(1±10%) | 500(20A) | 0.2 | 65 | 7 | 4.6 |
| MYJ10K271 | 270(1±10%) | 455(25A) | 1.25 | 350 | 14 | 5.1 |
| MYJ05K471 | 470(1±10%) | 700(20A) | 0.2 | 40 | 7 | 6 |
| MYJ10K471 | 470(1±10%) | 750(25A) | 1.25 | 230 | 14 | 6.5 |
| MYJ15K471 | 470(1±10%) | 765(50A) | 2.5 | 450 | 17 | 7 |
| MYJ10K621 | 620(1±10%) | 1000(30A) | 1.25 | 130 | 14 | 6.5 |

表 2-16　MYD 系列压敏电阻器的主要参数

| 型号 | 标称电压 /V | 最大连续工作电压/V | | 最大限制 电压/V | 通流容量 /kA | 静态电容 /pF | 最大静态 功率/W |
|---|---|---|---|---|---|---|---|
| | | AC | DC | | | | |
| MYD05K271 | 270 | 175 | 225 | 475(5A) | 0.2 | 65 | 0.1 |
| MYD07K271 | 270 | 175 | 225 | 455(10A) | 0.6 | 170 | 0.25 |
| MYD10K271 | 270 | 175 | 225 | 455(25A) | 1.25 | 350 | 0.4 |
| MYD14K271 | 270 | 175 | 225 | 455(50A) | 2.5 | 750 | 0.6 |
| MYD05K361 | 360 | 230 | 300 | 595(5A) | 0.2 | 50 | 0.1 |
| MYD07K361 | 360 | 230 | 300 | 595(10A) | 0.6 | 130 | 0.25 |
| MYD10K361 | 360 | 230 | 300 | 595(25A) | 1.25 | 300 | 0.4 |
| MYD14K361 | 360 | 230 | 300 | 595(50A) | 2.5 | 550 | 0.6 |
| MYD05K431 | 430 | 275 | 385 | 745(4A) | 0.2 | 40 | 0.1 |
| MYD07K431 | 430 | 275 | 385 | 710(10A) | 0.6 | 100 | 0.25 |
| MYD10K431 | 430 | 275 | 385 | 710(25A) | 1.25 | 230 | 0.4 |
| MYD14K431 | 430 | 275 | 385 | 710(50A) | 2.5 | 440 | 0.6 |

表 2-17　MYG20 系列压敏电阻器的主要参数

| 型号 | 标称 电压/V | 最大连续工作电压/V | | 最大限制 电压/V | 通流电 容量/kA | 静态 电容/pF | 最大静态 功率/W |
|---|---|---|---|---|---|---|---|
| | | AC | DC | | | | |
| MYG20G05K560 | 56(1±10%) | 35 | 45 | 123(1A) | 0.05 | 400 | 0.01 |
| MYG20G07K560 | 56(1±10%) | 35 | 45 | 110(2.5A) | 0.125 | 950 | 0.02 |
| MYG20G10K560 | 56(1±10%) | 35 | 45 | 110(5A) | 0.25 | 1800 | 0.05 |
| MYG20G14K560 | 56(1±10%) | 35 | 45 | 110(10A) | 0.5 | 4500 | 0.1 |

| 型号 | 标称电压/V | 最大连续工作电压/V | | 最大限制电压/V | 通流电容量/kA | 静态电容/pF | 最大静态功率/W |
|---|---|---|---|---|---|---|---|
| | | AC | DC | | | | |
| MYG20G20K560 | 56(1±10%) | 35 | 45 | 110(20A) | 1 | 11000 | 0.2 |
| MYG20G05K271 | 270(1±10%) | 170 | 220 | 475(5A) | 0.2 | 65 | 0.1 |
| MYG20G07K271 | 270(1±10%) | 170 | 220 | 455(10A) | 0.6 | 170 | 0.25 |
| MYG20G10K271 | 270(1±10%) | 170 | 220 | 455(25A) | 1.25 | 350 | 0.4 |
| MYG20G14K271 | 270(1±10%) | 170 | 220 | 455(50A) | 2.5 | 750 | 0.6 |
| MYG20G20K271 | 270(1±10%) | 170 | 220 | 455(100A) | 4 | 1600 | 1 |
| MYG20G05K331 | 330(1±10%) | 210 | 275 | 580(5A) | 0.2 | 65 | 0.1 |
| MYG20G07K331 | 330(1±10%) | 210 | 275 | 550(10A) | 0.6 | 150 | 0.25 |
| MYG20G10K331 | 330(1±10%) | 210 | 275 | 550(25A) | 1.25 | 330 | 0.4 |
| MYG20G14K331 | 330(1±10%) | 210 | 275 | 550(50A) | 2.5 | 650 | 0.6 |
| MYG20G20K331 | 330(1±10%) | 210 | 275 | 550(100A) | 4 | 1400 | 1 |
| MYG20G05K431 | 430(1±10%) | 275 | 350 | 745(5A) | 0.2 | 45 | 0.1 |
| MYG20G07K431 | 430(1±10%) | 275 | 350 | 710(10A) | 0.6 | 110 | 0.25 |
| MYG20G10K431 | 430(1±10%) | 275 | 350 | 710(25A) | 1.25 | 250 | 0.4 |
| MYG20G14K431 | 430(1±10%) | 275 | 350 | 710(50A) | 2.5 | 400 | 0.6 |
| MYG20G20K431 | 430(1±10%) | 275 | 350 | 710(100A) | 4 | 900 | 1 |

**表 2-18　MYH 系列压敏电阻器的主要参数**

| 型号 | 标称电压/V | 最大连续工作电压/V | | 最大限制电压/V | 通流电容量/kA | 外形尺寸/mm | |
|---|---|---|---|---|---|---|---|
| | | AC | DC | | | 直径 | 厚度 |
| MYH3-208 | 56 | 35 | 45 | 110(15A) | 0.25 | 10 | 5 |
| MYH3-205 | 270/470 | 170/300 | 220/385 | 445(25A)/750(50A) | 0.6/1.25 | 8 | 6 |
| MYH3-212 | 620 | 385 | 505 | 1025(100A) | 2.5 | 14 | 8 |
| MYH305D271 | 270 | 175 | 225 | 475(5A) | 0.4 | 7.5 | 6 |
| MYH307D271 | 270 | 175 | 225 | 475(10A) | 1.2 | 9 | 6 |
| MYH310D271 | 270 | 175 | 225 | 475(25A) | 2.5 | 13 | 6 |
| MYH314D271 | 270 | 175 | 225 | 475(50A) | 4.5 | 17 | 8 |
| MYH320D271 | 270 | 175 | 225 | 475(100A) | 6.5 | 23 | 8 |

**表 2-19　MYG3/MYG4 系列压敏电阻器的主要参数**

| 型号 | 标称电压/V | 最大连续工作电压/V | | 最大限制电压/V | 电源电压/V |
|---|---|---|---|---|---|
| | | AC | DC | | |
| MYG3/MYG4-82V | 82 | 50 | 65 | 135 | 45 |
| MYG3/MYG4-100V | 100 | 60 | 85 | 165 | 55 |
| MYG3/MYG4-120V | 120 | 75 | 100 | 200 | 65 |
| MYG3/MYG4-150V | 150 | 95 | 125 | 250 | 85 |

续表

| 型号 | 标称电压/V | 最大连续工作电压/V | | 最大限制电压/V | 电源电压/V |
| --- | --- | --- | --- | --- | --- |
| | | AC | DC | | |
| MYG3/MYG4-205V | 205 | 130 | 170 | 340 | 110 |
| MYG3/MYG4-220V | 220 | 140 | 180 | 360 | 125 |
| MYG3/MYG4-240V | 240 | 150 | 200 | 395 | 135 |
| MYG3/MYG4-270V | 270 | 175 | 225 | 455 | 155 |
| MYG3/MYG4-360V | 360 | 230 | 300 | 595 | 205 |
| MYG3/MYG4-390V | 390 | 250 | 320 | 650 | 220 |
| MYG3/MYG4-430V | 430 | 275 | 350 | 710 | 245 |
| MYG3/MYG4-470V | 470 | 300 | 385 | 775 | 270 |
| MYG3/MYG4-620V | 620 | 385 | 505 | 1025 | 345 |
| MYG3/MYG4-680V | 680 | 420 | 560 | 1120 | 380 |

常用的防雷用压敏电阻器主要有 MYL 系列，其主要参数见表 2-20。

表 2-20  MYL 系列防雷用压敏电阻器的主要参数

| 型号 | 标称电压/V | 最大连续工作电压/V | | 最大限制电压/V | 通流容量/kA | 静态电容/pF | 最大静态电流/W |
| --- | --- | --- | --- | --- | --- | --- | --- |
| | | AC | DC | | | | |
| MYL25K271 | 270 | 175 | 225 | 475(200A) | 5 | 1700 | 1 |
| MYL32K271 | 270 | 175 | 225 | 475(200A) | 10 | 3500 | 1.2 |
| MYL25K361 | 360 | 230 | 300 | 610(200A) | 5 | 1400 | 1 |
| MYL32K361 | 360 | 230 | 300 | 610(200A) | 10 | 3000 | 1.2 |
| MYL25K391 | 390 | 250 | 320 | 660(200A) | 5 | 1200 | 1 |
| MYL32K391 | 390 | 250 | 320 | 660(200A) | 10 | 2500 | 1.2 |
| MYL25K431 | 430 | 275 | 350 | 730(200A) | 5 | 1100 | 1 |
| MYL32K431 | 430 | 275 | 350 | 730(200A) | 10 | 2250 | 1.2 |
| MYL25K471 | 470 | 300 | 385 | 800(200A) | 5 | 1000 | 1 |
| MYL32K471 | 470 | 300 | 385 | 800(200A) | 10 | 1900 | 1.2 |

（6）压敏电阻器的检测

① 测量电阻　用万用表 R×1k 或 R×10k 挡，测量压敏电阻器的电阻值，正常时应为无穷大。若测得其电阻值接近 0 或有一定的电阻值，则说明该电阻器已击穿损坏或已漏电损坏。

② 测量标称电压　测试电路如图 2-40 所示，利用兆欧表提供测试电压，使用两块万用表，一块用直流电压挡读出 $V_{1mA}$，另一块用直流电流挡读出 $I_{1mA}$。然后调换压敏电阻引脚位置用同样方法可读出 $V'_{1mA}$ 和 $I'_{1mA}$，所测量值应满足 $V_{1mA} \approx |V'_{1mA}|$，否则说明对称性不好。

## 2.3.3  光敏电阻器

光敏电阻器是一种对光敏感的元件，其阻值随外界光照强弱（明暗）变化而变化。光敏电阻器在电路中用字母 "R" "RL" 或 "RG" 表示，图 2-41 是其电路图形符号。

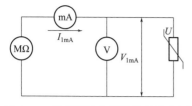

图 2-40　检测压敏电阻器的标称电压

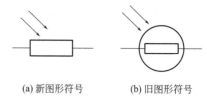

图 2-41　光敏电阻器的电路图形符号

（1）光敏电阻器的结构特性及应用

① 光敏电阻器的结构特性　光敏电阻器通常由光敏层、玻璃基片（或树脂防潮膜）和电极等组成。其结构与外形如图 2-42 所示。

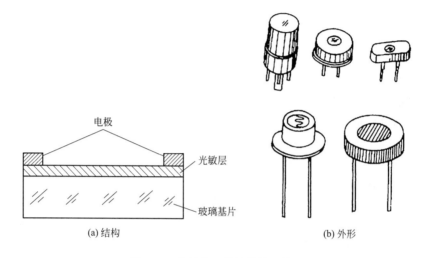

图 2-42　光敏电阻器的结构和外形

光敏电阻器是用硫化镉（CdSe）或硒化镉（CdSe）等半导体材料制成的特殊电阻器，这些半导体具有光电导效应，因此，光敏电阻器对光线十分明感。它在无光照射时，呈高阻状态，暗阻值一般可达 1.56MΩ 以上；当有光照射时，材料中便激发出自由电子和空穴，其电阻值减小，随着照度的升高，电阻值迅速降低，电阻值可小至 1kΩ 以下。可见，光敏电阻器的暗阻和亮阻间阻值比约为 1500：1，其暗阻值越高越好。使用时给它施以直流或交流偏压。

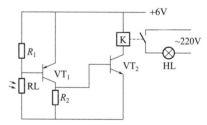

图 2-43　采用光敏电阻器的
应急自动照明电路

② 光敏电阻器的应用　光敏电阻器广泛应用于各种自动控制电路（如自动照明灯控制电路、自动报警电路）、家用电器（如电视机中的亮度自动调节，照相机中的自动曝光控制）及各种测量仪器中。图 2-43 是采用光敏电阻器的应急自动照明电路。

（2）光敏电阻器的型号命名方法

第一部分用字母 M 表示主称为敏感电阻器、G 表示光敏电阻器。

第二部分用数字 0～9 表示光敏电阻器的用途或特征。

第三部分用数字表示序号，代表电阻器的规格、性能等。

光敏电阻器型号中各部分的含义如表 2-21 所示。

表 2-21 光敏电阻器型号中各部分的含义

| 第一部分:主称 | | 第二部分:用途或特征 | | 第三部分:序号 |
|---|---|---|---|---|
| 字母 | 含义 | 数字 | 含义 | |
| MG | 光敏电阻器 | 0 | 特殊用途 | 通常用数字表示序号,以区别该电阻器的外形尺寸及性能指标等 |
| | | 1 | 紫外光 | |
| | | 2 | 紫外光 | |
| | | 3 | 紫外光 | |
| | | 4 | 可见光 | |
| | | 5 | 可见光 | |
| | | 6 | 可见光 | |
| | | 7 | 红外光 | |
| | | 8 | 红外光 | |
| | | 9 | 红外光 | |

（3）光敏电阻器的种类

光敏电阻器可以根据光敏电阻器的制作材料和光谱特性来分类。

① 按光敏电阻器的制作材料分：光敏电阻器可分为多晶光敏电阻器和单晶光敏电阻器，还可分为硫化镉（CdS）光敏电阻器、硒化镉（CdSe）光敏电阻器、硫化铅（PbS）光敏电阻器、硒化铅（PbSe）光敏电阻器、锑化铟（InSb）光敏电阻器等。

② 按光谱特性分：光敏电阻器可分为可见光光敏电阻器、紫外光光敏电阻器和红外光光敏电阻器。可见光光敏电阻器主要用于各种光电自动控制系统、电子照相机和光报警器等电子产品中；紫外光光敏电阻器主要用于紫外线探测仪器；红外光光敏电阻器主要用于天文、军事等领域的有关自动控制系统中。

（4）光敏电阻器的主要参数

光敏电阻器的主要参数有额定功率（$P_M$）、亮电阻（$R_L$）、暗电阻（$R_D$）、最高工作电压（$U_M$）、亮电流（$I_L$）、暗电流（$I_D$）、时间常数（$\tau$）、温度系数、灵敏度等。

① 额定功率：是指光敏电阻器在规定条件下，长期连续负荷所允许消耗的最大功率。在此功率下，电阻器自身的温度不应超过最高工作温度。

② 亮电阻：是指光敏电阻器受到光照射时的电阻值（一般测试条件照度为100lx）。

③ 暗电阻：是指光敏电阻器在无光照射（黑暗环境，一般测试条件照度为0lx）时的电阻值。规定在光源关闭30s后测量。

④ 最高工作电压：是指光敏电阻器在额定功耗下所允许承受的最高电压。

⑤ 亮电流：是指光敏电阻器在规定的外加电压下受到光照时所通过的电流。

⑥ 暗电流：是指在无光照射时，光敏电阻器在规定的外加电压下通过的电流。

⑦ 时间常数：是指光敏电阻器从光照跃变开始到稳定亮电流的63%时所需要的时间。它反映了元件的光敏感惯性。

⑧ 温度系数：是指光敏电阻器在环境温度改变1℃时，其电阻的相对变化。

⑨ 灵敏度：是指光敏电阻器在有光照射和无光照射时电阻的相对变化。

（5）常用的光敏电阻器

常用的光敏电阻器有 MG41～MG45 系列，主要参数见表 2-22。

表 2-22　MG41～MG45 系列光敏电阻器的主要参数

| 型号 | 最高工作电压/V | 额定功率/mW | 亮电阻/kΩ | 暗电阻/MΩ | 时间常数/s | 温度范围/℃ | 外径/mm | 封装形式 |
|---|---|---|---|---|---|---|---|---|
| MG41-22 | 100 | 20 | ≤2 | ≥1 | ≤20 | −40～+70 | 9.2 | |
| MG41-23 | 100 | 20 | ≤5 | ≥5 | ≤20 | −40～+70 | 9.2 | |
| MG41-24 | 100 | 20 | ≤10 | ≥10 | ≤20 | −40～+70 | 9.2 | |
| MG41-47 | 150 | 100 | ≤100 | ≥50 | ≤20 | −40～+70 | 9.2 | |
| MG41-48 | 150 | 100 | ≤200 | ≥100 | ≤20 | −40～+70 | 9.2 | |
| MG42-1 | 50 | 10 | ≤50 | ≥10 | ≤20 | −25～+55 | 7 | 金属玻璃全密封 |
| MG42-2 | 20 | 5 | ≤2 | ≥0.1 | ≤50 | −25～+55 | 7 | |
| MG42-3 | 20 | 5 | ≤5 | ≥0.5 | ≤50 | −25～+55 | 7 | |
| MG42-4 | 20 | 5 | ≤10 | ≥1 | ≤50 | −25～+55 | 7 | |
| MG42-5 | 20 | 5 | ≤20 | ≥2 | ≤50 | −25～+55 | 7 | |
| MG42-16 | 50 | 10 | ≤50 | ≥10 | ≤20 | −25～+55 | 7 | |
| MG42-17 | 50 | 10 | ≤100 | ≥20 | ≤20 | −25～+55 | 7 | |
| MG43-52 | 250 | 200 | ≤2 | ≥1 | ≤20 | −40～+70 | 20 | |
| MG43-53 | 250 | 200 | ≤5 | ≥5 | ≤20 | −40～+70 | 20 | |
| MG43-54 | 250 | 200 | ≤10 | ≥10 | ≤20 | −40～+70 | 20 | |
| MG44-2 | 10 | 5 | ≤2 | ≥0.2 | ≤20 | −40～+70 | 4.5 | |
| MG44-3 | 20 | 5 | ≤5 | ≥1 | ≤20 | −40～+70 | 4.5 | |
| MG44-4 | 20 | 5 | ≤10 | ≥2 | ≤20 | −40～+70 | 4.5 | |
| MG44-5 | 20 | 5 | ≤20 | ≥5 | ≤20 | −40～+70 | 4.5 | |
| MG45-12 | 100 | 50 | ≤2 | ≥1 | ≤20 | −40～+70 | 5 | |
| MG45-13 | 100 | 50 | ≤5 | ≥5 | ≤20 | −40～+70 | 5 | |
| MG45-14 | 100 | 50 | ≤10 | ≥10 | ≤20 | −40～+70 | 5 | |
| MG45-22 | 125 | 75 | ≤2 | ≥1 | ≤20 | −40～+70 | 7 | 树脂封装 |
| MG45-23 | 125 | 75 | ≤5 | ≥5 | ≤20 | −40～+70 | 7 | |
| MG45-24 | 125 | 75 | ≤10 | ≥10 | ≤20 | −40～+70 | 7 | |
| MG45-32 | 150 | 100 | ≤2 | ≥1 | ≤20 | −40～+70 | 9 | |
| MG45-33 | 150 | 100 | ≤5 | ≥5 | ≤20 | −40～+70 | 9 | |
| MG45-34 | 150 | 100 | ≤10 | ≥10 | ≤20 | −40～+70 | 9 | |
| MG45-52 | 250 | 200 | ≤2 | ≥1 | ≤20 | −40～+70 | 16 | |
| MG45-53 | 250 | 200 | ≤5 | ≥5 | ≤20 | −40～+70 | 16 | |
| MG45-54 | 250 | 200 | ≤10 | ≥10 | ≤20 | −40～+70 | 16 | |

（6）光敏电阻器的检测方法

检测光敏电阻时，可用万用表 R×1k 挡，将两表笔分别任意接光敏电阻的两根引脚，然后按下列方法进行测试。

① 检测暗阻　检测如图 2-44 所示，用一黑纸片将光敏电阻的透光窗口遮住，此时万用表的指针基本保持不动，阻值接近无穷大。此值越大说明光敏电阻性能越好。若此值很小或

接近为零，说明光敏电阻已烧穿损坏，不能再继续使用。

② 检测亮阻　检测电路如图 2-45 所示。将光源（可见光光敏电阻器可用白炽灯泡照射；紫外光光敏电阻器可用验钞机的紫外线灯管照射；红外光光敏电阻器则可用电视机遥控器内的红外发射管作光源）对准光敏电阻的透光窗口，此时万用表的指针应有较大幅度的摆动，阻值明显减小。此值越小说明光敏电阻器的性能越好。若此值很大甚至无穷大，表明光敏电阻器内部开路损坏，也不能再继续使用。

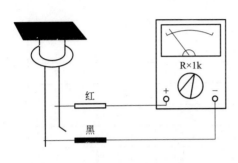

图 2-44　检测光敏电阻的暗阻

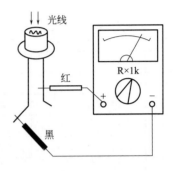

图 2-45　检测光敏电阻的亮阻

## 2.3.4　湿敏电阻器

湿敏电阻器是一种对环境湿度敏感的元件，其电阻值随环境的相对湿度变化而变化。湿敏电阻器在电路中的文字符号用字母"R"或"RS"表示，图 2-46 是其电路图形符号。

（1）湿敏电阻器的结构特性及应用

① 湿敏电阻器的结构特性　湿敏电阻器一般由基体、电极和感湿层组成，如图 2-47 所示。有的湿敏电阻器还设有防尘外壳。

基体采用聚碳酸酯板、氧化铝、电子陶瓷等不吸水、耐高温的材料制成。感湿层为微孔型结构，具有电解质特性。根据感湿层使用的材料和配方不同，它分为正电阻湿度特性（即湿度增大时，电阻值也增大）和负电阻湿度特性（即湿度增大时，电阻值减小）。

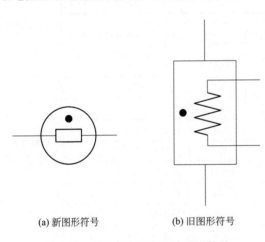

(a) 新图形符号　　　(b) 旧图形符号

图 2-46　湿敏电阻器的电路图形符号

② 湿敏电阻器的应用　湿敏电阻器广泛应用于洗衣机、空调器、录像机、微波炉等家用电器及工业、农业等方面作湿度检测、湿度控制用。图 2-48 是其典型应用电路。

（2）湿敏电阻器的型号命名方法

湿敏电阻器的型号命名分为三部分：

第一部分用字母"MS"表示主称为湿敏电阻器。

第二部分用字母表示湿敏电阻器的用途或特征。

第三部分用数字表示产品序号。

湿敏电阻器型号中各部分的含义见表 2-23。

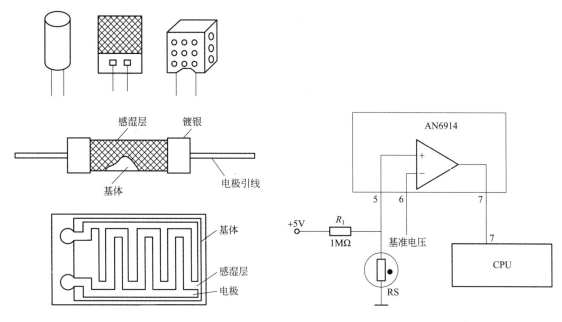

图 2-47　湿敏电阻器的结构与外形　　　　图 2-48　湿敏电阻器的典型应用电路

表 2-23　湿敏电阻器型号中各部分的含义

| 主　称 | | 用途或特征 | | 序　号 |
|---|---|---|---|---|
| 字母 | 含义 | 字母 | 含义 | 用数字表示序号 |
| MS | 湿敏电阻器 | 无 | 通用型 | |
| | | K | 控制湿度 | |
| | | G | 测量湿度 | |

（3）湿敏电阻器的主要参数

湿敏电阻器的主要参数有相对湿度、湿度温度系数、灵敏度、测湿范围、湿滞效应、响应时间等。

① 相对湿度：是指在某一温度下，空气中所含水蒸气的实际密度与同一温度下饱和密度之比，通常用"RH"表示。例如 20％RH，则表示空气相对湿度为 20％。

② 湿度温度系数：是指在环境湿度恒定时，湿敏电阻器在温度每变化1℃时其湿度的变化量。

③ 灵敏度：是指湿敏电阻器检测湿度时的分辨率。

④ 测湿范围：是指湿敏电阻器的湿度测量范围。

⑤ 湿滞效应：是指湿敏电阻器在吸湿和脱湿过程中电气参数表现的滞后现象。

⑥ 响应时间：是指湿敏电阻器在湿度检测环境快速变化时，其电阻值的变化情况（反应速度）。

（4）常用的湿敏电阻器

湿敏电阻器分为硅湿敏电阻器、陶瓷湿敏电阻器、氯化锂湿敏电阻器和高分子聚合物湿敏电阻器等多种。常用的湿敏电阻器有 ZHC 系列、MS01 系列及 MS04、YSH 等型号，主要参数见表 2-24。

表 2-24　常用湿敏电阻器的主要参数

| 型号 | 测湿范围/%RH | 20℃时标称阻值/kΩ | | | 工作环境温度/℃ | 湿度温度系数/(%RH/℃) | 响应时间/s | 工作电压/V |
| --- | --- | --- | --- | --- | --- | --- | --- | --- |
| | | 50%RH | 70%RH | 90%RH | | | | |
| ZHC-1、ZHC-2 | 5～99 | 650 | 170 | 44 | −10～+90 | −0.1 | <5 | 1～6 |
| MS01-A | 20～98 | 340 | 40 | 5.1 | 0～40 | −0.1 | <5 | 4～12 |
| MS01-B1 | 20～98 | 200 | 25 | 3 | 0～40 | −0.1 | <5 | 4～12 |
| MS01-B2 | 20～98 | 300 | 35 | 4.4 | 0～40 | −0.1 | <5 | 4～12 |
| MS01-B3 | 20～98 | 400 | 50 | 6 | 0～40 | −0.1 | <5 | 4～12 |
| MS04 | 30～90 | ≤200 | — | <10 | 0～50 | — | | 5～10 |
| YSH | 5～100 | <1000 | | <2 | −30～+80 | 0.5 | — | — |

## 2.3.5　磁敏电阻器

磁敏电阻器也称磁控电阻器，是一种对磁场敏感的半导体元件，它可以将磁感应信号转变为电信号。

磁敏电阻器在电路中用字母"RM"或"R"表示，图 2-49 是其电路图形符号。

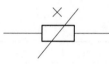

图 2-49　磁敏电阻器的电路图形符号

（1）磁敏电阻器的结构特性

磁敏电阻器是采用锑化铟（InSb）或砷化铟（InAs）等材料，根据半导体的磁阻效应制成的，其阻值能随着磁场强度的变化而变化。磁敏电阻器多采用片形膜式封装结构，有两端和三端（内部有两个串联的磁敏电阻）之分。

（2）磁敏电阻器的型号命名方法

磁敏电阻器的型号命名分为三部分：

第一部分用字母"MC"表示主称为磁敏电阻器。

第二部分用字母表示磁敏电阻器的结构特征。

第三部分用数字表示产品序号。

磁敏电阻器型号中各部分的含义见表 2-25。

表 2-25　磁敏电阻器型号中各部分的含义

| 主　称 | | 结构特征 | | 序　号 |
| --- | --- | --- | --- | --- |
| 字母 | 含义 | 字母 | 含义 | 用数字表示序号 |
| MC | 磁敏电阻器 | W | 可调式 | |
| | | E | 固定式 | |

（3）磁敏电阻器的应用

磁敏电阻器一般用于磁场强度、漏磁、制磁的检测或在交流变换器、频率变换器、功率电压变换器、移位电压变换器等电路中作控制元件，还可用于接近开关、磁卡文字识别、磁电编码器、电动机测速等方面或制作磁敏传感器用。

（4）磁敏电阻器的主要参数

磁敏电阻器的主要参数有磁阻比、磁阻系数、磁阻灵敏度等。

① 磁阻比：是指在某一规定的磁感应强度下，磁敏电阻器的电阻值与零磁感应强度下

的电阻值比。

② 磁阻系数：是指在某一规定的磁感应强度下，磁敏电阻器的电阻值与其标称电阻值之比。

③ 磁阻灵敏度：是指在某一规定的磁感应强度下，磁敏电阻器的电阻值随磁感应强度的相对变化率。

（5）常用的磁敏电阻器

常用的磁敏电阻器有 RCM01 系列。该系列磁敏电阻器有强磁性薄膜磁敏电阻器和强磁性金属膜磁敏电阻器等多种规格，其主要参数见表 2-26。

表 2-26　RCM01 系列磁敏电阻器的主要参数

| 参数名称 | 储存温度/℃ | 典型输出电压/mV | 工作温度/℃ | 耗散功率/mW |
|---|---|---|---|---|
| 数据 | −50～125 | 80 | −40～100 | 150 |

## 2.3.6　气敏电阻器

气敏电阻器是一种对特殊气体敏感的元件。它可以将被测气体的浓度和成分信号转变为相应的电信号，广泛应用于对各种可燃气体、有害气体及烟雾等的检测及自动控制。

气敏电阻器通常采用二氧化锡（$SnO_2$）等半导体材料制成。二氧化锡（$SnO_2$）具有当其吸附气体时，能改变其电阻值的特性，即当其表面吸附有被检测气体时，其半导体微晶粒子接触界面的导电电子比例会发生变化，从而使气敏元件的电阻值随被测气体的浓度变化，于是就可将气体浓度的大小转化为电信号的变化。这种反应是可逆的，因此可重复使用。

（1）气敏电阻器的分类

气敏电阻器分为两类：N 型气敏电阻器和 P 型气敏电阻器。在电路中用字母"R"或"RG"表示。

① N 型气敏电阻器：N 型气敏电阻器在检测到甲烷、一氧化碳、天然气、煤气、液化石油气、乙炔、氢气等气体时，其电阻减小。

② P 型气敏电阻器：P 型气敏电阻器在检测到可燃气体时电阻值将增大，而在检测到氧气、氯气及二氧化氮等气体时，其阻值将减小。

（2）气敏电阻器的型号命名方法

气敏电阻器的型号命名分为三部分：

第一部分用字母 MQ 表示气敏电阻器。

第二部分用字母表示气敏电阻器的用途或特征。

第三部分用数字表示产品序号。

气敏电阻器型号中各部分的含义见表 2-27。

表 2-27　气敏电阻器型号中各部分的含义

| 主　称 | | 用途或特征 | | 序　号 |
|---|---|---|---|---|
| 字母 | 含义 | 字母 | 含义 | |
| MQ | 气敏电阻器 | J | 酒精检测 | 一般用数字表示序号，代表该电阻器的某种规格、性能等 |
| | | K | 可燃气体检测 | |
| | | Y | 烟雾检测 | |
| | | N | N 型气敏元件 | |
| | | P | P 型气敏元件 | |

## 2.3.7　力敏电阻器

力敏电阻器是一种能将机械力转变为电信号的特殊元件。它是利用半导体材料的压阻效应（即电阻值随外加力大小而改变的现象）制成的。图 2-50 是其电路图形符号。

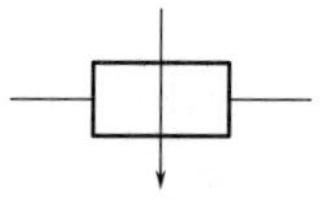

图 2-50　力敏电阻器的
电路图形符号

（1）力敏电阻器的应用

力敏电阻器主要应用于各种张力计、转矩计、加速度计、半导体传声器及各种压力传感器中。

（2）力敏电阻器的型号命名方法

力敏电阻器的型号命名分为三部分：

第一部分用字母"ML"表示力敏电阻器。

第二部分用数字表示力敏电阻器的结构特征。

第三部分用数字表示产品序号。

力敏电阻器型号中各部分的含义见表 2-28。

表 2-28　力敏电阻器型号中各部分的含义

| 主　称 | | 结构特征 | | 序　号 |
|---|---|---|---|---|
| 字母 | 含义 | 数字 | 含义 | |
| ML | 力敏电阻器 | 1 | 硅应变片 | 一般用数字表示序号 |
| | | 2 | 硅应变梁 | |
| | | 3 | 硅杯 | |

# 第**3**章
# 电容器

电容器（Capacitor）是最常见的电子元器件之一，通常简称为电容。它可储存电能，具有充电、放电及通交流、隔直流的特性，常用于滤波电路、振荡电路、耦合电路、调谐电路以及旁路电路中。本章主要介绍电容器的基本知识、主要特性参数、规格表示方法、常用电容器的类型、电容器的选择与应用、电容器的检测及代换等。

## 3.1 电容器基本知识

### 3.1.1 基本结构

两个相互靠近的导体，中间夹一层不导电的绝缘物质，就构成了电容器。当在电容器的两个极板之间加上电压时，电容器就能储存电荷，所以电容器是充放电荷的电子元件。电容器的电容量在数值上等于一个导电板上的电荷量与两个极板之间电压的比值。平板电容器的电容量可由下式计算，即

$$C = \frac{Q}{U} = \frac{\varepsilon S}{4\pi d}$$

式中　$C$——电容量，F；

　　　$Q$——一个电极板上储存的电荷，C；

　　　$U$——两个电极板上的电位差，V；

　　　$\varepsilon$——绝缘介质的介电常数；

　　　$S$——金属极板的面积，$mm^2$；

　　　$d$——极板间的距离，cm。

电容器电容量的基本单位是法拉（用字母 F 表示）。如果一伏特（1V）的电压能使电容器充电一库仑（1C），那么电容器的容量就是一法拉（1F）。但在实际应用时，法拉这个单位太大，不便于使用，工程中经常使用毫法（mF）、微法（μF）、纳法（nF）、皮法（pF）等单位，它们之间的换算关系为：

$$1F = 10^3 mF = 10^6 \mu F = 10^9 nF = 10^{12} pF$$

常用电容器的外形如图 3-1 所示。

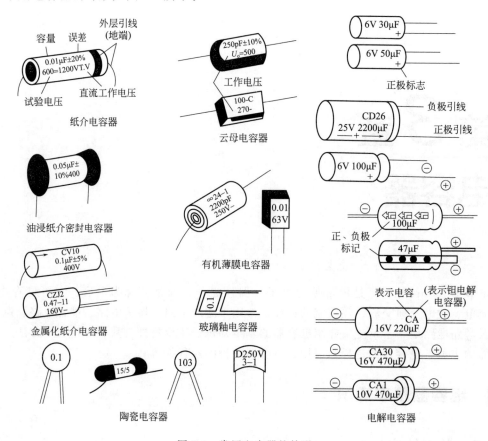

图 3-1　常用电容器的外形

## 3.1.2　主要类型

电容器的分类方法很多，根据电容量变化情况可分为固定电容器、可变电容器和微调电容器（半可变电容器）三种；根据电容器使用的介质不同可分为纸介质电容器、空气介质电容器、云母电容器、陶瓷电容器和电解电容器等；还可以按电容器在电路中的用途来分类，如滤波电容器、旁路电容器和振荡电容器等。在电路中通常用字母 C 表示电容器，其电路图形符号如图 3-2 所示。

## 3.1.3　主要作用

（1）隔直流通交流

直流电不能通过电容器是因为电容器两极板间的介质是绝缘物质，直流电被绝缘体所阻断。那么交流电是怎样通过电容器的呢？首先应了解一下电容器的充放电情况，如图 3-3（a）

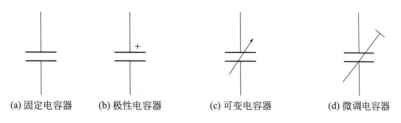

(a) 固定电容器　　(b) 极性电容器　　(c) 可变电容器　　(d) 微调电容器

图 3-2　各种电容器的电路图形符号

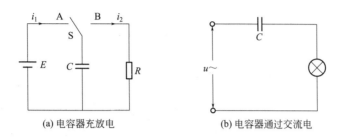

(a) 电容器充放电　　　　　　　　(b) 电容器通过交流电

图 3-3　电容器通过交流电的原理

所示。图中开关 S 接 A 点，电池给电容器 $C$ 充电，使原来不带电的电容器两极板充有等量的异种电荷，这个充电过程产生一个充电电流 $i_1$，当充至电容器两极板间的电压等于电池端电压时，充电过程结束，此时充电电流为零。将开关 S 改接到 B 点，此时电容器处于放电状态，电容器上的电压经电阻器 $R$ 形成回路，产生一个放电电流 $i_2$，在放电过程中，电容器两极板间的电压由大变小，放电电流 $i_2$ 也由大变小，当放电过程结束时，电容器两极板间的电压为零，放电电流也为零。如果我们给电容器加一个交流电压 $u$ 后，情况又如何呢？如图 3-3(b) 所示。由于交流电压 $u$ 的电压极性和大小作周期性变化，使电容器不断地进行充、放电，电路中就会不断地产生充电电流和放电电流，充、放电电流也是大小和方向都随时间作周期变化的电流，就好像交流电"通过"了电容器。

（2）在一定时间内起电源作用（大容量电容器）

电容器储存了电荷就是储存了能量，储存的电荷越多，则电容器储存的能量就越大。大容量电容器放电时，由于储存能量大，放电电流就较大，放电时间也较长，所以在不太长的时间内我们可以把电容器（尤其是大容量电容器）看成一个电源。在一些电路中（如功率放大器、滤波电路中）就运用了电容器的这种性能。

## 3.1.4　性能参数

（1）标称容量及允许误差

标称容量是指标注在电容器上的电容量。在实际应用中，电容量在 10000pF 以上的电容器，通常用 μF 作单位，电容量在 10000pF 以下的电容器，通常用 pF 作单位。像电阻器的标称阻值一样，电容器的容量一般也是按照国家规定优选出一系列标称值进行生产的。常用固定电容的标称容量系列如表 3-1 所示。

允许误差是指电容器的标称容量与实际容量之间的最大允许误差范围。电容器的允许误差通常用百分数表示，是电容器的实际容量与标称容量之差除以标称容量所得。普通电容器的允许误差有 ±5%（Ⅰ级）、±10%（Ⅱ级）和 ±20%（Ⅲ级）等，精密电容器的允许误差有 ±2%、±1%、±0.5%、±0.25%、±0.1% 和 ±0.05% 等。

表 3-1　常用固定电容的标称容量系列

| 电容类别 | 允许误差 | 容量范围 | 标称容量系列 |
|---|---|---|---|
| 纸介电容、金属化纸介电容、纸膜复合介质电容、低频（有极性）有机薄膜介质电容 | ±5%<br>±10%<br>±20% | 100pF～1μF | 1.0、1.5、2.2、3.3、4.7、6.8 |
| | | 1～100μF | 1、2、4、6、8、10、15、20、30、50、60、80、100 |
| 高频（无极性）有机薄膜介质电容、瓷介电容、玻璃釉电容、云母电容 | 5% | 1pF～1μF | 1.0、1.1、1.2、1.3、1.5、1.6、1.8、2.0、2.2、2.4、2.7、3.0、3.3、3.6、3.9、4.3、4.7、5.1、5.6、6.2、6.8、7.5、8.2、9.1 |
| | ±10% | | 1.0、1.2、1.5、1.8、2.2、2.7、3.3、3.9、4.7、5.6、6.8、8.2 |
| | ±20% | | 1.0、1.5、2.2、3.3、4.7、6.8 |
| 铝、钽、铌、钛电解电容 | ±10%、±20%等 | 1～1000μF | 1.0、1.5、2.2、3.3、4.7、6.8 |

（2）额定电压

电容器的额定电压也称为电容器的耐压值，是指电容器在规定的温度范围内，能够长时间连续正常工作时所能承受的最高电压。电容器的常用额定等级电压有：4V、6.3V、10V、16V、25V、32V、40V、50V、63V、100V、160V、250V、400V、450V、500V、630V、1000V 和 1200V 等。该额定电压值通常标示在电容器上。在实际应用时，电容器的工作电压应低于电容器上标示的额定电压值，否则会造成电容器因过压而击穿损坏。

（3）漏电流与绝缘电阻

虽然电容器的介质是绝缘物质，但当电容器加上直流电压时，总有一定的电流会通过电容器，我们称这个电流为漏电流。一般电解电容器的漏电流略大一些，而其他类型电容器的漏电流较小。

电容器两极间的电阻值称为绝缘电阻。其大小等于额定工作电压下的直流电压与通过电容器的漏电流的比值。电容器两极之间的介质不是绝对的绝缘体，其电阻不是无限大，而是一个有限的数值，一般在 1000MΩ 以上。一般而言，云母电容器、陶瓷电容器等的绝缘电阻很大、漏电流很小。

电容器的绝缘电阻越小，其漏电越严重。电容漏电会引起能量损耗，这种损耗不仅影响电容器的寿命，而且会影响电路的工作。因此，绝缘电阻越大越好。小容量的电容器，绝缘电阻比较大，通常为几千兆欧。电解电容器的绝缘电阻一般较小。

（4）损耗因数

损耗因数用电容器的损耗角正切值（tanδ）表示，此值表示电容器能量损耗的大小。该值越小，说明电容器的质量越好。电容器的损耗主要由介质损耗、电导损耗、电容器的金属部分电阻和接触电阻的损耗引起。由于电容器存在损耗，使加在电容器上的正弦交流电压与通过电容器的电流之间的相位差不是 π/2，而是稍小于 π/2，其偏角为损耗角 δ，通常以 tanδ 表示电容器能量损耗的大小。正常情况下 tanδ 值应小于 0.01。有些电容器（尤其电解电容器）由于所在位置距发热元件较近，经长时间烘烤，会使电容器的 tanδ 值升高到 0.2 以上，这时电容器会使电路工作不正常。

（5）频率特性

频率特性是指电容器对各种频率所表现出的不同性能，也即电容器电容量等电参数随着电路工作频率变化而变化的特性。不同介质材料的电容器，其最高工作频率不同。例如，容量较大的电容器（如电解电容器）只能在低频电路中工作，高频电路中只能使用容量较小的高频陶瓷电容器或云母电容器等。电容器在交流电路中（特别是高频电路）工作时，其容抗将随频率的变化而变化，此时电路等效为 RLC 串联电路，因此电容器都有一个固有谐振频率。电容器在交流电路工作时，其工作频率应远小于其固有谐振频率。

（6）温度系数

温度系数是在一定温度范围内，温度每变化1℃时电容量的相对变化值。正温度系数表示电容量随着温度的增减而增减；负温度系数表示电容量随着温度的下降与上升而增与减。电容器的温度系数越小，表明其质量越好。

## 3.1.5 型号及其标识方法

（1）电容器的型号

常用电容器的型号一般由四部分组成，各部分有其确切的含义，如图3-4所示。其中每部分代表的含义如表3-2所示。

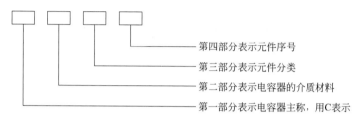

第四部分表示元件序号

第三部分表示元件分类

第二部分表示电容器的介质材料

第一部分表示电容器主称，用C表示

图 3-4　常用电容器的型号命名方法

表 3-2　电容器型号各部分的含义

| 第一部分（主称） | | 第二部分（介质材料） | | 第三部分（分类） | | | | | 第四部分（序号） |
|---|---|---|---|---|---|---|---|---|---|
| 符号 | 意义 | 符号 | 意义 | 符号 | 意义 | | | | |
| | | | | | 陶瓷电容 | 云母电容 | 有机电容 | 电解电容 | |
| C | 电容器 | A | 钽电解 | 1 | 圆片 | 非密封 | 非密封 | 箔式 | 用数字表示。对主称、材料相同,仅尺寸、性能指标略有差别,但基本上不影响互换使用的产品给出同一序号。如尺寸、性能指标的差别影响互换使用时,则用不同序号予以区别 |
| | | B | 聚苯乙烯 | 2 | 管形 | 非密封 | 非密封 | 箔式 | |
| | | C | 高频陶瓷 | 3 | 叠片 | 密封 | 密封 | 烧结液体 | |
| | | D | 铝电解 | 4 | 独石 | 密封 | 密封 | 烧结固体 | |
| | | E | 其他材料电解 | 5 | 穿心 | | 穿心 | | |
| | | F | 聚四氟乙烯 | 6 | 支柱管 | | | | |
| | | G | 合金电解 | 7 | | | | 无极性 | |
| | | H | 纸膜复合 | 8 | 高压 | 高压 | 高压 | | |
| | | I | 玻璃釉 | 9 | | | 特殊 | 特殊 | |
| | | J | 金属化纸介 | G | 高功率 | | | | |
| | | L | 涤纶 | J | 金属化 | | | | |
| | | N | 铌电解 | L | 立式矩形 | | | | |
| | | O | 玻璃膜 | M | 密封型 | | | | |
| | | Q | 漆膜 | T | 铁片 | | | | |
| | | T | 低频陶瓷 | W | 微调 | | | | |
| | | V | 云母纸 | X | 小型 | | | | |
| | | Y | 云母 | Y | 高压 | | | | |
| | | Z | 纸介 | | | | | | |
| | | LS | 聚碳酸酯 | | | | | | |

（2）电容器的标识方法

① 直标法　直标法是指将电容器的主要技术指标直接标注在电容器表面的一种方法。体积较大的电容器大多采用此方法进行标识。例如，CT1-0.022μF-63V 表示圆片形低频陶瓷电容器，额定工作电压为 63V，标称容量为 0.022μF；采用直标法标注时，有时也把电容器容量的允许误差标识出来，例如，CJ-400V-0.01μF-Ⅱ表示金属化纸介电容器，其额定工作电压为 400V，标称容量为 0.01μF，允许误差为Ⅱ级（±10％）。

在标注电容器的容量时，有时用阿拉伯数字，或者用阿拉伯数字与字母符号两者有规律地结合标注。在标注时应遵循以下原则：

a. 凡不带小数点的数值，若无标注单位，则单位为 pF。例如，2200 表示 2200pF。凡带小数点的数值，若无标注单位，则单位为 μF。例如，0.56 表示 0.56μF。

b. 用三位数字表示，其中第一、二位数字为有效数字，第三位数字代表倍率（表示有效数字后的零的个数），电容量单位为 pF。值得注意的是，若第三位数字是 9，则表示 $10^{-1}$ 倍率。例如 203 表示 $20 \times 10^3 \mathrm{pF} = 20000\mathrm{pF} = 0.02\mu\mathrm{F}$，102 表示 $10 \times 10^2 \mathrm{pF} = 1000\mathrm{pF} = 0.001\mu\mathrm{F}$，479 表示 $47 \times 10^{-1}\mathrm{pF} = 4.7\mathrm{pF}$ 等。凡第三位为"9"的电容器，其容量必在 1~9pF 之间。

c. 用阿拉伯数字与字母符号相结合标注。例如，4.7p 代表 4.7pF，P33 代表 0.33pF，8n2 代表 8.2nF=8200pF 等。其特点是省略 F，小数点往往用 p、n、μ、m 来代替。有些电容器也采用"R"表示小数点，如"R47μF"表示 0.47μF。

电容器的允许误差有时用英文字母表示，具体如表 3-3 所示。例如："224K"表示容量为 $22 \times 10^4 \mathrm{pF} = 0.22\mu\mathrm{F}$，允许误差为 ±10％。对于容量小于 10pF 的电容，其允许误差则既不用百分数表示，也不用字母表示，而是直接标出，如 (3.3±0.5)p、(8.2±1)p 等。

表 3-3　电容器允许误差标注字母及含义

| 字母 | 含义 | 字母 | 含义 | 字母 | 含义 |
|---|---|---|---|---|---|
| X | ±0.001％ | C | ±0.25％ | N | ±30％ |
| Y | ±0.002％ | D | ±0.5％ | H | ±100％ |
| E | ±0.005％ | F | ±1％ | Q | −10％~30％ |
| L | ±0.01％ | G | ±2％ | T | −10％~50％ |
| P | ±0.02％ | J | ±5％ | S | −20％~50％ |
| W | ±0.05％ | K | ±10％ | Z | −20％~80％ |
| B | ±0.1％ | M | ±20％ | 不标注 | −20％ |

② 色标法　电容器色标法的原则及色标意义与电阻器色标法基本相同，其单位是皮法（pF）。对立式电容器，色环顺序从上到下，沿引线方向排列；轴式电容器的色环都偏向一头，其顺序从最靠近引线的一端开始为第一环。四色环电容器的第一环和第二环为有效数值，第三环为倍率，第四环为允许误差；五色环电容器的前四环与四色环相同，第五环为标称电压；各色环所表示的含义如表 3-4 所示。另外，当某个色环的宽度等于其他环宽度的 2 倍或 3 倍时，则表示相邻 2 环或 3 环的颜色相同。例如：第一个色环为绿色（色环的宽度等于标准宽度的 2 倍），第二个色环到第四个色环分别为橙、棕、红，则此电容器实际上是五色环电容器，容量为 $55 \times 10^3 \mathrm{pF}$、允许误差为 ±1％、工作电压为 10V。

表 3-4　色标电容器各色环的含义

| 色环颜色 | 有效数字 | 倍率 | 允许误差/% | 工作电压/V | 色环颜色 | 有效数字 | 倍率 | 允许误差/% | 工作电压/V |
|---|---|---|---|---|---|---|---|---|---|
| 黑 | 0 | $10^0$ | — | 4 | 紫 | 7 | $10^7$ | ±0.1 | 50 |
| 棕 | 1 | $10^1$ | ±1 | 6.3 | 灰 | 8 | $10^8$ | — | 63 |
| 红 | 2 | $10^2$ | ±2 | 10 | 白 | 9 | $10^9$ | $-20\sim+50$ | — |
| 橙 | 3 | $10^3$ | — | 16 | 金 | — | $10^{-1}$ | ±5 | — |
| 黄 | 4 | $10^4$ | — | 25 | 银 | — | $10^{-2}$ | ±10 | — |
| 绿 | 5 | $10^5$ | ±0.5 | 32 | 无色 | — | — | ±20 | — |
| 蓝 | 6 | $10^6$ | ±0.25 | 40 | | | | | |

# 3.2　常用电容器

电容器种类很多，按其使用介质材料的不同可分为电解电容器、膜介质电容器和无机介质电容器等。下面主要介绍几种常见的电容器。

## 3.2.1　电解电容器

电解电容器由极板和绝缘介质组成，其极板通常具有极性，一个极板为正极，另一个极板为负极，介质材料是很薄的金属氧化膜，极板与介质都浸在电解液中。按制造极板材料的不同，电解电容器有铝电解电容器、钽电解电容器和铌电解电容器等。

电解电容器是电容器的一种，所以它具有一般电容器的特性，由于电解电容器的结构原因，这种电容器还有其他的一些特征，主要有：

① 大容量电解电容器高频特性差　电解电容器是一种低频电容器，即它主要工作在频率较低的电路中，不宜工作在频率较高的电路中，因为电解电容器的高频特性不好，容量很大的电解电容器其高频特性更差。

② 电解电容器漏电比较大　从理论上讲电容器两极板之间绝缘，没有电流流过，但是电解电容器的漏电比较大，两极板间有较大的电流流过，说明两极板间存在漏阻。漏电流影响了电容器的性能，对信号的损耗比较大，漏电严重时电容器在电路中将不能正常工作，所以漏电流越小越好。电解电容器的容量越大，其漏电流越大。

电解电容器的引脚表示方法有以下几种：

① 对新电解电容器采用长短不同的引脚来表示引脚极性：通常采用长引脚表示正极性引脚。当电容器使用后，由于引脚已剪掉便无法识别极性，所以这种方法不够完善。

② 标出负极性引脚：在电解电容器的绿色绝缘套上画出负极的符号，以表示这一引脚为负极性引脚。

③ 采用"+"号表示正极性引脚：此时外壳上有一个"+"号，表示这根引脚为电容器正极。

（1）铝电解电容器

铝电解电容器是在作为电极的两条等长、等宽的铝箔之间夹以电解物质，并以极薄的氧化铝膜作为介质卷制、封装而成的。其外形、结构如图 3-5 所示。

铝电解电容结构比较简单，它以极薄的氧化铝膜作介质并多圈卷绕，可获得较大的电容量，如 $2200\mu F$、$3300\mu F$、$4700\mu F$、$10000\mu F$ 等。这种电解电容最突出的优点是"容量大"。然而因氧化铝膜的介电常数较小，使得铝电解电容存在因极间绝缘电阻较小，从而漏电大、耐压低、频响低等缺点。但在应用领域，铝电解电容仍在低、中频电源滤波、退耦、储电

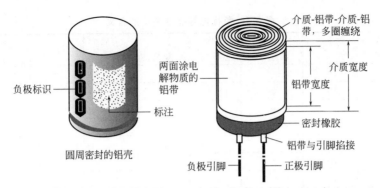

图 3-5　铝电解电容器外形、结构示意图

能、信号耦合电路中占主角。

铝电解电容器的特性：

① 单位体积的电容量大，重量轻。

② 电解电容器通常有极性，即有正、负极。

③ 介电常数较大，范围是 7～10。

④ 时间稳定性差，存放时间长易失效，电容量误差较大。

⑤ 漏电流大，损耗大，其容量和损耗会随温度的变化而变化，特别是当温度低于 $-20℃$ 时，容量将随温度的下降而急剧减小，损耗则急剧上升；当温度超过 $+40℃$ 时，铝电解电容器的氧化膜中电子和离子都将显著增加，因此漏电流迅速增大。铝电解电容器只适合于在 $-20～+40℃$ 的温度范围内工作。

⑥ 耐压不高，价格不贵，在低压时优点突出。

容量范围：$1～10000\mu F$；

工作电压：$6.3～450V$。

铝电解电容器的典型标注与识别方法如图 3-6 所示。

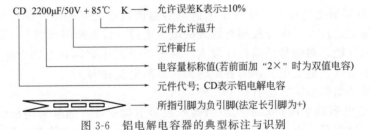

图 3-6　铝电解电容器的典型标注与识别

常用的几种铝电解电容器外形示意图如图 3-7 所示。

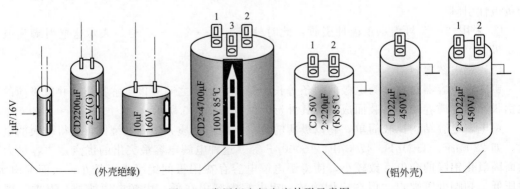

图 3-7　常用铝电解电容外形示意图

部分铝电解电容器（CD 系列）参数如表 3-5 所示。

表 3-5　部分铝电解电容器参数

| 型号 | 容量/$\mu$F | 工作电压/V | 备注 |
|---|---|---|---|
| CD | 10～10000 | 6.3～500 | 大型电容器 |
| CD10 | 1～1000 | 6.3～160 | 轴向电解电容器 |
| CD11 | 1～3300 | 6.3～160 | 单端引线小型电容器 |
| CD12～15 | 10～10000 | 6.3～450 | 单线、双线、螺纹、轴向引线 |
| CD28 | 220～1000 | 6.3～160 | 四端轴向引线 |
| CD71 | 0.68～2200 | 6.3～450 | 无极性 |
| CD72 | 33～1000 | 10～50 | 无极性 |

（2）钽电解电容器

钽电解电容器是以钽金属作为正极，电解质为负极，以钽表面生成的氧化膜作为介质的电解电容器。它可分为固体钽电解电容器和液体钽电解电容器两种类型，其主要区别是电解质的状态不同，前者为固态，后者为液态。当然，它们的制作工艺也不同。图 3-8 给出了部分钽电解电容器的外形。

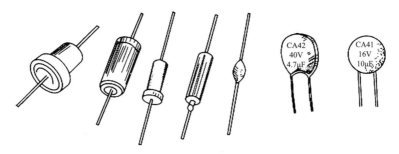

图 3-8　部分钽电解电容器外形

钽电解电容器的电容量为 0.1～1000$\mu$F，额定电压为 6.3～125V。钽电解电容器的损耗、漏电流均小于铝电解电容器，因此可以在要求高的电路中代替铝电解电容器。

钽电解电容器的外壳上通常标有"CA"标记。钽电解电容器的主要特性：

① 它与铝电解电容器相比，可靠性高，稳定性好；

② 漏电流小，损耗低，绝缘电阻大；

③ 在相同容量下，钽电解电容器比铝电解电容器体积小；

④ 容量大，寿命长，可制成超小型元件；

⑤ 耐温性能较好，工作温度最高可达 200℃；

⑥ 金属钽材料稀少，价格贵，通常用于要求较高的电路中。

部分钽电解电容器（CA 系列）参数如表 3-6 所示。

表 3-6　部分钽电解电容器参数

| 型号 | 容量/$\mu$F | 额定电压/V | $\tan\delta$/% | 备注 |
|---|---|---|---|---|
| CA35 | 1～1200 | 6.3～125 | 6～80 | 液体 |
| CA30 | 1～1000 | 6.3～125 | 20～33.5 | 液体 |
| CA76 | 0.15～220 | 6.3～6.3 | 10～15 | 固体 |
| CA70 | 0.22～220 | 6.3～6.3 | 10～15 | 无极性 |

（3）铌电解电容器

铌电解电容器是以铌金属作正极，氧化铌为介质。这种电容器按正极的形状可分为烧结式和箔式两种，常用的有 CN 系列。

铌电解电容器的特性：

① 介电常数大，相同体积的铌电解电容器比钽电解电容器的容量大一倍。

② 化学稳定性较好，其性能优于铝电解电容器。

③ 漏电流和损耗都较小。

另外还有钽-铌合金电解电容器，其正极是钽铌合金粉烧结而成的多孔性整体。在正极的表面用化学方法形成一层氧化膜作介质。这种电解电容器的性能仅次于钽电解电容器，优于铝电解电容器。由于铌的资源较丰富，价格适中，因此这种合金电容器性能较好，是有发展前途的，正在部分取代钽电解电容器。

部分铌电解电容器（CN 系列）参数如表 3-7 所示。

表 3-7　部分铌电解电容器参数

| 型号 | 容量/$\mu$F | 额定电压/V | 备注 |
|---|---|---|---|
| CN34 | 680～2000 | 10～40 | |
| CN42 | 2.2～220 | 6.3～25 | 固体 |

## 3.2.2　膜介质电容器

膜介质电容器按照材料构成不同可分为有机膜介质电容器和无机膜介质电容器。

有机膜介质电容器的种类较多，最常用的有涤纶膜电容器、聚丙烯膜电容器、聚苯乙烯膜电容器、聚碳酸酯膜电容器和漆膜电容器等。通常，有机膜介质电容器的介质损耗小，漏电小，容量范围不大，耐压有高有低。由于其介电常数各有差异，用途也不尽相同。如涤纶膜电容器，介电常数较高，体积小，容量较大，适用于低频电路；而聚苯乙烯膜电容器、聚四氟乙烯膜电容器等，虽然介电常数稍低，但由于介质损耗小，绝缘电阻大，耐压高，温度系数小，多用于高频电路；其他有机膜介质电容器性能居中，体积小，常用于旁路、高频耦合与微分、积分电路。

有机膜介质电容器的结构，是以两片金属箔作电极，将极薄的有机膜介质夹在中间，卷成圆柱形或扁椭圆形电容芯子，加上引线，用火漆、树脂、陶瓷、玻璃釉或金属壳封装而成的。有机膜介质电容器的外形、结构示意图如图 3-9 所示。

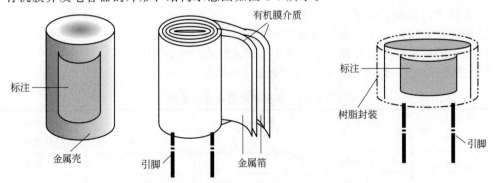

图 3-9　有机膜介质电容器外形、结构示意图

　　无机膜介质电容器与有机膜介质电容器在结构上大同小异，只不过其介质是无机膜。常用的无机膜介质电容器主要有纸膜复合电容和玻璃膜电容两种。无机膜介质电容器的主要特点是绝缘强度好、耐压高、耐腐蚀、介质损耗小、容值稳定，多用于高频电路。

　　下面简单介绍几种常见的膜介质电容器。

　　(1) 聚苯乙烯膜电容器

　　聚苯乙烯膜电容器是以聚苯乙烯薄膜为介质制成的。它可分为箔式聚苯乙烯电容器和金属化聚苯乙烯电容器两种类型。其共同特点是电介质损耗小，容量范围宽，精度高，稳定性好，能耐高压。金属化聚苯乙烯电容器的绝缘电阻高达 $10^4 M\Omega$ 以上，但高频性能差。这两类电容器的共同缺点是不能在较高温度下工作。

　　聚苯乙烯膜电容器的容量范围为 $100pF\sim100\mu F$。

　　允许偏差为 $0.25\%\sim10\%$。

　　允许环境温度范围为 $-65\sim125℃$。

　　额定工作电压范围为 $30V\sim1.5kV$。

　　绝缘电阻为 $(1\sim5)\times10^5 M\Omega$。

　　聚苯乙烯膜电容器在收音机、录音机、电视机、VCD 机及其他家电产品中应用广泛。聚苯乙烯膜电容器的结构和外形如图 3-10 所示。常见的型号有 CB10 型、CB11 型、CB14 高精密型、CB80 高压型等。其主要参数如表 3-8 所示。

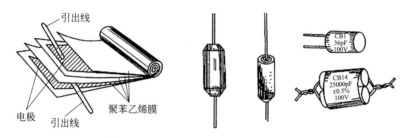

图 3-10　聚苯乙烯膜电容器结构、外形

表 3-8　有机膜介质电容器参数

| 系列 | 标称容量 | 额定电压 | 允许偏差/% | tanδ | 工作温度/℃ | 备注 |
|---|---|---|---|---|---|---|
| CZ | $10pF\sim10\mu F$ | $63V\sim20kV$ | $\pm5、\pm10、\pm20$ | $<0.001$ | $-55\sim+70$ | |
| CJ | $6500pF\sim30\mu F$ | $63V\sim1.6kV$ | $\pm5、\pm10、\pm20$ | $<0.015$ | $-55\sim+85$ | |
| CB10 | $10\sim15000pF$ | $100V、250V$ | $\pm5、\pm10、\pm20$ | $(10\sim15)\times10^{-4}$ | $-40\sim+70$ | |
| CB11 | $10\sim75000pF$ | $100V、250V$ | $\pm5、\pm10、\pm20$ | $\leqslant15\times10^{-4}$ | $-40\sim+70$ | |
| CB14 | $40\sim160000pF$ | $100V$ | $\pm0.5、\pm1、\pm2$ | $(5\sim10)\times10^{-4}$ | $-40\sim+70$ | 精密 |
| CB80 | $180\sim2000pF$ | $10\sim30kV$ | $\pm5、\pm10、\pm20$ | | $-10\sim+55$ | 高压 |
| CL | $470pF\sim4\mu F$ | $63\sim630V$ | $\pm5、\pm10、\pm20$ | $(3\sim7)\times10^{-3}$ | $-55\sim+85$ | |
| CBB | $0.001\sim0.1\mu F$ | $63\sim1000V$ | | $(1\sim10)\times10^{-4}$ | $-55\sim+85$ | |
| CF | $510pF\sim0.1\mu F$ | $250\sim1000V$ | | $(2\sim5)\times10^{-4}$ | $-55\sim+200$ | |
| CLS21 | $0.01\sim10\mu F$ | $63\sim400V$ | $\pm1、\pm2、\pm5、\pm10、\pm20$ | $(5\sim8)\times10^{-3}$ | $-55\sim+85$ | |

　　(2) 涤纶膜电容器

　　涤纶膜电容器是以涤纶薄膜为电介质制作的。外形结构有金属壳密封的，如 CL41 型；塑料壳密封的，如 CL10 型、CL11 型、CL20 型、CL21 型等。同聚苯乙烯膜电容器的电极

类似，有金属箔式电极和金属膜式电极两种。常见涤纶膜电容器的外形如图 3-11 所示。

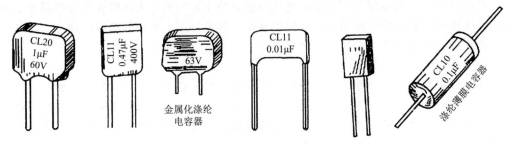

图 3-11　常见涤纶膜电容器外形

涤纶膜电容器的特性：

① 电容器的容量大、体积小，其中金属膜的电容器体积更小；

② 耐热性和耐湿性好，耐压强度大；

③ 由于材料的成本不高，所以制作电容器的成本低，价格低廉；

④ 稳定性较差，适合稳定性要求不高的场合选用。

涤纶膜电容器的容量范围：470pF～4μF。

允许偏差：±5％、±10％、±20％。

工作电压：63～630V。

其主要参数如表 3-8 所示。

（3）聚丙烯膜电容器

聚丙烯膜电容器是用聚丙烯薄膜作介质制成的一种负温度系数的电容器。国内生产的品种主要有 CBB 系列。

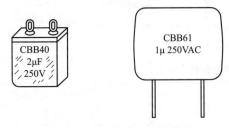

图 3-12　聚丙烯膜电容器外形

聚丙烯膜电容器是非极性有机介质电容器中的优秀品种之一。它具有优良的高频绝缘性能，电容量和损耗角正切 tanδ 在很大频率范围内与频率无关，随温度变化很小，而介电强度随温度上升而有所增加，这是其他介电材料难以具备的。它耐温高，吸收系数小，力学性能比聚苯乙烯好。而且，聚丙烯薄膜价格中等，使产品具有竞争力，可用于电视机、仪器仪表的高频线路中，也可用在其他交流线路中。聚丙烯膜电容器电极形式也分箔式和金属化两种。封装形式有有色树脂漆封装、金属壳密封式封装、塑料壳密封式封装等。其常见外形如图 3-12 所示。其主要参数如表 3-8 所示。

## 3.2.3　无机介质电容器

无机介质电容器的介质由无机物质构成。根据类别不同，无机介质电容器分为瓷介电容器、玻璃釉介质电容器、云母电容器、金属化纸介电容器、独石电容器等。无机介质电容器的主要特点是绝缘强度高、耐高压、耐高温、耐腐蚀、容值稳定，多用于高频电路。

（1）瓷介电容器

瓷介电容器也称陶瓷电容器，它用陶瓷作介质，在陶瓷基体两面喷涂银层，然后烧成银质薄膜作极板制成。其外层常涂以各种颜色的保护漆，以表示其温度系数。如白色、红色表示负温度系数；灰色、蓝色表示正温度系数。

常用瓷介电容器外形如图 3-13 所示。

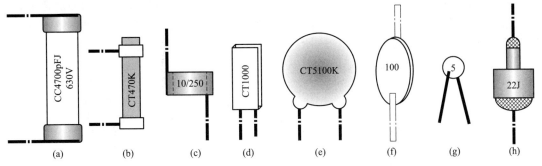

图 3-13　常用瓷介电容器外形

瓷介电容器的特性：

① 耐热性能好，热稳定性高。由于陶瓷材料能在高达 600℃ 的高温下长期工作而不老化变质，使瓷介电容具备了其他介质电容不可比拟的优点。

② 耐酸、碱及各种化学溶剂腐蚀的性能好，并且介质损耗小，使得瓷介电容器具有容值稳定性的优点。

③ 因陶瓷材料绝缘性能好，使瓷介电容器耐压高，可达 30kV。

④ 陶瓷材料介质不但介质损耗极小，并且几乎与频率无关，故具备了适用于高频电路的优势。

⑤ 体积小。

⑥ 缺点：电容量小，抗振动、冲击性能差。

根据陶瓷材料或成分的不同，瓷介电容器可分为高频瓷介电容器（CC 型）和低频瓷介电容器（CT 型）两类。

① CC1 型圆片形高频瓷介电容器　CC1 型圆片形瓷介电容器是最常见的一种瓷介电容器，其主要特点是：介质损耗低，温度、频率、电压变化时电容量的稳定性较高。CC1 型电容器常用于高频电路、容量稳定的交直流电路和脉冲电路中，也可用于温度补偿电路中。

② CT1 型圆片形低频瓷介电容器　CT1 型瓷介电容器相对于 CC1 型来说，其损耗要高一些，但电容量较大，主要用于对损耗和电容量的稳定性要求不高的电路，可用来作为耦合或旁路电容。

瓷介电容器的主要参数如表 3-9 所示。

表 3-9　瓷介电容器主要参数

| 系列 | 标称容量 | 额定电压 | 允许偏差/% |
| --- | --- | --- | --- |
| CC1 | 1～680pF | 63～500V | ±10、±20 |
| CC2 | 1～1000pF | 160～500V | ±5、±10、±20 |
| CC11 | 3～2200pF | 160V、250V | ±5、±10、±20 |
| CT1 | 100～33000 pF | 63V、500V | −20～+80 |
| CC4 | 1pF～0.22μF | 50～100V | ±1、±2、±5、±10 |
| CY2 | 10～1000pF | 100V | ±2、±5、±10、±20 |
| CI | 1～22000pF | 40～500V | ±5、±10、±20 |

（2）玻璃釉介质电容器

玻璃釉介质电容器是以玻璃釉粉末为主要配制成分，高温压制成薄片，两面涂覆金属薄膜板加上引线后封装而成的，国内常用产品主要有 CI 系列，其结构、外形如图 3-14 所示。其主要性能参数如表 3-9 所示。

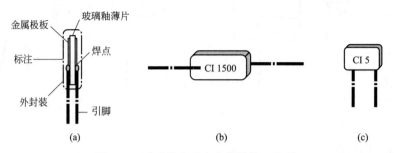

图 3-14　玻璃釉介质电容器结构、外形

玻璃釉电容器与瓷介电容器、云母电容器相比，玻璃釉介质的介电常数大，所以相同电容量的玻璃釉电容器体积要小一些。

玻璃釉电容器的性能特点如下：

① 抗潮湿性能好；

② 耐高温性能好；

③ 具有较好的高频性能；

④ 体积小。

（3）云母电容器

云母电容器是用金属箔或者在云母片上喷涂银层作电极板，电极板和云母一层一层叠合后，再压铸在胶木粉或封固在环氧树脂中制成的一种电容器。云母电容器包含两种形式：金属箔堆栈和银-云母形式。

云母电容器的特性：

① 稳定性好、精密度与可靠性高；

② 介质损耗与固有电感小；

③ 温度特性小，频率特性好，不易老化；

④ 绝缘电阻高。

容量范围：5～51000pF。

允许偏差：±2%、±5%。

工作电压：100V～7kV。

精密度：±0.01%。

云母电容器可广泛用于高温、高频、脉冲、高稳定性电路中。但云母电容器具有生产工艺复杂、成本高、体积大、容量有限等缺点，使其使用范围受到了限制。

国产云母电容器品种和型号很多，如 CY 型云母电容器、CY31 型和 CY32 型密封电容器等。图 3-15 示出了几种云母电容器的外形。其主要性能参数如表 3-9 所示。

（4）金属化纸介电容器

金属化纸介电容器是用真空蒸发的方法在涂有漆的纸上再蒸发一层厚度为 $0.01\mu m$ 的薄金属膜作为电极，用这种金属化纸卷绕成芯子装入外壳内加上引线后封装而成的。图 3-16 为金属化纸介电容器的结构、外形图。

金属化纸介电容器的特性：

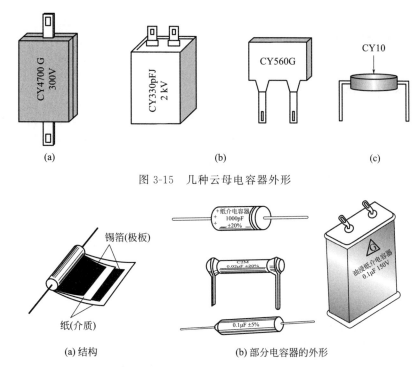

图 3-15　几种云母电容器外形

图 3-16　金属化纸介电容器结构、外形图

① 体积小、容量大，在相同容量下，比纸介电容器体积小。

② 它的最大优点是自愈能力强。当电容器某点绝缘被高电压击穿后，由于金属膜很薄，击穿处的金属膜在短路电流的作用下，很快会被蒸发掉，避免了击穿短路的危险。

③ 稳定性、老化性能、绝缘电阻都比瓷介、云母、塑料膜电容器差，适用于对频率和稳定性要求不高的电路。

容量范围：6500pF～30$\mu$F。

允许偏差：±5％、±10％、±20％。

工作电压：63～1600V。

（5）独石电容器

独石电容是一种特制的瓷介类电容元件。它是以酞酸钡为主的陶瓷材料制成薄膜，再将多层陶瓷薄膜叠压烧结、切割而成的。其外形、结构如图 3-17 所示。

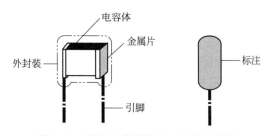

图 3-17　独石电容器外形、结构示意图

独石电容器的性能特点：

① 因牢靠的叠压和烧结工艺，独石电容器介质损耗小；

② 温度系数小，温度特性好，高温下长期工作不易老化；

③ 精度高；

④ 稳定性好、可靠性高；

⑤ 频率特性好，适用于中、高频精密电路；

⑥ 耐湿性好，体积小。

常见的独石电容器有 CC4D 型、CT4C 型和 CT4D 型等。CC4D 型常在电路中用作温度补偿电容、旁路电容或耦合电容；CT4C 和 CT4D 型则为低频独石电容，常在电路中作为旁路电容或耦合电容使用，或用于对损耗和稳定性要求不高的低频电路中。

## 3.3 电容器的应用

### 3.3.1 电容器的选择

电容器在电子电路中应用十分广泛，在设计电子产品时，如何选好、用好电容器，对确保电子设备的性能、质量非常重要。如果电容器选用不当，不仅满足不了电路对其各种性能参数的要求，而且会使电路不能正常工作。因此，电容器的选择显得尤为重要。

（1）根据应用电路的具体要求选择电容器

电容器有多种类型，选用哪种类型的电容器，应根据应用电路的具体要求而定。

在电源滤波和退耦电路中应选用电解电容器；在高频电路和高压电路中应选用瓷介或云母电容器；在谐振电路中可选用云母、陶瓷和有机薄膜等电容器；用作隔直流时可选用纸介、涤纶、云母、电解、陶瓷等电容器；用在谐振回路时可选用云母、高频陶瓷、空气或小型密封电容器等。

所选电容器的主要参数（包括标称容量、允许偏差、额定电压、绝缘电阻等）及外形尺寸等也要符合应用电路的要求。

对于电源滤波电路，可以根据具体情况选择电容器。

由于线性电源滤波的脉动电流较小、频率较低，对电容器的要求稍低一些。因此，线性电源滤波电路一般采用电解电容器与非电解电容器并联的方式。其中，电解电容器用来滤除低频交流信号，非电解电容器用来滤除高频交流信号。在 50Hz、常温条件下，铝电解电容器的容量与输出电流的关系基本可以取每安培 $1000\mu F$；对于温度范围较宽或要求纹波系数较小时，电容量需要成倍增大或者改用 LC 滤波电路。

另外，对于线性电源电容的耐压，一般只需要考虑预留 40% 即可，对于外部电源电压波动较大时，需要按照最大电压来考虑预留耐压范围。

由于开关电源滤波的脉动电流较大、频率较高，对电容器的选用要求较高。这时，通常希望电容器的损耗角与内阻较小，因此就需采用多个电容并联的办法进一步降低内阻。这样对于频率高、脉动电流较大的电路，电容器的发热量可以控制在一定范围内，降低对电路的影响；同时还要注意采用漏电小的电容器，以减少温升。

（2）电解电容器的选择

电解电容器主要用于电源电路或中、低频电路中作电源滤波、退耦、低频电路级间耦合、低频旁路、时间常数设定、隔直流等电容器使用。

在选用铝电解电容器时，应尽量选择绝缘电阻大、损耗小的电容器。如果对可靠性、稳定性、损耗等特性要求较高的电路，可选用钽电解电容器，因为钽电解电容器比铝电解电容器的绝缘电阻大，漏电流小，损耗更低。

一般电源电路及中、低频电路中，可以选用铝电解电容器。音箱用分频电容、电视机的校正电容及电动机启动电容等，可选用无极性铝电解电容。通信设备及各种高精密电子设备的电路中，可以使用非固体钽电解电容器或铌电解电容器。

（3）固体有机介质电容器的选择

在固体有机介质电容器中，使用最多的是有机薄膜介质电容器，例如涤纶电容器和聚苯乙烯电容器等。

涤纶电容器可用于中、低频电路中作退耦、旁路、隔直流电容器用。

聚苯乙烯电容器绝缘电阻大，稳定性好，损耗小，可用于耦合、滤波、旁路等电子电路中。但用于高频电路时，损耗较大，绝缘电阻也明显下降，所以不适用于高频电路。与此同时，这类电容器的使用温度范围不大，最高温度上限为 75℃，选用和安装时要注意。

（4）固体无机介质电容器的选择

在固体无机介质电容器中，应用最多的是瓷介电容器。

瓷介电容器是用陶瓷材料为介质制成的，其显著优点是耐高温与耐腐蚀性好，稳定性与绝缘性好，可制成高压电容器。瓷介电容器型号很多，选用时，要注意选择合适的型号。比如，高功率型电容器有 CCG11 型瓶形瓷介电容器、CCG20 型棱管形瓷介电容器，在耦合和旁路电路中，可选用这种型号的电容器。低频型有 CT1 型、CT2 型瓷介电容器，对印制线路旁路、耦合电路和要求不高的鉴频电路，可选用此种型号。

另外，高频电路中的耦合电容器、旁路电容器及调谐电路中的固定电容器，也可以选用玻璃釉电容器或云母、独石电容器。

## 3.3.2 典型应用电路

电容器是重要的电子元件之一，可以说没有电容器的电路是几乎不存在的。根据电容器在电路结构中的所在位置与接法不同，其作用截然不同。电容器在电路中的作用有：滤波、耦合、隔直、微分、积分、振荡、吸收、降压、旁路、升压、分压、移相、补偿等。下面将针对这些作用介绍一些实际应用电路。

（1）滤波电路

电容滤波电路是最常见也是最简单的滤波电路，在整流电路的输出端（即负载电阻两端）并联一个电容即构成电容滤波电路，如图 3-18（a）所示。滤波电容容量较大，因此一般均采用电解电容，在接线时要注意电解电容的正、负极。电容滤波电路利用电容的充、放电作用，使输出电压趋于平滑。

① 滤波原理　当变压器副边电压 $u_2$ 处于正半周并且其数值大于电容两端电压 $u_C$ 时，二极管 $VD_1$ 和 $VD_3$ 导通，电流一路流经负载电阻 $R_L$，另一路对电容 $C$ 充电。因为在理想情况下，变压器副边无损耗，整流二极管导通电压为零，所以电容两端电压 $u_C(u_o)$ 与 $u_2$ 相等，见图 3-18（b）中曲线的 $ab$ 段。当 $u_2$ 上升到峰值后开始下降，电容通过负载电阻 $R_L$ 放电，其电压 $u_C$ 也开始下降，趋势与 $u_2$ 基本相同，见图 3-18（b）中曲线的 $bc$ 段。但是由于电容按指数规律放电，所以当 $u_2$ 下降到一定数值后，$u_C$ 的下降速度小于 $u_2$ 的下降速度，使 $u_C$ 大于 $u_2$，从而导致 $VD_1$ 和 $VD_3$ 反向偏置而变为截止。此后，电容 $C$ 继续通过 $R_L$ 放电，$u_C$ 按指数规律缓慢下降，见图 3-18（b）中曲线的 $cd$ 段。

当 $u_2$ 的负半周幅值变化到恰好大于 $u_C$ 时，$VD_2$、$VD_4$ 因加正向电压而导通，$u_2$

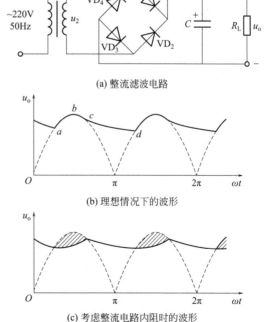

(a) 整流滤波电路

(b) 理想情况下的波形

(c) 考虑整流电路内阻时的波形

图 3-18　单相桥式整流电容滤波电路及稳态时的波形分析

再次对电容 $C$ 充电，$u_C$ 上升到 $u_2$ 的峰值后又开始下降；下降到一定数值时 $VD_2$、$VD_4$ 截止，$C$ 对 $R_L$ 放电，$u_C$ 按指数规律下降；放电到一定数值时 $VD_1$、$VD_3$ 导通，以后重复上述过程。

从图 3-18(b) 所示波形中可以看出，经滤波后的输出电压不仅变得平滑，而且平均值也得到提高。若考虑变压器内阻和二极管的导通电阻，则 $u_C$ 的波形如图 3-18(c) 所示，阴影部分为整流电路内阻上的压降。

从以上分析可知，电容充电时，回路电阻为整流电流的内阻，即变压器内阻和二极管的导通电阻，其数值很小，因而时间常数很小。电容放电时，回路电阻为 $R_L$，放电时间常数为 $R_L C$，通常远大于充电的时间常数。因此，滤波效果取决于放电时间。电容愈大，负载电阻愈大，滤波后输出电压愈平滑，并且其平均值愈大，如图 3-19 所示。换言之，当滤波电容容量一定时，若负载电阻减小（即负载电流增大），则时间常数 $R_L C$ 减小，放电速度加快，输出电压平均值随即下降，且脉动变大。

② 输出电压平均值　滤波电路输出电压波形难以用解析式来描述，近似估算时，可将图 3-18(c) 所示波形近似为锯齿波，如图 3-20 所示。图中 $T$ 为电网电压的周期。设整流电路内阻较小而 $R_L C$ 较大，电容每次充电均可达到 $u_2$ 的峰值（即 $U_{omax} = \sqrt{2} U_2$），然后按 $R_L C$ 放电的起始斜率直线下降，经 $R_L C$ 交于横轴，且在 $T/2$ 处的数值为最小值 $U_{omin}$，则输出电压平均值为

$$U_{o(AV)} = \frac{U_{omax} + U_{omin}}{2} \tag{3-1}$$

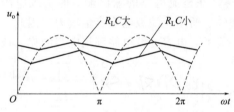

图 3-19　$R_L C$ 不同时 $u_o$ 的波形

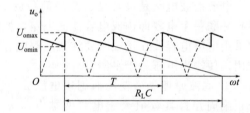

图 3-20　电容滤波电路输出电压平均值的分析

同时按相似三角形关系可得

$$\frac{U_{omax} - U_{omin}}{U_{omax}} = \frac{T/2}{R_L C} \tag{3-2}$$

$$U_{o(AV)} = \frac{U_{omax} + U_{omin}}{2} = U_{omax} - \frac{U_{omax} - U_{omin}}{2} = U_{omax}\left(1 - \frac{T}{4R_L C}\right) \tag{3-3}$$

因而

$$U_{o(AV)} = \sqrt{2} U_2 \left(1 - \frac{T}{4R_L C}\right) \tag{3-4}$$

式(3-4) 表明，当负载开路，即 $R_L = \infty$ 时，$U_{omax} = \sqrt{2} U_2$。当 $R_L C = (3 \sim 5) T/2$ 时：

$$U_{o(AV)} \approx 1.2 U_2 \tag{3-5}$$

为了获得较好的滤波效果，在实际电路中，应选择滤波电容的容量满足 $R_L C = (3 \sim 5) T/2$ 的条件。由于采用电解电容，考虑到电网电压的波动范围为 $\pm 10\%$，电容的耐压值应大于 $1.1\sqrt{2} U_2$。在半波整流电路中，为获得较好的滤波效果，电容容量应选得更大些。

③ 脉动系数　在图 3-20 所示的近似波形中，交流分量的基波的峰-峰值为（$U_{omax} - U_{omin}$），根据式(3-3) 可得基波峰值为

$$\frac{U_{\text{omax}}-U_{\text{omin}}}{2}=\frac{T}{4R_{\text{L}}C}U_{\text{omax}} \tag{3-6}$$

因此，脉动系数为

$$S=\frac{\dfrac{T}{4R_{\text{L}}C}U_{\text{omax}}}{U_{\text{omax}}\left(1-\dfrac{T}{4R_{\text{L}}C}\right)}=\frac{T}{4R_{\text{L}}C-T}=\frac{1}{\dfrac{4R_{\text{L}}C}{T}-1} \tag{3-7}$$

应当指出，由于图 3-20 所示锯齿波所含的交流分量大于滤波电路输出电压实际的交流分量，因而根据式(3-7) 计算出的脉动系数大于实际数值。

④ 整流二极管的导通角　在未加滤波电容之前，无论是哪种单相不控整流电路，整流二极管均有半个周期处于导通状态，也称整流二极管的导通角 $\theta$ 等于 π。加滤波电容后，只有当电容充电时，整流二极管才会导通，因此，每个整流二极管的导通角都小于 π。而且，$R_{\text{L}}C$ 的值愈大，滤波效果愈好，整流二极管的导通角 $\theta$ 将愈小。由于电容滤波后输出平均电流增大，而整流二极管的导通角反而减小，所以整流二极管在短暂的时间内将流过一个很大的冲击电流为电容充电，如图 3-21 所示。这对二极管的寿命很不利，所以必须选用较大容量的整流二极管，通常应选择其最大整流平均电流 $I_{\text{F(AV)}}$ 大于负载电流 2~3 倍的整流二极管。

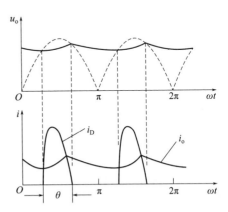

图 3-21　电容滤波电路中的输出电压波形和二极管的电流波形及导通角

⑤ 电容滤波电路的输出特性和滤波特性　当滤波电容 $C$ 选定后，输出电压平均值 $U_{\text{o(AV)}}$ 和输出电流平均值 $I_{\text{o(AV)}}$ 的关系称为电容滤波电路的输出特性，脉动系数 $S$ 和输出电流平均值 $I_{\text{o(AV)}}$ 的关系称为电容滤波电路的滤波特性。根据式(3-3) 式(3-7) 可画出电容滤波电路的输出特性如图 3-22(a) 所示，滤波特性如图 3-22(b) 所示。曲线表明，$C$ 愈大电路带负载能力愈强，滤波效果愈好；$I_{\text{o(AV)}}$ 愈大（即负载电阻 $R_{\text{L}}$ 愈小），$U_{\text{o(AV)}}$ 愈低，$S$ 的值愈大。

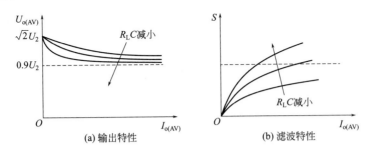

图 3-22　电容滤波电路的输出特性和滤波特性

综上所述，电容滤波电路简单易行，输出电压平均值高，适用于负载电流较小且其变化也较小的场合。

【例 3-1】　在图 3-18(a) 所示电路中，要求输出电压平均值 $U_{\text{o(AV)}}$ =15V，负载电流平均值 $I_{\text{L(AV)}}$ =100mA，$U_{\text{o(AV)}}\approx1.2U_2$。试问：

① 滤波电容的大小；

② 考虑到电网电压的波动范围为 $\pm 10\%$，滤波电容的耐压值。

【解】①根据 $U_{o(AV)} \approx 1.2U_2$ 可知，$C$ 的取值满足 $R_L C = (3\sim 5)T/2$ 的条件。

$$R_L = \frac{U_{o(AV)}}{I_{L(AV)}} = \frac{15}{100 \times 10^{-3}} \Omega = 150\Omega$$

电容的容量为

$$C = \left[(3\sim 5) \times \frac{20 \times 10^{-3}}{2} \times \frac{1}{150}\right] F \approx 200 \sim 333 \mu F$$

② 变压器副边电压有效值为

$$U_2 \approx \frac{U_{o(AV)}}{1.2} = \frac{15}{1.2} V = 12.5V$$

电容的耐压值为

$$U > 1.1\sqrt{2}U_2 \approx 1.1\sqrt{2} \times 12.5V \approx 19.5V$$

实际可选取容量为 $300\mu F$、耐压为 $25V$ 的电容作本电路的滤波电容。

⑥ 倍压整流电路　利用滤波电容的存储作用，由多个电容和二极管可以获得几倍于变压器副边电压的输出电压，称为倍压整流电路。倍压整流可以使输出的直流电压成倍地提高。

a. 全波二倍压整流电路。图 3-23 为全波二倍压整流电路，假设电路的负载电阻 $R_L$ 比较大。在交流输入电压 $u_i$ 的正半周期，二极管 $VD_1$ 导通，电流的流动方向如图 3-23 中的实线所示。这时电容 $C_1$ 很快被充电到交流输入电压的峰值，即 $\sqrt{2}U_i$。在交流输入电压的负半周期，二极管 $VD_1$ 截止、$VD_2$ 导通，电容 $C_2$ 上也被充电到最大值 $\sqrt{2}U_i$，充电电流方向如图 3-23 中的虚线所示。电路中的这两个电容是串联接法，所以整流电路总的输出电压就是这两个电容上所充的直流电压串联叠加起来的值，负载电阻就得到接近 $2\sqrt{2}U_i$ 的直流电压。由于负载电阻上的电压等于变压器次级线圈输出交流峰值电压的两倍，故称为二倍压整流电路。

b. 半波二倍压整流电路。图 3-24 为半波二倍压整流电路，假设电路的负载电阻 $R_L$ 比较大。在交流输入电压 $u_i$ 的正半周期，二极管 $VD_1$ 导通，电路中的电流方向如图 3-24 中的实线所示。这时电容 $C_1$ 很快被充电并上升到峰值 $\sqrt{2}U_i$。在交流输入电压的负半周期，二极管 $VD_1$ 截止、$VD_2$ 导通，电容 $C_1$ 充得的电压 $\sqrt{2}U_i$ 与变压器次级线圈上的电压串联叠加后，对电容 $C_2$ 进行充电，使得电容 $C_2$ 充电电压正好是 $2\sqrt{2}U_i$。也就是电路负载电阻上得到了 2 倍的峰值电压。

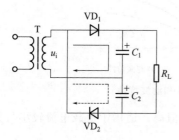

图 3-23　全波二倍压整流电路

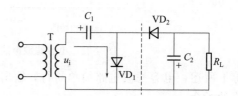

图 3-24　半波二倍压整流电路

初看起来，这个电路好像与前述全波二倍压整流电路得到的输出电压是相同的。但实际上，在这个电路中，电容 $C_2$ 只在交流输入电压 $u_i$ 的负半周期才被充上电。图中虚线左边的电路可以看成是一个峰值电压为 $2\sqrt{2}U_i$ 的交流电源，虚线右边的电路就是一个半波整流电路，故它的输出电压只是接近半波整流电路的两倍。

c. 三倍压整流电路。图 3-25 为三倍压整流电路，假设电路的负载电阻 $R_L$ 比较大。在交流输入电压 $u_i$ 的第一个正半周期，二极管 $VD_1$ 导通，电容 $C_1$ 很快被充电到峰值 $\sqrt{2}U_i$。在交流输入电压 $u_i$ 接下来的一个负半周期，二极管 $VD_2$ 导通，电容 $C_1$ 的充电

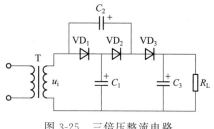

图 3-25 三倍压整流电路

峰值电压 $\sqrt{2}U_i$ 与变压器次级线圈输出的交流电压有效值 $U_i$ 叠加后，对电容 $C_2$ 充电到峰值 $2\sqrt{2}U_i$。在交流输入电压 $u_i$ 的第二个正半周期，一方面，交流输入电压 $u_i$ 把电容 $C_1$ 再次充电到峰值 $\sqrt{2}U_i$；另一方面，电容 $C_2$ 上的充电电压峰值 $2\sqrt{2}U_i$ 与变压器次级线圈输出电压有效值 $U_i$ 同极性串联叠加后，经二极管 $VD_3$ 对电容 $C_3$ 充电，充电电压的大小为 $3\sqrt{2}U_i$，经过几个周期以后，电容 $C_3$ 两端的电压基本稳定在 $3\sqrt{2}U_i$。

以此类推，还可以得到四倍压整流电路、五倍压整流电路……细心的读者可能已经发现，在分析倍压整流电路原理时，都加上了电路负载电阻 $R_L$ 比较大的假设条件。这是因为倍压整流电路之所以能升压，靠的是电容上充电电压的叠加。如果负载电阻很小，那么在电容不充电期间，电容上充得的电压就会因为负载放电很快而迅速下降，也就起不到倍压的效果，故倍压整流电路只能使用在输出电流很小（即负载电阻很大）的场合。

（2）储能/放电电路

图 3-26 所示电路由前级 $R_1$、$C_1$ 积分输入电路与同相放大器 IC 组成；其后是以 $C_T$、$R_T$ 为核心的储能放电网络；电路的输出级为晶体管射极跟随器。电路工作原理如下。

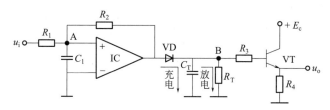

图 3-26 电容储能放/电电路

当超低频脉冲信号 $u_i$ 输入时，经 $R_1$、$C_1$ 积分电路使脉冲前沿圆滑而避免脉冲前沿产生尖峰。此信号经 IC 放大后通过二极管 VD 快速给储能电容 $C_T$ 充满电，紧接着，由于 IC 输出变为零电位使二极管 VD 反向截止，又由于晶体管 VT 构成的射极跟随器的输入阻抗很高，于是储能电容 $C_T$ 必向大阻值电阻 $R_T$ 放电。

（3）微分电路

图 3-27 所示的是电容微分电路，它由一个电容和一个电阻组成，其电路特征是电容串联在输入回路中，电阻作为输入与输出的共同负载。

微分电路主要是应用电容两端电压不能突变的特性而实现微分运算功能的。如输入端输入一正阶跃电压信号时，这时在 $RC$ 串联电路中，正阶跃电压通过 $R$ 对 $C$ 充电。由于电容两端电压不能突变，即电容两端的初始电压 $u_C = 0$。

当正阶跃电压信号到来时，它仍然要维持 $u_C = 0$ 的状态，故使起初充电电流很大，此电流在电阻 $R$ 上的压降也大，形成输出脉冲尖峰；随着电容两端电压的逐渐升高，充电电流逐渐减小，电阻 $R$ 上的压降随着 $RC$ 时间常数按指数规律下降；待电容被充满电，即 $u_C$

约等于阶跃输入电压值时，$i_充=0$，电阻 $R$ 上的压降等于 $0$，即 $u_o=0$，使 $R$ 上形成一个完整的微分尖脉冲。尖脉冲的宽度由电路的时间常数 $\tau=RC$ 决定，从而完成了微分运算过程。微分电路应用很广泛，图 3-27 所示电容微分电路常用于波形变换。

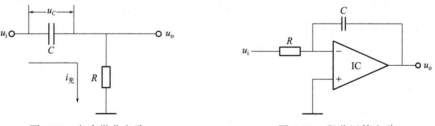

图 3-27　电容微分电路　　　　　　　图 3-28　积分运算电路

（4）积分电路

图 3-28 所示电路是基本的积分运算电路，电路由运算放大器 IC、电阻 $R$ 与电容 $C$ 组成。当输入一正阶跃电压 $u_i$ 时，电容 $C$ 就以电流为 $i=u_i/R$ 进行充电。那么，运算放大器 IC 输出端的输出电压 $u_o$ 的计算公式为：

$$u_o=-\frac{1}{RC}\int u_i\mathrm{d}t$$

上式表明，输出电压 $u_o$ 为输入电压 $u_i$ 对时间 $t$ 的积分，负号表示二者相位相反。

而实际上在输入电压 $u_i$ 作用下，电容起初在充电曲线的线性段工作，即近似于恒流方式充电，输出电压 $u_o$ 与时间 $t$ 成近似线性关系，其关系表达式为

$$u_o\approx-\frac{u_i}{RC}t=-\frac{u_i}{\tau}t$$

式中，$\tau=RC$ 为积分时间常数。

用上述积分运算电路进行计算时，由于集成运放输入失调电压、输入偏置电流与失调电流的影响，通常会出现积分误差。例如，当 $u_i=0$ 时，$u_o\neq0$，并且作缓慢变化，形成输出误差。针对这种现象，除选用上述参数小和低漂移的集成运放外，对积分电容的选用也很重要，应选用漏电流小、绝缘性能好、温度系数小的电容器。如薄膜电容器、聚苯乙烯电容器等，均可有效地减小上述误差。

### 3.3.3　电容器的检测

在电子电路中，电容器是容易产生故障的元器件。大部分电容器在电路结构中所处的位置显赫，起着比较重要的作用。如果电容器发生故障，多数情况会使整个电路瘫痪。所以对电容器的检测至关重要。由于电容器在结构上要比电阻器复杂，并且损坏方式与损坏程度也跟电阻器不同，故对电容器的检测相对要复杂一些，有时还会出现一定的难度。

就故障类型而言，对于电阻器，除了极少变值故障偶然发生之外，其故障只有断裂而开路。但电容器就没有那么简单，其故障有多种，比如击穿而短路、不同程度的漏电、软击穿、变值、开路故障等。

电路中电容器损坏的概率，排在首位的是击穿，其次便是漏电而引起元件温升增加，最后导致烧坏。若漏电严重，电容器本身的有功功率增加，热损耗增加，元件温升可超过 $80℃$，外封装会有被烧焦的可能，并且用手有不可触摸之感。另外，当电容器被击穿后通常都会出现裂缝或不大明显的裂纹。这些明显的故障一般通过外观检测均可轻而易举地发现与排除。下面简单介绍一下测量电容器的具体方法。

（1）小容量电容器的检测

① 万用表欧姆挡检测法　这里只介绍检测容量小于 $1\mu F$ 电容器的方法。对于普通万用表，由于无电容量测量功能，可以用欧姆挡进行电容器的粗略检测，虽然是粗略检测，由于检测方便和能够说明一定的问题，所以普遍采用。

用普通万用表检测电容器时采用欧姆挡，对小于 $1\mu F$ 电容器要用 R×10k 挡，检测时要将电容器脱开电路后进行，具体可分成以下几种情况：

a. 检测容量为 6800pF 以下的电容器。由于容量小，充电时间很短，充电电流很小，万用表检测时无法看到表针的偏转，所以只能检测电容器是否存在漏电故障，而不能判断是否开路。检测这类小电容时，表针不应该偏转，如果偏转了一个较大角度，如图 3-29 所示，说明电容器已经漏电或击穿。

用这种方法无法测出这类小电容是否存在开路故障，可采用代替检测法，或用具有测量电容功能的数字万用表来测量。

b. 检测容量为 6800pF～$1\mu F$ 电容器。用 R×10k 挡，如图 3-30 所示，红、黑表笔分别接电容器的两根引脚，在表笔接通瞬间，应能见到表针有一个很小的摆动过程，即若万用表指针向右摆动到一定角度后停止，然后指针向左摆，并能回到无穷大刻度点，说明该电容器充放电情况良好，且没有漏电情况。

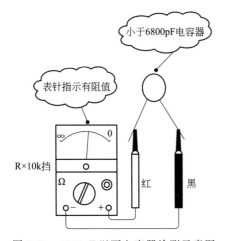

图 3-29　6800pF 以下电容器检测示意图

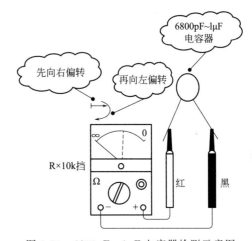

图 3-30　6800pF～$1\mu F$ 电容器检测示意图

由于电容器容量很小，所以表针摆角非常小，如果未看清表针的摆动，可将红、黑表笔互换一次后测量，此时表针的摆动幅度应略大一些，因为第二次反向测量先有一个充电抵消原电荷的过程，所以摆角稍大。如果上述检测过程中表针无摆动，说明电容器已开路。

如果表针向右摆动一个很大的角度，而且表针停在某一位置不动，说明被测电容器已经击穿或严重漏电。

注意，在检测过程中，手指不要同时碰到万用表两支表笔的金属部分，以避免人体电阻对检测结果的影响。

② 代替检查法　代替检查法是判断电路中元器件是否正常工作的一个基本和重要方法，判断正确率百分之百。这种检查方法不仅可以用来检测电容器，而且可以用来检测其他各种元器件。

代替检查法的基本原理是：怀疑电路中某电容器出现故障时，可用一个质量好的电容器去代替它工作，如果代替后电路的故障现象不变，说明对此电容的怀疑不正确；如果代替后电路故障现象消失，说明怀疑正确，故障也得到解决。

对检测电容器而言，代替检查法在具体实施过程中可分成下列两种不同的情况：

a.如果怀疑电路中的电容器短路或漏电，先断开所怀疑电容器的一根引脚，如图 3-31 所示，然后接上新的电容器。因为电容短路或漏电后，该电容器两根引脚之间不再绝缘，不断开原电容，则原电容对电路仍然存在影响。

b.如果怀疑某电容器存在开路故障或是怀疑其容量不足时，可以不必拆下原电容器，在电路中直接用一个好的电容器并联，如图 3-32 所示，通电检验，查看结果。

$C_1$ 是原电路中的电容，$C_0$ 是为代替检查而并联的质量好的电容。由于是怀疑电容 $C_1$ 开路，相当于 $C_1$ 已经开路，所以直接并联一个电容 $C_0$ 是可以的（当然用上述第一种情况所示方法也可），这样的代替检查操作过程比较方便。

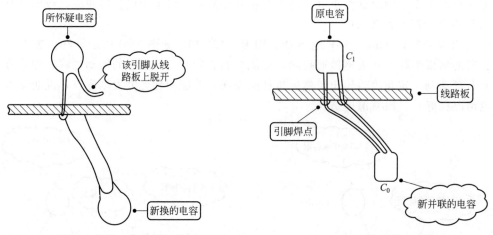

图 3-31　断开电容器一根引脚示意图　　　图 3-32　电容器并联示意图

（2）电解电容器的检测

电解电容器与其他普通电容器的结构有较大不同。目前，应用最多的是铝电解电容器和钽电解电容器。钽电解电容器具有寿命长、介质化学稳定性好、高频特性好等优点，但其价格较贵。使用电解电容器时，要注意其极性，正极接高电位、负极接低电位，如果正负极接反，电容器就会被击穿、失效，严重时，电解电容器会爆裂。

① 检测电解电容器时万用表挡位的选择　因为电解电容器的容量比一般电容器的容量大得多，因而其充放电电流较大，所以检测电解电容器时，要针对不同容量，选用合适的量程（不同的欧姆挡位）。一般情况下，测量容量为 $1 \sim 2.2 \mu F$ 的电容器时，可选用 R×10k 挡；测量容量为 $4.7 \sim 22 \mu F$ 的电容器时，可选用 R×1k 挡；测量容量为 $47 \sim 220 \mu F$ 的电容器时，可选用 R×100 挡；测量容量为 $470 \sim 4700 \mu F$ 的电容器时，可选用 R×10 挡；测量容量大于 $4700 \mu F$ 的电容器时，可选用 R×1 挡；检测方法与检测一般固定电容器相同。

② 检测电解电容器的漏电阻　如图 3-33（a）所示，将万用表的红表笔接电容器的负极，黑表笔接正极，在刚接触的瞬间，万用表指针即向右偏转较大角度（对于同一电阻挡，容量越大，则其摆幅就越大），过一会，万用表指针开始向左回转，直到停在某一位置。此时的阻值便是电解电容器的正向漏电阻，此值越大越好。再用万用表测电解电容器的反向漏电阻，如图 3-33（b）所示。将万用表的红、黑两表笔对调，重复上述检测工作，当万用表指针停止不动时的电阻值即为其反向漏电阻。正常情况下，电解电容器的反向漏电阻值应略小于正向漏电阻值。实际使用经验表明，电解电容的漏电阻一般应在几百千欧以上，否则，将

不能正常工作。在测试中，若正向、反向均无充电的现象，即表针不动，则说明电容器容量消失或内部断路；若所测阻值很小或为零，说明电容漏电大或已击穿损坏，无法继续使用。

③ 电解电容器正、负极的判别 有极性电解电容器的外壳上通常都标有"＋"（正极）或"－"（负极）。未剪引脚的电解电容器，长引脚为正极，短引脚为负极。对于正、负极标志不明的电解电容器，可利用上述检测电解电容器漏电阻的方法加以判别。即先任意测一下漏电阻，记住其大小，然后交换表笔再测出一个阻值，两次测量中阻值较大的那一次便是正向接法，即黑表笔接的是正极，红表笔接的是负极。

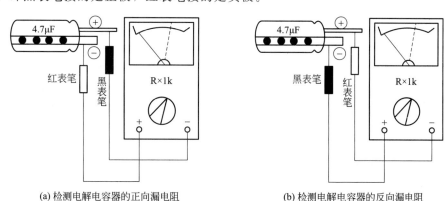

(a) 检测电解电容器的正向漏电阻          (b) 检测电解电容器的反向漏电阻

图 3-33 检测电解电容器的漏电阻

④ 电解电容器容量的测量 测量电容器的容量，最好使用电感电容表或者具有电容测量功能的数字式万用表。若无此类仪表，也可用指针式万用表来估测其电容量。即使用万用表电阻挡，采用给电解电容器进行正、反向充电的方法，根据指针向右摆动幅度的大小，估测其电容量。此时，应注意根据被测电容器容量的大小选择适当的量程，更换挡位后要重新调零。如表 3-10 所示是利用万用表所测得的常见规格电解电容器电容量与万用表指针摆动位置所对应的电阻参考值。

表 3-10 常见规格电解电容器实测数据 （参考值）

| 电容量 /μF | MF47 型万用表 | | MF500 型万用表 | | MF50 型万用表 | |
|---|---|---|---|---|---|---|
| | 电阻挡挡位 | 指针向右摆动位置 | 电阻挡挡位 | 指针向右摆动位置 | 电阻挡挡位 | 指针向右摆动位置 |
| 1 | R×10k | 700kΩ | R×1k | 220kΩ | R×1k | 200kΩ |
| 2.2 | R×10k | 320kΩ | R×1k | 100kΩ | R×1k | 110kΩ |
| 3.3 | R×1k | 120kΩ | R×1k | 58kΩ | R×1k | 60kΩ |
| 4.7 | R×1k | 100kΩ | R×1k | 50kΩ | R×1k | 55kΩ |
| 6.8 | R×1k | 75kΩ | R×1k | 35kΩ | R×1k | 40kΩ |
| 10 | R×1k | 50kΩ | R×1k | 20kΩ | R×1k | 25kΩ |
| 22 | R×1k | 20kΩ | R×1k | 8kΩ | R×1k | 10kΩ |
| 33 | R×1k | 15kΩ | R×1k | 5kΩ | R×1k | 5.5kΩ |
| 47 | R×100 | 10kΩ | R×1k | 3.5kΩ | R×1k | 4kΩ |
| 100 | R×100 | 5kΩ | R×100 | 2.2kΩ | R×1k | 2kΩ |
| 220 | R×100 | 2.2kΩ | R×100 | 750Ω | R×1k | 1kΩ |
| 330 | R×100 | 1.8kΩ | R×100 | 500Ω | R×100 | 550kΩ |

续表

| 电容量 /$\mu$F | MF47 型万用表 | | MF500 型万用表 | | MF50 型万用表 | |
|---|---|---|---|---|---|---|
| | 电阻挡挡位 | 指针向右摆动位置 | 电阻挡挡位 | 指针向右摆动位置 | 电阻挡挡位 | 指针向右摆动位置 |
| 470 | R×10 | 1kΩ | R×100 | 120Ω | R×100 | 130kΩ |
| 1000 | R×10 | 500Ω | R×10 | 230Ω | R×10 | 250Ω |
| 2200 | R×10 | 200Ω | R×10 | 90Ω | R×10 | 150Ω |
| 3300 | R×10 | 180Ω | R×10 | 75Ω | R×10 | 100Ω |
| 4700 | R×10 | 120Ω | R×10 | 25Ω | R×10 | 75Ω |

从电路中刚拆下的电解电容器，应将其两脚短路放电后再用万用表测量。对于大容量的电解电容器和高压电解电容器，可用一只 15～100W、220V 的白炽灯泡对其放电。其方法是：将灯泡装在灯头上，从灯头引出两根线，分别接到电解电容器的两根引脚上。灯泡亮一瞬间然后熄灭，则说明电容器放电完毕。

### 3.3.4　电容器的代换

电容器代换时要注意以下几点：

① 所代换的电容耐压不能低于原电容的耐压值。

② 无极性电容、单极性和双极性的电容不能混用。特别是一些双极性电解电容，能耐受高反压、大电流，因此不能随便用单极性的电解电容器进行代换。另外，一些有极性的钽电容，外观很像瓷片电容，要注意区分。

③ 在修理中，若发现某一电容变值或损坏，手头又没有同规格电容更换，可采用串、并联电容的方法进行应急处理。

a. 利用电容并联公式，将小电容变成所需大容量电容。电容并联公式为

$$C_{并} = C_1 + C_2 + C_3 + \cdots$$

电容器并联时，每个电容器所承受的工作电压相等，并等于总电压，因此，如果工作电压不同的几个电容器并联，必须把其中工作最低的工作电压作为并联后的工作电压。

b. 利用电容串联公式，将大容量电容变成所需小容量电容。电容串联公式为

$$\frac{1}{C_{串}} = \frac{1}{C_1} + \frac{1}{C_2} + \frac{1}{C_3} + \cdots$$

串联后电容的工作电压在电容量相等的条件下，等于每个电容的工作电压之和，故串联后的电容工作电压将升高。

# 第4章
# 电感器和变压器

电感器多指电感线圈，简称电感，是一种常用的电子元件，具有自感、互感、对高频阻抗大、对低频阻抗小等特性，广泛应用在振荡、退耦、滤波等电路中，起选频、退耦、滤波作用。利用电感器的互感特性还可以制成各种变压器，普遍应用在各种电路的信号耦合、电源变压、阻抗匹配电路中，起隔离直流与耦合交流的作用。

## 4.1 电感器

电感器也称线圈，它是用漆包线、纱包线或裸导线在绝缘管上或磁芯上一圈一圈地绕起来所制成的一种无源元件。

### 4.1.1 分类与电路图形符号

电感器的种类很多，结构和外形各异。按其使用方式来分，可分为固定电感器、可变电感器和微调电感器三类；按线圈内有无磁芯或磁芯所用材料来分，可分为空心电感器、磁芯电感器以及铁芯电感器等；按结构特点来分，可分为单层电感器、多层电感器和蜂房式电感器；按其用途来分，可分为阻流电感器、偏转电感器和振荡电感器等；按照封装形式来分，可分为色码电感器、环氧树脂电感器和贴片电感器等；按照工作频率来分，可分为高频电感器（如各种振荡线圈及天线线圈等）和低频电感器（如各种滤波线圈及扼流圈等）。

电路中电感器用大写字母 L 表示，图 4-1 所示是电感器外形及其电路图形符号。电感器有两根引脚，且不分正、负电极，可互换使用。

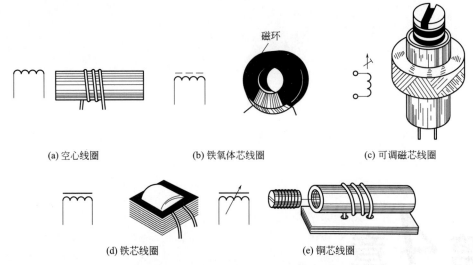

(a) 空心线圈      (b) 铁氧体芯线圈      (c) 可调磁芯线圈

(d) 铁芯线圈      (e) 铜芯线圈

图 4-1 电感器外形及其电路图形符号

## 4.1.2 基本结构与工作原理

（1）结构

电感器一般由骨架、绕组、磁芯或铁芯、屏蔽罩、封装材料等组成。

① 骨架 骨架泛指绕制线圈的支架。一些体积较大的固定式电感器或可调式电感器，大多数是将漆包线环绕在骨架上，再将磁芯或铜芯、铁芯等装入骨架的内腔，以提高其电感量。骨架通常是采用塑料、胶木、陶瓷等制成，根据实际需要可以制成不同的形状。小型电感器一般不使用骨架，而是直接将漆包线绕在磁芯上。空心电感器不用磁芯、骨架和屏蔽罩等，而是先在模具上绕好后再脱去模具，并将线圈各圈之间拉开一定距离。

② 绕组 绕组是指具有规定功能的一组线圈，它是电感器的基本组成部分。绕组具有单层和多层之分。单层绕组又有密绕（绕制时导线一圈挨一圈）和间绕（绕制时每圈导线之间均隔一定的距离）两种形式；多层绕组有分层平绕、乱绕、蜂房式绕法等多种，如图 4-2 所示。

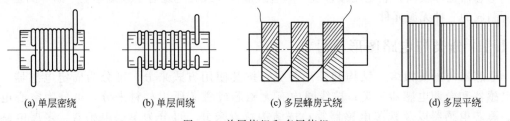

(a) 单层密绕      (b) 单层间绕      (c) 多层蜂房式绕      (d) 多层平绕

图 4-2 单层绕组和多层绕组

③ 磁芯与磁棒 磁芯与磁棒一般采用镍锌铁氧体（NX 系列）或锰锌铁氧体（MX 系列）等材料，它有"工"字形、柱形、帽形、"E"形、罐形等多种形状，如图 4-3 所示。

④ 铁芯 铁芯材料主要有硅钢片、坡莫合金等，其外形多为"E"形。

⑤ 屏蔽罩 为避免有些电感器在工作时产生的磁场影响其他电路及元器件正常工作，就为其增加了金属屏蔽（例如半导体收音机的振荡线圈等）。采用屏蔽罩的电感器，会增加线圈的损耗，使其品质因数（$Q$ 值）降低。

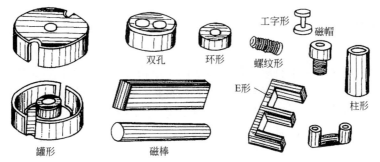

图 4-3　常用磁芯与磁棒外形

⑥ 封装材料　有些电感器（如色码电感器、色环电感器等）绕制好后，用封装材料将线圈和磁芯等密封起来。封装材料采用塑料或环氧树脂等。

（2）工作原理

电感器的工作原理分成两个部分：①给电感器通电后电感器的工作过程，此时电感器由电产生磁场；②电感器在交变磁场中的工作过程，此时电感器由磁产生交流电。

关于电感器的工作原理主要说明下列几点：

① 给线圈中通入交流电流时，在电感器的四周产生交变磁场，这个磁场称为原磁场。

② 给电感器通入直流电流时，在电感器四周要产生大小和方向不变的恒定磁场。

③ 由电磁感应定律可知，磁通的变化将在导体内引起感生电动势，因为电感器（线圈）内电流变化（因为通的是交流电流）而产生感生电动势的现象，称为自感应。电感就是用来表示自感应特性的一个量。

④ 自感电动势要阻碍线圈中的电流变化，这种阻碍作用称为感抗。

## 4.1.3　型号命名方法

电感线圈的型号命名一般由四部分组成，如图 4-4 所示。

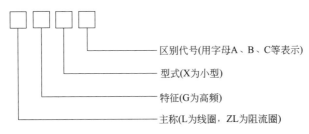

图 4-4　电感线圈型号命名方法

第一部分：主称，用字母表示，其中 L 代表线圈，ZL 代表阻流圈。

第二部分：特征，用字母表示，其中 G 代表高频。

第三部分：型号，用字母表示，其中 X 代表小型。

第四部分：区别代号，用字母表示。

例如，LGX 型为小型高频电感线圈。

这里要指出的是：固定电感线圈的型号命名方法各生产厂家有所不同。有的生产厂家用 LG 加产品序号；有的厂家采用 LG 并加数字和字母后缀，其后缀 1 表示卧式；2 表示立式；G 表示胶木外壳；P 表示圆饼式；E 表示耳朵形环氧树脂包封。也有的厂家采用 LF 并加数字和字母后缀，例如 LF10RD01，其中 LF 为低频电感线圈，10 为特征尺寸，RD 为工字形磁芯，01 代表产品序号。

## 4.1.4　主要参数

（1）电感量

电感量是表示电感器产生自感应能力大小的一个物理量，也称自感系数。电感量的大小与线圈的匝数、导线的直径、有无磁芯及磁芯的材料、绕制线圈的方式、线圈的形状大小等有关。通常，线圈匝数越多、匝间越密则电感量越大。带有磁芯的线圈比无磁芯的线圈的电感量要大。电感器所带磁芯的磁导率越大，其电感量也越大。一般磁芯用于高频场合，铁芯用在低频场合。线圈中装有铜芯，则会使电感量减小。

电感量的单位是亨利，简称亨，用 H 表示。比亨（H）小的单位还有毫亨（mH）、微亨（$\mu$H）与纳亨（nH）。它们之间的换算关系是：

$$1H = 10^3 mH = 10^6 \mu H = 10^9 nH$$

用于不同电路中的电感器，对其电感量的要求也不同。例如，用于稳压电源电路中的电感器，其电感量一般为几亨到几十亨。

（2）允许偏差

允许偏差是指电感器上标称的电感量与其实际电感量的允许误差值。不同用途的电感器对其电感量的允许偏差也有所不同。一般用于滤波电路或振荡器谐振回路中的电感器，其电感量的允许偏差为 $\pm0.2\%\sim\pm0.5\%$，由此可见，这种电路对电感量的精度要求较高。而在电路中起高频阻流及耦合作用的电感器，其电感量允许偏差为 $\pm10\%\sim\pm15\%$，显然，这种电路对电感量允许偏差的要求比较低。

（3）品质因数

品质因数也称 $Q$ 值，是衡量电感器质量高低的主要参数。它是指电感器在某一频率的交流电压下工作时，所呈现的感抗与本身直流电阻的比值。用公式表示为：

$$Q = \omega L / R = 2\pi f L / R$$

式中　$L$——电感量；

　　　$R$——直流电阻；

　　　$f$——频率；

　　　$\omega$——角频率。

电感器 $Q$ 值的大小与所用导线的直流电阻、线圈骨架的介质损耗以及铁芯引起的损耗等因素有关。电感器的 $Q$ 值越大，表明电感器的损耗越小，越接近理想的电感，当然其效率就越高，质量就越好。反之，$Q$ 值越小，其损耗越大，效率则越低。实际上，电感器的 $Q$ 值是无法做到很高的，一般在几十到几百。在实际应用电路中，用于谐振回路的电感器的 $Q$ 值要求较高，其损耗较小，可提高工作性能。在电路中起耦合作用的电感器，其 $Q$ 值较低。而在电路中起高频或低频阻流作用的电感器，对其 $Q$ 值基本不作要求。

（4）额定电流

电感器在正常工作时所允许通过的最大电流即是其额定工作电流。在应用电路中，若流过电感器的实际工作电流大于其额定电流，会导致电感器发热使性能参数产生改变，甚至还可能因过流而烧毁。小型固定电感器的工作电流通常用字母表示，分别用字母 A、B、C、D 和 E 表示其最大工作电流为 50mA、150mA、300mA、700mA 和 1600mA。

（5）分布电容

电感器的分布电容是指线圈的匝与匝之间、线圈与磁芯之间、线圈与屏蔽层之间所存在的固有电容。这些电容实际上是一些寄生电容，会降低电感器的稳定性，也降低了线圈的品质因数。电感器的分布电容越小，电感器的稳定性越好。减小分布电容的方法通常有：用细导线绕制线圈、减小线圈骨架的直径、采用间绕法或蜂房式绕法。

表 4-1 列出的是部分国产固定电感线圈的型号和性能参数。

表 4-1 部分国产固定电感线圈的型号和性能参数

| 型号 | 电感量范围/$\mu$H | 额定电流/mA | Q 值 | 型号 | 电感量范围/$\mu$H | 额定电流/mA | Q 值 |
|---|---|---|---|---|---|---|---|
| LG400,LG402 LG404,LG406 | 1～820000 | 50～150 | | LG2 | 1～22000 | A 组 | 7～46 |
| | | | | | 1～10000 | B 组 | 3～34 |
| LG408,LG410 LG412,LG414 | 1～5600 | 50～250 | 30～60 | | 1～1000 | C 组 | 13～24 |
| | | | | | 1～560 | D 组 | 10～12 |
| LG1 | 0.1～22000 | A 组 | 40～80 | | 1～560 | E 组 | 6～12 |
| | 0.1～10000 | B 组 | 40～80 | LF12DR01 | 39±10% | 600 | |
| | 0.1～1000 | C 组 | 45～80 | LF10DR01 | 150±10% | 800 | |
| | 0.1～560 | D、E 组 | 40～80 | LF8DR01 | 6.12～7.48 | | ＞60 |

## 4.1.5 标识方法

电感器的电感量标识方法有直标法、文字符号法、色标法及数码标识法等。

（1）直标法

直标法是将电感器的标称电感量用数字和文字符号直接标在电感器外壁上。电感器单位后面用一个英文字母表示其允许偏差。各字母代表的允许偏差见表 4-2。

表 4-2 各字母代表的允许偏差

| 英文字母 | 允许偏差/% | 英文字母 | 允许偏差/% |
|---|---|---|---|
| Y | ±0.001 | D | ±0.5 |
| X | ±0.002 | F | ±1 |
| E | ±0.005 | G | ±2 |
| L | ±0.01 | J | ±5 |
| P | ±0.02 | K | ±10 |
| W | ±0.05 | M | ±20 |
| B | ±0.1 | N | ±30 |
| C | ±0.25 | | |

例如 $560\mu$HK，表示该电感器的标称电感量为 $560\mu$H，允许偏差为±10%。

（2）文字符号法

文字符号法是将电感器的标称值和允许偏差用数字和文字符号按一定的规律组合标识在电感体上。采用这种标识方法的通常是一些小功率电感器。其单位通常为 nH 或 $\mu$H，用 $\mu$H 作单位时，"R"表示小数点；用 nH 作单位时，"n"代替"R"表示小数点。

例如，4n7 表示电感量为 4.7nH，4R7 则代表电感量为 4.7$\mu$H；47n 表示电感量为 47nH，6R8 表示电感量为 6.8$\mu$H。采用这种标识法的电感器，通常后缀一个英文字母表示允许偏差，各字母代表的允许偏差与直标法相同，如"470K"表示该电感器的电感量为 $47\times10^{0}=47(\mu H)$，电感器允许偏差为±10%。

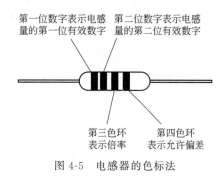

第一位数字表示电感量的第一位有效数字　第二位数字表示电感量的第二位有效数字

第三色环表示倍率　第四色环表示允许偏差

图4-5　电感器的色标法

（3）色标法

色标法是指在电感器表面上涂以不同的色环来代表电感量（与电阻器类似），通常用三个或四个色环表示，如图4-5所示。

紧靠电感体一端的色环为第一色环，露着电感体本色较多的另一端为末环。第一、二色环表示两位有效数字，第三色环表示倍率（单位为 $\mu H$），第四色环表示允许偏差。

色码电感器的色码含义与色标电阻器的色码含义一样。

（4）数码标识法

数码标识法是用三位数字来表示电感器电感量的标称值。该方法常见于贴片电感上。在三位数字中，从左至右的第一、第二位为有效数字，第三位数字表示有效数字后面所加"0"的个数（单位为 $\mu H$）。如果电感量中有小数点，则用"R"表示，并占一位有效数字。电感量单位后面用一个英文字母表示其允许偏差，各字母代表的允许偏差见表4-2。

例如，标识为"102J"的电感量为 $10 \times 10^2 = 1000(\mu H)$，允许偏差为 $\pm 5\%$；标识为"183K"的电感量为 $18 mH$，允许偏差为 $\pm 10\%$。需要注意的是，要将这种标识法与传统的方法区别开，如标识为"470"或"47"的电感量为 $47\mu H$，而不是 $470\mu H$。

## 4.1.6　主要特性

电感器在电路中有时单独完成一项工作，有时则与其他元器件一起构成单元电路。在分析含有电感器电路的过程中，了解电感器的主要特性对电路分析相当重要。

（1）感抗特性

由于电感线圈的自感电势总是阻止线圈中的电流变化，故线圈对交流电有阻力，阻力大小就用感抗 $X_L$ 来表示。$X_L$ 与线圈电感量 $L$ 和交流电频率 $f$ 成正比，计算公式为：

$$X_L = 2\pi fL$$

不难看出，线圈通过低频电流时 $X_L$ 小。通过直流电时 $X_L$ 为零，仅线圈的直流电阻起阻力作用，因电阻一般很小，所以近似短路。通过高频电流时 $X_L$ 大，若 $L$ 也大，则近似开路。这一点同电容器容抗与频率之间的关系正好相反。所以，利用电感元件和电容器就可以组成各种高频、中频和低频滤波器。

（2）通直流阻交流特性

电容器具有隔直流通交流的特性，电感器的这一特性基本与电容器相反，它通直流阻交流。通直流是指电感器对直流电而言呈通路，只存在线圈本身的很小的直流电阻对直流电流的阻碍作用，这种阻碍作用由于很小而往往可以忽略不计，所以在电路分析中，当直流电通过线圈时，认为线圈呈通路。

当交流电通过电感器时，电感器对交流电存在着阻碍作用，阻碍交流电的是线圈的感抗，它同电容器的容抗类似，由于此时感抗远大于电感器直流电阻对交流电流的阻碍作用，所以可以忽略直流电阻对交流电流的影响。

记忆电感器通直流阻交流特性时，也可以与电容器的隔直流通交流特性联系起来。

（3）电励磁特性

这是电感器的重要特性之一。当电流流过电感器时，要在电感器四周产生磁场，无论是直流电流还是交流电流通过线圈时，在线圈内部和外部周围都要产生磁场，其磁场的大小和方向与流过线圈的电流特性有关。

直流电流通过线圈时，会产生一个方向和大小都不变的磁场，磁场大小与直流电流的大小成正比，磁场方向可用右手定则判别。

右手的四指指向线圈中电流流动的方向时，大拇指则指向磁场的方向。磁场的变化规律与电流的变化规律是一样的。当直流电流的大小在改变时，磁场强度也随之改变，但磁场方向始终不变。

当线圈中流过交流电流时，磁场的方向仍用右手定则。由于交流电流本身的方向在不断改变，所以磁场的方向也在不断改变。由于交流电的大小在不断变化，所以磁场的强弱也在不断改变。这样，给线圈通入交流电流后，线圈产生的磁场是一个交变磁场，其磁场强度仍与交流电流的大小成正比。

从线圈的上述特性中可以知道，线圈能够将电能转换成磁能，可以利用线圈的这一特性做成换能器件。例如，磁记录设备中的录音磁头就是利用这一原理制成的。

（4）磁励电特性

线圈不仅能将电能转换成磁能，还能将磁能转换成电能。当通过线圈的磁通量改变时（通俗地讲线圈在一个有效的交变磁场中时），线圈在磁场的作用下要产生感生电动势，这是线圈由磁励电的过程。磁通量的变化率愈大，其感生电动势愈大。由于交变磁场的大小和方向在不断改变，所以感生电动势的大小和方向也在不断改变，感生电动势的变化规律与磁场的变化规律是相同的。

当线圈在一个恒定磁场（大小和方向均不变）中时，线圈中无磁通量的变化，线圈不能产生感生电动势，这一点就不像线圈由电励磁时，通入直流电流也能产生方向恒定的磁场，线圈的这一特性要记住，否则在电路分析时容易出错。

线圈由磁励电的应用更多，如动圈式话筒、放音磁头等，它们都是将磁能转换成电能。

通过上述线圈电励磁和磁励电的特性可知，线圈可以做成一个换能器件。

（5）线圈中的电流不能发生突变

电感线圈中的电流不能突变，在这一点上，电容器和电感器有所不同（电容器两端的电压不能突变）。流过线圈的电流大小发生改变时，线圈中要产生一个反向电动势来企图维持原电流的大小不变，线圈中的电流变化率愈大，其反向电动势愈大。

线圈的这一特性对电路的安全工作是有危害的，例如继电器驱动电路中，继电器中的线圈会产生反向电动势，为此在驱动电路中设置了意在消除这种反向电动势的保护电路。

## 4.1.7　常用电感器

电感线圈一般由骨架、绕组、磁芯、屏蔽罩等组成。但由于使用场合不同，其要求也各不相同。有的线圈没有磁芯或屏蔽罩，或者两者皆无，有的连骨架也没有。电感线圈的结构不同，其特性不同，使用场合也不同。下面简单介绍几种常见的电感器。

（1）单层空心线圈

这种线圈是用漆包线或纱包线逐圈绕在纸筒或胶木筒上而制成的，如图4-6所示。绕制方法分为密绕和间绕两种。前者为一圈挨一圈紧密平绕，绕法简单，但分布电容大；后者是各匝之间保持一定距离，虽然电感量小，但分布电容也小，稳定性好，品质因数较高。密绕线圈常用于中、低频电路中；间绕线圈多用于中、高频电路中。

（2）多层线圈

单层线圈只能应用在电感量小的场合，当需要电感量较大时，常采用多层绕制方法，也就是多层线圈（电感量可达到 $300\mu H$）。多层线圈除了匝与匝之间具有分布电容外，层与层

图 4-6　单层空心线圈

之间也有分布电容，这样多层线圈的分布电容无疑是更加大了。同时线圈层与层的电压相差较多，当线圈两端具有较高电压时，容易发生跳火、绝缘击穿等问题。为了避免这些不利因素，有时采用分段绕制，即将一个线圈分成几段绕制，这样由于线圈各段电压较低，不易击穿。同时，由于线圈是分几段绕制而成的，各段间距离较大，减小了线圈的分布电容。

（3）蜂房式线圈

对于电感量大的多层线圈，采用分段绕制，必然导致体积大和分布电容大的弊病。采用如图 4-7 所示的蜂房式绕制法，不仅使线圈电感量大、体积小，而且其分布电容也小。蜂房线圈的平面不与骨架的圆周面平行，而是导线沿骨架来回折弯，绕一圈要折 2～4 次弯。对于大电感量的线圈，可分段绕制几个"蜂房"。采用蜂房式绕法，可使线圈的分布电容大大降低，稳定性好。蜂房式空心线圈常用于中频振荡线圈中；带铁芯的蜂房式线圈则用于振荡电路及中频调谐回路中。

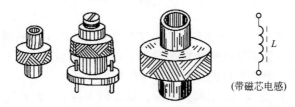

图 4-7　蜂房式线圈

（4）磁芯线圈

为了提高线圈的电感量和品质因数，方便调整，常在线圈中加入铁粉或铁氧体芯，不同频率的线圈，采用不同的螺纹磁芯。同时利用螺纹的旋动，可以调节磁芯与线圈的位置，从而也可改变线圈的电感量。线圈中有了磁芯，电感量提高了，分布电容减小了，给线圈的小型化创造了有利的条件。因此，各种磁芯线圈得到了广泛的应用。如图 4-8 所示为常见的几种磁芯线圈。

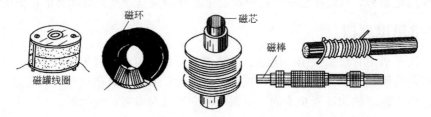

图 4-8　几种磁芯线圈

（5）阻流圈（扼流圈）

顾名思义，阻流圈是在电路中用来限制某种频率的信号通过某一部分电路的，即起阻流作用。阻流圈分为高频阻流圈和低频阻流圈两种，如图 4-9 所示。

高频阻流圈（GZL）为固定铁氧体磁芯线圈，其作用是阻止高频信号通过，而让音频信号和直流信号通过。这种阻流圈电感量较小（通常小于 10mH），其分布电容也较小。

低频阻流圈一般采用硅钢片铁芯或铁粉芯，有较大的电感量（可达几个亨）。它通常与

(a) 高频阻流圈            (b) 低频阻流圈

图 4-9 阻流圈

较大容量的电容器组成"π"形滤波网络，用来阻止残余的交流成分通过，而让直流或低频成分通过，如电源整流滤波、低频截止滤波器等。

（6）固定线圈

固定线圈常称为固定电感器。固定线圈可以是单层线圈、多层线圈、蜂房式线圈以及具有磁芯的线圈等。这类线圈的结构是根据电感量和最大直流工作电流的大小，选用相应直径的导线绕制在磁芯上，最后成品用塑料壳或环氧树脂封装而成，如图 4-10 所示。

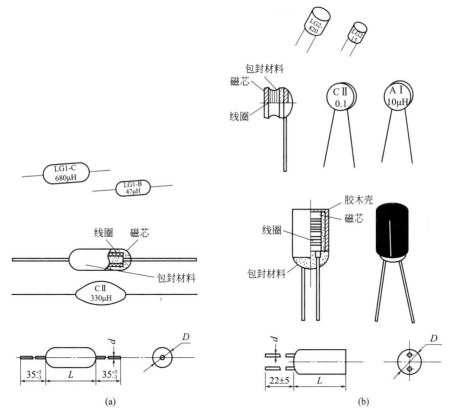

图 4-10 固定线圈

这种固定线圈具有体积小、重量轻、结构牢固和使用安装方便等优点，可用在滤波、振荡、延迟等电路中。目前生产的固定电感线圈有两种形式，其中一种固定线圈的引线是轴向的，常用 LG1 表示，如图 4-10(a) 所示；另一种固定线圈的引线是同向，常用 LG2 表示，如图 4-10(b) 所示。这两种固定线圈的电感量范围、最大直流工作电流、外形尺寸和最大质量分别见表 4-3 和表 4-4。其中：$D$ 是固定电感器的体直径；$L$ 是固定电感器的体长（不含引线）；$d$ 是固定电感器的引线直径。

表 4-3　LG1 电感量范围、最大直流工作电流、外形尺寸、最大质量

| 电感量范围/μH | 最大直流工作电流/mA | 外形尺寸/mm D | 外形尺寸/mm L | 外形尺寸/mm d | 最大质量/g | 电感量范围/μH | 最大直流工作电流/mA | 外形尺寸/mm D | 外形尺寸/mm L | 外形尺寸/mm d | 最大质量/g |
|---|---|---|---|---|---|---|---|---|---|---|---|
| 0.1~820 | 50 | | | | | 1000~10000 | 50 | | | | |
| 0.1~8.2 | 150 | | | | | 390~3300 | 150 | | | | |
| 0.1~8.2 | 300 | 5 | 12 | 0.6 | 0.7 | 100~1000 | 300 | 8 | 18 | 0.6 | 2.6 |
| 0.1~0.82 | 200 | | | | | 10~82 | 200 | | | | |
| 0.1~0.82 | 1600 | | | | | | | | | | |
| 10~330 | 150 | | | | | 12000~22000 | 50 | | | | |
| 10~82 | 300 | | | | | 3900~10000 | 150 | | | | |
| 1~8.2 | 200 | 6 | 14 | 0.6 | 1.9 | 100~560 | 700 | 10 | 22 | 0.8 | 5 |
| 1~8.2 | 1600 | | | | | 10~27 | 1600 | | | | |
| | | | | | | 33~560 | 1600 | 15 | 32 | 0.8 | 12 |

表 4-4　LG2 电感量范围、最大直流工作电流、外形尺寸

| 电感量范围/μH | 最大直流工作电流/mA | 外形尺寸/mm D | 外形尺寸/mm L | 外形尺寸/mm d |
|---|---|---|---|---|
| 1~5600 | 50 | | | |
| 1~560 | 150 | | | |
| 1~82 | 300 | 6.5 | 10 | 0.6 |
| 1~8.2 | 700 | | | |
| 1~8.2 | 1600 | | | |
| 6800~22000 | 50 | | | |
| 680~5600 | 150 | | | |
| 100~1000 | 300 | 8 | 12 | 0.7 |
| 10~82 | 700 | | | |
| 10~27 | 1600 | | | |
| 6800~10000 | 150 | | | |
| 100~560 | 700 | 10 | 14 | 0.8 |
| 33~82 | 1600 | | | |
| 100~560 | 1600 | 12 | 18 | 1.0 |

固定线圈型号标示方法说明如图 4-11 所示。

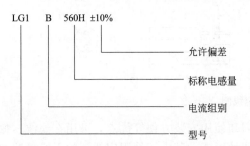

图 4-11　固定线圈型号标示方法举例

目前，国产的 LG 型固定线圈电感量的标称值均采用 E 数系，其中 E24 系列允许偏差为±5%；E12 系列允许偏差为±10%；E6 系列允许偏差为±20%。

## 4.1.8　典型应用

（1）电感线圈的选择

绝大多数的电子元件，如电阻器、电容器等，都是生产部门根据规定的标准和系列进行生产的成品供选用。而电感线圈只有一部分如阻流圈、低频阻流圈、振荡线圈和 LG 固定电感线圈等是按规定的标准生产出来的产品，绝大多数的电感线圈是非标准件，往往要根据实际需要自行制作。由于电感线圈的应用极为广泛，如 LC 滤波器、调谐放大电路、振荡电路、

去耦电路等都会用到电感线圈。因此要想正确地用好线圈，需要注意很多方面。

① 根据电路需要，选定绕制方法 在绕制空心电感线圈时，要依据电路要求、电感量大小以及线圈骨架直径的大小确定绕制方法。间绕式线圈适合在高频电路中使用，在圈数少于 5 圈时，可不用骨架，就能具有较好的特性，$Q$ 值较高，可达 $150\sim400$，稳定性也很高。单层密绕式线圈适用于短波、中波回路中，其 $Q$ 值可达到 $150\sim250$，并具有较高的稳定性。

② 确保线圈载流量和机械强度，选用适当的导线 线圈不宜用过细的导线绕制，以免增加线圈电阻，使 $Q$ 值降低。同时，导线过细，其载流量和机械强度都较小，容易烧断或碰断线。所以，在确保线圈的载流量和机械强度的前提下，要选用适当的导线绕制。

③ 不同频率特点的线圈，采用不同材料的磁芯 工作频率不同的线圈，有不同的特点。在音频段工作的电感线圈，通常采用硅钢片或坡莫合金为磁芯材料。低频用铁氧体作为磁芯材料，其电感量较大，可高达几亨到几十亨。在几十万赫兹到几兆赫兹之间，如中波广播段的线圈，一般采用铁氧体芯，并用多股绝缘线绕制。频率高于几兆赫兹时，线圈采用高频铁氧体作为磁芯，也常用空心线圈。此情况不宜用多股绝缘线，而宜采用单股粗镀银线绕制。使用于高频电路的阻流圈，除了电感量和额定电流应满足电路要求外，还必须注意其分布电容不宜过大。

（2）典型应用电路

电感在电路中依其所在位置不同，用途不同，而起着不同的作用，如阻流、滤波、耦合、振荡、隔离、补偿、传输能量、转换能量等。

① 滤波电路 在大电流负载情况下，由于负载电阻 $R_L$ 很小，若采用电容滤波电路，则电容容量势必很大，而且整流二极管的冲击电流也非常大，这就使得整流管和电容器的选择比较困难，甚至不太可能，在这种情况下应当采用电感滤波。在整流电路与负载电阻之间串联一个电感线圈 $L$ 就构成了电感滤波电路，如图 4-12 所示。由于电感线圈的电感量要足够大，所以一般需要采用带有铁芯的线圈。

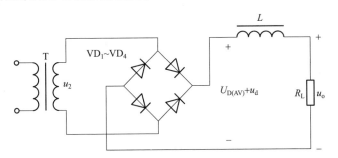

图 4-12　单相桥式整流电感滤波电路

电感的基本性质是当通过它的电流变化时，电感线圈中产生的感应电动势将阻止电流的变化。当通过电感线圈的电流增大时，电感线圈产生的自感电动势与电流方向相反，将阻止电流的增加，同时将一部分电能转化成磁场能存储于电感之中；当通过电感线圈的电流减小时，电感线圈中产生的自感电动势与电流方向相同，将阻止电流的减小，同时释放出存储的能量，以补偿电流的减小。因此，经电感滤波后，不但负载电流及电压的脉动减小，波形变得平滑，而且整流二极管的导通角增大。

整流电路输出电压可分为两部分，一部分为直流分量，它就是整流电路输出电压的平均值 $U_{o(AV)}$，对于全波整流电路，其值约为 $0.9U_2$；另一部分为交流分量 $u_d$，如图 4-12 所示。电感线圈对直流分量呈现的电抗很小，就是线圈本身的电阻 $R$；而对交流分量呈现的电抗为 $\omega L$。所以若二极管的导通角近似为 $\pi$，则电感滤波后的输出电压平均值为

$$U_{o(AV)} = \frac{R_L}{R+R_L} U_{D(AV)} \approx \frac{R_L}{R+R_L} \times 0.9 U_2 \qquad (4-1)$$

输出电压的交流分量为

$$U_d \approx \frac{R_L}{\sqrt{(\omega L)^2 + R_L^2}} u_d \approx \frac{R_L}{\omega L} u_d \qquad (4-2)$$

从式(4-1)中可以看出，电感滤波电路输出电压平均值小于整流电路输出电压平均值，在线圈电阻可忽略的情况下，$U_{o(AV)} \approx 0.9 U_2$。从式(4-2)中可以看出，在电感线圈不变的情况下，负载电阻愈小（即负载电流愈大），输出电压的交流分量愈小，脉动愈小。注意，只有在 $R_L$ 远远小于 $\omega L$ 时，才能获得较好的滤波效果。显然，$L$ 愈大，滤波效果愈好。

另外，由于滤波电感电动势的作用，可以使二极管的导通角接近 $\pi$，减小了二极管的冲击电流，平滑了流过二极管的电流，从而可延长整流二极管的使用寿命。

当单独使用电容或电感进行滤波，效果仍不理想时，可采用复式滤波电路。电容和电感是基本的滤波元件，利用它们对直流量和交流量呈现不同电抗的特点，只要合理地接入电路都可以达到滤波的目的。

a. $LC$ 倒 L 形滤波电路。图 4-13(a) 所示为 $LC$ 倒 L 形滤波电路，由一个电感线圈和一个电容构成。因为电感线圈和电容在电路中的接法像一个倒写的大写英文字母"L"，所以称为倒 L 形滤波电路。当直流电中的交流成分通过它时，大部分将降落在这个电感线圈上。经过电感线圈滤波后，残余的少量交流成分再经过后面的电容滤波，将进一步被削弱，从而使负载电阻得到了更加平滑的直流电。倒 L 形滤波电路的滤波性能好坏取决于电感线圈电感量 $L$ 和电容容量 $C$ 的乘积，$LC$ 的乘积越大，滤波效果越好。因为绕制电感线圈的成本较高，所以在负载电流不大的场合，电感线圈电感量 $L$ 可以用得小一些，而把电容容量 $C$ 用得大一点。用多个倒 L 形电路串联起来，可以进一步改善滤波电路的滤波性能。

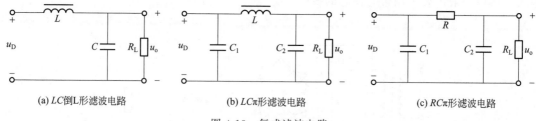

(a) $LC$倒L形滤波电路　　　　(b) $LC\pi$形滤波电路　　　　(c) $RC\pi$形滤波电路

图 4-13　复式滤波电路

b. $LC\pi$ 形滤波电路。图 4-13(b) 所示为 $LC\pi$ 形滤波电路。$LC\pi$ 形滤波电路由两个电容和一个电感线圈构成。它们在电路中的接法像小写的希腊字母"$\pi$"，所以称为 $LC\pi$ 形滤波电路。这种滤波电路实际上是由一个电容滤波电路和一个倒 L 形滤波电路串联而成的，其滤波效果取决于电感 $L$、电容 $C_1$ 与 $C_2$ 和负载电阻 $R_L$ 的乘积大小。交流电经整流电路整流后得到脉动直流电，先经过一个电容 $C_1$ 组成的滤波电路滤波后，其交流成分已大幅度减小，紧接着再经过一个倒 L 形滤波电路滤波，输出到负载电阻上的直流电压将更加平滑。不过，由于 $LC\pi$ 形滤波电路也是一种电容输入式滤波电路，因此它也存在开机时有浪涌电流的问题，故电容 $C_1$ 的容量不宜取得太大，以防浪涌电流损害整流二极管。

c. $RC\pi$ 形滤波电路。在负载电流要求不是很大的情况下，也可以用一个廉价的电阻 $R$ 来代替贵而笨重的电感线圈 $L$，组成所谓的 $RC\pi$ 形滤波电路，如图 4-13(c) 所示。虽然这里的电阻本身不具有滤波作用，但是它后面的电容 $C_2$ 对交流成分的阻抗（几欧姆）远远小于对直流成分的阻抗（接近无穷），所以脉动直流电中的交流成分大部分落在电阻 $R$ 上，只有很少一部分降落在与电容 $C_2$ 并联的负载电阻 $R_L$ 上，也就是说 $R_L$ 上很少有交流纹波，从而起到了滤波作用。增大串联电阻 $R$ 的阻值或者电容 $C_2$ 的容量可以改善总的滤波效果，不过电阻 $R$ 的阻值太大会使输出直流电压降低，所以电阻 $R$ 的阻值不宜选得太大。这种 $RC\pi$ 形滤波电路的滤波性能比单用电容滤波好，在一些小功率场合应用较多。

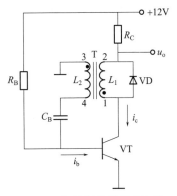

图 4-14　间歇振荡器原理电路

② 振荡电路　在电子电路领域，振荡器的应用领域非常广泛，下面重点介绍晶体管间歇振荡器。晶体管间歇振荡器中的核心元件均为脉冲变压器，电路中采用这种振荡器后，电路就会变得十分简单、明了，并且起振性能好，工作可靠。图 4-14 为间歇振荡器的原理电路。

其工作原理简述如下：

a. 输出波形前沿的形成。当 ＋12V 电源接通后，晶体管 VT 的基极电流 $i_b$ 开始上升，VT 导通，VT 的集电极电流 $i_c$ 开始增加，其集电极-发射极电压 $u_{ce}$ 下降。由于 $i_c$ 的增加，脉冲变压器初级线圈 $L_1$ 两端便产生感应电势 $e$，其方向是阻止 $i_c$ 的增加，即异名端 2 为正，同名端 1 为负。随之，脉冲变压器次级线圈 $L_2$ 两端便产生互感电势 $e_M$，其方向同样是异名端 4 为正，同名端 3 为负。此互感电势 $e_M$ 通过电容 $C_B$ 耦合到晶体管的基极，提高了基极偏置电压 $u_{be}$，致使基极电流 $i_b$ 进一步增加，又促使集电极电流 $i_c$ 更进一步增加，于是形成连锁反应的正反馈，即

$$\longrightarrow i_b \uparrow \longrightarrow i_c \uparrow \longrightarrow u_{ce} \downarrow \longrightarrow 通过脉冲变压器T的正反馈使 u_{be} \uparrow$$

b. 输出波形平顶的形成。由于上述连锁正反馈的瞬态发生，很快就进入到晶体管的非线性区与饱和区。进入饱和区后 $i_b$ 便失去对 $i_c$ 的控制，正反馈过程停止。在雪崩式正反馈过程时，电容 $C_B$ 只起到耦合作用而来不及充电，当其过程停止后这才正式进入充电状态。随着充电电流的逐渐减小，即 $i_b$ 逐渐减小，当 $i_b$ 减小到一定程度时，晶体管便由饱和区回到放大区，在这段时间内形成输出波形的平顶部分，平顶部分的时间长短代表了间歇振荡器的脉冲宽度。显然，基极充电电容 $C_B$ 愈大，脉冲变压器初级线圈 $L_1$ 的电感量愈大，则脉冲宽度愈大。

c. 输出波形后沿的形成。由于 $i_b$ 的减小，不但使晶体管 VT 从饱和区退回放大区，并且随着基极电流 $i_b$ 的逐渐减小，集电极电流 $i_c$ 因晶体管电流放大倍数 $\beta$ 的存在也随之大幅度减小，从而又发生相反方向的连锁式正反馈，即

$$\longrightarrow i_b \downarrow \longrightarrow i_c \downarrow \longrightarrow u_{ce} \uparrow \longrightarrow 通过脉冲变压器T的正反馈使 u_{be} \downarrow$$

d. 输出波形间歇的形成。晶体管 VT 截止之后，基极充电电容 $C_B$ 已充电完毕，并使 VT 基极反向偏置而致使其继续保持截止。这时若电容 $C_B$ 无放电回路，那么 VT 会永远保持截止状态。然而，电容 $C_B$ 上的电压会通过脉冲变压器次级线圈 $L_2$ 与电阻 $R_B$ 向电源放电。由于放电时间常数大，即 $\tau = R_B C_B$，故使得对晶体管反向偏置的解除速度十分缓慢。当放电接近尾声时，偏置电阻逐渐起作用，使晶体管 VT 的基极变为正向偏置并大于 0.7V，间歇停止，第一个周期结束，第二个周期开始。就这样周而复始形成自激间歇振荡。

③ 补偿电路　在交流信号放大电路领域，虽然放大电路的基本放大功能是具备的，工作也正常，然而，却存在着较多细节问题。其中表现最为突出的就是频率范围往往不够理想而引起各种不良影响。因此，采取必要的频率补偿对于提高电路的运行质量至关重要。频率

补偿的有效措施有多种，像电感补偿、电容补偿、阻抗补偿、反馈补偿等，一般常用的是元件补偿和网络补偿。而电感元件补偿、$LC$、$LRC$网络补偿是最常见和最有效的。

图4-15所示为某型号收音机录音频率补偿电路，是在输入放大级晶体管 $VT_1$ 的发射极输出电阻 $R_e$ 上并联加入 $L_1$、$C_1$ 串联网络，使高频段的频率顺利通过，并避免了高频信号的负反馈作用。而输出级将电路的 A 点断开，串联加入 $L_2$、$C_2$ 并联网络扩展了频带。

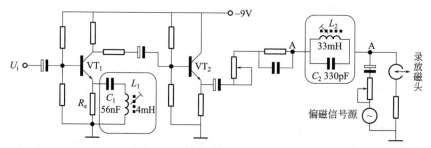

图4-15 某型号收录机录音频率补偿电路

④ 储能升压电路 电感器储能升压电路是通过在电感器中先储存电荷，然后释放电荷来完成的。在电感器中进行充、放电是按照4个步骤来完成的，如图4-16所示。

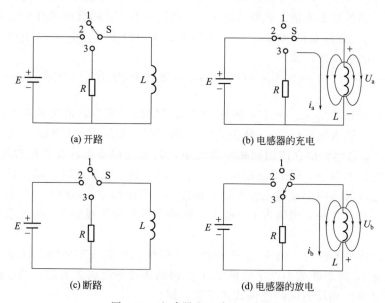

(a) 开路     (b) 电感器的充电

(c) 断路     (d) 电感器的放电

图4-16 电感器充、放电示意图

a. 开路：电路为断开状态，电路无电流，电感器未被充电，因此没有储存能量。

b. 电感器充电：开关S置于2处，电路成通路，电感器中的能量随 $i_a$ 的增加而增加。

c. 断路：充电的电源中断时，电路中没有电流。

d. 电感器放电：开关S在撤离的同时改接一负载 $R$，此瞬间电流 $i_a$ 与 $i_b$ 相同，电感器的磁场立即崩溃，电感器中所储存的能量被释放。

电感器两端电压的大小为其电感量与电流变化率的乘积，此即电感器的欧姆定律，因此电感的定义即为"一个电路的电压与其电流变化率的比例常数为电路的电感"。在电感器电路中 $U = L(\mathrm{d}i/\mathrm{d}t)$。式中，$U$ 为电感器两端的感应电压；$L$ 为电感量；$\mathrm{d}i/\mathrm{d}t$ 为电路中的电流变化率。

在实际应用电路中，开关S常采用晶体管或场效应管来代替。图4-17所示电路为实用的电感器升压白光 LED 驱动电路。图中，由三极管 $VT_1$、$VT_2$ 构成多谐振荡器，使 $VT_2$ 按照一定的工作频率轮流导通与截止，在 $VT_2$ 导通时，电流通过 $VT_2$ 的 C、E 极，二极管 $VD_2$、电感 $L_1$ 构成回路，为 $L_1$ 充电；当 $VT_2$ 截止时，$L_1$ 中存储的能量通过电阻 $R_2$、白光二极管 $VD_3$ 释放。在设计电路时，将 $VT_2$ 的导通时间设计成截止时间的 2.1 倍，因此在 $VT_2$ 截止时，电阻器 $R_2$ 两端的电压就约等于电源电压的 2.1 倍，即白光二极管 $VD_3$ 两端的工作电压约为电源电压的 2.1 倍，实现在低电源电压时驱动较高工作电压的白光二极管 $VD_3$ 的目的。

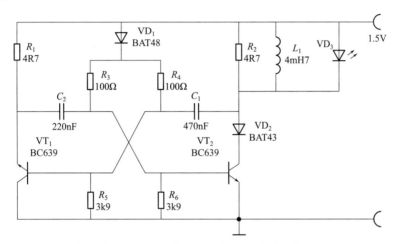

图 4-17　电感器升压白光 LED 驱动电路

（3）常见故障

电感器的常见故障有断路、短路、接触不良等。

① 断路故障　电感器是由一根连续不断的导线绕制而成的，一般只有两根引脚。线圈导通电流时，是从一根引脚流入线圈，再一匝挨一匝地逐次流到另一根引脚上。当电感线圈出现断路故障后，电流就不能从一根引脚流到另一根引脚，常称为断路故障。造成线圈断路的原因很多，如没有封装或没有屏蔽罩的线圈，在储存或运输过程中，有可能被擦断或碰断；在潮湿环境中储存过久，线圈受潮湿长期侵蚀，有可能使线圈锈断；有底座的线圈，如果线圈端头与引脚没有焊接好，或在焊接处脱开，电感器同样不能导通电流，当然也属线圈断路。线圈出现断路故障后，就起不到应有的作用。

② 短路故障　一个正常的电感器，每圈之间都彼此绝缘，如果匝间绝缘层被破坏，线圈就会出现匝与匝直接挨连的情况，导通的电流就不是沿线圈每一匝、每一点依次流动，而是通过挨连那一点，从一匝直接流到相连的另一匝上。如果是首匝与末匝挨连，电流就会直接从一根引脚流到另一根引脚，线圈就发生了短路故障。短路故障多是由于在潮湿环境长期霉锈破坏绝缘层引起的，一旦线圈受潮使它的绝缘能力降低，绝缘层就容易被电压击穿，形成短路。运输储藏中将绝缘层擦破，同样会造成短路故障。

③ 接触不良故障　接触不良就是线圈时而能导通时而不能导通电流，这就是线圈接触不良故障的本质。造成这种故障的原因，通常是线圈主体部分因摩擦，使线圈某处要断开又没完全断开，受到振动便断开，没有振动又接触良好。这时的接触完全靠线圈曲绕的属性力维持，一旦机械振动力大于曲绕属性力，线圈就断脱开来。这样，就使得线圈时而导通电流，时而又不导通电流。有底座的线圈，如果两个线头与引脚在焊接处存在松动，也会出现时而导通时而不导通电流的情况。这也是形成线圈接触不良故障的原因。电路板上焊接的线圈导通较大电流时，会产生较高温度，使引脚膨胀，冷却时引脚又收缩，久而久之，使引脚

与焊锡间形成了缝隙，也会造成接触不良故障。特别是受振动后，故障表现明显。

（4）检测方法

对电感器的检测主要有直观检查和万用表欧姆挡测量直流电阻大小两种方法。

直观检查主要是查看引脚是否断开、磁芯是否松动、线圈是否发霉等。万用表检测主要测量线圈是否开路以及绝缘情况，其他故障（如匝间短路等）用万用表是测量不出来的。

万用表测量电感器的具体检测方法是：

① 用万用表 R×1 挡检查线圈的电阻　将万用表电阻挡拨至 R×1 挡，然后使两表笔与电感器的两引脚分别相接，如图 4-18 所示。测量前应对 R×1 挡进行零位调准。若被测电感器的绕线较粗且匝数较少，或电感量很小，则表针的指示应接近于 0Ω；如表针指示不稳定，则说明线圈引脚接触不良，或内部似断非断，有隐患；如果表针指向"∞"，则说明该线圈的引线或内部呈断路状态。大电感量线圈的匝数较多，线圈本身就有较大的电阻，因此万用表的表针应指向一定阻值。如果表针指向 0Ω，则说明该大电感量线圈内部已短路。

② 用万用表 R×10k 挡检测绝缘情况　对于有铁芯或金属屏蔽罩的电感器，应测量电感线圈引出端与铁芯的绝缘情况，测量方法如图 4-19 所示。线圈与铁芯间的电阻应在兆欧级，即表针应指向表头的"∞"处，否则说明被测电感器的绝缘性能不好。

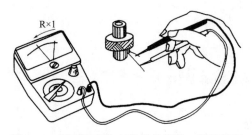

图 4-18　用万用表检查线圈的短路、断路情况

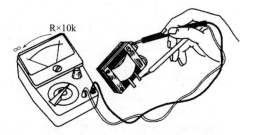

图 4-19　测量低频扼流圈的线圈绝缘情况

（5）修复方法

电感在使用中，由于各种原因，会发生故障，下面介绍其常见故障检修方法。

① 线圈断路　电感因受潮发霉造成导线锈断，一般都应拆卸重绕。拆卸时，应对原线圈匝数、绕线方向、使用导线直径做记录。重绕时，可用同规格的漆包线按与拆卸相反的步骤进行绕制。若是线圈绕组端头断线，一般不必重新绕制，只需将线头重新焊接好即可。如果电感器表面几圈擦断或碰断，可用局部焊接办法，将已断的线圈对应焊接起来即可，但应保证匝与匝之间绝缘。若线圈多匝断开，则一般不采用局部焊接，而应采用重新绕制的方法来修理。

② 线圈短路　电感线圈的短路故障较常见，仔细检查短路部位，先将短路线圈分开，再填以适当的绝缘材料，即薄纸或黄蜡绸、绝缘漆或胶水，便可修复短路故障。若是多匝线圈短路，则可对线圈采取重绕方法进行修理。对于有屏蔽罩的电感器，还有可能因线圈、引线与金属壳相碰造成短路。这种故障有一个显著特点：在拿开金属壳之后，短路消除，盖上金属壳后，短路又发生，检查时应特别注意。遇到这种情况，可取开屏蔽罩，找出短路原因。如果是因电感器内有杂物引起的，便可清除屏蔽罩内或线圈上的杂物。若是线圈绝缘层被破坏和松散与屏蔽罩短路，则可更换同样规格的漆包钱对线圈进行重绕。

③ 接触不良　电感器出现接触不良故障，先应对外表仔细检查，找出接触不良点。若故障点在绕组线头与引脚之间，则只需重新加焊即可。若是外表某处线圈接触不良，则应细心拨开接触不良处的两个线头，清除断线端头的绝缘漆，再加一段线将断线重新焊接，并用绝缘漆或绝缘纸对焊接点进行绝缘处理，电感器便可继续使用。电感器与电路板间的接触不

良故障，多发生在引脚与电路板焊接处。可测量两脚间阻值，边测量边振动或拨动电感器，表针出现摆动不稳，就证实有接触不良故障。其解决办法是，将浓松香水涂在两引脚焊点上，用烙铁重新对两引脚加焊，松香水可清除引脚外表氧化物，使焊接牢靠。

④ 线圈松散　一般成品电感线圈不会有松散现象，多是由人为造成的。在电感线圈发生匝间松散后可根据松散情况，决定是否重绕。如果线圈匝间松散较轻，可用绝缘胶水进行胶固；如果线圈匝间松散严重，并有部分乱线或全部乱线，则可进行部分或全部重绕。

（6）代换方法

在修理中，若发现某一电感损坏，手头又没有同规格电感更换，可采用串联、并联电感的方法进行应急处理。

① 利用电感串联公式，将小电感量电感变成所需大电感量电感。

电感串联公式为：

$$L_{串} = L_1 + L_2 + L_3 + \cdots\cdots$$

② 利用电感并联公式，将大电感量电感变成所需小电感量电感。

电感并联公式为：

$$\frac{1}{L_{并}} = \frac{1}{L_1} + \frac{1}{L_2} + \frac{1}{L_3} + \cdots\cdots$$

# 4.2　变压器

变压器是许多电器中不可缺少的一种电子元件，如录音机、电视机、音响、空调、充电器等都要用到变压器。本节在介绍变压器基本知识的同时，重点介绍电源变压器。

## 4.2.1　分类及电路图形符号

绕在同一骨架或铁芯上的两个线圈便构成了一个变压器。变压器的种类很多，按用途不同，可分为电源变压器、开关变压器、自耦变压器、音频变压器等；按工作频率不同，可分为高频变压器、中频变压器和低频变压器等；按铁芯使用的材料不同，可分为高频铁氧体变压器、铁氧体变压器及硅钢片变压器等，它们分别用于高频、中频及低频电路中。常用变压器的外形及电路图形符号如图 4-20 所示。

## 4.2.2　基本结构和工作原理

如图 4-21 所示是变压器结构示意图。无论哪种变压器，它们的基本结构相同，主要由下列几部分组成：

① 初级和次级线圈是变压器的核心部分，变压器中的电流由它构成回路。初级线圈与次级线圈之间高度绝缘，如果次级线圈有多组时，各组线圈之间也高度绝缘。各组线圈与变压器其他部件之间也高度绝缘。

② 骨架。线圈绕在骨架上，一个变压器中只有一个骨架，初级和次级线圈均绕在同一个骨架上。骨架用绝缘材料制成，骨架套在铁芯或磁芯上。

③ 铁芯或磁芯用来构成磁路。铁芯或磁芯用导磁材料制成，其磁阻很小。铁芯大多采用硅钢材料制成。有的变压器没有铁芯或磁芯，这并不妨碍变压器的工作，因为各种用途的变压器对铁芯或磁芯有不同的要求。

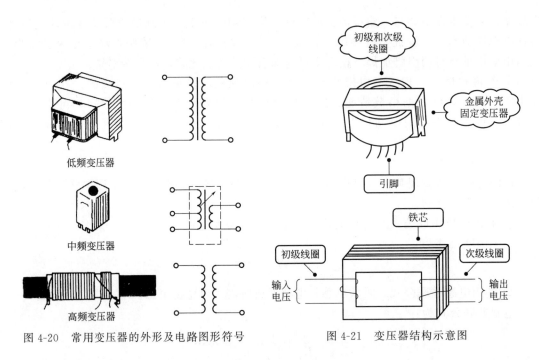

图 4-20　常用变压器的外形及电路图形符号

图 4-21　变压器结构示意图

④ 外壳用来包住铁芯或磁芯，同时具有磁屏蔽和固定变压器的作用，外壳用金属材料制作，有的变压器没有外壳。

⑤ 引脚是变压器内部初级、次级线圈引出线，用来与外电路相连接。

变压器的工作原理可以用结构示意图来说明。如图 4-21 所示，左侧是初级线圈，右侧是次级线圈，初级和次级线圈均绕在铁芯上。

交流电压加到初级线圈的两端，次级线圈两端输出交流电压，变压器中只能输入交流电压。变压器初级线圈用来输入交流电压，次级线圈用来输出交流电压。

由线圈在交变磁场中的特性可知，给初级线圈输入交流电压后，初级线圈中有交流电流流动，初级线圈由电产生交变磁场，磁场的磁力线绝大多数由铁芯或磁芯构成回路。

次级线圈绕在铁芯或磁芯上，这样次级线圈切割磁力线而产生感生电动势，在次级线圈两端产生感生电压。次级线圈所产生的电压，除大小与输入电压大小不同外，其频率和变化规律与交流输入电压一样。

综上所述，给变压器初级线圈通入交流电压时，其次级线圈两端输出交流电压，这是变压器的基本工作原理。

## 4.2.3　主要参数

不同类型的变压器有相应的参数要求，对电源变压器来说，主要参数有额定功率、额定电压、匝比、效率、频率特性、绝缘电阻、漏电感、温升等。

① 额定功率　额定功率是指在规定频率和电压下变压器能长期工作而不超过规定温升的输出功率。额定功率中会有部分无功功率，故容量单位用伏安（V·A）表示。

② 额定电压　额定电压是指变压器工作时，初级线圈上允许施加的电压不应超过这个额定值。例如额定电压为 220V，则工作时施加电压就不应超过 220V，220V 即为该线圈的额定电压。

③ 电压比　对于一个理想的变压器（无能量损耗）来说，初级线圈和次级线圈电压之

比等于初级线圈和次级线圈的匝数之比，这个比值就叫作变压器的电压比。即：

$$U_2/U_1 = N_2/N_1 = n$$

$$i_2/i_1 = U_1/U_2 = N_1/N_2 = 1/n$$

式中，$i_1$、$i_2$，$U_1$、$U_2$，$N_1$、$N_2$ 分别为变压器初、次级电流，初、次级电压和初、次级绕组匝数；$n$ 为初、次级绕组的匝数比。

④ 效率　在负载一定的条件下，变压器的输出功率 $P_o$ 与输入功率 $P_i$ 之比，就称为变压器的效率。变压器的效率通常用 $\eta$ 表示，即：

$$\eta = (P_o/P_i) \times 100\%$$

变压器存在损耗的主要原因有：

a.铜耗：绕组电阻引起的热损耗，这是因为电阻是耗能元件。

b.铁（磁）芯的磁滞损耗：即铁磁材料在交变磁化过程中，由于磁畴翻转是一个不可逆过程，使得磁感应强度的变化总是滞后于磁场强度的变化，这种磁滞现象在铁（磁）芯中形成的损耗，就称为铁（磁）芯的磁滞损耗。

c.铁（磁）芯的涡流损耗：当绕组线圈中通有交流电时，在线圈周围就会产生交变的磁场，从而在铁（磁）芯中就会产生感应电动势和感应电流，这种感应电流就称为涡流，涡流在铁（磁）芯中流动所产生的电阻耗能就称为铁（磁）芯的涡流损耗。

⑤ 频率特性　是指变压器有一定的工作频率范围，不同工作频率范围的变压器，一般不能互换使用。因为变压器在其频率范围以外工作时，会出现工作时温度升高或不能正常工作等现象。

⑥ 绝缘电阻　绝缘电阻是指变压器各线圈间以及各线圈与铁芯（外壳）间的电阻。其大小与变压器所加电压的大小和时间、其本身温度高低以及绝缘材料的潮湿程度有关。理想变压器的绝缘电阻应为无穷大，但实际变压器材料本身的绝缘性能不可能十分理想，因此，其绝缘电阻不可能为无穷大。绝缘电阻是施加试验电压与产生的漏电流之比：

$$绝缘电阻(M\Omega) = \frac{施加电压(V)}{产生漏电流(\mu A)}$$

绝缘电阻是衡量变压器绝缘性能好坏的一个参数。如果电源变压器的绝缘电阻过低，就可能出现初、次级间短路或铁芯外壳短路，造成电气设备损坏或机壳带电的危险。一般情况下，电源变压器初、次级线圈之间，及它们与铁芯之间，应具有承受 1000V 交流电压在 1min 内不致被击穿的绝缘性能。用 1kV 兆欧表测试时，绝缘电阻应在 10MΩ 以上。

⑦ 漏感　变压器初级线圈中电流产生的磁通并不是全部通过次级线圈，不通过次级线圈的这部分磁通叫漏磁通。由漏磁通产生的电感称为漏感。漏感的存在不仅影响变压器的效率及其他性能，也会影响变压器周围的电路工作，因此变压器的漏感越小越好。

⑧ 温升　变压器的温升主要是对电源变压器而言。它是指变压器通电工作后，其温度上升至稳定值时，这时变压器温度高出周围环境温度的数值。变压器的温升愈小愈好。但应指出，有时参数中用最高工作温度代替温升。

## 4.2.4　标识方法

变压器的型号共由三部分组成：第一部分是主称，用字母表示；第二部分是额定功率，用字母表示，单位是 W；第三部分是序号，用字母表示。表 4-5 所示是主称字母的具体含义。

表 4-5　变压器主称字母的具体含义

| 字母 | 含义 | 字母 | 含义 |
|------|------|------|------|
| DB | 电源变压器 | GB | 音频变压器 |
| CB | 音频输出变压器 | SB 或 ZB | 音频（定阻式）输出变压器 |
| RB | 音频输入变压器 | SB 或 EB | 音频（定压式）输出变压器 |

变压器的参数表示方法通常用直标法，各种用途变压器标识的具体内容不相同，无统一的格式，下面举几例加以说明。

① 某音频输出变压器次级线圈引脚处标出 8Ω。说明这一变压器的次级线圈负载阻抗应为 8Ω，即只能接阻抗为 8Ω 的负载。

② 某电源变压器上标识出 DB-50-2。DB 表示是电源变压器；50 表示额定功率为 50V·A；2 表示产品的序号。

③ 有的电源变压器在外壳上标出变压器电路符号（各线圈的结构），然后在各线圈符号上标出电压数值，说明各线圈的输出电压。

## 4.2.5　电源变压器

（1）电源变压器的基本知识

电源变压器是根据互感原理制成的一种常用电子器件。其作用是把市电 220V 交流电变换成适合需要的高低不同的交流电压供有关仪器设备使用。电子设备中的电源变压器，通常为小功率变压器，其功率约几十伏安至数百伏安。

电源变压器的种类很多，图 4-22 是几种常见电源变压器的外形。电源变压器的文字符号是 T，电路图形符号如图 4-22 所示。电源变压器主要由铁芯、线圈（绕组）、线圈骨架、静电屏蔽层以及固定支架等构成。

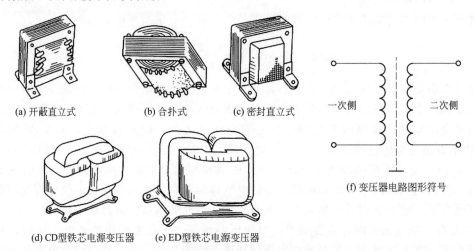

(a) 开蔽直立式　　(b) 合扑式　　(c) 密封直立式

一次侧　　二次侧

(f) 变压器电路图形符号

(d) CD型铁芯电源变压器　　(e) ED型铁芯电源变压器

图 4-22　变压器的外形与电路符号

铁芯是电源变压器的基本构件，大多采用硅钢材料制成。根据其制作工艺不同，可分为冷轧硅钢板和热轧硅钢板两类。用前者制作的变压器的效率要高于用后者制作的变压器。常见的铁芯有"E"形"口"形和"C"形等。"口"形铁芯适于用来制作较大功率的变压器；"C"形铁芯采用新材料制成，具有体积小、重量轻、效率高等优点，但制作工艺要求高；"E"形铁芯是使用最多的一种铁芯，自制变压器一般多采用此种铁芯。

电源变压器的线圈又称为绕组。绕组通常由一个初级绕组和几组次级绕组组成。工作时，初级绕组与输入电源相接，次级绕组与负载相接。绕组一般均绕在绝缘骨架上，在初、次级绕组间加有静电屏蔽层。

电源变压器有以下几个主要参数：

① 额定功率 $P$　指变压器所能提供的所有次级最大输出功率之和，单位为 W（常用 V·A 表示）。电源变压器的铁芯截面积 $S$ 越大，其额定功率 $P$ 越大。应选用额定功率 $P$ 大于电路要求的变压器，并留有 20% 以上的余量。

② 次级电压 $U_2$　指变压器次级所提供的一个或者几个交流电压数值。在我国，电源变压器初级一般固定为 220V，选用变压器时，只要根据需要选择次级电压即可。

③ 次级电流 $I_2$　指变压器各个次级分别所能提供的最大电流。电源变压器如有几个次级，其各个次级所能提供的最大电流不一定相同。在额定功率的范围内，$I_2$ 主要与次级线圈所用漆包线线径有关，线径越粗，可供电流 $I_2$ 越大。使用中应使变压器次级电流 $I_2$ 大于电路要求。

（2）电源变压器的设计制作

在进行电子制作时，购买市售成品变压器使用虽然很方便，但有时成品变压器不一定能完全符合电路要求，这时就需要自行制作电源变压器，下面简单介绍小型电源变压器的设计制作方法。

① 制作电源变压器的材料

a.硅钢片。做变压器的铁芯用。

自行制作电源变压器时，常常使用旧铁芯，所以，使用前应对硅钢片进行必要的检查，做到择优选用。硅钢片的尺寸应准确，将 E 形片和 I 形片在平面上放齐，相对拼好，两者对接处必须要严密无缝，如对接处有较大缝隙，会使变压器的磁阻增加；硅钢片表面的绝缘层应完好无损，如绝缘层有脱落或磨损，应视情补涂绝缘漆；要检查硅钢片的含硅量，一般来讲，硅钢片含硅量越高，磁特性就越好，但含硅量过高，不但磁特性没有更大的改善，而且硅钢片会变脆，容易折断，使力学性能达不到要求。

b.导线。绕制变压器各级绕组用。

常用的导线有漆包线、沙包线等。绕制前应对所用漆包线进行检查，要求漆包线的漆皮外表应光滑平整，没有裂纹、皱纹等毛病，更不得有损伤和脱漆现象。

c.胶木板。做线圈骨架用。

有的变压器也可用弹性纸做骨架。

d.绝缘纸。做层间绝缘和绕组间绝缘材料用。

常用的绝缘纸有电缆纸、黄蜡绸、牛皮纸和聚酯薄膜等。一般选用层间绝缘纸的厚度可视导线直径的大小而定。例如导线直径为 0.06～0.14mm 时，层间绝缘纸的厚度可选在 0.03mm 左右，导线直径为 1.6～2.4mm 时，绝缘纸的厚度可选在 0.17mm 左右。

② 设计计算

a.计算次级输出总功率 $P_2$：

$$P_2 = U_{21}I_{21} + U_{22}I_{22} + \cdots + U_{2n}I_{2n}$$

式中，$U_{21}$，$U_{22}$，$\cdots$，$U_{2n}$ 分别为各次级绕组的电压值；$I_{21}$，$I_{22}$，$\cdots$，$I_{2n}$ 分别为各次级绕组的电流值。

对于用作整流电路的次级绕组，其交流电压、电流、功率在计算时应根据整流电路的形式和负载的性质进行必要的换算。具体方法如下。

设整流器输出的直流电压为 $U_o$，电流为 $I_o$，功率为 $P_o$，则变压器次级线圈的交流电压：

$$U_2 = K_{2U}U_\circ$$

交流电流：

$$I_2 = K_{2I}I_\circ$$

交流功率：

$$P_2 = K_P P_\circ$$

式中，系数 $K_{2U}$、$K_{2I}$ 和 $K_P$ 可从表 4-6 中查出。

表 4-6　$K_{2U}$、$K_{2I}$、$K_P$ 和电路负载的关系

| 系数 | 负载性质 | 单相半波 | 单相全波 | 单相桥式 | 三相桥式 |
|---|---|---|---|---|---|
| $K_{2U}$ | 电阻性 | 2.22 | 1.11 | 1.11 | 0.43 |
| | 电感性 | 2.22 | 1.11 | 1.11 | 0.43 |
| $K_{2I}$ | 电阻性 | 1.57 | 0.79 | 1.11 | 0.82 |
| | 电感性 | 0.71 | 0.71 | 1 | 0.82 |
| $K_P$ | 电阻性 | 3.09 | 1.48 | 1.23 | 1.05 |
| | 电感性 | 1.34 | 1.34 | 1.11 | 1.05 |

b.计算初级的输入功率 $P_1$ 及电流 $I_1$：

$$P_1 = P_2/\eta, \quad I_1 = P_1/U_1$$

式中，$\eta$ 为效率，可根据变压器的功率从表 4-7 中查出。

表 4-7　变压器效率与功率的关系

| 功率/V·A | <10 | 10~30 | 35~50 | 50~100 | 100~200 | >200 |
|---|---|---|---|---|---|---|
| 效率 | 0.6~0.7 | 0.7~0.8 | 0.8~0.85 | 0.85~0.9 | 0.9~0.95 | >0.95 |

c.计算铁芯截面积 $S$：

$$S = K\sqrt{P_\circ}$$

式中，$P_\circ = (P_1 + P_2)/2$；$S$ 的单位为 $cm^2$；$P$ 的单位为 V·A；$K$ 为系数。此系数应根据所选用的硅钢片的质量优劣而定，一般型号为 D42、D43 等。硅钢片的磁感应强度 $B$ 为 $1\sim1.2T$，$K$ 取 1.25；若硅钢片的质量较好，如 D310 型硅钢片 $B$ 为 $1.2\sim1.4T$，则 $K$ 可取小一些；质量较差的硅钢片，如 D21、D22 等，$B$ 仅为 $0.5\sim0.7T$，系数 $K$ 须取 2。

d.选择铁芯规格并计算其叠厚 $b$。在算出了所需的铁芯截面积之后，便可选择具体使用的铁芯的规格，并算出其叠厚 $b$。计算公式如下：

$$b = S/a$$

式中，$b$ 为叠厚；$S$ 为所需的铁芯面积；$a$ 为铁芯的舌宽。铁芯规格选定之后，$a$ 便确定下来，并可算出铁芯的叠厚 $b$，每片硅钢片的厚度（一般为 $0.35\sim0.5mm$）选好以后，就可以计算出片数。

e.计算初级绕组每伏匝数 $N_0$ 和次级绕组每伏匝数 $N_0'$ 以及次级各绕组的匝数 $N_n$。

对于 50Hz 的电源变压器来说，初级绕组每伏匝数计算公式如下：

$$N_0 = \frac{4.5 \times 10^5}{BS}$$

式中，$B$ 的单位为特斯拉（T）；$S$ 的单位为平方厘米（$cm^2$）。

为了补偿铁芯和铜线中的功率损耗，次级各绕组的实际匝数应比计算值增加 5% 左右，

即次级各绕组的每伏匝数：$N_0' = 1.05N_0$。

因此各次级绕组的匝数：$N_n = N_0'U_n = 1.05N_0U_n$。

f.计算各绕组的导线直径 $d$：

$$d = 1.13\sqrt{\frac{I}{J}}$$

式中，$d$ 的单位为 mm；电流强度 $I$ 的单位为 A；电流密度 $J$ 的单位为 $A/mm^2$。$J$ 的取值与变压器的使用条件、功率大小有关。一般 100V·A 以下连续工作的变压器 $J$ 取 $2.5A/mm^2$，而 100V·A 以上的变压器，则 $J$ 取 $2A/mm^2$。

g.核算铁芯窗口能否容纳所有绕组。计算出铁芯窗口面积 $S_0$：
$$S_0 = hc$$
式中，$S_0$ 为窗口面积；$h$ 为窗口高度；$c$ 为窗口宽度。

计算出全部绕组穿过铁芯窗口所占的总面积 $S_0'$：

$$S_0' = \frac{g_1 N_1 + g_{21} N_{21} + g_{22} N_{22} + \cdots + g_{2n} N_{2n}}{(0.3 \sim 0.5) \times 100}$$

式中，$g$ 为导线截面积，$g = \pi d^2/4$，$mm^2$；$N$ 为绕组的匝数；100 为 $cm^2$ 和 $mm^2$ 单位的换算系数；0.3~0.5 为铜线占积率，由于导线是圆形截面而占正方形面积，以及层间、组间绝缘纸均占一部分窗口面积，所以引入此参数。经验证明，当设计的变压器功率较大，使用较厚绝缘材料时，此值宜选 0.3，反之可选 0.5，一般情况下可取 0.4。计算结果，若 $S_0' < S_0$ 就说明铁芯窗口可以容纳下所有绕组。否则，说明不能容纳下全部绕组，应重新选择铁芯规格进行设计计算。

③ 绕制方法

a.制作线圈骨架和木芯。线圈骨架除了起支撑线圈作用外，还能起到绝缘的作用。骨架一般可用胶木板或弹性纸制作，也可根据铁芯尺寸，选择合适的现成塑料骨架或尼龙骨架使用。带边框的骨架的长度应比铁芯的窗高 $h$ 短约 1.5mm。

木芯的作用是在绕制线圈时用来支撑绕组骨架。木芯的截面积应比变压器铁芯截面积稍大一些，使插硅钢片时不损坏绕好的线包，木芯的长度应比铁芯窗口高度长一些，其中心孔可用电钻钻成，要求必须钻得正直。

b.绕制线包。在业余条件下，一般均使用手摇绕线机绕制线包。先按需要的尺寸剪裁好绝缘纸。纸的宽度应等于线圈骨架的长度，而纸的长度应大于线圈骨架的周长。开始绕线前，要在套好木芯的线圈骨架上衬垫两层 0.05mm 厚的聚酯薄膜和一层 0.05mm 厚的牛皮纸，并用胶水粘牢。然后将木芯中心孔穿入绕线机轴，并用螺母固定牢靠。绕制线圈时，在导线的起绕头和结束时的线尾处压入一条 10mm 宽的黄蜡布折条，并将折条抽紧以防止起始线头或结束时的线尾松脱。在绕线的过程中，漆包线应一圈挨紧一圈地整齐排列，排满一层后，垫上一层绝缘纸后再绕下一层，直至绕足所需的匝数为止。绕组的初、次级之间及各次级绕组之间必须绝缘良好，可多垫几层绝缘纸。静电屏蔽层要夹绕在初、次级之间。所有线圈绕完以后，在最外层要视情况包上较厚的绝缘纸，以加强线包的强度以及与铁芯之间的绝缘性能。

c.插装铁芯。当变压器的各绕组均绕成以后，便可插入硅钢片。插片方法如下：把硅钢片分为两片一组，交叉地插入线圈骨架，硅钢片一定要插紧，最后几片比较难插入时，可用木槌敲入，操作时一定要用力适度，以防将骨架损坏，导致线包断裂或短路。插片完成后，要用木槌将铁芯敲打平整，并使硅钢片两片对接处接触严密，不得留有空隙。

d.烘干和浸漆处理。为了防潮和保证绝缘性能，制作好的电源变压器应进行烘干，将变压器放入烘箱内，用 120℃ 的温度烘烤 12h 左右。经烘干后的电源变压器应马上浸入绝缘漆中，经数小时后，将其取出烘干或晾干即可。

## 4.2.6　典型应用

变压器的种类、型号很多，在选用变压器时，首先，要根据不同的使用目的选用不同类型的变压器；其次，要根据电子设备具体电路要求选好变压器的性能参数，选用时应注意不同的电子设备所用的变压器虽然名称类型相同，但性能参数相差很多；最后，还要注意对其重要参数的检测和对变压器质量好坏的判别。下面我们主要介绍电源变压器的应用。

（1）电源变压器的选择

选用电源变压器时，要注意以下几点：

① 选用绝缘性能好的变压器。在其主要参数中，绝缘电阻是衡量变压器性能好坏的重要指标之一。变压器的绝缘电阻主要包括各绕组之间的绝缘电阻，绕组与铁芯之间的绝缘电阻，各绕组与屏蔽层的绝缘电阻。如果变压器的绝缘电阻明显降低，与要求值相差较大，应考虑变压器质量不佳和有故障，不能选用。

电源变压器的绝缘电阻的大小，与变压器的功率与工作电压有关。功率越大，工作电压越高，对其绝缘电阻的要求也高。对工作电压很高的电源变压器，其绝缘电阻应大于1000MΩ；一般情况下，绝缘电阻应不低于450MΩ。

② 电子设备中使用电源变压器时，一般应加静电屏蔽层。因电源变压器的初级线圈直接与交流220V市电相接，使交流市电中的各种高频信号和其他干扰信号可能通过电源变压器窜入到电子设备内部，干扰电子电路的正常工作。静电屏蔽是在初级、次级线圈之间用铝箔、铜箔或漆包线缠绕一层，并将其中一端接地来实现屏蔽，使从220V市电进入变压器初级线圈的干扰信号通过静电屏蔽直接入地。

③ 使用电源变压器时，首先要了解变压器各线圈接线端的位置、作用。电源变压器多数是将其输出电压值、负载阻抗值直接标示在次级线圈旁边，使用时正确连好各线圈接线端即可。如果各接线端标志不清楚或标志脱落时，可根据线圈出线头的位置、导线粗细来判别；也可以通电测量各接线端的电压值来判断。

④ 选用的电源变压器功率较大时，可选用口字形铁芯变压器，其绝缘性能较好，易于散热，同时磁路短。

（2）典型应用电路

变压器的输出电压均为空载电压（定制的除外），使用时要注意电压调整率。普通的变压器允许超载6%使用。例如，220V/5W的变压器允许在220V/5.3W的情况下使用，如电网电压波动较大（如经常超过240V），选择变压器的功率时要比实际使用功率大些，变压器的输出电压要高于输出电压3V左右，如设计输出电压为5V/8W的直流稳压电源时，要选7～9V/10W的变压器（长期满载工作的选择高于8V）。变压器主要应用在电压变换、电压控制、阻抗匹配、隔离等电路中，下面具体介绍其工作原理。

① 降压电路　由于电网电压是220V交流电压，而一些用电设备通常不能工作在这么高的电压下，因此需将电压降低后才能为其供电。变压器降压电路的典型应用电路如图4-23所示。

在如图4-23(a)所示的电路中，变压器T的初级绕组与220V交流电连接在一起，接通电源后，次级绕组就会输出9V的交流电压（可以根据电路实际需要选择不同输出电压的变压器），次级输出的9V交流电压经过二极管VD整流后变成直流电，为用电设备（负载）$R_L$提供电源。

在如图4-23（a）所示的变压器中，只有一个次级绕组，因此只能输出一个电压，而在

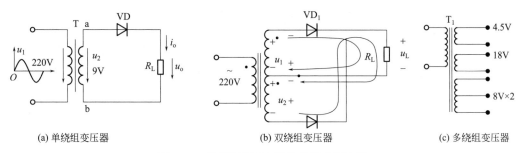

图 4-23 变压器降压电路的典型应用电路

有些电路中，需要正、负两组电源才能工作。若将变压器的次级绕组线圈匝数增加一倍，并加上中心抽头，就能感应出两个相等的电压，然后再经过二极管整流后就可以为用电设备提供正、负两组电源，如图 4-23(b) 所示。

在有些电路中，可能需要多种电压才能工作，此时只需要在变压器的次级增加不同的绕组就可以输出不同的电压了，而不需要通过多个变压器来供电，如图 4-23(c) 所示。

② 升压电路　变压器除了可将电压降低供用电设备使用外，也可将电压升高满足不同电路需求。图 4-24 所示电路是变压器应用在升压电路中的电路图。

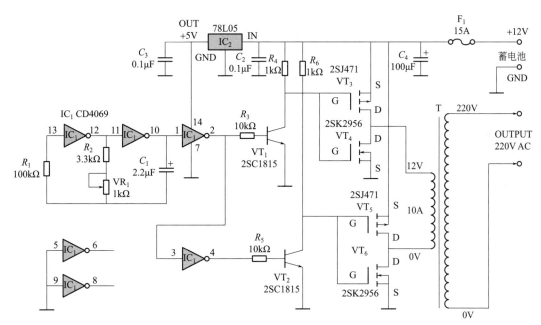

图 4-24 变压器应用在升压电路中的电路图

在如图 4-24 所示电路中，由集成电路 $IC_1$（CD4069）构成方波信号发生器。电路中，$R_1$ 是补偿电阻，用于改善由于电源电压的变化而引起的振荡频率不稳，电路的振荡频率 $f=1/(2.2RC)$。

方波信号发生器输出的振荡信号电压最大振幅为 $0\sim5V$，$VT_1$、$VT_2$ 用来将振荡信号电压放大至 $0\sim12V$ 以充分驱动电源开关电路。

$VT_1$、$VT_2$ 集电极输出的方波信号驱动 $VT_3\sim VT_6$ 轮流导通，将低电压、大电流、频率为 50Hz 的交变信号通过变压器低压绕组后，在变压器高压绕组感应出高压交流电压，完成直流到交流的转换。变压器 T 采用次级输出电压为 12V、输出电流为 10A、初级电压为

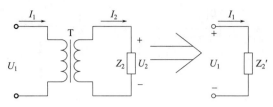

图 4-25　变压器的阻抗变换电路示意图

220V 的普通电源变压器即可。

③ 阻抗匹配电路　在实际应用中，人们不仅关心变压器原、副边电压、电流关系，还关心阻抗的特性。事实上，变压器还具有阻抗变换功能。

根据需要，通过改变变压器匝数比即可获得合适的等效阻抗，从而使负载获得最大功率，这种方法称为"阻抗匹配"。

变压器的阻抗变换电路示意图如图 4-25 所示。

图 4-25 中的左图可等效为右图，即从电源看，变压器可视为一个负载——阻抗 $Z_2'$，将变压器视为理想变压器，根据电压、电流变换原理：

$$|Z_2'| = \frac{U_1}{I_1} = \frac{nU_2}{I_2/n} = n^2 \frac{U_2}{I_2} = n^2 |Z_2|$$

即 $Z_2' = n^2 |Z_2|$。上述公式表明，变压器初级绕组的等效负载为次级绕组所带负载乘以变压比的平方。

由于变压器原、副边电压等级不同，所以分别进行等效，从而得到原、副边电压、电流关系式，即变压器的阻抗变换关系式。分析阻抗变换时，从电源的角度，可将变压器及其所带负载的这部分电路视为电源负载，所以可用阻抗替代。

应用变压器阻抗变换原理，对电路进行阻抗匹配，可使负载获得最大功率。例如，若将一只 $4\Omega$ 的扬声器 $R_L$ 直接接入一个输出电压 $E = 80V$、输出内阻 $R_o = 400\Omega$ 的晶体管功率放大电路中时，扬声器上得到的功率：

$$P = \frac{\left(\frac{R_L}{R_L + R_o}E\right)^2}{R_L} = \frac{\left(\frac{4}{4+400} \times 80\right)^2}{4} = 0.157(\text{W})$$

若将该扬声器通过变压器接入电路时，晶体管功率放大电路的输出功率：

$$P_{max} = \frac{U^2}{R_L'} = \frac{\left(\frac{1}{2}E\right)^2}{R_L'} = \frac{\left(\frac{1}{2} \times 80\right)^2}{400} = 4(\text{W})$$

在选择变压器时，只需要选择变压器的变比满足下式要求即可。

$$n = \sqrt{\frac{R_L'}{R_L}} = \sqrt{\frac{400}{4}} = 10$$

④ 隔离特性电路　所谓变压器隔离特性是初级与次级回路之间共用参考点可以隔离。隔离特性是变压器重要特性之一，电源变压器的安全是由这一特性决定的。

如图 4-26 所示，电路中的 $T_1$ 是电源变压器，输入电压是 220V 交流市电，该电压加在初级线圈 1～2 之间。

由交流市电的相关特性可知，它的相线（火线）与零线之间有 220V 交流电压，而零线与大地（地球）等电位，这样，火线与大地之间存在 220V 交流电压。人站在大地上直接接触火线有生命危险，因此必须高度重视人身安全。

假设电路中的变压器 $T_1$ 是一个 1:1 变压器，即给它输入 220V 交流电压时，其输出电压也是 220V，但要注意：变压器输出的 220V 电压是指次级线圈两端之间的电压，即 3、4

端之间的电压。

次级线圈的任一端（如 3 端）对大地端之间的电压为 0V，这是因为次级线圈的输出电压不以大地为参考端，同时初级和次级线圈之间高度绝缘。这样，人站在大地上只接触变压器 $T_1$ 次级线圈任一端，没有生命危险（切不可同时接触次级线圈 3、4 端），而若接触初级线圈的火线端则会触电。这便是变压器的隔离作用。

许多电子电器使用交流 220V 作电源，为了保证设备使用过程中使用者的人身安全，需要将 220V 交流电源进行隔离，这时使用了电源变压器，同时电源变压器将 220V 交流电压降低到适合的电压，如图 4-27 所示。电路中的 $T_1$ 是具有降压和隔离作用的电源变压器。

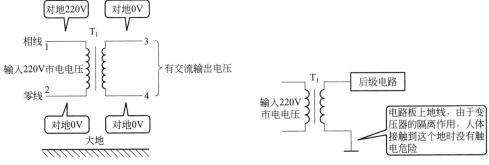

图 4-26　电源变压器初、次级线圈两端电压示意图　　图 4-27　电源变压器隔离作用示意图

（3）变压器的检测

无论是从市场上购到的变压器还是自行绕制的变压器或者是经过修理的旧变压器，为了保证各项性能满足指标要求，都需要进行必要的检查测试。下面主要介绍在业余条件下检测变压器的一些实用方法。

① 外观检查　外观检查就是通过观察变压器的外貌有无异常情况来判断其性能的好坏。如观察变压器线圈引线是否断开、脱焊等，如果是这样，此变压器就需要维修后才能使用；根据外层绝缘材料颜色是否变黑、有无烧焦痕迹，则可推断出变压器有无击穿或短路故障。另外，还可以发现硅钢片是否生锈、绕组线圈是否外露以及铁芯插装是否牢固等。

② 检测绕组通断　检测变压器绕组通断的测试方法如图 4-28 所示（仅以测试一次绕组为例）。将万用表置于 R×1 挡（或 R×10 挡），分别测量变压器一次、二次各绕组线圈的电阻值。一般一次绕组电阻值应为几十至几百欧，变压器功率越小（通常相对体积也小），则一次绕组的电阻值越大。二次绕组的电阻值一般为几至几十欧，电压较高的二次绕组电阻值相对较大些。在测试过程中，若发现某个绕组的电阻值为无穷大，则说明此绕组有断路故障。若测得的阻值远小于其正常值或近似为零，则说明该组线圈内部有短路故障。

③ 绝缘性能测试　变压器各线圈之间以及各线圈与铁芯（外壳）之间应该有良好的绝缘性。可以通过测量变压器绝缘电阻来判断变压器的绝缘性，测试的方法有两种，最简单的方法是用万用表欧姆挡的 R×10k 挡，分别测试初级端和次级端、初级端和外壳、次级端和外壳的电阻，根据测量得到的阻值进行判断（其测试方法如图 4-29 所示）。

a.若 $R≈0$，则说明该变压器存在短路故障；

b.若 $R$ 为无穷大，则说明该变压器的性能正常；

c.若 $R$ 指示一定的值，则说明该变压器有漏电故障。

第二种方法是用 500V（或 1000V）兆欧表测试初级端和次级端、初级端和外壳、次级端和外壳的电阻，直接得到绝缘电阻的大小。

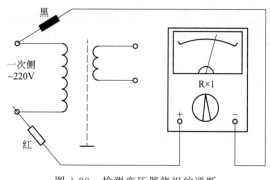

图 4-28　检测变压器绕组的通断

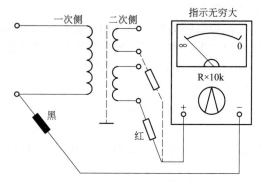

图 4-29　测试变压器的绝缘性能

变压器绝缘电阻为多少时变压器才能正常工作呢？一般认为，常温下，变压器绝缘电阻应大于 100MΩ。变压器的功率越大、工作电压越高，其绝缘电阻值的要求也就越高；反之，对绝缘电阻值的要求可低一些。通常，当测出各绕组之间、各绕组与铁芯间的绝缘电阻只要有一处低于 10MΩ，就表明变压器的绝缘性能不良。当测得的绝缘电阻值小于千欧时，表明被测变压器已经出现绕组间严重短路或铁芯与绕组间严重短路的故障。有绝缘性能不良故障的变压器，绝对不能再继续使用。否则，轻者会影响电路的正常工作，并出现温升偏高的现象，重者将导致变压器线包烧毁甚至使电路中的相关元器件损坏。

④ 检测空载电压　将电源变压器的初级接 220V 市电，用万用表交流电压挡依次测出次级各绕组的空载电压值应符合要求值，允许偏差范围一般为：高压绕组≤±10%，低压绕组≤±5%，带中心抽头的两组对称绕组的电压差应≤±2%。测空载电压时需要注意的是，初级输入电压应确实为 220V，不能过高或过低。因为初级输入电压的大小将直接影响到次级输出的电压。若初级加入的 220V 电压偏差太大，将使次级电压偏离正常值，容易造成误判。

⑤ 一次绕组、二次绕组的判别　正规厂家生产的变压器，其一次绕组引脚和二次绕组引脚都分别从其两侧引出，并且都标出其额定电压值。判别一次、二次绕组时，可根据这些标记进行识别。但有的变压器没有任何标记或者标记符号已经模糊不清。这时便需要将一次和二次绕组加以正确区分。

通常，高压绕组线圈漆包线的横截面积比较细且匝数较多，而低压绕组线圈（相对于高压绕组线圈来说）漆包线的横截面积相对来说比较粗且匝数较少。因此，高压绕组线圈的直流电阻值比低压绕组线圈的要大。这样可以用万用表的欧姆挡来测量变压器各绕组电阻值的大小，从而分别区分出变压器的高压绕组线圈（对降压变压器来说，它是初级绕组；但对升压变压器来说，它是次级绕组）和低压绕组线圈（对降压变压器来说，它是次级绕组；但对升压变压器来说，它是初级绕组）。

⑥ 检测判别各绕组的同名端　变压器同名端的标记原则：当两个线圈的电流同时由同名端流进（或流出）时，两个电流所产生的磁通是相互增强的，通常用小圆点（·）或星号（*）来表示同名端。若两个绕组的具体绕向已知，则根据两个线圈的绕向和电流的方向，按右手螺旋法则进行判断，如图 4-30 所示。若无法辨认两个绕组的具体绕向，则可以用以下两种方法来判别。

下面介绍两种检测判别电源变压器各绕组同名端的实用方法。

a. 外加电池测试法。测试电路如图 4-31 所示。这里仅以测试二次绕组 A 为例加以叙述。图中，E 为 1.5V 干电池，S 为测试开关。将万用表置于直流 2.5V 挡（或直流 50μA 挡）。

假定电池 E 正极接变压器一次绕组 a 端，负极接 b 端，万用表的红表笔接 c 端，黑表笔接 d 端。当开关 S 接通的瞬间，变压器一次绕组的电流变化，将引起铁芯的磁通量发生变化。根据电磁感应原理，二次绕组将产生感应电压。此感应电压使接在二次绕组两端的万用表的指针迅速摆动后又返回零位。因此，观察万用表指针的摆动方向，就能判别出变压器各绕组的同名端。若指针向右摆，说明 a 与 c 为同名端，b 与 d 也是同名端。反之，若万用表指针向左摆，则说明 a 与 d 是同名端，而 b 与 c 也是同名端。用此法可依次将其他各绕组的同名端准确地判别出来。

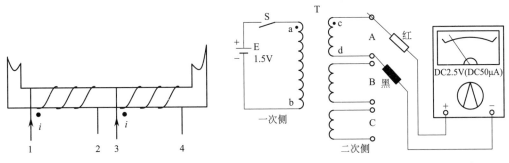

图 4-30　绕组绕向已知的同名端判断　　　　图 4-31　外接电池法判别变压器的同名端

检测判别时需要注意以下几点：

● 在测试各次级绕组的整个操作过程中，干电池 E 的正、负极与二次绕组的连接应始终保持同一种接法，即不能在测试二次绕组 A 时将一次绕组的 a 端接电池 E 的正极，b 端接电池的负极，而测试二次绕组 B 时，又将一次绕组的 a 端接电池 E 的负极，b 端接电池 E 的正极。正确的操作方法是，无论测试哪一个二次绕组，一次绕组和电池的接法不变。否则，将会产生误判。

● 接通电源的瞬间，由于自感的作用，万用表指针要向某一方向偏转，但在断开电源的瞬间，同样由于自感作用会使指针向相反的方向偏转。在测试操作的过程中，如果接通和断开电源的间隔时间太短，则有时很可能只观察到断开电源时指针的偏转方向，而观察不到接通电源时指针的摆动方向，这样就会将测试结果搞错，产生误判。所以，测试时一定要掌握正确的操作方法，即在接通电源后间隔数秒钟再做断开动作。此外，为了保证判别结果的准确性，要多做几次测试。

● 若待测变压器为升压变压器，通常是把电池 E 接在二次绕组上，而把万用表接在一次绕组上进行检测，这样可使万用表指针的摆动幅度较大，便于准确判明其摆动方向。

b. 外加磁铁测试法。测试方法如图 4-32 所示。使用一只收音机的扬声器，将其磁铁吸在变压器铁芯上部，并将万用表拨至直流 $50\mu A$ 挡，两支表笔接在待测绕组两端。然后快速将扬声器移开变压器铁芯，此时，万用表指针必然要向某一方向偏转（向左或向右）。假设万用表指针是向右偏转，此时将黑表笔所接绕组的一端作个标记。用同样的方法逐个去测试其他各绕组，记下万用表指针向右摆动时黑表笔所接绕组的引脚。由此即可判明，万用表相同颜色表笔所接各绕组的引脚便是同名端。

测试时应注意两点：

● 测试时，如先将万用表两表笔接在被测变压器的相关引脚上，当扬声器磁铁与变压器铁芯

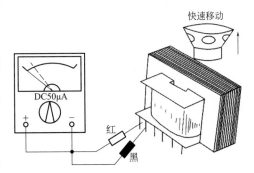

图 4-32　外加磁铁法测试变压器的同名端

吸合的瞬间，万用表指针也会向某个方向偏转。为了不造成误判，应先将磁铁吸在变压器的铁芯上，然后再接入万用表。或者在扬声器磁铁吸在变压器铁芯上几秒钟以后再做移开的动作，且移开磁铁的动作要迅速，这样才能使万用表指针摆动较为明显，便于观察。

• 在测试同一变压器的各绕组的整个操作过程中，扬声器磁铁要吸在变压器铁芯的同一部位上，而不能测某一个绕组时将扬声器磁铁吸在变压器铁芯的上部，当测试另外一个绕组时又将扬声器磁铁吸在变压器铁芯的下部，这样会引起误判。

在实际应用中，若几个绕组需要串联或并联，则判断它们绕组的同名端很重要。如果连接错误，绕组中产生的感应电动势就会相互抵消，电路中将会流过很大的电流，从而把变压器烧坏。因此，几个绕组串联时，应该把异名端相连；并联时，应该把同名端相连。

（4）变压器的修复

在检修电器时，常会遇到变压器损坏的故障，此时多是用好变压器来替换坏变压器。如果手头上或市场上没有这样的成品变压器销售，就需要对坏变压器进行修理。这样做既能及时修好电器，又能减少浪费。下面简单介绍变压器的修复方法。

① 断路故障　对线包方面，如果断路故障出现在变压器外表，则可找出线圈断开的线头。先将线头四周绝缘漆层用小刀刮除 2～5mm，露出铜质，然后将两个线头焊连起来。但要使两线头的头与头直接焊连是不可能的，无论何种原因造成的断线，其线头与线头之间都会形成一定距离，所以一般要另加一段导线才能使两线头连通，如图 4-33 所示。

修复时要注意：a. 另加的一段导线必须是铜质漆包线，必须比原线圈的导线粗，只有这样才能保证修复的变压器能够长期正常使用；如果比原线圈的导线细，则当变压器在满负载使用时，就会因细线的载流量过小而将此处烧断；b. 在连接线头时，应将裸露的线头先上锡，把要连接的两个线头扭在一起再焊接，这样就能保证线头的接触面积及连接牢固；否则，可能造成接触不良的故障，或因接触面过小而再次烧断

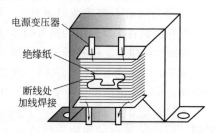

电源变压器

绝缘纸

断线处加线焊接

图 4-33　变压器断路故障的修理

此处；c. 由于线头焊接处的铜线与焊锡裸露，还应保证它们与其他线圈可靠地绝缘，解决的方法是在焊点里面垫一层绝缘纸，或用绝缘密封胶在裸露铜线与锡点的外表四周涂覆一层；用绝缘漆涂覆一层也可以，但必须在绝缘漆干固之后使用变压器；d. 将断头焊接修复后，还应保证其机械强度，以免松散或摆动而折断焊接处。

如变压器断线发生在引线与引脚之间，则就更容易修复了；若引线够长，则可按上述方法刮除线头的绝缘漆层，将线头先上锡，然后与引脚重新焊在一起即可；若引线不够长，则也可按上述方法加一段导线来焊接。

② 短路故障　变压器无论是出现了轻微短路还是严重短路故障，都不能继续使用，必须进行修理，其方法是：拆卸变压器，更换短路线圈的导线并重新绕制。下面以电源变压器为例来讲述。

a. 拆铁芯。由于电源变压器浸过漆，外壳、铁芯、骨架、线圈已成为一个牢固的整体，因此拆卸变压器有一定的难度，但掌握了方法后还是好拆的。拆卸铁芯前，先用平口起子（也叫改锥或螺丝刀）撬起外壳，之后才能拆卸铁芯。

对骨架耐高温的变压器，可用热拆法拆卸硅钢片，即先对变压器进行加热，使密固的绝缘漆层软化，接着用平口起子撬起第一片硅钢片，然后用钳子将硅钢片拉出来，就可逐片逐片地将硅钢片拆卸下来。

对骨架不耐高温的变压器，可用冷拆法拆卸硅钢片，即将变压器置于硬木块上，先朝前

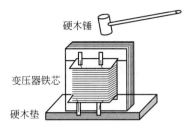

图 4-34 变压器铁芯的冷拆

方倾斜，用锤子在铁芯上方用力锤打使紧固的硅钢片松动后，将变压器朝后倾斜放置，再用锤子在铁芯的上方用力锤打。这样前倾后仰地反复锤打几次，硅钢片就会松动，如图 4-34 所示，之后可按上述方法，用起子与钳子拆卸硅钢片。

拆卸硅钢片时要特别注意，不管采用哪种方法拆卸，取出硅钢片时都必须细心，不要将硅钢片折断或弯曲。拆卸完后，应将硅钢片收集在一起，用干净纸包好，以免丢失或损坏硅钢片的绝缘层。

b. 拆线圈。取出铁芯后，可见到骨架和线包。这时不要急于拆线圈，先对线圈再做一次仔细的观察与检测，看短路部位是在内层绕组（初级）还是外层绕组（次级），做到心中有数，有目的地拆卸。

可先用电阻表检测线圈绕组的电阻值，如果短路发生在初级线圈上，就必须先将外层的次级线圈拆掉，之后才能拆卸初级线圈；如果短路发生在次级线圈上，就只需要拆卸次级线圈，不必拆卸初级线圈。如变压器线圈轻微短路，电阻表测不出来，在这种情况下，可对线圈从外层向内层边观察边拆卸。总之，必须找到线圈短路处，并彻底将短路线圈拆除。

拆卸线圈时应记录：是否有层间绝缘；初、次级线圈所用导线的直径；每拆一层线圈的匝数；拆完每一个绕组（初级或次级）共有多少匝；线圈绕制的方向是顺时针方向还是逆时针方向等。

如果短路故障出现在某个线圈中间，则只希望拆除短路的线圈而不再往下继续拆。这时应记录已拆多少圈，当然没有拆完的就不必管它。例如，已拆除了 23 圈，并已将短路的部分彻底清除了，那么在还原时，应用同样粗的导线重新绕 23 圈就可以了。

在拆卸线圈时还应注意保护导线的绝缘层、绝缘漆层完好。应该剪除短路或绝缘层被损坏的导线。重绕时，若因剪除而导致导线不够，则应差多少补多少，所用导线的规格必须与拆除的导线相同。

③ 漏电故障 漏电故障多出现在初、次级线圈及初、次级线圈与铁芯之间。修复这种故障就是根据这些特点，用合适的方法，采用适当的措施，将变压器修复到正常状态。

如果是因潮湿引起的漏电，则一般可对变压器进行烘烤处理，但温度不能太高；否则会烘坏变压器绝缘物。经烘烤后，其漏电现象一般会消失。为了日后不再因潮湿漏电，则可在烘烤后，趁热进行浸漆处理。

如果是绝缘层老化形成漏电或绝缘层遭到破坏形成漏电，则无论是在线包外表还是其内部，都必须按上面讲述的方法拆卸与修理。因漏电线圈已失去了良好的绝缘性能，所以必须更换导线。

# 4.3 互感器

互感器是一种专供测量仪表、控制设备和保护设备中使用的变压器。在高电压、大电流的系统和装置中，为了测量和使用上的方便和安全，需要用互感器把电压、电流降低，用于电压变换的叫电压互感器，用于电流变换的叫电流互感器。

## 4.3.1 电压互感器

电压互感器是降压变压器。其原边匝数多，并连接于被测高压线路；副边匝数少，一些测量仪表，如电压表和功率表的电压线圈作为负载并连接于副边两端。由于电压表的阻抗很大，因此电压互感器的工作情况与普通变压器的空载运行相似，即 $U_1/U_2＝N_1/N_2＝n$。式中，$n$ 为电压互感器的变比，且 $n＞1$。为使仪表标准化，副边的额定电压均为标准值 100V。对不同额定电压等级的高压线路可选用各相应变比的电压互感器，如 6000V/100V，10000V/100V 等不同型号的电压互感器。

使用时，电压互感器的高压绕组跨接在需要测量的供电线路上，低压绕组则与电压表相连，如图 4-35 所示。

高压线路的电压 $U_1$ 等于所测量电压 $U_2$ 和变压比 $n$ 的乘积，即 $U_1＝nU_2$。

电压互感器的副边不能短路，否则会因短路电流过大而烧毁；其次，其铁芯、金属外壳和副边的一端必须可靠接地，以防止绝缘损坏时，副边出现高电压而危及人身安全。

## 4.3.2 电流互感器

电流互感器用于将大电流变换为小电流，所以原边匝数少，副边匝数多。由于电流互感器是测量电流的，所以其原边应串接于被测线路中，副边与电流表和功率表的电流线圈等负载相串接使用时，电流互感器的初级绕组与待测电流的负载相串联，次级绕组则与电流表串联成闭合回路，如图 4-36 所示。

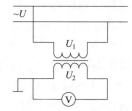
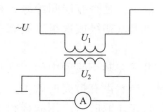

图 4-35　电压互感器电路　　　　图 4-36　电流互感器电路

由于电流表等负载的阻抗都很小，因此电流互感器的工作情况相当于副边短路运行的普通变压器，即 $\dot I_1 N_1＋\dot I_2 N_2＝\dot I_0 N_1$，若忽略 $\dot I_0 N_1$，则

$$\dot I_1 N_1 \approx -\dot I_2 N_2$$
$$I_1/I_2 \approx N_2/N_1＝1/n＝n_i$$

式中，$n$ 为电流互感器的变比；$n_i$ 为变流比，且 $n_i＞1$。电流互感器的副边额定电流通常设计成标准值 5A，如 30A/5A、75A/5A、100A/5A 等不同型号的电流互感器。选用时，应使互感器的原边额定电流与被测电路的最大工作电流相一致。

通过负载的电流等于所测电流和变压比倒数的乘积。

使用电流互感器时应注意：

① 不能让电流互感器的次级开路，否则易造成危险。因原边串联在被测回路中，所以原边电流的大小是由被测回路中的用电负荷所决定的，原边电流通常很大，原边磁通势 $\dot I_1 N_1$ 也就很大。正常工作时，$\dot I_2 N_2$ 与 $\dot I_1 N_1$ 相位相反，起去磁作用。当副边开路时，副边电流及其去磁磁通势 $\dot I_2 N_2$ 立即为零，由式 $\dot I_1 N_1＋\dot I_2 N_2＝\dot I_0 N_1$ 和式 $I_1 N_1 \approx -I_2 N_2$ 可知，此时的 $\dot I_1 N_1$ 远大于正常运行时的 $\dot I_0 N_1$，这就使铁芯的磁通远大于正常运行时的磁通，使铁芯迅速饱和，造成铁芯和绕组过热，使互感器烧损。另外，电流互感器副边开路时，可在副边感应出很高的电压，不仅能使绝缘损坏，还危及人身安全。

② 铁芯和次级绕组一端均应可靠接地。在测量电路中，使用电流互感器的作用主要有

以下三点：将测量仪表与高电压隔离；扩大仪表测量范围；减少测量中的能耗。

常用的钳形电流表也是一种电流互感器。它由一个电流表接成闭合回路的次级绕组和一个铁芯构成。其铁芯可开可合。测量时，把待测电流的一根导线放入钳口中，在电流表上可直接读出被测电流的大小，如图 4-37 所示。

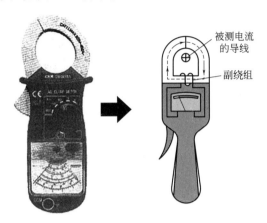

被测电流的导线

副绕组

图 4-37　钳形电流表工作示意图

# 第5章

# 二极管

二极管是晶体管的主要种类之一，它是采用半导体晶体材料（如硅、锗、砷化镓等）制成的，在各种电子电路中应用十分广泛。

## 5.1 概述

自然界的物质，按其导电能力来分，可分为导体、绝缘体和半导体三大类。导体的电阻率小于 $10^{-4}\Omega\cdot cm$，例如铝、铜等金属；绝缘体的电阻率大于 $10^{9}\Omega\cdot cm$，例如塑料、橡胶等；半导体的导电性能介于上述二者之间，例如硅、锗、砷化镓等。导体之所以导电，是因为其最外层电子在常温下就能够挣脱原子核的束缚，形成可以移动的自由电子。绝缘体之所以不导电，是因为在常温状态下没有自由电子。而半导体在常温状态下有少数自由电子，所以其导电能力介于导体与绝缘体之间。

### 5.1.1 半导体的基本概念

（1）本征半导体

纯净的、结构完整的、不含其他杂质的半导体称为本征半导体。半导体材料用得最多的是硅和锗，它们的最外层原子轨道上都有四个电子。这使得硅和锗原子的最外层既不容易失去电子，又不容易得到电子。当硅原子与硅原子相互接近排列成晶体时，它们以一种特殊的结构——共价键结合，其简化结构如图 5-1 所示。每个原子和周围的四个原子共享最外层电子，形成比较稳定的结构。共价键中的价电子，既受到共价键的束缚，又受到原子核的束缚。当热力学温度为零度（即 $T=0K$ 时，相当于 $-273℃$）时，价电子的能量不足以挣脱共价键的束缚，晶体中没有自由电子产生。即在 $T=0K$ 时，半导体不导电，呈绝缘体的导

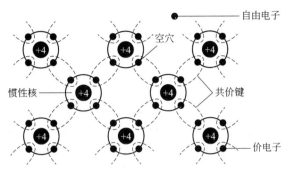

图 5-1　本征半导体的结构

电特性。当对本征半导体进行光照或加热时，共价键中的价电子就能获得足够的能量，摆脱共价键的束缚，产生自由电子-空穴对，这种现象称为本征激发。

在本征激发过程中，自由电子和空穴总是成对出现的，所以本征半导体中自由电子和空穴的数量（浓度）总是相等的。显然，光照或加热的时间越长，本征激发的程度就越强，产生的自由电子和空穴的数量就越多。共价键中一部分价电子摆脱共价键的束缚成为自由电子后，在原来的共价键中留下一个空位，这种空位叫作空穴。我们规定，空穴带一个单位的正电荷，如图 5-2 所示。

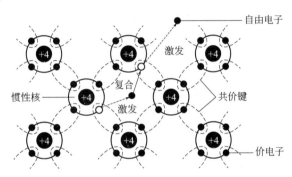

图 5-2　本征激发和复合

由于空穴的出现，附近共价键中的电子很容易在获取能量后移动过来填补原来的空位而产生新的空穴，其他地方的价电子又可能来填补新的空穴，如图 5-2 所示。从效果上来看，这种价电子的运动，就相当于空穴的运动。这种价电子的填补运动，使得自由电子-空穴对消失的现象称为本征复合，它是本征激发的逆过程。

实际上自由电子在外加电场的作用下会作定向移动，一旦有回路就可以形成电流。而空穴可以看成带一个单位的正电荷，在外加电场的作用下，它也可以像自由电子一样定向移动。我们把这种能够导电的带电微粒统称为载流子。

在本征半导体中，载流子的数量（浓度）由本征激发的程度决定。由于在常温状态下，本征激发的程度较弱，所以本征半导体的导电性能很弱。在半导体器件的实际应用过程中，我们可以通过光照或者加热等措施来改善（控制）半导体器件的导电能力，但是这些外部手段始终受到很大的局限性，所以改善（控制）半导体器件的导电能力还必须在半导体的内部结构上想办法。

（2）杂质半导体

在本征半导体中掺入某种特定有用的杂质，形成杂质半导体，其导电性能在常温状态下就会发生质的变化。按照掺入杂质的不同，可以分为 N 型半导体和 P 型半导体。

① N 型半导体　在硅（锗）晶体中掺入少量五价元素的杂质，如磷或砷，原来晶格中

的某些硅原子将被杂质原子所取代，形成 N 型半导体，其结构如图 5-3 所示。由于杂质原子最外层有五个价电子，当它与周围的四个硅原子组成共价键结构时将多余一个电子。它将不受共价键的束缚，只受所掺入杂质原子核的吸引，而这种束缚力很微弱，使得该电子在室温下很容易形成自由电子。

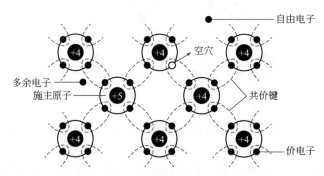

图 5-3　N 型半导体的结构

掺入杂质形成自由电子或空穴的过程，我们称之为杂质电离。在 N 型半导体中，由于杂质电离产生的是自由电子，所以其自由电子的浓度将远远大于空穴的浓度。N 型半导体就主要依靠自由电子导电，所以又称为电子型半导体，其导电性能大于本征半导体。

② P 型半导体　在硅（锗）晶体中掺入少量的三价元素杂质，如硼或镓，原来晶格中的某些硅原子将被杂质原子所取代，形成 P 型半导体，其结构如图 5-4 所示。由于杂质原子最外层只有三个价电子，当它与周围的四个硅原子组成共价键结构时，因为其缺少一个价电子而形成空穴。显然，掺入的杂质越多，形成的空穴就越多。显然，在 P 型杂质半导体中，空穴的浓度将远远大于自由电子的浓度。P 型半导体就主要依靠空穴导电，所以又称为空穴型半导体，其导电性能也大于本征半导体。

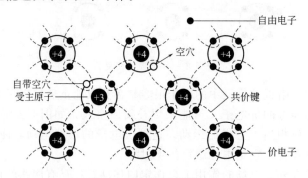

图 5-4　P 型半导体的结构

（3）半导体的导电性能

综上所述，杂质半导体的导电性能明显优于本征半导体，其导电能力主要取决于杂质半导体中多数载流子的浓度（多子浓度），而多子的浓度主要取决于掺杂杂质的浓度（杂质电离的程度）。由于半导体的导电性能对光照、温度、掺杂三个因素很敏感，我们称其为半导体的三敏性，即光敏性、热敏性、杂敏性。通过调整这些因素，我们可以改善半导体的导电性能。

## 5.1.2　PN 结及其特性

（1）PN 结的形成

如果将一块半导体的一侧掺入三价元素杂质使其成为 P 型半导体，而将另一侧掺入五

价元素杂质使其成为 N 型半导体,那么在二者的交界面处将形成一个特殊的结构——PN结。其物理形成过程如下:

① 浓度差引起多子的扩散运动    在 P 型半导体中,多数载流子是空穴;在 N 型半导体中,多数载流子是自由电子。在 P 区和 N 区的交界面处,由于存在自由电子和空穴的浓度差,P 区的多子(空穴)将向 N 区扩散,N 区的多子(自由电子)将向 P 区扩散。在扩散过程中,交界处的电子和空穴复合。其结果是,在 P 区一边留下一些不能移动的负离子,在 N 区一边留下一些不能移动的正离子,如图 5-5 所示。在此区域内,没有可以参与导电的自由电子或空穴,只有不能移动的正、负离子,组成一个空间电荷区,也就是 PN 结。由于在此空间电荷区内缺少载流子,所以又称此空间电荷区为耗尽层。

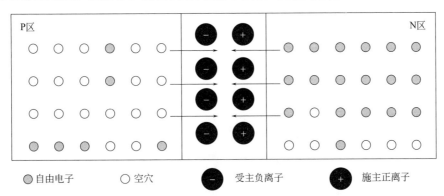

图 5-5    浓度差引起的多子扩散运动

② 内建电场的形成    由于多子的扩散,PN 结中正、负离子逐渐积累,将使耗尽层 N区一端带正电,P 区一端带负电,如图 5-6 所示。这样,在 P 区和 N 区之间将产生电势差,从而形成一个内建电场,其电场方向由 N 区指向 P 区。

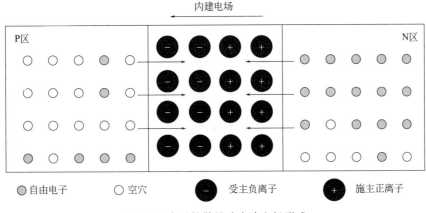

图 5-6    多子扩散导致内建电场形成

③ 内建电场引起少子漂移、阻碍多子扩散    由于内建电场的方向由 N 区指向 P 区,在P 区里靠近 PN 结附近的自由电子将被加速逆着电场向 N 区移动;而在 N 区里靠近 PN 结的空穴也被加速顺着电场向 P 区移动,如图 5-7 所示。我们称载流子在电场作用下的定向移动为漂移运动。可见,内建电场的形成引起了少子的漂移运动;与此同时,内建电场的形成将阻碍多子的继续扩散。

④ 扩散运动和漂移运动的动态平衡    扩散运动首先形成空间电荷区,产生内建电场,

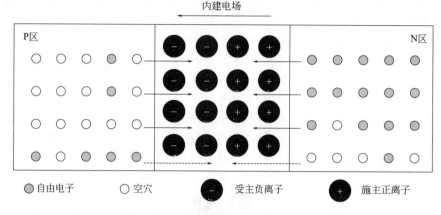

图 5-7　内建电场引起少子的漂移运动

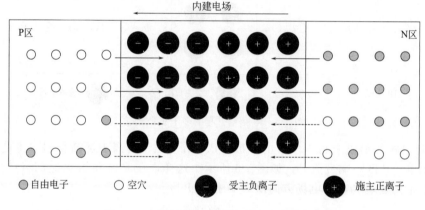

图 5-8　多子扩散和少子漂移达到动态平衡

内建电场又引起少子漂移，阻碍多子扩散。扩散与漂移不断进行，且少子漂移运动逐渐增强，多子扩散运动逐渐减弱。当扩散电流与漂移电流相等时，将达到动态平衡，如图 5-8 所示。此时，PN 结的厚度不再发生变化，达到稳定。一般 PN 结的厚度很薄，其厚度为几微米到几十微米。

（2）PN 结的单向导电性

当 PN 结外加电压时，就显示出其基本特性——单向导电性。

① PN 结的正偏特性　当 PN 结的 P 区接高电位，N 区接低电位时，称其为正偏，如图 5-9 所示。当 PN 结正偏时，外加电场与内建电场方向相反，内建电场将被削弱，耗尽层将变窄，漂移运动削弱，扩散运动加强，扩散电流（多子）重新占据主导地位，形成较大的正向电流。在理想情况下，PN 结正偏时正向导通，等效为短路，所以正向电流很大。

② PN 结的反偏特性　当 PN 结的 N 区接高电位，P 区接低电位时，称其为反偏，如图 5-10 所示。当 PN 结反偏时，外加电场与内建电场方向相同，内建电场将被加强，耗尽层将变宽，扩散运动削弱，漂移运动加强，漂移电流（少子）重新占据主导地位，形成很小的反向饱和电流。在理想情况下，PN 结反偏时反向截止，等效为开路，所以反向电流为零。

（3）PN 结的反向击穿特性

由 PN 结的单向导电性可知，当 PN 结反偏时，其反向电流很小，几乎为零。但当反向

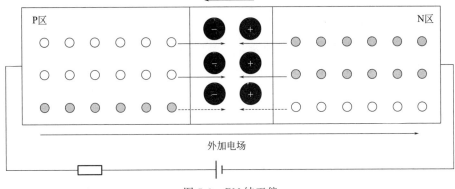

图 5-9 PN 结正偏

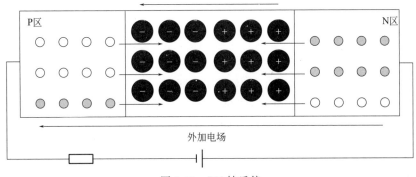

图 5-10 PN 结反偏

电压超过一定限度，其反向电流将急剧增大，如图 5-11 所示。这种现象称为 PN 结的反向击穿。击穿时所对应的电压，称为反向击穿电压，通常用 $U_{BR}$ 表示。在反向击穿前，PN 结处于正常反偏状态，所对应的电流称为反向饱和电流，通常用 $I_S$ 来表示，相对于正向电流它很小，一般在微安级别。

① 雪崩击穿 当反向电压很大时，内建电场很强，参与漂移运动的少子可获得很大的能量高速地穿越空间电荷区。以自由电子为例，在穿越过程中，难免与共价键中的价电子发生碰撞。碰撞出来的价电子形成自由电子继续参与漂移运动，又碰撞出更多的自由电子。如此继续下去，自由电子的数量如雪崩式增长，导致反向电流急剧增大，产生了雪崩击穿。雪崩击穿的本质是碰撞电离。

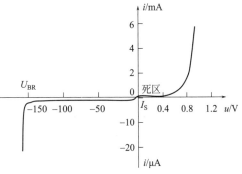

图 5-11 PN 结的特性曲线

② 齐纳击穿 有时候，PN 结外加的反向电压并不大，但是半导体材料本身的掺杂浓度太高，空间电荷区太薄，内建电场的强度也可能达到很强，以至于可以直接把共价键中的价电子拉扯出来，形成自由电子，这个过程称为场致电离。场致电离的结果，也是使参与导电的少子数量迅速增加，导致反向电流急剧增大，这种现象称之为齐纳击穿。

③ 热击穿 上述 PN 结的击穿现象都属于电击穿。电击穿是可逆的，只要反向击穿时 PN 结的反向电流和反向电压的乘积不超过其耗散功率，在反向电压降低后 PN 结的性能可

以恢复正常。但是，如果 PN 结反向击穿后不采取限流等保护措施，当其热耗超过耗散功率，就会因热量散发不出去引起 PN 结温度急剧上升，最终导致热击穿，烧毁 PN 结。

（4）PN 结的电容特性

PN 结的电容效应由两方面的因素决定。一是势垒电容 $C_B$，二是扩散电容 $C_D$。

① 势垒电容 $C_B$　势垒电容是由空间电荷区的离子薄层形成的。当外加电压使 PN 结上的压降发生变化时，离子薄层的厚度也相应地随之改变，这相当于 PN 结中存储的电荷量也随之变化，犹如电容的充放电过程。

② 扩散电容 $C_D$　扩散电容是由多子扩散后，在 PN 结的另一侧面积累而形成的。当 PN 结正偏时，由 N 区扩散到 P 区的电子，与外电源提供的空穴相复合，形成正向电流。刚扩散过来的电子就堆积在 P 区内紧靠 PN 结的附近，形成一定的多子浓度梯度分布曲线；反之，由 P 区扩散到 N 区的空穴，在 N 区内也形成类似的浓度梯度分布曲线。当外加正向电压不同时，扩散电流即外电路电流的大小也就不同，所以 PN 结两侧堆积的多子的浓度梯度分布也不同，这也相当于电容的充放电过程。

## 5.1.3　二极管基础知识

（1）结构及其电路图形符号

二极管是由一个 PN 结构成的半导体器件，即将一个 PN 结加上两条电极引线做成管芯，并用管壳封装而成。P 型区的引出线称为正极或阳极，N 型区的引出线称为负极或阴极，如图 5-12（a）所示。其电路图形符号如图 5-12（b）所示。二极管的种类繁多，但是其电路基本符号相同，不同二极管的电路符号，都是在基本符号上稍作变化而来的。

（2）分类

二极管种类很多，按其用途和功能分，有整流二极管、稳压二极管、发光二极管、肖特基二极管、快恢复二极管、双向触发二极管、瞬态电压抑制二极管、开关二极管和变容二极管等；按材料划分，有硅二极管、锗二极管等；按外壳封装材料划分，有塑料封装二极管、金属封装二极管、玻璃封装二极管和环氧树脂封装二极管；按其结构分，有点接触型、面接触型和平面型三大类。其中点接触型二极管具有结面积小、结电容小的特点，常常应用于检波和变频等高频电路；面接触型二极管具有结面积大的特点，常常应用于低频大电流整流电路；平面型二极管具有结面积可大可小的特点，常常应用于集成电路的高频整流和开关电路。

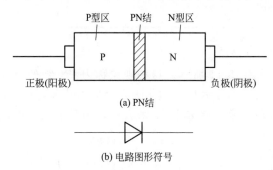

图 5-12　二极管的 PN 结与电路图形符号

（3）导电性能

从本质上来讲二极管就是 PN 结，所以二极管具有 PN 结的一切特性。二极管有硅管和锗管两种，它们的正向导通电压（PN 结电压）差别较大，锗管为 0.2～0.3V，硅管为 0.6～0.7V。

（4）型号命名方法

① 我国半导体器件的型号命名方法　我国半导体器件（二极管和三极管）的型号命名方法已经由国家标准 GB/T 249—2017 作出明确规定。其型号命名通常由五部分组成，前三部分如表 5-1 所示，第四部分用阿拉伯数字表示登记顺序号，第五部分用汉语拼音字母表示规格号。例如 2CW51：2 表示二极管，C 代表 N 型硅材料，W 代表电压调整管和电压基准

管，51 代表登记顺序号；2AP9：2 表示二极管，A 代表 N 型锗材料，P 代表小信号管，9 代表登记顺序号。

表 5-1  国产半导体器件型号命名方法（GB/T 249—2017）

| 第一部分 | | 第二部分 | | 第三部分 | | | |
|---|---|---|---|---|---|---|---|
| 用数字表示器件的电极数目 | | 用汉语拼音字母表示器件的材料和极性 | | 用汉语拼音字母表示器件的类型 | | | |
| 符号 | 意义 | 符号 | 意义 | 符号 | 意义 | 符号 | 意义 |
| 2 | 二极管 | A | N 型，锗材料 | P | 小信号管 | D | 低频大功率管 ($f_a<3\mathrm{MHz}, P_C\geqslant1\mathrm{W}$) |
| | | B | P 型，锗材料 | H | 混频管 | | |
| | | C | N 型，硅材料 | V | 检波管 | A | 高频大功率管 ($f_a\geqslant3\mathrm{MHz}, P_C\geqslant1\mathrm{W}$) |
| | | D | P 型，硅材料 | W | 电压调整管和基准管 | | |
| | | E | 化合物或合金材料 | C | 变容管 | T | 半导体闸流管（可控整流器件） |
| | | | | Z | 整流管 | | |
| | | | | L | 整流堆 | Y | 体效应器件 |
| 3 | 三极管 | A | PNP 型，锗材料 | S | 隧道管 | B | 雪崩管 |
| | | B | NPN 型，锗材料 | K | 开关管 | J | 阶跃恢复管 |
| | | C | PNP 型，硅材料 | N | 噪声管 | CS | 场效应器件 |
| | | D | NPN 型，硅材料 | F | 限幅管 | BT | 半导体特殊器件 |
| | | E | 化合物或合金材料 | | | FH | 复合管 |
| | | | | | | PIN | PIN 管 |
| | | | | | | JG | 激光器件 |

② 国际电子联合会半导体器件的型号命名方法  国际电子联合会也对半导体（分立）器件的型号命名方法作出了明确规定。其型号命名由四部分组成，第一部分用字母表示器件的使用材料；第二部分用字母表示器件的类型及其主要特性；第三部分用数字或字母加数字的方法表示器件的登记号（前三部分的具体含义如表 5-2 所示）；第四部分用字母对同型号的器件进行分挡，通常同一型号的器件按某一参数进行分挡（用 A、B、C、D、E…加以区别）。

表 5-2  国际电子联合会半导体（分立）器件型号命名方法

| 第一部分 | | 第二部分 | | | | 第三部分 | |
|---|---|---|---|---|---|---|---|
| 用字母表示使用的材料 | | 用字母表示类型及其主要特性 | | | | 用数字或字母加数字表示登记号 | |
| 符号 | 意义 | 符号 | 意义 | 符号 | 意义 | 符号 | 意义 |
| A | 锗材料 | A | 检波、开关和混频二极管 | M | 封闭磁路中的霍尔元件 | 三位数字 | 通用半导体器件的登记序号（同一类器件用同一登记号） |
| | | B | 变容二极管 | P | 光敏器件 | | |
| B | 硅材料 | C | 低频小功率三极管 | Q | 发光器件 | | |
| | | D | 低频大功率三极管 | R | 小功率晶闸管 | | |
| C | 砷化镓 | E | 隧道二极管 | S | 小功率开关管 | 一个字母与二位数字相结合 | 专用半导体器件的登记号（同一类型器件使用同一登记号） |
| | | F | 高频小功率三极管 | T | 大功率晶闸管 | | |
| D | 锑化铟 | G | 复合器件及其他器件 | U | 大功率开关管 | | |
| | | H | 磁敏二极管 | X | 倍增二极管 | | |
| R | 复合材料 | K | 开放磁路中的霍尔元件 | Y | 整流二极管 | | |
| | | L | 高频大功率三极管 | Z | 稳压二极管即齐纳二极管 | | |

③ 美国电子工业协会半导体器件型号命名方法　美国电子工业协会（EIA）半导体（分立）器件的命名方法如表 5-3 所示。例如 1N4148B：1 表示 PN 结的数目为 1，即二极管；N 表示二极管在 EIA 的注册标志；4148 表示该二极管在 EIA 登记的顺序号；B 表示二极管的分挡。

表 5-3　美国电子工业协会半导体（分立）器件型号命名方法

| 第一部分 | | 第二部分 | | 第三部分 | | 第四部分 | | 第五部分 | |
|---|---|---|---|---|---|---|---|---|---|
| 用符号表示用途的类别 | | 用数字表示PN 结的数目 | | 美国电子工业协会（EIA）注册标志 | | 美国电子工业协会（EIA）登记顺序号 | | 用字母表示器件的分挡 | |
| 符号 | 意义 | 符号 | 意义 | 符号 | 意义 | 符号 | 意义 | 符号 | 意义 |
| JAN 或 J | 军用品 | 1 | 二极管 | N | 该器件已在美国电子工业协会注册登记 | 多位数字 | 该器件已在美国电子工业协会登记的顺序号 | A B C D ... | 同一型号的不同挡别 |
| | | 2 | 三极管 | | | | | | |
| 无 | 非军用品 | 3 | 三个 PN 结器件 | | | | | | |
| | | $n$ | $n$ 个 PN 结器件 | | | | | | |

④ 日本半导体器件的型号命名方法　日本半导体器件的型号命名方法按照日本工业标准（JIS）的规定执行。具体规定如表 5-4 所示。通常由五部分组成，第一部分用数字表示器件有效电极的数目或类型；第二部分是日本电子工业协会（EIAJ）的注册标志；第三部分用字母表示器件使用材料极性和类型；第四部分用数字表示在 EIAJ 登记的顺序号；第五部分用字母区分同一型号的改进产品。例如 1SD16F：1 表示 PN 结的数目为 1，即二极管；S 表示二极管在 EIAJ 的注册标志；D 表示该二极管为 NPN 型低频管；16 表示在 EIAJ 登记的顺序号；F 表示改进产品的序号。

表 5-4　日本半导体（分立）器件型号命名方法

| 第一部分 | | 第二部分 | | 第三部分 | | 第四部分 | | 第五部分 | |
|---|---|---|---|---|---|---|---|---|---|
| 用数字表示类型或有效电极数 | | 表示日本电子工业协会注册产品 | | 用字母表示器件的极性及类型 | | 用数字表示在日本电子工业协会登记的顺序号 | | 用字母表示对原来型号的改进产品 | |
| 符号 | 意义 | 符号 | 意义 | 符号 | 意义 | 符号 | 意义 | 符号 | 意义 |
| 0 | 光电（即光敏二极管、晶体管及其组合管） | S | 表示已在日本电子工业协会注册登记的半导体分立器件 | A | PNP 型高频管 | 两位以上的整数 | 从 11 开始，表示在日本电子工业协会注册登记的顺序号，不同公司性能相同器件可以使用同一顺序号，其数字越大越是近期生产的产品 | A B C D E F ... | 用字母表示对原来型号改进后的产品 |
| 1 | 二极管 | | | B | PNP 型低频管 | | | | |
| 2 | 三极管、具有两个 PN 结的其他晶体管 | | | C | NPN 型高频管 | | | | |
| | | | | D | NPN 型低频管 | | | | |
| | | | | F | P 控制极晶闸管 | | | | |
| 3 | 具有四个有效电极或具有三个 PN 结的晶体管 | | | G | N 控制极晶闸管 | | | | |
| | | | | H | N 基极单结晶体管 | | | | |
| | | | | J | P 沟道场效应管 | | | | |
| $n-1$ | 具有 $n$ 个有效电极或具有 $n-1$ 个 PN 结的晶体管 | | | K | N 沟道场效应管 | | | | |
| | | | | M | 双向晶闸管 | | | | |

（5）主要参数

半导体二极管的参数包括额定正向工作电流 $I_F$、反向击穿电压 $U_{BR}$、最大反向工作电压 $U_{RM}$、反向电流 $I_R$、正向电压降 $U_F$、结电容 $C_j$ 和最高工作频率 $f_{max}$ 等。

① 额定正向工作电流 $I_F$　也称最大整流电流，是指二极管长期连续工作时，允许通过二极管的最大整流电流的平均值。

② 反向击穿电压 $U_{BR}$ 和最大反向工作电压 $U_{RM}$　二极管反向电流急剧增加时对应的反向电压值称为反向击穿电压 $U_{BR}$。为确保安全，在实际工作时，二极管的最大反向工作电压 $U_{RM}$ 一般只按反向击穿电压 $U_{BR}$ 的一半计算。

③ 反向电流 $I_R$　室温下，在规定的反向电压（一般是最大反向工作电压下）下测得二极管的反向漏电流。此电流值越小，表明二极管的单向导电性能越好。硅二极管的反向电流一般在纳安（nA）级；锗二极管一般在微安（μA）级。

④ 正向压降 $U_F$　正向压降 $U_F$ 是指二极管导通时其两端产生的正向电压降。在一定的正向电流下，二极管的正向电压降越小越好。小电流硅二极管的正向压降在中等电流水平下，为 $0.6\sim0.7V$；锗二极管为 $0.2\sim0.3V$。

⑤ 结电容 $C_j$　结电容 $C_j$ 是指 PN 结的势垒电容和扩散电容，它限制了整流二极管的工作频率。

⑥ 最高工作频率 $f_{max}$　主要取决于 PN 结结电容的大小。结电容 $C_j$ 越大，则二极管允许的最高工作频率越低。

此外，温度对二极管的性能影响较大。当温度升高时，二极管的正向压降将减小，反向电流增大。

（6）标识方法

二极管的标识方法，主要是判断二极管的正、负引脚。通常情况下，通过观察二极管的外形特性和引脚极性标记，能够直接分辨出二极管两根引脚的正、负极性。

如图 5-13 所示是常用二极管的极性表示方式，这是塑料封装的二极管，用一条色带表示出二极管的负极。

图 5-13　常用二极管的极性表示方式

如图 5-14 所示是标出二极管电路符号的极性表示方式，根据电路符号可以知道正、负极，图中左侧为正极，右侧为负极。

如图 5-15 所示是色点极性标识形式示意图，图示二极管外壳的一端标出一个色点，有色点的这一端表示二极管的正极，另一端是负极。

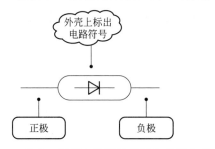

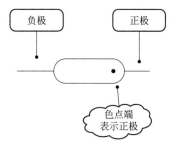

图 5-14　标出二极管电路符号的极性表示方式　　图 5-15　色点极性标注形式示意图

（7）常见故障与检测

① 常见的故障现象　二极管主要有下列一些故障现象：

a. 开路故障。是指二极管正、负极间断开了，此时二极管的正、反向电阻均为无穷大。当电路中的二极管开路后，电路将处于开路状态，二极管的负极没有电压输出。

b. 击穿故障。是指二极管的正、负极间已经呈通路了，此时二极管的正、反向电阻一样大或十分接近。当二极管击穿时，并不一定表现为正、负极间的阻值为零，而是会有一定阻值。当电路中的二极管击穿后，二极管负极将没有正常信号电压输出，有的将出现电路过电流故障。

c. 正向电阻变大故障。是指二极管正向电阻太大，使信号在二极管上的压降增大，造成二极管负极输出信号电压下降，有时二极管会因为发热而损坏。二极管的正向电阻增大后，其单向导电性变劣。

d. 性能恶劣故障。是指二极管并没有出现开路或击穿等明显的故障现象，但二极管的一些性能变劣后，此时电路中的二极管不能很好地起到相应的作用，造成电路的工作稳定性不好或电路的输出信号电压下降等。

② 检测方法　对二极管的检测主要使用万用表，可分为不在路和在路两种检测方法。

a. 不在路检测。此时主要是用万用表的欧姆挡 R×1k 挡测量二极管的正、反向电阻来判断管子质量，如图 5-16 所示，图 5-16(a) 是测量正向电阻的示意图，图 5-16(b) 是测量反向电阻的示意图。

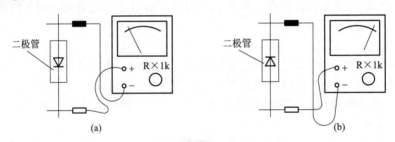

图 5-16　万用表测量二极管示意图

如图 5-16(a) 所示，在测量二极管正向电阻时，黑表笔接正极，红表笔接负极，此时表内电池给二极管加的是正向偏置电压（万用表内黑表笔接表内电池的正极，黑表笔接正极是给二极管加上正向偏置电压）表针所指示的正向电阻阻值较小，一般为几千欧。若测量的正向电阻值为零说明二极管已短路；若测量的正向电阻值很大（几百千欧），则说明二极管的性能已变差；若测量的正向电阻值为无穷大（∞），则说明二极管开路。

如图 5-16(b) 所示，在测量二极管反向电阻时，黑表笔接二极管的负极，红表笔接二极管的正极，此时表内电池给二极管加的是反向偏置电压，表针所指示的反向电阻阻值较大，一般为几百千欧以上。若测量的正、反向电阻值均很小，则说明二极管已击穿。

b. 在路检测。

• 断电下的检测。此时是测量二极管的正、反向电阻，具体方法同不在路时的方法相同，只是要注意外电路对测量结果的影响，对这一影响的分析方法与前面介绍的在路检测电阻器时的分析方法是一样的。

• 通电情况下的检测。此时主要是测量二极管的管压降。由二极管特性所知，当二极管导通后的管压降是基本不变的，若这一管压降是正常的，便可以说明二极管在电路中工作是基本正常的，依据这一原理可以在通电时测量二极管的好坏，具体方法是：给电路通电，用万用表的直流电压挡，红表笔接二极管的正极，黑表笔接二极管的负极，此时表针所指示的电压值为二极管上的正向电压降。对硅二极管而言，这一压降应该为 $0.6\sim0.7\mathrm{V}$，否则说明二极管可能出现了故障。若电压降远大于 $0.6\sim0.7\mathrm{V}$，说明二极管已开路。若电压降远小于 $0.6\sim0.7\mathrm{V}$，有可能是二极管击穿，也有可能是其他电路的故障，此时最好改用不在路检测法测量其正、反向电阻，进一步判断其质量优劣。

# 5.2 整流二极管

## 5.2.1 基本结构

整流二极管是一种大面积接触的功率器件，如图 5-17 所示。其击穿电压高，反向漏电流小，散热性能良好。但因结电容大，工作频率一般在几十千赫。低频整流管也称普通整流管。整流二极管在电路中的文字代表符号为 "VD"。

整流二极管按封装形式分，主要有全密封金属结构封装和塑料封装两种；按功率大小分，可分为大功率整流二极管、中功率整流二极管和小功率整流二极管；按工作频率分，可分为高频整流二极管、低频整流二极管。其外形如图 5-18 所示。

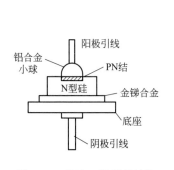

图 5-17 整流二极管的结构

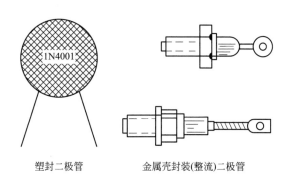

塑封二极管　　　　金属壳封装(整流)二极管

图 5-18 整流二极管的外形

## 5.2.2 主要参数

1N、2CZ 系列常用整流二极管的主要参数见表 5-5。

表 5-5　1N、2CZ 系列常用整流二极管的主要参数

| 型号 | 反向重复峰值电压/V | 正向平均电流/A | 浪涌电流/A | 正向压降/V | 反向电流/μA | 工作频率/kHz | 外形 |
|---|---|---|---|---|---|---|---|
| 1N4000 | 25 | | | | | | |
| 1N4001 | 50 | | | | | | |
| 1N4002 | 100 | | | | | | |
| 1N4003 | 200 | | | | | | |
| 1N4004 | 400 | 1 | 30 | ≤1 | <5 | 3 | DO-41 |
| 1N4005 | 600 | | | | | | |
| 1N4006 | 800 | | | | | | |
| 1N4007 | 1000 | | | | | | |

| 型号 | 反向重复峰值电压/V | 正向平均电流/A | 浪涌电流/A | 正向压降/V | 反向电流/μA | 工作频率/kHz | 外形 |
|---|---|---|---|---|---|---|---|
| 1N5100 | 50 | | | | | | |
| 1N5101 | 100 | | | | | | |
| 1N5102 | 200 | | | | | | |
| 1N5103 | 300 | | | | | | |
| 1N5104 | 400 | 1.5 | 75 | ≤1 | <5 | 3 | |
| 1N5105 | 500 | | | | | | |
| 1N5106 | 600 | | | | | | |
| 1N5107 | 800 | | | | | | |
| 1N5108 | 1000 | | | | | | DO-15 |
| 1N5200 | 50 | | | | | | |
| 1N5201 | 100 | | | | | | |
| 1N5202 | 200 | | | | | | |
| 1N5203 | 300 | | | | | | |
| 1N5204 | 400 | 2 | 100 | ≤1 | <10 | 3 | |
| 1N5205 | 500 | | | | | | |
| 1N5206 | 600 | | | | | | |
| 1N5207 | 800 | | | | | | |
| 1N5208 | 1000 | | | | | | |
| 1N5400 | 50 | | | | | | |
| 1N5401 | 100 | | | | | | |
| 1N5402 | 200 | | | | | | |
| 1N5403 | 300 | | | | | | |
| 1N5404 | 400 | 3 | 150 | ≤0.8 | <10 | 3 | DO-27 |
| 1N5405 | 500 | | | | | | |
| 1N5406 | 600 | | | | | | |
| 1N5407 | 800 | | | | | | |
| 1N5408 | 1000 | | | | | | |
| 2CZ53A | 25 | | | | | | |
| 2CZ53B | 50 | | | | | | |
| 2CZ53C | 100 | | | | | | |
| 2CZ53D | 200 | | | | | | |
| 2CZ53E | 300 | | | | | | |
| 2CZ53F | 400 | 0.3 | 6 | ≤1 | 5 | 3 | ED-2 |
| 2CZ53G | 500 | | | | | | |
| 2CZ53H | 600 | | | | | | |
| 2CZ53J | 700 | | | | | | |
| 2CZ53K | 800 | | | | | | |
| 2CZ53L | 900 | | | | | | |
| 2CZ53M | 1000 | | | | | | |

| 型号 | 反向重复<br>峰值电压<br>/V | 正向平均<br>电流/A | 浪涌电流<br>/A | 正向压降<br>/V | 反向电流<br>/μA | 工作频率<br>/kHz | 外形 |
|---|---|---|---|---|---|---|---|
| 2CZ54A | 25 | | | | | | |
| 2CZ54B | 50 | | | | | | |
| 2CZ54C | 100 | | | | | | |
| 2CZ54D | 200 | | | | | | |
| 2CZ54E | 300 | | | | | | |
| 2CZ54F | 400 | 0.5 | 10 | ≤1.0 | <10 | 3 | EE |
| 2CZ54G | 500 | | | | | | |
| 2CZ54H | 600 | | | | | | |
| 2CZ54J | 700 | | | | | | |
| 2CZ54K | 800 | | | | | | |
| 2CZ54L | 900 | | | | | | |
| 2CZ54M | 1000 | | | | | | |
| 2CZ58C | 100 | | | | | | |
| 2CZ58D | 200 | | | | | | |
| 2CZ58F | 400 | | | | | | |
| 2CZ58G | 500 | | | | | | |
| 2CZ58H | 600 | | | | | | |
| 2CZ58K | 800 | 10 | 210 | ≤1.3 | <40 | 3 | EG-1 |
| 2CZ58M | 1000 | | | | | | |
| 2CZ58N | 1200 | | | | | | |
| 2CZ58P | 1400 | | | | | | |
| 2CZ58Q | 1600 | | | | | | |
| 2CZ100-1～16 | 100～1600 | 100 | 2200 | ≤0.7 | <200 | 3 | D30-12 |
| 2CZ200-1～16 | 100～1600 | 200 | 4080 | ≤0.7 | <200 | 3 | D30-14 |

## 5.2.3 典型应用

整流二极管主要应用于整流电路，整流电路是一种将交流电能变换为直流电能的变换电路。其应用非常广泛，如通信系统的基础电源、同步发动机的励磁、电池充电机、电镀和电解电源等。整流电路的形式有很多种类。按组成整流的器件分，可分为不可控、半控和全控整流三种。不可控整流电路的整流器件全部由整流二极管组成，全控整流电路的整流器件全部由晶闸管或是其他可控器件组成，半控整流电路的整流器件则由整流二极管和晶闸管混合组成。按输入电源的相数分，可分为单相电路和多相电路。按整流输出波形和输入波形的关系分，可分为半波整流和全波整流。本节主要介绍常用的几种单相、三相不可控整流电路，分析其工作原理、不同性质负载时整流电路电压和电流波形，并给出相关电量的基本数量关系。

（1）单相半波不可控整流电路

单相不可控整流电路是指输入为单相交流电，而输出直流电压大小不能控制的整流电路。单相不可控整流电路主要有单相半波、单相全波和单相桥式等几种形式，其中以单相半波不可控整流电路最为基本。

利用整流二极管的单相导电性可以非常简单地实现交直流变换。但是二极管是不可控器件，所以由其组成的整流电路输出的直流电压只与交流输入电压的大小有关，而不能调节其数值，故称为不可控整流。

如前所述，二极管有两种工作状态：当施加正向电压时导通，两端电压降为零，交流电源电压可以通过二极管加到负载上；当二极管承受反向电压时，它立即截止，两端阻抗为无穷大，相当于断开状态，使交流电源与负载断开。图 5-19 是分析二极管不可控整流的一个基本电路——单相半波不可控整流电路，下面分两种情况来说明。

① 阻性负载　如图 5-19 所示，当电源电压 $u_s$ 为正半周时，二极管 VD 承受正向电压导通，二极管导通时，通常导通压降为 1V 左右，若忽略此通态压降，则电源电压全部加到负载上。当 $u_s$ 为负半周时，二极管 VD 承受反压关断。二极管关断时，负载电压为零。在阻性负载下，负载电流与电压波形相同，图 5-20 是单相半波不可控整流电路阻性负载时的电压、电流波形。阻性负载下，负载上的直流平均电压为：

$$U_d = \frac{1}{2\pi}\int_0^\pi U_{max}\sin\omega t\,\mathrm{d}(\omega t) = \frac{U_{max}}{\pi} = \frac{\sqrt{2}U_s}{\pi} = 0.45U_s$$

式中，$U_{max}$ 为电源电压 $u_s$ 的幅值；$U_s$ 为电源电压 $u_s$ 的有效值。二极管承受的最大反压为 $U_{max}$，即为 $\sqrt{2}U_s$。

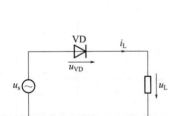

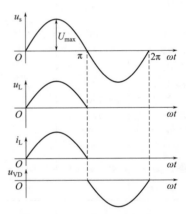

图 5-19　单相半波不可控整流电路（阻性负载）　图 5-20　单相半波不可控整流电路（阻性负载）波形

② 感性负载　如图 5-21 所示，当负载的电抗 $\omega L$ 和电阻 $R$ 的大小相比不可忽略时，这类负载就称为感性负载。整流电路带感性负载时的工作情况与阻性负载有很大的差异。感性负载可等效为一个电阻 $R$ 和一个电感 $L$ 的串联。负载电压 $u_L$ 和负载电流 $i_L$ 的关系可用下式表示：

$$u_L = Ri_L + L\frac{\mathrm{d}i_L}{\mathrm{d}t}$$

电感对电流变化有抗拒作用。在电源电压 $u_s$ 的正半周，当瞬时值上升时，负载电流 $i_L$ 缓慢上升；当电源电压 $u_s$ 下降时，$i_L$ 缓慢下降。电感的感应电势方向如图 5-21 所示。当 $u_s$ 过零变负时，电感中的电流还没有降为零，储存在电感 $L$ 中的能量要继续释放，直到储能放完，电流才为零。

图 5-22 是单相半波不可控整流电路感性负载时的电压、电流波形。由图可知，当 $\omega t = \varphi$ 时，电感中电流衰减为零，二极管 VD 截止。故感性负载与纯阻性负载情况不同，负载电压波形不但有正半周的，而且还有负半周的一部分，所以平均电压较阻性负载时要小。感性负载时的负载直流平均电压为

$$U_d = \frac{1}{2\pi}\int_0^\varphi U_{max}\sin\omega t\,\mathrm{d}(\omega t) = \frac{U_s}{\sqrt{2}\pi}(1 - \cos\varphi) = 0.225U_s(1 - \cos\varphi)$$

这种情况是不希望出现的，因此通常在电路中加入续流二极管 $VD_1$，如图 5-21 中虚线所示，使电源电压负半周期期间，负载电流 $i_L$ 经 $VD_1$ 续流，保持负载上不出现负电压。

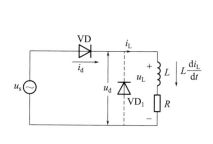

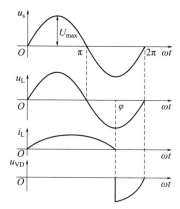

图 5-21　单相半波不可控整流电路（感性负载）　图 5-22　单相半波不可控整流电路（感性负载）波形

（2）单相桥式不可控整流电路

图 5-23 为单相桥式不可控整流电路，二极管 $VD_1$、$VD_2$ 串联构成一个桥臂，$VD_3$、$VD_4$ 构成另一个桥臂。将 $VD_1$、$VD_3$ 的阴极连在一起，构成共阴极组。将 $VD_2$、$VD_4$ 的阳极连在一起，构成共阳极组。交流电源 $u_s$ 与整流桥之间接有变压器 $T_r$，一次电压 $u_1 = u_s$，二次电压为 $u_2$，感性负载可等效为 $L$ 和 $R$ 的串联，跨接于共阴极组与共阳极组之间。

当 $u_2$ 为正半周时（图 5-23），$VD_1$、$VD_4$ 导通 $u_L = u_2$。当 $u_2$ 为负半周时，$VD_3$、$VD_2$ 导通，$u_L = -u_2$。负载得到的是电源电压的全部波形，只是将电源的负半周电压反了 $180°$ 加到负载上。图 5-24 给出了单相桥式不可控整流电路的电压、电流波形。

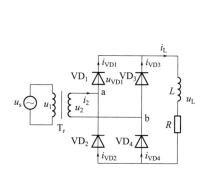

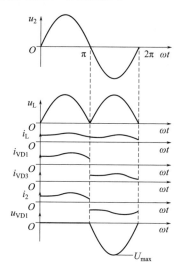

图 5-23　单相桥式不可控整流电路　　图 5-24　单相桥式不可控整流电路波形

负载直流平均电压：

$$U_d = \frac{1}{\pi} \int_0^\pi U_{max} \sin \omega t \, \mathrm{d}(\omega t) = \frac{1}{\pi} \int_0^\pi \sqrt{2} U_2 \sin \omega t \, \mathrm{d}(\omega t) = 0.9 U_2$$

由上式可知，负载直流平均电压比半波整流高了一倍。由于是感性负载，电源电压过零时，负载电流不为零。当负载电感很大时，负载电流 $i_L$ 近似为平稳直流。而变压器绕组电流近似为交变的方波电流。正半周时，$VD_1$、$VD_4$ 导通，所以流经这两个管子中的电流等于负载电流 $i_L$，而此时 $VD_2$、$VD_3$ 的电流为零；负半周时，情况正好相反。

二极管承受反压的情况为：当 $u_2$ 为正半周时，由于 $VD_1$、$VD_4$ 导通，所以这两个二极管的电压均下降到近似为零，即 $u_{VD_1} = u_{VD_4} = 0$，而此时 $VD_3$、$VD_2$ 两个二极管的电压降为 $u_{VD_3} = u_{VD_2} = -u_2$；当 $u_2$ 为负半周时，$VD_3$、$VD_2$ 导通，所以 $u_{VD_3} = u_{VD_2} = 0$，$u_{VD_1} = u_{VD_4} = u_2$。由此可见，每个整流管承受的最大反向电压为电源电压 $u_2$ 的峰值电压。

上面介绍的不可控整流电路的输出直流电压中含有很多低频谐波电压，因此在应用时需要在整流电路与负载间接入 LC 滤波器。由于滤波电感在体积和重量上要比滤波电容大得多，所以常采用大电容和小电感构成滤波器，或者是不用电感而直接用电容来滤波。这种整流电路常应用于交-直-交变频器、UPS 和开关电源等场合，采用不可控整流电路整流，然后再经电容滤波后提供直流电源，供后级的逆变器、斩波器等使用。图 5-25 为电容滤波的单相桥式不可控整流电路及波形图，主要用于小功率场合。

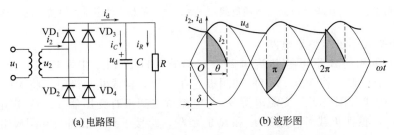

(a) 电路图　　　　　　　　　　(b) 波形图

图 5-25　电容滤波的单相桥式不可控整流电路及波形图

在 $u_2$ 正半周过零点至 $\omega t = 0$ 期间，因 $u_2 < u_d$，故二极管均不导通，此阶段电容 C 向 R 放电，提供负载所需的电流，同时 $u_d$ 会下降。到 $\omega t = 0$ 之后，$u_2 > u_d$，此时 $VD_1$ 和 $VD_4$ 导通，$u_d = u_2$，交流电源向电容 C 充电，同时向负载 R 供电。同理可知，在 $u_2$ 负半周时，仅在 $|u_2| > u_d$ 时，$VD_2$ 和 $VD_3$ 导通，$u_d = -u_2$，交流电源向电容 C 充电，同时向负载 R 供电。在 $|u_2| < u_d$ 时，$VD_2$ 和 $VD_3$ 截止，电容 C 向 R 放电，为负载续流。图中 $u_2$ 的初始相位角为 $\delta$，且 $VD_1$ 和 $VD_4$ 在 $\omega t = 0$ 时刻导通，则有

$$u_2 = \sqrt{2}U_2 \sin(\omega t + \delta) = u_d = u_{d0} + \frac{1}{C}\int_0^T i_C \, dt$$

$\omega t = 0$ 时，$u_{d0} = \sqrt{2}U_2\sin\delta$，电容电流

$$i_C = C\frac{du_2}{dt} = \sqrt{2}\omega C U_2 \cos(\omega t + \delta)$$

负载电流

$$i_R = \frac{U}{R} = \frac{\sqrt{2}U_2}{R}\sin(\omega t + \delta)$$

流经二极管的电流为（见图 5-25 中电流的参考方向）

$$i_d = i_C + i_R = \sqrt{2}\omega C U_2 \cos(\omega t + \delta) + \frac{\sqrt{2}U_2}{R}\sin(\omega t + \delta)$$

设 $VD_1$ 和 $VD_4$ 的导通角为 $\theta$，则当 $\omega t = \theta$ 时，$VD_1$ 和 $VD_4$ 截止，将 $i_d(\theta) = 0$ 代入上式得

$$\tan(\theta + \delta) = -\omega RC$$

电容被充电到 $\omega t = \theta$ 时，$u_d = u_2 = \sqrt{2}U_2\sin(\theta + \delta)$，$VD_1$ 和 $VD_4$ 截止。电容开始以时

间常数 $RC$ 按指数函数放电，当 $\omega t = \pi$，$u_d$ 降至开始充电时的初始值 $\sqrt{2}U_2\sin\delta$，另一对二极管 $VD_2$ 和 $VD_3$ 导通，此后 $u_2$ 又向 $C$ 充电，情况与 $u_2$ 正半周时相同。由于二极管导通后 $u_2$ 开始向 $C$ 充电时的 $u_d$ 与二极管截止后 $C$ 放电结束时的 $u_d$ 相等，故有

$$\sqrt{2}U_2\sin(\theta+\delta)\mathrm{e}^{-\frac{\pi-\theta}{\omega RC}}=\sqrt{2}U_2\sin\delta$$

由于 $\delta+\theta$ 位于第二象限，由上式和 $\tan(\theta+\delta)=-\omega RC$ 得

$$\pi-\theta=\delta+\arctan(\omega RC)$$

$$\frac{\omega RC}{\sqrt{(\omega RC)^2+1}}\mathrm{e}^{-\frac{\arctan(\omega RC)}{\omega RC}}\mathrm{e}^{-\frac{\delta}{\omega RC}}=\sin\delta$$

图 5-25 中整流输出电压 $u_d$ 的周期为 $\pi$，由图可以求得 $u_d$ 的电压平均值为

$$U_d=\frac{1}{\pi}\int_0^\theta\sqrt{2}U_2\sin(\omega t+\delta)\mathrm{d}(\omega t)+\frac{1}{\pi}\int_\theta^\pi\sqrt{2}U_2\sin(\theta+\delta)\mathrm{e}^{-\frac{\omega t-\theta}{\omega RC}}\mathrm{d}(\omega t)$$

$$=\frac{2\sqrt{2}U_2}{\pi}\sin\left(\frac{1}{2}\theta\right)\left[\sin\left(\delta+\frac{1}{2}\theta\right)+\omega RC\cos\left(\delta+\frac{1}{2}\theta\right)\right]$$

当 $\omega RC$ 已知时，可由以上三式求出导通角 $\theta$、初始相位角 $\delta$ 以及整流电压的平均值。表 5-6 和图 5-26 分别给出了不同 $\omega RC$ 时的 $\delta$、$\theta$ 和 $U_d/U_2$ 间的函数关系。

**表 5-6　初始相位角 $\delta$、导通角 $\theta$、$U_d/U_2$ 与 $\omega RC$ 的函数关系**

| $\omega RC$ | $0(C=0,$电阻负载$)$ | 1 | 5 | 10 | 40 | 100 | 500 | $\infty$（空载） |
|---|---|---|---|---|---|---|---|---|
| $\delta/(°)$ | 0 | 14.5 | 40.3 | 51.7 | 69 | 75.3 | 83.7 | 90 |
| $\theta/(°)$ | 180 | 120.5 | 61 | 44 | 22.5 | 14.3 | 5.4 | 0 |
| $U_d/U_2$ | 0.9 | 0.96 | 1.18 | 1.27 | 1.36 | 1.39 | 1.4 | $\sqrt{2}$ |

由以上分析可知，空载时，$U_d=\sqrt{2}U_2$，重载时，$R$ 很小，电容放电很快，几乎失去储能作用，随着负载加重，$U_d$ 逐渐趋近于 $0.9U_2$，即趋近于接近电阻负载时的特性。

通常在设计时电容 $C$ 的取值要根据负载情况来定，使 $RC\geqslant(3\sim5)T/2$，$T$ 为交流电源的周期，此时输出电压 $U_d\approx1.2U_2$。输出电流平均值：$I_R=U_d/R$。在稳态时，电容 $C$ 在一个电源周期内充放电能量相等，所以流经电容的电流在一个周期内的平均值为零，由 $i_d=i_C+i_R$ 可知，$I_d=I_R$。且在一个电源周期中，$i_d$ 有两个波头，分别流经 $VD_1$、

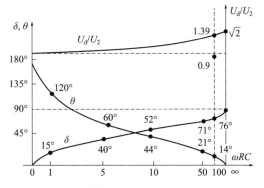

图 5-26　初始相位角 $\delta$、导通角 $\theta$、$U_d/U_2$ 与 $\omega RC$ 的函数关系

$VD_4$ 和 $VD_2$、$VD_3$，所以二极管中电流的平均值：$I_D=I_d/2$。电路二极管承受的反向电压最大值为变压器二次侧电压最大值即为 $\sqrt{2}U_2$。

在实际应用时，电路中变压器的漏感以及线路电感会对输出波形产生影响，如图 5-27 所示，此时 $u_d$ 波形更为平直，且电流 $i_2$ 的上升阶段平缓很多，这对电路工作是有利的。因此有时为了抑制电流冲击，常在直流侧串入较小的电感，构成 $LC$ 滤波电路。

（3）单相全波不可控整流电路

图 5-28(a) 所示为带变压器中心抽头的单相全波不可控整流电路，在图中变压器副边绕

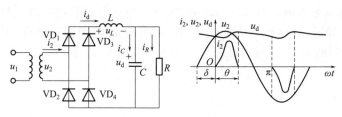

图 5-27 LC 滤波的单相桥式不可控整流电路及其工作波形

组的中点接至负载端，A、B 两端经二极管接至负载的另一端。在交流电源 $u_s$ [图 5-28 (b)] 正半周，$VD_1$ 导通，$u_{AO}$ 经 $VD_1$ 加到负载上。在 $u_s$ 负半周，$VD_2$ 导通，$u_{BO}$ 经 $VD_2$ 加到负载上，负载电压 $u_d$ 为双半波正弦电压，即得到全波整流，如图 5-28(c) 所示。双半波的输出电压 $u_d$、电源交流电流的波形特性与单相全波桥式不可控整流完全相同。只是这种整流电路在电路结构上少用了两个二极管，但是必须有一个带有中心抽头的变压器，由此使得这种整流电路重量和体积上要大一些，成本也要高一些，但是其优点是直流负载与交流电源侧有电气隔离且变压器变比不同，直流输出电压也成正比例地改变。

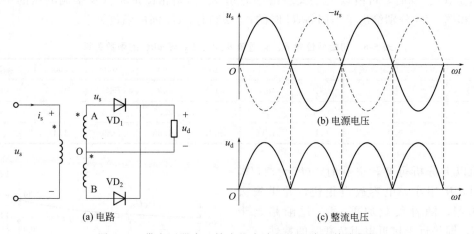

图 5-28 带变压器中心抽头的全波整流电路及其波形图

（4）三相半波不可控整流电路

单相桥式不可控整流电路具有很多优点，但是输出功率超过 1kW 时，就会造成三相电网不平衡。因此要求输出功率大于 1kW 的整流设备，通常采用三相整流电路。它包含三相半波整流电路、三相桥式整流电路和并联复式整流电路等。本节重点讨论三相半波不可控整流电路和三相桥式不可控整流电路。

如图 5-29(a) 所示为三相半波不可控整流电路。三个二极管的阴极连接在一起，三相交流电源经三个二极管连接负载正端，交流电源的零线接负载的负端，三相交流电电压相差 120°。由图 5-29(b) 可知，$\omega t_1 \sim \omega t_2$ 的 120°期间 $u_A$ 电位高于 $u_B$、$u_C$，二极管 $VD_1$ 导通，$u_A$ 端电压加至负载上，因此 $u_d = u_A$。在 $\omega t_2 \sim \omega t_3$ 的 120°期间，$u_B$ 比 $u_A$、$u_C$ 都高，$VD_3$ 导通，$u_B$ 端电压加至负载上，因此 $u_d = u_B$。在 $\omega t_3 \sim \omega t_4$ 的 120°期间，$u_C$ 比 $u_A$、$u_B$ 都高，$VD_5$ 导通，$u_C$ 端电压加至负载上，因此 $u_d = u_C$。由此得到负载电压 $u_d$ 的波形如图 5-29 (b) 所示，电源电压每个周期中的整流电压有三个脉波。图中所示的输出直流电压 $u_d$ 的周期为 $2\pi/3$，如果交流相电压的幅值为 $U_m$，有效值为 $U_2$ 则输出直流电压平均值为

$$U_d = \frac{3\sqrt{3}}{2\pi} U_m = \frac{3\sqrt{6}}{2\pi} U_2 \approx 1.17 U_2$$

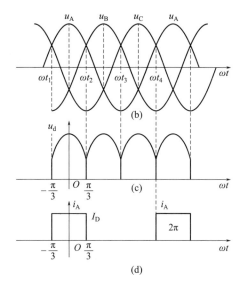

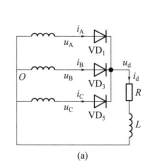

图 5-29　三相半波不可控整流电路及波形图

若负载为电阻 $R$，则电压、电流波形相同。若负载电感很大以致负载电流为恒定直流 $I_d$ 时，则电源 A 相电流 $i_A$ 为图 5-29(d) 所示的单方向 120°宽的方波电流，幅值为 $I_d$。

三相半波不可控整流电路直流电压平均值 $u_d$ 比单相不可控整流电路高，且比单相整流的谐波阶次高而较易于滤波，但是交流电源含有较大的直流分量和二次谐波分量，这对交流电源是很有害的，应尽量少采用这种整流电路。

（5）三相桥式不可控整流电路

图 5-30(a) 所示三相桥式不可控整流电路可以看作两个三相半波不可控整流电路的组合，其中 $VD_1$、$VD_3$、$VD_5$ 为三个共阴极二极管的三相半波整流电路，负载 $R_1$ 两端的电压 $u_{PO}$ 为图 5-30(b) 中横坐标上面的粗线曲线 1→3→5→7。三个共阳极的二极管 $VD_4$、$VD_6$、$VD_2$ 的阴极分别接至交流电源 A、B、C。它们的共阳极端 N 接至负载电阻 $R_2$ 的负端，$R_2$ 的正端接交流电源的中点 O 点。由于电流总是从高电位流向低电位，在图 5-30(b) 中，$\omega t_2 \sim \omega t_4$ 期间，C 相电压比 A、B 相都低，因此电流 $I_d$ 从 O 点经负载 $R_2$ 和 $VD_2$ 流至 C 点，此时 $VD_2$ 导通，负载电压 $u_{ON} = u_{OC} = -u_C$。同理，在 $\omega t_4 \sim \omega t_6$ 期间，$u_A$ 最低，电流 $I_d$ 从 O 点经负载 $R_2$ 和 $VD_4$ 流至 A 点，负载电压 $u_{ON} = u_{OA} = -u_A$；在 $\omega t_6 \sim \omega t_8$ 期间，$u_B$ 最低，电流 $I_d$ 从 O 点经负载 $R_2$ 和 $VD_6$ 流至 B 点，负载电压 $u_{ON} = u_{OB} = -u_B$，于是在负载 $R_2$ 上的整流电压 $u_{ON}$ 应是图 5-30(b) 中横坐标以下的粗线曲线 2→4→6→8。三相桥式不可控整流电路总的输出电压 $u_d = u_{PN} = u_{PO} + u_{ON}$，由图 5-30(b) 可知：

在 $\omega t_1 \leqslant \omega t \leqslant \omega t_2$，60°期间 Ⅰ：$u_{PN} = u_A + (-u_B) = u_{AB}$

在 $\omega t_2 \leqslant \omega t \leqslant \omega t_3$，60°期间 Ⅱ：$u_{PN} = u_A + (-u_C) = u_{AC}$

在 $\omega t_3 \leqslant \omega t \leqslant \omega t_4$，60°期间 Ⅲ：$u_{PN} = u_B + (-u_C) = u_{BC}$

在 $\omega t_4 \leqslant \omega t \leqslant \omega t_5$，60°期间 Ⅳ：$u_{PN} = u_B + (-u_A) = u_{BA}$

在 $\omega t_5 \leqslant \omega t \leqslant \omega t_6$，60°期间 Ⅴ：$u_{PN} = u_C + (-u_A) = u_{CA}$

在 $\omega t_6 \leqslant \omega t \leqslant \omega t_7$，60°期间 Ⅵ：$u_{PN} = u_C + (-u_B) = u_{CB}$

因此，负载上的整流电压为线电压，哪两相的线电压瞬时值最大时，哪两相的二极管就导通，整流电流从相电压瞬时值最高的那一端流出至负载，再回到相电压瞬时值最低的那一相。图 5-30(c) 给出了整流电压 $u_d$ 的波形，在一个交流电源周期 $2\pi$ 期间，三相桥式不可控

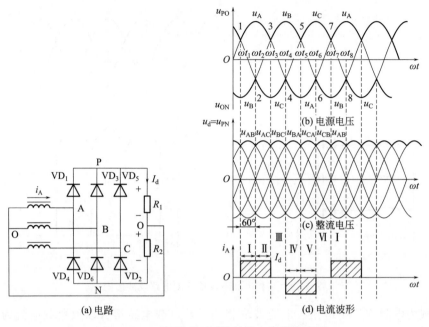

图 5-30　三相桥式不可控整流电路及波形图

整流电路的输出电压波形由六个形状相同的电压波段组成，其输出电压最大值为线电压的幅值，输出的纹波较三相半波不可控整流时要小。其输出电压的平均值为三相半波不可控整流电路输出电压平均值的两倍，即为

$$U_d = \frac{3\sqrt{3}}{\pi}U_m = \frac{3\sqrt{6}}{\pi}U_2 \approx 2.34U_2$$

式中，$U_m$ 为相电压的幅值；$U_2$ 为相电压的有效值。

电流波形如图 5-30(d) 所示。

## 5.2.4　整流桥组件

整流桥组件是由几个整流二极管组合在一起的二极管组件，主要分为全桥组件和半桥组件两种。

（1）全桥组件

① 全桥组件的结构　全桥组件是一种把 4 个整流二极管按桥式整流电路连接方式封装在一起的整流组合件，单相全桥电路符号和内部电路如图 5-31 所示。外形如图 5-32 所示。

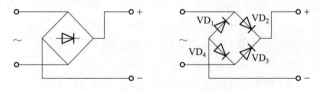

图 5-31　全桥组件的电路符号与内部电路

② 全桥组件的主要参数　全桥组件的种类有单相与三相之分。单相中，除了普通型外，还有中高速整流桥、低功耗整流桥。三相中，除了普通型外，还有高压三相整流桥，最高工作电压可高达 40kV。由于整流全桥组件是由二极管组成的，因而选用全桥组件时可参照二极管的参数。其主要参数有两项：额定正向整流电流 $I_F$ 和反向峰值电压 $U_{RM}$。常见国产单

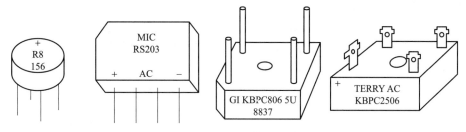

图 5-32　全桥组件的外形

相全桥的正向电流为 0.05～100A，反向峰压为 25～1000V。

如何从国产全桥组件的型号上识别 $I_F$ 和 $U_{RM}$ 的数值呢？下面介绍几种常见的标注方法。

a. 直接用数字标注 $I_F$ 和 $U_{RM}$ 值。常用的国产全桥有 QL 系列，如 QL1A/100V，表示额定正向整流电流为 1A，反向峰值电压为 100V 的全桥。

b. 用字母表示 $U_{RM}$，用数字表示 $I_F$ 值。在有些全桥组件的型号中，$I_F$ 值用数字标明，但 $U_{RM}$ 不直接用数字表示，而用英文字母 A～M 代替（其中字母 I 不用），分别代表 25～1000V 的反向峰值电压值。各字母代表的反向峰值电压值见表 5-7。例如：QL2AF 表示一个额定正向整流电流为 2A、反向峰值电压为 400V 的全桥。

表 5-7　字母与 $U_{RM}$ 值的对应关系

| 字母 | A | B | C | D | E | F | G | H | J | K | L | M |
|---|---|---|---|---|---|---|---|---|---|---|---|---|
| 电压/V | 25 | 50 | 100 | 200 | 300 | 400 | 500 | 600 | 700 | 800 | 900 | 1000 |

c. 用字母表示 $U_{RM}$，用数字代码代表 $I_F$ 值。有为数不少全桥组件的型号，用数字标示具体的额定正向整流电流值，字母标示反向峰值电压的值，这些全桥可以去查相关产品手册。例如 QL2B，查相关手册后可知是 0.1A、50V 的全桥。表 5-8 列出了部分电流的数字代码（1～10）。

表 5-8　数字与 $I_F$ 值的对应关系

| 数字 | 1 | 2 | 3 | 4 | 5 | 6 | 7 | 8 | 9 | 10 |
|---|---|---|---|---|---|---|---|---|---|---|
| 电流/A | 0.05 | 0.1 | 0.2 | 0.3 | 0.5 | 1 | 2 | 3 | 5 | 10 |

③ 全桥组件的引脚排列规律

a. 长方体全桥组件：输入端、输出端直接标注在壳体面上，如图 5-33 所示。"～"为交流输入端，"＋""－"为直流输出端。

b. 圆柱体全桥组件：它的表面若只标"＋"，表示正极，那么在"＋"的对面是"－"极端，余下两脚便是交流输入端，如图 5-34 所示。

c. 扁形全桥组件：除直接标正、负极与交流接线符号外，通常以靠近缺角端的引脚为正极，中间为交流输入端，如图 5-35 所示。

图 5-33　长方体全桥

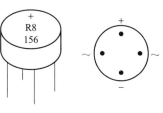

图 5-34　圆柱体全桥

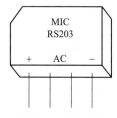

图 5-35　扁形全桥

d. 大功率方形全桥组件：这类全桥由于工作电流大，使用时要另加散热器。散热器可由中间圆孔加以固定。此类产品一般不印型号和极性，可在侧面边上寻找正极标记，如图 5-36 所示。正极的对角线上的引脚是负极端，余下两引脚接交流端。图 5-37 所示是缺角方形全桥组件的外形与引脚排列，缺角处引脚为正极端。

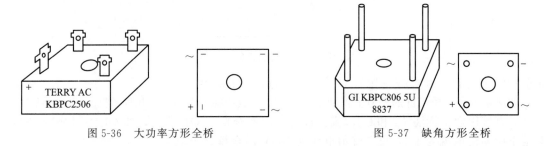

图 5-36　大功率方形全桥　　　　　　　图 5-37　缺角方形全桥

常用全桥组件的主要参数如表 5-9 所示。

表 5-9　常用全桥组件的主要参数

| 型号 | 反向峰值电压/V | 额定整流电流/A | 正向平均压降/V | 反向电流/A |
| --- | --- | --- | --- | --- |
| 3N246 | 50 | | | |
| 3N247 | 100 | | | |
| 3N248 | 200 | | | |
| 3N249 | 400 | 1.0 | ≤1.15 | ≤10 |
| 3N250 | 600 | | | |
| 3N251 | 800 | | | |
| 3N252 | 1000 | | | |
| 3N253 | 50 | | | |
| 3N254 | 100 | | | |
| 3N255 | 200 | | | |
| 3N256 | 400 | 2.0 | ≤1.0 | ≤10 |
| 3N257 | 600 | | | |
| 3N258 | 800 | | | |
| 3N259 | 1000 | | | |
| QL1 | | 0.05 | | |
| QL2 | | 0.1 | | |
| QL3 | 25～1000 | 0.2 | ≤1.2 | ≤10 |
| QL4 | | 0.3 | | |
| QL5 | | 0.5 | | |
| QL6 | | 1.0 | | |

④ 全桥组件的故障及其检测

a. 故障特征。

击穿故障，即内部有一个或多个二极管击穿。

开路故障，即内部有一个或多个二极管出现开路。

全桥组件出现发热现象，这主要是电路中有过流故障，或是内部电路中某个二极管的内阻太大。

　　b.检测方法。

　　●判别极性。若全桥组件的极性未标注或标记不清，可用万用表进行判断。将万用表置于R×1k挡，黑表笔任意接全桥组件的某根引脚，用红表笔分别测量其余三根引脚，如果测得的阻值都为无穷大，则此时黑表笔所接的引脚为全桥组件的直流输出正极；如果测得的阻值都为4～10kΩ，则此时黑表笔所接的引脚为全桥组件的直流输出负极，剩下的两根引脚就是全桥组件的交流输入脚。

　　●判定好坏。根据全桥组件的内部结构图（如图5-38所示），可用万用表方便地进行判断。首先将万用表置于R×10k挡，测量一下全桥组件交流电源输入端的正、反向电阻值。无论红、黑表笔怎样交换测量，由于左右每边的两个二极管都有一个处于反接，所以良好的全桥组件交流端之间的电阻值应为无穷大。因此，当测得交流端之间的电阻值不是无穷大时，说明全桥组件中的4个二极管中必定有一个或多个漏电。当测得的阻值只有几千欧时，说明全桥组件中有个别二极管已经击穿。只测交流端之间的电阻值，对于全桥组件中的开路性故障和正向电阻变大等性能不良的故障还检查不出来。因此，在测完交流端之间的电阻值以后，还需要测量直流端之间的正向电阻加以判断。用万用表R×1k挡进行测试，直流端之间的正向电阻值一般在8～10kΩ之间，如果测得直流端之间的正向电阻值小于6kΩ，说明4个二极管中有一个或两个已经损坏。如果测得直流端之间的电阻值大于10kΩ，则说明全桥组件中的二极管存在正向电阻变大或开路性故障。但是当整流桥处于电路中的时候，由于和外部电路有连接关系，因此，应该结合相关电路进行具体分析，从而作出正确的判断。

　　（2）半桥组件

　　半桥组件是把两个整流二极管按一定方式连接起来并封装在一起的整流器件，半桥组件的外形和内部结构如图5-39所示。常见型号的主要参数如表5-10所示。

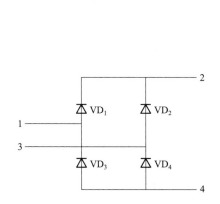

图5-38　全桥组件的内部结构图

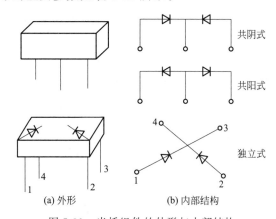

图5-39　半桥组件的外形与内部结构

表5-10　常用半桥组件的主要参数

| 型号 | 额定整流电流<br>/A | 浪涌电流<br>/A | 正向压降<br>/V | 反向电流<br>/μA | 最大反向耐压<br>/V |
|---|---|---|---|---|---|
| 2CQ1 | | | | | 100 |
| 2CQ2 | 1 | 40 | 0.55（单管） | 5 | 200 |
| 2CQ3 | | | | | |

由半桥组件的结构图可见，其内部的两个整流二极管是按共阴或共阳形式连接的，有个别半桥组件内的两个整流二极管是互相独立的。根据这些特点，只要用万用表电阻挡测量其正、反向电阻值，即可很方便地判定出半桥组件的极性和好坏。通常，完好的半桥组件，用万用表 R×1k 挡测量，单个二极管的正向电阻值为 4～10kΩ，反向电阻值为无穷大。下面举一测试实例，进一步说明检测方法。

被测半桥组件的外形与检测方法如图 5-40 所示。组件的型号字迹已模糊不清，并且无正、负极性标记。将万用表置于 R×1k 挡，逐次测量各引脚间的电阻值。当红表笔接在②脚，用黑表笔分别接触①脚和③脚时，所测阻值均呈低阻，为 4.8kΩ，其余各种接法均为无穷大。由此判定被测半桥组件为一个共阴组件，②脚为公共阴极（负极），①脚和③脚为两个阳极（正极）。

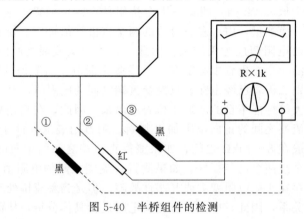

图 5-40　半桥组件的检测

# 5.3　稳压二极管

稳压二极管的工作特性与普通二极管有着很大的不同。稳压二极管又称齐纳二极管或反向击穿二极管，在电路中起稳定电压的作用。它是利用二极管被反向击穿后，在一定反向电流范围内，其反向电压不随反向电流变化这一特点进行稳压的。稳压二极管在电路中用 V、VD 或 VZ 等表示。其外形及电路图形符号如图 5-41 所示。

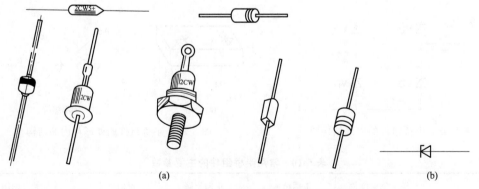

(a)　　　　　　　　　　　　　　　　　　(b)

图 5-41　常用稳压二极管的外形与电路图形符号

## 5.3.1　主要类型与结构

（1）主要类型

稳压二极管根据其封装形式可分为金属外壳封装稳压二极管、玻璃封装（简称玻封）稳压二极管和塑料封装（简称塑封）稳压二极管。塑封稳压二极管又分为有引线型和表面封装两种类型。稳压二极管根据其电流容量可分为大功率稳压二极管（2A 以上）和小功率稳压二极管（1.5A 以下）。稳压二极管根据其内部结构可分为单稳压二极管和双稳压二极管（三电极稳压二极管）。图 5-42 是双稳压二极管的外形和电路图形符号。

（2）结构

稳压二极管的基本结构同普通二极管一样，也是一个 PN 结，但由于其制造工艺不同，当 PN 结处于反向击穿状态时不会损坏（普通二极管的 PN 结会损坏），运用稳压二极管进行稳压时就是应用了它的这一击穿特性。

## 5.3.2　工作原理

图 5-43 所示为稳压二极管的伏安特性曲线，其正向特性与普通二极管相似，其反向特性比普通二极管更陡。反向电压从零到 $U_A$ 段，稳压二极管的反向电流接近于零，特性曲线近似是一条平行于横轴的直线；当反向电压升高到 $U_A$ 时，管子开始击穿。如果继续增大反向电压，即或是微小的增加，稳压二极管的反向电流也急剧增加（在图中由 $A$ 点经 $B$ 点向 $C$ 点方向），在特性曲线的 $BC$ 段，虽然流过稳压二极管的电流变化很大，但对应的电压变化却很小。也就是说，当稳压二极管在 $BC$ 段工作时，不管电流如何变化，它两端的电压基本维持不变。稳压二极管就是利用反向击穿区的这一特性进行稳压的。只要击穿电流限制在一定范围内，稳压二极管虽然被击穿，却并不损坏。由于硅管的热稳定性好，所以一般稳压二极管都用硅材料做成。

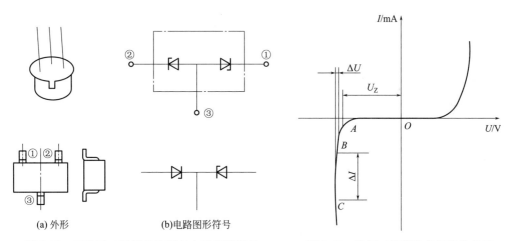

(a) 外形　　(b)电路图形符号

图 5-42　双稳压二极管的外形与电路图形符号　　　图 5-43　稳压二极管的伏安特性曲线

## 5.3.3　主要技术参数

稳压二极管的主要技术参数有：

① 稳定电压 $U_Z$　稳定电压 $U_Z$ 又称反向击穿电压，是指稳压范围内，通过二极管的反向电流为规定值时，在二极管两极间产生的电压降。同一型号的稳压管，由于制造上的原因，难以使稳定电压为同一数值，而是有一个小的数值范围。

② 最大工作电流 $I_{ZM}$　最大工作电流 $I_{ZM}$ 是指在最大耗散功率下，稳压二极管允许通过的反向电流，超过 $I_{ZM}$，二极管将过热而损坏。

③ 最大耗散功率 $P_{ZM}$　最大耗散功率 $P_{ZM}$ 是指在给定的使用条件下，稳压二极管允许承受的最大功率，它近似等于稳定电压与最大工作电流的乘积，即 $P_{ZM}=U_Z I_{ZM}$。

④ 稳定电流（反向测试电流）$I_Z$　稳定电流 $I_Z$ 是指二极管正常工作时的参考电流值，其值在稳压区域的最大电流与最小电流之间，当流过二极管的电流小于最小电流时，二极管不能起稳压作用。

⑤ 动态电阻 $R_Z$　动态电阻 $R_Z$ 是指在测试电流下，稳压二极管两端电压微变量与通过二极管电流变化量的比值。动态电阻反映了稳压二极管的稳压特性，动态电阻越小，其稳压性能越好。

⑥ 反向漏电流 $I_R$　反向漏电流 $I_R$ 是指两端施加规定的反向电压时，通过二极管的漏电流。

⑦ 正向电压 $U_F$　正向电压 $U_F$ 是指通过额定电流时，两极间所产生的电压降。

⑧ 最高结温 $T_{jM}$　最高结温 $T_{jM}$ 是指稳压二极管在规定的使用条件下，PN 结所允许的最高温度。

常用的国产稳压二极管有 2CW 系列和 2DW 系列，其主要参数如表 5-11 所示；进口稳压二极管有 1N 系列，其主要参数如表 5-12 所示。

表 5-11　国产 2CW 系列和 2DW 系列稳压二极管的主要参数

| 型号 | 最大耗散功率 $P_{ZM}$/W | 稳定电流 $I_Z$/mA | 稳定电压 $U_Z$/V | 反向漏电流 $I_R$/$\mu$A | 正向电压 $U_F$/V |
|---|---|---|---|---|---|
| 2CW50 | 0.25 | 83 | 1～2.8 | ≤10 | ≤1 |
| 2CW51 | | 71 | 2.5～3.5 | ≤5 | |
| 2CW52 | | 55 | 3.2～4.5 | ≤2 | |
| 2CW53 | | 41 | 4～5.8 | ≤1 | |
| 2CW54 | 1 | 38 | 5.5～6.5 | ≤0.5 | |
| 2CW55 | | 33 | 6.2～7.5 | | |
| 2CW56 | | 27 | 7～8.8 | | |
| 2CW57 | | 26 | 8.5～9.5 | | |
| 2CW58 | | 23 | 9.2～10.5 | | |
| 2CW59 | | 20 | 10～10.8 | | |
| 2CW60 | | 19 | 11.5～12.5 | | |
| 2CW61 | | 16 | 12.2～14 | | |
| 2CW62 | | 14 | 13.5～17 | | |
| 2CW63 | | 13 | 16～19 | | |
| 2CW64 | | 11 | 18～21 | | |
| 2CW65 | | 10 | 20～24 | | ≤0.5 |
| 2CW66 | | 9 | 23～26 | | |
| 2DW50 | | 22 | 38～45 | | |
| 2DW51 | | 18 | 42～55 | | |
| 2DW52 | | 15 | 52～65 | | |
| 2DW53 | | 13 | 62～75 | | |
| 2DW54 | | 11 | 70～85 | | ≤1 |
| 2DW55 | | 10 | 80～95 | | |
| 2DW56 | | 9 | 90～110 | | |
| 2DW57 | | 8 | 100～120 | | |
| 2DW58 | | 7 | 110～130 | | |
| 2DW59 | | 6 | 120～145 | | |
| 2DW60 | | 6 | 135～155 | | |
| 2DW61 | | 6 | 145～165 | | |

表 5-12 进口 1N 系列稳压二极管的主要参数

| 型号 | 稳压范围<br>/V | 稳定电压<br>$U_Z$/V | 稳定电流<br>$I_Z$/mA | 动态电阻<br>$R_Z$/Ω | 最大耗散功率<br>$P_{ZM}$/W |
|---|---|---|---|---|---|
| 1N4619 | 2.98~3.2 | 3 | 85 | 1600 | |
| 1N4620 | 3.1~3.4 | 3.3 | 80 | 1650 | |
| 1N4621 | 3.4~3.8 | 3.6 | 75 | 1700 | |
| 1N4622 | 3.7~4.1 | 3.9 | 70 | 1650 | |
| 1N4623 | 4.1~4.5 | 4.3 | 65 | 1600 | |
| 1N4624 | 4.9~5.3 | 4.7 | 60 | 1550 | |
| 1N4625 | 4.5~4.9 | 5.1 | 55 | 1500 | |
| 1N4626 | 5.3~5.9 | 5.6 | 50 | 1400 | |
| 1N4627 | 5.9~6.3 | 6.2 | 45 | 1200 | |
| 1N4099 | 6.3~7.1 | 6.8 | 40 | | |
| 1N4100 | 7.1~7.9 | 7.5 | 31.8 | | |
| 1N4101 | 7.8~8.6 | 8.2 | 29 | | |
| 1N4102 | 8.3~9.1 | 8.7 | 27.4 | 200 | 0.25 |
| 1N4103 | 8.6~9.6 | 9.1 | 26.2 | | |
| 1N4104 | 9.5~10.5 | 10 | 24.8 | | |
| 1N4105 | 11.5~11.6 | 11 | 21.6 | | |
| 1N4106 | 11.4~12.6 | 12 | 20.4 | | |
| 1N4107 | 12.4~13.7 | 13 | 19 | | |
| 1N4108 | 13.3~14.7 | 14 | 17.5 | | |
| 1N4109 | 14.3~15.8 | 15 | 16.5 | | |
| 1N4110 | 15.2~16.8 | 16 | 15.4 | 100 | |
| 1N4111 | 16.2~17.9 | 17 | 14.3 | | |
| 1N4112 | 17.1~18.9 | 18 | 13.2 | | |
| 1N4113 | 18~20 | 19 | 12.5 | 150 | |

## 5.3.4 典型应用

（1）稳压二极管稳压电路

利用稳压二极管的反向击穿特性可构成稳压电路，图 5-44 给出的是一个基本的稳压电路图。该电路由一个限流电阻 $R$ 和一个稳压二极管 VZ 串联组成，从稳压管两端输出稳定电压 $U_o$，即负载电阻 $R_L$ 与稳压管并联。

图 5-44 所示电路的稳压原理是：当输入电压 $U_i$ 变化时，流过 VZ 的电流 $I_W$ 也随之变化，由稳压管的伏安特性可以看出，稳压管的工作电流 $I_W$ 在很大范围内变化时，稳压管两端电压几乎不变，即输出电压几乎保持不变。具体而言，当 $U_i$ 升高时，因输入电流 $I$ 增大，串联电阻上的电压降 $U_R$

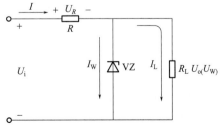

图 5-44 基本的稳压电路图

也增大，即输入电压的升高完全降到输入电阻上，从而达到稳定输出电压 $U_o$ 的目的。反之，当 $U_i$ 下降时，输入电流 $I$ 减小，串联电阻上的电压降 $U_R$ 也减小，也能保持输出电压 $U_o$ 的稳定。

当负载电流 $I_L$ 改变时，比如 $R_L$ 的阻值减小时，输出电压 $U_o$ 有减小的趋势，但 $U_o$ 的下降会使稳压管的工作电流 $I_W$ 减小，于是 $I_L$ 的增加恰由 $I_W$ 的减小得到补偿，因 $I=I_L+I_W$，于是通过 $R$ 的电流不变，从而也就保持了输出电压 $U_o$ 的稳定。

在以上稳压电路中，关键是利用稳压二极管电压的极小变化产生稳压二极管电流较大变化的特点，并通过串联电阻 $R$ 的调节作用达到稳定输出电压的目的。即利用稳压二极管本身非直线特性来实现稳压，所以稳压二极管稳压电路属于参数稳压型电路。

（2）稳压二极管和限流电阻的选择

在基本的稳压二极管稳压电路中，稳压二极管和限流电阻是两个核心元器件，其参数选择的正确与否，关系到这种稳压电路能否正常工作。

① 稳压二极管的选择

a. 稳压二极管的稳压值 $U_W$ 应等于输出电压值 $U_o$；

b. 稳压二极管的工作电流范围应大于输出电流的变化范围，即

$$I_{Wmax}-I_{Wmin} \geqslant I_{Lmax}-I_{Lmin}$$

② 限流电阻的选择　在输入电压和负载都可能变化的情况下，适当选取限流电阻 $R$ 的值很重要。如果 $R$ 的值选得太大，则供应电流不足，当 $I_L$ 较大时，稳压二极管的电流将减小到临界值以下，稳压二极管将失去稳压作用；如果 $R$ 的值选得太小，则当 $R_L$ 较大或开路时，稳压二极管的电流将有可能超过允许定额，造成稳压二极管损坏。

假设稳压二极管的最大定额电流为 $I_{Wmax}$，最小工作电流为 $I_{Wmin}$；最高输入电压为 $U_{imax}$，最低输入电压为 $U_{imin}$；负载电流最大为 $I_{Lmax}=U_o/R_{Lmin}$，负载电流最小为 0；要使稳压二极管能正常工作，必须满足下列关系：

a. 当输入电压最高和负载电流为 0 时，$I_W$ 不应超过最大定额电流 $I_{Wmax}$，即

$$(U_{imax}-U_o)/R \leqslant I_{Wmax} \quad 或 \quad R \geqslant (U_{imax}-U_o)/I_{Wmax}$$

b. 当输入电压最低和负载电流最大时，$I_W$ 不应低于其允许的最小电流值，即

$$(U_{imin}-U_o)/R-U_o/R_{Lmin} \geqslant I_{Wmin}$$

或 $$R \leqslant (U_{imin}-U_o)R_{Lmin}/(I_{Wmin}R_{Lmin}+U_o)$$

如果以上两式不能同时满足（例如 $R \geqslant 600\Omega$ 又 $R \leqslant 500\Omega$），则说明在给定条件下已超出稳压二极管的工作范围，需要限制变化范围或选用大容量的稳压二极管。

c. 当输入电压最高时，$R$ 上的损耗功率最大，于是 $R$ 的额定功率 $P_R$ 应满足

$$P_{Rmin} \geqslant (U_{imax}-U_o)^2/R$$

例如，在图 5-44 中，稳压二极管的稳压值 $U_W=6V$，$I_{Wmax}=30mA$，$I_{Wmin}=5mA$；输入电压最高为 $U_{imax}=15V$，输入电压最低为 $U_{imin}=12V$；$R_{Lmin}=500\Omega$，$R_{Lmax}=\infty$；在上述条件限定下选择限流电阻。

由式 $R \geqslant (U_{imax}-U_o)/I_{Wmax}$ 得：

$$R \geqslant (15-6)/0.03=300 （\Omega）$$

由式 $R \leqslant (U_{imin}-U_o)R_{Lmin}/(I_{Wmin}R_{Lmin}+U_o)$ 得：

$$R \leqslant [(12-6)\times500]/(5\times10^{-3}\times500+6) \approx 353(\Omega)$$

因此，可选 $R$ 的阻值为 $330\Omega$。

再由式 $P_{Rmin} \geqslant (U_{imax}-U_o)^2/R$ 得：

$$P_{Rmin} \geqslant (15-6)^2/330=0.25（W）$$

因此，可选 $R$ 的耗散功率为 $0.5\mathrm{W}$。

（3）稳压二极管的稳压性能

稳压二极管可以等效地看作由一个电压源 $U_\mathrm{W}$ 和一个电阻 $R_\mathrm{W}$ 串联。$U_\mathrm{W}$ 是稳压二极管的工作电压（击穿电压），$R_\mathrm{W}$ 是其动态电阻（内阻）。$U_\mathrm{W}$ 和 $R_\mathrm{W}$ 的值可通过晶体管手册查出，也可由稳压二极管的伏安特性求得。

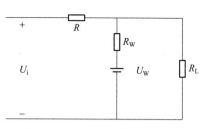

图 5-45　稳压二极管稳压电路
的等效电路

有了稳压二极管的等效电路，就可得到稳压二极管稳压电路的等效电路（如图 5-45 所示），并由此计算出稳压电路的有关参数和分析其稳定性能。

① 输入电压的变化引起输出电压的变化　设输入电压的变化量为 $\Delta U_\mathrm{i}$，由此引起输出电压的变化量为 $\Delta U_\mathrm{oV}$，则根据图 5-45 所示稳压电路的等效电路，可以计算出 $\Delta U_\mathrm{oV}$ 如下：

$$\Delta U_\mathrm{oV}=\frac{R_\mathrm{W}//R_\mathrm{L}}{R+R_\mathrm{W}//R_\mathrm{L}}\Delta U_\mathrm{i}$$

② 负载电流的变化引起输出电压的变化　设输出电流的变化量为 $\Delta I_\mathrm{o}$，由此引起输出电压的变化量为 $\Delta U_\mathrm{oI}$，则根据图 5-45 所示稳压电路的等效电路，可以计算出 $\Delta U_\mathrm{oI}$ 如下：

$$\Delta U_\mathrm{oI}=\Delta I_\mathrm{o}(R//R_\mathrm{W})$$

③ 稳压电路的稳压系数 $S_\mathrm{V}$　稳压电路的稳压系数 $S_\mathrm{V}$ 为输入电压的相对变化量与输出电压的相对变化量之比，即

$$S_\mathrm{V}=\left(\frac{\Delta U_\mathrm{i}}{U_\mathrm{i}}\right)\Big/\left(\frac{\Delta U_\mathrm{oV}}{U_\mathrm{o}}\right)$$

将式 $\Delta U_\mathrm{oV}=\dfrac{R_\mathrm{W}//R_\mathrm{L}}{R+R_\mathrm{W}//R_\mathrm{L}}\Delta U_\mathrm{i}$ 代入得

$$S_\mathrm{V}\approx\frac{R}{R_\mathrm{W}}\times\frac{U_\mathrm{o}}{U_\mathrm{i}}$$

当然，$S_\mathrm{V}$ 愈大，电路的稳定性能愈好。

④ 稳压电路的内阻　稳压电路的内阻是输出电压的变化量与输出电流的变化量之比，即

$$R_0=-\Delta U_\mathrm{oI}/\Delta I_\mathrm{o}$$

将式 $\Delta U_\mathrm{oI}=\Delta I_\mathrm{o}(R//R_\mathrm{W})$ 代入得

$$R_0\approx R_\mathrm{W}$$

为了提高稳压电路的稳压性能，应选 $R_\mathrm{W}$ 阻值比较小的稳压管，同时应使 $R$ 的阻值较大，但 $R$ 的阻值过大会使 $R$ 上的压降也比较大，要求 $U_\mathrm{i}$ 增大，从稳压电路的电压利用率来说，$R$ 过大则电压利用率低。

## 5.3.5　故障检测

（1）故障现象

稳压二极管主要有下列两种故障：

① 击穿故障　此时稳压二极管不仅没有稳压功能，而且还会造成电路产生过流故障，在路通电测量时稳压二极管两端的直流电压为 $0\mathrm{V}$。

② 开路故障　此时稳压二极管没有稳压作用，但不会造成电路过流故障，在路通电测量时稳压二极管两端的直流电压大于该二极管的稳压值。

（2）检测方法

① 判别电极　判别稳压二极管正、负电极的方法与判别普通二极管电极的方法基本相同。即用万用表 R×1k 挡，先将红、黑两表笔任接稳压二极管的两端，测出一个电阻值，然后交换表笔再测出一个阻值，两次测得的阻值应该是一大一小。所测阻值较小的一次，即为正向接法，此时，黑表笔所接一端为稳压二极管的正极，红表笔所接的一端则为负极。好的稳压二极管，一般正向电压为 10kΩ 左右，反向电阻为无穷大。

② 稳压二极管与普通二极管的区分　常用稳压二极管的外形与普通小功率二极管的外形基本相似。当其壳体上的型号标记清楚时，可根据型号加以鉴别。当其型号标志脱落时，可使用万用表电阻挡很准确地将稳压二极管与普通整流二极管区别开来。具体方法是：首先利用万用表 R×1k 挡，按前述方法把被测管的正、负电极判断出来。然后将万用表拨至 R×10k 挡，黑表笔接被测管的负极，红表笔接被测管的正极，若此时测得的反向电阻值比用 R×1k 挡测量的反向电阻小很多，说明被测管为稳压二极管；反之，如果测得的反向电阻值仍很大，说明该管为整流二极管或检波二极管等。这种判别方法的道理是，万用表 R×1k 挡内部使用的电池电压为 1.5V，一般不会导致被测管反向击穿，所以测出的反向电阻值比较大。而用 R×10k 挡测量时，万用表内部电池的电压一般都在 9V 以上，当被测管为稳压二极管，且稳压值低于电池电压值时，即被反向击穿，使测得的电阻值大为减小。但如果被测管是一般整流或检波二极管时，则无论用 R×1k 挡测量还是用 R×10k 挡测量，所得阻值将不会相差太大。注意，当被测管的稳压值高于万用表 R×10k 挡内部电池的电压值时，用这种方法是无法区分稳压二极管与普通二极管的。

③ 检测稳压值

a. 第一种方法：由于稳压二极管工作于反向击穿状态下，所以，用万用表可测出其稳压值大小。具体方法是将万用表置于 R×10k 挡，并准确调零。红表笔接被测管的正极，黑表笔接被测管的负极，待指针摆到一定位置时，从万用表直流 10V 电压刻度上读出其稳定的数据（注意，不能在电阻挡刻度上读数）。然后用下列公式计算被测管稳压值。

$$U=(10V-读数值)\times 1.5$$

例如：用上述方法测得一个稳压二极管在直流 10V 电压刻度上的读数为 3V，则被测管稳压值

$$U=(10V-3V)\times 1.5=10.5V$$

用上述方法可以准确地检测计算出稳压值为 15V 以下的稳压二极管的稳压值。

b. 第二种方法：测试电路如图 5-46 所示。图中，$E$ 可使用 15～24V 直流稳压电源，电位器 RP 的功率要大于 5W，将万用表置于直流 50V 挡。

电路接好后进行检测时，慢慢调整 RP 的阻值，使加在被测稳压二极管上的电压值逐渐升高，当升高到某一电压值时，继续调整 RP，电压不再升高，此时万用表所指示的电压值便为稳压二极管的稳压值 $U_Z$。如果在调整 RP 的过程中，万用表指示的电压值不稳定，说明被测管的质量不好。如果调整 RP 使电压已升高到 $E$，仍找不到稳压值 $U_Z$，则说明被测稳压管的稳压值高于直流稳压电源 $E$ 的电压值或被测管根本就不是稳压二极管。

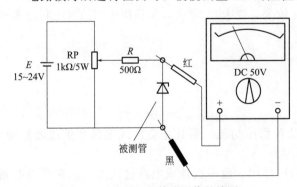

图 5-46　稳压二极管稳压值的检测

## 5.3.6 代换

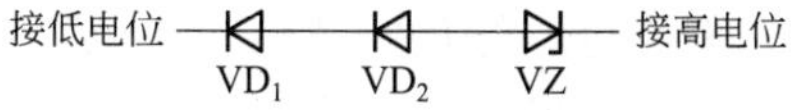

关于稳压二极管的代换主要说明以下两点：

① 由于不同型号的稳压二极管，其稳定电压值的大小不同，所以要尽量用原型号的稳压二极管更换。

接低电位 ──▷│── ──▷│── ──│▷── 接高电位
　　　　　　VD₁　　VD₂　　VZ

图 5-47　利用普通二极管同稳压二极管串接获得稳定电压示意图

② 一些场合下可以用如图 5-47 所示的方式获得所需要的稳定电压。电路中，VD₁ 和 VD₂ 是普通二极管，VZ 是稳压二极管，此时总的稳定电压是 VZ 的稳压值加上两个普通二极管正向导通后的管压降，对硅二极管而言为正向导通后的管压降，两个硅二极管的管压降之和为 0.6V 左右。

# 5.4　发光二极管

## 5.4.1　外形与电路图形符号

如图 5-48 所示是几种常见发光二极管的外形示意图及发光二极管的电路图形符号。图 5-48(a) 所示是金属底座的发光二极管，图 5-48(b) 所示是塑料封装的发光二极管，图 5-48(c) 所示是陶瓷底座的发光二极管，图 5-48(d) 所示是组合型的发光二极管，图 5-48(e) 所示是变色的发光二极管。关于发光二极管的主要特征说明以下几点：

① 单色发光二极管只有两根引脚，这两根引脚同普通二极管一样有正、负之分。

② 单色发光二极管的外壳颜色表示其发光颜色。发光二极管的外壳是透明的。

③ 根据图示的外形示意图可以方便地识别出发光二极管。

图 5-48(f) 所示为发光二极管在电路中的符号，比一般二极管多了两个箭头，示意能够发光，字母代号通常用 VD 表示。

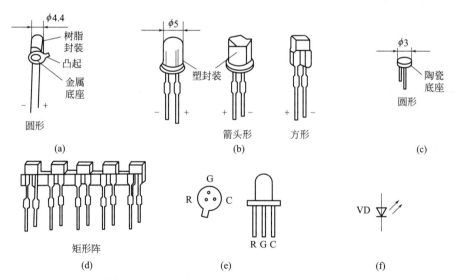

图 5-48　几种常见发光二极管的外形示意图及发光二极管的电路图形符号

## 5.4.2　主要类型与结构

（1）主要类型

按发光颜色可分为单色发光二极管和变色发光二极管。单色发光二极管只能发出单色光，有红色、绿色、黄色、蓝色、白色等不同颜色；变色发光二极管由两种或两种以上不同颜色的单色发光二极管组成，它可以发出不同的单色光或组合色光。本节主要讲述单色发光二极管，其按外形可分为圆形、方形、矩形、三角形和组合形等多种；按体积可分为大、中、小等多种规格；按封装形式可分为金属封装、塑料封装和树脂封装等。

（2）结构

发光二极管同普通二极管一样也是一个 PN 结的结构，所以它的两根引脚有正、负极之分，当其正常工作时，正极上的电压要高于负极上的电压。

## 5.4.3 工作原理及作用

（1）工作原理

给普通二极管加上正向偏置电压后，二极管导通。在给发光二极管加上足够的正向偏置电压后，由于材料和工艺的不同，在空穴和电子复合时释放出的能量主要是光能，这就是发光二极管能够发光的原因。

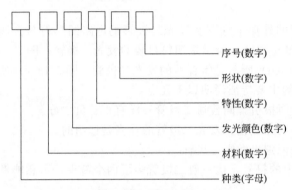

图 5-49  发光二极管型号命名

（2）作用

发光二极管由磷化镓（GaP）、磷砷化镓（GaAsP）、磷铝化镓（GaAlP）等半导体材料制成，能直接将电能转化为光能，当内部有一定电流通过时，它就会发光，广泛应用于各种电子电路、家电、仪表等设备中，作电源指示或电平指示。

## 5.4.4 型号命名方法

发光二极管是在普通二极管之后开发、研制和生产的，在我国其型号命名与普通二极管有所不同，主要有六个基本部分组成，如图 5-49 所示。各部分字符及意义如表 5-13 所示。另外，部分生产厂商有自己的命名方式。

表 5-13  发光二极管型号各部分字符及意义

| 第一部分 | 第二部分 | | 第三部分 | | 第四部分 | | 第五部分 | | 第六部分 |
|---|---|---|---|---|---|---|---|---|---|
| 用两个字母表示发光二极管 | 用1个数字表示材料 | | 用1个数字表示发光颜色 | | 用1个数字表示透明特性 | | 用1个数字表示形状 | | 用2个数字表示序号 |
| | 字符 | 意义 | 字符 | 意义 | 字符 | 意义 | 字符 | 意义 | |
| FG | 1 | 磷砷化镓材料 | 1 | 红 | 1 | 无色透明 | 0 | 圆形 | |
| | | | 2 | 橙 | | | 1 | 长方形 | |
| | 2 | 砷铝化镓材料 | 3 | 黄 | 2 | 无色散射 | 2 | 符号形 | |
| | | | 4 | 绿 | 3 | 有色透明 | 3 | 三角形 | |
| | 3 | 磷化镓材料 | 5 | 蓝 | 4 | 有色散射 | 4 | 方形 | |
| | | | 6 | 复色 | | | 5 | 组合形 | |
| | | | | | | | 6 | 特殊形 | |

例如：某型号发光二极管为 FG112001，它表示是圆形、无色散射、红色的磷砷化镓发光二极管。

## 5.4.5　主要参数

发光二极管的参数可分成下列三大类：电参数、光参数和极限参数。

（1）电参数

发光二极管的电参数主要有下列几项：

① 正向电压 $U_F$　是指在给发光二极管加入规定的正向电流时，发光二极管正极与负极引脚之间的电压降。

② 正常工作电流 $I_F$　是指发光二极管两端加上规定的正向电压时，流过发光二极管内的正向电流。

③ 反向耐压 $U_R$　是指保证发光二极管不出现反向击穿所允许给发光二极管加的最大反向电压大小。

④ 反向漏电流 $I_R$　是指在给发光二极管加上规定的反向偏置电压时，流过发光二极管的反向电流大小，即从负极流向正极的电流。

⑤ 结电容 $C_0$　是指发光二极管 PN 结的结电容，一般小于 100pF，发光二极管的结电容愈小愈好。

（2）光参数

发光二极管的光参数主要有发光峰值波长 $\lambda_P$、半峰宽度 $\Delta\lambda$ 和发光强度 $I_V$。其中，$I_V$ 是发光二极管的一项重要光参数，它表示发光二极管在发光时的亮度。其值为通过规定电流时，在管芯垂直方向上单位面积通过的光通量，单位为 mcd。

（3）极限参数

发光二极管的极限参数关系到发光二极管的安全使用，在使用过程中若超过极限参数，发光二极管将会损坏。发光二极管的极限参数包括极限功率 $P_M$ 和极限工作电流 $I_M$。在小电流发光二极管中，极限电流一般小于 5mA。

发光二极管的三种参数中，除光参数是其特有的外，其他两项参数的含义与普通二极管的相关参数基本相同。

表 5-14 所示为 2EF 系列发光二极管的主要参数。

**表 5-14　2EF 系列发光二极管的主要参数**

| 型号 | 工作电流/mA | 正向电压/V | 发光强度/mcd | 最大工作电流/mA | 反向耐压/V | 发光颜色 | 外形/mm |
|---|---|---|---|---|---|---|---|
| 2EF401/2EF402 | 10 | 1.7 | 0.6 | 50 | ≥7 | 红 | $\phi$5.0 |
| 2EF411/2EF412 | 10 | 1.7 | 0.5 / 0.8 | 30 | ≥7 | 红 | $\phi$3.0 |
| 2EF441 | 10 | 1.7 | 0.2 | 40 | ≥7 | 红 | 5×1.9 |
| 2EF501/2EF502 | 10 | 1.7 | 0.2 | 40 | ≥7 | 红 | $\phi$5.0 |
| 2EF551 | 10 | 2 | 1.0 | 50 | ≥7 | 黄、绿 | $\phi$5.0 |
| 2EF601/2EF602 | 10 | 2 | 0.2 | 40 | ≥7 | 黄、绿 | 5×1.9 |
| 2EF641 | 10 | 2 | 1.5 | 50 | ≥7 | 红 | $\phi$5.0 |
| 2EF811/2EF812 | 10 | 2 | 0.4 | 40 | ≥7 | 红 | 5×1.9 |
| 2EF841 | 10 | 2 | 0.8 | 30 | ≥7 | 黄 | $\phi$3.0 |

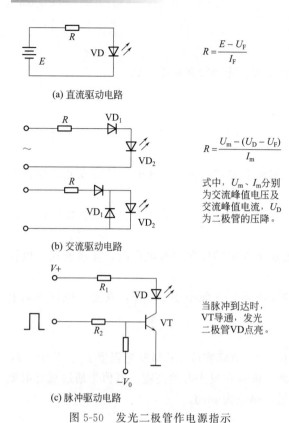

$$R = \frac{E - U_F}{I_F}$$

(a) 直流驱动电路

$$R = \frac{U_m - (U_D - U_F)}{I_m}$$

式中，$U_m$、$I_m$ 分别为交流峰值电压及交流峰值电流，$U_D$ 为二极管的压降。

(b) 交流驱动电路

当脉冲到达时，VT 导通，发光二极管 VD 点亮。

(c) 脉冲驱动电路

图 5-50　发光二极管作电源指示

## 5.4.6　典型应用

（1）发光二极管作电源指示

发光二极管属于电流控制型器件，使用时必须加限流电阻才能保证其正常工作。通常发光二极管用来作电路工作状态的指示，电视机、电冰箱、空调等许多家用电器上的指示灯都是发光二极管。如图 5-50 所示为发光二极管作电源指示的应用电路。

（2）发光二极管作熔断指示器

熔断器中的熔丝断了，不便查找，如果用发光二极管作熔断指示器，就容易观察。图 5-51 所示是用发光二极管制作的熔断指示器。当熔丝正常时，A、B 两端无电压，红色发光二极管 $VD_1$ 不发光，而 A、C 两端有电压，此电压通过 $R_2$ 使绿色发光二极管 $VD_2$ 发光，这表明熔丝和电源都正常，同时 $VD_2$ 起电源指示灯的作用。当熔丝熔断时，A、B 两端有电压（负电源经负载 $R_L$ 到 B 点电压），红色发光二极管 $VD_1$ 发光，而 A、C 两端也有电压，绿色发光二极管 $VD_2$ 也发光。

## 5.4.7　检测方法

（1）判定正、负极特性

① 目测法　发光二极管的管体一般都是用透明塑料制成的，所以可用眼睛观察来区分其正、负电极：将发光二极管拿到光线明亮处，从侧面仔细观察两条引线在管体内的形状，较小的一端是正极，较大的一端是负极（见图 5-52）。

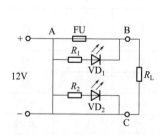

图 5-51　发光二极管作熔断指示器

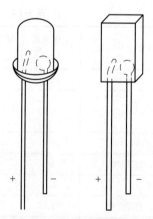

图 5-52　用目测法判断发光二极管正、负极

② 万用表测量法　将万用表置于 R×10k 挡，检测时，将两表笔分别与发光二极管的两引脚相接，如果万用表指针向右偏转过半，同时发光二极管能发出一微弱光点，表明发光二

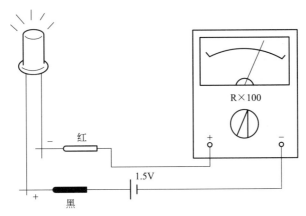

图 5-53 检测变色发光二极管的发光性能

极管是正向接入，此时黑表笔所接的是正极，而红表笔所接的是负极。接着再将红、黑表笔对调后与发光二极管的两引脚相接，这里为反向接入，万用表指针应指在无穷大位置不动。如果不管正向接入还是反向接入，万用表指针都偏转某一角度甚至为 0，或者都不偏转，则表明被测发光二极管已经损坏。

（2）检测发光性能

检测电路如图 5-53 所示。在万用表外部附接一节 1.5V 干电池，将万用表置于 R×10 或 R×100 挡。这种接法相当于给万用表串联上了 1.5V 电压，使检测电压增加至 3V。检测时，用万用表两表轮换接触发光二极管的两引脚。若发光二极管性能良好，必定有一次能正常发光，此时，黑表笔所接的为正极，红表笔所接的为负极。若被测发光二极管是坏的，那么无论怎样交换表笔测量，都不会发光。

# 5.5 其他类型二极管

## 5.5.1 肖特基二极管

以金属和半导体接触形成的势垒为基础的二极管称为肖特基势垒二极管（Schottky Barrier Diode，SBD），简称为肖特基二极管。它是近年来问世的低功耗、大电流、超高速的半导体器件。其反向恢复时间极短，可小到几纳秒，正向导通压降仅 0.4V 左右，而工作电流却可达到几千安。

（1）结构和性能特点

肖特基二极管的内部结构如图 5-54 所示。它是以 N 型半导体为基片，在上面形成用砷作掺杂剂的 $N^-$ 处延层。阳极（阻挡层）材料选用贵金属钼。二氧化硅用来消除边缘区域的电场，提高管子的耐压值。N 型基片具有很小的通态电阻，其掺杂浓度较 $N^-$ 层要高 100 倍。在基片下边形成 $N^+$ 阴极层，其作用是减小阴极的接触电阻。通过调整结构参数，可在基片与阳极金属之间形成合适的肖特基势垒。当加上正偏压 $E$ 时，金属 A 和 N 型基片 B 分别接电源的正、负极，此时势垒宽度 $b_0$ 变窄；当加负偏压 $-E$ 时，势垒宽度就增加，如图 5-55 所示。可见，肖特基二极管与 PN 结二极管在构造原理上有很大区别。这种二极管的缺点在于：当所能承受的反向耐压提高时，其正向压降也会高得不能满足要求，因此多用于 200V 以下的低压、大电流场合；其反向漏电流较大且对温度比较敏感，因此其反向稳态损耗不能忽略，而且必须更严格地限制其工作温度。肖特基二极管的典型伏安特性曲线如图 5-56 所示。

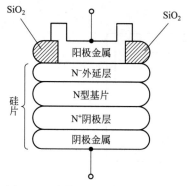

图 5-54　肖特基二极管的内部结构

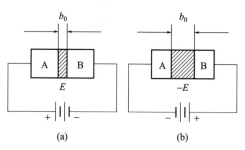

图 5-55　肖特基二极管的势垒变化

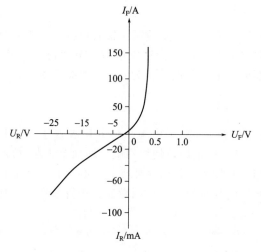

图 5-56　肖特基二极管的典型伏安特性曲线

肖特基二极管的封装形式有引脚式封装和贴片式封装两种，这两种封装形式又有单二极管与双二极管之分。单二极管有两根电极引脚，双二极管有三根电极引脚。双二极管封装形式中又分为共阴极、共阳极及串联式 3 种方式。引脚式肖特基二极管的外形及内电路如图 5-57 所示。贴片式肖特基二极管的外形结构及内电路如图 5-58 所示。

常用的肖特基二极管的主要参数如表 5-15 所示。

（2）典型应用

肖特基二极管可广泛用作高频、低压、大电流整流，也可作为续流二极管用。

① 作开关电源中的续流二极管　图 5-59 是由 L296 型大电流单片开关稳压器构成的高频开关电源。L296 的输入电压 $U_i = 9 \sim 46V$，最大输出电流 $I_{oM} = 4A$。输出电压 $U_o = 5 \sim 40V$，最大输出功率为 160W，电源效率可达 90%。VD 为 7A 肖特基二极管，起续流作用。当内部开关功率管导通时，VD 截止，一部分电能储存在 $L$ 中；当内部开关功率管截止时，VD 导通，$L$ 中储存的电能经 VD 继续向负载供电，维持输出电压基本不变。

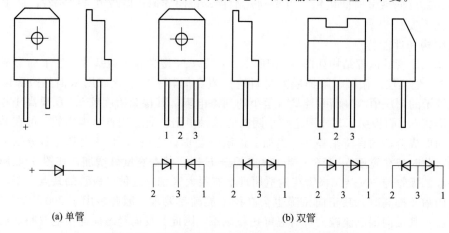

(a) 单管　　　　　　　　　　(b) 双管

图 5-57　引脚式肖特基二极管的外形及内电路

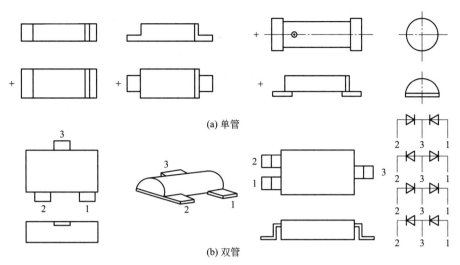

(a) 单管

(b) 双管

图 5-58　贴片式肖特基二极管的外形结构及内电路

**表 5-15　1N、MBR 系列肖特基二极管的主要参数**

| 型号 | 反向重复峰值电压/V | 正向平均电流/A | 浪涌电流/A | 正向压降/V |
|---|---|---|---|---|
| 1N5817 | 20 | | | ≤0.45 |
| 1N5818 | 30 | 1.0 | 25 | ≤0.55 |
| 1N5819 | 40 | | | ≤0.60 |
| 1N5820 | 20 | | | ≤0.475 |
| 1N5821 | 30 | 3.0 | 80 | ≤0.500 |
| 1N5822 | 40 | | | ≤0.525 |
| 1N5823 | 20 | | | |
| 1N5824 | 30 | 5.0 | 500 | ≤0.38 |
| 1N5825 | 40 | | | |
| MBR030 | 30 | | | |
| MBR040 | 40 | 0.05 | 5 | ≤0.65 |
| MBR1100 | 100 | | | |
| MBR150 | 50 | | | |
| MBR160 | 60 | 1.0 | 25 | ≤0.60 |
| MBR180 | 80 | | | |
| MBR3100 | 100 | | | |
| MBR350 | 50 | | | |
| MBR360 | 60 | 3.0 | 80 | ≤0.525 |
| MBR380 | 80 | | | |
| MBR735 | 35 | 7.5 | 150 | ≤0.57 |
| MBR745 | 45 | | | |
| MBR1035 | 35 | | | |
| MBR1045 | 45 | | | |
| MBR1060 | 60 | 10.0 | 150 | ≤0.72 |
| MBR1080 | 80 | | | |
| MBR10100 | 100 | | | |

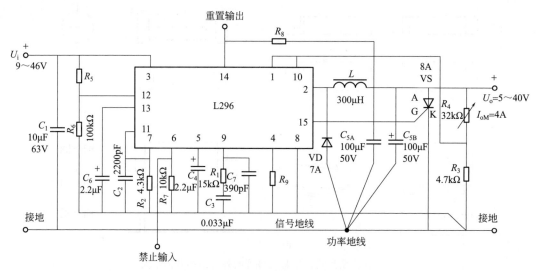

图 5-59　肖特基二极管作续流二极管

② 作逆变器的保护元件　有些逆变器中采用电力晶体管 GTR（原称巨型晶体管）作为功率器件，其工作频率优于可关断晶闸管（GTO）。但电力晶体管容易被过压或过流所损坏。通常可将肖特基二极管 VD 与其并联使用，VD 可为反向电动势提供泄放回路，如图 5-60 所示。

（3）检测方法

现以一实例说明肖特基二极管的具体检测方法。假设被测管的型号不明，其外形如图 5-61（a）所示。为叙述方便起见，将三根引脚分别标号为①、②、③。将万用表置于 $R \times 1$ 挡进行下述几项测试：

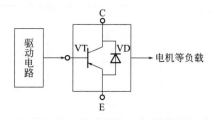

图 5-60　肖特基二极管作保护元件

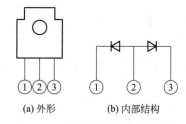

图 5-61　被测管外形及内部结构

① 测量①、③脚正反向电阻值均为无穷大，说明这两个电极无单向导电性。

② 黑表笔接①脚，红表笔接②脚，测得的阻值为无穷大，红、黑表笔对调后测得阻值为 $2.7\Omega$，说明②、①两脚具有单向导电特性，且②脚为正，①脚为负。

③ 将黑表笔接③脚，红表笔接②脚，测得阻值为无穷大，调换红、黑表笔后测得阻值为 $3\Omega$，说明②、③两脚具有单向导电特性，且②脚为正，③脚为负。

根据上述三步测量结果，绘出被测管内部结构如图 5-61（b）所示。可见，该管为一个共阳对管，②脚为公共阳极，①、③两脚为两个阴极。

## 5.5.2　快恢复二极管

恢复过程很短，特别是反向恢复过程很短（一般在 $5\mu s$ 以下）的二极管被称为快恢复二极管（Fast Recovery Diode，FRD），简称快速二极管。它具有开关特性好、反向恢复时间短、正向电流大、体积较小、安装方便等一系列优点，可作高频大电流的整流、续流二极管，在开关电源、脉宽调制器（PWM）、不间断电源（UPS）、高频加热、交流电机变频调速等设备中得到了广泛应用。

（1）结构特点与分类

快恢复二极管的内部结构与普通二极管不同，其工艺上多采用掺金措施，结构上有的采用PN结型结构，也有的采用对此加以改进的PIN结构。它是在P型、N型硅材料中间增加了基区I，构成P-I-N硅片。由于基区很薄，反向恢复电荷很少，不仅大大减少了反向恢复时间，还降低了瞬态正向压降，使管子能承受很高的反向电压。快恢复二极管的反向恢复时间一般为几百纳秒，正向压降约0.6V，正向电流是几安培至几千安培，反向峰值电压可达几百到几千伏。特别是采用外延型PIN结构的所谓的快恢复外延二极管（Fast Recovery Epitaxial Diodes，FRED），其反向恢复时间更短（可低于50ns），因此快恢复二极管从性能上可分为快恢复和超快恢复两个等级。前者反向恢复时间为数百纳秒，后者则在100ns以下，甚至达到20～30ns。快恢复二极管的封装形式与肖特基二极管的封装形式相同，在此不再赘述。

（2）性能参数

反向恢复时间（$t_{rr}$）是快恢复二极管的重要参数，其定义是电流通过零点由正向转换成反向，再从反向转换到规定值的时间间隔。它是衡量高频整流及续流二极管性能的重要指标。反向恢复电流的波形如图5-62所示。$I_F$为正向电流，$I_{RM}$为最大反向恢复电流。$I_{rr}$是反向恢复电流，通常规定$I_{rr}=0.1I_{RM}$。当$t \leqslant t_0$时，正向电流$I=I_F$。当$t>t_0$时，由于整流器件上的正向电压突然变成反向电压，因此正向电流迅速降低，并在$t=t_1$时刻，$I=0$，然后整流器件上流过反向电流$I_R$，并且$I_R$逐渐增大，在$t=t_2$时刻达到最大反向恢复电流$I_{RM}$值，此后反向电流逐渐减

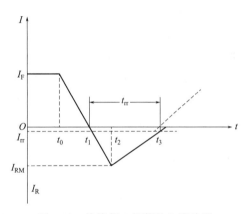

图5-62　快恢复二极管的电流波形

小，在$t=t_3$时刻达到规定值$I_{rr}$。从$t_1$～$t_3$的这段时间就是反向恢复时间$t_{rr}$。快恢复二极管的其他参数与普通二极管基本相同。常见快恢复二极管的主要技术参数见表5-16。

表5-16　1N、MR系列快恢复二极管的主要参数

| 型号 | 反向重复峰值电压/V | 正向平均电流/A | 浪涌电流/A | 反向恢复时间/μs |
|---|---|---|---|---|
| 1N4933 | 50 | | | |
| 1N4934 | 100 | | | |
| 1N4935 | 200 | 1.0 | 30 | 0.2 |
| 1N4936 | 400 | | | |
| 1N4937 | 600 | | | |
| MR910 | 50 | | | |
| MR911 | 100 | | | |
| MR912 | 200 | | | |
| MR914 | 400 | 3.0 | 100 | 0.75 |
| MR916 | 600 | | | |
| MR917 | 800 | | | |
| MR918 | 1000 | | | |

续表

| 型号 | 反向重复峰值电压/V | 正向平均电流/A | 浪涌电流/A | 反向恢复时间/μs |
|---|---|---|---|---|
| MR820 | 50 | | | |
| MR821 | 100 | | | |
| MR822 | 200 | 5.0 | 300 | 0.2 |
| MR824 | 400 | | | |
| MR826 | 600 | | | |
| MUR805 | 50 | | | |
| MUR810 | 100 | | | |
| MUR815 | 150 | | | |
| MUR820 | 200 | 8.0 | 100 | 0.06 |
| MUR840 | 400 | | | |
| MUR850 | 500 | | | |
| MUR860 | 600 | | | |

（3）典型应用

快恢复二极管可广泛应用于脉宽调制器、开关电源、不间断电源等装置中，作高频整流、续流及保护二极管用。图 5-63 是高频开关电源整流电路图。图中，$VD_4$ 选用 MUR1680A 型快恢复二极管，起整流作用。MUR1680A 属于共阳对管，现仅用其中一个管，另一个作备用管。在晶闸管逆变器中，利用快恢复二极管能起到保护作用，保护电路如图 5-64 所示。当快速熔断器 FU 熔断时在直流侧产生尖峰电压，可经过快恢复二极管 VD 被电容器所吸收。

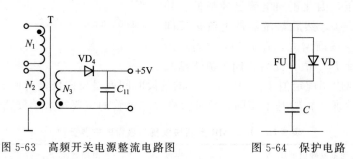

图 5-63　高频开关电源整流电路图　　　　图 5-64　保护电路

## 5.5.3　双向触发二极管

双向触发二极管也称二端交流器件（DIAC），它相当于两个二极管反向并联或无门极的双向晶闸管，无论其两端加什么极性的电压，只要电压差大于其转折电压，双向触发二极管就会被触发导通并维持低电阻状态，且当其一旦导通后，只有当两端电压降为零时，才会由导通状态转为截止状态。

（1）基本结构与性能

双向触发二极管的结构、电路图形符号及等效电路如图 5-65 所示。它属于三层结构、具有对称性的二端半导体器件，可等效于基极开路、发射极与集电极对称的 NPN 型晶体管。其正、反向伏安特性完全对称，如图 5-66 所示为其伏安特性曲线。双向触发二极管的耐压值大致分成 3 个等级：20～60V，100～150V，200～250V。常用的双向触发二极管的性能参数如表 5-17 所示。

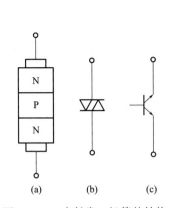

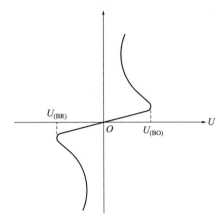

图 5-65 双向触发二极管的结构、电路图形符号及等效电路

图 5-66 双向触发二极管的伏安特性曲线

表 5-17 常用双向触发二极管的性能参数

| 型号 | 转折电压/V | 转折电压偏差/V | 转折电流/μA | 峰值电流/mA | 耗散功率/W |
|------|-----------|---------------|-------------|-------------|-----------|
| 2CTS | 26～40 | 3 | 50 | 40 | 0.15 |
| 2CSA | 25～45 | 4 | 20 | 40 | 0.15 |
| 2CSB | 28～36 | 6 | 20 | 40 | 0.15 |
| ST | 25～40 | — | 30 | 100 | — |
| DB3 | 28～36 | 0.5 | 10 | 5 | — |

（2）典型应用

双向触发二极管用途很广，除用来触发双向晶闸管外，还可组成过压保护电路等。

① 触发双向晶闸管的调压电路　采用双向触发二极管触发双向晶闸管的调压电路是一种典型而常用的触发电路，图 5-67 所示就是采用这种电路构成的调压电路。在一般情况下，双向触发二极管呈高阻截止状态，只有当外电压（不论正、负）的幅值大于其转折电压时，它便会击穿导通。

当电路接通交流市电后，市电便通过负载电阻 $R_1$ 及 RP、$R_2$ 向电容器 C 充电。只要电容器 C 上的充电电压高于双向触发二极管 $VD_1$ 的转折电压，电容器 C 便通过限流电阻 $R_1$ 以及双向触发二极管 $VD_1$ 向晶闸管 VT 的控制极放电，触发双向晶闸管 VT 导通。改变电位器 RP 的阻值便可改变向电容器 C 充电的速度，也就改变了双向晶闸管 VT 的导通角。由于双向触发二极管在正、反电压下均能工作，所以它在交流电的正、负两个半周内均能工作。

② 过压保护电路　图 5-68 所示是由双向触发二极管 VD 与双向晶闸管 VT 构成的过压保护电路图。当电压正常工作时，加在双向触发二极管 VD 两端的电压小于转折电压，VD 不导通，双向晶闸管处于截止状态，负载 $R_L$ 可得到正常的供电；当供电电源的瞬态电压过压时，加在双向触发二极管 VD 的两端电压便会大于转折电压，双向触发二极管 VD 导通，并触发双向晶闸管 VT 使其也导通，将瞬态峰值电压钳位，从而保护负载 $R_L$ 免受过压损害。

（3）检测方法

方法一：

① 将万用表置于 R×1k 挡，测量双向触发二极管的正、反向电阻值，正常时，都应为

无穷大。若交换表笔进行测量，万用表指针向右摆动，说明被测管有漏电性故障。

② 按图 5-69 所示电路进行连接。将万用表置于相应的直流电压挡（视双向触发二极管的具体转折电压而定）。测试电压由兆欧表提供。测试时，摇动兆欧表，万用表所指示的电压值即为被测管子的 $U_{BO}$ 值。然后调换被测管子的两根引脚，用同样的方法测出 $U_{BR}$ 值。最后将 $U_{BO}$ 与 $U_{BR}$ 进行比较，两者的绝对值之差越小，说明被测双向触发二极管的对称性越好。

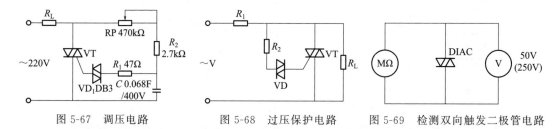

图 5-67　调压电路　　　　　图 5-68　过压保护电路　　　　图 5-69　检测双向触发二极管电路

方法二：

① 首先用万用表 R×1k 挡测量一下双向触发二极管的正向和反向电阻值，以判断被测管子内部有无击穿短路现象。正常时，所测阻值应为无穷大。

② 将万用表置于交流 250V 挡，检测一下市电电压，并以 $U_0$ 表示，记下此值。进行此步测量的目的主要是防止因市电电压不稳，造成以下步骤中测试计算的误差。

③ 将被测双向触发二极管与万用表（置交流 250V 挡）串联后测量市电，并将其值记为 $U_1$；然后对调被测管两引脚再串入电路测量一次市电，并将其值记为 $U_2$。则：

$$U_{BO} = U_0 - U_1$$
$$U_{BR} = U_0 - U_2$$

式中，$U_{BO}$、$U_{BR}$ 为双向触发二极管的两个转折电压，正常时 $U_{BO} = U_{BR}$。

对于测试结果，可按下述三个原则进行评定：

a. 若测得 $U_1 = U_2 = 0$，则说明被测双向触发二极管的内部已经开路或断极。

b. 若测得 $U_1 \neq U_2$，则说明被测双向触发二极管的正反向转折电压不对称。

c. 若测得 $U_1 = U_2 = U_0$，则说明被测双向触发二极管已经击穿短路。

## 5.5.4　瞬态电压抑制二极管

瞬态电压抑制二极管简称 TVS（Transient Voltage Suppressor），是一种高效安全保护器件。这种器件应用在电路系统，例如电话交换机、仪器电源电路中，对电路中瞬间出现的浪涌电压脉冲起到分流、钳位作用，可以有效地降低由于雷电、电路中开关通断时感性元件产生的高压脉冲，避免高压脉冲损坏仪器设备，保障人身与财产安全。

（1）结构特点与性能参数

瞬态电压抑制二极管的外形和结构如图 5-70 所示。它主要由芯片、引线电极和管体三

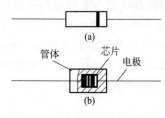

图 5-70　瞬态电压抑制二极管
的外形与结构

部分组成。芯片是器件的核心，它由半导体硅材料扩散而成，有单极型和双极型两种结构。单极型 TVS 只有一个 PN 结，如图 5-71(a) 所示；双极型 TVS 有两个 PN 结，如图 5-71(b) 所示。瞬态电压抑制二极管是利用 PN 结的齐纳击穿特性工作的，每一个 PN 结都有其自身的反向击穿电压 $U_B$。例如 $U_B$ 为 200V，当施加到 PN 结的反向电压小于 200V 时，电流不导通，而当施加到 PN 结的反向电压高于 200V 时，PN 结快

速进入击穿状态，有大电流通过 PN 结，而 $U_B$ 电压被限制在 200V 附近。根据这个道理，当电路中有浪涌电压产生时，瞬态电压抑制二极管可将高压脉冲限制在安全范围，而允许瞬间大电流旁路。因此瞬态电压抑制二极管可用于电路过压保护。双极型的芯片从结构上讲它并不是简单由两个背对背的单极芯片串联而成，而是利用现代半导体加工技术在同一硅片的正反两个面上制作两个背对背的 PN 结，它用于双向过压保护。瞬态电压抑制二极管的芯片的 PN 结经过玻璃钝化保护，管体由改性环氧树脂模塑而成。它具有体积小、峰值功率大、抗浪涌电压的能力强、击穿电压特性曲线好、齐纳阻抗低、双向电压对称性好、反向漏电流小以及对脉冲的响应时间快等特点，适合在恶劣环境条件下工作，是一种理想的防雷电保护器件。

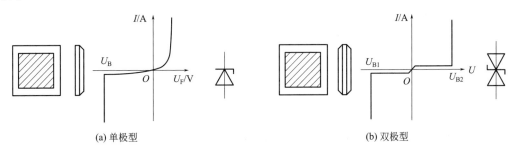

图 5-71 单极型和双极型瞬态电压抑制二极管的结构

(a) 单极型　　　　(b) 双极型

常用的瞬态电压抑制二极管的参数如表 5-18 所示。

表 5-18　常用的瞬态电压抑制二极管参数表

| 型号 | 峰值功率/W | 稳态功率/W | 电压范围/V | 主要生产公司 |
|---|---|---|---|---|
| P4KE 系列 | 400 | 1 | 6～200 | 美国 GI<br>美国摩托罗拉 |
| P6KE 系列 | 600 | 5 | | |
| 1.5KE 系列,1N6267～6303 | 1500 | | 6～400 | |
| 5KP 系列 | 5000 | | 5～110 | |

（2）典型应用

① 单极型 TVS 的应用　电路如图 5-72 所示。图中 R 是限流电阻，用于 TVS 的过流保护。TVS 通过的最大电流取决于 R 的大小。当输入端的直流电压超过 TVS 的工作电压值时，TVS 将迅速反向击穿，使电压钳位，从而保护负载不受损坏。

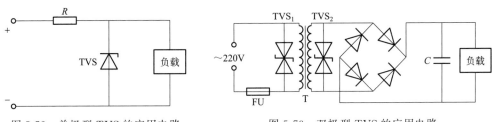

图 5-72　单极型 TVS 的应用电路　　　　图 5-73　双极型 TVS 的应用电路

② 双极型 TVS 的应用　电路如图 5-73 所示。TVS 被设置在电路的不同部位，对相应的电路电压进行钳位保护。其中，$TVS_1$ 对电源变压器的输入端部分起保护作用，当输入端有高压浪涌脉冲引入时，不论脉冲方向如何，它能快速击穿导通，对输入电压进行钳位。$TVS_2$ 可对变压器输出端之后的电路实施保护，因为变压器是一个大的感性部件，在其前级

熔断器断开的瞬间，感应到变压器之后的浪涌电压能被它钳位。

（3）检测方法

① 用万用表 R×1k 挡测量管子的好坏　对于单极型的 TVS，按照测量普通二极管的方法，可测出其正、反向电阻，一般正向电阻为 4kΩ 左右，反向电阻为无穷大。若测得的正、反向电阻均为零或均为无穷大，则表明管子已经损坏。

对于双极型的 TVS，任意调换红、黑表笔测量其两引脚间的电阻值均应为无穷大，否则，说明管子性能不良或已经损坏。需注意的是，用这种方法对于管子内部断极或开路性故障是无法判断的。

② 测量反向击穿电压 $U_B$ 和最大反向漏电流 $I_R$　测试电路如图 5-74 所示。用兆欧表提供测试电压。使用两块万用表，表Ⅰ拨至直流 500V 电压挡，表Ⅱ拨至直流 1mA 电流挡。测试时，摇动兆欧表，观察万用表的读数，表Ⅰ指示的即为反向击穿电压 $U_B$，表Ⅱ指示的即为反向漏电流 $I_R$。

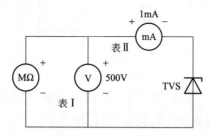

图 5-74　测量 TVS 的反向击穿电压和反向漏电流

# 第**6**章

# 晶体三极管

如果说 PN 结是半导体器件最重要的结构，那么晶体三极管（Transistor）无疑是半导体器件中最杰出的代表。晶体三极管也称三极管或者晶体管，是双极型晶体管（Bipolar Junction Transistor，BJT）的简称，是常用的半导体器件之一，其主要特性是对电信号进行放大或组成开关电路，是电子电路的核心组件。

## 6.1 三极管基础知识

### 6.1.1 基本结构

晶体三极管最常见的有两大类，即 NPN 型和 PNP 型。一般硅材料管多为 NPN 型，锗材料多为 PNP 型，其结构与电路图形符号如图 6-1 所示。

以 NPN 型三极管为例，它是在一块衬底上面从左至右依次做成 N 型、P 型和 N 型半导体。其中左边的 N 型半导体区域采用重掺杂工艺，使得该 N 区的自由电子浓度很高，称为发射区。从发射区引出一个金属电极，称为发射极 E(Emitter)。中间的 P 型半导体区域采用轻掺杂工艺，而且该区域做得很薄，称为基区。从基区引出一个金属电极，称为基极 B(Base)。右边的 N 型半导体区域在制作时使得该区域面积很大，与发射区的结构明显不同，称为集电区。从集电区引出一个金属电极，称为集电极 C(Collector)。

这样，在不同类型半导体的交接面，就形成了两个 PN 结。在基区与发射区之间的 PN 结，称为发射结，用字母 $J_E$ 表示；在基区与集电区之间的 PN 结，称为集电结，用字母 $J_C$ 表示。整个三极管看起来就好像两个背对背串联的 PN 结，但是由于其内部具有三个结构迥异的杂质半导体区域，对外呈现三个不同的电极。

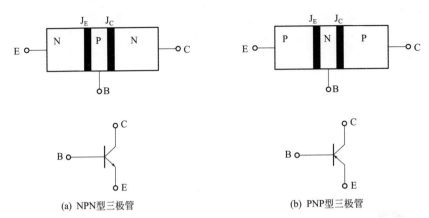

(a) NPN型三极管　　　　　　　　　　　　　　(b) PNP型三极管

图 6-1　三极管的结构与电路图形符号

　　NPN 型和 PNP 型三极管的电路符号基本相同，区别在于发射极箭头的方向不同。NPN 型三极管的发射极箭头向外，PNP 型三极管的发射极箭头向里，箭头方向除了表示三极管的不同型号以外，还表示了当发射结正偏时，三极管发射极的实际电流方向。

## 6.1.2　晶体三极管的分类

　　晶体三极管有多种类型：按制造的材料不同，可分为锗三极管、硅三极管等；按极性的不同，又可分为 NPN 型三极管和 PNP 型三极管；按功率大小不同，又可分为大功率三极管、中功率三极管和小功率三极管；按制造工艺不同，又可分为扩散管、合金管和平面管；按工作频率不同，又可分为低频管、高频管和超高频管；按功能用途不同，又可分为开关管、达林顿（复合管）和高反压管等。图 6-2 为晶体三极管的具体分类情况。

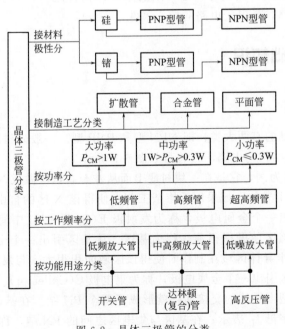

图 6-2　晶体三极管的分类

## 6.1.3 基本工作原理

NPN 型和 PNP 型三极管的工作原理完全相同，下面以 PNP 型三极管为例说明。

PNP 型三极管工作原理如图 6-3 所示。图中发射结施加正向电压，而集电结施加反向电压。由于发射结上加有正向电压，发射结的阻挡层变薄，发射区内的多数载流子空穴通过发射结向基区运动，形成发射结电流 $I_E$（当然发射极电流中也包括基区内的多数载流子电子通过发射结向发射区运动的电流，但由于基区很薄，这部分电流远小于发射极注入到基区的空穴流，可以忽略不计）。

发射极电流的大小与发射结上施加的正向电压有关。它们之间的关系和二极管正向特性相似。发射极注入到基区内的空穴成为基区中的少数载流子，大量的电子堆积在基区内靠近发射结一边，而靠近集电结的基区一边的空穴被集电结施加的反

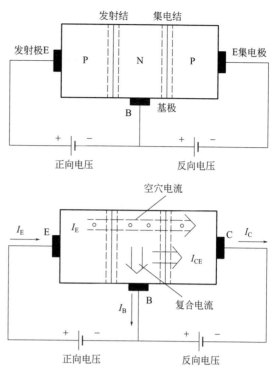

图 6-3 PNP 型三极管工作原理示意图

向电压吸引到集电区，于是基区内形成了由发射结向集电结的空穴梯度，就产生了空穴在基区的扩散运动——由发射结向集电结的扩散。在扩散运动过程中，空穴也会有一部分与基区内的电子复合，这就形成了基极电流 $I_B$。但由于基区很薄，大部分空穴可以由发射结到达集电结，而形成集电极电流 $I_C$。集电结上施加的是反向电压，使集电结阻挡层变厚，像二极管加反向电压一样阻止载流子运动，只有很小的反向电流。不过这是在发射极没有空穴注入的情况。当基区内有发射极注入大量空穴后情况就完全不同了，大量的空穴一旦到达集电结，立即被集电结电场所吸引，形成集电极电流。晶体三极管中，三个极的电流存在着以下关系：$I_E = I_C + I_B$，$I_C = \beta I_B$，$I_E = (1 + \beta) I_B$。需要指出，一般 $I_B$ 相对 $I_E$ 要小得多，在电路分析上常认为 $I_E \approx I_C$，而忽略 $I_B$。

另外，晶体三极管在集电结反向电压一定时，集电极电流（也就是发射极电流）和发射极的正向电压有关。正向电压高，电流大；正向电压低，电流小。集电结反向电压的高低对集电极电流的影响甚微（当然在 $E_C$ 很小时例外）。这是因为 $E_C$ 增加到一定数值后，便已经能把由发射极注入到基区并扩散到集电结附近的空穴全部吸引到集电区去，$E_C$ 再增大，进入集电区的空穴数不会再增加，所以 $I_C$ 几乎不变。

## 6.1.4 三种工作状态

二极管按其 PN 结的偏置状态可以分为正偏、反偏两种工作状态。由于三极管有两个 PN 结，所以按其偏置状态可以分为四个工作状态：放大状态（发射结正偏、集电结反偏，记为 $J_E > 0$、$J_C < 0$）、截止状态（发射结和集电结都反偏，记为 $J_E < 0$、$J_C < 0$）、饱和状态（发射结和集电结都正偏，记为 $J_E > 0$、$J_C > 0$）和反向工作状态（发射结反偏、集电结正偏，记为 $J_E < 0$、$J_C > 0$）。由于三极管的反向工作状态一般不用，所以，人们通常所说的三极管三种工作状态是指：截止状态、放大状态和饱和状态。一般来讲，判断三极管的工作状

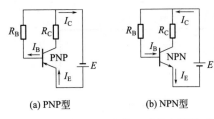

(a) PNP型　　　　(b) NPN型

图 6-4　三极管起放大作用时的电源接法

态，是对三极管进行分析的第一个步骤。

（1）放大状态

要使三极管起放大作用，其工作电源的接法如图 6-4 所示。

从电位上来分析，PNP 型三极管要起放大作用，三个电极的电位要求是 $U_E > U_B > U_C$，即发射极的电位比基极高，基极的电位比集电极高；NPN 型三极管的电位则恰好相反。

不论是 PNP 型还是 NPN 型三极管，处于放大状态时的特点如下：

① 发射结加正向偏压（正偏），集电结加反向偏压（反偏）。

这里所说的正偏和反偏是针对三极管中的两个 PN 结来说的，PN 结加正向电压则为正偏，加反向电压则为反偏，这一点与电位关系是一致的。例如对于 NPN 型三极管来说，从电位关系来说，$U_C > U_B > U_E$，由于 $U_C > U_B$，所以对于集电结来说是反偏（$J_C < 0$），而 $U_B > U_E$，所以对发射结来说是正偏（$J_E > 0$）。

② 处于放大区的三极管，集电极电流和基极电流成正比，即 $I_C = \beta I_B$，基极电流对集电极电流有很强的控制能力。

③ 三极管基极电流 $I_B$ 很小的变化，就会引起集电极电流 $I_C$ 和发射极电流 $I_E$ 很大的变化，这就是三极管的电流放大作用。

④ 工作在放大状态的三极管，在其输入端输入一个正弦信号，放大器输出的是一个与输入端同样的正弦信号，只是信号的幅度得到了放大，也就是说三极管工作在线性状态。

（2）截止状态

三极管工作在截止状态的特点如下：

① 三极管的基极电流 $I_B = 0$ 或很小，$I_C$ 和 $I_E$ 很小，即各极电流都很小。

② 三极管集电结反偏，发射结反偏或零偏，零偏是指 PN 结电压为零。

③ 在截止区的三极管集电极 C 与发射极 E 间的压降 $U_{CE}$ 很大，而其集电极电流 $I_C$ 较小，所以三极管的 C、E 间呈高阻，相当于开关断开。

④ 在截止状态下，$\beta$ 很小，给三极管输入一个标准的正弦信号，输出的信号不是标准的正弦信号，即产生了很大的非线性失真。

如果测得三极管集电极 C 对地电压接近电源电压，则表明三极管处于截止状态。

（3）饱和状态

三极管工作在饱和状态的特点如下：

① 三极管工作于饱和状态时，各电极电流都很大，集电极电流 $I_C$ 和基极电流 $I_B$ 不成正比关系，$I_B$ 的变化对 $I_C$ 和 $I_E$ 的影响较小，三极管失去电流放大作用。

② 发射结和集电结都处于正偏。

③ 在饱和状态的三极管，集电极 C 和发射极 E 间的压降 $U_{CE}$ 很小，为 0.2～0.3V，相当于开关闭合；而其集电极电流较大，所以集电极-发射极间呈低电阻。

若测得三极管集电极对地电压接近于零（硅管小于 0.7V，锗管小于 0.3V），则表明三极管处于饱和状态。

## 6.1.5　主要特性

三极管有很多特性，这里介绍一些常用的特性。

（1）电流放大

三极管处于低频交流、小信号、线性放大状态条件下时，三极管就可以转换成一个线性的等效模型，如图 6-5 所示。对照图 6-5(a) 和（b），不难发现，基极与发射极之间等效为一个体电阻 $r_{be}$；集电极与发射极之间等效为一个受控电流源 $\beta i_b$，其大小和方向均受基极电流 $i_b$ 的控制。从本质上来讲，三极管是一个电流控制型放大器件。

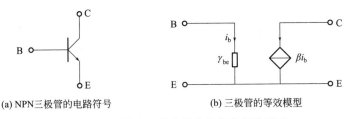

(a) NPN三极管的电路符号　　　(b) 三极管的等效模型

图 6-5　三极管处于放大状态的简化等效模型

从以上分析中可以看出：三极管用基极电流 $I_B$ 来控制集电极电流 $I_C$ 和发射极电流 $I_E$，没有 $I_B$ 就没有 $I_C$ 和 $I_E$。在 $I_C = \beta I_B$ 中，$\beta$ 值在 $20 \sim 200$ 之间，具体数值通过相关手册即可查到，只要有一个很小的 $I_B$，就有一个很大的 $I_C$。由此可见，三极管能够对输入电流进行放大。在各种放大电路中，就是利用三极管的这一特性对信号进行放大。

当三极管工作在放大状态时，三极管的输出电流 $I_C$ 或 $I_E$ 是由直流电源提供的，如图 6-6 所示。电路中，直流工作电压 $+V$ 通过电阻 $R_3$ 为三极管 $VT_1$ 提供了集电极电流 $I_C$，$I_C$ 流入管子，与流入基极的电流 $I_B$ 一起流出管子，这就是发射极电流 $I_E$。若没有电流 $I_B$，则三极管就处于截止状态，直流电源 $+V$ 就不会为 $VT_1$ 提供 $I_C$ 和 $I_E$。由上述分析可知，三极管能将直流电源的电流按照输入电流 $I_B$ 的要求转换成电流 $I_C$ 和 $I_E$，从这个角度上讲三极管是一个电流型转换器件。所谓电流放大，就是将直流电源的电流，按输入电流 $I_B$ 的变化规律转换成 $I_C$ 和 $I_E$。

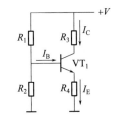 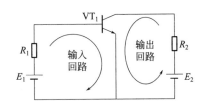

图 6-6　三极管电流放大示意图　　　图 6-7　三极管输入、输出回路示意图

（2）开关特性

三极管同二极管一样，也可以作为电子开关器件，构成电子开关电路。当三极管用于开关目的时，工作在截止与饱和两个状态。在三极管开关电路中，三极管的集电极和发射极之间相当于开关。当三极管截止时，其集电极和发射极之间的内阻很大，相当于开关的断开状态；当管子处于饱和状态时，其集电极和发射极之间的内阻很小，相当于开关接通状态。三极管在截止、饱和时集电极与发射极之间的内阻是相差很大的，这样可以用三极管作为电子开关器件。在三极管作为开关运用时，三极管的基极是控制极，当基极电流很大时，三极管进入饱和状态；当基极电流为零时，三极管处于截止状态。

（3）内阻可控

三极管集电极和发射极间的内阻随着基极电流的变化而变化，其基极电流愈大，三极管的这一内阻愈小，反之则大。利用三极管的这一特性，可以设计成各种控制电路。

（4）输入特性

在介绍三极管的输入特性之前，要先介绍三极管的输入回路和输出回路，可用如图 6-7 所示电路来说明。三极管共有三根引脚，接成输入、输出两个回路。从图中可以看出，基极和发射极构成输入回路，输入回路中的电流回路是这样的：$E_1$ 正极→$R_1$→$VT_1$ 基极→$VT_1$ 发射极→地端→$E_1$ 负极，成回路。这一电路的输出回路是 $E_2$ 正极→$R_2$→$VT_1$ 集电极→$VT_1$ 发射极→地端→$E_2$ 负极，成回路。这是共发射极放大器电路的输入、输出回路。

如图 6-8 所示是某型号三极管共发射极电路的输入特性曲线，图中，$X$ 轴为发射结的正向偏置电压大小，对于 NPN 型三极管而言，这一正向偏置电压用 $U_{BE}$ 表示，即基极电压高于发射极电压，对于 PNP 型三极管而言为 $U_{EB}$，即发射极电压高于基极电压。$Y$ 轴为基极电流大小。从图中可以看出，输入特性曲线与集电极和发射极间的直流电压 $U_{CE}$ 大小有关，当 $U_{CE}=0V$ 时，曲线在最左侧，这说明有较小的发射结正向电压时，便能有基极电流。当 $U_{CE}$ 大到一定程度后，对输入特性的影响就明显减小了。

三极管的输入特性说明了发射结正向偏置电压与基极电流之间的关系。当 $U_{CE}$ 大小一定时，$U_{BE}$ 大，基极电流大。当 $U_{BE}$ 大到一定值时，$U_{BE}$ 只要大一点，基极电流就会增大许多。对于硅三极管而言，这一 $U_{BE}$ 值为 $0.6V$ 左右，对于锗三极管而言为 $0.1$ 左右。

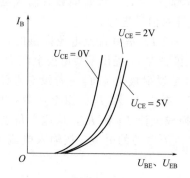

图 6-8　三极管共发射极电路输入特性曲线

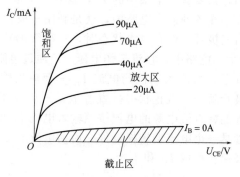

图 6-9　三极管共发射极电路输出特性曲线

（5）输出特性

如图 6-9 所示是某型号三极管共发射电路的输出特性曲线。三极管的输出特性是在基极电流 $I_B$ 大小一定时，表示输出电压 $U_{CE}$ 与输出电流 $I_C$ 之间的关系。从图中可以看出，在不同的 $I_B$ 下，有不同的输出特性曲线。图中，$X$ 轴为 $U_{CE}$ 大小，$Y$ 轴为 $I_C$ 大小。从该图中还可以看出三极管的截止区、放大区与饱和区。

（6）发射极电压跟随特性

三极管发射极电压具有跟随基极电压的特性，即当基极电压大小变化时，发射极电压大小也作相应的变化，但不是基极电压增大多少，发射极电压就增大多少，而是跟着变化，这一特性可以用三极管的发射结压降来理解和记忆。在基极与发射极之间是发射结，当这一 PN 结导通之后，其压降大小基本不变。所以，当基极电压增大时，发射极电压也相应地增大一些，当基极电压减小时，发射极电压也要减小一些，这样发射极电压就跟随基极电压变化。三极管的这一特性是有一定条件的，并不是在任何电压大小下均存在这一特性，只在发射结处于导通状态时，才有这一特性。

## 6.1.6　主要参数

三极管的主要参数有直流参数、交流参数和极限参数三大类，它们从不同的侧面反映了三极管的各种特性。

（1）直流参数

① 集电极-基极反向电流 $I_{CBO}$ 　是指发射极开路时，在集电极-基极之间加上规定的反向（对 PN 结而言）电压时，流过集电结的电流。一般小功率锗管 $I_{CBO}$ 为几微安到几十微安，硅管的 $I_{CBO}$ 还要小得多，有的为纳安数量级。

② 集电极-发射极反向电流 $I_{CEO}$ 　是指基极开路时，在集电极-发射极之间加上规定的反向电压时，流过集电极的电流。

$I_{CEO}$ 与 $I_{CBO}$ 的关系是

$$I_{CEO} = (1+\beta)I_{CBO}$$

因此，当 $I_{CBO}$ 大时，$I_{CEO}$ 也越大；当然，$\beta$ 越大，$I_{CEO}$ 也越大。而 $I_{CBO}$ 和 $I_{CEO}$ 都是由少子运动形成的，所以它们对温度都很敏感。当温度升高时，$I_{CBO}$ 和 $I_{CEO}$ 都将急剧增大。实际工作中选用三极管时，希望 $I_{CBO}$ 和 $I_{CEO}$ 值尽量小一些。因为这两个值越小，$I_C$ 就越接近于 $\beta I_B$，即 $I_{CBO}$ 和 $I_{CEO}$ 对放大过程影响越小，表明三极管的质量越好。

③ 直流放大倍数 $h_{FE}$ 　是指三极管集电极电流 $I_E$ 与基极电流 $I_B$ 的比值，它反映了三极管对直流信号的放大能力。

④ 三极管的饱和管压降 $U_{CES}$ 　是指三极管处于饱和状态时，C、E 之间的压降。小功率管的饱和管压降一般在 0.2～0.4V 之间，大功率管的饱和管压降可达 1～3V。

（2）交流参数

① 交流放大倍数 $\beta$ 　是指三极管集电极交流电流的变化量 $\Delta i_c$ 与 $\Delta i_b$ 的比值。它反映了三极管对交流信号的放大能力。$\beta$ 和 $h_{FE}$ 两放大倍数在低频时很接近，在高频时有一些差异。

② 特征频率 $f_T$ 　是表征三极管高频特性的重要参数，三极管的电流放大倍数与工作频率有关，若三极管超过了其工作频率范围，三极管的 $\beta$ 值会下降，当 $\beta$ 值下降到 1 时，所对应的频率值称为特征频率 $f_T$，这时三极管已失去了放大能力，因此在选用三极管时，$f_T$ 要比电路的工作频率高出三倍以上，但也不能过高，否则容易引起电路振荡。

（3）极限参数

① 集电极最大电流 $I_{CM}$ 　是指三极管集电极所允许通过的最大电流。集电极电流过大时，三极管的 $\beta$ 值要下降。$I_{CM}$ 就是表示当 $\beta$ 下降到 $\beta$ 额定值的三分之二时所对应的集电极电流。一般小功率管的 $I_{CM}$ 为几十毫安，大功率管的 $I_{CM}$ 在数安培以上。当 $I_C > I_{CM}$ 时，$\beta$ 值将下降到额定值的三分之二，管子的性能显著下降，甚至可能烧坏三极管。

② 集电极最大允许耗散功率 $P_{CM}$ 　是指集电结上允许的最大损耗功率。当三极管正常工作时，其管压降为 $U_{CE}$，集电极电流为 $I_C$，则管子的损耗功率为 $P_C = I_C U_{CE}$。集电极消耗的电能转化为热能，会使管子温度升高。若管子的温度过高，将使三极管的性能变差甚至损坏，所以应对 $P_C$ 有一定的限制。为提高其 $P_{CM}$ 值，可为其加装散热片。

③ 反向击穿电压 　它表示外加在三极管各极之间的最大允许反向电压，如果超过这个限度，管子的反向电流将急剧增大，甚至可能击穿而损坏管子。反向击穿电压主要是指以下两个参数：$U_{CBO}$——发射极开路时，C、B 间的反向击穿电压；$U_{CEO}$——基极开路时，C、E 间的反向击穿电压。但通常所说的反向击穿电压是指 $U_{CEO}$。

通用 9011～9018、8050、8550 三极管的主要参数如表 6-1 所示。

表 6-1　通用 9011～9018、8050、8550 三极管的主要参数

| 型号 | 极限参数 | | | 直流参数 | | | 特征频率 | 类型 |
|---|---|---|---|---|---|---|---|---|
| | $P_{CM}$/mW | $I_{CM}$/mA | $U_{CEO}$/V | $I_{CEO}$/mA | $U_{CES}$/V | $h_{FE}$ | $f_T$/MHz | |
| 9011 | | | | | | 28 | | |
| E | | | | | | 39 | | |
| F | 300 | 100 | 18 | 0.05 | 0.3 | 54 | 150 | NPN |
| G | | | | | | 72 | | |
| H | | | | | | 97 | | |
| I | | | | | | 132 | | |
| 9012 | | | | | | 64 | | |
| E | | | | | | 78 | | |
| F | 600 | 500 | 25 | 0.5 | 0.6 | 96 | 150 | PNP |
| G | | | | | | 118 | | |
| H | | | | | | 144 | | |
| 9013 | | | | | | 64 | | |
| E | | | | | | 78 | | |
| F | 400 | 500 | 25 | 0.5 | 0.6 | 96 | 150 | NPN |
| G | | | | | | 118 | | |
| H | | | | | | 144 | | |
| 9014 | | | | | | 60 | | |
| A | | | | | | 60 | | |
| B | 300 | 100 | 18 | 0.05 | 0.3 | 100 | 150 | NPN |
| C | | | | | | 200 | | |
| D | | | | | | 400 | | |
| 9015 | | | | | | 0.5 | 60 | 50 | |
| A | | | | | | | 60 | | |
| B | 310 600 | 100 | 18 | 0.05 | | 100 | 10 | PNP |
| C | | | | | | 200 | | |
| D | | | | | | 400 | | |
| 9016 | | 25 | 20 | | 0.3 | 28～97 | 500 | |
| 9017 | 310 | 100 | 12 | 0.05 | 0.5 | 28～72 | 600 | NPN |
| 9018 | | 100 | 12 | | 0.5 | 28～72 | 700 | |
| 8050 | 1000 | 1500 | 25 | | | 85～300 | 100 | NPN |
| 8550 | | | | | | | | PNP |

## 6.1.7　引脚分布规律

　　三极管的三根引脚分布是有一定规律的，根据这一规律可以进行三根引脚的识别。不同封装形式的三极管，其引脚分布规律不同。在使用、修理和检测过程中，需要了解三极管的各引脚，即哪根是基极，哪根是集电极或发射极。

（1）金属封装三极管

金属封装是三极管封装形式中常见的一种，它具有多种具体形式，如图 6-10 所示。图中四根引脚分布示意图都是表示三极管的底视图。

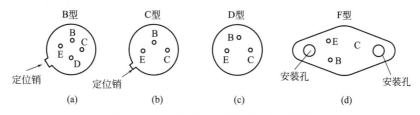

图 6-10　金属封装三极管引脚分布规律

图 6-10（a）所示为 B 型，其特点是外壳上有一个突出的定位销和四根引脚。在识别这种三极管各引脚时，将管底朝上（引脚向上），从定位销开始顺时针方向依次为 E、B、C 和 D 脚，其中 D 脚为接外壳的引脚。

图 6-10（b）所示为 C 型，其特点是也有一个定位销，但只有三根引脚，三根引脚呈等腰三角形分布，E、C 脚为底边，各引脚分布如图 6-10（b）所示。

图 6-10（c）所示为 D 型，它没有定位销，但三根引脚也是呈等腰三角形分布的，同图 6-10（b）所示的分布是相同的。

图 6-10（d）所示是功率三极管，这种封装为 F 型，它只有两根引脚。在识别时，将管底朝上，置于图示状态，下面的一根是基极 B，上面的是发射极 E，其管壳是集电极 C。在管壳上开有两孔，它是用来固定三极管的。

上面介绍的是几种常用国产部颁标准的三极管，还有一些是非标准的，这给引脚识别带来了不便，可用后面介绍的万用表检测方法来进行引脚识别。

（2）塑料封装三极管

塑料封装三极管是目前常用的三极管之一，如图 6-11 所示是九种国产塑料封装三极管的引脚分布示意图。

图 6-11（a）所示是 S-1A 型，图 6-11（b）所示是 S-1B 型，它们都有半圆形的底面。在识别引脚时，将它们的引脚朝下，切口朝向自己，此时从左向右其引脚依次为 E、B 和 C 脚。

图 6-11（c）所示是 S-2 型，其外形特征是块状的，在管子的顶面有一个切角。在识别时，将引脚朝下，且将切角朝自己，此时从左向右依次为 E、B 和 C 脚。

图 6-11（d）所示是 S-4 型，其管底形状较特殊，在识别时将管底朝上，且将管子的圆面朝自己，此时从左向右依次为 E、B 和 C 脚。

图 6-11（e）所示是 S-5 型，其特征是在管子中间开了一个带三角形的圆孔，在识别时将管子印有型号的一面朝自己，且将引脚向下，此时从左向右依次为 B、C 和 E 脚。这种三极管顶面是金属的散热片。

图 6-11（f）所示是 S-6A 型，图 6-11（g）所示是 S-6B 型，它们的特点是都有散热片，但 S-6A 型是直的，而 S-6B 型是弯曲的。在识别时，对于 S-6A 型而言，将切口一面朝自己，对 S-6B 型而言是将印有型号的一面朝自己，且将管子引脚朝下，此时从左向右依次为 B、C 和 E 脚。

图 6-11（h）所示是 S-7 型，它也有散热片，且比较厚。识别时，将印有型号的一面朝自己，且将引脚朝下，此时从左向右依次为 B、C 和 E 脚。

图 6-11（i）所示是 S-8 型，它的特点是比 S-7 型三极管尺寸大些。在识别时，将印有型号的一面朝自己，且将引脚朝下，此时从左向右依次为 B、C 和 E 脚。

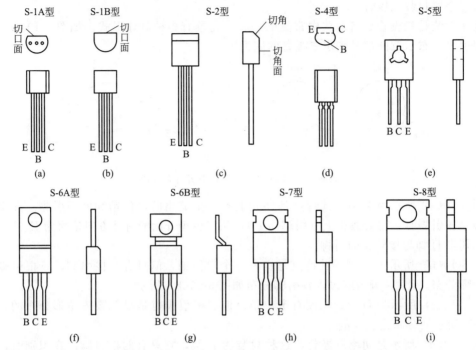

图 6-11　国产塑料封装三极管引脚分布示意图

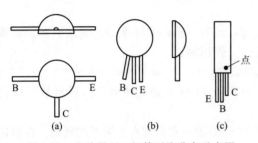

图 6-12　几种微型三极管引脚分布示意图

（3）其他形式封装三极管

图 6-12 所示是几种微型三极管的引脚分布示意图。

图 6-12（a）所示是一种微型三极管，它是没有外壳封装的三极管。识别时，将球面朝上，引脚呈图示分布。

图 6-12（b）所示也是一种微型三极管，它的三根引脚朝一个方向，识别时，将引脚朝下，且将球面朝自己，此时从左向右依次为 B、C 和 E 脚。

图 6-12（c）所示是一种玻璃封装的三极管，它用一个色点来表示集电极，或集电极这根引脚比其他引脚短些，中间一根是基极，另一根是集电极。

## 6.2　常用三极管主要性能参数

### 6.2.1　高、低频小功率三极管

高频小功率三极管一般是指频率大于 3MHz、功率小于 1W 的三极管。比如 3CG3A-E 型高频小功率管的功率为 300mW，特征频率 $f_T \geqslant 50MHz$，3DG6A-D 型管的功率为 100mW，特征频率 $f_T \geqslant 100MHz$。高频小功率三极管的外形图如图 6-13 所示。高频小功率三极管主要适用于工作频率比较高、功率不高于 1W 的放大电路、高频电路中。比如在收音机、电视机的高频电路中，可选用高频小功率三极管。常用型号的高频小功率三极管的主要参数如表 6-2～表 6-4 所示。

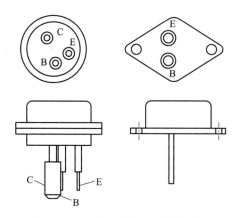

图 6-13  高频小功率三极管外形图

**表 6-2  常用 3DG、3CG 高频小功率三极管的主要参数**

| 型号 | 极限参数 | | | 直流参数 | | 特征频率 | 类型 | 外形 |
|---|---|---|---|---|---|---|---|---|
| | $P_{CM}/mW$ | $I_{CM}/mA$ | $U_{CEO}/V$ | $I_{CEO}/\mu A$ | $h_{FE}$[①] | $f_T/MHz$ | | |
| 3DG100A | 100 | 20 | 20 | ≤0.01 | ≥30 | ≥150 | NPN | TO-92 A3-01C B-1 |
| B | | | 30 | | | | | |
| C | | | 20 | | | ≥300 | | |
| D | | | 30 | | | | | |
| 3DG120A | 500 | 100 | 30 | ≤0.01 | ≥30 | ≥150 | NPN | TO-92 A3-02B B-4 |
| B | | | 45 | | | | | |
| C | | | 30 | | | ≥300 | | |
| D | | | 45 | | | | | |
| 3DG130A | 700 | 300 | 30 | ≤1 | ≥25 | ≥150 | NPN | TO-92 A3-02B B-4 |
| B | | | 45 | | | | | |
| C | | | 30 | | | ≥300 | | |
| D | | | 45 | | | | | |
| 测试条件 | | | $I_C=0.1mA$ | $U_{CE}=10V$ | $U_{CE}=10V$ $I_C=3mA$ $I_C=30mA$ $I_C=50mA$ | | | |
| 3CG100A | 100 | 30 | 15 | ≤0.1 | ≥25 | ≥100 | PNP | TO-92 A3-01C B-1 |
| B | | | 25 | | | | | |
| C | | | 40 | | | | | |
| 3CG120A | 500 | 100 | 15 | ≤0.2 | ≥25 | ≥200 | PNP | TO-92 A3-02B B-4 |
| B | | | 30 | | | | | |
| C | | | 45 | | | | | |
| 3CG130A | 700 | 300 | 15 | ≤1 | ≥25 | ≥80 | PNP | TO-92 A3-02B B-4 |
| B | | | 30 | | | | | |
| C | | | 45 | | | | | |

① $h_{FE}$ 分挡（按色点颜色）：橙 25～40，黄 40～55，绿 55～80，蓝 80～120，紫 120～180，灰 180～270。

表 6-3　常用 3AG 高频小功率三极管的主要参数

| 型号 | 极限参数 | | | 直流参数 | | 特征频率 | 最高结温 | 类型 | 外形 |
|---|---|---|---|---|---|---|---|---|---|
| | $P_{CM}$/mW | $I_{CM}$/mA | $U_{CEO}$/V | $I_{CEO}$/mA | $h_{FE}$ | $f_T$/MHz | $T_{jM}$/℃ | | |
| 3AG1 | 50 | 10 | | | ≥20 | ≥20 | 75 | | |
| 3AG3 | 50 | 10 | | | ≥30 | ≥60 | 75 | | |
| 3AG9 | 60 | 10 | ≥10 | ≤100 | ≥30 | ≥20 | 75 | PNP | TO-1 |
| 3AG12 | 30 | 10 | | | | | 85 | | |
| 3AG29 | 150 | 50 | ≥15 | | >30 | ≥150 | 75 | | |

表 6-4　常用 3DK、3CK 高频小功率三极管的主要参数

| 型号 | 极限参数 | | | 直流参数 | | 开通时间 | 下降时间 | 极限频率 | 类型 |
|---|---|---|---|---|---|---|---|---|---|
| | $P_{CM}$/mW | $I_{CM}$/mA | $U_{CEO}$/V | $I_{CEO}$/μA | $h_{FE}$ | $T_{on}$/ns | $T_{off}$/ns | $f_T$/MHz | |
| 3DK2A | | | ≥20 | | | ≤30 | ≤60 | ≥150 | |
| 3DK2B | 200 | 30 | | ≤0.1 | ≥30 | ≤20 | ≤40 | ≥200 | NPN |
| 3DK2C | | | ≥15 | | | ≤15 | ≤30 | ≥150 | |
| 3DK4 | | | ≥15 | | | | | | |
| 3DK4A | | | ≥30 | | | | | | |
| 3DK4B | 200 | 800 | ≥45 | ≤10 | ≥20 | ≤30 | ≤30 | ≥100 | NPN |
| 3DK4C | | | ≥30 | | | | | | |
| 3DK7A | | | | | | | ≤180 | | |
| 3DK7B | | | | | | | ≤130 | | |
| 3DK7C | | | | | | | ≤90 | | |
| 3DK7D | 300 | 50 | ≥15 | ≤1 | ≥20 | ≤45 | ≤60 | ≥120 | NPN |
| 3DK7E | | | | | | | ≤40 | | |
| 3DK7F | | | | | | | | | |
| 3CK2A | | | ≥15 | | | | | | |
| 3CK2B | | | ≥30 | | | | | | |
| 3CK2C | 300 | 50 | ≥15 | ≤0.2 | ≥20 | ≤50 | ≤30 | ≥150 | PNP |
| 3CK2D | | | ≥30 | | | | | | |
| 3CK2E | | | | | | | | | |

　　低频小功率三极管，一般是指功率小于 1W、特征频率小于 3MHz 的三极管。比如 3AX81A 型、3AX31 型、3BX31 型等低频小功率三极管，其功率为 60～125mW。低频小功率三极管主要用于电子设备的功率放大电路、低频放大电路等。低功率放大用的小功率管一般工作在小信号状态，这样三极管的放大特性近于线性，可将三极管等效为线性器件。比如在收音机、收录机的功放电路中可选用 3AX24 型、3AX31D-E 型、3BX 系列等三极管等。低频小功率三极管的外形如图 6-14 所示。

　　常用低频小功率三极管的主要参数如表 6-5 所示。

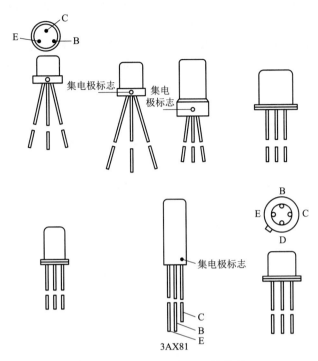

图 6-14　低频小功率三极管外形

**表 6-5　常用低频小功率三极管的主要参数**

| 型　　号 | $P_{CM}$/mW | $I_{CM}$/mA | $T_M$/℃ | $U_{CBO}$/V | $U_{CEO}$/V | $h_{FE}$ | $f_T$/kHz |
|---|---|---|---|---|---|---|---|
| 3AX55 系列 | 500 | 500 | 75 | 50 | 20～45 | 30～150 | |
| 3BX31 系列 | 125 | 125 | 75 | 15～40 | 6～24 | 40～180 | ≥8 |
| 3CX203 系列 | 500 | 500 | 175 | | 15～25 | 40～400 | |
| 3DX200/202 | 300 | 300 | 175 | | 12～18 | 55～400 | |

## 6.2.2　高、低频大功率三极管

　　高频大功率三极管一般是指特征频率大于 3MHz，功率大于 1W 的三极管。比如，3DA152 型、3DA150 型、3DA87A 型高频大功率三极管，其工作频率为 10～100MHz，耗散功率为 1～3W。高频大功率三极管适用于功率放大电路、开关电路、稳压电路以及功率驱动电路中。常用的高频大功率三极管的主要参数如表 6-6 所示。

**表 6-6　常用高频大功率三极管的主要参数**

| 型　　号 | $P_{CM}$/W | $I_{CM}$/mA | $U_{CBO}$/V | $f_T$/MHz | $h_{FE}$ | 材料与极性 |
|---|---|---|---|---|---|---|
| 3DG8050 | 2 | 1.5 | 25 | 150 | 40～200 | 硅 NPN |
| 3DA30 系列 | 50 | 6 | 30～80 | ≥50 | ≥15 | |
| 3CA5 系列 | 15 | 1.5 | 30～150 | 30 | ≥10 | 硅 PNP |
| 3CG8550 | 2 | 1.5 | 25 | 150 | 40～200 | |

低频大功率三极管是指其特征频率在 3MHz 以下，耗散功率大于 1W 的晶体三极管。例如，3CD30A～E 型、3CD020A～D 型、3DD12 型、3DD100 型、3DD205 型、3DD301A～D 型低频大功率三极管等，其耗散功率为 1.8～300W。低频大功率三极管的类型较多，用途也较广泛。在各种电子设备的低频放大功率电路中，可选用低频大功率管作功放管，在稳压开关电源中，也可选用它作调整管和低速大功率开关管用。低频大功率三极管的外形如图 6-15 所示。常见低频大功率三极管的主要参数如表 6-7～表 6-9 所示。

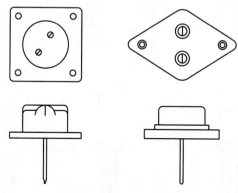

图 6-15　低频大功率三极管外形

**表 6-7　3DD、3CD 型低频大功率三极管的主要参数**

| 型号 | 极限参数 | | | 直流参数 | | | 交流参数 | $T_M/℃$ | 类型 |
|---|---|---|---|---|---|---|---|---|---|
| | $P_{CM}/W$ | $I_{CM}/A$ | $U_{CEO}/V$ | $I_{CEO}/mA$ | $h_{FE}$ | $U_{CES}/V$ | $f_T/MHz$ | | |
| 3DD12 A | | | 100 | | | | | | |
| B | | | 200 | | | | | | |
| C | 50 | 5 | 300 | ≤1 | ≥20 | ≤1.5 | ≥1 | 125 | NPN |
| D | | | 400 | | | | | | |
| E | | | 500 | | | | | | |
| 3DD21 A | | | 80 | | | ≤1.5 | | | |
| B | | | 100 | | | | | | |
| C | 100 | 15 | 150 | ≤1 | ≥20 | ≤2 | ≥2 | 125 | NPN |
| D | | | 200 | | | | | | |
| 3CD030 A | | | 30 | | | | | | |
| B | | 3 | 50 | | | | | | |
| C | | | 80 | | | | | | |
| D | | | 100 | | | | | | |
| E | 30 | 1.5 | 120 | ≤1.5 | 7～180 | ≤1.5 | ≥3 | 150 | PNP |
| F | | | 150 | | | | | | |
| G | | | 200 | | | | | | |
| H | | 0.75 | 300 | | | | | | |
| I | | | 400 | | | | | | |

续表

| 型号 | 极限参数 | | | 直流参数 | | | 交流参数 | $T_M/℃$ | 类型 |
|---|---|---|---|---|---|---|---|---|---|
| | $P_{CM}/W$ | $I_{CM}/A$ | $U_{CEO}/V$ | $I_{CEO}/mA$ | $h_{FE}$ | $U_{CES}/V$ | $f_T/MHz$ | | |
| 3CD050 A | | 5 | 30 | | | | | | |
| B | | 5 | 50 | | | | | | |
| C | | | 80 | | | | | | |
| D | | 2.5 | 100 | | | | | | |
| E | 50 | 2.5 | 120 | $7\sim180$ | | $\leqslant1.5$ | $\geqslant3$ | 150 | PNP |
| F | | | 150 | | | | | | |
| G | | | 200 | | | | | | |
| H | | 1.2 | 300 | | | | | | |
| I | | | 400 | | | | | | |
| 测试条件 | | | | $I_C=5mA$ $I_C=10mA$ | $U_{CE}=50V$ | $U_{CE}=5V$ $I_C=2A$ $I_C=5A$ | | | |

**表 6-8 常用 3AD 型低频大功率三极管的主要参数**

| 型号 | 极限参数 | | | 直流参数 | | 交流参数 | 最高结温 | 类型 | 外形 |
|---|---|---|---|---|---|---|---|---|---|
| | $P_{CM}/W$ | $I_{CM}/A$ | $U_{CEO}/V$ | $I_{CEO}/mA$ | $h_{FE}$ | $f_T/kHz$ | $T_{jM}/℃$ | | |
| 3AD50 A | | | 18 | | | | | | |
| (3AD6)B | $10^①$ | 3 | 24 | $\leqslant2.5$ | $\geqslant12$ | 4 | 90 | PNP | F-1 |
| C | | | 30 | | | | | | |
| 3AD53 A | | | 12 | $\leqslant12$ | | | | | |
| (3AD30)B | $20^②$ | 6 | 18 | $\leqslant10$ | $\geqslant20$ | 2 | 90 | PNP | F-2 TO-3 |
| C | | | 24 | | | | | | |
| 3AD56 A | | | 40 | | | | | | |
| (3AD18)B | $50^③$ | 15 | 20 | $\leqslant15$ | $\geqslant20$ | 3 | 90 | PNP | |
| C | | | 60 | | | | | | |
| D | | | 60 | | | | | | |
| 测试条件 | | | | $I_C=10mA$ $I_C=20mA$ $I_C=100mA$ | $U_{CE}=-10V$ | $U_{CE}=-2V$ $I_C=2A$ $I_C=4A$ $I_C=5A$ | | | |

① 加 120mm×120mm×4mm 散热板。

② 加 200mm×200mm×4mm 散热板。

③ 加散热板。

表 6-9　通用硅低频大功率三极管的主要参数

| 型号 | | 极限参数 | | | 直流参数 | 交流参数 | 外形 |
|---|---|---|---|---|---|---|---|
| NPN | PNP | $P_{CM}/W$ | $I_{CM}/A$ | $U_{CEO}/V$ | $h_{FE}$ | $f_T/MHz$ | |
| 2N5758 | 2N6226 | | | 100 | 25～100 | | |
| 2N5759 | 2N6227 | 150 | 6 | 120 | 20～80 | 1 | |
| 2N5760 | 2N6228 | | | 140 | 15～60 | | |
| 2N6058 | 2N8053 | 100 | 8 | 60 | ≥1000 | 4 | |
| 2N8058 | 2N8054 | | | 80 | | | |
| 2N3713 | 2N3789 | | | 60 | ≥15 | 4 | |
| 2N3714 | 2N3790 | | | 80 | ≥15 | | |
| 2N5632 | 2N6229 | 150 | 10 | 100 | 25～100 | | TO-204 |
| 2N5633 | 2N6230 | | | 120 | 20～80 | 1 | |
| 2N5634 | 2N6231 | | | 140 | 15～60 | | |
| 2N6282 | 2N6285 | 60 | | 60 | 750～18000 | 4 | |
| 2N5303 | 2N5745 | 140 | 20 | 80 | 15～60 | 200 | |
| 2N6284 | 2N6287 | 160 | | 100 | 750～18000 | 4 | |
| 2N5301 | 2N4398 | | | 40 | 15～60 | 2 | |
| 2N5302 | 2N4399 | 200 | 30 | 60 | 15～60 | | |
| 2N6327 | 2N6330 | | | 80 | 6～30 | 3 | |
| 2N6328 | 2N6331 | | | 100 | 6～30 | | |

## 6.2.3　开关三极管

开关三极管在电路中起开关作用，通常称作开关晶体三极管。开关三极管工作在关闭和导通两种状态下，在关闭状态时，它工作在截止区，这时三个电极都只有很小的漏电流；当管子在导通状态时，它工作在饱和区，这时三极管上的电压降较小，流过的电流较大。为了尽量减小开关时间，开关三极管的电流放大系数要大，特征频率要高。开关三极管根据开关速度的不同，可分为中速管和高速管；根据功率大小不同，又可分为小功率开关管和大功率开关管。高速开关管的开关速度很快，有的可达毫微秒数量级。开关三极管除要求开关速度外，还要求其饱和压降要低，反向电流要小。小功率开关三极管主要用于电源电路、驱动电路以及开关电路等。大功率开关管主要用于开关电源电路、低频功率放大电路以及电压调整电路等。开关三极管有 3AK 系列锗开关管和 3DK、3CK 系列硅开关管。常用的开关三极管的主要参数如表 6-10 所示。

表 6-10　常用开关三极管的主要参数

| 型号 | $P_{CM}/mW$ | $I_{CM}/mA$ | $U_{CBO}/V$ | $f_T/MHz$ | $h_{FE}$ | 备注 |
|---|---|---|---|---|---|---|
| 3AK20 | 50 | 20 | ≥12 | ≥150 | 30～150 | |
| 3CK3 系列 | 500 | 200 | ≥20 | ≥100 | ≥20 | 小功率 |
| 3DK4 系列 | 700 | 800 | ≥15 | ≥100 | 20～200 | |
| 3DK37 系列 | 50 | 7.5 | 50～200 | | ≥20 | 大功率 |

## 6.2.4 达林顿管

达林顿管又称复合管，具有较大的电流放大系数及较高的输入阻抗。它又分为普通达林顿管和大功率达林顿管。

（1）普通达林顿管

达林顿管采用复合连接方式，将两个或多个三极管的集电极连接在一起，而将第一个三极管的发射极直接耦合到第二个三极管的基极，依次

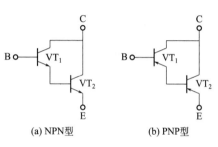

图 6-16　普通达林顿管的基本电路

级联而成，最后引出 E、B、C 三个电极。图 6-16 是由两个 NPN 或 PNP 型三极管构成的达林顿管的基本电路。设每个三极管的电流放大系数分别为 $h_{FE1}$、$h_{FE2}$，则总放大系数 $h_{FE}$ 为

$$h_{FE} \approx h_{FE1} h_{FE2}$$

$h_{FE}$ 值可达几千倍，甚至几十万倍。这类高放大倍数的三极管只能在功率为 2W 以下时才能正常使用。当功率较大时，管压降造成温度上升，前级管子的漏电流会被后级三极管逐渐放大，导致整体热性能差。内部不带保护电路，2W 以下的复合管称普通达林顿管。普通达林顿管一般采用 TO-92 塑料封装，主要用于高增益放大电路或继电器驱动电路等。

（2）大功率达林顿管

大功率达林顿管就是在大功率范围应用的晶体管，它是在普通达林顿管的基础上，增加了由泄放电阻和续流二极管组成的保护电路。大功率达林顿管在 C、E 极之间反向并联一个过压保护二极管，当负载突然断电时，可将反向电动势放掉，防止内部三极管被击穿。大功率达林顿管的稳定性较高，驱动电流更大，其内部电路结构如图 6-17 所示。大功率达林顿管一般采用 TO-3 金属封装或采用 TO-126、TO-220、TO-3P 等塑料封装，主要用于电源稳压、大电流驱动及开关控制等电路。常用的大功率达林顿管的主要参数如表 6-11 所示。

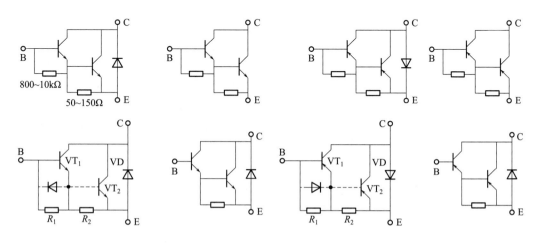

(a) NPN型大功率达林顿管内部电路结构　　　　(b) PNP型大功率达林顿管内部电路结构

图 6-17　大功率达林顿管内部电路结构

表 6-11　大功率达林顿管的主要参数

| 型号 | | 极限参数 | | | 直流参数 | 交流参数 | 外形 |
|---|---|---|---|---|---|---|---|
| NPN | PNP | $P_{CM}/W$ | $I_{CM}/A$ | $U_{CEO}/V$ | $h_{FE}$ | $f_T/MHz$ | |
| 2N6027 | 2N6034 | | | 40 | 75～1000 | | |
| 2N6028 | 2N6035 | 40 | 4 | 60 | 750～18000 | 25 | |
| 2N6039 | 2N6036 | | | 80 | 750～18000 | | |
| 2N6043 | 2N6040 | | | 60 | 1000～10000 | | |
| 2N6044 | 2N6041 | 75 | 8 | 80 | 1000～10000 | 4 | |
| 2N6045 | 2N6042 | | | 100 | 1000～20000 | | |
| 2N6057 | 2N6050 | | | 60 | | | |
| 2N6058 | 2N6051 | 150 | 12 | 80 | 750～18000 | 4 | |
| 2N6059 | 2N6052 | | | 100 | | | |
| 2N6282 | 2N6285 | | | 60 | | | |
| 2N6283 | 2N6286 | 160 | 20 | 80 | 750～18000 | 4 | |
| 2N6284 | 2N6287 | | | 100 | | | |
| DDL150 | DDL150 | 150 | 16 | 60 | 500～1000 | 1 | |
| DDL20 | DDL70 | 70 | 5 | 60 | 500 | | F-2 |
| DDL40 | DDL40 | 40 | 4 | 60 | 500 | | |
| DDL10 | DDL10 | 10 | 2 | 80 | 500 | | F-1 |
| DDL05 | DDL05 | 5 | 1 | 25 | 500 | | |
| 3DD30LA～E | | 30 | 5 | 100～600 | 500～10000 | 1 | F-2;F-1 |
| 3DD50LA～E | | 50 | 10 | 100～600 | 500～10000 | 1 | F-2 |

## 6.2.5　互补对管和差分对管

（1）互补对管

为了提高功率放大器的输出功率和效率，减小失真，功率放大器通常采用推挽式功率放大电路，即由两个互补三极管分别放大一个完整正弦波的正、负半周信号。这要求两个互补三极管的材料相同，性能参数也要尽可能一致，使用前应进行挑选"配对"，这种管子称为对管。对管分同极性对管和异极性对管。同极性对管是指两个管子均用 PNP 型或 NPN 型三极管。但在电路输入端，必须要有一个变压器构成倒相电路，把输入信号变换为两个大小相等、相位相反的信号，分别加入对管的两个管子进行放大。异极性对管是指两个管子中一个采用 PNP 型三极管，另一个采用 NPN 型三极管。它可以省去倒相及输出变压器，即通常所称的 OTL 电路。两个管子又叫互补对管。常用的互补对管的主要参数如表 6-12 所示。

表 6-12　常用互补对管的主要参数

| 型号 | | $P_{CM}/W$ | $I_{CM}/A$ | $U_{CBO}/V$ | $f_T/MHz$ | 备注 |
|---|---|---|---|---|---|---|
| NPN | PNP | | | | | |
| 2N5401 | 2N5551 | 0.31 | 0.6 | ＞160 | 100 | 小功率 |
| 2SD669A | 2SB649A | 1 | 1.5 | 180 | 140 | 小功率 |

续表

| 型号 | | $P_{CM}/W$ | $I_{CM}/A$ | $U_{CBO}/V$ | $f_T/MHz$ | 备注 |
|---|---|---|---|---|---|---|
| NPN | PNP | | | | | |
| 2SC2238 | 2SA968 | 25 | 1.5 | 160 | 100 | 中功率 |
| 2SC1162 | 2SA71S | 10 | 1.5 | 35 | 160 | 中功率 |
| 2SC2681 | 2SA1141 | 100 | 10 | 115 | 80 | 大功率 |
| 2SC3858 | 2SA1494 | 200 | 17 | 200 | 20 | 大功率 |

（2）差分对管

差分对管也称孪生对管或一体化差分对管，它是将两个性能参数相同的三极管封装在一起构成的电子器件，一般用在音频放大器或仪器、仪表中作差分输入放大管。差分对管的内部电路如图 6-18 所示。常用的差分对管有 2SA798、2SC1583、22A979、3DJ5HC、3DG06A、3CSG3、ECM1A 等型号。

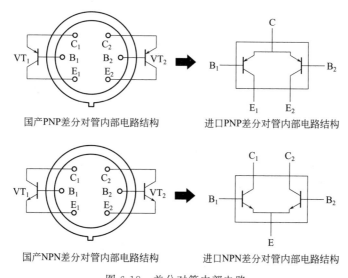

国产PNP差分对管内部电路结构　　进口PNP差分对管内部电路结构

国产NPN差分对管内部电路结构　　进口NPN差分对管内部电路结构

图 6-18　差分对管内部电路

# 6.3 三极管应用基础

## 6.3.1 典型基础应用电路

（1）三极管放大电路

三极管具有电流放大作用。其实质是三极管能以基极电流微小的变化量来控制集电极电流较大的变化量。这是三极管最基本的和最重要的特性。电流放大倍数对于某一个三极管来说是一个定值，但随着三极管工作时基极电流的变化也会有一定的改变。

放大器的功能基本上就是要将输入端小的电信号（可以是电压、电流或功率）放大成输出端大的电信号。如图 6-19 所示为三极管放大电路的典型实用电路图。

图 6-19 中，三极管采用 NPN 型硅管，具有电流放大作用，使 $I_C = \beta I_B$。基极电阻 $R_{b1}$、$R_{b2}$ 被称为偏流电阻。它们可构成分压式偏压电路，使发射结正偏，并提供适当的静态工作点 $I_B$ 和 $U_{BE}$，使三极管工作在放大区。

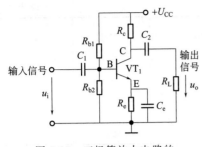

图 6-19　三极管放大电路的
典型应用电路

电阻 $R_C$ 可以为集电极提供电源，为电路提供能量，并保证集电结反偏。另外，$R_C$ 还可以将变化的电流转变为变化的电压。

电容 $C_1$ 和 $C_2$ 分别为输入与输出隔直电容，又称耦合电容。$C_1$、$C_2$ 使放大器与前后级电路互不影响，同时又起交流耦合作用，让交流信号顺利通过。$C_1$、$C_2$ 起到一个"隔直通交"的作用。它把信号源与放大电路之间，放大电路与负载之间的直流隔开。在图 6-19 中，$C_1$ 左边、$C_2$ 右边只有交流而无直流。中间部分为交、直流共存。耦合电容一般采用电解电容器，容量通常为 $0.1\sim100\mu F$。

$R_L$ 为集电极负载电阻。当三极管的集电极电流受基极电流控制而发生变化时，流过负载电阻的电流会在集电极电阻 $R_C$ 上产生电压变化，从而引起 $U_{CE}$ 的变化。这个变化的电压就是输出电压 $U_o$。

为避免交流信号电压在发射极电阻 $R_e$ 上产生压降，造成放大电路电压放大倍数下降，在 $R_e$ 的两端并联一个电容 $C_e$。只要 $C_e$ 的容量足够大，对交流分量就可视作短路。$C_e$ 被称为发射极交流旁路电容。

在三极管放大电路中，如果只有一个三极管，则该电路被称为单极放大电路或者单管放大电路。为了增加其放大倍数，提高其驱动能力，三极管放大电路通常由多个三极管组成多级放大电路。

多级放大电路是由多个单管放大电路串联而成的，单管放大电路间的信号传输称为信号耦合。信号耦合主要有阻容耦合、直接耦合及变压器耦合三种类型，如图 6-20 所示。

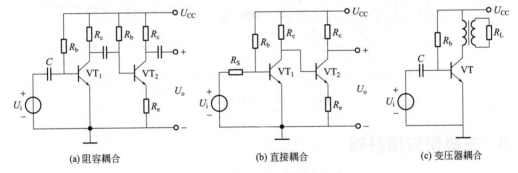

(a) 阻容耦合　　　　　　　　(b) 直接耦合　　　　　　　　(c) 变压器耦合

图 6-20　多级放大电路耦合电路

（2）三极管放大电路连接形式

放大器是一种三端电路，其中必有一端是输入和输出的共同"地"端。如果这个共"地"端接于发射极，则称其为共发射极放大电路；接于集电极，则称其为共集电极放大电路；接于基极，则称其为共基极放大电路。下面分别介绍这几种电路连接形式的特点。

① 共发射极放大电路　共发射极放大电路如图 6-21 所示。

图 6-21(a) 是共发射极放大电路的典型应用电路。其输入信号是由三极管的基极与发射极两端输入的，再由三极管的集电极与发射极两端获得输出信号。因为发射极是共同接地端，所以称为共发射极放大电路。

一般常用的共发射极放大电路均会在射极电阻 $R_E$ 的旁边并联一个旁路电容器 $C_E$，如图 6-21(b) 所示。电容器在直流情况下几乎呈开路，所以发射极电阻有稳定直流工作点的作用；在交流情况下，电容器几乎呈现短路，可以提高电压增益，所以通常在射极电阻旁并联一个旁路电容器 $C_E$。

共发射极放大电路具有以下特征：

a. 输入信号与输出信号反相；

b. 电压增益高；

c. 电流增益大；

d. 功率增益最高（与共集电极、共基极比较）；

e. 适用于电压放大与功率放大电路。

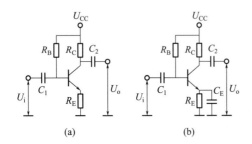
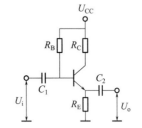

图 6-21　共发射极放大电路　　　　图 6-22　共集电极放大电路的
典型应用电路

② 共集电极放大电路　共集电极放大电路的典型应用电路如图 6-22 所示。

在共集电极放大电路中，输入信号是由三极管的基极与集电极两端输入，再由三极管的发射极与集电极两端输出。因为集电极是共同接地端，所以称为共集电极放大电路。

共集电极放大电路具有以下特性：

a. 输入信号与输出信号同相；

b. 电压增益低($\leqslant 1$)；

c. 电流增益高($1+\beta$)；

d. 功率增益低；

e. 适用于电流放大和阻抗匹配电路。

共集电极放大电路的输出电压与输入电压近似相等，电压未被放大，但电流放大了，即输出功率被放大了。

共集电极放大电路的特点是输出、输入特性佳（输入阻抗大，输出阻抗小），但电压增益却大约只有一倍。基于这种特性，共集电极放大电路并不适合用来放大电压信号。其最大用途是用作缓冲电路。将共集电极放大电路接在一个电路系统的输入端之前作为输入级，或接在输出端之后作为输出级，可使整个系统有高输入阻抗或低输出阻抗，提高系统性能。

③ 共基极放大电路　共基极放大电路的典型应用电路如图 6-23 所示。

在共基极放大电路中，输入信号由三极管的发射极与基极两端输入，再由三极管的集电极与基极两端获得输出信号。因为基极是共同接地端，所以称为共基极放大电路。

共基极放大电路具有以下特性：

a. 输入信号与输出信号同相；

b. 电压增益最高；

c. 电流增益低($\leqslant 1$)；

d. 功率增益高；

e. 适用于高频电路。

共基极放大电路的输入阻抗很小，会使输入信号严重衰减，不适合作为电压放大器。但它的频宽很大，因此通常用来作宽频或高频放大器。在某些场合，共基极放大电路也可以作为"电流缓冲器"使用。

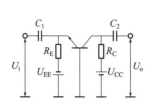

图 6-23 共基极放大电路的
典型应用电路

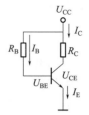

图 6-24 固定偏压电路

（3）三极管的偏压电路

① 固定偏压电路 固定偏压电路如图 6-24 所示。

在图 6-24 中，直流电源电压 $U_{CC}$ 经电阻 $R_B$ 降压，取得偏压 $U_{BE}$，对于这样的电路，当 $U_{CC}$ 固定不变时，基极电流 $I_B$ 也基本不变，所以这种电路称为固定偏压电路。

因 $U_{CC}=U_{R_B}+U_{BE}$，$U_{BE}=U_{CC}-U_{R_B}=U_{CC}-R_B I_B$，$U_{CC}=I_C R_C+U_{CE}$，所以 $U_{CE}=U_{CC}-\beta I_B R_C$。

集电极电流 $I_C=\beta I_B$，集、射电压 $U_{CE}=U_{CC}-I_C R_C$，在放大区的条件就是 $I_C=(U_{CC}-U_{CEQ})/R_C$。

由上式可知，不同的晶体管，其工作点就会不同，这样的电路稳定性很差。固定偏压电路是最基本的三极管偏压形式，其电路结构最简单，缺点是温度稳定性不佳，因为集电极电流会随着 $\beta$ 的改变而改变，所输出电压 $U_{CE}$ 也会随之改变，同时当温度发生变化时，集电极电流也会随之改变，同样也会改变输出电压，使三极管的偏压工作点很不稳定。

② 集电极反馈式偏压电路 集电极反馈式偏压电路又名自生偏压电路或者集电极-基极负反馈偏压电路。集电极反馈式偏压电路如图 6-25 所示。

集电极反馈式偏压电路将由集电极-发射极间的电压 $U_{CE}$ 经基极偏压电阻 $R_B$ 降压，取得偏压 $U_{BE}$ 和偏流电流 $I_B$。基极偏压 $U_{BE}=U_{CE}-U_{R_B}=U_{CE}-R_B I_B$，偏压电流 $I_B=(U_{CE}-U_{BE})/R_B\approx(U_{CC}-I_C R_C-U_{BE})/R_B$，集电极电流 $I'_C\approx I_C=\beta I_B$，集-射电压 $U_{CE}\approx U_{CC}-I_C R_C$。

集电极反馈式偏压电路在三极管的基极、集电极间并联一个电阻 $R_B$ 来稳定工作电压，当温度上升时，集电极电流增加，集电极电压也随之减小，使得三极管的 $U_{BE}$ 下降，所以基极电流减少，集电极电流也随之减少，如此便能抑制集电极电流继续上升，获得一个比较稳定的工作点。

集电极反馈式偏压电路受 $\beta$ 及温度的影响较小，因为当 $I_C$ 随着 $\beta$ 的变大或温度上升而增加时，$U_{CE}$ 会随之下降，使 $I_B$ 降低，进而减小 $I_C$ 的增加量，以维持偏压稳定；像这种将输出端的变化反馈到输入端以抑制输出端的电压变动的偏压电路又称为电压反馈式偏压电路。这种电路比固定偏压电路稳定度要高。

③ 发射极反馈式偏压电路 发射极反馈式偏压电路如图 6-26 所示。

发射极反馈式偏压电路是最常见的一种偏压电路，基极偏压 $U_{BE}$ 由直流电压源 $U_{CC}$ 经分压电阻 $R_B$ 及射极电阻 $R_E$ 的降压而取得。

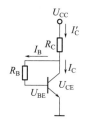
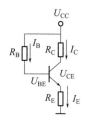

图 6-25　集电极反馈式偏压电路　　　图 6-26　发射极反馈式偏压电路

发射极串联的电阻 $R_E$ 可以改善固定式偏压电路工作点的不稳定。当温度上升时，集电极电流增加，相应地发射极电流、电压也会随之增加，使得三极管 $U_{BE}$ 下降，所以基极电流减小，集电极电流也随之减小，如此便能抑制集电极电流的持续上升，获得一个稳定的工作点，因此这种电路又称为电流反馈偏压电路。

发射极反馈式偏压电路的 $I_B = (U_{CC} - U_{BE})/[R_B + (1+\beta)R_E] \approx U_{CC}/(R_B + \beta R_E)$、集电极电流 $I_C = \beta I_B \approx I_E$、集-射电压 $U_{CE} \approx U_{CC} - I_C(R_C + R_E)$。

发射极反馈式偏压电路受 $\beta$ 及温度的影响较小。因为当 $I_C$ 随着 $\beta$ 的变大或温度上升而增加时，迫使 $U_{BE}$ 下降，进而减小 $I_C$ 的增加量，以维持偏压稳定。

④ 混合型偏压电路　若在集电极反馈式偏压电路中再加入 $R_E$，则电路就称为集电极反馈式偏压电路及发射极反馈式偏压电路的混合体。它能产生双重回授的作用，使得偏压电路更为稳定。称这种电路为混合型偏压电路。

混合型偏压电路如图 6-27 所示。

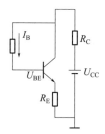
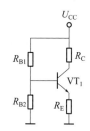

图 6-27　混合型偏压电路　　　图 6-28　分压式偏压电路

⑤ 分压式偏压电路　分压式偏压电路如图 6-28 所示。

在分压式偏置电路中，电源通过 $R_{B1}$、$R_{B2}$ 分压，给三极管 $VT_1$ 的发射极提供合适的正向偏置电压，又给基极提供一个合适的基极电流。基极回路电阻既与电源配合，使电路有合适的基极电流，又保证在输入信号作用下，基极电流能做相应的变化。若基极分压电阻 $R_{B1} = 0$，则基极电压恒定，等于电源电压，基极电流不会发生变化，此电路就没有放大作用。由 $R_{B1}$ 与 $R_{B2}$ 构成一个固定的分压电路，达到稳定放大器工作点的作用。在电路中，$R_{B1}$ 被称为上偏置电阻，$R_{B2}$ 被称为下偏置电阻。

电源通过集电极电阻 $R_C$ 给集电极加上反向偏压，使三极管工作在放大区（只有当三极管的集电极处于反向偏置，发射极处于正向偏置时，三极管才能工作在放大区），同时电源也给输出信号提供能量。集电极电阻 $R_C$ 的作用是把放大了的集电极电流的变化转化为集电极电压的变化，然后输出。若集电极电阻 $R_C = 0$，则输出电压恒定，等于电源电压，电路也将失去电压放大作用。

在分压式偏压电路中，三极管 $VT_1$ 的基极电流 $U_B = R_2 U_{CC}/(R_1 + R_2)$，集电极电流

$I_E = U_E / R_E \approx I_C$，发射极电压 $U_E = U_B - U_{BE} \approx U_B$，集电极电压 $U_C = U_{CC} - I_C R_C$，集-射电压 $U_{CE} = U_C - U_E$。

分压式偏压电路是一个完全与三极管的 $\beta$ 无关的电路，此电路不但能提高电路的稳定性，而且在更换三极管后，电路仍能继续正常工作。

（4）三极管的开关电路

在实际电路中，除了使用三极管放大电路之外，还经常用到三极管开关电路。三极管开关电路在电路中通常用作电子开关。工作在开关状态下的三极管处于两种状态，即饱和（导通）状态和截止状态。

三极管在饱和与截止两种状态转换过程中具有的特性称为三极管的动态特性。三极管与二极管一样，内部也存在着电荷的建立与消失过程。因此，饱和与截止两种状态也需要一定的时间才能完成。

为了对三极管的瞬态过程进行定量描述，通常引入以下几个参数来表征。

延迟时间 $t_d$：从 $+U_{B2}$ 加入到集电极电流 $i_c$ 上升到 $0.1 I_{cs}$ 所需要的时间。当三极管处于截止状态时，发射极反偏，空间电荷区比较宽。当输入信号 $u_i$ 由 $-U_1$ 跳变到 $+U_2$ 时，由于发射结空间电荷区仍保持在截止时的宽度，故发射区的电子还不能立即穿过发射结到达基区。这时，发射区的电子进入空间电荷区，使空间电荷区变窄，然后发射区开始向基区发射电子，三极管开始导通。

上升时间 $t_r$：$i_c$ 从 $0.1 I_{cs}$ 上升到 $0.9 I_{cs}$ 所需的时间。发射区不断向基区注入电子，电子在基区积累，并向集电区扩散形成集电极电流 $i_c$。随着基区电子浓度的增加，$i_c$ 不断增大。

存储时间 $t_s$：从输入信号 $-U_{B2}$ 到 $i_c$ 降到 $0.9 I_{cs}$ 所需的时间。经过上升时间后，集电极电流继续增加到 $I_{cs}$，这时由于进入了饱和状态，集电极收集电子的能力减弱，过剩的电子在基区不断积累起来，称为超量存储电荷，同时集电区靠近边界处也积累起一定的空穴，集电结处于正向偏置。

当输入电压 $u_i$ 由 $+U_2$ 跳变到 $-U_1$ 时，上述的存储电荷不能立即消失，而是在反向电压作用下产生漂移运动而形成反向基极电流，促使超量存储电荷泄放。在存储电荷消失前，集电极电流维持 $I_{cs}$ 不变，直至存储电荷全部消散，三极管才开始退出饱和状态，$i_c$ 开始下降。

下降时间 $t_f$：$i_c$ 从 $0.9 I_{cs}$ 下降到 $0.1 I_{cs}$ 所需的时间。在基区存储的多余电荷消失后，基区中的电子在反向电压的作用下越来越少，集电极电流 $i_c$ 也不断减小，并逐渐接近于 0。

上述四个参数被称为三极管的开关时间参数。它们都以集电极电流 $i_c$ 变化为基准。

通常把 $t_{on} = t_d + t_r$ 称为开通时间，它反映了三极管从截止到饱和所需的时间；把 $t_{off} = t_s + t_f$ 称为关闭时间，它反映了三极管从饱和到截止所需的时间。

开通时间和关闭时间总称为开关时间。它随三极管的类型不同而有很大差别，一般在几十纳秒至几百纳秒的范围内。

以 NPN 型三极管来说，当三极管的基极有一个高电平时，则三极管饱和导通。这时三极管集电极与发射极之间的电阻很小，发射极电压基本上等于集电极电压，就像开关闭合一样；当三极管的基极有一个低电平时，三极管截止。这时，三极管集电极与发射极之间的电阻很大，集电极电压近似等于电源电压，发射极电压近似等于 0V。三极管的截止和导通状态工作示意图如图 6-29 所示。

共发射极放大电路只要稍经修改便可用作开关电路。如图 6-30 所示即为一个采用三极管控制灯泡亮、灭的开关电路。

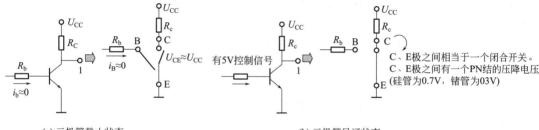

(a) 三极管截止状态　　　　　　　　　　　(b) 三极管导通状态

图 6-29　三极管截止和导通状态工作示意图

在图 6-30 中，控制信号为一个脉冲信号，脉冲的高度为 $U_{BB}$（大于 0.7V）。当脉冲信号的高度 $U_1$ 为 0V 时，$i_B=0$，三极管工作在截止区，同时 $i_C=0$，没有电流流过灯泡，灯泡不亮。这时 $U_{CE}=U_{CC}$（灯泡两端的压降为 0）。

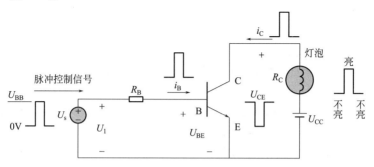

图 6-30　采用三极管控制灯泡亮、灭的开关电路

当脉冲信号的高度 $U_1$ 变为 $U_{BB}$ 时，$i_B=(U_{BB}-0.7\text{V})/R_B$。这时三极管的偏压可能在放大区也可能在饱和区，无论如何，灯泡中总有电流流过，所以灯泡是亮的。只要 $U_1$ 在 $0\sim U_{BB}$ 之间切换，就可以控制灯泡亮或不亮。

## 6.3.2　选用方法与使用注意事项

（1）选用方法

三极管种类繁多，按工作频率分有高频管和低频管；按功率大小有大、中、小三种；按封装形式有金属封装和塑料封装，近年来塑料封装管应用越来越多。选用三极管根据用途不同，主要考虑特征频率、电流放大系数、集电极耗散功率和最大反向击穿电压等参数。

一般特征频率按高于电路工作频率的 3～10 倍来选取。如果特征频率过高，易引起高频振荡。电流放大倍数，一般选用 40～100 即可，太低影响增益，太高电路稳定性差。耗散功率一般按电路输出功率的 2～4 倍来选取，反向击穿电压 $U_{CEO}$ 应大于电源电压。

① 一般高频三极管的选用　一般小信号处理电路中使用的高频三极管，可选用特征频率范围在 30～300MHz 的高频三极管，例如 3DG6、3DG8、3CG21、2N5551 等型号的小功率三极管，可根据电路要求选择三极管的材料与极性，还要考虑被选管的耗散功率、集电极最大电流、最大反向电压及外形尺寸参数是否符合应用电路的要求。

② 开关三极管的选用　小电流开关电路和驱动电路中使用的开关三极管，其最高反向电压低于 100V，耗散功率低于 1W，最大集电极电流小于 1A，可选用 3CK3、3DK4 以及 3DK12 等型号的小功率三极管。

大电流开关电路和驱动电路中使用的开关三极管，最高反向电压大于或等于 100V，耗散功率高于 30W，最大集电极电流大于或等于 5A，可选用 3DK200、DK55、DK56 等型号的大功率开关三极管。

开关电源等电路中使用的开关三极管，其耗散功率大于或等于 50W，最大集电极电流大于或等于 3A，最高反向电压高于 800V。一般可选用 2SD820、2SD850、2SD1403 以及 2SD1431 等型号的高反压大功率开关三极管。

③ 达林顿管的选用　达林顿管广泛用于开关控制、电源调整、继电器驱动、高增益放大等电路中。

继电器驱动电路与高增益放大电路中使用的达林顿管，可以选用不带保护电路的中、小功率普通达林顿三极管。而电源调整等电路中使用的达林顿管，可选用大功率大电流型普通达林顿管或带保护电路的大功率达林顿管。

（2）使用注意事项

① 三极管接入电路前，首先要弄清管型、引脚，如果弄错，轻者导致电路不能正常工作，重者导致管子损坏。

② 带电时，不能用万用表电阻挡测极间电阻，也不能带电拆装。

③ 大功率管应配上合适的散热片。

④ 工作在开关状态的三极管及有些硅管，因 $U_{EBO}$ 较低，为防止击穿，一般要采取保护措施。

⑤ 若集电极负载为感性（如继电器工作线圈），则必须加保护电路（如线圈两端并联续流二极管），以防线圈反电动势损坏三极管。

⑥ 使用时不准电流或电压超出极限值。为了确保管子的使用安全，其电流、电压也要适当降额使用。

## 6.3.3　故障与检测

三极管在电路中的常见故障主要有：

① 开路故障　包括集电极与发射极间开路、基极与集电极间开路以及基极与发射极间开路，一般基极与集电极间开路的情况不多。三极管在电路中开路后就不能起作用，各种电路中三极管开路后的具体故障现象不同，但有一点是相同的，即电路中有关点的直流电压大小上发生了改变。

② 击穿故障　这主要是集电极与发射极之间击穿。三极管发生这一故障后，电路中的有关点直流电压也要发生改变。

③ 噪声大故障　三极管在工作时噪声很小，一旦三极管本身的噪声增大，放大器电路将出现噪声大故障。三极管发生这一故障时，一般不影响电路中的直流电路工作。

④ 性能变劣　如穿透电流增大、电流放大倍数变小等。三极管发生这类故障时，直流电路一般也不受其影响。

（1）中小功率三极管的检测

中小功率三极管是电子电路中使用最多的一种器件，因此熟练掌握其检测方法，是我们排除电路故障所必须掌握的最基本技能。

① 引脚的判别

a. 判断基极 B。

将万用表置于电阻 R×1k 挡，用黑表笔接三极管的某一引脚（假设作为基极），再用红表笔分别接另外两根引脚。如果表针指示的两次都很大，该管便是 PNP 管，其中黑表笔所接的那一引脚是基极。若表针指示的两个阻值均很小，则说明这是一个 NPN 管，黑表笔所接的那一引脚是基极。如果指针指示的阻值一个很大，一个很小，那么黑表笔所接的引脚就不是三极管的基极，再换另外一根引脚进行类似测试，直至找到基极为止。

b. 判断集电极 C 和发射极 E。

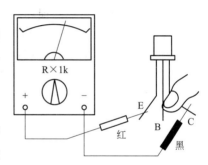

图 6-31　NPN 管集电极与发射极测试方法

方法一：对于 PNP 管，将万用表置于 R×1k 挡，红表笔接基极，用黑表笔分别接触另外两根引脚时，所测得的两个电阻值会是一大一小。在阻值小的一次测量中，黑表笔所接引脚为集电极；在阻值较大的一次测量中，黑表笔所接引脚为发射极。对于 NPN 管，要将黑表笔固定接基极，用红表笔去接触其余两引脚进行测量，在阻值较小的一次测量中，红表笔所接引脚为集电极；在阻值较大的一次测量中，红表笔所接的引脚为发射极。

方法二：将万用置于电阻 R×1k 挡，两表笔分别接除基极之外的两电极，如果是 NPN 型管，用手指捏住基极与黑表笔所接引脚，可测得一电阻值，然后将两表笔交换，同样用手捏住基极和黑表所接引脚，又测得一电阻值，两次测量中阻值小的一次，黑表笔所对应的是 NPN 管集电极，红表笔所对应的是发射极。测试方法如图 6-31 所示。

② 锗管和硅管的判别　用万用表判别三极管是锗管还是硅管的方法如下：

测试电路图如图 6-32 所示。测试时需要一节 1.5V 干电池、一个 47kΩ 的电阻和一个 50～100kΩ 的电位器。将万用表置于直流 2.5V 挡。电路接通以后，万用表所指示的便是被测管子的发射结正向压降。若是锗管，该电压值为 0.2～0.3V；若是硅管，该电压值则为 0.5～0.8V。

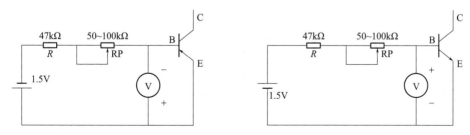

图 6-32　判别锗管和硅管的测试电路图

③ 高频管与低频管的判别　高频管的截止频率大于 3MHz，而低频管的截止频率小于 3MHz，一般情况下，二者是不能互换使用的。由于高、低频管的型号不同，所以，当其标示清楚时，可以直接加以区分。当其标示型号不清时，可利用万用表测量其发射结的反向电阻，将高、低频管区分开。具体可采用下述方法进行判别。

以 NPN 管为例，将万用表置于 R×1k 挡，黑表笔接管子的发射极 E，红表笔接管子的基极 B。此时电阻值一般均在几百千欧以上。接着将万用表拨至 R×10k 挡，红、黑表笔接法不变，重新测量一次 E、B 间的电阻值。若所测阻值与第一次测得的阻值变化不大，可基本断定被测管为低频管；若阻值变化较大，可基本判定被测管为高频管。

④ 性能好坏的判定

a. 测量极间电阻。在测量基极 B 与发射极 E 间的电阻时，如果正、反两次测量值都很小，表明发射结短路；如果正、反两次测量值都很大，说明 B-E 开路；同法可以测量基极 B 和集电极 C 间的电阻来判断集电结的好坏；由于 C-E 间不是一个 PN 结，正、反两次的电阻都应很大，否则说明三极管损坏。

b. 测量穿透电流 $I_{CEO}$。三极管的穿透电流 $I_{CEO}$ 的数值近似等于管子的放大倍数 $\beta$ 和集电结的反向饱和电流 $I_{CBO}$ 的乘积。$I_{CBO}$ 随着环境温度的升高而增长很快，$I_{CBO}$ 的增加必然造成 $I_{CEO}$ 的增大。而 $I_{CEO}$ 的增大将直接影响管子工作的稳定性，所以在使用中应尽量选用 $I_{CEO}$ 小的管子。

通过用万用表电阻挡测量三极管 E-C 极之间电阻的方法，可间接估计 $I_{CEO}$ 的大小，具体方法如下。

测试电路如图 6-33 所示。图 6-33（a）和（b）分别为测 PNP 和 NPN 型管的接法。万用表电阻挡量程一般选用 R×1k 挡，要求测得的阻值越大越好。E-C 间的阻值越大，说明管子的 $I_{CEO}$ 越小；反之，所测阻值越小，说明被测管的 $I_{CEO}$ 越大。一般来说，中小功率硅管、锗材料高频管及锗材料低频管，其阻值应分别在几百千欧、几十千欧及十几千欧以上。如果阻值很小或测试时万用表指针来回晃动，则表明 $I_{CEO}$ 很大，管子性能不稳定。

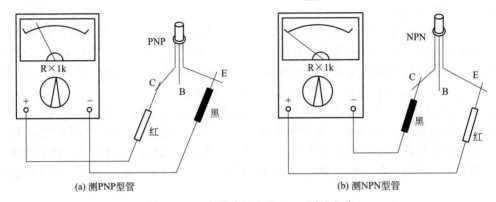

(a) 测PNP型管  (b) 测NPN型管

图 6-33　三极管穿透电流 $I_{CEO}$ 测试电路

在测量三极管 $I_{CEO}$ 的过程中，还可同时检查判断三极管的稳定性优劣。具体方法是：测量时，用手捏住管壳约一分钟，观察万用表指针向右漂移的情况，指针向右漂移摆动的速度越快，说明三极管的稳定性越差。通常，E-C 间电阻比较小的三极管，热稳定性相对较差。在使用中，稳定性不佳的三极管应尽量不用，特别是在要求稳定性较高的电路中更不能使用 $I_{CEO}$ 大的三极管。

c. 测量放大能力（$\beta$）。三极管的放大能力可以用万用表的 $h_{FE}$ 挡测量。测量时，应先将万用表置于 ADJ 挡进行调零后，再拨至 $h_{FE}$ 挡，将被测三极管的 C、B、E 三根引脚分别插入相应的测试插孔中，万用表即会指示出该管的放大倍数。

若万用表无 $h_{FE}$ 挡，则也可使用万用表的 R×1k 挡来估测三极管放大能力。测量 PNP 管时，应将万用表的黑表笔接三极管的发射极 E，红表笔接三极管的集电极 C，再在三极管的集电结（B、C 极之间）上并接 1 个电阻（硅管为 $100k\Omega$，锗管为 $20k\Omega$），然后观察万用表的阻值变化情况。若万用表指针摆动幅度较大，则说明三极管的放大能力较强。若万用表指针不变或摆动幅度较小，则说明三极管无放大能力或放大能力较差。

测量 NPN 三极管时，应将万用表的黑表笔接三极管的集电极 C，红表笔接三极管的发射极 E，在集电结上并接 1 个电阻，然后观察万用表的阻值变化情况。万用表指针摆动幅度越大，说明三极管的放大能力越强。

也可以用三极管直流参数测试表的 $h_{FE}$ 测试功能来测量放大能力。测量时，先将测试表的 $h_{FE}/I_{CEO}$ 挡置于 $h_{FE}$-100 或 $h_{FE}$-300 挡，选择三极管的极性，将三极管插入测试孔后，按动相应的 $h_{FE}$ 键，再从表中读出 $h_{FE}$ 值即可。

⑤ 在路电压检测判断法 中、小功率三极管多直接焊接在印刷电路板上，由于元件的安装密度大，拆卸比较麻烦，所以在检测时常常通过用万用表直流电压挡测量三极管各引脚的电压值，来推断其工作是否正常，进而判别其好坏。这就是所谓的在路电压检测判断法。

处于线性放大状态的三极管，正常工作时，发射结（E、B 极间）上应有正向偏置电压：锗管为 $0.2 \sim 0.3$V，硅管为 $0.6 \sim 0.8$V；集电结（C、B 极间）上应有反向偏置电压，其值一般在 2V 以上，可用万用表适当的直流电压挡进行测量。图 6-34 示出了测量三极管 E、B 间电压值的方法。如果测量结果不在上述范围内，说明三极管存在故障。

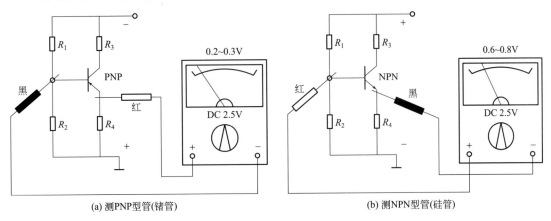

(a) 测PNP型管(锗管)　　　　　　　　　　　(b) 测NPN型管(硅管)

图 6-34　测量三极管 E、B 极间电压

（2）大功率三极管的检测

利用万用表检测中、小功率三极管的极性、管型及性能的各种方法，对检测大功率三极管来说，原则上也是适用的。但是，由于大功率三极管的工作电流比较大，因而其 PN 结的面积也较大。PN 结较大，其反向饱和电流也必然增大。所以，若像测量中、小功率三极管极间电阻那样，使用万用表的 R×1k 挡测量，必然使测得的电阻值很小，好像极间短路一样，这很容易造成误判。特别是测量锗大功率三极管时，更是如此。为了避免这种误判发生，通常应使用 R×10 或 R×1 挡检测大功率三极管。下面简要加以介绍。

① 测量极间电阻 将万用表置于 R×10 或 R×1 挡，具体可参照测量中、小功率三极管电阻的方法。

② 检测反向漏电流 $I_{CEO}$ 测试电路如图 6-35 所示。使用一台 12V 的直流稳压电源。R 为一个 510Ω 电阻。将万用表置于直流 10mA 电流挡。电路接通后，万用表指示的电流值即为被测管的 $I_{CEO}$ 值。

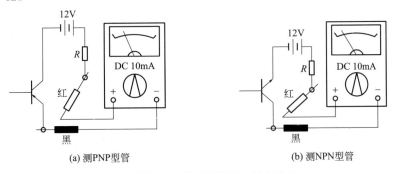

(a) 测PNP型管　　　　　　　　　　(b) 测NPN型管

图 6-35　检测大功率三极管反向漏电流 $I_{CEO}$

③ 检测放大能力与漏电流　测试电路如图 6-36 所示。将万用表置于 R×1 挡，电阻 $R_b$ 的阻值为 $500\Omega\sim1k\Omega$。测量时，先不接入电阻 $R_b$，即让被测管基极 B 悬空，测量集电极和发射极之间的阻值，万用表指示出的阻值应为无穷大。如果未接 $R_b$ 时，阻值很小甚至接近于零，说明被测管子漏电流太大或已击穿损坏。然后，再把电阻 $R_b$ 接在基极和集电极之间，万用表指针应明显向右摆动，摆幅越大，说明被测管子的放大能力越强。如果万用表指针向右摆动的幅度比未接电阻 $R_b$ 时大不了多少，则表明被测管子的放大能力很小或已经损坏，根本无放大能力。

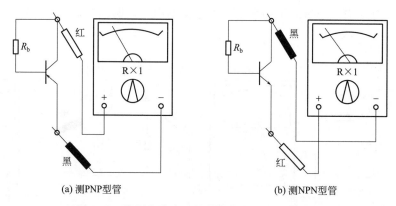

(a) 测PNP型管　　　　　　　　　　　　　　　　(b) 测NPN型管

图 6-36　检测大功率三极管的放大能力与漏电流

（3）普通达林顿管的检测

普通达林顿管内部由两个或多个三极管的集电极连接在一起复合而成，其 E-B 极之间包含多个发射结，所以应该使用万用表能提供较高电压的 R×10k 挡进行测量。

测量达林顿管各电极之间的正、反向电阻值。正常时，集电极 C 与基极 B 之间的正向电阻值（测 NPN 管时，黑表笔接基极 B；测 PNP 管时，黑表笔接集电极 C）与普通硅二极管集电结的正向阻值相近，在 $3\sim10k\Omega$ 之间，反向电阻值为无穷大。而发射极 E 与基极 B 之间的正向电阻值（测 NPN 管时，黑表笔接基极 B；测 PNP 管时，黑表笔接发射极 E）是集电极 C 与基极 B 之间正向电阻值的 $2\sim3$ 倍，反向电阻值为无穷大。集电极 C 与发射极 E 之间的正、反向电阻值均应接近无穷大。若测得达林顿管的 C、E 极间的正、反向电阻值或 B、E 极，B、C 极之间的正、反向电阻值均接近 0，则说明该管已击穿损坏。若测得达林顿管的 B、E 极或 B、C 极之间的正、反向电阻值为无穷大，则说明该管已开路损坏。

（4）大功率达林顿管的检测

用万用表 R×10k 或 R×1k 挡，测量达林顿管集电结（集电极 C 与基极 B 之间）的正反向电阻值。正常时，正向电阻值（NPN 管的基极接黑表笔时）应较小，为 $1\sim10k\Omega$，反向电阻值应接近无穷大。若测得集电结的正、反向电阻值均很小或均为无穷大，则说明该管已击穿短路或开路损坏。

用万用表 R×100 挡，测量达林顿管发射极 E 与基极 B 之间的正、反向电阻值，正常值为几百欧姆至几千欧姆，若测得阻值为 0 或为无穷大，则说明被测管已损坏。

用万用表 R×10k 或 R×1k 挡，测量达林顿管发射极 E 与集电极 C 间的正、反向电阻值。正常时，正向电阻值（测 NPN 管时，黑表笔接发射极 E，红表笔接集电极 C；测 PNP 管时，黑表笔接集电极 C，红表笔接发射极 E）应为 $5\sim15k\Omega$，反向电阻值应为无穷大，否则说明该管的 C、E 极击穿或开路损坏。

### 6.3.4 三极管的代换

在选择和代换三极管时，应掌握以下原则。

（1）类型相同

① 材料相同。即锗管置换锗管，硅管置换硅管。

② 极性相同。即 NPN 型管置换 NPN 型管，PNP 型管置换 PNP 型管。

（2）特性相近

用于置换的三极管应与原三极管的特性相近，其主要参数值及特性曲线应相差不多。三极管的主要参数有近 20 个，要求所有参数都相近，不但困难，而且没必要。一般来说，只要下述主要参数相近，即可满足置换要求。

① 集电极最大允许功耗 $P_{CM}$。一般要求用 $P_{CM}$ 与原管相等或较大的三极管进行置换。但经过计算或测试，如果原三极管在整机电路中实际直流耗散功率远小于其 $P_{CM}$，则可以用 $P_{CM}$ 较小的三极管置换。

② 集电极最大电流 $I_{CM}$。一般要求用 $I_{CM}$ 与原管相等或较大的三极管进行代替。

③ 击穿电压。用于置换的三极管，必须能够在整机中安全地承受最高工作电压。三极管的击穿电压参数主要有 $U_{CEO}$、$U_{CBO}$，一般来说，同一管子 $U_{CBO} > U_{CEO}$，通常要求用于置换的三极管，其上述两个击穿电压应不小于原三极管对应的两个击穿电压。

④ 频率特性。在置换三极管时，主要考虑 $f_T$，置换的三极管，其 $f_T$ 应不小于原三极管对应的 $f_T$。

⑤ 其他参数。除以上主要参数外，对于一些特殊的三极管，在置换时还应考虑其放大系数，如电源电路中的脉宽调制控制管如放大系数小，则易出现输出电压失控的故障。

（3）外形相似

小功率三极管一般外形均相似，只要各个电极引出线标志明确，且引出线排列顺序与代换管一致，即可进行更换。大功率三极管的外形差异较大，置换时应选择外形相似、安装尺寸相同的三极管，以便安装和保持正常的散热条件。

## 6.4 晶体三极管稳压电源电路

晶体三极管稳压电源电路又称为线性稳压电源电路，之所以称其为"线性"电源，是因为保证其输出稳定直流电压而进行调整的关键器件——调整三极管工作在线性放大状态，且电压调节器件——三极管通常与负载电阻相串联，所以也称为串联型晶体管稳压电路。本节将详细介绍串联型晶体管稳压电路及其改进电路的基本工作原理。

### 6.4.1 串联型晶体管稳压电路

串联型稳压电路的基本思想是在负载回路中串联一个可变电阻来起到稳压调节作用。其工作原理简图如图6-37 所示。

当电路的输入电压 $U_i$ 由于某种原因升高时，电路中的电流 $I$ 将增大，输出电压 $U_o$ 将升高。这时，如果把串在电路中的可变电阻 $R$ 的阻值适当调大，就可使电路中的电流 $I$ 适当减小，从而使电路的输出电压 $U_o$ 保持不变。同样，当输入电压 $U_i$ 由于某种原因而降低时，

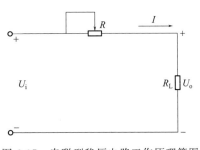

图 6-37　串联型稳压电路工作原理简图

只要把串在电路中的可变电阻 $R$ 调小，就可保持电路的输出电压 $U_o$ 大小不变。

同理，如果电路的输入电压 $U_i$ 不变而负载电阻 $R_L$ 减小时，负载电流 $I$ 将变大，可变电阻 $R$ 上的压降也将增大，导致输出电压 $U_o$ 下降。这时只要把可变电阻 $R$ 适当调小，减小可变电阻 $R$ 上的压降，电路的输出电压 $U_o$ 就可保持不变。当负载电阻 $R_L$ 增大时，只要把可变电阻 $R$ 适当增大，同样可以保持电路在负载上的输出电压 $U_o$ 不变。

在实际的串联型稳压电路中，用手来调节串联可变电阻 $R$ 的大小显然是行不通的。通常是用一个三极管（称为调整管）来代替这个可变电阻 $R$，通过控制电路自动地调节三极管的导通程度，从而达到稳压的目的（如图 6-38 所示）。

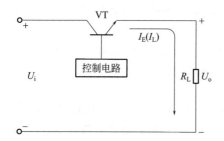
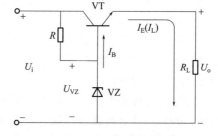

图 6-38　串联型三极管稳压电路工作原理图　　图 6-39　简单的串联型三极管稳压电路

串联型稳压电路实现稳压的关键在于调整管的控制电路。其性能的好坏直接决定了稳压电源的稳压性能。最简单的控制电路是用稳压二极管作为稳压的基准源（比较对象），并且仅用调整管本身来控制自己的导通程度（如图 6-39 所示）。

选取适当大小的 $R$，使稳压二极管工作在电压稳定的范围内，就能在调整三极管的基极上形成一个等于稳压二极管稳定电压大小的稳定基极电压 $U_{VZ}$。这个基极电压扣除三极管 B、E 间的 PN 结正向导通压降后，就是直接加在负载电阻 $R_L$ 上的稳定直流电压。同时这个电压还形成三极管的基极电流 $I_B$。$I_B$ 被三极管 VT 放大 $(1+\beta)$ 倍（$\beta$ 为三极管 VT 的放大倍数）后从其发射极输出，形成提供给负载电阻 $R_L$ 的总负载电流 $I_E$。

串联型三极管稳压电源的具体稳压过程可以通过假定负载电阻大小不变而输入电压发生改变，或者输入电压不变而负载电阻发生变化两种情况进行分析。

（1）当负载电阻不变，电路的输入直流电压 $U_i$ 变化时

假定稳压电路负载电阻上的电流 $I_L$ 保持不变。现在输入直流电压 $U_i$ 由于某种原因而有所升高，稳压电路的输出电压 $U_o$ 就有升高的趋势。由于稳压二极管 VZ 两端的稳定电压 $U_{VZ}$ 不会发生变化，也就是说调整三极管的基极电压保持不变，而发射极电压有升高的趋势，所以三极管基极和发射极之间的电压 $U_{BE}=U_{VZ}-U_o$ 有下降趋势，从而引起三极管基极电流 $I_B$ 也有减小的趋势，这将导致三极管 C、E 间导通电阻增大，三极管集电极与发射极之间的管压降随之增大，以抵消输入直流电压的上升趋势，保持输出直流电压的稳定。该电路调整稳压的过程可以用符号简单表示如下：

$$U_i \uparrow \rightarrow U_o \uparrow \rightarrow U_{BE} \downarrow \rightarrow I_B \downarrow \rightarrow R_{CE} \uparrow \rightarrow U_{CE} \uparrow \rightarrow U_o \downarrow$$

当电路的直流输入电压 $U_i$ 由于某种原因下降而造成稳压电路的输出电压 $U_o$ 有下降的趋势时，电路调整的情况正好与上述过程相反，读者自己分析。

（2）当输入电压不变，负载电流 $I_L$ 变化时

假定稳压电路的输入直流电压 $U_i$ 保持不变，那么稳压电路的输出电压也将保持不变，而负载电阻 $R_L$ 的阻值减小，就会使输出电流 $I_L$ 和电路中的线损增大，造成稳压电路的输出电压 $U_o$ 有所下降，即三极管发射极电压有所下降。由于三极管基极上电压 $U_{VZ}$ 不会变

化，因此三极管基极和发射极之间的电压 $U_{BE}=U_{VZ}-U_o$ 增大，造成三极管基极电流 $I_B$ 增大，致使三极管的导通程度增加，管压降减小，从而使电路输出电压 $U_o$ 上升到接近正常值，保持稳压电路输出电压的稳定。其稳压调整过程可以简单表示如下：

$$R_L\downarrow\to I_L\uparrow\to U_o\downarrow\to U_{BE}\uparrow\to I_B\uparrow\to U_{CE}\downarrow\to U_o\uparrow$$

若输出负载电阻 $R_L$ 增大，负载电流变小，则电路的调整过程与此相反，最后也能保证输出电压 $U_o$ 稳定不变。

从以上分析可以看出，图 6-39 所示的串联型三极管稳压电源实际上是以稳压二极管两端的稳定电压为基准，锁定三极管（调整管）的基极直流电位，根据基准电压与输出直流电压之间出现的差值来控制调整三极管的导通程度，从而起到稳定输出直流电压的目的。

与稳压二极管的稳压电路相比，这种简单的串联稳压电路最大的优点就是能够提供大得多的输出电流。稳压二极管稳压电路要求输出电流小，输出电流的变化范围也不大。而在串联型稳压电路中，硅稳压二极管只需为调整三极管提供较小的基极电流，这恰好避开了稳压二极管稳压电路的缺点。利用三极管所具有的电流放大作用，就可以得到较大的输出电流。但是，电路中只是简单地用了一个硅稳压二极管提供基准，所以这种串联稳压电路的稳压性能比稳压二极管的稳压性能并没有明显提高，并且其输出电压同样是不可调整的，基本上还是由稳压二极管的稳压值确定。

由于使用了一个三极管进行电流放大，图 6-39 所示电路大大提高了直流稳压电源对输入直流电压的变化和负载电流变化的适应性。但是这种提高有一定限度，超过了这个限度，或者起不到稳压作用，或者会损坏稳压电源电路自身的元器件。首先，为了保证这种稳压电源电路能够安全可靠地工作，除了稳压二极管必须工作在规定的稳定范围之内，还必须保证调整三极管工作在安全范围内。也就是说，三极管 C、E 间电压不允许超过其击穿电压 $U_{CEO}$，流过三极管的集电极电流不允许超过其最大集电极电流 $I_{CM}$，三极管的耗散功率不允许超过它的最大集电极耗散功率 $P_{CM}$，所以，稳压电路的总输入直流电压 $U_i$ 不能超过 $U_o+U_{CEO}$；负载电流 $I_L$ 不能超过 $I_{CM}$（忽略 $I_B$）；还应保证 $(U_i-U_o)I_L<P_{CM}$。这三个条件应同时满足。其次，为了使三极管具有较好的电压调整能力，还必须使其始终处于输出特性的放大区内。为了避免出现三极管饱和，三极管 C、E 间的最小电压不能小于三极管的饱和压降 $U_{CES}$。一般硅管的饱和压降为 $0.5\sim3V$，$I_C$ 越大，$U_{CES}$ 也越大。所以，一般电路输入电压 $U_i$ 的下限至少应高出电路输出电压 $U_o$ 几伏。为了避免三极管进入截止区，应保证负载电流 $I_L$ 不能小于三极管的穿透电流 $I_{CEO}$，否则三极管对 $I_E$ 将失去控制能力，电路输出电压 $U_o$ 就会随负载电流 $I_L$ 的减小而减小到趋于零。通常，为了使稳压电源在负载电阻很大甚至开路的情况下，仍能输出正常的电压，可以在电路输出端外接负载电阻的地方并联一个泄放电阻。只要流过泄放电阻的电流大于三极管的穿透电流 $I_{CEO}$，即使负载电阻开路，调整管也不会截止。但泄放电阻也不能取得太小，不然会白白耗费大量电能，降低稳压电源的带载能力。

上述串联型三极管稳压电路在很多要求不高的场合可供使用，但仍不完善。其稳压性能还不够好，输出电压也无法调整，输出一旦不小心短路还可能烧毁调整三极管。

## 6.4.2 带有放大环节的串联型稳压电源电路

串联型直流稳压电源电路通过改变调整三极管的导通程度来达到稳定输出电压的目的。调整三极管进行调整的程度既受调整管本身放大倍数的影响，又受控制信号大小的影响。前面所讲的简单串联型直流稳压电路直接以输出直流电压与基准电压之间的差值作为调整控制信号，这个控制信号反映的是输出直流电压本身的偏差 $\Delta U_o$，如果不用 $\Delta U_o$ 直接去控制调整管工作，而是先把 $\Delta U_o$ 放大一定倍数以后再去控制调整管工作，很小的 $\Delta U_o$ 就能产生很大的控制信号。也就是说，只要输出电压 $U_o$ 略微偏离正常值，调整管就能产生很强烈的调整作用，使 $U_o$ 恢复到正常值。这样的稳压电路能够产生很好的稳压效果，因而成为线性稳压电源中应用基准电压最广泛的一种电路模式。下面介绍一种带有放大环节的串联型直流稳压电路。其工作原理可用图 6-40 所示框图来表示。

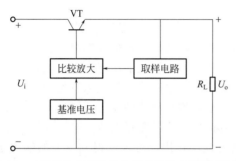

图 6-40　带有放大环节的串联型稳压电源原理框图

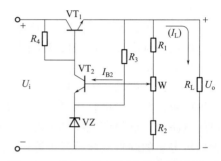

图 6-41　带有放大环节的串联型稳压电路

图 6-41 是这种直流稳压电源的原理图。电阻 $R_1$、$R_2$ 和电位器 W 串联组成的分压器构成信号取样电路，将输出电压 $U_o$ 的变化情况按一定的分压比取出一部分，提供给比较放大器与基准电压随时进行比较。电阻 $R_3$ 与稳压二极管 VZ 组成一个基准电压源，保证比较放大三极管 $VT_2$ 的发射极电压保持稳定，并以此电压作为衡量输出电压 $U_o$ 高低的标准。限流电阻 $R_3$ 为稳压二极管 VZ 提供适当的稳定工作电流，使之工作在稳定电压范围内。比较放大管 $VT_2$ 及其集电极负载电阻 $R_4$ 构成比较放大电路。取样电压与基准电压分别加到三极管 $VT_2$ 的基极与发射极，两电压之间的差值（称为误差电压）$U_{BE2}$ 被三极管 $VT_2$ 放大后送到调整三极管 $VT_1$ 的基极，通过对三极管 $VT_1$ 基极电流的控制来调整稳压电路的输出直流电压。调整管 $VT_1$ 的作用与前面简单串联型稳压电路中的调整管一样，起到可变电阻调节输出电压的作用。电阻 $R_4$ 同时也是三极管 $VT_1$ 的基极偏置电阻。

下面把电路中的取样、基准、比较放大和调整四部分连贯起来讲述其稳压原理，同样按照负载电阻不变、输入电压变化和输入电压不变、负载电阻变化两种情况来分析。

（1）当直流稳压电路的输入直流电压 $U_i$ 变化时

假定稳压电路的负载直流电流 $I_L$ 保持不变，稳压电路的输入直流电压 $U_i$ 由于某种原因升高而导致输出直流电压 $U_o$ 有所上升，那么取样电路得到的取样电压（即 $VT_2$ 的基极电压）$U_{B2}$ 也将随之有所上升。而稳压二极管 VZ 所提供的基准电压使取样放大三极管 $VT_2$ 的发射极电压 $U_{E2}$ 保持稳定不变，所以三极管的基极和发射极之间的电压 $U_{BE2} = U_{B2} - U_{E2}$ 将会增大，使得此管子的基极电流变大，集电极电流也随之增大。此集电极电流的增大降低了集电极电压（调整管的基极电压），同时也分流了调整管的基极电流，导致调整三极管 $VT_1$ 的基极电压 $U_{B1}$ 也跟着明显下降，基极电流减小，调整管基极和发射极之间的电压 $U_{BE1} = U_{B1} - U_{E1}$ 明显减小，使调整管 $VT_1$ 的导通程度降低，管压降增大，稳压电路的输出电压 $U_o$ 也随之降低到正常值，从而保证了稳压电路直流输出电压的稳定。该调整过程可简单表示如下：

$$U_i \uparrow \to U_o \uparrow \to U_{B2} \uparrow \to U_{BE2} \uparrow \to U_{CE2} \downarrow \to U_{B1} \downarrow \to U_{BE1} \downarrow \to U_{CE1} \uparrow \to U_o \downarrow$$

若输入直流电压 $U_i$ 由于某种原因下降而引起稳压电路输出电压有所下降，则电路的调整过程情况正好与上述调整过程相反，读者自行分析。

（2）当负载电流 $I_L$ 变化时

假定稳压电路的输入直流电压 $U_i$ 保持不变，由于负载电阻 $R_L$ 减小，使得 $I_L$ 增大，而使稳压电路的输出电压 $U_o$ 有所下降，则三极管 $VT_2$ 基极上得到的取样电压 $U_{B2}$ 随之下降，而其发射极的基准电压保持不变，所以 $VT_2$ 的基极和发射极之间的电压 $U_{BE2}$ 也随着减小，$VT_2$ 的导通程度随之降低，管压降 $U_{CE2}$ 增大，其集电极电流减小，集电极电压升高。因为它的集电极与调整管 $VT_1$ 的基极连在一起，所以 $VT_1$ 的基极电压也随之升高，造成调整管 $VT_1$ 基极和发射极之间的电压 $U_{BE1}$ 增大，调整管的管压降 $U_{CE1}$ 减小，从而使稳压电路的输出电压 $U_o$ 增大，保持输出直流电压的稳定。该调整过程可简单表示如下：

$$I_L \uparrow \to U_o \downarrow \to U_{B2} \downarrow \to U_{BE2} \downarrow \to U_{CE2} \uparrow \to U_{B1} \uparrow \to U_{BE1} \uparrow \to U_{CE1} \downarrow \to U_o \uparrow$$

若负载电阻中的负载电流 $I_L$ 由于负载电阻突然增大而减小，造成稳压电路的输出电压上升，则调整情况正好与上述过程相反，读者自行分析。

这种直流稳压电路由于增加了一级比较放大电路，其稳压性能大为提高。一般来说，比较放大器的放大倍数越高，则其输出直流电压的稳定性也就越高。为了获得足够大的放大倍数，实际的稳压电路中比较放大器通常不止一级，甚至使用了集成运算放大器，以进一步改善直流稳压性能。另外，由于采用了取样电路，所以改变取样电阻的分压比（也就是调节电位器 W）就可以方便地调节直流稳压电路的输出直流电压，克服了简单串联稳压电路无法调节输出直流电压的缺陷。这种稳压电路的输出直流电压变得比较灵活，可以适应各种电路对不同直流电源电压的需求。

## 6.4.3　改进的串联型稳压电源电路

带有一级比较放大的串联型稳压电源具有较好的稳压性能，已经能够适合大多数电子设备的实际需要。但在一些对电源电压稳定度要求较高的场合，这种稳压电源还是不能满足需要。为了进一步改善直流稳压电源的稳压性能，以下介绍几种改进电路。

（1）并联调整管与复合调整管

三极管直流稳压电源的负载电流是由调整管提供的。为了向负载提供比较大的电流，在直流稳压电源电路中的调整管大多数用的是大功率三极管。可是在某些情况下，一时可能找不到合适的大功率三极管，或者即使用了大功率三极管，但仍不能满足负载电流的需要。这时可以把两个或多个同型号的大功率三极管并联起来使用，以增大稳压电源的输出电流。不过，即使是同型号的大功率三极管，也很难保证它们的各项参数完全一致，而这些性能的不一致性会使各三极管的电流分配不均匀，从而导致某个管子过流而损坏。为了保证这些大功率三极管安全可靠地并联工作，可以在每个大功率三极管的发射极上串联一个 $0.1 \sim 0.5 \Omega$ 的匀流电阻后再并在一起。如果大功率三极管的电流余量比较大，稳压电源的输出电流也不是很大，可以不用匀流电阻。大功率三极管的并联使用如图 6-42（a）所示。

为了提供比较大的输出电流，直流稳压电源中的调整管自身需有足够大的基极电流来推动。但是，大功率三极管的电流放大系数 $\beta$ 一般比较小，这就使得在稳压电源有大电流输出时，电路提供给调整管的基极推动电流也必须大。例如，某大功率三极管的电流放大系数 $\beta = 20$，当它要向负载输出 10A 电流时，要求其基极推动电流达到 500mA。这样大的基极推动电流，由前级比较放大器直接提供是很困难的。为了在保证有足够大的输出电流情况下尽可能地减小调整管所需的基极推动电流，常采用复合调整管。复合三极管是由两个或两个以上的三极管按图 6-42（b）所示的方式连接起来作为一个三极管来使用。三极管复合后，总的电流放大倍数近似等于各管子电流放大倍数的乘积。这样，只要用一个或两个中小功率的三极管和一个大功率三极管复合，就能既满足调整管能承受大电流的要求，又能大幅度提高调整管的 $\beta$ 值。需要注意的是，复合的管子越多，则总的 $\beta$ 值就越大，复合管的穿透电流也越大，其热稳定性越差。所以，通常复合管不宜超过三个，必要时还要像图 6-43 那样接

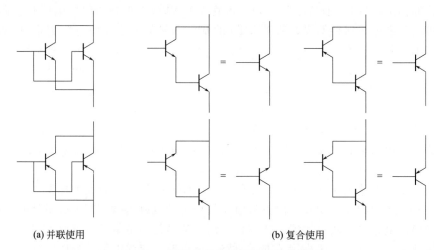

(a) 并联使用　　　　　　　　　　　　　　(b) 复合使用

图 6-42　调整管的并联使用和复合使用

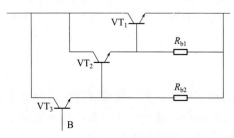

图 6-43　提高复合管热稳定性的方法

上电阻，以抑制过大的穿透电流。

（2）具有辅助电源的直流稳压电源电路

在图 6-41 所示的带有放大环节的串联型直流稳压电路中，比较放大三极管 $VT_2$ 的集电极负载电阻 $R_4$ 直接接在直流稳压电源不稳定的输入电压 $U_i$ 上，这样的接法会使输入直流电压的变化直接反映到 $VT_1$ 的基极上，干扰三极管 $VT_2$ 对它的控制，降低了电路输出直流电压的稳定度。为了克服输入直流电压变化直接影响输出电源电压稳定度的缺点，可以采用图 6-44 所示具有辅助电源的直流稳压电源电路。辅助电源的输入直流电压 $U_{aux}$ 通常由电源变压器的一个独立绕组经整流滤波后获得。该稳压电路中三极管 $VT_2$ 的集电极负载电阻 $R_4$ 不是接在直流电压不稳的电源输入端，而是接在直流电压相对稳定的辅助电源输出端，使调整管的基极电压不再受输入直流电压波动的影响。

采用辅助电源虽然使电路相对复杂一些，但输出直流电压的稳定度明显提高，所以得到了广泛应用。辅助电源除了由电源变压器的一个独立绕组提供外，还可以由电源变压器的主绕组经倍压整流得到，这样可以省掉一个绕组。

（3）采用有源负载的串联稳压电源电路

由前述可知，直流稳压电源电路中的比较放大器的放大倍数越高，稳压电路输出直流电压的稳定度就越高。要提高比较放大器的放大倍数大致有两种方法：一是增加比较放大器的级数；二是增大比较放大器集电极的负载电阻。采用增加比较放大器级数的方法，显然可以提高总的放大倍数，但级数太多，会带来电路设计困难、热稳定性差、成本高、可靠性降低等问题。采用增大比较放大器集电极负载电阻的方法也能提高放大倍数，但集电极电阻又不能取得太大，否则比较放大管容易进入饱和状态，失去放大作用。为了解决这个矛盾，可以采用有源负载电路，也就是用三极管恒流源作为比较放大器的集电极负载。

采用有源负载的比较放大器的具体电路如图 6-45 所示。图中三极管 $VT_3$，电阻 $R_4$、$R_5$ 和稳压二极管 $VZ_2$ 构成了三极管恒流源，取代了原来的比较放大器三极管的集电极电阻。如果稳压二极管 $VZ_2$ 的稳定电压 $U_{VZ2}$ 比三极管 $VT_3$ 发射结的正向压降 $U_{BE3}$ 大得多，就可以近似地认为三极管 $VT_3$ 的发射极电流 $I_{E3} \approx U_{VZ2}/R_4$。三极管 $VT_3$ 的发射极电流恒

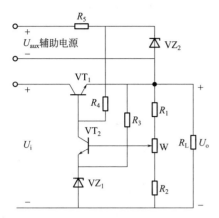

图 6-44　具有辅助电源的直流稳压电源电路

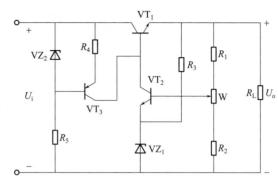

图 6-45　采用恒流源负载的串联稳压电源电路

定，相应的集电极电流也就恒定。由于恒流源的负载电流几乎不随其两端的电压发生变化，所以具有极大的等效交流电阻。用它代替比较放大管 $VT_2$ 的集电极负载电阻，可使比较放大器的放大倍数得到大幅度提高。同时，恒流源能够提供稳定的工作电流给比较放大管，作为集电极工作电流，不容易使比较放大三极管 $VT_2$ 进入饱和状态，从而解决了单纯增大集电极电阻带来的负面效应。另外，由于三极管 $VT_3$ 的集电极电流基本恒定，因此可不采用辅助电源，输入电压的变化也不会通过 $VT_3$ 反映到调整管 $VT_1$ 的基极上。

采用了恒流源负载的串联型直流稳压电路，其电路结构并不复杂，但稳压性能比最原始的串联型直流稳压电路高得多，因而广泛应用在精密直流稳压电源电路中。

（4）采用差分放大器的直流稳压电源电路

在对稳压电源输出的直流电压稳定度要求较高的场合，不仅要求当输入直流电压或者负载电流变化时，其输出的直流电压必须保持稳定，而且还要求当环境温度发生变化时，其输出的直流电压仍能保持稳定。

在串联型直流稳压电源中，环境温度影响稳定性的主要因素有取样电阻的热稳定性、基准电压的热稳定性以及比较放大器的温度漂移等。在这三个因素中，最主要的是比较放大器的性能好坏。一个高性能的直流稳压电源不仅要求比较放大器要有足够的放大倍数，而且还要求比较放大器本身必须非常稳定。图 6-41 所示的带有放大环节的直流稳压电源，虽然解决了放大倍数的问题，但是不能保证比较放大器在各种外界因素影响下性能仍能保持稳定。例如，三极管的电流放大倍数 $\beta$、穿透电流 $I_{CEO}$ 都会随着温度的升高而增大。由于直流稳压电源中的比较放大器都是直流放大器，不像交流放大器各级之间有隔直电容，所以前级放大器由温度变化等所引起的三极管工作状态等的改变也会被后级当成信号电压逐级加以放大。显然这种情况会严重影响到整个电路输出直流电压的稳定度，甚至造成电源电路工作失控。与此同时还必须考虑到，直流稳压电源中的调整管工作在大电流下，发热比较厉害，这些热量会散发到周围的空间，造成工作环境温度的升高。

在要求较高的场合，直流稳压电源电路中的比较放大器输入级普遍采用差分放大器。差分放大器能够有效地克服温度变化等因素对放大器性能带来的影响，保证比较放大器的工作稳定性。如图 6-46 所示是采用差分放大器作为比较放大器的串联型直流稳压电源电路。图中的三极管 $VT_3$、$VT_4$ 和电阻 $R_3$ 构成差分放大器。差分放大管 $VT_3$、$VT_4$ 是两个经过严格挑选，甚至在生产时就经过配对的，各项参数几乎完全一致的三极管。差分放大器都有两个信号输入端，即 $VT_3$ 的基极和 $VT_4$ 的基极。差分放大器是对这两个输入端之间所出现的

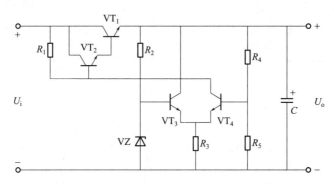

图 6-46　采用差分放大器的串联型直流稳压电源电路

信号电压之差进行放大的。差分放大器的一个输入端（三极管 $VT_3$ 的基极）与稳压二极管相连，其输入电压被稳定地钳位在基准电压上。差分放大器的另一个输入端（三极管 $VT_4$ 的基极）则与取样电阻网络相连。当直流稳压电路的输出直流电压发生变化时，三极管 $VT_4$ 的基极电压也随之改变，因而与另一个三极管基极的基准电压之间的差值也会相应地改变。这个改变量被差分放大器放大后，由三极管 $VT_4$ 的集电极送到复合调整管 $VT_2$ 的基极，控制调整管对输出直流电压进行调节，以保证稳压电路输出直流电压的稳定。

假如环境温度升高，差分对管的集电极电流将同时增大，则它们的发射极电阻 $R_3$ 上的电压降也将增大，也就是说三极管 $VT_3$ 和 $VT_4$ 发射极电位同时升高，而它们的基极电位保持不变，故它们的基极和发射极间的电压将会减小，这个负反馈过程使它们的基极电流和集电极电流同时降下来，保证复合调整管的基极电流不变。显然，$R_3$ 越大，负反馈就越强，差分放大器的稳定性也越好。不过，为了保证差分对管不会进入饱和状态，$R_3$ 也不能取得太大。所以 $R_3$ 的取值大小必须综合考虑。若要使其直流输出电压达到更高的稳定性，则可用类似前面介绍的恒流源负载电路来替代 $R_3$。

采用差分放大器作为比较放大器的串联型直流稳压电源电路还有一个特点，那就是它的基准稳压二极管不是接在比较放大三极管的发射极上，而是接在它的基极上。因为三极管基极电流比发射极电流要小得多，所以基极电流的变化对稳压二极管的影响也比接在三极管发射极时小得多，这就使得基准电压更加稳定，进一步提高了直流稳压电源的稳定性。

## 6.4.4　线性稳压电源的保护电路

应该说，前面介绍的几种线性稳压电源电路可以起到较好的稳压作用。但是，对于一个实用的直流稳压电源来说，仅仅起到稳压的作用是不够的。因为对于一个实用的直流稳压电源，不仅要保证在正常情况下起到稳压的作用（正常稳定地向用电设备提供电源），还要保证在各种不正常的情况下，最大可能地避免直流稳压电源本身以及由其供电的电子设备发生损坏。这就要求直流稳压电源也应带有相应的保护电路。在稳压电源的保护电路中，通常有过流保护电路、过压保护电路和过热保护电路三种。

（1）过流保护电路

我们知道，串联型直流稳压电源电路中的调整管是与用电负载相串联的，负载上的电流全部流经电源调整管。在工作过程中如果负载短路或过载，流过调整管的电流就将剧增。如果没有过流保护措施，调整管就会在很短的时间内发热烧毁，继而可能引起其他各种各样的故障，给直流稳压电源和用电设备带来很大的损失。所以，在稳压电源的保护电路中，首先要考虑的就是过流保护电路。

"过流保护"其实并不陌生。电力线路上的熔丝就是一种常见的过流保护措施。但在直流稳压电源中却不能仅仅采用熔丝来保护。因为熔丝熔断的速度比较慢，调整管可能在熔丝熔断之前就已经烧毁。通常，稳压电源中都是采取以电子保护电路为主、熔丝保护为辅来进行过流保护的。图 6-47 是用稳压二极管进行保护的限流保护电路。

电路中过流保护电路是由电阻 $R_5$ 和稳压二极管 $VZ_2$ 构成的。电阻 $R_5$ 是一个阻值很小的电阻，称为检测电阻，串在输出回路中，稳压电源提供的输出电流都流过此电阻。当直流稳压电源电路正常工作时，输出电流在 $R_5$ 上产生的电压降很小，不足以反向导通稳压二极管 $VZ_2$，这时稳压二极管保护电路不起作用，对整个稳压电路不产生影响。当直流稳压电源电路的输出端有短路或过载时，稳压电源的输出电流急剧增大，使得检测电阻 $R_5$ 上的电压降 $U_{R_5}$ 也剧增。当检测电阻上的电压降 $U_{R_5}$ 与三极管基极和发射极之间的电压 $U_{BE1}$ 之和大于稳压管 $VZ_2$ 的击穿电压 $U_{W2}$ 时，保护稳压二极管 $VZ_2$ 被击穿导通。$VZ_2$ 击穿导通后，原来流进电源调整管 $VT_1$ 基极的电流 $I_{B1}$ 被大量分流到 $VZ_2$ 上，使得电源调整管的基极电流 $I_{B1}$ 变小，三极管 $VT_1$ 的发射极电流 $I_{E1}$ 也就跟着变小。这样，直流稳压电路的输出电流就被限制，不可能无限制地增大，起到保护作用。当然，也可用一个发光二极管来代替 $VZ_2$，不过在安装时要把它的极性反过来。一般发光二极管的正向导通电压比较高。在正常情况下，检测电阻 $R_5$ 上的电压降不足以使发光二极管导通发光。但在电路出现过流情况时，检测电阻 $R_5$ 上的电压降增大，发光二极管导通发光，分流掉一部分原来流过调整三极管 $VT_1$ 的基极电流 $I_{B1}$，以减小其发射极电流 $I_{E1}$（也就是此时的短路电流被限制住了）。在这里，发光二极管既起到了保护电路的作用，又起到了告警指示作用。

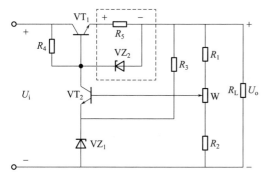

图 6-47 稳压管限流保护电路

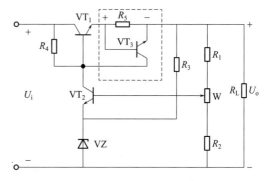

图 6-48 三极管限流保护电路

图 6-48 是稳压电路中采用的另一种限流保护电路，电路结构与前述保护电路相似，也是用一个检测电阻串在电路中对输出电流取样。正常情况下，检测电阻 $R_5$ 上的电压降低于三极管 $VT_3$ 的基极和发射极之间的正向导通电压，$VT_3$ 截止，保护电路不起作用。当稳压电路输出电流增大到使检测电阻 $R_5$ 上的电压 $U_{R_5}$ 大于 $VT_3$ 的基极和发射极之间正向导通电压时，三极管 $VT_3$ 导通，大量分流了原来流进调整管 $VT_1$ 基极的电流 $I_{B1}$，促使 $VT_1$ 的发射极电流大大减小，从而起到限制输出电流，保护稳压电源电路的作用。

除了上面介绍的两种常用的直流稳压电源过流限流保护电路外，还有其他形式的直流稳压电源过流保护电路，例如采用晶闸管、双稳态电路等构成的过流保护电路。

（2）过压保护电路

过压保护也是直流线性稳定电源的重要保护装置。过压保护电路的类型有两种。一种是限制调整管两端电压差的限压保护电路，如图 6-49 所示。正常工作时，稳压管 VZ 截止，一旦输入和输出之间的压差超过被限制的压差，稳压管击穿导通，在 $R_1$ 和 $R_2$ 上产生压降，与限流作用组合在一起，使输出电流降低，将调整管上的功耗限制在允许范围内。

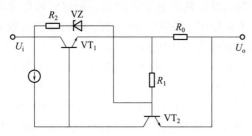
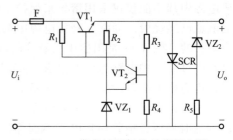

图 6-49　限制调整管两端电压差的限压保护电路　　图 6-50　带有过压保护的稳压电源

过压保护的另一种类型是防止输出电压过高造成电源过压损坏，如图 6-50 所示。晶闸管 SCR、电阻 $R_5$、稳压二极管 $VZ_2$ 和熔丝 F 共同构成过压保护电路。$VZ_2$ 的稳压值设定在需要开始起保护作用的电压。正常情况下，输出电压的大小不足以击穿稳压二极管 $VZ_2$，晶闸管 SCR 的控制极处于低电位截止，不影响电路的正常工作。当由于某种原因使输出电压超过一定值时，稳压二极管 $VZ_2$ 被击穿导通，SCR 因控制极电位升高而导通，把稳压电源的输出端短路，输出电压接近于零。同时，熔丝因过流而熔断，切断输入电源，从而保护后面的电路。为了避免晶闸管 SCR 在熔丝熔断前的瞬间因过流而损坏，可以在输入端（熔丝的前后）串一个大功率、小阻值的电阻，限制晶闸管导通时的短路电流。当然，这个电阻的阻值也不能太大，不然会影响电源的稳定性。

（3）过热保护电路

过热保护电路在调整管（稳压器芯片）温升过高或环境温度过高时起作用，用来防止直流线性稳定电源因高温而造成损坏。例如，在芯片内部设置过热检测晶体管，当芯片结温接近被保护的温度时，此晶体管导通，旁路分流一部分驱动调整管的基极电流，或者用廉价的温度继电器安装在功率管的散热器上，当温度过高时，温度继电器动作，切断电源。

# 6.4.5　限流和恒流电路

在大多数应用场合，都要求线性电源能够提供稳定的直流电压，而在一些特殊场合，却要求电源的输出电流是稳定不变的。

如图 6-51(a)、(b) 所示分别为串联调整型稳压器和恒流源的原理图。由图可见，两种电路的结构十分相似，在结构上都包含了调整晶体管、比较放大器、基准电压和采样电阻几个单元。两种电路的工作原理也基本相同，如因某种原因，使输出电压或电流变化时，通过采样电阻的检测，将此变化信号和基准电压进行比较，再经比较放大器放大后去控制调整晶体管，使输出电压或电流恢复到原来的稳定值。

我们知道，稳压电源的输出电压为：

$$U_o = U_R/n$$

式中，$n$ 为分压比，$n = R_2/(R_1 + R_2)$。

因此，恒流源的输出电流为：

$$I_o = U_R/R_S$$

由此可见，串联调整型稳流源的输出电流与电源输入电压、负载电阻无关，而仅由基准电压 $U_R$ 和 $R_S$ 决定。

分析两个电路还可发现，稳压源和恒流源在结构上的差别仅在采样电路，前者采样电阻 $R_1$ 和 $R_2$ 组成分压电路，与负载 $R_L$ 并联，用来取样输出电压，属于电压采样；而在恒流源中，采样电阻 $R_S$ 和负载 $R_L$ 串联，用于取样输出电流，属于电流采样。如果使稳压器空载，

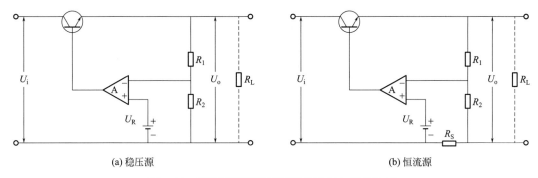

(a) 稳压源　　　　　　　　　　　　　　　(b) 恒流源

图 6-51　串联调整型稳压源和恒流源电路的比较

并把采样电路中的 $R_1$ 作负载，则稳压源和恒流源电路就完全相同。因此，恒流源实质上是一种输出电压可调范围很大，并处于空载状态的稳压源。

此外，在稳压源电路中，若负载短路，不仅使通过调整管的电流增加许多倍，而且几乎全部输入电压都加在调整管两端，这可能使调整管功耗过大而损坏，因此稳压源中通常都加有各种保护电路。而在恒流源电路中，即使负载短路，由于采样电阻的限流作用，只要设计合理，就不会损坏调整管，所以一般不需加接保护电路。

# 第**7**章

# 晶闸管

晶闸管是晶体闸流管（Thyristor）的简称，它是具有 PNPN 四层结构的各种开关器件的总称。按照 IEC（国际电工委员会）的定义，晶闸管是指具有 3 个以上 PN 结，主电压-电流特性至少在一个象限内具有导通、阻断两个稳定状态，且可在这两个稳定状态之间进行转换的半导体器件。显然，这是指一个由多种器件组成的家族，但是通常所说的晶闸管往往是指该家族的一个成员，即使用最广泛的普通晶闸管，俗称可控硅整流器（Silicon Controlled Rectifier）简称可控硅（SCR）。此外，在普通晶闸管的基础上还派生出许多新型器件，它们是工作频率较高的快速晶闸管（Fast Switching Thyristor，FST）、反向导通的逆导晶闸管（Reverse Conducting Thyristor，RCT）、两个方向都具有开关特性的双向晶闸管（Triode AC Switch，TRIAC）、门极可以自行关断的门极可关断晶闸管（Gate Turn Off Thyristor，GTO）、门极辅助关断晶闸管（Gate Assisted Turn Off Thyristor，GATO）以及用光信号触发导通的光控晶闸管（Light Triggered Thyristor，LTT）等。

## 7.1 普通晶闸管

晶闸管是一种既具有开关作用，又具有整流作用的大功率半导体器件，可应用于可控整流、变频、逆变及无触点开关等多种电路。对它只需提供一个弱电触发信号，就能获得强电输出。所以说它是半导体器件从弱电领域进入强电领域的桥梁。

### 7.1.1 外形及电路图形符号

普通晶闸管的常见外形如图 7-1 所示。图 7-2（a）中右图所示为晶闸管电路图形符号。晶闸管共有三个电极，分别是阳极（A）、阴极（K）和控制极（G）。

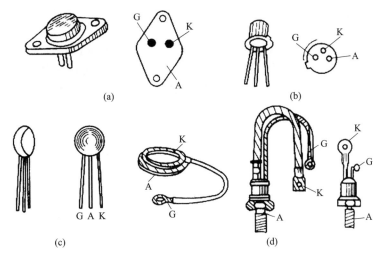

图 7-1　几种常见晶闸管外形示意图

## 7.1.2　基本结构与工作原理

普通晶闸管的结构可以用图 7-2 来说明，从图 7-2(a) 中能够看出，它是一个具有 3 个 PN 结的 4 层三端半导体器件。由最外面一层的 P 型材料引出一个电极作为阳极 A，由最外面一层的 N 型材料引出一个电极作为阴极 K，中间的 P 型材料引出一个电极作为控制极 G。4 层半导体之间分别形成 3 个 PN 结，分别是 $J_1$、$J_2$ 和 $J_3$，如图 7-2(b) 所示。

晶闸管导通的工作原理可以用双晶体管模型来解释，如图 7-3 所示。如在器件上取一倾斜的截面，则晶闸管可以看作由 $P_1N_1P_2$ 和 $N_1P_2N_2$ 构成的两个晶体管 $VT_1$、$VT_2$ 组合而成。如果外电路向门极注入电流 $I_G$，也就是注入驱动电流，则 $I_G$ 流入晶体管 $VT_2$ 的基极，即产生集电极电流 $I_{C2}$，它构成晶体管 $VT_1$ 的基极电流，进而放大成集电极电流 $I_{C1}$，$I_{C1}$ 又进一步增大 $VT_2$ 的基极电流，如此形成强烈的正反馈，最后 $VT_1$ 和 $VT_2$ 进入完全饱和状态，即晶闸管导通。此时如果撤掉外电路注入门极的电流 $I_G$，晶闸管内部形成的强烈正反馈仍然会维持其导通状态。而要使其关断，就必须去掉阳极所加的正电压，或者给阳极施加反压，或者设法使流过晶闸管的电流降低到接近于零的某一数值以下，晶闸管才能关断。所以，对晶闸管的驱动过程更多的是称为触发，产生注入门极触发电流 $I_G$ 的电路称为门极触发电路。也正是由于通过门极只能控制其开通，不能控制其关断，晶闸管才被称为半控型器件。

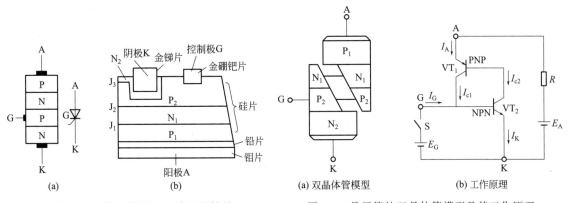

图 7-2　晶闸管的结构及电路图形符号　　　　图 7-3　晶闸管的双晶体管模型及其工作原理

### 7.1.3 伏安特性

总结前述晶闸管的工作原理，可以归纳出晶闸管正常工作时的特性如下：

① 当晶闸管承受反向电压时，不论门极是否有触发电流，晶闸管都不会导通。

② 当晶闸管承受正向电压时，仅在门极有触发电流的情况下晶闸管才能导通。

③ 晶闸管一旦导通，门极就失去控制作用，不论其门极触发电流是否还存在，晶闸管都将保持导通状态。

④ 若要使已导通的晶闸管关断，只能利用外加电压和外电路的作用，使流过晶闸管的电流降到接近于零的某一数值以下。

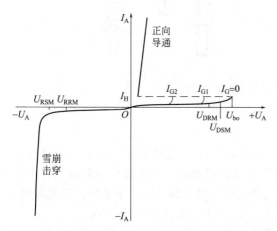

图 7-4　晶闸管的伏安特性（$I_{G2} > I_{G1} > I_G$）

以上特性反映到晶闸管的伏安特性上则如图 7-4 所示。位于第 Ⅰ 象限的是正向特性，位于第 Ⅲ 象限的是反向特性。当 $I_G = 0$ 时，若在器件两端施加正向电压，则晶闸管处于反向阻断状态，只有很小的正向漏电流流过。若正向电压超过临界极限即正向转折电压 $U_{bo}$，则漏电流急剧增大，器件开通（由高阻区经虚线负阻区到低阻区）。随着门极电流幅值的增大，正向转折电压降低。导通后的晶闸管特性和二极管的正向特性相仿。即使通过较大的阳极电流，晶闸管本身的压降也很小，在 1V 左右。导通期间，若门极电流为零，并且阳极电流降至接近于零的某一数值 $I_H$ 以下，则晶闸管又回到正向阻断状态。$I_H$ 称为维持电流。当在晶闸管上施加反向电压时，其伏安特性类似二极管的反向特性。晶闸管处于反向阻断状态时，只有极小的反向漏电流通过。当反向电压超过一定限度，达到反向击穿电压后，外电路如无限制措施，则反向漏电流急剧增大，必将导致晶闸管发热损坏。

晶闸管的门极触发电流是从门极流入晶闸管，从阴极流出的。阴极是晶闸管主电路与控制电路的公共端。门极触发电流也往往是通过触发电路在门极与阴极之间施加触发电压而产生的。从晶闸管的结构图可以看出，门极与阴极之间是一个 PN 结 $J_3$，其伏安特性称为门极伏安特性。为了保证可靠、安全的触发，门极触发电路所提供的触发电压、触发电流和功率都应限制在晶闸管门极伏安特性曲线中的可靠触发区内。

### 7.1.4 主要参数

普通晶闸管在反向稳态下一定处于阻断状态。而与电力二极管不同的是，晶闸管在正向工作时不但可能处于导通状态，也可能处于阻断状态。因此在提到晶闸管的参数时，断态和通态都是为了区分正向的不同状态，因此"正向"二字可省去。此外，各参数的给出往往与晶闸管的结温相联系，在实际应用时都应注意参考器件参数和特性曲线的具体规定。

（1）电压参数

① 正向转折电压 $U_{bo}$　是指在额定结温为 100℃ 且门极 G 开路时，在其阳极 A 与阴极 K 之间加正弦半波正向电压，使其由关断转变为导通状态时所对应的峰值电压。

② 反向击穿电压 $U_{br}$　是指在额定结温下，晶闸管阳极与阴极之间施加正弦半波反向电压，当其反向漏电电流急剧增加时所对应的峰值电压。

③ 断态重复峰值电压 $U_{DRM}$ 是指在门极断路而结温为额定值（100A 以上为 115℃，50A 以下为 100℃）时，允许重复加在器件上的正向峰值电压（如图 7-4 所示）。国标规定重复频率为 50Hz，每次持续时间不超过 10ms，断态重复峰值电压 $U_{DRM}$ 为断态不重复峰值电压（即断态最大瞬时电压）$U_{DSM}$ 的 90%。断态不重复峰值电压应低于正向转折电压 $U_{bo}$，所留裕量大小由各生产厂家自行规定。一般而言，断态重复峰值电压 $U_{DRM}$ 约为正向转折电压 $U_{bo}$ 减去 100V 后的电压值。

④ 反向重复峰值电压 $U_{RRM}$ 是指在门极断路而结温为额定值时，允许重复加在器件上的反向峰值电压（如图 7-4 所示）。规定反向重复峰值电压 $U_{RRM}$ 为反向不重复峰值电压（即反向最大瞬态电压）$U_{RSM}$ 的 90%。反向不重复峰值电压应低于反向击穿电压，所留裕量大小由各生产厂家自行规定。一般而言，反向重复峰值电压 $U_{RRM}$ 约为反向击穿电压减去 100V 后的峰值电压。

⑤ 通态平均电压 $U_{T(AV)}$ 晶闸管正向通过正弦半波额定平均电流，结温稳定时的阳极与阴极之间电压的平均值。习惯上称其为晶闸管导通时的管压降，这个值越小越好。

⑥ 通态（峰值）电压 $U_{TM}$ 通态（峰值）电压是晶闸管通以某一规定倍数的额定通态平均电流时的瞬态峰值电压。

⑦ 门极触发电压 $U_G$ 在室温下，晶闸管阳极与阴极间加 6V 正电压，使晶闸管从关断变为导通所需要的最小门极直流电压。一般 $U_G$ 为 1～5V。在实际应用过程中，为了保证晶闸管可靠触发，其门极触发电压往往比额定值大。

⑧ 门极反向峰值电压 $U_{RGM}$ 晶闸管门极所加反向峰值电压 $U_{RGM}$ 一般不超过 10V，以免损坏控制结（$J_3$ 结）。

通常取晶闸管的 $U_{DRM}$ 和 $U_{RRM}$ 中较小的标值作为该器件的额定电压。选用时，额定电压要留有一定裕量，一般取额定电压为正常工作时晶闸管所承受峰值电压的 2～3 倍。

（2）电流参数

① 通态平均电流 $I_{T(AV)}$ 国家标准规定通态平均电流为晶闸管在环境温度为 40℃ 和规定的冷却状态下，稳定结温不超过额定结温时所允许流过的最大工频正弦半波电流的平均值。这也是标称其额定电流的参数，通常所说的"多少安的晶闸管"就是指此值。同电力二极管一样，这个参数是按照正向电流造成器件本身通态损耗的发热效应来定义的。因此在使用时同样应按照实际波形的电流与通态平均电流所造成的发热效应相等，即有效值相等的原则来选取晶闸管的此项电流定额，并应留一定的裕量。一般取其通态平均电流为按此原则所得计算结果的 1.5～2 倍。

② 门极触发电流 $I_G$ 是指在室温下，晶闸管阳极与阴极间加 6V 正电压，使晶闸管从关断变为导通所需要的最小门极直流电流。一般 $I_G$ 为几十到几百毫安。

③ 维持电流 $I_H$ 是指使晶闸管维持导通所必需的最小电流，一般为几十到几百毫安。$I_H$ 与结温有关，结温越高，则 $I_H$ 越小。

④ 擎住电流 $I_L$ 是指晶闸管刚从断态转入通态并移除触发信号后，能维持导通所需的最小电流。对同一晶闸管来说，通常 $I_L$ 为 $I_H$ 的 2～4 倍。

⑤ 浪涌电流 $I_{STM}$ 是指由于电路异常情况引起的使结温超过额定结温的不重复性最大正向过载电流。浪涌电流有上下两个级，这个参数可用来作为设计保护电路的依据。

⑥ 断态重复峰值电流 $I_{DRM}$ 和反向重复峰值电流 $I_{RRM}$ 是指在额定结温和门极开路时，对应于断态重复峰值电压和反向重复峰值电压下的电流值。一般小于 $100\mu A$。

（3）动态参数

晶闸管的主要参数除电压和电流参数外，还有动态参数：开通时间 $t_{gt}$、关断时间 $t_q$、断态电压临界上升率 $du/dt$ 和通态电流临界上升率 $di/dt$ 等。

① 开通时间 $t_{gt}$　在室温和规定的门极触发信号作用下，使晶闸管从断态变成通态的过程中，从门极电流阶跃时刻开始，到阳极电流上升到稳态值的 $90\%$ 所需的时间称为晶闸管开通时间 $t_{gt}$。开通时间与门极触发脉冲的前沿上升的陡度与幅值的大小、器件的结温、开通前的电压、开通后的电流以及负载电路的时间常数有关。

② 关断时间 $t_q$　在额定的结温时，晶闸管从切断正向电流到恢复正向阻断能力这段时间称为晶闸管关断时间 $t_q$。晶闸管关断时间 $t_q$ 与管子的结温、关断前阳极电流及所加的反向电压的大小有关。

③ 断态电压临界上升率 $du/dt$　在额定的环境温度和门极开路的情况下，使晶闸管保持断态所能承受的最大电压上升率。如果该 $du/dt$ 数值过大，即使此时晶闸管阳极电压幅值并未超过断态正向转折电压，晶闸管也可能造成误导通。使用中，实际电压的上升率必须低于此临界值。

④ 通态电流临界上升率 $di/dt$　在规定条件下，晶闸管用门极触发信号开通时，晶闸管能够承受而不会导致损坏的通态电流最大上升率。

## 7.1.5　典型应用

普通晶闸管多用于交直流电压控制、可控整流、逆变电源和开关电源的保护电路等。本节主要讲述晶闸管直流电机调速电路、晶闸管交流调光灯电路、晶闸管开关电路以及晶闸管逆变电路等。晶闸管整流电路与触发电路将在后续章节中详细讲述。

（1）直流电机调速电路

晶闸管直流电机调速电路如图 7-5 所示。220V 市电经整流后，通过晶闸管 SCR 加到直流电机的电枢上，同时它还向励磁线圈 ML 提供励磁电流。只要调节 RP 的阻值，就能改变晶闸管的导通角，从而改变输出电压的大小，实现直流电机的调速。$VD_1$ 是续流二极管，加入 $VD_1$ 的目的就是消除反电动势的影响。

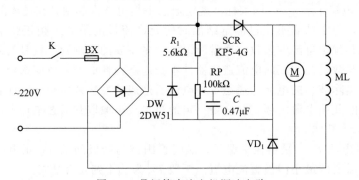

图 7-5　晶闸管直流电机调速电路

（2）交流调光灯电路

普通晶闸管交流调光灯电路如图 7-6 所示。整流输出电压经 $R_1$、DW 削波后供给由单结晶体管 BT33 构成的触发电路。在第一个半周期内，电容 $C$ 上的充电电压达到 BT33 的峰点电压，BT33 导通，$C$ 放电，$R_2$ 上输出的脉冲电压触发 SCR 使其导通，于是就有电流流过 $L$（灯）和 SCR，在 SCR 正向电压较小时，其自动关断。待下一个周期开始后，$C$ 又充电，重复上述过程。调节 RP 的阻值即可改变电容 $C$ 的充、放电速度，从而改变 SCR 的导通角，达到改变负载电压和灯 L 亮暗的目的。

（3）开关电路

如图 7-7 所示电路是一款延时自锁开关电路，接通 12V 直流电源并闭合开关 S 后，由于

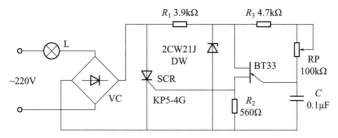

图 7-6　普通晶闸管交流调光灯电路

电容 $C_1$ 两端电压不能突变，三极管 $VT_1$ 截止，晶闸管 $SCR_1$ 不导通，继电器停止工作。随着电容 $C_1$ 充电时间的延长，三极管 $VT_1$ 的基极电位逐渐上升，当 $VT_1$ 基极电位上升到高于 $1V$ 时，三极管 $VT_1$ 导通，为晶闸管 $SCR_1$ 提供一个触发信号，随后晶闸管 $SCR_1$ 导通，继电器得电吸合，接通负载电路。只有 $12V$ 直流电源中断或断开开关 S 后，晶闸管 $SCR_1$ 才能断开继电器的供电，进而切断负载供电。

（4）逆变电路

图 7-8 所示为单向桥式并联逆变电路。电路中除了由晶闸管 $VT_1 \sim VT_4$ 和二极管 $VD_1 \sim VD_4$ 组成的桥式逆变电路结构外，还有 $L_1 \sim L_4$ 和 $C_1 \sim C_4$ 组成的换相电路。

在该电路中 $VT_1$ 和 $VT_2$ 为一组，$VT_3$ 和 $VT_4$ 为另一组。在某一时刻，电路中只有两个晶闸管导通，或者是 $VT_1$ 和 $VT_2$ 导通而 $VT_3$ 和 $VT_4$ 关断，此时负载中有电流流过，方向是从 A 流向 B，$u_{AB}$ 为正；或者是 $VT_3$ 和 $VT_4$ 导通而 $VT_1$ 和 $VT_2$ 关断，则负载中也有电流流过，不过方向是从 B 流向 A，$u_{AB}$ 为负。在运行过程中，只要适当控制两组晶闸管的触发信号即可在输出 AB 端得到交变电压。按照图 7-8 的接线，在 $VT_1$ 和 $VT_2$ 导通时 $u_{AB}$ 为正；此时若同时触发 $VT_3$ 和 $VT_4$ 使之导通，则 $VT_1$ 和 $VT_2$ 会被关断，电压 $u_{AB}$ 立刻改变方向，$u_{AB}$ 为负；在 $VT_3$ 和 $VT_4$ 导通后的某一时刻再同时触发 $VT_1$ 和 $VT_2$ 使之导通，则 $VT_3$ 和 $VT_4$ 会被同时关断，电压 $u_{AB}$ 又变为正。

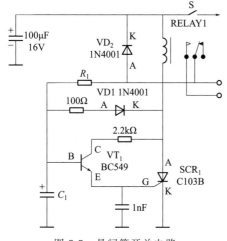

图 7-7　晶闸管开关电路

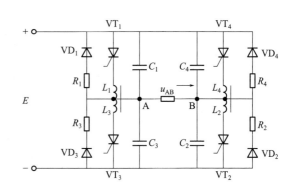

图 7-8　单相桥式并联逆变电路

## 7.1.6　保护与容量扩展

（1）过电压保护

晶闸管对过电压很敏感，当正向电压超过其断态重复峰值电压 $U_{DRM}$ 一定值时，就会误导通，引发电路故障；当外加的反向电压超过其反向重复峰值电压 $U_{RRM}$ 一定值时，晶闸管将会立即损坏。因此，必须研究晶闸管过电压的产生原因及其抑制方法。

晶闸管过电压产生的原因主要是供给的电功率或系统的储能发生了激烈变化，使系统来不及转换，或者系统中原来积聚的电磁能量不能及时消散。主要表现为两种类型：雷击等外来冲击引起的过电压和开关的开闭引起的冲击电压。由于雷击或高压断路器动作等产生的过电压是几微秒至几毫秒的电压尖峰，对晶闸管是很危险的。由开关开闭引起的冲击电压又可分为以下几类：

① 交流电源接通、断开产生的过电压　例如交流开关的开闭，交流侧熔断器熔断等引起的过电压，这些过电压由于变压器绕组的分布电容、漏抗造成的谐振回路、电容分压等使过电压数值通常为正常值的 2 倍至 10 多倍。一般而言，其开闭的速度越快，则其过电压越高，在空载情况下断开回路将会有更高的过电压。

② 直流侧产生的过电压　根据 $L\,\mathrm{d}i/\mathrm{d}t$ 的关系，如切断回路的电感大或者切断时的电流值大，都会产生比较大的过电压。这种情况常出现于切除负载、正在导通的晶闸管开路或是快速熔断器熔体烧断等原因引起的电流突变。

③ 换相冲击电压　包括换相过电压和换相振荡过电压。换相过电压是由于晶闸管的电流降为零时器件内部各结层残存载流子复合所产生的，所以又叫载流子积蓄效应引起的过电压。换相过电压之后，出现换相振荡过电压，它是由于电感、电容形成共振产生的振荡电压，其值与换相结束后的反向电压有关。反向电压越高，换相振荡过电压值越大。

针对晶闸管形成过电压的不同原因，可以采取不同的抑制方法。减少过电压源，并使过电压幅值衰减；抑制过电压能量上升的速率，延缓已产生能量的消散速度，增加其消散的途径；采用电子线路进行保护。目前最常用的是在回路中接入吸收能量的元件，使能量得以消散，常称为吸收回路或缓冲电路。

① 阻容吸收回路　一般过电压波均具有较高的频率，常用电容作为吸收元件，为防止振荡，常加阻尼电阻，构成阻容吸收回路。阻容吸收回路可接在电路的交流侧、直流侧或直接并接在晶闸管的阳极与阴极之间。吸收电容最好选用无感电容，接线应尽量短。

② 由硒堆及压敏电阻等非线性元件组成吸收回路　上述阻容吸收回路的时间常数 $RC$ 固定，有时对时间短、峰值高、能量大的过电压来不及放电，抑制过电压的效果较差，一般在变流装置的进出线端还并有硒堆或压敏电阻等非线性元件。硒堆的特点是其动作电压与温度有关，温度低其耐压就高；另外，硒堆具有自恢复特性，能多次使用，当过电压动作后硒基片上的灼伤孔被熔化的硒重新覆盖，又自行恢复其工作特性。压敏电阻是以氧比锌为基体的金属氧化物非线性电阻，其结构为两个电极，电极之间填充的粒径为 $10\sim50\mu m$ 的不规则的 ZnO 微结晶，结晶粒间是厚约 $1\mu m$ 的氧化铋粒界层。这个粒界层在正常电压下呈高阻状态，只有很小的漏电流，其值小于 $100\mu A$；当加上过电压时，引起了电子雪崩，粒界层迅速变成低阻抗，电流迅速增加，泄漏了能量，抑制了过电压，可以使晶闸管得到有效保护。浪涌过后，粒界层又恢复为高阻状态。

（2）过电流保护

由于半导体器件体积小、热容量小，特别像晶闸管这类高电压、大电流的功率器件，结温必须受到严格的控制，否则容易彻底损坏。当晶闸管中流过大于额定值的电流时，热量来不及散发，使得结温迅速升高，最终将导致结层被烧坏。

晶闸管产生过电流的原因是多种多样的，例如变流装置本身晶闸管损坏、触发电路发生故障、控制系统发生故障等，交流电源电压过高、过低或缺相，负载过载或短路，相邻设备故障影响等。

晶闸管过电流保护方法中最常用的是快速熔断器。由于普通熔断器的熔断特性动作太慢，在熔断器尚未熔断之前晶闸管已被烧坏，所以不能用来保护晶闸管。快速熔断器由银质熔丝埋于石英砂内，熔断时间极短，可以用来保护晶闸管。

在实际使用中，快速熔断器有几种不同的接法，如图7-9所示。图7-9（a）为快速熔断器与晶闸管相串联的接法；图7-9（b）表示快速熔断器接在交流侧；图7-9（c）则表示快速熔断器接在直流侧，这种接法只能保护负载故障情况，当晶闸管本身短路时无法起保护作用。

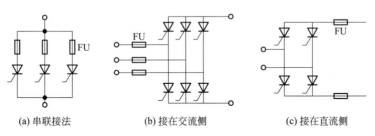

(a) 串联接法　　　　(b) 接在交流侧　　　　(c) 接在直流侧

图 7-9　快速熔断器的接法

除了快速熔断器外，还有其他的过电流保护方法，如过电流继电器、过负荷继电器、直流快速断路器等。过电流继电器常和门极断开装置安装在一起，动作快，通常经 1～2ms 就可使断路器跳闸，其信号由交流侧的电流互感器取得。当发生换相故障时，有可能使断路器动作，而快速熔断器并不烧坏。过负荷继电器是热动型继电器，安装在交流侧进线端，进行晶闸管过负荷的热保护。直流快速断路器又称快速开关，它应先于快速熔断器和晶闸管动作，以避免经常更换快速熔断器而降低运行费用。

（3）晶闸管的串并联

由于晶闸管的额定值是有限的，当需要较高电压或较大电流时，用单独一个晶闸管是不行的，必须将多个晶闸管组合起来使用，即串并联运行。但是由于晶闸管特性的分散性，使用简单的串并联结构并不理想，因此应当讨论其合理的结构方式。

① 晶闸管的串联应用　特性的分散性对简单的晶闸管串联应用的影响，可以从静态与动态两方面来考虑。就静态特性而言，器件的反向特性即漏电流值不一致，或者说反向电阻值不一致；当把它们串接在一起时，由于流过了相同的漏电流，那么反向阻值大的晶闸管承受的反向电压就高，反向阻值小的晶闸管承受的反向电压就低，使反向阻值大的器件容易过电压。此现象称为晶闸管串联时的静态不均压。

从动态特性来看，器件的动作时间，即开通时间和关断时间彼此也有差别；当把它们串接在一起时，在导通过程中，先开通的晶闸管将承受满值正向电压；而在关断过程中，先关断的晶闸管将承受全部反向电压。此现象称为晶闸管串联时的动态不均压。

为了使串联使用的晶闸管承受较为均匀的电压，可采取如下三项措施：

a. 尽量选用特性一致的器件；

b. 采取静态均压措施，用均压电阻 $R_P$，使其流过的电流远大于器件反向漏电流，因而反向电压的分配由 $R_P$ 决定，克服了反向特性不一致造成的影响，如图7-10所示；

c. 采取动态均压措施，用电容 $C_b$ 和电阻 $R_b$ 的串联支路并接在晶闸管上，利用电容电压不能突变的特性减慢电压的上升速度，如图7-10所示。

② 晶闸管的并联应用　并联应用的晶闸管可能出现电流分配不均，这也可以从静态与动态两个方面来讨论。从静态特性看，由于晶闸管的正向特性不一致，正向压降小的必然承受大电流，正向压降大的必然承受小电流。从动态特性看，由于开通时间不同，在并接条件

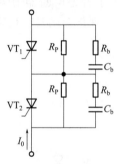

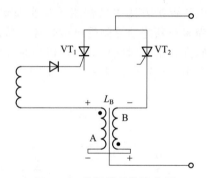

图 7-10　晶闸管的串联运行　　　　图 7-11　晶闸管的并联应用

下，开通时间短的必然先导通，阳阴极间的电压先下降，使另外的晶闸管触发困难；先开通的晶闸管通过的电流大，有可能因 $di/dt$ 过大而造成损坏。

解决并联应用的均流问题，除尽量选用特性一致的器件外，一般还可采取下述措施：

a. 在并联的晶闸管中各自串电阻。在晶闸管支路内串联电阻后，相当于加大内阻使特性倾斜，电流的不均匀度大约可降到 $5\%$；但串入电阻不宜太大，否则损耗将增加，以在额定电流时有 0.5V 压降较适中。

b. 并联晶闸管串均流电抗器。其接线示意如图 7-11 所示，若晶闸管 $VT_1$ 先导通，则在互感器 $L_B$ 上产生如图中所示极性的电压，该电压提高了 $VT_2$ 的阳阴极之间的电压，使 $VT_2$ 易于导通，从而起到动态均流的作用。当 $VT_1$ 的电流增加时，绕组 A 产生的感应电动势有使 $VT_1$ 电流减小的作用，而绕组 B 上感应的电动势有使 $VT_2$ 电流增加的作用。这样，不单单解决了导通时间不同的均流问题，也解决了导通后电流分配不均匀的问题。串入均流电抗器能限制 $di/dt$ 的变化，容易达到不均匀度低于 $10\%$ 的要求，但这种方法也存在明显的缺点：电抗器本身较笨重，接线较复杂。

c. 并联晶闸管各自串联均流电抗器。在多个晶闸管并联时，一般是用各自串联电抗器的方法来均流，所谓各自即是指各电抗器是独立的，彼此间无磁耦联系。各自串联均流电抗器后，不仅可起到均流作用，而且可限制 $di/dt$ 和 $du/dt$。限制 $di/dt$ 的作用不用多加赘述，限制 $du/dt$ 的作用是电抗器与换相过电压保护元件 $RC$ 共同实现的。例如，当晶闸管开通时，电抗器能限制其他桥臂换相过电压保护元件 $RC$ 的放电电流，这样就使晶闸管的开通过程不会太快。与此同时，也限制了其他桥臂晶闸管关断过程中 $du/dt$ 的增加。

当晶闸管由导通转为关断时，桥臂电压突然增加，电抗器和换相过电压保护元件 $RC$ 形成串联谐振，谐振电压由 $C$ 的瞬间短路而全部加在电抗器上，随着时间的增加，电容器 $C$ 上的端电压才逐渐建立，即晶闸管的反向电压才建立。由此可见，电抗器和 $RC$ 共同抑制了电压上升率 $du/dt$。

d. 变压器分组供电的均压、均流法。用有几个二次绕组的变压器分别供给几个独立的整流电路；再在直流侧串联或并联，从而可以得到很高的电压和很大的电流。图 7-12(a) 为变压器分组供电均压接线示意，图 7-12(b) 为变压器分组供电均流接线示意。这种方法对于每个晶闸管并不需要均压或均流电阻，而是由变压器的漏抗代替了均流电抗器的作用，避免了功率损耗或连锁击穿事故。但是变压器需要进行特殊设计。

e. 布线均流法。在大容量装置中要尽量使各并联支路电阻相等，自感和互感相等，因此应该同时考虑母线电流磁场引起的电流分配不均匀问题。

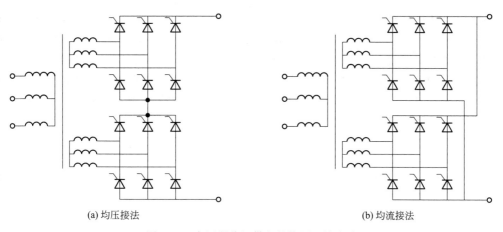

(a) 均压接法　　　　　　　　　　　　　　　　(b) 均流接法

图 7-12　变压器分组供电的均压、均流法

## 7.1.7　故障与检测

（1）故障现象

① 短路故障。对普通晶闸管来说，一般就是 A→K 极、G→K 极和 A→G 极短路。任意两极发生短路，都会使这两极间的电阻比正常值小许多，甚至为 0。应用的晶闸管出现了短路故障后，不但其本身起不到控制作用，还有可能造成电路中其他器件或电源损坏。晶闸管发生短路故障后，工作电流很大，常会烧断主电路的熔丝。

② 断路故障。对普通晶闸管来说，一般就是 G→K 极间或 A→K 极间不能导通正向电流。只要两极间断路，这两极间的电阻就为无穷大。应用中的晶闸管，无论哪个电极出现了断路故障，都将失去控制作用。

③ 漏电故障。对普通晶闸管来说，漏电故障就是 A→K 极间呈现一定的正、反向电阻，G→K 极间呈现一定的反向电阻。工作中，不管控制极是否加了触发电压，A→K 极间都会流通一定的电流，这就是漏电故障的特点。

（2）检测方法

对晶闸管性能检测的主要依据是：当其截止时，漏电流是否很小；当其触发导通后，压降是否很小。若这两者都很小，则说明晶闸管具有良好的性能，否则说明晶闸管的性能不好。对晶闸管的检测主要包括三个方面：晶闸管极性的判别、晶闸管好坏的判别以及晶闸管触发导通能力的判别。通常用万用表对晶闸管进行检测。

① 用万用表判断晶闸管的极性　螺栓型和平板型晶闸管的三个电极外部形状有很大区别，因此根据其外形便基本上可把它们的三个电极区分开来。对于螺栓型晶闸管而言，螺栓是其阳极 A，粗辫子线是其阴极 K，细辫子线是其门极 G；对于平板型晶闸管而言，它的两个平面分别是阳极 A 和阴极 K（阳极和阴极的区分方法同下面的塑封型晶闸管），细辫子线是其门极 G；塑封型晶闸管三个电极的引脚在外形上是一致的，对其极性的判定，可通过指针式万用表的欧姆挡或数字式万用表的二极管挡、PNP 挡（或 NPN 挡）来检测。首先将塑封型晶闸管三个电极的引脚编号为 1、2 和 3，然后根据前面所讲的晶闸管工作原理，晶闸管门极 G 与阴极 K 之间有一个 PN 结，类似一个二极管，有单向导电性；而阳极 A 与门极 G 之间有多个 PN 结，这些 PN 结是反向串接起来的，正、反向阻值都很大，根据此特点就可判断出晶闸管的各个电极。

当用指针式万用表的欧姆挡检测晶闸管的极性时，其检测方法如图 7-13 所示。把万用表拨至 R×100 或 R×1k 挡（在测量过程中要根据实际需要变换万用表的电阻挡），然后用万用表的红、黑两支表笔分别接触编号 1、2 和 3 之中的任意两个，测量它们之间的正、反向阻值。若某一次测得的正、反向阻值都接近无穷大，则说明与红、黑两支表笔相接触的两根引脚是阳极 A 和阴极 K，另一根引脚是门极 G。然后，再用黑表笔去接触门极 G，用红表笔分别接触另两极。在测得的两个阻值中，较小的一次与红表笔接触的引脚是晶闸管的阴极 K（一般为几千欧至几十千欧），另一根引脚就是其阳极 A（一般为几十千欧至几百千欧）。

当用数字式万用表的二极管挡进行判别时，将数字式万用表拨至二极管挡，先把红表笔接编号 1，黑表笔依次接编号 2 和 3。在两次测量中，若有一次电压显示为零点几伏，则说明编号 1 是门极，与黑表笔相接的是阴极，另一编号是阳极；若两者都显示溢出，则说明编号 1 不是门极。此时，再把红表笔接编号 2，黑表笔依次接编号 1 和 3。在这两次测量中，若有一次电压显示为零点几伏，则说明编号 2 是门极，与黑表笔相接的另一编号是阴极，很显然，第三个编号就是阳极；若两次都显示溢出，则说明编号 2 不是门极，但由上述可知，编号 3 肯定是门极。然后，把红表笔接编号 3，黑表笔依次接编号 1 和 2，若有一次电压显示为零点几伏，则说明与黑表笔相接的另一编号是阴极；若显示溢出，则说明与黑表笔相接的另一编号是阳极。

当用数字式万用电表的 PNP 挡进行判别时，将数字式万用表拨至 PNP 挡，把晶闸管的任意两根引脚分别插入 PNP 挡的 c 插孔和 e 插孔，然后用导线把第三根引脚分别和前两根引脚相接触。反复进行上述过程，直到屏幕显示从"000"变为显示溢出符号"1"为止。此时，插在 c 插孔的引脚是阴极 K，插在 e 插孔的引脚是阳极 A，很显然，第三根引脚是门极 G。当然也可以用数字式万用电表的 NPN 挡进行检测，其测试步骤与上述方法相同。但所得结论的不同点是：插在 e 插孔的引脚是阴极 K，插在 c 插孔的引脚是阳极 A。

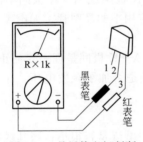

图 7-13　晶闸管电极判断

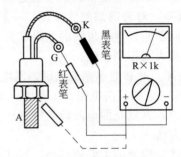

图 7-14　晶闸管好坏判断

② 用万用表判断晶闸管的好坏　用万用表可以大致测量出晶闸管的好与坏。测试方法如图 7-14 所示。如果测得阳极 A 与门极 G 以及阳极 A 与阴极 K 之间正、反向电阻值均很大，而门极 G 与阴极 K 之间有单向导电现象时，说明晶闸管是好的。

测量晶闸管门极 G 与阴极 K 之间的正、反向电阻时，一般而言，其正、反向电阻值相差较大，但有的晶闸管 G、K 间正、反向电阻值相差较小，只要反向电阻值明显比正向电阻值大就可以了。晶闸管一般测试数据如表 7-1 所示。

表 7-1　晶闸管的测试数据

| 测量电极 | 正向电阻值 | 反向电阻值 | 晶闸管好坏的判别 |
| --- | --- | --- | --- |
| A、K 间 | 接近∞ | 接近∞ | 正常 |
| G、K 间 | 几千欧至几十千欧 | 几十千欧至几百千欧 | 正常 |
| A、K 间，G、K 间，G、A 间 | 很小或接近零 | 很小或接近零 | 内部击穿短路 |
| A、K 间，G、K 间，G、A 间 | ∞ | ∞ | 内部开路 |

③ 检测触发能力　根据普通晶闸管的导通、截止条件，可分以下三种情况对其进行检测：

a. 检测工作电流为 5A 以下的普通晶闸管。检测电路如图 7-15 所示。将万用表置于 R×1 挡，红表笔接 K，黑表笔接 A，先使开关处于断开位置，此时，万用表指针不动。然后将开关合上，使门极 G 与阳极 A 短路，即给门极 G 加上了正向触发电压。此时，万用表指针明显向右摆动，并停在几欧至十几欧处，表明晶闸管因正向触发而导通。接着，保持红、黑表笔接法不变，将开关由接通打到断开状态，这时，若万用表指针仍保持在几欧至几十欧的位置不动，说明晶闸管的性能良好。

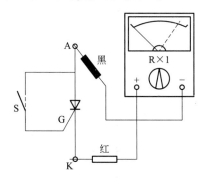

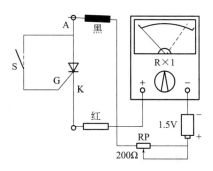

图 7-15　检测 5A 以下普通晶闸管的方法　　　　图 7-16　检测 5～100A 普通晶闸管的方法

b. 检测工作电流为 5～100A 的普通晶闸管。检测电路如图 7-16 所示。由于大电流晶闸管的门极触发电压、维持电流和通态压降都比较大，所以若仅使用 R×1 挡测量，所提供的电流将明显偏低，易使晶闸管导通不良，造成误判。因此，需要外接一节 1.5V 干电池进行测试。仍使用 R×1 挡，红表笔仍接阴极 K，在黑表笔端串一节 1.5V 干电池和一个可变电阻 RP 后再接阳极 A。设置可变电阻 RP 的目的是为了保护万用表。步骤与检测 5A 以下的普通晶闸管的方法相同。

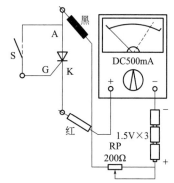

c. 检测工作电流为 100A 以上的普通晶闸管。工作电流 100A 以上的普通晶闸管的门极触发电压、维持电流和通态压降都很大，有的产品触发电压高达 4V，维持电流达 300mA。所以，检测时应采用如图 7-17 所示的电路。万用表使用直流 500mA 挡，外接电池电压增至 4.5V。具体测试判断方法仍与检测 5A 以下普通晶闸管的方法相同。

图 7-17　检测 100A 以上普通晶闸管的方法

# 7.2　晶闸管整流电路

由晶闸管或其他可控器件组成的整流电路称为全控整流电路，由整流二极管和晶闸管按照一定规律混合组成的整流电路称为半控整流电路，全控整流电路和半控整流电路通称为可控整流电路。本节主要介绍常用的几种单相、三相可控整流电路，分析其工作原理、不同性质负载时整流电路电压和电流波形，并给出相关电量的基本数量关系。

## 7.2.1　单相半波可控整流电路

单相半波可控整流电路是组成各类型可控整流电路的基本单元电路，且各种可控整流电

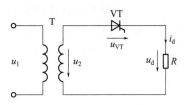

图 7-18　单相半波可控整流
电路（纯电阻负载）

路的工作回路都可等效为单相半波可控整流电路。因此，单相半波可控整流电路的分析十分重要，可作为研究各种可控整流电路的基础。

（1）阻性负载

① 电路　单相半波可控整流电路由变压器 T、晶闸管 VT 和直流负载 R 组成，如图 7-18 所示。变压器 T 在电路中起变换电压和隔离的作用。其一次侧和二次侧电压分别用 $u_1$ 和 $u_2$ 表示，有效值用 $U_1$ 和 $U_2$ 表示，其中 $U_2$ 的大小需根据直流输出电压 $u_d$ 的平均值 $U_d$ 确定。

② 工作原理　假设变压器二次侧电压 $u_2$ 的波形为正弦波［图 7-19（a）］：

$$u_2 = U_{2m}\sin \omega t = \sqrt{2}U_2\sin \omega t$$

在晶闸管 VT 处于断态时，电路中无电流，负载电阻两端电压为零，$u_2$ 全部施加于 VT 两端。如在 $u_2$ 正半周 VT 承受正向电压期间（晶闸管具备导通的主电路条件）的 $\omega t_1$ 时刻给 VT 门极加触发脉冲，如图 7-19（b）所示，则 VT 开通。忽略晶闸管的通态电压，则直流输出电压瞬时值 $u_d$ 与 $u_2$ 相等，负载电阻 R、晶闸管 VT 和电源变压器二次绕组通过的电流相同。根据欧姆定律：

$$i_d = i_{VT} = i_2 = u_d/R$$

至 $\omega t = \pi$ 即 $u_2$ 降为零时，电路中的电流也降至零，VT 关断，之后 $u_d$、$i_d$ 均为零。图 7-19（c）、（d）分别给出了 $u_d$ 和晶闸管两端电压 $u_{VT}$ 的波形。而 $i_d$ 的波形与 $u_d$ 的波形相同。

若改变晶闸管的触发时刻，$i_d$ 的波形与 $u_d$ 的波形将随之改变，直流输出电压 $u_d$ 为极性不变但瞬时值变化的脉动直流，其波形只在 $u_2$ 正半周内出现，故称"半波"整流。加之电路中采用了可控器件晶闸管，且交流输入为单相，故该电路称为单相半波可控整流电路。整流电压 $u_d$ 的波形在一个电源周期中只脉动一次，故该电路也称为单脉波整流电路。

下面介绍几个在可控整流电路分析过程中要经常用到的名词术语与概念：

a. 控制角 $\alpha$：从晶闸管开始承受正向电压到被触发导通为止所对应的电角度。

b. 导通角 $\theta$：晶闸管在交流电源一个周期内导通的时间所对应的电角度。

c. 移相：改变触发脉冲出现的时刻，即改变控制角 $\alpha$ 的大小，称为移相。改变控制角 $\alpha$ 的大小，使输出整流电压的平均值发生变化称为移相控制。

d. 移相范围：改变控制角 $\alpha$ 使输出整流电压的平均值从最大值降到最小值（零或负最大值），控制角 $\alpha$ 的变化范围即为触发脉冲的移相范围。

e. 同步：使触发脉冲与可控整流电路的电源电压之间保持频率和相位的协调关系称为同步。使触发脉冲与电源电压保持同步是电路正常工作必不可少的条件。

f. 换流：在可控整流电路中，从一路晶闸管导通变换为另一路晶闸管导通的过程或电流从一条支路转移到另一条支路的过程称为换流，也称换相。

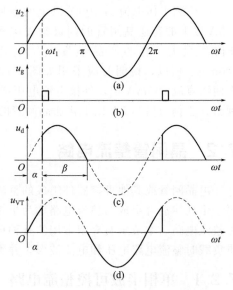

图 7-19　单相半波可控整流电路
（纯电阻负载）相关波形图

③ 定量计算

a. 直流输出电压平均值：

$$U_d = \frac{1}{2\pi}\int_\alpha^\pi \sqrt{2}U_2 \sin\omega t\, \mathrm{d}(\omega t) = \frac{\sqrt{2}U_2}{2\pi}(1+\cos\alpha) = 0.45U_2\frac{1+\cos\alpha}{2}$$

当 $\alpha=0$ 时，$U_d=0.45U_2$；当 $\alpha=\pi$ 时，$U_d=0$。

b. 直流输出电流：

$$I_d = \frac{U_d}{R} = 0.45\frac{U_2}{R}\times\frac{1+\cos\alpha}{2}$$

c. 输出电压、电流有效值：

$$U = \sqrt{\frac{1}{2\pi}\int_\alpha^\pi (\sqrt{2}U_2\sin\omega t)^2\,\mathrm{d}(\omega t)} = U_2\sqrt{\frac{1}{4\pi}\sin2\alpha + \frac{\pi-\alpha}{2\pi}}$$

$$I = \sqrt{\frac{1}{2\pi}\int_\alpha^\pi \left(\frac{\sqrt{2}U_2\sin\omega t}{R}\right)^2\,\mathrm{d}(\omega t)} = \frac{U_2}{R}\sqrt{\frac{1}{4\pi}\sin2\alpha + \frac{\pi-\alpha}{2\pi}}$$

d. 整流电路的功率因数。

负载消耗的有功功率：$P = I^2 R = UI$。

电源提供的视在功率：$S = U_2 I$。

$$\cos\varphi = P/S = U/U_2 = \sqrt{\frac{1}{4\pi}\sin2\alpha + \frac{\pi-\alpha}{2\pi}}$$

e. 对于单相半波可控整流电路而言，控制角 $\alpha$ 的有效移相范围为：$0\leqslant\alpha\leqslant\pi$。

f. 晶闸管的导通角 $\theta$ 与控制角 $\alpha$ 间有固定的关系，可表示为：$\theta=\pi-\alpha$。

（2）感性负载

电感对电流的变化有抗拒作用。当流过电感器件的电流变化时，在其两端产生感应电动势 $e_L=-L\,\mathrm{d}i/\mathrm{d}t$，其极性是阻止电流变化的。当电流增加时，将阻止电流的增加，当电流减小时，将反过来阻止电流的减小。这使得流过电感的电流不能发生突变，这是感性负载的特点，也是理解整流电路带感性负载时工作情况的关键之一。

① 电路　主电路结构与单相半波可控整流电路（阻性负载）相比，仅负载发生变化，其电路图及其相关波形如图 7-20 所示。

② 工作原理

a. 当 $0\leqslant\omega t\leqslant\omega t_1$ 时，晶闸管未被触发，输出电压、电流均为零。

b. 当 $\omega t_1\leqslant\omega t\leqslant\pi$ 时，即在 $\omega t=\alpha$ 时刻给晶闸管施加触发脉冲，VT 导通，由于负载电感的存在 $i_d$ 不能突变，从零逐渐增大，电源向负载提供能量，一部分供给电阻 $R$ 消耗，另一部分供给电感 $L$ 存储能量。

c. 当 $\omega t=\pi$ 时，$u_2$ 过零变负，$i_d$ 已经处于减小的过程中（因纯感性负载，在 $\omega t=\pi$ 时，$i_d$ 才达最大值），但尚未降到零，因此 VT 仍处于通态。

d. 当 $\pi\leqslant\omega t\leqslant\omega t_2$ 时，$u_2$ 为负，$i_d$ 继续下降，只要感应电动势 $e_L$ 大于电源负电压值，晶闸管均承受正向电压而维持导通，$L$ 中储存的能量逐渐释放，一部分供给电阻 $R$ 消耗，另一部分供给变压器二次绕组吸收。

e. 当 $\omega t=\alpha+\theta=\omega t_2$ 时，感应电动势 $e_L$ 与电源电压相等，$i_d$ 降为零，VT 关断并立即承受反压。

③ 定量计算

a. 输出电压的平均值：

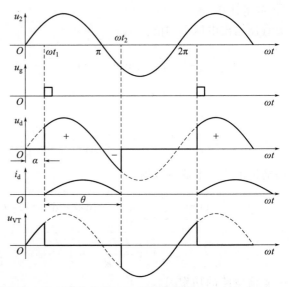

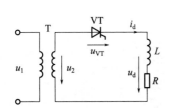

图 7-20　单相半波可控整流电路（感性负载）及其相关波形

$$U_d = \frac{1}{2\pi} \int_\alpha^{\alpha+\theta} \sqrt{2} U_2 \sin\omega t \, \mathrm{d}(\omega t) = 0.45 U_2 \frac{\cos\alpha - \cos(\alpha+\theta)}{2}$$

b. 输出电流的平均值：

$$I_d = \frac{1}{2\pi} \int_\alpha^{\alpha+\theta} i_d \, \mathrm{d}(\omega t)$$

式中，$i_d$ 为负载电流的瞬时值表达式。

$$i_d = -\frac{\sqrt{2} U_2}{Z} \sin(\alpha-\varphi) \mathrm{e}^{-\frac{R}{\omega L}(\omega t-\alpha)} + \frac{\sqrt{2} U_2}{Z} \sin(\omega t-\varphi)$$

式中，$Z = \sqrt{R^2 + (\omega L)^2}$，$\varphi = \arctan(\omega L/R)$。当 $\omega t = \alpha + \theta$ 时，$i_d = 0$，代入上式并整理得：

$$\sin(\alpha-\varphi) \mathrm{e}^{-\frac{\theta}{\tan\varphi}} = \sin(\alpha+\theta-\varphi)$$

此方程式为超越方程。已知 $\alpha$ 和 $\varphi$ 的大小可求出导通角 $\theta$ 的大小。现讨论几种特殊情况下导通角 $\theta$ 与控制角 $\alpha$ 的关系：

- 纯阻性负载：$\omega L = 0$，$\varphi = 0$，得 $\sin(\theta+\alpha) = 0$，唯有 $\theta+\alpha = \pi$，即 $\theta = \pi-\alpha$。
- 纯感性负载：$R = 0$，$\varphi = \pi/2$，得 $\cos(\theta+\alpha) = \cos\alpha$，唯有 $\theta+\alpha = 2\pi-\alpha$，即 $\theta = 2(\pi-\alpha)$。
- 导电角 $\theta = \pi$ 的条件：$\tan(\alpha-\varphi) = \sin\theta / [\mathrm{e}^{-(\theta/\tan\varphi)} - \cos\theta]$，当 $\theta = \pi$ 时，则 $\tan(\alpha-\varphi) = 0$，即 $\alpha = \varphi$。

这说明，当 $\alpha$ 角等于阻抗角 $\varphi$ 时，晶闸管的导电角 $\theta$ 等于 $\pi$。很显然，当 $\alpha < \varphi$ 时，$\theta > \pi$；当 $\alpha > \varphi$ 时，$\theta < \pi$。导通角 $\theta$ 的大小，与 $\alpha$ 和 $\varphi$ 有关。$\alpha$ 固定时，$L$ 越大，则 VT 维持导通时间越长，在一个周期中负向电压所占的比例越大，输出电压的平均值越小。当输出波形的正负面积相等时，平均电压 $U_d \approx 0$，这是我们不希望得到的。解决这个问题的办法是在负载两端并接续流二极管。

（3）感性负载（带续流二极管）

① 电路　带续流二极管的单相半波可控整流电路及其相关波形如图 7-21 所示。

② 工作原理　与没有续流二极管的情况相比，在 $u_2$ 的正半周两者的工作情况是一样的。当 $u_2$ 过零变负时，电感上的反向感应电动势和电源电压对二极管均为正向，则 VD 导

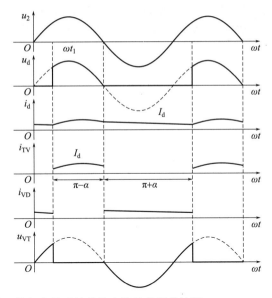

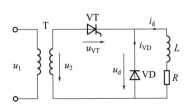

图 7-21　带续流二极管（感性负载）单相半波可控整流电路及其相关波形

通续流，此时为负的 $u_2$ 通过 VD 向晶闸管施加反压而使之关断，负载电感释放能量维持电流。如忽略二极管的正向压降，则在续流期间 $u_d$ 等于零，$u_d$ 中不再出现负的部分，这与单相半波可控整流电路阻性负载时的情况基本相同。

③ 定量计算　若负载电感足够大，负载电流 $i_d$ 波动很小，近似看作一条水平线，幅值为 $I_d$，则有：

a. 晶闸管的平均电流：

$$I_{dVT} = \frac{1}{2\pi} \int_{\alpha}^{\pi} I_d \mathrm{d}(\omega t) = \frac{\pi - \alpha}{2\pi} I_d$$

b. 续流二极管的平均电流：

$$I_{dVD} = \frac{1}{2\pi} \int_{\pi}^{2\pi + \alpha} I_d \mathrm{d}(\omega t) = \frac{\pi + \alpha}{2\pi} I_d$$

c. 有效值：

$$I_{VT} = \sqrt{\frac{1}{2\pi} \int_{\alpha}^{\pi} I_d^2 \mathrm{d}(\omega t)} = \sqrt{\frac{\pi - \alpha}{2\pi}} I_d$$

$$I_{VD} = \sqrt{\frac{1}{2\pi} \int_{\pi}^{2\pi + \alpha} I_d^2 \mathrm{d}(\omega t)} = \sqrt{\frac{\pi + \alpha}{2\pi}} I_d$$

d. 晶闸管承受的最大正反向电压为 $\sqrt{2}U_2$，续流二极管 VD 承受的最大反向电压也是 $\sqrt{2}U_2$。

e. 移相范围与阻性负载相同：$0 \sim \pi$。

单相半波可控整流电路的特点是结构简单，但输出电压脉动大，变压器二次侧电流中含直流分量，造成变压器铁芯的直流磁化。为使变压器铁芯不饱和，需增大铁芯截面积，增大设备的容量。实际中很少应用这种电路。

## 7.2.2　单相桥式全控整流电路

（1）阻性负载

① 电路　在单向桥式全控整流电路中，晶闸管 $VT_1$ 和 $VT_4$ 组成一对桥臂，$VT_2$ 和 $VT_3$ 组成另一对桥臂。$VT_1$ 和 $VT_3$ 组成共阴极组，加触发脉冲后，阳极电位高者导通。

$VT_2$ 和 $VT_4$ 组成共阳极组，加触发脉冲后，阴极电位低者导通。触发脉冲每隔 180° 触发一次，分别触发 $VT_1$、$VT_4$ 和 $VT_2$、$VT_3$。其电路图及其相关波形如图 7-22 所示。

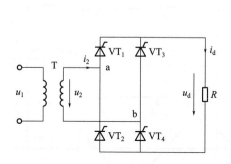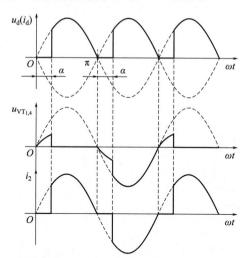

图 7-22　单相桥式全控整流电路图（纯电阻负载）及其相关波形

② 基本工作原理　$u_2$ 正半周：$u_a > u_b$。$VT_2$、$VT_3$ 承受反向电压，无论是否施加触发脉冲，二者均不可能导通；$VT_1$、$VT_4$ 承受正向电压，处于可能导通状态，在 $\omega t = \alpha$ 时刻，同时给 $VT_1$、$VT_4$ 施加触发脉冲，$VT_1$、$VT_4$ 导通，输出电压 $u_d = u_2$。电流通路为 a→$VT_1$→$R$→$VT_4$→b，电流的瞬时值表达式为：$i_d = u_d / R = u_2 / R$。

$u_2$ 负半周：$u_a < u_b$。$VT_1$、$VT_4$ 承受反向电压，无论是否施加触发脉冲，二者都不可能导通；$VT_2$、$VT_3$ 承受正向电压，处于可能导通状态，在 $\omega t = \pi + \alpha$ 时刻，同时给 $VT_2$、$VT_3$ 施加触发脉冲，$VT_2$、$VT_3$ 导通，输出电压 $u_d = u_2$。电流通路为 b→$VT_3$→$R$→$VT_2$→a，电流的瞬时值表达式为：$i_d = u_d / R = u_2 / R$。

无论 $u_2$ 在正半周或负半周，流过负载电阻的电流方向相同，$u_d$、$i_d$ 的波形相似。

a. 晶闸管的电压（$u_{VT}$）：当四个晶闸管都不通时，设其漏电阻都相等，则 $VT_1$ 的压降近似为 $u_2 / 2$；当 $VT_1$ 导通时，压降为其通态电压，近似为零；当另一对桥臂上的晶闸管导通时，$u_2$ 反向加在 $VT_1$ 上，因此晶闸管承受的最大反向电压为 $\sqrt{2} u_2$。

b. 变压器二次绕组的电流：两个半波的电流方向相反且波形对称，所以不存在直流磁环的问题。

③ 定量计算

a. 负载电压

平均值：

$$U_d = \frac{1}{\pi} \int_\alpha^\pi \sqrt{2} U_2 \sin\omega t \, \mathrm{d}(\omega t) = \frac{2\sqrt{2} U_2}{\pi} \times \frac{1 + \cos\alpha}{2} = 0.9 U_2 \frac{1 + \cos\alpha}{2}$$

当 $\alpha = 0°$ 时，$U_d$ 最大，$U_d = 0.9 U_2$；当 $\alpha = 180°$ 时，$U_d = 0$，因此，阻性负载单相桥式全控整流电路控制角 $\alpha$ 的移相范围为 0°～180°。

有效值：

$$U = \sqrt{\frac{1}{\pi} \int_\alpha^\pi (\sqrt{2} U_2 \sin\omega t)^2 \, \mathrm{d}(\omega t)} = U_2 \sqrt{\frac{1}{2\pi} \sin 2\alpha + \frac{\pi - \alpha}{2\pi}}$$

b. 负载电流

平均值：

$$I_d = \frac{U_d}{R} = 0.9\frac{U_2}{R} \times \frac{1+\cos\alpha}{2}$$

有效值：

$$I = \sqrt{\frac{1}{\pi}\int_\alpha^\pi \left(\frac{\sqrt{2}U_2\sin\omega t}{R}\right)^2 \mathrm{d}(\omega t)} = \frac{U_2}{R}\sqrt{\frac{1}{2\pi}\sin 2\alpha + \frac{\pi-\alpha}{\pi}} = I_2$$

c. 流过每个晶闸管的电流

平均值：

$$I_{dVT} = \frac{1}{2}I_d = \frac{U_d}{2R} = 0.45\frac{U_2}{R} \times \frac{1+\cos\alpha}{2}$$

有效值：

$$I_{VT} = \sqrt{\frac{1}{2\pi}\int_\alpha^\pi \left(\frac{\sqrt{2}U_2\sin\omega t}{R}\right)^2 \mathrm{d}(\omega t)} = \frac{U_2}{\sqrt{2}R}\sqrt{\frac{1}{2\pi}\sin 2\alpha + \frac{\pi-\alpha}{\pi}}$$

由此可见：$I_{VT} = I/\sqrt{2}$。

d. 功率因数

电源提供视在功率为：$S = U_2 I_2$。

负载消耗的有功功率为：$P = I_2 R = UI$。

所以：$\cos\varphi = P/S = UI/U_2 I_2 = \sqrt{\frac{1}{2\pi}\sin 2\alpha + \frac{\pi-\alpha}{\pi}}$。

（2）感性负载

① 电路　单相桥式全控整流电路（感性负载）及其相关波形如图7-23所示。

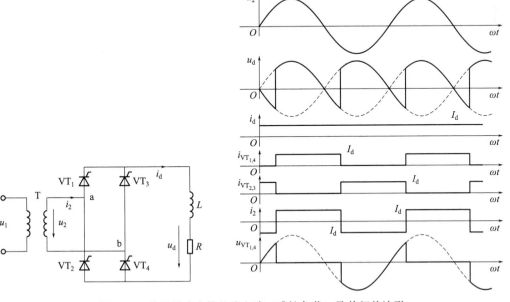

图7-23　单相桥式全控整流电路（感性负载）及其相关波形

② 工作原理　假设负载电感很大，负载电流 $i_d$ 连续且波形近似为一水平线，且电路已工作于稳态，$i_d$ 的平均值不变。

$u_2$ 过零变负时，由于电感的作用晶闸管 $VT_1$ 和 $VT_4$ 中仍流过电流 $i_d$，并不关断，至

$\omega t = \pi + \alpha$ 时刻，给 $VT_2$、$VT_3$ 加触发脉冲，因 $VT_2$、$VT_3$ 本已承受正向电压，故导通，$VT_2$、$VT_3$ 导通后，$u_2$ 通过 $VT_2$、$VT_3$ 分别向 $VT_1$、$VT_4$ 施加反向电压使 $VT_1$、$VT_4$ 关断，流过 $VT_1$、$VT_4$ 的电流迅速转移到 $VT_2$、$VT_3$ 上，此过程称换相或换流。

③ 定量计算

a. 输出电压的平均值：

$$U_d = \frac{1}{\pi} \int_\alpha^{\pi+\alpha} \sqrt{2} U_2 \sin\omega t\, d(\omega t) = 0.9 U_2 \cos\alpha$$

$\alpha = 0°$ 时，$U_d = 0.9 U_2$；$\alpha = 90°$ 时，$U_d = 0$，因此控制角 $\alpha$ 的移相范围为：$0° \sim 90°$。

b. 输出电流：因为负载电感很大，输出电流脉冲很小，可以近似看作直流，而电感对于直流可以看作短路，所以 $I_d = U_d / R$。输出电流的有效值 $I = I_d = I_2$。

c. 流过晶闸管的电流

平均值：$I_{dVT} = I_d / 2$。

有效值：$I_{VT} = \sqrt{2} I_d / 2$。

d. 晶闸管承受的电压

最大正向电压：$\sqrt{2} U_2$。

最大反向电压：$\sqrt{2} U_2$。

e. 两组晶闸管轮流导通各导通 $180°$，与控制角 $\alpha$ 无关。

（3）反电动势负载

① 电路　带反电动势单相桥式全控整流电路及其相关波形如图 7-24 所示。

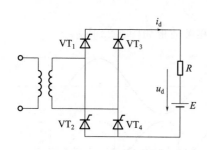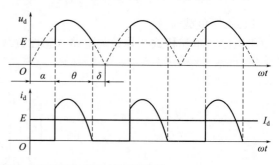

图 7-24　带反电动势单相桥式全控整流电路及其相关波形

② 工作原理

a. $|u_2| < E$ 时，晶闸管承受反向电压，即使有触发，脉冲也不可能导通。

b. $|u_2| > E$ 时，晶闸管承受正向电压，有导通的可能，导通后，$u_d = u_2$，$i_d = (u_d - E)/R$。

c. $|u_2| = E$ 时，$i_d$ 即降至 0，使晶闸管关断，此后 $u_d = E$。显然，反电动势负载比纯阻性负载提前了一定电角度停止导电，此电角度通常被称为晶闸管的停止导电角 $\delta$，容易求得 $\delta = \arcsin [E/(\sqrt{2} U_2)]$。

注意，控制角 $\alpha$ 和停止导电角 $\delta$ 的关系：如果触发脉冲采用窄脉冲，电路只有 $\alpha \geqslant \delta$ 时才能启动工作；如果触发脉冲采用宽脉冲，$\alpha \geqslant \delta$ 时电路也能启动工作，但要求触发脉冲宽度大于 $\delta - \alpha$。

③ 输出电流

平均值：$I_d = \dfrac{1}{\pi} \int_\alpha^{\alpha+\theta} \dfrac{\sqrt{2} U_2 \sin\omega t - E}{R} d(\omega t)$。

有效值：$I = \sqrt{\dfrac{1}{\pi}\displaystyle\int_{\alpha}^{\alpha+\theta}\left(\dfrac{\sqrt{2}U_2\sin\omega t - E}{R}\right)^2 \mathrm{d}(\omega t)}$。其中：$\alpha + \theta = \pi - \delta$。

这种电路的缺点是导电时间短，移相范围小。由于电流峰值比平均值大得多，其有效值很大，所以要求电源容量、晶闸管定额都增大。一般在主电路的直流输出侧串联一个平波电抗器，用来减小电流的脉动和延长晶闸管导通的时间。

如果负载是阻抗反电动势，电感足够大，并且电路能够启动工作，那么整流电压 $u_\mathrm{d}$ 的波形和负载电流 $i_\mathrm{d}$ 的波形与感性负载的波形相同，计算公式也都一样。

## 7.2.3 单相桥式半控整流电路

（1）电路

单相全控桥中，每个导电回路中有两个晶闸管，为了对每个导电回路进行控制，只需一个晶闸管就可以，另一个晶闸管可以用二极管代替，从而可简化整个电路。如此即成为单相桥式半控整流电路（不考虑 VD 时），如图 7-25 所示。

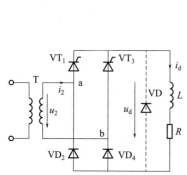

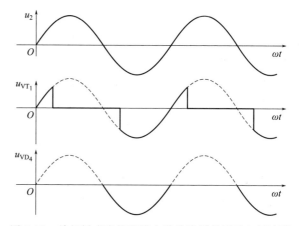

图 7-25　单相桥式半控整流电路图　　图 7-26　单相桥式半控整流电路整流器件承受电压波形

（2）工作原理

① 阻性负载时：半控电路与全控电路的工作情况相同，需注意晶闸管和整流二极管承受的电压波形，如图 7-26 所示。

电源电压 $u_2$ 为正半周时，$VT_1$、$VD_4$ 构成的整流回路为正向电压；$VT_3$、$VD_2$ 构成的整流回路为反向电压。在触发 $VT_1$ 之前，两条回路都处于断态，负载端电压 $u_\mathrm{d}=0$，依据二极管的理想开关特性，$VD_4$ 端电压 $u_{VD_4}=0$。分析可得其他三个开关元件端电压为 $u_{VT_1}=u_2$、$u_{VT_3}=0$，$u_{VD_2}=-u_2$。在 $\omega t=\alpha$ 时刻，触发 $VT_1$，则 $VT_1$ 与 $VD_4$ 导通，构成对负载供电的回路，输出电压 $u_\mathrm{d}=u_2$。四个开关元件端电压分别为 $u_{VT_1}=0$，$u_{VT_3}=-u_2$，$u_{VD_2}=-u_2$，$u_{VD_4}=0$。负载电流 $i_\mathrm{d}=u_\mathrm{d}/R$。$\omega t=\pi$ 时，$i_\mathrm{d}$ 下降为零，$VT_1$ 自然关断，电源电压进入负半周。

电源电压 $u_2$ 进入负半周后，$VT_1$、$VD_4$ 构成的整流回路为反向电压，$VT_3$、$VD_2$ 构成的整流回路为正向电压。在触发 $VT_3$ 前，两条回路都处于断态，负载端电压 $u_\mathrm{d}=0$。依据二极管的理想开关特性，$VD_2$ 端电压 $u_{VD_2}=0$。分析可得其他三个开关元件端电压为 $u_{VT_3}=-u_2$，$u_{VT_1}=0$，$u_{VD_4}=u_2$。在 $\omega t=\pi+\alpha$ 时刻，触发 $VT_3$，$VT_3$ 与 $VD_2$ 导通，构成对负载供电的回路，输出电压 $u_\mathrm{d}=-u_2$。四个开关元件端电压分别为 $u_{VT_1}=u_2$，$u_{VT_3}=0$，

$u_{VD_2}=0$，$u_{VD_4}=u_2$。负载电流 $i_d=u_d/R$。$\omega t=2\pi$ 时，$i_d$ 下降为零，$VT_3$ 自然关断，电源电压再次进入正半周。

② 感性负载时：假设负载中的电感很大，且电路已工作于稳态。

在 $u_2$ 正半周，触发角 $\alpha$ 时刻触发晶闸管 $VT_1$，使 $VT_1$ 导通，$u_2$ 经 $VT_1$ 和 $VD_4$ 向负载供电。当 $u_2$ 过零变负时，因电感作用使电流连续，$VT_1$ 继续导通。但此时 a 点电位低于 b 点电位，使得电流从 $VD_4$ 转移至 $VD_2$，$VD_4$ 关断，电流不再流经变压器二次绕组，而是由 $VT_1$ 和 $VD_2$ 续流。

在 $u_2$ 负半周，触发角 $\alpha$ 时刻触发 $VT_3$，$VT_3$ 导通，则向 $VT_1$ 加反向电压使之关断，$u_2$ 经 $VT_3$ 和 $VD_2$ 向负载供电。当 $u_2$ 过零变正时，因 b 点电位低于 a 点电位，使得电流从 $VD_2$ 转移至 $VD_4$，$VD_2$ 关断，$VD_4$ 导通，$VT_3$ 和 $VD_4$ 续流，$u_d$ 又为零。

（3）失控现象及解决办法

在运行中，当控制角 $\alpha$ 突然增大至 $180°$ 或触发脉冲丢失时，桥式半控整流电路可能发生原导通的一个晶闸管维持导通状态，两个整流二极管正、负半周交替导通的异常现象，称为失控。例如，在 $VT_1$、$VD_4$ 为导通状态时，$VT_3$ 的控制角 $\alpha$ 突然增大至 $180°$ 或触发脉冲丢失时，则 $VT_3$ 不会再导通。但 $u_2$ 进入负半周时，$VD_2$、$VD_4$ 自然换相，由 $VT_1$、$VD_2$ 构成自然续流回路。若 $u_2$ 再次进入正半周时，$i_d$ 仍然大于零，则 $VD_4$、$VD_2$ 自然换相，由 $VT_1$ 和 $VT_4$ 又构成了电源对负载供电的回路，致使 $VT_1$ 一直导通，$VD_2$、$VD_4$ 交替导通，产生失控现象。在失控状态下，输出电压 $u_d$ 的波形如图 7-27 所示，相当于含续流二极管的单相半波不可控整流电路的波形。

为了避免失控的发生，电路必须消除自然续流现象。常用的办法是在负载两端反并联一个续流二极管 VD，如图 7-25 中虚线所示。电源电压过零时，负载电流经 VD 续流，导通的晶闸管关断并恢复阻断能力。应当指出，实现这一功能的条件是 VD 的通态电压低于自然续流回路开关元件通态电压之和，否则将不能消除自然续流现象并关断导通的晶闸管。带续流二极管的单相桥式半控整流电路相关波形如图 7-28 所示。

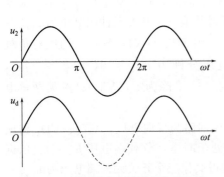

图 7-27　单相桥式半控整流电路失控
输出电压波形

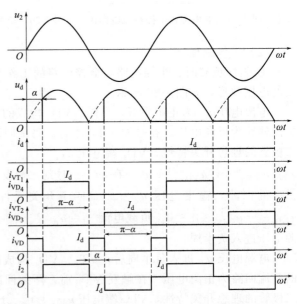

图 7-28　带续流二极管单相桥式半控整流电路相关波形

（4）定量计算

① 输出电压的平均值：

$$U_d = 0.9 U_2 \frac{1 + \cos\alpha}{2}$$

$\alpha = 0°$时，$U_d = 0.9 U_2$；$\alpha = 180°$时，$U_d = 0$，所以控制角 $\alpha$ 的移相范围为：$0° \sim 180°$。

② 输出电流的平均值：

$$I_d = U_d / R$$

③ 开关器件（晶闸管和整流二极管）电流的平均值和有效值：

$$I_{dVT} = \frac{\pi - \alpha}{2\pi} I_d$$

$$I_{VT} = \sqrt{\frac{\pi - \alpha}{2\pi}} I_d$$

④ 续流二极管（VD）电流的平均值和有效值：

$$I_{dVD} = \frac{\alpha}{\pi} I_d$$

$$I_{VD} = \sqrt{\frac{\alpha}{\pi}} I_d$$

⑤ 流过变压器二次侧电流的有效值：

$$I_2 = \sqrt{\frac{\pi - \alpha}{\pi}} I_d$$

因为单相桥式可控整流电路变压器二次测绕组中，正负半周内上下绕组内电流的方向相反，波形对称，其一个周期内的平均电流为零，故不会有直流磁化的问题。

## 7.2.4 单相全波可控整流电路

（1）电路

单相全波与单相全控桥从直流输出端或从交流输入端看是基本一致的。单相全波可控整流电路如图 7-29 所示。

（2）单相全波与单相全控桥整流电路的区别

① 从输入端看：单相全波中变压器结构复杂，绕组及铁芯对铜、铁等材料的消耗多。

② 从主电路看：单相全波只用两个晶闸管，比单相全控桥少两个，但是晶闸管承受的最大反向电压为 $2\sqrt{2} U_2$，是单相全控桥的两倍。

③ 从驱动电路看：门极驱动电路只需两个，比单相全控桥少两个。

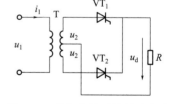

图 7-29 单相全波可控整流电路

④ 从输出端看：单相全波导电回路只含一个晶闸管，比单相全控桥少一个，因而管压降也少一个。

从上述②、④考虑，单相全波电路有利于在低输出电压的场合应用。

## 7.2.5 三相半波可控整流电路

单相可控整流电路虽然具有结构简单、调试维护方便等优点，但输出电压脉动成分较大并且会影响三相交流电网负载的平衡。所以，单相可控整流电路只能适用于小容量、对整流指标要求不高的可控整流装置。大容量整流装置通常采用三相可控整流装置，因为它可以减小输出整流电压的脉动，又不至于引起三相电网负载的不平衡。三相可控整流电路的形式多种多样，它包含三相半波可控整流电路、三相桥式全控整流电路、三相桥式半控整流电路和并联复式可控整流电路等。其中三相半波可控整流电路是最基本的、最简单的一种，其他三相可控整流电路都可看成是其串联或并联而成的。本节重点讨论三相半波可控整流电路、三相桥式全控整流电路以及三相桥式半控整流电路。

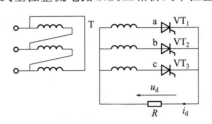

图 7-30 三相半波可控
整流电路（阻性负载）

**（1）共阴极三相半波可控整流电路**

**1）阻性负载**

① 电路 带阻性负载的三相半波可控整流电路如图 7-30 所示。为得到零线，变压器二次侧必须接成星形，而一次侧为避免三次谐波流入电源接成三角形。三个晶闸管分别接入 a、b、c 三相电源，它们的阴极连接在一起，称为共阴极接法，这种接法的触发电路有公共端，连线方便。

② 工作原理

a. $\alpha = 0°$ 时的工作原理分析：假设将电路中的晶闸管换作二极管，并用 VD 表示，该电路就成为前述的三相半波不可控整流电路，下面分析其工作情况。此时，三个二极管对应的相电压中哪一个的值最大，则该相所对应的二极管导通，并使另两相的二极管承受反向电压关断，输出的整流电压即为该相的相电压，波形如图 7-31 所示。

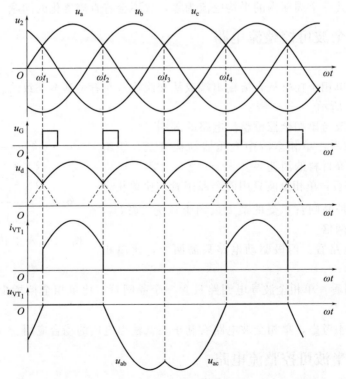

图 7-31 三相半波可控整流电路（阻性负载）$\alpha = 0°$ 时的波形

一周期内，在 $\omega t_1 \sim \omega t_2$ 期间，$VD_1$ 导通，$u_d = u_a$；在 $\omega t_2 \sim \omega t_3$ 期间，$VD_2$ 导通，$u_d = u_b$；在 $\omega t_3 \sim \omega t_4$ 期间，$VD_3$ 导通，$u_d = u_c$。依此顺序，一周期中 $VD_1$、$VD_2$、$VD_3$ 轮流导通，各导通 $120°$。$u_d$ 波形为三个相电压在正半周期的包络线。

在相电压的交点 $\omega t_1$、$\omega t_2$、$\omega t_3$ 处，均出现了二极管换相，即电流由一个二极管向另一个二极管转移，我们通常称这些交点为自然换相点。对三相半波可控整流电路而言，自然换相点是各相晶闸管能触发导通的最早时刻，将其作为计算各晶闸管触发角 $\alpha$ 的起点，即 $\alpha = 0°$，要改变触发角只能是在此基础上增大，即沿时间坐标轴向右移。若在自然换相点处触发相应的晶闸管导通，则电路工作情况与三相半波不可控整流电路的工作情况一样。回顾单相可控整流电路可知，各种单相可控整流电路的自然换相点是变压器二次侧电压 $u_2$ 的过零点。

增大 $\alpha$ 值，将脉冲后移，整流电路的工作情况会相应地发生变化。如图 7-32 所示是 $\alpha = 30°$ 时的波形图。从输出电压、电流的波形可以看出，这时负载电流处于连续和不连续的临界状态，各相仍导电 $120°$。

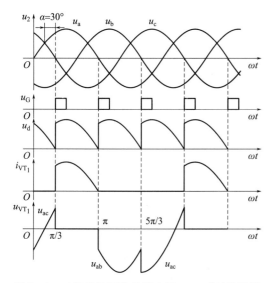 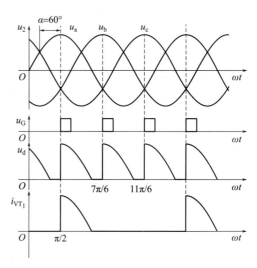

图 7-32　三相半波可控整流电路 $\alpha = 30°$ 时的波形　　图 7-33　三相半波可控整流电路 $\alpha = 60°$ 时的波形

如果 $\alpha > 30°$，例如 $\alpha = 60°$ 时，整流电压的波形如图 7-33 所示，当导通一相的相电压过零变负时，该相晶闸管关断。此时下一相晶闸管虽承受正向电压，但其触发脉冲还未到，不会导通，因此输出电压、电流均为零，直到触发脉冲出现为止。在这种情况下，负载电流断续，各晶闸管导通角为 $90°$，小于 $120°$。

若控制角 $\alpha$ 继续增大，整流电压将越来越小，$\alpha = 150°$ 时，整流输出电压为零。故三相半波可控整流电路带阻性负载时，$\alpha$ 角的移相范围为：$0° \sim 150°$。

b. 晶闸管电压：晶闸管的电压波形，由以下 3 段组成（以 $u_{VT_1}$ 为例）。

第 1 段，$VT_1$ 导通期间，为一管压降，可近似为 $u_{VT_1} = 0$。

第 2 段，在 $VT_1$ 关断后，$VT_2$ 导通期间，$u_{VT_1} = u_a - u_b = u_{ab}$，为一段线电压。

第 3 段，在 $VT_3$ 导通期间，$u_{VT_1} = u_a - u_c = u_{ac}$，为另一段线电压。

由图 7-31 可见，$\alpha = 0°$ 时，晶闸管承受的两段线电压均为负值，随着 $\alpha$ 增大（如图 7-32 所示），晶闸管承受的电压中正向电压的部分逐渐增多。其他两晶闸管上的电压波形与 $u_{VT_1}$ 形状相同，只是相位依次相差 $120°$。

c. 变压器二次绕组的电流：变压器二次侧 a 相绕组和晶闸管 $VT_1$ 的电流波形相同，变压器二次绕组中的电流有直流分量。

③ 定量计算

a. 输出电压。

$0° \leqslant \alpha \leqslant 30°$时，负载电流连续：

$$U_d = \frac{3}{2\pi} \int_{\frac{\pi}{6}+\alpha}^{\frac{5\pi}{6}+\alpha} \sqrt{2} U_2 \sin\omega t \, d(\omega t) = 1.17 U_2 \cos\alpha$$

当$\alpha = 0°$时，$U_d$最大，此时$U_d = 1.17 U_2$；每个晶闸管导通的电角度始终是$120°$。

$30° < \alpha \leqslant 150°$时，负载电流断续，晶闸管导通角减小，此时有：

$$U_d = \frac{3}{2\pi} \int_{\frac{\pi}{6}+\alpha}^{\pi} \sqrt{2} U_2 \sin\omega t \, d(\omega t) = \frac{1.17 U_2}{\sqrt{3}} \left[ 1 + \cos\left(\alpha + \frac{\pi}{6}\right) \right]$$

$$= 0.675 U_2 \left[ 1 + \cos\left(\alpha + \frac{\pi}{6}\right) \right]$$

当$\alpha = 150°$时，$U_d$最小，此时$U_d = 0$，因此，三相半波可控整流电路带阻性负载时，$\alpha$的移相范围为：$0° \sim 150°$。每个晶闸管导通的电角度为$150° - \alpha$。

b. 输出电流平均值：

$$I_d = U_d / R$$

c. 晶闸管承受的电压。

晶闸管承受的最大反向电压：由波形图不难看出，晶闸管承受的最大反向电压为变压器二次侧线电压峰值，即

$$U_{RM} = \sqrt{2} \times \sqrt{3} U_2 = \sqrt{6} U_2$$

由于晶闸管阴极与零线间的电压即为整流输出电压$u_d$，其最小值为零，而晶闸管阳极与零线间的最高电压等于变压器二次侧相电压的峰值，因此晶闸管阳极与阴极间的最大正向电压等于变压器二次侧相电压的峰值，即$U_{FM} = \sqrt{2} U_2$。

2）感性负载

带感性负载时，负载电流$i_d$的表示式比较复杂，在电路设计中常以$\omega L \gg R$作为分析计算的条件，在该条件下，负载电流$i_d$的变化量相对于$I_d$很小，可以近似看作常数。

① 电路　带感性负载的三相半波可控整流电路如图7-34所示。

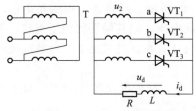

图7-34　三相半波可控整流
电路（感性负载）

② 工作原理

a. $0° \leqslant \alpha \leqslant 30°$时，整流电压波形与电路带阻性负载时相同。

b. $\alpha > 30°$时（如$\alpha = 60°$时的波形如图7-35所示），$u_a$过零时，由于电感的存在，$i_d$不为零，$VT_1$不关断，直到$VT_2$的脉冲到来时才换流，由$VT_2$导通向负载供电，同时向$VT_1$施加反向电压使其关断，输出电压波形中出现负的部分，若控制角$\alpha$增大，$u_d$中负的部分将增多，至$\alpha = 90°$时，$u_d$波形中正、负面积相等，$u_d$的平均值为零。可见整流电路带感性负载时，$\alpha$的移相范围为：$0° \sim 90°$。

③ 定量计算

a. 输出电压：

$$U_d = \frac{3}{2\pi} \int_{\frac{\pi}{6}+\alpha}^{\frac{5\pi}{6}+\alpha} \sqrt{2} U_2 \sin\omega t \, d(\omega t) = 1.17 U_2 \cos\alpha$$

b. 输出电流：

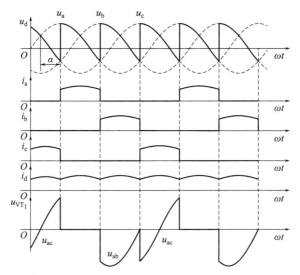

图 7-35　三相半波可控整流电路（感性负载）$\alpha = 60°$时的波形

$$I_d = U_d / R$$

图 7-35 中所给 $i_d$ 波形有一定的脉动，与分析单相整流电路带感性负载时图 7-23 所示的 $i_d$ 波形有所不同。因为负载中的电感量不可能也不必非常大，往往只要能保证负载电流连续即可，这样 $i_d$ 实际上是有脉动的，不是完全直的水平线。通常，为简化分析及定量计算，可将 $i_d$ 的波形近似为一条水平线，这样的近似对分析和计算的准确性并不产生很大影响。

c. 晶闸管的电流。

平均值：

$$I_{dVT} = \frac{1}{2\pi} \int_{\frac{\pi}{6}+\alpha}^{\frac{5\pi}{6}+\alpha} I_d \mathrm{d}(\omega t) = \frac{I_d}{2\pi} \left[ \frac{5\pi}{6} + \alpha - \left( \frac{\pi}{6} + \alpha \right) \right] = \frac{1}{3} I_d$$

有效值：

$$I_{VT} = \sqrt{\frac{1}{2\pi} \int_{\frac{\pi}{6}+\alpha}^{\frac{5\pi}{6}+\alpha} I_d^2 \mathrm{d}(\omega t)} = \sqrt{\frac{1}{3}} I_d$$

d. 晶闸管最大正反向电压峰值均为变压器二次侧电压峰值：

$$U_{FM} = U_{RM} = \sqrt{6} U_2$$

（2）共阳极三相半波可控整流电路

共阳极三相半波可控整流电路，即将三个晶闸管的阳极连在一起，其阴极分别接变压器三相绕组，变压器的零线作为输出电压的正端，晶闸管共阳极端作为输出电压的负端，如图 7-36 所示。这种共阳极电路接法，对于螺栓型晶闸管的阳极可以共用散热器，使装置结构简化，但三个触发器的输出必须彼此绝缘。

由于三个晶闸管的阴极分别与三相电源相连，阳极经过负载与三相绕组中线连接，故各晶闸管只能在相电压为负时触发导通，换流总是从电位较高的相换到电位较低的那一相。自然换相点为三相电压负半波的交点，即是控制角 $\alpha = 0°$ 的起始点。$\alpha = 30°$ 时输出电压的波形如图 7-36 所示，$u_d$、$i_d$ 的波形均为负值，对于大电感负载，负载电流连续，晶闸管导通角 $\theta$ 仍为 $120°$。输出整流电压平均值：

$$U_d = -1.17 U_2 \cos\alpha$$

三相半波可控整流电路的接线简单，元器件少，只需用三套触发装置，控制较容易，但

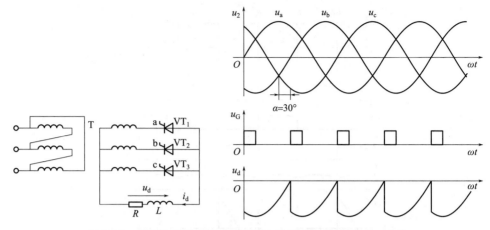

图 7-36　共阳极三相半波可控整流电路及其相关波形（$\alpha=30°$）

变压器每相绕组只有 1/3 周期流过电流，利用率低；由于绕组中电流是单方向的，故存在直流磁动势，为避免铁芯饱和，须加大铁芯截面积。此电路一般用于小容量设备上。

## 7.2.6　三相桥式全控整流电路

三相桥式全控整流电路与三相半波可控整流电路相比，输出整流电压提高一倍，输出电压的脉动较小，变压器利用率高且无直流磁化问题。由于在整流装置中，三相桥式全控整流电路晶闸管的最大失控时间只为三相半波电路的一半，故控制快速性较好，因而在大容量负载供电、电力拖动控制系统等方面获得了广泛应用。

根据三相半波可控整流电路原理可知，共阴极电路工作时，变压器每相绕组中流过正向电流，共阳极电路工作时，每相绕组流过反向电流。为了提高变压器利用率，将共阴极电路和共阳极电路的输出端串联，并接到变压器二次侧绕组上，如图 7-37（a）所示。如果两组电路负载对称，控制角相同，则它们的输出电流平均值 $I_{d1}$ 与 $I_{d2}$ 大小相等，方向相反，零线中流过的电流为零。若去掉零线，不影响电路工作并使之成为三相桥式全控整流电路，如图 7-37（b）所示。在三相桥式全控整流电路中的变压器绕组中，一个周期里既流过正向电流，又流过反向电流，提高了变压器的利用率，且直流磁动势相互抵消，避免了直流磁化。

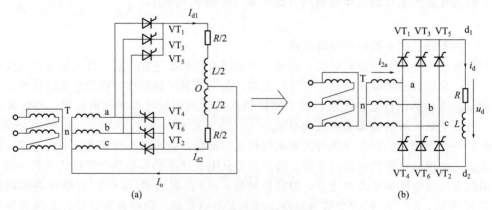

图 7-37　三相桥式全控整流电路

由于三相桥式整流电路是两组三相半波可控整流电路的串联，因此输出电压是三相半波的两倍。当输出电流连续时：

$$U_{\rm d}=2\times1.17U_2\cos\alpha=2.34U_2\cos\alpha$$

由于变压器规格并未改变，整流电压却比三相半波时大一倍，因此，其输出功率也大一倍。变压器利用率提高了，而晶闸管的电流定额不变。在输出整流电压相同的情况下，三相桥式全控整流电路中晶闸管的电压定额可比三相半波可控整流电路中的晶闸管低一半。

（1）阻性负载

1）工作原理和波形分析

① $\alpha=0°$ 时，可以采用与分析三相半波可控整流电路时类似的方法，假设将电路中的晶闸管换作二极管，这种情况也就相当于晶闸管触发角 $\alpha=0°$ 时的情况。此时，对于共阴极组的三个晶闸管，阳极所接交流电压值最高的一个导通；而对于共阴极组的三个晶闸管，则是阴极所接交流电压值最低（或者说负得最多）的一个导通。这样，任意时刻共阳极组和共阴极组中各有一个晶闸管处于导通状态，施加于负载上的电压为某一线电压。此时电路的工作波形如图 7-38 所示。

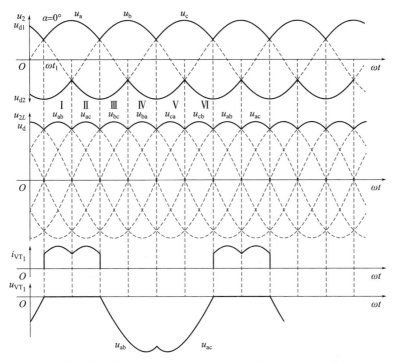

图 7-38　三相桥式全控整流电路（阻性负载）$\alpha=0°$ 时的波形

$\alpha=0°$ 时，各晶闸管均在自然换相点处换相。由图 7-38 中变压器二次绕组相电压与线电压波形的对应关系看出，各自然换相点既是相电压的交点，同时也是线电压的交点。在分析 $u_{\rm d}$ 的波形时，既可从相电压波形分析，也可以从线电压分析。

从相电压波形看，以变压器二次侧的中点 n 为参考点，当共阴极组晶闸管导通时，整流输出电压 $u_{\rm d1}$ 为相电压在正半周的包络线；当共阳极组导通时，整流输出电压 $u_{\rm d2}$ 为相电压在负半周的包络线，总的整流输出电压 $u_{\rm d}=u_{\rm d1}-u_{\rm d2}$ 是两条包络线间的差值，将其对应到线电压波形上，即为线电压在正半周的包络线。

直接从线电压波形看，由于共阴极组中处于通态的晶闸管对应的是最大（正得最多）的相电压，而共阳极组中处于通态的晶闸管对应的是最小（负得最多）的相电压，输出整流电压 $u_{\rm d}$ 为这两个相电压相减，是线电压中最大的一个，因此输出整流电压 $u_{\rm d}$ 的波形为线电压在正半周期的包络线。

为了说明各晶闸管的工作情况，将波形中的一个周期等分为 6 段，每段为 60°，如图 7-38 所示，每一段中导通的晶闸管及输出整流电压的情况见表 7-2，六个晶闸管的导通顺序为 $VT_1 \rightarrow VT_2 \rightarrow VT_3 \rightarrow VT_4 \rightarrow VT_5 \rightarrow VT_6$。

表 7-2 三相桥式全控整流电路电阻负载 $\alpha = 0°$ 时晶闸管工作情况

| 时 段 | I | II | III | IV | V | VI |
|---|---|---|---|---|---|---|
| 共阴极 | $VT_1$ | $VT_1$ | $VT_3$ | $VT_3$ | $VT_5$ | $VT_5$ |
| 共阴极 | $VT_6$ | $VT_2$ | $VT_2$ | $VT_4$ | $VT_4$ | $VT_6$ |
| 输出电压 $u_d$ | $u_a - u_b = u_{ab}$ | $u_a - u_c = u_{ac}$ | $u_b - u_c = u_{bc}$ | $u_b - u_a = u_{ba}$ | $u_c - u_a = u_{ca}$ | $u_c - u_b = u_{cb}$ |

从触发角 $\alpha = 0°$ 时的情况可以总结出三相桥式全控整流电路的特点如下：

a. 每个时刻均需两个晶闸管同时导通，形成向负载供电的回路，其中一个晶闸管是共阴极组的，一个是共阳极组的，且不能为同一相的晶闸管。

b. 对触发脉冲的要求：六个晶闸管的触发脉冲按 $VT_1 \rightarrow VT_2 \rightarrow VT_3 \rightarrow VT_4 \rightarrow VT_5 \rightarrow VT_6$ 的顺序触发，相位依次相差 60°；共阴极组 $VT_1$、$VT_3$、$VT_5$ 的触发脉冲依次相差 120°，共阳极组 $VT_4$、$VT_6$、$VT_2$ 的触发脉冲也依次相差 120°；同一相的上下两桥臂，即 $VT_1$ 与 $VT_4$，$VT_3$ 与 $VT_6$，$VT_5$ 与 $VT_2$，脉冲相差 180°。

c. 整流输出电压 $u_d$ 一个周期脉动 6 次，每次脉动的波形都一样，故三相桥式全控整流电路也称为六脉波整流电路。

d. 在整流电路合闸启动过程中或电流不连续时，为确保电路正常工作，需保证同时导通的两个晶闸管均有触发脉冲。为此，可采用两种方法：一种是使脉冲宽度大于 60°（一般取 80°～100°），称为宽脉冲触发；另一种方法是在触发某个晶闸管的同时，给序号在其之前的一个晶闸管补发脉冲，即用两个窄脉冲代替宽脉冲，两个窄脉冲的前沿相差 60°，脉宽一般为 20°～30°，称为双脉冲触发。双脉冲电路较复杂，但要求的触发电路输出功率小；宽脉冲触发电路虽可少输出一半脉冲，但为了不使脉冲变压器饱和，需将铁芯体积做得较大，绕组匝数较多，导致漏感增大，脉冲前沿不够陡，对晶闸管串联使用不利。虽可用去磁绕组改善这种情况，但又使触发电路复杂化。因此，常用的是双脉冲触发。

e. $\alpha = 0°$ 时晶闸管承受的电压波形如图 7-38 所示。图中仅给出了 $VT_1$ 的电压波形。将此波形与三相半波时图 7-31 中的 $VT_1$ 电压波形比较可见，两者是相同的，晶闸管承受最大正反向电压的关系也一样。

图 7-38 中还给出了流过晶闸管 $VT_1$ 的电流波形 $i_{VT_1}$。由此波形可以看出，晶闸管一个周期中有 120° 处于通态，240° 处于断态，因为负载为阻性负载，所以晶闸管处于通态时的电流波形与相应时段的 $u_d$ 波形相同。

② $\alpha \neq 0°$ 时，当触发角 $\alpha$ 改变时，电路的工作情况也将发生变化。如图 7-39 所示给出了三相桥式全控整流电路 $\alpha = 30°$ 时的相关波形。从 $\omega t_1$ 时刻开始把一个周期等分为 6 段，每段为 60°。与 $\alpha = 0°$ 时的情况相比，一周期中 $u_d$ 波形仍由 6 段线电压构成，每一段导通晶闸管的编号等仍符合表 7-2 的规律。区别在于，晶闸管的起始导通时刻推迟了 30°，组成 $u_d$ 的每一段线电压因此推迟 30°，$u_d$ 的平均值降低。晶闸管的电压波形也相应发生如图 7-39 所示的变化。图中同时给出了变压器二次侧 a 相电流 $i_a$ 的波形，该波形的特点是，在 $VT_1$ 处于通态的 120° 期间，$i_a$ 为正，$i_a$ 的波形形状与同时段的 $u_d$ 波形相同，在 $VT_4$ 处于通态的 120° 期间，$i_a$ 波形的形状也与同时段的 $u_d$ 波形相同，但为负值。

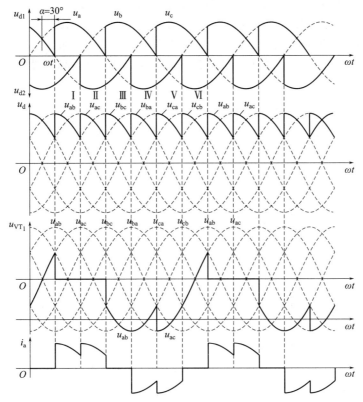

图 7-39　三相桥式全控整流电路（阻性负载）$\alpha = 30°$时的相关波形

图 7-40 给出了 $\alpha = 60°$时的电路波形，电路工作情况可对照表 7-2 分析。$u_d$ 波形中每段线电压的波形继续向后移，平均值继续降低，$\alpha = 60°$时 $u_d$ 出现了为零的点。

由以上分析可见，当 $\alpha \leqslant 60°$时，波形均连续；对于阻性负载，$i_d$ 波形与 $u_d$ 波形的形状是一样的，也连续。

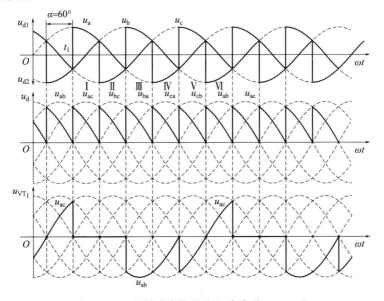

图 7-40　三相桥式全控整流电路波形（$\alpha = 60°$）

当 $\alpha > 60°$ 时，如 $\alpha = 90°$ 时阻性负载情况下的工作波形如图 7-41 所示，此时 $u_d$ 波形每 60° 中有 30° 为零，这是因为阻性负载情况下 $i_d$ 波形与 $u_d$ 波形一致，一旦 $u_d$ 降至零，$i_d$ 也降至零，流过晶闸管的电流即降至零，则晶闸管关断，输出整流电压 $u_d$ 为零，因此 $u_d$ 波形不能出现负值。图 7-41 中还给出了晶闸管电流和变压器二次电流的波形。

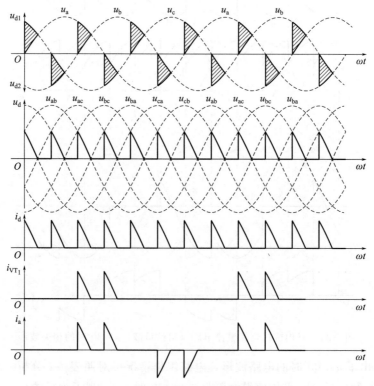

图 7-41　三相桥式全控整流电路波形（$\alpha = 90°$）

如果继续增大 $\alpha$ 至 120°，整流输出电压 $u_d$ 波形将全为零，其平均值也为零，可见带阻性负载时三相桥式全控整流电路 $\alpha$ 角的移相范围为：0°～120°。

2）定量计算

由于 $\alpha = 60°$ 是输出电压 $u_d$ 波形连续和不连续的分界点，所以输出电压平均值应分两种情况计算：

① $\alpha \leqslant 60°$：

$$U_d = \frac{6}{2\pi} \int_{\frac{\pi}{3} + \alpha}^{\frac{2\pi}{3} + \alpha} \sqrt{6} U_2 \sin\omega t \, \mathrm{d}(\omega t) = 2.34 U_2 \cos\alpha$$

当 $\alpha = 0°$ 时，$U_d = 2.34 U_2$；每个晶闸管导通的电角度始终是 120°。

② $\alpha > 60°$：

$$U_d = \frac{6}{2\pi} \int_{\frac{\pi}{3} + \alpha}^{\pi} \sqrt{6} U_2 \sin\omega t \, \mathrm{d}(\omega t) = 2.34 U_2 \left[ 1 + \cos\left(\frac{\pi}{3} + \alpha\right) \right]$$

当 $\alpha = 120°$ 时，$U_d = 0$，所以控制角 $\alpha$ 的移相范围为：0°～120°。每个晶闸管导通的电角度为 2（120° $-\alpha$）。

（2）感性负载

三相桥式全控整流电路大多用于向感性负载和反电动势阻感负载供电（即用于直流电机传动），下面主要分析感性负载时的情况。对于带反电动势阻感负载的情况只需在感性负载的基础上掌握其特点，即可把握其工作情况。

① 工作原理及波形分析　当 $\alpha \leqslant 60°$ 时，$u_d$ 波形连续，电路的工作情况与带阻性负载时十分相似，各晶闸管的通断情况、输出整流电压 $u_d$ 波形、晶闸管承受的电压波形等都一样。区别在于负载不同时，同样的整流输出电压加到负载上，得到的负载电流 $i_d$ 波形不同：电阻负载情况下，$i_d$ 波形与 $u_d$ 的波形形状一样；而感性负载情况下，由于电感的作用，使得负载电流波形变得平直，当电感足够大的时候，负载电流的波形可近似为一条水平线。图7-42 和图 7-43 分别给出了三相桥式全控整流电路带感性负载 $\alpha = 0°$ 和 $\alpha = 30°$ 时的波形。

图 7-42 中除给出 $u_d$ 波形和 $i_d$ 波形外，还给出了晶闸管电流 $i_{VT_1}$ 的波形，可与图 7-38带阻性负载时的情况进行比较。由波形图可见，在晶闸管 $VT_1$ 导通段，$i_{VT_1}$ 波形由负载电流 $i_d$ 波形决定，和 $u_d$ 波形不同。

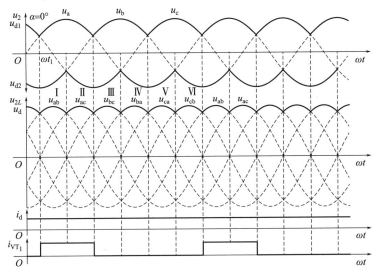

图 7-42　三相桥式全控整流电路（感性负载）$\alpha = 0°$ 时的波形

图 7-43 中除给出 $u_d$ 波形和 $i_d$ 波形外，还给出了变压器二次侧 a 相电流 $i_a$ 的波形，可与图 7-39 带阻性负载时的情况进行比较。

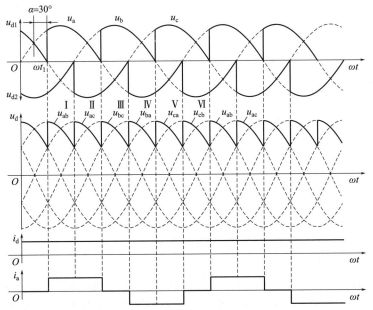

图 7-43　三相桥式全控整流电路（感性负载）$\alpha = 30°$ 时的波形

当 $\alpha>60°$ 时，带感性负载时的工作情况与带阻性负载时不同，带阻性负载时 $u_d$ 波形不会出现负的部分，而带感性负载时，由于电感 $L$ 的作用，$u_d$ 波形会出现负的部分。图 7-44 给出了 $\alpha=90°$ 时的波形。若电感 $L$ 值足够大，$u_d$ 中正负面积将基本相等，$u_d$ 平均值近似为零。这表明，带感性负载时，三相桥式全控整流电路的 $\alpha$ 角移相范围为：$0°\sim90°$。

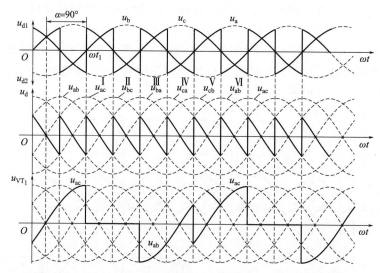

图 7-44　三相桥式全控整流电路（感性负载）$\alpha=90°$ 时的波形

② 定量计算

a. 输出参数

输出电压平均值：

$$U_d=\frac{6}{2\pi}\int_{\frac{\pi}{3}+\alpha}^{\frac{2\pi}{3}+\alpha}\sqrt{6}U_2\sin\omega t\,\mathrm{d}(\omega t)=2.34U_2\cos\alpha$$

输出电流平均值：

$$I_d=U_d/R$$

b. 整流元件参数

电流平均值：

$$I_{dVT}=\frac{1}{2\pi}\int_{\alpha}^{\frac{2}{3}\pi+\alpha}I_d\,\mathrm{d}(\omega t)=\frac{1}{3}I_d$$

电流有效值：

$$I_{VT}=\sqrt{\frac{1}{2\pi}\int_{\alpha}^{\frac{2}{3}\pi+\alpha}I_d^2\mathrm{d}(\omega t)}=\frac{1}{\sqrt{3}}I_d$$

晶闸管承受的最大反压：

$$U_{RM}=\sqrt{2}\times\sqrt{3}U_2=\sqrt{6}U_2$$

c. 整流变压器二次侧电流

波形如图 7-43 所示，为正负半周各宽 120°、前沿相差 180° 的矩形波，其有效值为：

$$I_2=\sqrt{\frac{1}{2\pi}\left(I_d^2\times\frac{2}{3}\pi+(-I_d)^2\times\frac{2}{3}\pi\right)}=\sqrt{\frac{2}{3}}I_d=0.816I_d$$

三相桥式全控整流电路接反电动势阻感负载时，在负载电感足够大足以使负载电流连续的情况下，电路的工作情况与带感性负载时相似，电路中各处电压、电流波形均相同，仅在

计算 $I_d$ 时有所不同。接反电动势阻感负载时：

$$I_d = (U_d - E)/R$$

式中，$R$ 和 $E$ 分别为负载中的电阻值和反电动势的值。

## 7.2.7　三相桥式半控整流电路

三相桥式全控整流电路中，共阳极组晶闸管换为整流二极管，就成为三相桥式半控整流电路，图 7-45 为其主电路图。该电路适用于只要求输出电压大小可控的整流电源，由于其结构简单、经济，得到了广泛应用。

三相桥式半控整流电路由共阴极组的一相晶闸管和共阳极组的另一相整流二极管构成一条可控整流回路，整流回路电源为两个元件所在相间的线电压。该电路共有 6 条可对负载供电的整流回路，按电源电压相序轮流工作，实现整流目的。

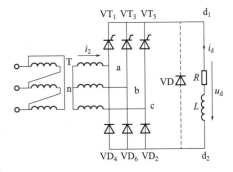

图 7-45　三相桥式半控整流电路

从换相规律看，共阴极组三相元件为晶闸管，按自然换相点出现顺序控制换相；共阳极组三相元件为整流二极管，在自然换相点处自然换相，总是相电压最低的一相元件导通。在稳定工作状态下，三相晶闸管元件将以相同的控制角 $\alpha$ 触发换相。通过改变控制角 $\alpha$ 可实现对输出整流电压平均值的控制。由于一组元件是相位控制换相，一组元件是自然换相，所以 6 条整流回路中的 $VT_1$、$VT_3$、$VT_5$ 和 $VD_2$、$VD_4$、$VD_6$ 的工作导通时间不同。电路输出电压 $u_d = u_{d1} - u_{d2}$，$u_{d1}$ 随共阴极组元件导通状态变化，$u_{d2}$ 随共阳极组元件导通状态变化。

感性负载时与单相桥式半控整流电路相似，在电路工作过程中，整流回路的电源电压过零变负时会形成自然续流现象。因此，采用切除触发方式使输出整流电压下降为零时，会发生失控现象。为了防止失控，必须在负载两端反并联一个续流二极管 VD。

# 7.3　晶闸管触发电路

晶闸管最重要的特性是可控的正向导通特性。当晶闸管阳极加上正向电压后，还必须在门极与阴极间加上一个具有一定功率的正向触发电压才能导通，这一正向触发电压由触发电路提供，根据具体情况这个电压可以是交流、直流或脉冲。由于晶闸管被触发导通以后，门极的触发电压即失去控制作用，所以为了减少门极的触发功率，常用脉冲触发。触发脉冲的宽度要能维持到晶闸管彻底导通后才能撤掉，晶闸管对触发脉冲的幅度要求是：在门极上施加的触发电压（电流）应大于产品目录提供的数据，但也不能太大，以防损坏其控制极，在有晶闸管串并联的场合，触发脉冲的前沿越陡越有利于晶闸管的同时触发导通。

## 7.3.1　对触发电路的要求

为了保证晶闸管电路能正常、可靠地工作，触发电路必须满足以下要求：

① 触发脉冲应有足够的功率，触发脉冲的电压和电流应大于晶闸管产品目录提供的数据，并留有一定的裕量。

晶闸管的门极伏安特性曲线如图 7-46 所示。由于同一型号晶闸管的门极伏安特性分散性比较大，所以规定晶闸管的门极阻值在某高阻（曲线 $OD$）和低阻（曲线 $OG$）之间才算是合格的产品。晶闸管器件出厂时，所标注的门极触发电流 $I_G$、门极触发电压 $U_G$ 是指该

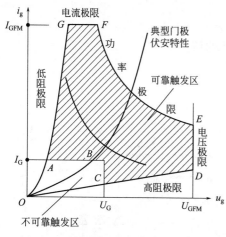

图 7-46　晶闸管的门极伏安特性曲线

型号所有合格器件都能被触发导通的最小门极电流、电压值，所以在接近坐标原点处 $I_G$ 和 $U_G$ 为界划出 $OABCO$ 区域，在此区域内为不可靠触发区。在器件门极极限电流 $I_{GFM}$、门极极限电压 $U_{GFM}$ 和门极极限功率曲线的包围下，面积 $ABC$-$DEFG$（图中阴影部分）为可靠触发区，所有合格晶闸管器件的触发电压与触发电流都应在这个区域内，在使用时，触发电路提供的门极触发电压与触发电流都应处于这个区域内。

再者，温度对晶闸管门极的影响也比较大，即使是同一器件，温度不同时，器件的触发电流与电压值也不同。一般可以这样估算，在 100℃ 高温时，触发电流、电压值比室温时低 2～3 倍，而在 −40℃ 低温时，触发电流、电压值比室温时高 2～3 倍。所以为了使晶闸管可靠地触发，触发电路送出的触发电流、电压值都必须大于晶闸管器件门极规定的触发电流 $I_G$、触发电压 $U_G$ 值，并且要留有足够的裕量。如触发信号为脉冲时，在触发功率不超过规定值的情况下，触发电压、电流的幅值在短时间内可大大超过额定值。

② 触发脉冲应有一定的宽度且脉冲前沿应尽可能陡。由于晶闸管触发有一个过程，也就是晶闸管的导通需要一定的时间，只有当晶闸管的阳极电流即主回路电流上升到晶闸管的擎住电流 $I_L$ 以上时，晶闸管才能导通，所以触发信号应有足够的宽度才能保证被触发的晶闸管可靠导通，对于感性负载，脉冲的宽度要宽些，一般为 0.5～1ms，相当于 50Hz、18° 电角度。为了可靠、快速地触发大功率晶闸管，常常在触发脉冲的前沿叠加上一个强触发脉冲，其波形如图 7-47 所示。图中 $t_1 \sim t_2$ 为脉冲前沿的上升时间（<1μs），$t_2 \sim t_3$ 为强脉冲的宽度；$I_M$ 为强脉冲的幅值（$3I_G \sim 5I_G$）；$t_1 \sim t_4$ 为脉冲的宽度；$I$ 为脉冲平均幅值（$1.5I_G \sim 2I_G$）。

③ 触发脉冲的相位应能在规定范围内移动。例如单相全控桥整流电路阻性负载时，要求触发脉冲的移相范围是 0°～180°，感性负载时，要求移相范围是 0°～90°；三相半波可控整流电路阻性负载时，要求移相范围是 0°～150°，感性负载时，要求移相范围是 0°～90°。

④ 触发脉冲与晶闸管主电路电源必须同步。为了使晶闸管在每个周期都能够以相同的控制角 $\alpha$ 被触发导通，触发脉冲必须与电源同步，两者的频率应相同，而且要有固定的相位关系，以使每一周期都能在同样的相位上触发。其触发移相结构图如图 7-48 所示，触发电路同时受控于控制电压 $u_c$ 与同步环节电压 $u_s$ 的控制。

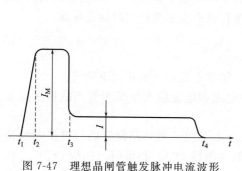

图 7-47　理想晶闸管触发脉冲电流波形

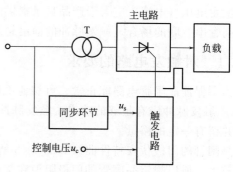

图 7-48　触发移相结构图

## 7.3.2　触发电路的种类

晶闸管的门极触发电路，根据控制晶闸管的通断状况不同，可分为移相触发与过零触发两类。移相触发就是改变晶闸管每周期导通的起始点即触发延迟角 $\alpha$ 的大小，以达到改变输出电压、功率的目的；而过零触发是晶闸管在设定的时间间隔内，通过改变导通的周波数来实现电压或功率的控制。

如果按触发电路组成的元器件来分，又可分为分立元器件构成的触发电路、集成电路构成的触发电路、专用集成触发电路以及微机触发电路等几种。

触发信号又可分为模拟式和数字式两种。阻容移相桥、单结晶体管触发电路以及利用锯齿波移相电路或利用正弦波移相电路均为模拟式触发电路；而数字逻辑电路乃至微处理控制的移相触发电路则属于数字式触发电路。

由单结晶体管组成的触发电路，具有简单、可靠、触发脉冲前沿陡、抗干扰能力强以及温度补偿性能好等优点，在单相与要求不高的三相晶闸管装置中得到广泛应用，但单结晶体管触发电路只能产生窄脉冲。对于电感较大的负载，由于晶闸管在触发导通时阳极电流上升较慢，在阳极电流还未到达管子擎住电流 $I_L$ 时，触发脉冲已经消失，使晶闸管在触发期间导通后又重新关断。所以单结晶体管如不采用脉冲扩宽措施，是不宜触发感性负载的。为了克服单结晶体管触发电路的缺点，在要求较高、功率较大的晶闸管装置中，大多采用晶体管组成的触发电路，目前都用以集成电路形式出现的集成触发器。下面重点分析单结晶体管触发电路、锯齿波同步触发电路以及集成触发电路。

## 7.3.3　单结晶体管触发电路

（1）单结晶体管的结构及特性

单结晶体管有三个电极，两个基极（第一基极 $b_1$、第二基极 $b_2$）和一个发射极 e，因此也称为双基极二极管，其结构、等效电路、电路图形符号及其引脚如图 7-49 所示。

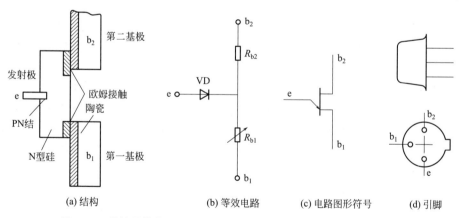

| (a) 结构 | (b) 等效电路 | (c) 电路图形符号 | (d) 引脚 |

图 7-49　单结晶体管的构造、等效电路、电路图形符号及其引脚图

在一块高电阻率的 N 型硅半导体基片上，引出两个欧姆接触极：第一基极 $b_1$、第二基极 $b_2$，这两个基极之间的电阻 $R_{bb}$ 就是基片的电阻，其值为 2～12kΩ。在两基片间，靠近 $b_2$ 处设法掺入 P 型杂质——铝，引出电极称为发射极 e，e 对 $b_1$ 或 $b_2$ 就是一个 PN 结，具有二极管的导电特性，又称双基极二极管。其等效电路如图 7-49（b）所示，图中 $R_{b1}$、$R_{b2}$ 分别为发射极 e 与第一基极 $b_1$、第二基极 $b_2$ 之间的电阻。

单结晶体管的实验电路和伏安特性如图 7-50 所示。

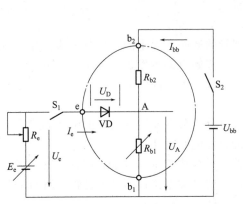
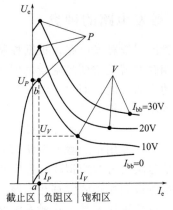

图 7-50　单结晶体管实验电路与伏安特性

① 当 $S_1$ 闭合 $S_2$ 断开时，$I_{bb}=0$，二极管 VD 与 $R_{b1}$ 组成串联电路，$U_e$ 与 $I_e$ 的关系曲线与二极管正向特性曲线接近。

② 当 $S_1$ 断开、$S_2$ 闭合时，外加基极电压 $U_{bb}$ 经过 $R_{b1}$、$R_{b2}$ 分压，则 A 点对 $b_1$ 之间的电压 $U_A$ 为

$$U_A = \frac{R_{b1}}{R_{b1}+R_{b2}}U_{bb} = \eta U_{bb}$$

式中，$\eta = R_{b1}/(R_{b1}+R_{b2})$，称为单结晶体管的分压比。$\eta$ 是由单结晶体管的内部结构决定，一般为 $0.3 \sim 0.9$。

③ $S_1$ 闭合 $S_2$ 也闭合，即单结晶体管加上一定的基极电压 $U_{bb}$。

$U_e$ 从零开始逐渐增大，当 $U_e < U_A$ 时，二极管 VD 处于反偏，VD 不导通，只有很小的反向漏电流，如图 7-50 所示。

当 $U_e = U_A$ 时，二极管 VD 处于零偏，电流 $I_e=0$，如图 7-50 中的 $b$ 点，管子仍处于截止状态。当 $U_e$ 再增大，$U_A < U_e < U_A + U_D$ 时（$U_D$ 为硅二极管的导通压降，一般为 0.7V），二极管 VD 开始正偏，但管子仍处于截止状态，只有很小的正向漏电流流过，即 $I_e > 0$。

当 $U_e$ 继续增大，达到 $U_P$ 值（图中 $P$ 点）时，$U_p = U_A + U_D$，二极管充分导通，$I_e$ 显著增大，当 $I_e$ 继续增大时，发射极 P 区的空穴不断地注入 N 区，与基片中的电子不断会合，使 N 区 $R_{b1}$ 段中的载流子大量增加，使 $R_{b1}$ 阻值迅速减小，$U_A$ 降低，$I_e$ 进一步增大，而 $I_e$ 的增大又进一步使 $R_{b1}$ 减小，形成强烈的正反馈。随着 $I_e$ 的增大，$U_A$ 降低，又由于 $U_e = U_A + U_D$，所以 $U_e$ 不断减小，从而得出单结晶体管的发射极 e 与第一基极 $b_1$ 之间的动态电阻 $\Delta R_{eb1} = \Delta U_e / \Delta I_e$ 为负值，这就是单结晶体管特有的负阻特性。如图 7-50 所示，在曲线上对应的 $P$、$V$ 两点之间的区域，称为负阻区，$U_P$ 称为峰点电压，$U_V$ 为谷点电压。

进入负阻区后，当 $I_e$ 继续增大，即注入到 N 区的空穴增大到一定量时，一部分空穴来不及与基区电子复合，从而剩余一部分空穴，使继续注入空穴受到阻力，相当于 $R_{b1}$ 变大，因此，在谷点 $V$ 之后，单结晶体管工作状态由负阻区进入饱和区，又恢复其正阻特性，这时 $U_e$ 随 $I_e$ 的增大而逐渐增大。显而易见，$U_V$ 是维持单结晶体管导通所需的最小发射极电压，一旦出现 $U_e < U_V$ 时，单结晶体管将重新截止，一般 $U_V$ 为 $2 \sim 5$V。

当 $U_{bb}$ 改变时，$U_P$ 也随之改变。这样，改变 $U_{bb}$ 就可以得到一组伏安特性曲线。对晶闸管触发电路来说，最希望选用分压比 $\eta$ 较大、谷点电压 $U_V$ 小一点的单结晶体管，从而使输出脉冲幅值及调节电阻范围比较宽。

（2）单结晶体管自激振荡电路

如图 7-51 所示是单结晶体管自激振荡电路。当电源未接通时，电容上的电压为零。当电源接通后，一路经 $R_1$、$R_2$ 在单结晶体管的两个基极间按分压比 $\eta$ 进行分压，另一路通过 $R_e$ 对电容 $C$ 进行充电，充电时间常数 $\tau_1 = R_e C$，发射极电压 $u_e$ 为电容两端电压 $u_C$。$u_C$ 逐渐升高，当 $u_C$ 上升到峰点电压 $U_P$ 之前，单结晶体管处于截止状态，当达到峰点电压 $U_P$ 时，单结晶体管导通，电容经过 e、$b_1$ 向电阻 $R_1$ 放电，放电时间常数 $\tau_2 = (R_{b1} + R_1)C$，由于放电回路电阻 $R_{b1} + R_1$ 很小，放电时间很短，所以 $R_1$ 上得到很窄的尖脉冲。随着电容放电的进行，当 $u_C = U_V$ 并趋于更低时，单结晶体管截止，$R_1$ 上的脉冲电压结束。此后电源又重新对电容充电，当充电到 $U_P$ 时，单结晶体管又导通，此过程周而复始，这样，在 $R_1$ 上就得到一系列的脉冲电压，由于电容上的放电时间常数 $\tau_2$ 远小于充电时间常数 $\tau_1$，电容上的电压为锯齿波振荡电压，电压波形如图 7-51(c) 所示。

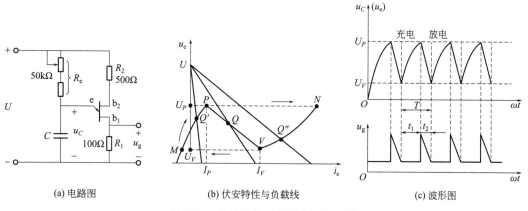

(a) 电路图　　　　(b) 伏安特性与负载线　　　　(c) 波形图

图 7-51　单结晶体管振荡电路与波形

由图 7-51(c) 中的锯齿波形可知，自激振荡电路的周期 $T$ 为充电时间常数 $\tau_1$ 和放电时间常数 $\tau_2$ 之和，即 $T = \tau_1 + \tau_2 = R_e C + (R_{b1} + R_1)C$，由于 $R_e \gg R_{b1} + R_1$，即 $\tau_1 \gg \tau_2$，所以 $T \approx \tau_1$。在充电过程中：

$$u_e = u_C = U[1 - e^{-t/(R_e C)}]$$

当 $u_C$ 充电至峰点电压 $U_P$ 时所需要的时间为 $\tau_1 = T$，所以

$$U_P = \eta U = U[1 - e^{-T/(R_e C)}]$$

则

$$1 - \eta = e^{-T/(R_e C)}$$

$$T = R_e C \ln\left(\frac{1}{1 - \eta}\right)$$

$$f = \frac{1}{R_e C \ln\left(\dfrac{1}{1 - \eta}\right)}$$

由上式可知，调节电阻 $R_e$ 的大小就能改变自激振荡电路的振荡频率。当 $R_e$ 增大时，输出脉冲的频率减小，脉冲数减少；当 $R_e$ 减小时，输出脉冲的频率增大，脉冲数增多。但是，其频率调节有一定的范围，所以 $R_e$ 不能选得太大，也不能太小，否则单结晶体管自激振荡电路将无法形成振荡。

如图 7-51(b) 所示，在单结晶体管的伏安特性上作负载线，其方程式为

$$U = i_e R_e + u_e$$

静态工作点只能选在负阻区，即 $Q$ 点，自激振荡电路才能产生振荡，若电阻 $R_e$ 选得过大，则静态工作点在 $Q'$ 点，使电容上的电压充不到 $U_P$，不能使单结晶体管导通，没有振荡产生，也就没有脉冲输出。若电阻 $R_e$ 选得过小，则静态工作点在 $Q''$ 点，此时单结晶体管能导通一次，输出一个脉冲后，稳定工作在 $Q''$ 点，电路不振荡。

因此，电阻 $R_e$ 必须保证当 $u_e = U_P$ 时，流过 $R_e$ 的充电电流要大于峰点电流 $I_P$，才能使管子导通，即

$$(U - U_P)/R_{emax} > I_P$$

所以

$$R_{emax} < (U - U_P)/I_P$$

而当 $u_e$ 下降到谷点电压 $U_V$ 时，必须使 $i_e$ 小于谷点电流 $I_V$ 才能保证单结晶体管可靠地截止，即

$$(U - U_V)/R_{emix} < I_V$$

所以

$$R_{emix} > (U - U_V)/I_V$$

综上所述，若使电路保持振荡，$R_e$ 必须满足以下条件：

$$(U - U_V)/I_V < R_e < (U - U_P)/I_P$$

为了保证 $R_e$ 调到最小时仍能使电路振荡，输出脉冲，应按上式算出保持 $R_e$ 振荡的最小 $R_e$ 值，作为串联的固定电阻。

输出电阻 $R_1$ 的大小直接影响输出脉冲的宽度和幅值，所以，在选择 $R_1$ 时必须保证可靠触发晶闸管所需的脉冲宽度，若 $R_1$ 太小，放电太快，脉冲太窄，不易触发晶闸管。若 $R_1$ 太大，则在单结晶体管未导通时，电流 $I_{bb}$ 在 $R_1$ 上的压降太大，可能造成晶闸管的误导通，通常 $R_1$ 取 $50 \sim 100\Omega$。电阻 $R_2$ 用来补偿温度对 $U_P$ 的影响，即用来稳定振荡频率，$R_2$ 通常取 $200 \sim 600\Omega$。电容 $C$ 的取值与脉冲宽度及 $R_e$ 的大小有关，通常取 $0.1 \sim 1\mu F$。

（3）单结晶体管同步触发电路

要想使充电电路对晶闸管整流电路的输出进行有效而准确的控制，则要求触发电路送出的触发脉冲必须与晶闸管阳极电压同步，例如在单相半控桥式整流电路中，应保证晶闸管在每个周期承受正向阳极电压的半周内以控制角 $\alpha$ 相同的脉冲触发晶闸管。

图 7-52（a）所示为单相半控桥式

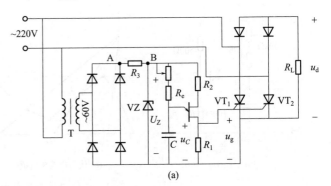

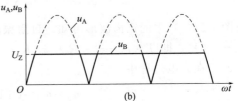

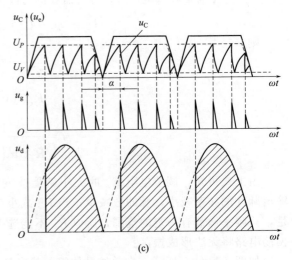

图 7-52　单相半控桥式单结晶体管
同步触发电路及其各点波形

整流电路单结晶体管触发电路。图 7-52(b)、(c) 给出了电路中各点的波形。同步变压器 T、整流桥以及稳压管 VZ 组成同步电路，同步变压器与主回路接在同一个电源上，从变压器 T 的二次绕组获得与主回路同频率、同相序的交流电压，此交流电压经过桥式不控整流（电压波形 $u_A$）与稳压管削波（电压波形 $u_B$）后得到梯形波电压 $u_v$，此梯形波既是同步信号又是触发电路的电源，每当梯形波电压 $u_v$ 过零时，即 $u_v = u_{bb} = 0$ 时，单结晶体管的内部 A 点电压 $U_A = 0$（参见图 7-50），e 与第一基极 $b_1$ 之间导通，电容 C 上的电荷很快经 e、$b_1$ 和 $R_1$ 放掉，使电容每次都能从零开始充电，这样就保证了每次触发电路送出的第一个脉冲与电源过零点的时刻（即 $\alpha$）一致，从而获得了同步。

如果要进行移相控制，即控制整流输出电压 $u_d$ 的大小，调节电阻 $R_e$ 即可。当 $R_e$ 增大时，电容 C 上的电压上升到峰点电压的时间延长，则第一个脉冲出现的时刻后移，即控制角 $\alpha$ 增大，整流电路的输出电压 $u_d$ 减小。相反，当 $R_e$ 减小时，则控制角 $\alpha$ 减小，输出电压 $u_d$ 增大。为了简化电路，单结晶体管输出的脉冲要同时触发晶闸管 $VT_1$、$VT_2$，因为只有阳极电压为正的晶闸管才能被触发导通，所以能保证半控桥式整流的两个晶闸管轮流导通。为了扩大移相范围，要求同步电压梯形波 $u_v$ 的两腰边要接近垂直，这里可采用提高同步变压器二次电压 $U_2$ 的方法，电压 $U_2$ 通常要大于 60V。

从以上分析可以看出：单结晶体管触发电路的优点是电路结构简单、使用元器件少、体积小、脉冲前沿陡、峰值大；缺点是只能产生窄脉冲，对于大电感负载，由于晶闸管在触发导通时阳极电流上升较慢，在阳极电流还没有上升到擎住电流 $I_L$ 时，脉冲就已经消失，使晶闸管在触发导通后又重新关断，所以，单结晶体管触发电路多用于 50A 以下的晶闸管装置及非大电感负载的电路中。

## 7.3.4　锯齿波同步触发电路

图 7-53 为锯齿波同步触发电路，该触发电路分为三个基本环节：脉冲形成与放大、锯齿波形成与脉冲移相以及同步电压环节。此外，锯齿波同步触发电路中还有强触发和双窄脉冲形成环节，下面分别进行分析。

（1）脉冲形成与放大环节

脉冲形成环节由晶体管 $VT_4$、$VT_5$ 组成（将晶体管 $VT_5$ 的发射极直接接 15V，暂不考虑 $VT_6$），晶体管 $VT_7$ 和 $VT_8$ 组成脉冲功率放大环节。控制电压 $u_{ct}$ 和负偏移电压 $u_p$ 分别经过电阻 $R_6$、$R_7$、$R_8$ 并联接入 $VT_4$ 基极。在分析该环节时，暂不考虑锯齿波电压 $u_{e3}$ 和负偏移电压 $u_p$ 对电路的影响，即设 $u_{e3} = 0$，$u_p = 0$。

当控制电压 $u_{ct} = 0$ 时，$VT_4$ 截止，+15V 电源通过电阻 $R_{11}$ 供给 $VT_5$ 一个足够大的基极电流，使 $VT_5$ 饱和导通，$VT_5$ 的集电极电压 $u_{c5}$ 接近 −15V（忽略 $VT_5$、$VT_6$ 的饱和压降），所以 $VT_7$、$VT_8$ 截止，无脉冲输出。同时，+15V 电源经 $R_9$ 和饱和导通晶体管 $VT_5$ 及 −15V 电源对电容 $C_3$ 进行充电，充电结束后，电容两端电压为 30V，其左端为 +15V，右端为 −15V。

调节控制电压 $u_{ct}$，当 $u_{ct} \geqslant 0.7V$ 时，$VT_4$ 由截止变为饱和导通，其集电极 A 端电压 $u_A$ 由 +15V 迅速下降至 1V 左右（二极管 $VD_4$ 压降及 $VT_4$ 饱和压降之和），由于电容 $C_3$ 上的电压不能突变，$C_3$ 右端的电压也由开始的 −15V 下降至约 −30V，$VT_5$ 的基-射结由于受到反偏而立即截止，其集电极电压 $u_{c5}$ 由开始的 −15V 左右迅速上升，当 $u_{c5} > 2.1V$（$VD_6$、$VT_7$、$VT_8$ 三个 PN 结正向压降之和）时，$VT_7$、$VT_8$ 导通，脉冲变压器 TR 一次侧流过电流，其二次侧有触发脉冲输出。同时，电容 $C_3$ 通过 $VD_4$、$VT_4$、接地点及 $R_{11}$ 放电，即 +15V 电源经该回路给电容 $C_3$ 反向充电使 $VT_5$ 的基极电压 $u_{b5}$ 由 −30V 开始逐渐上

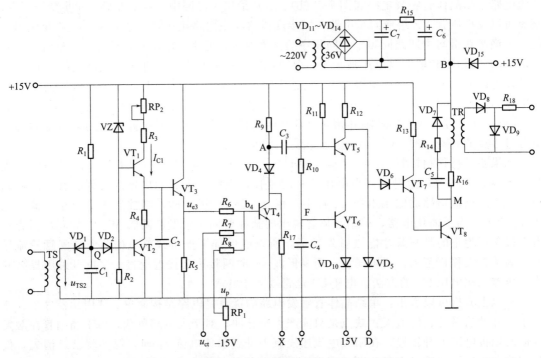

图 7-53  锯齿波同步触发电路

升，当 $u_{b5} > -15V$ 时，$VT_5$ 又重新导通，$u_{c5}$ 又变为 $-15V$，使 $VT_7$、$VT_8$ 截止，输出脉冲结束。由此可见，$VT_4$ 导通的瞬间决定了脉冲发出的时刻，到 $VT_5$ 截止的时间即是脉冲的宽度，而 $VT_5$ 截止时间的长短是由 $C_3$ 反向充电时间常数 $R_{11}C_3$ 决定的。

（2）锯齿波形成与脉冲移相环节

该环节主要由 $VT_1$、$VT_2$、$VT_3$、$C_2$、VZ 等元器件组成，锯齿波是由恒流源电流对 $C_2$ 充电形成的。在图 7-53 中，VZ、$RP_2$、$R_3$、$VT_1$ 组成了一个恒流源电路，当 $VT_2$ 截止时，恒流源电流 $I_{C1}$ 对电容 $C_2$ 进行充电，电容 $C_2$ 两端的电压 $u_{C_2}$ 为

$$u_{C_2} = \frac{1}{C_2} \int i_{C1} \, \mathrm{d}t = \frac{1}{C_2} I_{C1} t$$

可见，$u_{C_2}$ 是随时间线性变化的，其充电斜率为 $I_{C1}/C_2$。当 $VT_2$ 导通时，由于电阻 $R_4$ 的阻值很小，所以，电容 $C_2$ 经 $R_4$ 及 $VT_2$ 迅速放电，当 $VT_2$ 周期性地关断与导通时，电容 $C_2$ 两端就得到了线性很好的锯齿波电压，要想改变锯齿波的斜率，只要改变充电电流的大小，即只要改变 $RP_2$ 的阻值即可。该锯齿波电压经过由 $VT_3$ 管组成的射极跟随器后，$u_{e3}$ 仍是一个与原波形相同的锯齿波电压。

$u_{e3}$、$u_p$、$u_{ct}$ 三个信号通过电阻 $R_6$、$R_7$、$R_8$ 的综合作用成为 $u_{b4}$，它控制 $VT_4$ 的导通与关断。根据电路叠加原理，在考虑一个信号在 $b_4$ 点的作用时，可将另外两个信号接地，而三个信号在 $b_4$ 点作用的综合电压 $u_{b4}$ 才是控制 $VT_4$ 的真正信号。

当只考虑 $u_{e3}$ 单独作用时，它在 $b_4$ 点形成的电压 $u'_{e3}$ 为

$$u'_{e3} = \frac{R_7 /\!/ R_8}{R_6 + R_7 /\!/ R_8} u_{e3}$$

可见，$u'_{e3}$ 仍为一锯齿波，但其斜率要比 $u_{e3}$ 低些。

当只考虑 $u_{ct}$ 单独作用时，它在 $b_4$ 点形成的电压 $u'_{ct}$ 为

$$u'_{ct} = \frac{R_6 // R_8}{R_7 + R_6 // R_8} u_{ct}$$

可见，$u'_{ct}$仍为与$u_{ct}$平行的一条直线，即数值较$u_{ct}$小一些的直流控制电压。

同理，当只考虑$u_p$单独作用时，它在$b_4$点形成的电压$u'_p$为

$$u'_p = \frac{R_6 // R_7}{R_8 + R_6 // R_7} u_p$$

可见，$u'_p$仍为与$u_p$平行的一条直线，即电压绝对值较$u_p$小一些的负直流偏移电压。

由以上分析可知，晶体管$VT_4$的基极电压$u_{b4}$为锯齿波电压$u'_{e3}$、直流电压$u'_{ct}$和负直流偏移电压$u'_p$三者的叠加。

当$u_{ct}=0$时，晶体管$VT_4$的基极电压$u_{b4}$的波形由$u'_{e3}+u'_p$决定，如图7-54所示。控制偏移电压$u_p$的大小（$u_p$为负值），使锯齿波向下移动。当$u_{ct}$从0增加时，$VT_4$的基极电位$u_{b4}$的波形就由$u'_{e3}+u'_p+u'_{ct}$决定，由于$VT_4$基极电压的实际波形与$u'_{e3}+u'_p+u'_{ct}$所确定的波形有些差异，即当$u_{b4}>0.7V$以后，$VT_4$由截止转为饱和导通，这时，$u_{b4}$被钳位在0.7V，$u_{b4}$实际波形如图7-54所示，图中$u_{b4}$电压上升到0.7V的时刻，即为$VT_4$由截止转为导通的时刻，也就是在该时刻电路输出脉冲。如果把偏移电压$u_p$调整到某特定值而固定时，调节控制电压$u_{ct}$就能改变$u_{b4}$波形上升到0.7V的时间，也就改变了$VT_4$由截止转为导通的时间，即改变了输出脉冲产生的时刻，也就是说，改变控制电压$u_{ct}$就可以移动脉冲的相位，从而达到脉冲移相的目的。由上述分析及图7-54所示波形可知，电路中设置负偏移电压$u_p$的目的是确定$u_{ct}=0$时脉冲的初始相位。

（3）同步电压环节

如图7-53所示，锯齿波是由开关管$VT_2$控制的，$VT_2$由导通变截止期间产生锯齿波，$VT_2$截止持续时间就是锯齿波的宽度，$VT_2$开关的频率就是锯齿波的频率，要使触发脉冲与主回路电源同步，使$VT_2$开关的频率与主回路电源同步就可实现。

为了控制$VT_2$的开关频率与主回路电源频率相同，同步环节需要设置一个同步变压器TS，用同步变压器TS的二次电

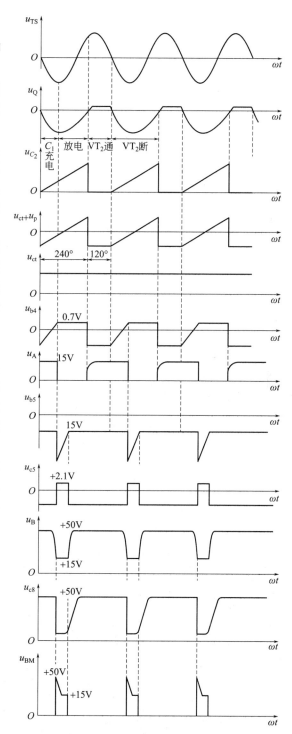

图7-54 锯齿波触发器各点电压波形

压来控制 $VT_2$ 的通断，从而就保证了触发电路发出的脉冲与主回路电源同步。

当同步变压器二次电压 $u_{TS2}$ 波形在负半周下降沿时，$VD_1$ 导通，$u_{TS2}$ 通过 $VD_1$ 为 $C_1$ 充电，其极性为下正上负，如忽略 $VD_1$ 的正向压降，则 Q 点的波形与 $u_{TS2}$ 波形一致，这时，$VT_2$ 管基极反向偏置截止。当 $u_{TS2}$ 波形在负半周上升沿时，+15V 电压经 $R_1$ 为 $C_1$ 反向充电，由于受电容 $C_1$ 反向充电时间常数 $R_1C_1$ 的影响，Q 点电压 $u_Q$ 比 $u_{TS2}$ 上升缓慢，所以 $VD_1$ 反向偏置截止。当 Q 点电位被反向充电上升到 1.4V 左右时，$VT_2$ 导通，Q 点电位被钳位在 1.4V，直到 $u_{TS2}$ 下一个负半周开始时，$VD_1$ 重新导通、$VT_2$ 重新截止，以后重复前面的过程，这样在一个正弦波周期内，$VT_2$ 管工作在截止与导通的两个状态。这两个状态刚好对应锯齿波电压波形的一个周期，从而与主回路电源频率完全一致，达到了同步的目的。锯齿波宽度由电容 $C_1$ 的反向充电时间常数 $R_1C_1$ 决定。

（4）强触发环节

强触发环节可以缩短晶闸管的开通时间，提高晶闸管承受 $di/dt$ 的能力，有利于改善串并联器件的动态均压和均流，其电路如图 7-53 右上角所示。

根据强触发脉冲形成特点，在脉冲初期阶段输出约为通常情况下的 5 倍脉冲幅度，时间只占整个脉冲宽度的很小一部分（10μs 左右），以减小门极损耗，其前沿陡度在 1A/μs 左右。电路设计时要考虑能瞬时输出足够高的驱动电压和电流。

本电路强触发环节由单相桥式不控整流电路（$VD_{11} \sim VD_{14}$）获得 50V 电源。在 $VT_8$ 导通前 50V 电源已通过 $R_{15}$ 向电容 $C_6$ 充电。所以 B 点电位已升到 50V。当 $VT_8$ 导通时，$C_6$ 经过脉冲变压器 TR、$R_{16}$（$C_5$）、$VT_8$ 迅速放电。由于放电回路电阻很小，电容 $C_6$ 两端电压衰减很快，$u_B$ 电位迅速下降。当 $u_B$ 稍低于 15V 时，二极管 $VD_{15}$ 由截止变为导通。虽然这时 50V 电源电压较高，但它向 $VT_8$ 提供较大的负载电流，在 $R_{15}$ 上的电阻压降较大，不可能向 $C_6$ 提供超过 15V 的电压，因此 $u_B$ 电位被钳制在 15V，形成如图 7-54 中 $u_{BM}$ 所示强触发脉冲波形，当 $VT_8$ 由导通变为截止时，50V 电源又通过 $R_{15}$ 向 $C_6$ 充电，使 B 点电位再升到 50V，准备下一次强触发。电容 $C_5$ 是为提高强触发脉冲前沿陡度而附加的。

（5）双窄脉冲形成环节

三相全控桥式电路要求触发电路提供宽脉冲（60°<脉宽<120°）或间隔为 60°的双窄脉冲，前者要求触发电路的输出功率较大，所以采用较少，一般多采用后者。触发电路实现间隔 60°发出两个脉冲是该技术的关键。对于三相全控桥，与六个晶闸管对应要有六个如图 7-55 所示的触发单元，$VT_5$、$VT_6$ 构成一个"或"门电路，不论哪一个管子截止，都能使 $VT_7$ 和 $VT_8$ 管导通，触发电路输出脉冲。所以，本相触发单元发出第一个脉冲以后，间隔 60°的第二个脉冲是由滞后 60°相位的后一相触发单元在产生自身第一个脉冲时，同时将信号通过 Y 端引至本相触发单元 $VT_1$、$VT_2$ 的基极，使 $VT_6$ 瞬间截止，于是本相触发单元的 $VT_8$ 管又一次导通，第二次输出一个脉冲，因而得到间隔 60°的双窄脉冲，其中 $VD_4$ 和 $R_{17}$ 的作用主要是防止双脉冲信号相互干扰。

在三相全控桥式整流电路中，六个晶闸管的触发顺序是 $VT_1$、$VT_2$、$VT_3$、$VT_4$、$VT_5$ 和 $VT_6$，而且彼此间隔 60°，所以与六个晶闸管对应的各相触发单元之间信号传送线路的具体连接方法是：后一个触发单元的 X 端接至前一个触发单元的 Y 端。例如：$VT_2$ 管触发单元的 X 端应接至 $VT_1$ 管触发单元的 Y 端，而 $VT_1$ 管触发单元的 X 端应接至 $VT_6$ 管触发单元的 Y 端，各相触发单元之间双脉冲环节的连接方法如图 7-55 所示。

## 7.3.5 集成触发电路

电力电子器件及其门控电路的集成化和模块化是电力电子技术的发展方向，集成化晶闸管移相触发电路具有线性度好、性能稳定可靠、体积小、温度漂移小等特点。集成化晶闸管移相触发电路主要有 KC、KJ 系列，用于各种移相触发、过零触发、双脉冲形成以及脉冲列调制等场合。本节介绍较常用的两种含有集成触发器的工作原理。

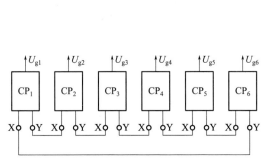

图 7-55 触发电路 X、Y 端的连线

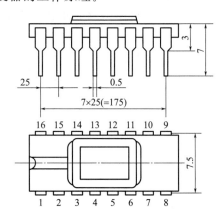

图 7-56 KC04 移相集成触发器外形及引脚图

（1）KC04 移相集成触发器

KC04 移相集成触发器为 16 脚双列直插式封装，其外形及引脚图如图 7-56 所示，原理电路如图 7-57 所示，集成电路各引脚的工作波形如图 7-58 所示。KC04 移相集成触发器与分立元器件组成的锯齿波同步触发电路一样，由同步信号、锯齿波产生、移相控制、脉冲形成和整形放大输出等环节组成。

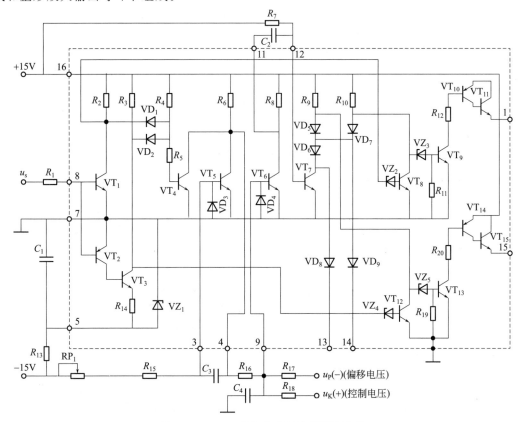

图 7-57 KC04 移相集成触发器原理电路

同步信号单元由晶体管 $VT_1 \sim VT_4$ 组成。外接同步正弦电压 $u_s$ 经 $R_1$ 接到 KC04 移相集成触发器的引脚 8，即加到 $VT_1$ 和 $VT_2$ 的基极。当 $u_s$ 为正半周时，$VT_1$ 导通，$VT_4$ 截止；当 $u_s$ 为负半周时，$VT_2$、$VT_3$ 导通，$VT_4$ 还是截止，只有当同步电压 $|u_s| < 0.7V$ 时，$VT_1$、$VT_2$ 和 $VT_3$ 才同时处于截止状态，$VT_4$ 导通。用 $VT_4$ 导通作为同步电压过零的检测标志。

锯齿波形成单元由晶体管 $VT_5$ 及外接电容 $C_3$ 组成。外接电容 $C_3$ 通过集成电路的引脚 3 和 4 接至 $VT_5$ 的基极和集电极之间，构成电容负反馈的锯齿波发生器。当同步检测晶体管 $VT_4$ 截止时，电容 $C_3$ 充电，充电回路为 +15V 电源、$R_6$、$C_3$、$R_{15}$、$RP_1$ 至 -15V 电源，$C_3$ 两端电压即集成电路引脚 4 电压线性增长，形成了锯齿波的上升沿（见图 7-57 中 $VT_4$），当 $VT_4$ 导通时，电容 $C_3$ 经 $VT_4$ 及二极管 $VD_3$ 迅速放电，形成锯齿波的下降沿。锯齿波电压的斜率由充电回路的相关参数 $C_3$、$R_6$、$R_{15}$、$RP_1$ 的数值决定。

移相控制单元由晶体管 $VT_6$ 及外接元件构成。上述在 $VT_5$ 集电极形成的锯齿波电压 $U_4$ 和外接偏移电压 $u_P$、移相控制电压 $u_K$，分别经过电阻 $R_{16}$、$R_{17}$、$R_{18}$ 由集成电路的引脚 9 加至 $VT_6$ 的基极，也就是当集成电路引脚 9 电压 $U_9 > 0.7V$ 时，$VT_6$ 导通。如果偏移电压 $u_P$ 和锯齿波电压 $U_4$ 为定值，那么改变 $u_K$ 的大小即可改变 $VT_6$ 管的导通时刻，即改变脉冲产生的时刻，起到移相控制的作用。

脉冲形成单元由 $VT_7$ 及外接元件构成。外接电容 $C_2$ 通过集成电路引脚 11、12 接至 $VT_6$ 的集电极和 $VT_7$ 的基极，平时由于 +15V 电压经外接电阻 $R_7$ 向 $VT_7$ 提供基极电流，因此 $VT_7$ 是导通的。当 $VT_6$ 截止时，$C_2$ 充电，极性为左正右负，充电回路为 +15V 电源、$R_8$、$C_2$ 和 $VT_7$ 的 B、E 极至地；当 $VT_6$ 导通时，$C_2$ 上所充电压经 $VT_6$ 管使 $VT_7$ 管的发射极承受反向电压而截止，此时电容 $C_2$ 又经 +15V 电源、$R_7$、$C_2$ 和 $VT_6$ 的 C、E 极至地反方向充电，当充到集成电路的引脚 12 电压（$C_2$ 的一端）$> 0.7V$ 时，$VT_7$ 重新导通，于是在 $VT_7$ 管的集电极上就得到一个脉宽固定的移相脉冲（见图 7-58），该脉冲的宽度由时间常数 $C_2$、$R_7$ 决定。

功率放大单元由脉冲分选和功率放大两部分组成。$VT_8$ 和 $VT_{12}$ 承担脉冲分选任务，在同步电压的一个周期内，

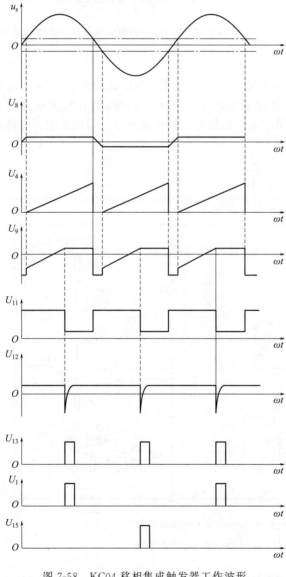

图 7-58　KC04 移相集成触发器工作波形

VT$_7$ 管集电极上形成的是脉宽一定、相位相差 180° 的两个脉冲。经 VT$_8$ 和 VT$_{12}$ 分选，在 $u_s$ 的正半周时，由于 VT$_1$ 导通而使 VT$_8$ 截止，由 VT$_7$ 集电极来的脉冲经由二极管 VD$_7$、稳压二极管 VZ$_3$ 使晶体管 VT$_9$ 导通，VT$_9$ 导通使得复合管 VT$_{10}$、VT$_{11}$ 导通，触发脉冲由集成电路引脚 1 输出（见图 7-58 中 $U_1$）；与此同时，由于 VT$_2$、VT$_3$ 截止使得 VT$_{12}$ 导通，将 VT$_7$ 集电极来的脉冲钳制在 "0" 电位，所以 VT$_{13}$、VT$_{14}$、VT$_{15}$ 均截止，集成电路的引脚 15 无脉冲输出。同理，在 $u_s$ 的负半周，由于 VT$_1$ 截止，VT$_2$、VT$_3$ 导通，使 VT$_{12}$ 截止而 VT$_8$ 导通，触发脉冲由引脚 15 输出（见图 7-58 中 $U_{15}$），而引脚 1 无脉冲输出。

KC04 移相触发器主要用于单相或三相桥式装置，其主要技术数据如下。

电源电压：DC±15V，允许波动 ±5%。

电源电流：正电流 ≤15mA，负载电流 ≤8mA。

移相范围：≥170°（同步电压 30V，$R_1$ 取 15kΩ）。

脉冲宽度：400μs～2ms。

脉冲幅度：≥13V。

最大输出能力：100mA。

正负半周脉冲相位不均衡范围：±3°。

环境温度：−10～70℃。

（2）数字式移相触发器

前述的 KC04 移相集成触发器属于模拟量控制电路，其缺点是易受电网的影响，元器件参数的变化可能影响移相角的变化；如果是多相整流，可能因不同相的移相角的差异而使直流波形变差，抗干扰能力差。

采用数字触发电路具有以下特点：晶闸管移相控制精度高；对多相整流电路，各相脉冲分布均衡，直流波形较好；如果同时采用强触发脉冲，并联晶闸管导通角趋于一致，均流系数好，无须另加均流措施；抗干扰能力强；操作控制方便。

数字式移相触发电路工作原理如图 7-59 所示。图中 A/D 为模数转换器，它将控制电压 $V_C$ 转换为频率与 $V_C$ 成正比的计数脉冲。当 $V_C = 0$ 时，计数脉冲频率 $f_1 = 13～14$kHz；当 $V_C = 10$V 时，计数脉冲频率 $f_1 = 130～140$kHz，将此频率的脉冲分别送到三个分频器 $f_1/f_2$（7 位二进制计数器）。分频器每输入 128 个脉冲后输出第一个脉冲至脉冲发生器，发生器将此脉冲转换成触发脉冲。脉冲发生器平时处于封锁状态，由正弦同步电压滤波经移相器补偿移相后削波限幅，形成梯形同步电压 $V_T$，$V_T$ 过零时对分频器清零，同时使脉冲发生器解除封锁，使 A/D 输入计数器的脉冲开始计数，在计至 128 个脉冲时，脉冲发生器输出触发脉冲。电压 $V_C$ 升高，脉冲频率 $f_1$、$f_2$ 增大，同样出现 128 个脉冲的时间缩短，产生第一脉冲的时间提前，即 $\alpha$ 减小。脉冲发生器每半周输出脉冲经脉冲选择、整形放大，正半周输出脉冲触发其阴极组晶闸管，负半周输出脉冲触发其阳极组晶闸管，达到控制三相桥式高精度移相触发的目的。

## 7.3.6 触发电路与主回路的同步

由前面分析可知，要想有效而准确地控制晶闸管变流装置的输出，触发电路应能发出与相应晶闸管阳极电压有一定相位关系的脉冲，触发电路送出初始脉冲的时刻是由输入到该触发电路的同步电压来确定的。所以，必须根据被触发晶闸管阳极电压的相位要求，正确供给各相应触发电路特定的同步电压，才能使触发电路分别在晶闸管需要触发脉冲的时刻输出触发脉冲，这种正确选择同步电压相位以及获取不同相位同步电压的方法叫作晶闸管触发电路的同步或定相。

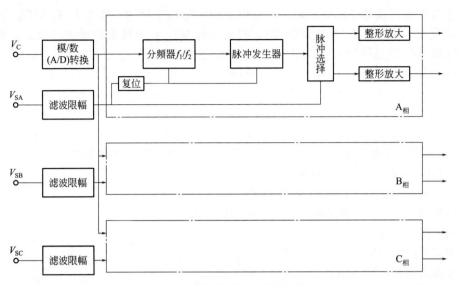

图 7-59　数字式移相触发原理图

（1）触发电路同步电压的确定

下面以感性负载的三相全控桥式电路来分析。如图 7-60（a）所示为主电路连接图，主电路整流变压器 TR 的接法为△/Y-11，电网电压为 $u_{U1}$、$u_{V1}$、$u_{W1}$，经 TR 供给三相全控桥式电路，对应电压为 $u_U$、$u_V$、$u_W$，其波形如图 7-60（b）所示，假设控制角 $\alpha = 0°$，则 $u_{g1} \sim u_{g6}$ 六个触发脉冲应出现在各自的自然换流点，依次相隔 60°，获得六个同步电压的方法通常采用具有两组二次绕组的三相变压器来得到，这样，只要一个触发电路的同步电压相位符合要求，那么，其他五个同步电压的相位肯定符合要求。

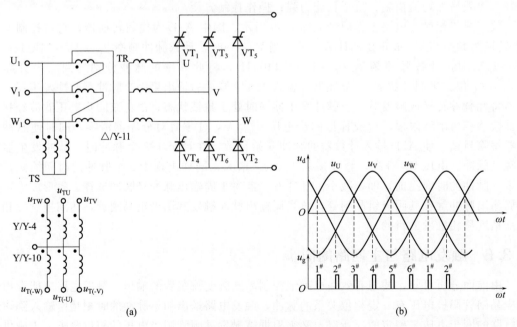

图 7-60　触发脉冲与主电路的同步

触发电路采用图 7-53 所示的锯齿波同步触发电路，假设同步变压器 TS 二次相电压 $u_T$ 经过阻容滤波后为 $U'_T$（$U'_T$ 滞后 $u_T$ 30°）再接入触发电路。这里以 $VT_1$ 管为例来分析。由图

7-60(a)可知，三相全控桥式整流电路电感性负载，要求同步电压与晶闸管的阳极电压相差180°，使 $\alpha=90°$ 时刻正好近似在锯齿波的中点 [$\omega t_3$ 时刻，见图7-61(a)]。因电压 $u_{TU}$ 经阻容滤波后已滞后30°，为 $U'_{TU}$，输入到触发电路，所以 $u_{TU}$ 与 $u_U$ 只需相差150°即可，如图7-61(b)所示，即 $u_{TU}$ 滞后 $u_U$ 150°即可满足要求。

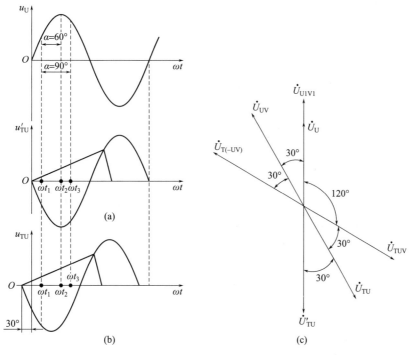

图7-61　同步电压 $u_{TU}$ 与主电路电压 $u_{TU}$ 的关系及相量图

由上面得出的晶闸管触发电路的同步电压与阳极电压的相位关系可知：可以用具有特定的方式连接三相同步变压器来获得满足要求的同步电源。

根据图7-60(a)中电源变压器△/Y-11的接法，画出一、二次电压相量图，如图7-61(c)所示，晶闸管 $VT_1$ 的阳极电压 $\dot{U}_U$ 与 $\dot{U}_{U1V1}$ 同相，在滞后 $\dot{U}_U$ 150°的位置上画出需要的同步电压 $\dot{U}_{TU}$，则对应的线电压 $\dot{U}_{TUV}$ 超前 $\dot{U}_{TU}$ 30°，正好在4点钟的位置，则 $\dot{U}_{T(-UV)}$ 在10点钟的位置，所以同步变压器两组二次绕组中一组为Y/Y-4，另一组为Y/Y-10。Y/Y-4为 $u_{TU}$、$u_{TV}$、$u_{TW}$ 经阻容滤波滞后30°以后接晶闸管 $VT_1$、$VT_3$、$VT_5$ 的触发电路的同步信号输入端，Y/Y-10为 $u_{T(-U)}$、$u_{T(-V)}$、$u_{T(-W)}$，经阻容滤波滞后30°以后接晶闸管 $VT_4$、$VT_6$、$VT_2$ 的触发电路的同步信号输入端，这样，晶闸管电路就能正常工作。

（2）确定同步电压的具体步骤

经过上面的分析可以得出确定触发电路同步电压的具体步骤如下：

① 根据主电路的结构、负载的性质、触发电路的形式及脉冲移相范围的要求，确定该触发电路的同步电压 $u_T$ 与对应的晶闸管阳极电压之间的相位关系。

② 根据电源变压器TR的接法，以电网某线电压作为参考相量，画出电源变压器二次电压也就是晶闸管阳极电压的相量图，再根据步骤①确定的同步电压 $u_T$ 与晶闸管阳极电压的相位关系，画出对应的同步相电压和同步线电压相量，如图7-61(c)所示。

③根据同步变压器二次线电压相量位置，定出同步变压器TR钟点数的接法，然后确定

出 $u_{TU}$、$u_{TV}$、$u_{TW}$ 分别接到晶闸管 $VT_1$、$VT_3$、$VT_5$ 触发电路的同步信号输入端；确定出 $u_{T(-U)}$、$u_{T(-V)}$、$u_{T(-W)}$ 分别接到晶闸管 $VT_4$、$VT_6$、$VT_2$ 触发电路的同步信号输入端，这样就能保证触发电路与主电路同步。

# 7.4 特殊晶闸管

不同的应用有可能对晶闸管的工作特性提出某项特殊要求。为了侧重于满足某项特殊用途的要求而对晶闸管基本结构或制造工艺的改进，即产生了种种新型的晶闸管。在我国习惯上称之为派生器件，或称特殊晶闸管。本节简略介绍快速、逆导、双向、光控及可关断等 5 种常用的派生晶闸管。

## 7.4.1 双向晶闸管（TRIAC）

普通晶闸管实质上属于直流控制器件。要控制交流负载，就必须将两个晶闸管反极性并联，让每个晶闸管控制一个半波，为此晶闸管需用两套独立的触发电路，使用不够方便。双向晶闸管是在普通晶闸管的基础上发展而成的，它不仅能代替两个反极性并联的晶闸管，而且仅需一个触发电路，是目前比较理想的交流开关器件。其英文名称 TRIAC（Triode AC Switch）即三端双向交流开关之意。

（1）结构与工作原理

双向晶闸管是由 NPNPN 五层半导体材料构成的三端半导体器件，其三个电极分别为主电极 $T_1$、主电极 $T_2$ 和门极 G。双向晶闸管的阳极与阴极之间具有双向导电的性能，其内部电路可以等效为两个普通晶闸管反向并联组成的组合管。双向晶闸管的内部等效电路及其在电路原理图中的符号如图 7-62 所示。

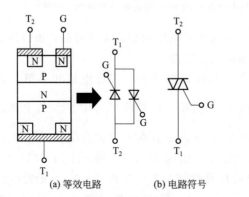

(a) 等效电路　　(b) 电路符号

图 7-62　双向晶闸管等效电路及电路图形符号

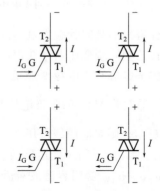

图 7-63　双向晶闸管触发与导通状态

双向晶闸管可以双向导通，即不论门极 G 端加上正还是负的触发电压，均能触发双向晶闸管在正、反两个方向导通，故双向晶闸管有四种触发状态，如图 7-63 所示。

当门极 G 和主电极 $T_1$ 相对于主电极 $T_2$ 为正（$V_{T1} > V_{T2}$、$V_G > V_{T2}$，通常称为此触发方式为$I_+$触发方式）或门极 G 和主电极 $T_2$ 相对于主电极 $T_1$ 的电压为负（$V_{T2} < V_{T1}$、$V_G < V_{T1}$，通常称为此触发方式为 $I_-$ 触发方式）时，则晶闸管的导通方向为 $T_1 \rightarrow T_2$，此时 $T_1$ 为阳极，$T_2$ 为阴极。

当门极 G 和主电极 $T_2$ 相对于主电极 $T_1$ 的电压为正（$V_{T2} > V_{T1}$、$V_G > V_{T1}$，通常称为此触发方式为$III_+$触发方式）或门极 G 和主电极 $T_1$ 相对于主电极 $T_2$ 的电压为负（$V_{T1} <$

$V_{T2}$、$V_G < V_{T2}$，通常称为此触发方式为Ⅲ_触发方式）时，晶闸管的导通方向为 $T_2 \rightarrow T_1$，此时 $T_1$ 为阴极，$T_2$ 为阳极。

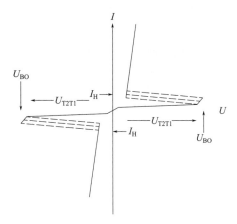

无论双向晶闸管的主电极 $T_1$ 与主电极 $T_2$ 之间所加电压极性是正向还是反向，只要门极 G 和主电极 $T_1$（或 $T_2$）间加有正、负极性不同的触发电压，满足其必须的触发电流，晶闸管即可触发导通呈低阻状态。此时，主电极 $T_1$、$T_2$ 间的压降约 1V。

双向晶闸管一旦导通，即使失去触发电压，也能继续维持导通状态。当主电极 $T_1$、$T_2$ 电流减小至维持电流以下或 $T_1$、$T_2$ 间电压改变极性，且无触发电压时，双向晶闸管即可自动关断，只有重新

图 7-64 双向晶闸管的伏安特性曲线

施加触发电压，才能再次导通。加在门极 G 上的触发脉冲的大小或时间改变时，其导通电流就会相应改变。图 7-64 为双向晶闸管的伏安特性曲线。

（2）主要参数

双向晶闸管与普通晶闸管不同的参数主要有：

① 额定电流 $I_T$：双向晶闸管本质上是交流器件，因而不能用交流平均值表示额定电流，而用交流有效值来表示。一个交流有效值为 $I_T$ 的双向晶闸管可代替两个平均值额定电流为 $(\sqrt{2}/\pi) I_T$ 的普通晶闸管反并联使用，即

$$I_F = \sqrt{2} I_T / \pi$$

式中　$I_F$——反并联普通晶闸管的额定平均电流；

$I_T$——双向晶闸管的额定电流有效值。

例如，一个额定电流为 200A 的双向晶闸管可代替额定平均电流为 $(\sqrt{2}/\pi) \times 200 = 90$（A）的两个普通晶闸管反并联使用。

② 浪涌电流 $I_{TSM}$：在额定结温、工频正弦全波、导通角近似于 360°时，双向晶闸管能承受的最大过载电流。双向晶闸管的过载能力比普通晶闸管略低，使用时应注意。

（3）选择与应用

① 双向晶闸管的选择　选用双向晶闸管时，除要注意普通晶闸管选用时的注意事项外，还要注意以下几点：

a. 选用双向晶闸管时，其额定电流值应大于负载电流有效值，对电容性负载还应加过流保护。

b. 因双向晶闸管是 NPNPN 五层器件，三个电极分别是 $T_1$、$T_2$ 和 G，器件可沿两个方向导通，主电极（主端子）为 $T_1$、$T_2$，控制极为 G，不再分阳极和阴极，在其主电极上无论加正向电压或反向电压，也不管触发信号是正向还是反向，它都会被触发导通，因此其触发方式有四种。在实际应用中双向晶闸管的触发电路有两种形式（Ⅰ_和Ⅲ_），在选用其触发电路时，一是尽量选用比较容易触发的反向信号（负信号）的触发电路（因它需要的触发电压和电流都比较小，工作又比较可靠）。另外，还应注意使触发信号的电压和电流留有充足裕量。比如在调光电路中，可选用能改变双向晶闸管导通角大小的触发电路；在交流无触点开关电路中，触发电路只是控制开通和关闭，不要求改变输出电压的大小。

c. 在电感性负载电路中，选用晶闸管时，电压的上升率 $du/dt$ 要小于手册给的值，并可

在主电极上并联 $RC$ 电路，其电容器可选容量为 $0.1\mu F$，电阻值可选 $100\Omega$ 左右的为好，这样可避免晶闸管失控。

d. 选用双向晶闸管时，要注意双向晶闸管有些参数同普通晶闸管不同。比如双向晶闸管给的额定电流是有效值；而普通晶闸管的额定电流是平均值。另外，通过额定电流值可以估算出双向晶闸管能承受的负载容量。

② 双向晶闸管的典型应用

a. 交流调压电路。双向晶闸管交流调压电路如图 7-65 所示。此电路为一个构造极为简单且应用范围相当广泛的电路，适合用来控制台灯的光度、电热器的温度及电烙铁的温度等。图中的主要控制组件为一个双向晶闸管，利用 $RC$ 电路在双向晶闸管的门极产生一个触发电压，使双向晶闸管导通。由于 $RC$ 造成的时间延迟，当 $R$ 越大时，电容 $C$ 的充电电流越小，使得 $C$ 的电位达到足以触发双向晶闸管的时间越慢，因此在双向晶闸

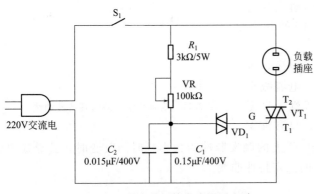

图 7-65　双向晶闸管交流调压电路

管门极上的触发角度越大，$T_1$、$T_2$ 极之间的导通角度越小，负载上的电压就越低。$R_1$ 为保护电阻，以免在 VR 调整到 0 时，太大的电流造成组件损坏，在本电路中选用 $3k\Omega/5W$ 的电阻。负载端可连接一个交流插座，使用时只要将欲控制的电器（如灯泡、电热器等）插入即可。

b. 晶闸管保护电路。晶闸管的过流、过压能力较差，热容量较小，一旦过流，其内部温度会急剧上升，导致器件烧坏。对于过压情况，通常在晶闸管两端并联 $RC$ 串联网络，该网络常被称为 $RC$ 阻容吸收电路，如图 7-66 所示。

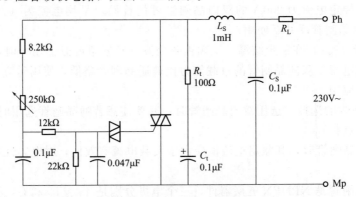

图 7-66　晶闸管两端并联 $RC$ 串联网络应用电路

我们知道，晶闸管有一个重要的特性参数，即断态电压临界上升率。它表明晶闸管在额定结温和门极断路条件下，使晶闸管从断态转入通态的最低电压上升率。如果电压上升率过大，超过了晶闸管的电压上升率的值，则会在无门极信号的情况下开通。即使此时加于晶闸管的正向电压低于其阳极峰值电压，也可能发生这种情况。因为晶闸管可以看作是由三个 PN 结组成的。在晶闸管处于阻断状态下，因各层相距很近，其 $J_2$ 结结面相当于一个电容 $C_0$。当晶闸管阳极电压变化时，便会有充电电流流过电容 $C_0$，这个电流起门极触发电流作用。如果晶闸管在关断时，阳极电压上升速度太快，则 $C_0$ 的充电电流越大，就越有可能造

成门极在没有触发信号的情况下晶闸管误导通现象，即常说的硬开通，这是不允许的。因此，对加到晶闸管上的阳极电压上升率应有一定的限制。

为了限制电路电压上升率过大，确保晶闸管安全运行，常在晶闸管两端并联 $RC$ 阻容吸收网络，利用电容两端电压不能突变的特性来限制电压上升率。因为电路总是存在电感（变压器漏感或负载电感），所以与电容 $C$ 串联电阻 $R$ 可起阻尼作用。它可以防止 $R$、$L$、$C$ 电路在过渡过程中，因振荡在电容器两端出现的过电压损坏晶闸管。同时，避免电容器通过晶闸管放电电流过大，造成过电流而损坏晶闸管。

由于晶闸管过流、过压能力较差，故不采取可靠的保护措施是不能正常工作的。$RC$ 阻容吸收网络是最常用的保护方法之一。

c. 双向晶闸管触发电路。图 7-67 所示是一种双向晶闸管触发电路。主电路由电源 $U$、负载 HL、双向晶闸管 VT 组成。触发电路由可变电阻 RP、电阻 $R_1$、电容 C、电阻 $R_2$、双向二极管 VD 组成。

在一般情况下，双向二极管 VD 呈高阻截止状态。当外加电压高于击穿电压（约为几十伏）时，双向二极管就击穿导通。由于串有限流电阻 $R_2$，所以不会形成击穿损坏。

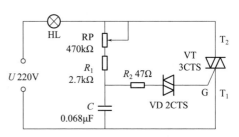

图 7-67 导通角能改变的触发电路

电路工作时，电压 $U$ 通过 HL、RP、$R_1$ 向 C 充电。当 C 两端电压升高到等于 VD 的击穿电压时，双向二极管被击穿，电容 C 便通过 $R_2$、VD、G-$T_1$ 极放电，形成电流 $I_G$ 触发双向晶闸管导通。调节 RP 值，可改变 C 的充放电速度，即可调节晶闸管的控制角与导通角。当 RP 的值调小时，C 的充电速度快，电压上升快，触发晶闸管导通的时刻提前，使控制角变小，导通角变大，输出平均电压就高。反之，输出平均电压就低。

（4）故障与检测

1）故障

① 短路故障。对双向晶闸管来说，就是 $T_2 \rightarrow T_1$、$G \rightarrow T_1$ 和 $T_2 \rightarrow G$ 极间短路。具体故障现象与普通晶闸管相似。

② 断路故障。对双向晶闸管来说，就是 $G \rightarrow T_1$ 极间或 $T_2 \rightarrow T_1$ 极间不能导通正、反向电流。具体故障现象与普通晶闸管相似。

③ 漏电故障。对双向晶闸管来说，漏电故障就是 $T_2 \rightarrow T_1$ 极呈现一定电阻。在未加触发电压时，$T_2 \rightarrow T_1$ 极间也能流通一定的电流，但比 $T_2 \rightarrow T_1$ 极间正常工作的电流值小，这时的双向晶闸管就存在漏电故障。

2）检测

① 判别电极

a. 判别 $T_2$。测试电路如图 7-68 所示。用万用表 R×1 或 R×10 挡分别测量双向晶闸管三根引脚间的正、反向电阻值，如果晶闸管是好的，肯定能测得一引脚与其他两脚都不通，此脚便是 $T_2$ 脚。对于 TO220 封装的管子，一般中间一引脚为 $T_2$，并多与自带散热片相通，用万用表一测便知。

b. 判别 $T_1$ 极和 G 极。用上述方法确定了 $T_2$ 极之后，剩下的两根引脚即为 $T_1$ 极和 G 极。将万用表拨至 R×1 或 R×10 挡，先将任一表笔接这两引脚中的任一根，另一表笔接另外一引脚，测出一电阻值，然后将红、黑表笔对调，再测出一个电阻值，两次测得的电阻值为几十欧至一百欧。仔细比较两次的测量结果，会发现电阻值为一大一小。在得到电阻值较小的那一次测量中，黑表笔所接的即是 $T_1$，红表笔所接的则为 G，如图 7-69 所示。

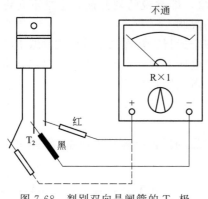

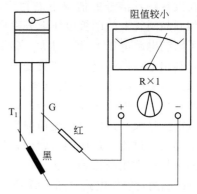

图 7-68  判别双向晶闸管的 $T_2$ 极          图 7-69  判别双向晶闸管 $T_1$ 极和 G 极

双向晶闸管也可以根据其封装形式来判断出各电极，例如：螺栓型双向晶闸管的螺栓一端为主电极 $T_2$，较细的引线端为门极 G，较粗的引线端为主电极 $T_1$。金属封装（TO-3）双向晶闸管的外壳为主电极 $T_2$。塑封（TO-220）双向晶闸管的中间引脚为主电极 $T_2$，该极通常与自带小散热片相连。图 7-70 是几种双向晶闸管的引脚排列。

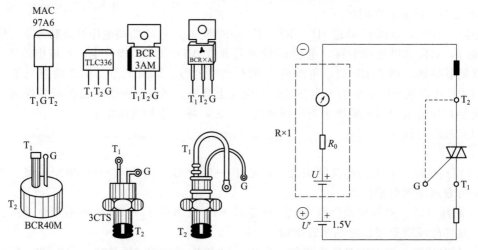

图 7-70  几种双向晶闸管的引脚排列          图 7-71  检查大功率双向晶闸管

② 判断好坏  用万用表 R×1 挡测量 $T_1$、$T_2$ 之间，$T_2$ 与 G 之间的正、反向电阻值，正常时应接近为无穷大，如果测得的电阻值都很小，则说明被测双向晶闸管极间已经短路；用同样的方法测量 $T_1$ 和 G 之间的正、反向电阻值，正常时应为几十欧至一百欧，若测得两者间的正、反向电阻值非常大甚至为无穷大，则说明被测管内部已经断路损坏。

③ 检测触发能力  小功率双向晶闸管的触发电流为 10～50mA，可用 R×1 挡检查其触发能力。大功率双向晶闸管的触发电流较大，例如 BAT40-700 型 40A/700V 双向晶闸管的触发电流 $I_{GT}=100mA$，万用表的 R×1 挡无法使管子触发。为此可给万用表 R×1 挡外接一节 1.5V 电池 $U'$，将测试电压提升到 3V，测试电流也相会增大，电路如图 7-71 所示。

以 500 型万用表 R×1 挡为例，将 $U'$ 接在万用表"＋"插孔与红表笔之间，这时总电压 $U+U'=3V$，该欧姆挡中心值 $R_0=10\Omega$。外接一节 1.5V 电池 $U'$ 改装后的短路电流 $I'_M=(U+U')/R_0=3V/10\Omega=300mA$，实际可提供 100mA 左右的测试电流，测量时将 G 与 $T_2$ 极短接一下，施以正极性的触发电压，若电阻值急剧减小，证明该双向晶闸管已导通，性能良好。

## 7.4.2 可关断晶闸管（GTO）

可关断晶闸管（Gate Turn-Off Thyristor）又称门控晶闸管，简称 VS 管。可关断晶闸管的主要特点是，当门极加负向触发信号时能自行关断。众所周知，普通晶闸管靠门极正信号触发之后，撤掉信号也能维持通态。欲使之关断，必须切断电源，使正向电流低于维持电流 $I_H$，或施以反向电压强迫关断。这就需要增加换向电路，不仅使设备的体积和重量增大，而且会降低效率，产生波形失真和噪声。可关断晶闸管克服了上述缺陷，它既保留了普通晶闸管的耐压高、电流大等优点，又具有自关断能力，使用方便，是理想的高压、大电流开关器件。目前，其容量已达到 3000A/4500V。

（1）工作原理

可关断晶闸管也属于 PNPN 四层三端器件，其结构及等效电路与普通晶闸管相同。图 7-72 绘出了小功率 GTO 典型产品的外形及电路图形符号。大功率 GTO 大多采用圆盘状或模块形式。其三个电极分别为阳极 A、阴极 K、门极 G。

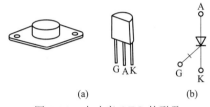

图 7-72 小功率 GTO 外形及
电路图形符号

尽管可关断晶闸管与普通晶闸管的触发导通原理相同，但两者的关断原理及关断方式截然不同。这是由于普通晶闸管在导通之后即处于深度饱和状态，而 GTO 导通之后只能达到临界饱和，所以给 GTO 门极加上负向触发信号即可关断。

（2）主要参数

GTO 的许多参数与普通晶闸管相同，但也有一些参数不完全相同。

① 最大可关断阳极电流 $I_{ATM}$　在实际应用中，工作频率、$du/dt$、阳极电压、结温及门极负脉冲的波形对 $I_{ATM}$ 都有影响。

② 关断增益 $\beta_{off}$　关断增益 $\beta_{off}$ 等于阳极最大可关断电流 $I_{ATM}$ 与门极最大负向电流 $I_{GM}$ 之比，即

$$\beta_{off} = I_{ATM}/I_{GM}$$

这一数值表明门极电流对阳极电流的控制能力，$\beta_{off}$ 越大越好，一般为几十倍，它和晶体管的电流放大倍 $\beta$ 有相似之处。所有影响 $I_{ATM}$ 和 $I_{GM}$ 的因素均会影响 $\beta_{off}$。对于 GTO 晶闸管，$\beta_{off}$ 越大，关断控制电流 $I_{GM}$ 越小。

（3）选择与应用

① 可关断晶闸管的选择　选用可关断晶闸管时，要注意以下几个问题：

a. 合理选用其参数。GTO 的参数有许多和普通晶闸管相同。不同的特性参数有：最大可关断阳极电流、关断增益、关断时间、擎住电流等。其中参数的标称值有用有效值的，有用直通电流值的，选用时要加以注意。可关断阳极电流与阳极电压、结温、工作频率、控制极控制灵敏度等都有关。选用参数时，要相互兼顾。

b. 在使用可关断晶闸管时，对控制极导通与关断最好采用强触发、强关断，使管子能可靠稳定工作。为实现强触发，控制极触发脉冲电流一般应为额定触发电流的 3~5 倍，触发电流越大，导通时间越短。

c. 对应用电路要加以过压保护。第一，对瞬态过压保护可采用压敏电阻作为过压抑制元器件进行过压保护。第二，可用硅堆和硅稳压管作抑制过压保护。第三，在电路两端并联阻容缓冲器；在负载电感两端并联二极管，对可关断晶闸管阳极钳位进行过压保护。

d. 在使用可关断晶闸管时，为了防止管子误导通，减少关断损耗，要限制管子的 $du/dt$ 的比值，其方法是在晶闸管两端并联阻容器件。

② 可关断晶闸管的典型应用　可关断晶闸管具有一般晶闸管的全部特点，并有自己独特的优点。它具有普通晶闸管的耐压高、大电流、抗浪涌电流能力强等特点，又不需复杂的强制电路。可关断晶闸管广泛用于逆变、变频以及各种开关电路中。

a.门极供电电路。可关断晶闸管的门极供电电路如图 7-73 所示。$E$ 为门极关断电源，当导通信号（高电平）加至晶体三极管 $VT_1$ 的基极时，$VT_1$ 导通，经过电容 $C$ 触发 VS 导通。与此同时，$E$ 还经过 $R_1$、$VT_1$ 给电容 $C$ 充电，$U_C$ 可达几十伏。当关断信号（正脉冲）来到时，高频晶闸管 $VT_2$ 导通，电容上储存的电量经 $R_2$、$VT_2$、VS 放电。由于电容两端压降不能突变，所以给 VS 的门极上加上负向脉冲，使之关断。该电路的关断信号前沿很陡，并能避免产生雪崩电流，是较为理想的门极供电电路。

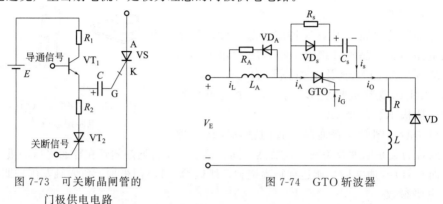

图 7-73　可关断晶闸管的
门极供电电路

图 7-74　GTO 斩波器

b.缓冲电路。图 7-74 为一具有 GTO 最典型工作状态的直流斩波器电路，以此来分析GTO 缓冲电路的结构特点。图中，$R$、$L$ 是负载，VD 为续流二极管，$L_A$ 是 GTO 导通瞬间限制 $di/dt$ 的电感，其中也包含主电路的线路电感。$R_s$、$C_s$ 和 $VD_s$ 组成了缓冲电路。

GTO 缓冲电路的重要任务是门极控制关断时抑制由于阳极电流 $i_A$ 下降，$di/dt$ 在电感 $L_A$ 上感应的电压尖峰 $U_p$ 及其正向电压上升率 $du/dt$。GTO 的多元集成结构改善了 $di/dt$ 的承受能力，那么理论上可以减小 $L_A$ 和 $R_s$；但是，当 GTO 开通瞬间，电容 $C_s$ 要通过阻尼电阻 $R_s$ 向 GTO 放电，若 $R_s$ 小，则 $C_s$ 放电电流峰值很高，可能超出 GTO 的承受能力。为此，增加了二极管 $VD_s$，在 GTO 关断时，用 $VD_s$ 的通态内阻及 GTO 关断过程中的内阻来阻尼 $L_A$ 和 $C_s$ 谐振。电阻 $R_s$ 则用于 GTO 开通时，限制 $C_s$ 放电电流峰值及 GTO 关断末期 $VD_s$ 反向恢复阻断时阻尼 $L_A$ 和 $C_s$ 谐振。

c.门极驱动电路。如图 7-75 所示为可关断晶闸管的门极驱动电路。图中门极驱动电路由开通电路和关断电路两部分组成。每部分电路均由光电隔离、整形和放大三级构成。本电路采用双电源（+5V 和 -13V）供电方式。为使开通和关断脉冲具有较陡的前沿和较大的幅度，电源两端均并联高频响应特性好的薄膜电容器。

以开通电路为例说明其组成与工作过程。开通控制信号经光耦合器 $VT_1$ 输入，由于 $VT_1$ 的隔离防止了 GTO 门极电路与前级逻辑信号电路的相互干扰。但光耦器件的输出波形有畸变，需进行整形。整形电路由晶体三极管 $VT_2$ 和 $VT_3$ 组成的施密特触发器实现。整形后的控制脉冲经由 $VT_4$、$VT_5$ 和 $VT_6$ 组成的放大级送至 GTO 的门极，触发 GTO 导通。

关断电路的组成与工作过程和开通电路相似，只是关断为负脉冲，所以在放大级中增加了由 $VT_{11}$ 构成的反相器。另外为了提高关断脉冲的幅度，输出级采用 13V 电源。

d.交流电机变频调速电路。由可关断晶闸管 VS 构成的交流电机变频调速系统的主电路如图 7-76 所示。三相桥式整流电路由 $VD_1 \sim VD_6$ 组成。$C$ 是滤波电容。利用 6 个可关断晶

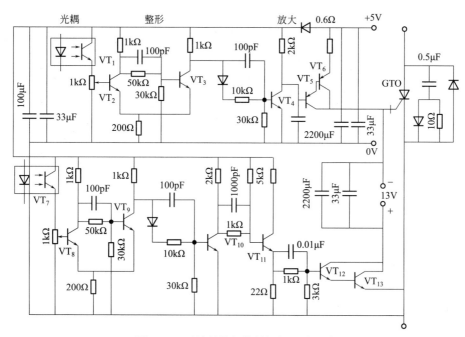

图 7-75 可关断晶闸管的门极驱动电路

闸管，驱动三相交流电机 M。VS 的门极分别加上脉宽调制触发信号。图中，FU、TA、VT 构成保护电路。其中，熔断器 FU 作过流保护，VT 作过压保护。电流互感器 TA 用以检测直流电流，一旦发生过流现象，TA 就通过控制保护电路使晶闸管 VT 迅速导通，将故障电流旁路，并使 FU 熔断，从而保护 VS 不致损坏。

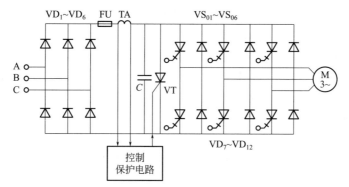

图 7-76 由 GTO 构成的交流电机变频调速系统主电路

（4）检测

① 判断电极 将万用表拨至 R×1 挡，测量可关断晶闸管任意两脚间的电阻，仅当黑表笔接门极 G，红表笔接阴极 K 时，电阻呈低阻值，其他情况下电阻值均为无穷大。由此可判定 G、K 极，剩下的就是阳极 A。

② 检查触发能力 如图 7-77 所示，首先将表 I 的黑表笔接 A 极，红表笔接 K 极，电阻应为无穷大；然后用黑表笔同时接触 A、G 极，加上正向触发信号，表针向右偏转到低阻值即表明 VS 已经导通；最后脱开 G 极，只要 VS 维持通态，就证明被测管具有触发能力。

③ 检查关断能力 采用双表法检查可关断晶闸管 VS 的关断能力，如图 7-78 所示。表 I 的挡位及接法保持不变。将表 II 拨于 R×10 挡，红表笔接 G 极，黑表笔接 K 极，施以负向触发信号，若表 I 指针向左摆到无穷大，证明可关断晶闸管 VS 具有关断能力。

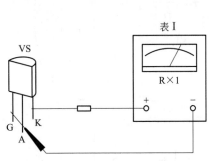

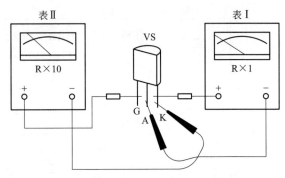

图 7-77　检查小功率 GTO 的触发能力　　　　图 7-78　检查小功率 GTO 的关断能力

④ 估测关断增益 $\beta_{\text{off}}$　进行到第 3 步时先不接入表 II，记下在 VS 导通时表 I 正向偏转格数 $n_1$（满度偏转格数 $n_M = 50$）；再接入表 II 强迫 VS 关断，记下表 II 的正向偏转格数 $n_2$。如果表 I 和表 II 均选同一型号的万用表，则关断增益的计算公式为

$$\beta_{\text{off}} = 10 n_1 / n_2$$

此式的优点是不需要具体计算 $T_{\text{AT}}$、$I_G$ 的值，只要读出二者所对应的表针正向偏转格数，即可估测关断增益值。例如，实测一个小功率可关断晶闸管时，$n_1 = 10$ 格，$n_2 = 15$ 格，代入上式得到 $\beta_{\text{off}} \approx 6.7$。

另外，在检测大功率管时，可在 R×1 挡外面串联一节 1.5V 电池，以提高测试电压，使管子能可靠地导通。

## 7.4.3　快速晶闸管（FST）

快速晶闸管（Fast Switching Thyristor，FST）通常是指关断时间 $t_q \leqslant 50\mu s$、速度响应特性优良的晶闸管。其基本结构和特性与普通晶闸管完全一样，但是，由于快速晶闸管的工作频率（$f \geqslant 400$ Hz）比普通晶闸管高，仅要求关断时间短是不全面的。因此，在关断时间短的基础上，还要求其通态压降低、开关损耗小、通态电流临界上升率 $di/dt$ 及断态电压临界上升率 $du/dt$ 高。只有这样，它才能在较高的工作频率下安全可靠地工作。

快速晶闸管应用频率高，其通电周期缩短了，但它和普通晶闸管一样，其关断方式是采用在阳-阴极间施加反向偏压进行强迫关断的方法。因此，若快速晶闸管的关断时间 $t_q$ 比负半周通电周期 $T/2$ 还长，那么，晶闸管就无法关断。所以说，关断时间短是对快速晶闸管的最基本要求。

晶闸管的开关损耗包括在开通时间内产生的开通损耗 $P_{\text{on}}$、在反向恢复过程产生的反向恢复损耗 $P_{\text{Rr}}$ 及局部导通区扩展到整个阴极面全面导通过程所产生的扩展损耗 $P_D$。对于 400A 以上的大功率晶闸管，当工作频率 $f \geqslant 1$kHz 时，往往在阴极面全面导通之前，通电周期就结束了。显然，开关损耗随频率升高成比例地增加，如图 7-79 所示。

从图 7-79 给出的 400A、1200V、$20\mu s$、3kHz 用高频晶闸管的计算举例中可以看到，随着晶闸管工作频率的提高，开关功率损耗在总功耗中所占比例增加。当工作频率提高到 5kHz 以上时，晶闸管的开关功率损耗在总功耗中占主要地位。于是，在晶闸管的总功耗一定的情况下，为保证晶闸管的工作结温不超过允许温度，通态功耗必须降低，而在晶闸管的结构和散热条件一定的情况下，只能降低晶闸管的电流容量。此外，即使在工作频率只有数百赫兹（$\geqslant 400$Hz）的情况下，由于晶闸管的热阻 $R_\theta$（数值上等于每消耗 1W 功率所引起晶闸管温升的度数）随频率的变化引起有效阴极面积的变化而变化，也就是说，工作频率升高，器件的有效阴极面积减小，热阻增大，温升增高。而为了保持晶闸管的结温不超过允许值，在结构和散热条件一定的情况下，也就只能降低电流容量。由此可见，在高频应用下，随着开关损耗的增加和热阻的增大，晶闸管的额定通态电流减小。所以，对于快速（高频）晶闸管而言，感兴趣的不是额定正向平均电流 $I_T$，而是它的电流-频率曲线给出的不同工作频率下的电流容量。显然，一个开关损耗高的晶闸管，其高频下的电流容量肯定低，严重时也可能失去通流能力，这是晶闸管在高频应用下的主要问题。

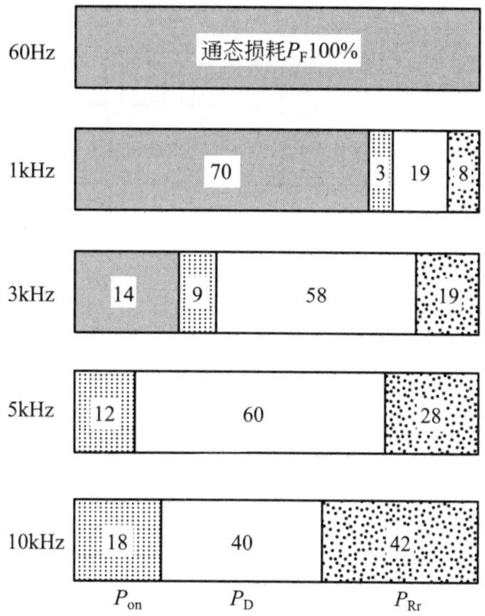

另外，工作频率提高，表示晶闸管通、断的次数增多，与之相联系的是晶闸管承受通态电流上升率 $di/dt$ 的能力及承受断态电压上升率 $du/dt$ 的能力应相应增强。否则，导通瞬间易发生 $di/dt$ 击穿，而关断瞬间易发生再次导通。所以，在高频应用下的晶闸管，要求它具有较高的 $di/dt$ 容量和 $du/dt$ 耐量。

图 7-79　高频工作时各种损耗的比例
（单位为%）［400 A、1200V、20μs、
3kHz 高频晶闸管的计算举例
（扩展速度取 0.1mm/μs）］

通常，为了降低开关损耗，应用时采用所谓强门极驱动。推荐采用门极电流上升速率大（＞1A/μs）、幅值高（＞1A）的门极电流波形。

快速晶闸管主要用于感应加热的中频电源装置。

## 7.4.4　逆导晶闸管（RCT）

逆导晶闸管（Reverse Conducting Thyristor，RCT）是将一个晶闸管和一个二极管反并联集成在同一硅片上而构成的组合型器件。而组合的结果又使它成为颇具特色的快速型器件。可以认为它是一种在反方向也能通过和正方向一样的大电流的开关器件。它属于不对称晶闸管，目前是不对称晶闸管中的主体和核心。

由于它的芯片可以看作简单的大功率集成电路块。因此，相对于两个分立的晶闸管和二极管的反并联连接，它具有体积小、高温特性好、有利于大电流化和高电压化、有利于高额应用等优点，主要应用于直流斩波器、倍频式中频电源及三相逆变器等。

（1）基本结构及伏安特性

如图 7-80（a）所示，逆导晶闸管的芯片是由晶闸管区和二极管区组成的。在晶闸管区内，除采用阴极发射极短路结构外，还设置了阳极发射极短路结构。这些结构上的特点，使它的特性既不同于二极管，也不同于一般的晶闸管。图 7-80（b）所示为其结构的等效电路。如图 7-80（c）所示，其正向伏安特性曲线和普通晶闸管完全一样，能承受很高的耐压，而且受门极控制。在 G-K 间施加门极触发信号后，器件由正向阻断状态向正向导通状态转换。反向伏安特性曲线与二极管的反向伏安特性曲线相同，不能承受电压，能通过大电流。这样，逆导晶闸管就是在同一硅片上由两个具有完全独立功能的器件组成的复合器件。

（2）器件特征

由于反向不承受电压，逆导晶闸管的阴极、阳极都采用发射极短路结构。这一结构特点给它带来了如下显著特征：

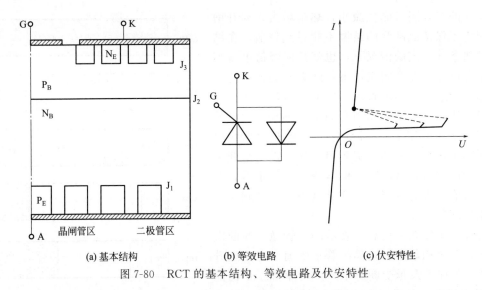

(a) 基本结构　　　　　　　(b) 等效电路　　　　　(c) 伏安特性

图 7-80　RCT 的基本结构、等效电路及伏安特性

① 提高了器件抗漏电流的能力，高温特性比普通晶闸管好。理论上的工作结温可高达 175℃。

② 在小电流情况下，逆导晶闸管相当于一个二极管，其正向不重复峰值电压 $U_{DSM}$ 近似等于单独 PN 结的击穿电压 $U_B$。长基区宽度 $W_{N1}$ 近似等于空间电荷区扩展宽度 $W_{D(N1)}$，而有效长基区宽度 $W_{e(N1)}$ 近似为零。于是，对于电阻率相同的硅单晶材料，逆导晶闸管的耐压比普通晶闸管要高，而在电压相同的情况下，逆导晶闸管的长基区宽度最薄，则通态压降低，且薄基区对器件的开通时间、关断时间、承受浪涌电流能力的改善都是有利的。此外，低压降容易协调 $t_q$ 与 $U_T$ 之间的矛盾，使进一步提高逆导晶闸管的快速性能成为可能。

因此，相对普通晶闸管而言，逆导晶闸管易于把大电流、高电压、快速等相互矛盾的性能统一起来，制造出大功率的快速型器件。

（3）主要特性及特性参数

① 额定电流　逆导晶闸管的额定电流有两个参数，即流过二极管区的电流 $I_{D1}$ 及流过晶闸管区的电流 $I_{VT}$，它们之间大小的比值 $I_{D1}/I_{VT}$ 主要取决于不同应用的要求。通常，$I_{D1}/I_{VT}=0.2\sim1.0$，用作逆变时，比值可为 1；用作斩波时，比值可为 $0.3\sim0.4$。

② 换向性能　如图 7-80（a）所示，逆导晶闸管由晶闸管区和二极管区两部分组成。当其正向偏置时，晶闸管区也处于正向偏置状态，只要门极控制信号一加上，晶闸管就会触发导通。而二极管区此时处于反向偏置状态，只有很小的漏电流通过，当主电极极性反转时，二极管处于正向偏置，处于导通状态，而晶闸管在反偏下逐渐关断。但是，当电压偏置由负偏再次转为正偏时，反向导通二极管的反向恢复电流将扩展到晶闸管区，有可能引起晶闸管误导通而失去正向阻断能力，这种现象就是所谓"换向失败"。另外，晶闸管区内阴极短路点和阳极短路点间刚好形成一个小二极管，其反向恢复电流也会影响逆导晶闸管的换向性能，所以，换向问题是逆导晶闸管的一个薄弱环节。

显然，逆导晶闸管的换向性能和结温 $T_j$、二极管区的电流下降率（$-di/dt$，即换向时的电流上升率 $di/dt$）、二极管区的通态电流 $I_T$、换向时的电压上升率 $du/dt$ 等密切相关。为了提高换向能力，从器件的角度来看，最基本的方法是采用隔离结构，把二极管区和晶闸管区分开，以减小相互的影响与作用。而从电路应用的角度来看，应限制电路中流过二极管的电流在电流过零处的下降率 $di/dt$ 和同时加在器件上的电压上升率 $du/dt$。一般来说，串接一个快速饱和电抗器，可减轻电路对器件换向能力的要求。

## 7.4.5 光控晶闸管（LTT）

光控晶闸管（Light Triggered Thyristor，LTT）又称光触发晶闸管，它是一种以光信号代替电信号来进行触发导通的特殊触发型晶闸管，其伏安特性曲线与普通晶闸管完全一样，只是触发方式不同。它采用光信号触发，避免了主回路对控制回路的干扰，因此适用于要求信号源与主回路高度绝缘的大功率高压装置，如高压直流输电装置、高压核聚变装置等。

如图 7-81 所示，一个处在正向偏置下的光控晶闸管，$J_2$ 结为反向偏置。当具有一定波长的光通过光照窗口射入其有效面积上时，其中的一部分光子被半导体表面反射回去，大部分光子进入 PNPN 结构的内部，并通过光激发产生电子-空穴对，这里假设它们的能量是大于禁带宽度的。于是，在集电结 $J_2$ 势垒区中产生的电子-空穴对瞬间（$<10^{-9}$ s）被电场分开，空穴被输送到 P 基区，而电子被输送到 N 基区，于是，两个基区都分别得到了多数载流子电流。所以，在光路接通瞬间，在两个基区中都好像由内部提供了基极电流，促使晶闸管导通。

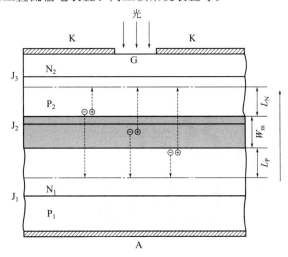

图 7-81 光触发原理

实验发现，光生电流的大小与光的波长有关。对于硅半导体器件，波长 $\lambda > 1.44 \mu m$ 的光在 $T = 300K$ 时是不起作用的，因为它的光子没有足够的能量来激发产生电子-空穴对。而波长很短的光同样也是无效的，因为其穿透深度太小，产生的电子-空穴对在表面被复合掉了。因此，在 $0.1 \mu m \leqslant \lambda \leqslant 1.14 \mu m$ 范围内，光的灵敏度有最大值。

光控晶闸管实际上是指一个光控系统，它包括光源、光的输送和晶闸管，而它们之间存在矛盾，主要表现在触发灵敏度与晶闸管动态特性 $di/dt$、$du/dt$ 及延迟时间 $t_d$ 之间。解决的途径除了从晶闸管本身结构设计考虑，使其既具有低的触发功率又有高的动态特性外，还应从光源及光的传输着手，提高光源的光功率，减少光传输损耗，即希望有更大的光功率输入到晶闸管内。

作为光控晶闸管的光源，显然应当选用量子效率高的发光材料制作的光源，并要求光源的光功率易于输出；要求光源发射的光接通时间尽可能地短（纳秒级）；要求光源可连续输出几毫瓦以上的功率或 $50 \sim 100 mW$ 以上的脉冲功率。因此，从效率、高辐照率及传输特性来看，可以认为 GaAs 激光二极管是一种理想光源。

光的传输一般采用光缆（又称光导纤维），其特点是能量损失小，在 $1 \sim 1.7 \mu m$ 波长范围内损失仅达 1dB/km；频带宽；直径细及重量轻，18 芯的光缆可比标准同轴电缆轻 100 倍，可节约大量铜材、铝材，且不受腐蚀及电波干扰等。

显然，光控晶闸管的主要特性是相当于晶闸管触发电流 $I_G$ 的光触发有效辐照，由于 LTT 是根据入射光的能量大小而工作的，故光触发灵敏度不是以光的亮度来衡量，而是以能量的大小来规定的，通常采用最小触发光功率 $P_{min}$ 来表示 LTT 的触发灵敏度。此外，由于触发灵敏度和 LTT 动态特性之间存在矛盾，所以，在给出最小光触发功率的同时，还应给出 LTT 的通态电流临界上升率 $di/dt$ 容量及断态电压临界上升率 $du/dt$ 耐量。

# 第 **8** 章
## 电力晶体管

电力晶体管（Giant Transistor，GTR）按英文直译为巨型晶体管，是一种耐高电压、大电流的双极结型晶体管（Bipolar Junction Transistor，BJT），所以英文有时候也称为Power BJT。在电力电子技术的范围内，GTR 与 BJT 这两个名称是等效的。自 20 世纪 80 年代以来，在中、小功率范围内取代晶闸管的，主要是 GTR。但是目前，其地位已大多被绝缘栅双极晶体管和功率场效应晶体管所取代。

## 8.1 结构与分类

### 8.1.1 基本结构

GTR 是由三层半导体材料两个 PN 结组成的，三层半导体材料的结构形式可以是 PNP，也可以是 NPN。NPN 型 GTR 的结构剖面示意图如图 8-1(a) 所示，图中掺杂浓度高的 $N^+$ 区称为 GTR 的发射区，其作用是向基区注入载流子。基区是一个厚度为几微米至几十微米的 P 型半导体薄层，它的任务是传送和控制载流子。集电区 $N^+$ 是收集载流子的，常在集电区中设置轻掺杂的 $N^-$ 区以提高器件的耐压能力。不同类型半导体区的交界处则形成 PN 结，发射区与基区交界处的 PN 结 $J_1$ 称为发射结；集电区与基区交界处的 PN 结 $J_2$ 称为集电结。两个 PN 结 $J_1$ 和 $J_2$ 通过很薄的基区联系起来，为了使发射区向基区注入电子，就要在发射结上加正向偏置电压 $U_{EE}$（简称正偏电压），要保证注入到基区的电子能够经过基区后传输到集电区，就必须在集电结上施加反向偏置电压 $U_{CC}$（简称反偏电压），如图 8-1(b) 所示。

图 8-2(a) 分别给出了 NPN 型 GTR 的电气图形符号。在实际应用中，GTR 一般采用

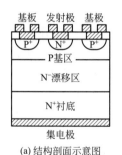

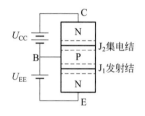

(a) 结构剖面示意图　　(b) 集电结上施加反向偏置电压$U_{CC}$

图 8-1　NPN 型 GTR 结构示意图

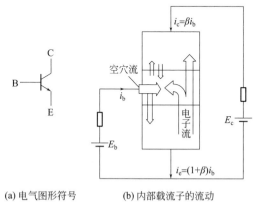

(a) 电气图形符号　　(b) 内部载流子的流动

图 8-2　GTR 的电气图形符号和内部
载流子的流动情况示意图

共发射极接法，图 8-2(b) 给出了在此接法下 GTR 内部主要载流子流动情况示意图。集电极电流 $i_c$ 与基极电流 $i_b$ 之比

$$\beta = i_c / i_b$$

$\beta$ 称为 GTR 的电流放大系数，它反映了基极电流对集电极电流的控制能力。当考虑到集电极和发射极之间的漏电流 $i_{ceo}$ 时，$i_c$ 和 $i_b$ 的关系为

$$i_c = \beta i_b + i_{ceo}$$

GTR 的产品说明书中通常给出的是直流电流增益 $h_{FE}$，它是在直流工作的情况下，集电极电流与基极电流之比。一般可认为 $\beta \approx h_{FE}$。单管 GTR 的 $\beta$ 值比处理信息用的小功率晶体管小得多，通常为 10 左右，采用达林顿接法可以有效地增大电流增益。

电力晶体管大多作功率开关使用，对它的要求也与小信号晶体管不同，主要是有足够的容量（高电压、大电流）、适当的增益、较高的工作速度和较低的功率损耗等。由于电力晶体管的功率损耗大、工作电流大，因此其工作状况与小信号晶体管相比出现了一些新的特点和问题，如存在基区大注入效应、基区扩展效应和发射极电流集边效应等。

## 8.1.2　主要类型

电力晶体管从结构上可分为单管、达林顿管和模块三大系列。

（1）单管 GTR

NPN 三重扩散台面型结构是单管 GTR 的典型结构，这种结构可靠性高，能改善器件的二次击穿特性，易于提高耐压能力，并且易于耗散内部热量。GTR 是用基极电流控制集电极电流的电流型控制器件，$N^-$ 漂移层的电阻率和厚度决定器件的阻断能力，电阻率高、厚度大则可提高阻断能力，但却导致导通饱和电阻的增大和电流增益的降低。一般单管 GTR 的电流增益都很低，为 10～20。

（2）达林顿 GTR

达林顿 GTR 由两个或多个晶体管复合而成，可以是 NPN 型也可以是 PNP 型，其性质由驱动管来决定。图 8-3(a) 为两个 NPN 管组成的达林顿 GTR，其性质是 NPN 型；图 8-3(b) 为由 PNP 和 NPN 晶体管组成的达林顿 GTR，其性质为 PNP 型。图 8-3(c) 为实用的达林顿连接方式。

（3）GTR 模块

目前作为大功率开关应用最多的还是 GTR 模块，它将 GTR 管芯、稳定电阻、加速二极管以及续流二极管等组成一个单元，然后根据不同用途将几个单元电路组装在一个外壳之内构成模块。现在已可将上述单元电路集成制作在同一硅片上，大大提高了器件的集成度，使其小型轻量化，性能/价格比大大提高。图 8-4 示出了由两个三级达林顿 GTR 及其辅助元器件构成的单臂桥式电路模块的等效电路。为了便于改善器件的开关过程和并联使用，中间级晶体管的基极均有引线引出，如图中 $BC_{11}$、$BC_{12}$ 等端子。目前生产的 GTR 模块可将多达 6 个互相绝缘的单元电路做在同一模块内，可很方便地组成三相桥。

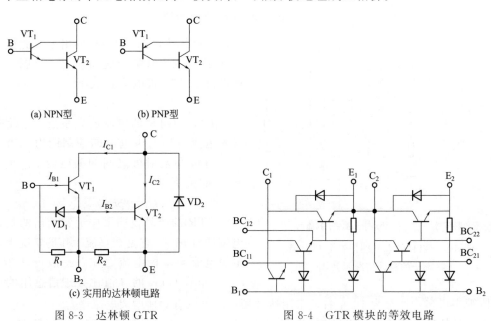

(a) NPN型　　(b) PNP型

(c) 实用的达林顿电路

图 8-3　达林顿 GTR　　　　图 8-4　GTR 模块的等效电路

# 8.2　特性与参数

电力晶体管的主要特性包括：静态特性与参数、动态特性与参数、二次击穿特性与安全工作区以及温度特性与散热等。

## 8.2.1　静态特性与参数

（1）共射极电路的输出特性

共射极电路的输出特性是指集电结的电压-电流特性，如图 8-5 所示。图中将 GTR 的工作状态分为 4 个明显不同的区域：阻断区、线性区、准饱和区和深饱和区。阻断区又称为截止区，其特征类似于开关处于断态的情况，该区对于基极电流 $I_B$ 为零的条件，GTR 承受高电压而仅有极小的漏电流存在。在这一区域发射结和集电结均处于反向偏置状态。线性区又称为放大区，晶体管工作在这一区域时，集电极电流与基极电流间呈线性关系，特性曲线近似平直。该区的特点是集电结仍处于反向偏置而发射结改为正向偏置状态，对工作于开关状态的 GTR 来说，应当尽量避免工作于线性区，否则功耗将会很大。深饱和区的特征类似于开关处于接通的情况，在这一区域中基极电流变化时集电极电流不再随之变化，电流增益与导通电压均很小。工作于这一区域的 GTR 其发射结和集电结均处于正向偏置状态。准饱

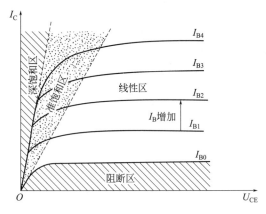

图 8-5 共射极电路的输出特性

区是指线性区与深饱和区之间的一段区域，即特性曲线明显弯曲的部分，在此区域中随着基极电流的增加开始出现基区宽度调制效应，电流增益开始下降，集电极电流与基极电流之间不再呈线性关系，但仍保持着集电结反向偏置、发射结正向偏置的特点。

（2）饱和压降特性

处于深饱和区的 GTR 集电极电压称作饱和压降，用 $U_{CES}$ 表示。此时的基射极电压称作基极正向压降，用 $U_{BES}$ 表示。它们是大功率应用中的两项重要指标，直接关系到器件的导通功率损耗。

饱和压降 $U_{CES}$ 一般随着集电极电流的增加而增加，在 $I_C$ 不变的情况下，$U_{CES}$ 随壳温的增加而增加。

基极正向压降 $U_{BES}$ 也是随着集电极电流的增加而增加，但与温度的关系要复杂一些。在小电流情况下，温度增加时 $U_{BES}$ 减小；在大电流情况下，温度增加时 $U_{BES}$ 增大。

达林顿结构的 GTR 不可能进入深饱和区，因而饱和压降也较大。

（3）共射极电流增益 $\beta$

共射极电流增益 $\beta$ 是指共射极电路中 GTR 集电极电流 $I_C$ 与基极电流 $I_B$ 的比值，它表示 GTR 的电流放大能力。

在正向偏置情况小电流条件下，$\beta$ 随集电极电流 $I_C$ 减小而减小；在中间电流范围内，$\beta$ 值随温度的增加而增加；在大电流情况下 $\beta$ 值随温度的增加而减小；在管壳温度 $T_C$ 和集电极电流 $I_C$ 相同的条件下，正向电流增益 $\beta$ 随集电极电压 $U_{CE}$ 的增加而增加。

GTR 在反向接法时，由于把原来的集电区作为发射区使用，其掺杂浓度低，注入能力很小，因此反向电流增益 $\beta$ 很小。

（4）最大额定值

最大额定值是指允许施加于电力晶体管 GTR 上的电压、电流、耗散功率以及结温等的极限数值。它们是由 GTR 的材料性能、结构方式、设计水平和制造工艺等因素决定的，在使用中绝对不能超越这些参数极限。

① 最高电压额定值　最高集电极电压额定值是指集电极的击穿电压值，它不仅因器件不同而不同，即使是同一器件，又会由于基极电路条件的不同而不同。

最高发射极电压额定值是指在集电极开路条件下，发射结允许的最高反向偏置电压，通常用 $BU_{EBO}$ 表示。由于发射区掺杂浓度很高，具有很高的注入效率，所以 $BU_{EBO}$ 通常只有几伏，典型值为 8V。

② 最大电流额定值　最大集电极电流额定值 $I_{CM}$ 有两种规定方法：一是以 $\beta$ 值的下降情况为尺度来确定 $I_{CM}$；另一种是以结温和耗散功率为尺度来确定 $I_{CM}$，这主要是考虑 GTR 在低压范围内使用时，饱和压降对功率损耗的影响已不可忽视，在这种情况下以允许耗散功率的大小来确定 $I_{CM}$。

最大脉冲电流额定值的依据是引起内部引线熔断的集电极电流，或是引起集电结损坏的集电极电流；或以直流 $I_{CM}$ 的 1.5～3 倍定额脉冲 $I_{CM}$。

最大基极电流额定值 $I_{BM}$，规定为电力晶体管内引线允许流过的最大基极电流，通常取 $I_{BM} \approx (1/2 \sim 1/6) I_{CM}$。与 $I_{CM}$ 相比通常裕量很大。

③ 最高结温额定值 GTR 的最高结温 $T_{jM}$ 是由半导体材料性质、器件钝化工艺、封装质量以及其可靠性要求等因素所决定。一般情况下，塑料封装的硅管结温 $T_{jM}$ 为 125～150℃，金属封装的硅管 $T_{jM}$ 为 150～175℃，高可靠平面管的 $T_{jM}$ 为 175～200℃。

④ 最大功耗额定值 是指 GTR 在最高允许结温时所对应的耗散功率，它受结温的限制，其大小主要由集电结工作电压、电流的乘积决定。由于这部分能量将转化为热能并使 GTR 发热，因此 GTR 在使用中的散热条件是十分重要的，如果散热条件不好，器件会因温度过高而损坏。

## 8.2.2 动态特性与参数

动态特性描述 GTR 开关过程的瞬态特性，又称开关特性。PN 结承受正向偏置时表现为两个电容：势垒电容和扩散电容。在稳态时这些电容对 GTR 的工作特性没有影响；而在瞬态时，则由于电容的充放电作用影响 GTR 的开关特性。此外，为了降低导通时的功率损耗，常采用过驱动的方法，使得基区积累了大量的过剩载流子，在关断时这些过剩载流子的消散严重影响关断时间。GTR 是用基极电流来控制集电极电流的，如图 8-6 所示给出了某型号 GTR 开通和关断过程中基极电流和集电极电流波形的关系。

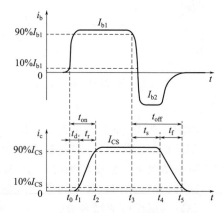

图 8-6 GTR 的开通和关断过程电流波形

GTR 的整个过程可分为开通过程、导通状态、关断过程、阻断状态 4 个不同阶段。

开通时间 $t_{on}$ 包括延迟时间 $t_d$ 和上升时间 $t_r$；关断时间 $t_{off}$ 包括存储时间 $t_s$ 和下降时间 $t_f$。对这些开关时间的定义如下：

① 延迟时间 $t_d$ 从输入基极电流正跳变瞬时开始，到集电极电流 $i_c$ 上升到最大（稳态）值 $I_{CS}$ 的 10% 所需时间称为延迟时间。它相当于基极电流向发射结电容充电的过程，因而延迟时间 $t_d$ 的大小取决于发射结势垒电容的大小、初始正向驱动电流和上升率以及跳变前反向偏置电压的大小。

② 上升时间 $t_r$ 集电极电流 $i_c$ 由稳态值 $I_{CS}$ 的 10% 上升到 90% 所需的时间称为上升时间。它与过驱动系数及稳态电流值有关，过驱动系数越大，则上升时间 $t_r$ 越短；稳态值越小，则上升时间越短。

③ 存储时间 $t_s$ 从撤销正向驱动信号到集电极电流 $i_c$ 下降到其最大（稳态）值 $I_{CS}$ 的 90% 所需时间称为存储时间。存储时间 $t_s$ 随过驱动系数的增加而增加，随反向驱动电流的增加而减小。存储时间对应着过剩载流子从体内抽走的过程，要想降低存储时间 $t_s$，就应该使 GTR 工作于准饱和区。

④ 下降时间 $t_f$ 集电极电流 $i_c$ 由其最大值 $I_{CS}$ 的 90% 下降到 10% 所需的时间称为下降时间，它主要取决于结电容和正向集电极电流。

一般开通时间均为纳秒数量级，比关断时间小得多，为了缩短关断时间可采取以下措施：选择电流增益小的器件、防止深饱和、增加反向驱动电流等。

集电极电压上升率 $du/dt$ 是动态过程中的一个重要参数，$du/dt$ 产生的过损耗现象严重地威胁着器件和电路的安全。当基极开路时，集射极间承受过高的电压上升率 $du/dt$，便会通过集电结的寄生电容流过容性位移电流。由于基极是开路的，该容性位移电流便注入发射结形成基极电流并且被放大 $\beta$ 倍，形成集电极电流，若电力晶体管 GTR 的 $\beta$ 值很大，将会迫使 GTR 进入放大区运行，有可能因瞬时电流过大而产生二次击穿导致损坏。另外在 GTR

换流期间，集电结中储存的少数载流子被全部抽走之前，有可能使正在关断的 GTR 重新误导通。在桥式电路中将会出现桥臂直通故障。为了抑制过高的 $du/dt$ 对 GTR 的危害，一般在集射极间并联一个 RCD 缓冲网络。

## 8.2.3 二次击穿特性与安全工作区

（1）二次击穿特性

最高集射极间电压额定值 $BU_{CEO}$ 又称为一次击穿电压值，发生一次击穿时反向电流急剧增加。如果有外接电阻限制电流的增长时，一般不会引起 GTR 特性变坏；但如果对此不加限制，就会导致破坏性的二次击穿。所谓二次击穿是指器件发生一次击穿后，集电极电流继续增加，在某电压电流点产生向低阻抗区高速移动的负阻现象。二次击穿用符号 S/B 表示。二次击穿时间在纳秒至微秒数量级之内，即使在这样短的时间内，它也能使器件内出现明显的电流集中和过热点。因此，一旦发生二次击穿，轻者使 GTR 耐压降低、特性变差，重者使集电结和发射结熔通，使 GTR 受到永久性损坏。

二次击穿按 GTR 的偏置状态分为两类：基极-发射极正偏，GTR 工作于放大区的二次击穿称正偏二次击穿；基极-发射极反偏，GTR 工作于截止区的二次击穿称为反偏二次击穿。

① 正偏二次击穿　当电力晶体管 GTR 正向偏置时，由于存在基区电阻，基极与发射极在同一平面上，发射结各点的偏置不尽相同，发射极边缘大而发射极中心小，又由于存在集-射电场，二者合成一个横向电场。此电场将电流集中到发射极边缘下很窄的区域内，造成电流局部集中，电流密度加大，温度升高，严重时造成热点或热斑。热点处的电阻率进一步减小，如不加限制就会因热点的温度过高并造成恶性循环导致该局部 PN 结失效，这就是正偏二次击穿。

② 反偏二次击穿　在 GTR 由导通转入截止状态时，发射结反向偏置，由于存储电荷的存在，集电极-发射极仍流过电流。由于基区电阻的存在，在发射极与基极相接的周边反偏电压大，而在其中心反偏很弱甚至可能仍为正偏，这就造成了发射极下基区横向电场由中心指向边缘，形成集电极电流被集中于发射结中心很小局部的不均匀现象。在该局部因电流密度很高形成热点，这样就可能在比正向偏置时要低得多的能量水平下发生二次击穿。

二次击穿最终是由于器件芯片局部过热而引起的，而热点的形成需要能量的积累，即需要一定的电压、电流数值和一定的时间。因此，诸如集电极电压、电流、负载特性、导通脉宽、基极电路的配置以及材料、工艺等因素都对二次击穿有一定的影响。

（2）安全工作区

电力晶体管 GTR 在运行中受到电压、电流、功率损耗以及二次击穿等定额的限制。厂家一般把它们画在双对数坐标上，以安全工作区的综合概念提供给用户。安全工作区简称 SOA，是指 GTR 能够安全运行的范围，又分为正向偏置安全工作区（FBSOA）和反向偏置安全工作区（RBSOA）。GTR 正向偏置安全工作区如图 8-7 所示，是由双对数直角坐标系中 ABCDE 折线所包围的面积。AB 段表示最大集电极电流 $I_{CM}$ 的限制，BC 段表示最大允许功耗 $P_{CM}$ 的限制，CD 段表示正向偏置下二次击穿触发功率 $P_{S/B}$ 的限制，DE 段则为最大耐压 $BU_{CEO}$ 的限制。图中标有 DC 字样的折线是在直流条件下的安全工作区，称为直流安全工作区，它对应于最恶劣的条件，是 GTR 可以安全运行的最小范围。其余折线图形对应于不同导通宽度的脉冲工作方式，随着导通时间的缩短，二次击穿耐量和允许的最大功耗均随之增大，安全工作区向外扩大。当脉宽小于 $1\mu s$ 时，相应的安全工作区变为由 $I_{CM}$ 和 $BU_{CEO}$ 所决定的矩形。

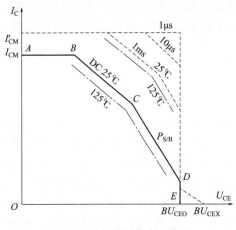

图 8-7　正向偏置安全工作区

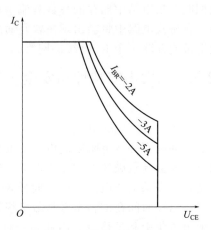

图 8-8　反向偏置安全工作区

反向偏置安全工作区如图 8-8 所示，它表示 GTR 在反向偏置下关断的瞬态过程。基极反向关断电流 $I_{BR}$ 越大其安全工作区越小。

安全工作区是在一定的温度条件下得出的，例如环境温度 25℃ 或壳温 75℃ 等，使用时若超过上述指定温度，允许功耗和二次击穿耐量都必须降额。

## 8.2.4　温度特性与散热

半导体器件的共同缺点是其特性参数受温度影响大，除了前述若干特性随着温度升高而变差外，由于温度升高将使 $U_{CES}$ 升高，$I_C$ 也将增大，输出功率下降，最大允许功耗和二次击穿触发功率均要下降，结果使电力晶体管 GTR 的安全工作区面积缩小。必须采取有效散热措施，选配适当的散热器，根据容量等级采用自然冷却、风冷或沸腾冷却方式，确保 GTR 不超过规定的结温最大值。

热损坏由结温过高所致，结温升高由发热引起，发热量则由功耗转变而来。因此，若能从根本上减小 GTR 的功耗就可确保其安全可靠地工作。在高频大功率开关条件下工作的 GTR，其功耗由静态导通功耗、动态开关损耗和基极驱动功耗三部分组成。设法降低导通电压、采用各种缓冲电路改变 GTR 的开关轨迹等均可达到减小 GTR 功耗的目的。

# 8.3　典型应用

## 8.3.1　驱动电路

（1）恒流驱动电路

"恒流驱动"是指 GTR 的基极电流保持恒定，不随集电极电流变化而变化。为了保证 GTR 在任何负载情况下都能处于饱和导通，所需的基极电流 $I_B$ 应按 GTR 最大可能通过的集电极电流 $I_{Cmax}$ 来设计，即

$$I_B > I_{Cmax} / \beta$$

所以，恒流驱动使空载时饱和深度加剧，存储时间大。为了克服上述弊端常采用其他辅助措施，并由此演绎出以下两种不同类型。

① 抗饱和电路　抗饱和电路也称贝克钳位电路，其基本形式如图 8-9 所示，其目的是

将多余的基极电流从集电极引出，使 GTR 在不同集电极电流情况下都处于准饱和状态，使集电结处于零偏置或轻微正向偏置的状态。图中 VD$_1$、VD$_2$ 为抗饱和二极管，VD$_3$ 为反向基流提供回路。轻载时，当 GTR 饱和深度加剧而使 $U_{CE}$ 减小时，A 点电位高于集电极电位，VD$_2$ 导通，将 $I'_B$ 分流，使流过二极管 VD$_1$ 的基极电流 $I_B$ 减小，从而减小了 GTR 的饱和深度。

抗饱和电路可以缩短存储时间，使在不同负载情况下及使用离散性较大的 GTR 时存储时间趋向一致，但需增加两个二极管，钳位二极管 VD$_2$ 必须是快速恢复二极管且其耐压必须和 GTR 的耐压相当。由于电路工作于准饱和状态正向压降增加，增大了导通损耗。

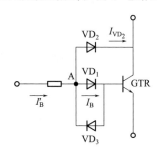

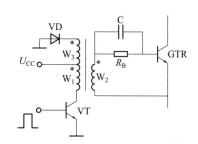

图 8-9 抗饱和电路的基本形式　　　　图 8-10 单极性脉冲变压器截止反偏驱动电路

② 截止反偏驱动电路　为了减小存储时间加速 GTR 关断，常采用截止反偏驱动以迅速抽出基区的过剩载流子。形成截止反偏的电路有多种，现介绍常见几种电路。

a. 单极性脉冲变压器驱动电路。较简单的单极性脉冲变压器截止反偏驱动电路如图 8-10 所示。它实际上是一个小功率单端正激式变换器。当驱动管 VT 导通时，在变压器二次绕组 W$_2$ 上感生电动势向 GTR 提供基极电流，使 GTR 导通，二极管 VD 由于 W$_3$ 上感应电动势反偏而截止，VT 截止时，各绕组感应电动势反向，W$_2$ 上的反向电压作为 GTR 的反偏电压，使 GTR 迅速关断。GTR 截止后，二次绕组 W$_2$ 开路，变压器铁芯的磁场能量则通过绕组 W$_3$ 及二极管 VD 反馈回电源。可见反偏电压是导通时间的函数。单极性脉冲变压器驱动电路结构简单，但有直流磁化现象，铁芯体积较大。

b. 电容储能式驱动电路。图 8-11 为利用电容储能来获得反向偏置的驱动电路。当输入信号 $u_i$ 为高电平，变压器绕组星号端为正极性时，在变压器二次绕组 W$_2$ 上产生正向驱动电压，并经 GTR 的发射结对储能电容 C 充电。二极管 VD$_2$ 导通，晶体管 VT 被 VD$_2$ 的正向压降和 C 两端的充电电压反向偏置而截止。当 $u_i$ 为低电平时，VD$_2$ 截止。电容 C 通过尚在导通的 GTR 的发射结、W$_2$ 和 R$_2$ 驱动晶体管 VT 饱和导通，使电容 C 上的电压反向加于 GTR 的发射结上，放电电流使 GTR 基区的过剩载流子迅速抽出而关断。GTR 关断后，电容 C 上的储能通过 R$_1$、VD$_1$、R$_2$ 和 VT 的发射结继续释放，并且应于 GTR 再次导通前放电完毕。

c. 固定反偏互补驱动电路。固定反偏互补驱动电路如图 8-12 所示。晶体管 VT$_2$ 和 VT$_3$ 组成互补驱动级，当 $u_i$ 为高电平时，VT$_1$ 及 VT$_2$ 导通，正电源 +$U_{CC}$ 经过电阻 R$_3$ 及 VT$_2$ 向 GTR 提供正向基极电流，使其导通。当 $u_i$ 为低电平时，VT$_1$ 及 VT$_2$ 截止而 VT$_3$ 导通，负电源 -$U_{CC}$ 加于 GTR 的发射结上，GTR 基区的过剩载流子被迅速抽出，GTR 迅速关断。

（2）比例驱动电路

比例驱动就是使 GTR 的基极电流正比于集电极电流变化，保证在不同负载时器件的饱和深度基本相同，并使轻载时的驱动功率大大减小。

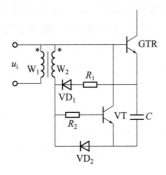

图 8-11　电容储能式驱动电路

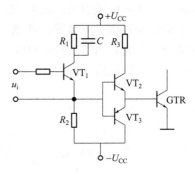

图 8-12　固定反偏互补驱动电路

① 反激式比例驱动电路　反激式比例驱动电路如图 8-13 所示。该电路由驱动变压器 T、晶体管 VT、电阻 $R$、二极管 VD 及稳压管 VZ 等元器件构成。当驱动信号 $u_i$ 为高电平时，晶体管 VT 导通，铁芯在 $i_1 N_1$（$N_1$ 为绕组 $W_1$ 线圈的匝数）作用下磁化并在各绕组中感应出星号端为负的电动势，这样 GTR 因基极反偏而截止。当 $u_i$ 变为低电平时，晶体管 VT 截止，电流 $i_1$ 消失，各绕组中感应出星号端为正的电动势，铁芯中的磁场能经 GTR 的基极回路释放，促使 GTR 导通，GTR 一经导通则形成集电极电流，该电流经反馈绕组 $W_F$ 使铁芯去磁而脱离饱和，此时 $W_F$ 与 $W_B$ 形成电流互感器的工作状态，$i_C$ 上升，$i_B$ 也上升，形成正反馈，使 GTR 迅速全面导通。

当 $u_i$ 再度变为高电平时，晶体管 VT 又导通，由于 $i_C$ 尚未来得及下降，故各绕组的星号端仍维持为正，VT 的导通相当于通过二极管 VD 将 $W_2$ 绕组短接，迫使各绕组的感应电动势均接近于零。加速电容 $C$ 上的电压使 GTR 发射结反偏，使其基区过剩载流子迅速消散，GTR 脱离饱和，$i_C$ 下降使各绕组电动势反向，$W_B$ 上的电动势继续使 GTR 反偏，加速 $i_C$ 下降直至 GTR 被关断，等待下次驱动信号的到来。

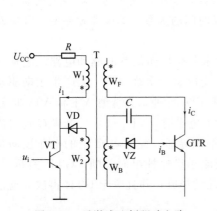

图 8-13　反激式比例驱动电路

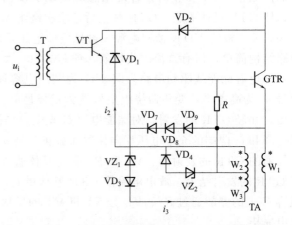

图 8-14　强制开通与强制关断的比例驱动电路

② 具有强制开通和强制关断的比例驱动电路　一般的比例驱动电路主要靠正反馈加速电力晶体管 GTR 的开通过程，但当其工作频率较高时，由于分布参数的影响使其开通速度变慢，此时可采用如图 8-14 所示的强制开通与强制关断的比例驱动电路。

当 $u_i$ 为低电平时，驱动管 VT 截止，电力晶体管 GTR 也截止，其集电极为高电平。当 $u_i$ 由低变高时，驱动管 VT 导通，GTR 集电极的高电平通过二极管 $VD_2$ 及 VT 为 GTR 提供很大的正向基极电流，迫使 GTR 迅速开通。同时，通过电流互感器 TA 的作用，在 TA

二次绕组 $W_2$ 上产生与 GTR 集电极电流 $i_C$ 成正比的电流，并经 $VD_1$、VT 和 GTR 的发射结而流通，成为 GTR 的比例驱动电流。

当 $u_i$ 为低电平时，驱动管 VT 截止，$i_2 = 0$，互感器 TA 各绕组电压上升。$W_3$ 上星号端为正的电压使 $VZ_1$ 击穿并反向加于 GTR 的发射结上，此时，流过 $W_3$ 的电流 $i_3$ 也正比于 $i_C$，并且成为 GTR 的反向基流，起比例反驱动作用，迅速抽出基区剩余载流子，减小了存储时间。该电路驱动性能好，但电路较复杂。

## 8.3.2 实用驱动电路举例

（1）具有过电流、过电压保护的基极驱动电路

图 8-15 给出一个具有过电流、过电压保护的基极驱动电路。该电路的主要特点是利用555 时基电路对驱动脉冲进行整形，以提高脉冲前后沿的陡度，并利用其封锁电位实现过电流及过电压保护。当流过 GTR 的电流超过规定值时，LEM 模块输出信号使晶闸管 SCR 导通，$R_A$ 上的压降变为低电平，通过 555 的④脚封锁了加到 GTR 上的控制信号，使 GTR 关断，实现了过电流保护的目的。过电压保护的原理是，当 GTR 集电结承受的电压高于规定值时，二极管 $VD_A$ 截止，使 555 的⑥脚为高电平，同样阻止了控制信号的传递，即封锁了加到 GTR 上的驱动信号，也使 GTR 关断。

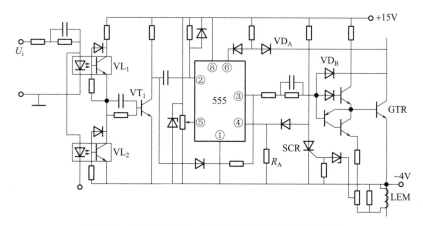

图 8-15 具有过电流、过电压保护的基极驱动电路

该电路由二极管 $VD_B$ 实现抗饱和作用，使 GTR 基极驱动电流根据集电极的电流自动调节，保证导通过程中 GTR 始终处于准饱和状态。此外，光耦器件 $VL_2$ 能提高电路的抗干扰能力，在正常情况下 $VL_2$ 起一个等效负载电阻的作用，输入控制信号由 $VL_1$ 引入，逻辑电路与功率电路是隔离的。当有干扰出现时，$VL_1$ 和 $VL_2$ 同时导通，结果加到晶体管 VT的基极上的电压为零，使 555 的输出为低电平，GTR 关断，增强了抗干扰能力。

（2）混合微膜组件驱动电路

组装在一起的混合微膜组件类型较多，现以日本三菱公司的 M57917L 组件为例加以说明。图 8-16（a）为外形图，图 8-16（b）为电路原理图，图 8-16（c）为应用电路实例。由图可知，电路有 7 个引线端，控制信号输入和驱动电流输出之间是光隔离的。当 $U_i$ 为高电平时，经反相器使组件①脚为低电平，发光二极管中有电流流过，光敏晶体管以及晶体管 $VT_4$ 和 $VT_5$ 同时导通，于是正向驱动管 $VT_1$ 导通，反向驱动管 $VT_2$、$VT_3$ 截止，由电源（⑨脚）经 $VT_1$ 管和外接限流电阻 $R$ 向 GTR 提供正向基极电流，使 GTR 开通。

当 $U_i$ 为低电平时，组件①端为高电平，发光二极管中无电流流过，于是光敏晶体管、

VT$_4$ 和 VT$_5$、VT$_1$ 均截止，而 VT$_2$、VT$_3$ 导通，由于外接电容 $C$ 及并接的一串二极管向 GTR 的发射结提供反向偏置，所以 VT$_2$、VT$_3$ 的导通将迅速把 GTR 基区中的过剩载流子抽出，加速电力晶体管 GTR 的关断过程。

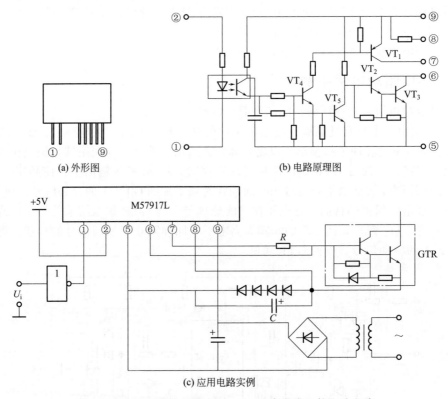

(a) 外形图　　　　　　　　(b) 电路原理图

图 8-16　日本三菱公司的 M57917L 混合微膜组件驱动电路

（3）集成化基极驱动电路

基极驱动电路的集成化克服了独立元器件驱动电路的电路元件多、电路复杂、稳定性欠佳、使用不便等缺点，同时保护功能更加丰富。法国 THOMSON 公司的 UAA4002 具有代表性，其原理框图如图 8-17 所示。其输入信号的方式有两种：由设置端 SE（④脚）的电平决定，SE 端为高电平时为电平输入方式，低电平时为脉冲输入方式。其输出为 ＋0.5A、－3A 的基极驱动电流，根据用户需要还可以外接晶体管以扩大输出能力。该集成芯片有丰富的保护功能，现以图 8-18 所示实用的 8A、400V 开关电路为例进行说明。

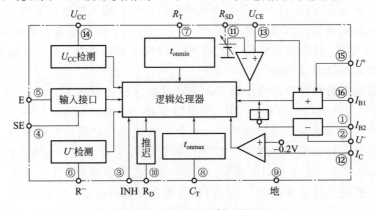

图 8-17　UAA4002 原理框图

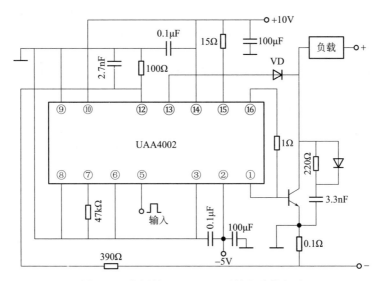

图 8-18　实用的 8A、400V 开关电路的驱动

① 限流　在电源负回线中串接 0.1Ω 电阻，用来检测 GTR 的集电极电流，并将该信号引入芯片 $I_C$ 端（⑫脚），当该信号电压低于 −0.2V 时，比较器状态发生变化，由逻辑处理器检测并发出封锁信号，封锁输出脉冲使 GTR 关断。

② 防止减饱和　GTR 的集电极电压由二极管 VD 来检测，其正极接芯片 $U_{CE}$ 端（⑬脚），负极接 GTR 的集电极，在 GTR 开通时比较器检测 $U_{CE}$ 端的电压，若高于 $R_{SD}$ 端（⑪脚）上的设定电压，比较器则向逻辑处理器发出信号，处理器封锁控制输入，可防止 GTR 因基极电流不足或集电极电流过载引起减饱和的可能性。

③ 导通时间间隔控制　为了确保 GTR 开关辅助网络的电容充分放电，逻辑处理器应保证输出脉冲有一最小脉宽 $t_{onmin}$，其数值由 $R_T$ 端（⑦脚）的电阻 47kΩ 来决定。为了限制斩波电路的输送功率或防止脉冲控制方式因传输信号中断造成持续导通，还必须控制最大导通时间 $t_{onmax}$，可通过 $C_T$ 端（⑧脚）的外接电容来调整。

④ 电源电压检测　可利用 $U_{CC}$ 端（⑭脚）检测正电源电压的大小，当电源电压小于 7V 时确保芯片 UAA4002 无输出信号。负电压的检测可在 U⁻ 端（②脚）与 R⁻ 端（⑥脚）之间外接电阻来实现。

⑤ 时延功能　可以通过在 $R_D$ 端（⑩脚）接电阻来调整，使控制电压前后沿间能保持 1～20μs 的固定的时间间隔。

⑥ 热保护　UAA4002 芯片在温度超过 150℃时能自动切断输出脉冲，而当芯片温度降至极限值以下时恢复输出。

除上述功能外，芯片还具有自动删除功能等。

## 8.3.3　缓冲电路

缓冲电路也称作吸收电路，在电力半导体器件的应用技术中起着重要的作用。电力半导体器件开通时流过很大的电流，阻断时承受很高的电压；尤其在开关转换的瞬间，电路中各种储能元件的能量释放会导致器件经受很大的冲击，有可能超过器件的安全工作区而导致损坏。附加各种缓冲电路，目的不仅是降低浪涌电压、$du/dt$、$di/dt$，还希望能减少器件的开关损耗、避免器件二次击穿和抑制电磁干扰，提高电路的可靠性。

缓冲电路可分为两类：一类是耗能式缓冲电路，即转移至缓冲器的开关损耗能量消耗在电阻上，这种电路简单，但效率低；另一类是馈能式缓冲电路，即将转移至缓冲器的开关损耗能量以适当的方式再提供给负载或回馈给供电电源，这种电路效率高但电路相对复杂。

（1）耗能式缓冲电路

① 关断缓冲电路　图 8-19 为典型的耗能式关断缓冲电路，它由电阻、电容和二极管网络与 GTR 开关并联连接而成。当 GTR 关断时，负载电流经二极管 VD 给电容器 $C_s$ 充电，根据电容两端电压不能突变的原理，GTR 集电极与发射极两端的电压上升率 $du/dt$ 受到限制，电容越大，$du/dt$ 越小。由于 GTR 集电极电压被电容电压牵制，所以不会再出现集电极电压与集电极电流同时为最大值的情况，因而也不会再出现最大的瞬时尖峰功耗。

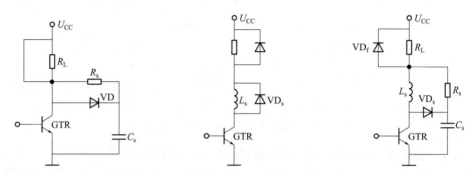

图 8-19　耗能式关断缓冲电路　　图 8-20　典型的开通缓冲电路　　图 8-21　复合缓冲电路

② 开通缓冲电路　GTR 开通时的关键因素是 $di/dt$，稳态电流值越大，开通时间越短，则 $di/dt$ 的影响越严重。为了限制 $di/dt$ 的大小常采用串联电感的方法进行缓冲，典型的开通缓冲电路如图 8-20 所示。开通缓冲电路由电感 $L_s$ 和二极管 $VD_s$ 网络与 GTR 集电极相串联而成。在 GTR 开通过程中，在集电极电压下降期间，电感 $L_s$ 控制电流的上升率 $di/dt$；当 GTR 关断时储存在电感 $L_s$ 中的能量 $L_s I_m^2/2$，通过二极管 $VD_s$ 的续流作用而消耗在 $VD_s$ 和电感本身的电阻上。

③ 复合缓冲电路　在实际应用中，总是将关断缓冲电路与开通缓冲电路结合在一起，通常称其为复合缓冲电路，如图 8-21 所示。在 GTR 开通时，缓冲电容经 $C_s R_s L_s$ 回路放电，减少了 GTR 承受的电流上升率 $di/dt$，电感 $L_s$ 还可限制续流二极管 $VD_f$ 的反向恢复电流。

（2）馈能式缓冲电路

将储能元件中的储能通过适当的方式回馈给负载或电源，借以提高效率。在馈能过程中，由于采用的元件不同，又可分为无源和有源两种方式。

① 馈能式关断缓冲电路　无源馈能式关断缓冲电路如图 8-22（a）所示。能量的回馈主要由 $C_0$ 和 $VD_C$ 来实现，$C_0$ 称为转移电容，$VD_C$ 称为回馈二极管。在 GTR 关断时，缓冲电容器 $C_s$ 逐渐充电至电源电压 $U_{CC}$，在 GTR 下一次开通时，负载电流从续流二极管 $VD_f$ 转移至 GTR；同时电容 $C_s$ 上的电压转移到电容 $C_0$ 上，极性如图 8-22（a）所示。当 GTR 再次关断时，电容 $C_s$ 再次充电，而电容 $C_0$ 向负载放电，能量得到回馈。由于能量的回馈是由无源器件 $C_0$ 和 $VD_C$ 来实现的，所以这种电路叫作无源馈能式关断缓冲电路。

如果能量回馈是借助于有源器件实现的，则称为有源馈能式关断缓冲电路，如图 8-22（b）所示。图中 SMPS 表示开关型电源，缓冲电容的储能为 $C_s U_{CC}^2/2$，是一个固定值，仅仅与电源电压有关而与负载电流无关。当 GTR 开通时，电容 $C_s$ 和 $C_0$、电感 $L$ 以及二极管 $VD_0$ 组成的回路产生振荡，其结果是将 $C_s$ 的储能转移至 $C_0$ 上。电容 $C_0$ 上的能量经开关电源再馈送至电源，实现了将能量馈送至供电源的目的。

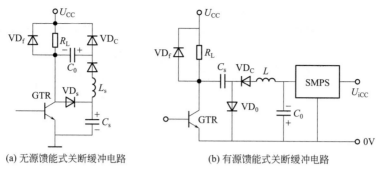

| (a) 无源馈能式关断缓冲电路 | (b) 有源馈能式关断缓冲电路 |

图 8-22　馈能式关断缓冲电路

② 馈能式开通缓冲电路　无源馈能式开通缓冲电路如图 8-23(a) 所示。该电路通过变压器将磁场储能回馈到电源，变压器为双线绕制，匝比为 1∶$N$，一次侧具有一定电感，起 $L_s$ 的作用，二次侧的极性与一次侧相反，并接有反向二极管。GTR 开通时，一次侧承受全部电源电压，二次侧无通电回路，GTR 关断时，二次侧感应电压极性换向，当其电压高于电源电压 $U_{CC}$ 时，向电源馈送能量。在这种电路中匝比 $N$ 越大，则 GTR 集电极的电压越低，降低了电力晶体管 GTR 所承受的电压，但二次侧电压却更高，需提高反向二极管的耐压水平；匝比的大小还影响能量回馈的时间和开关的工作频率，二次侧反偏电压越高，回馈能量的速度越快，但匝比大时又会使铁芯的恢复时间加长，反过来又增加了能量馈送的时间，由此可见各个因素是相互制约的，在实际使用中，必须综合考虑加以解决。

图 8-23(b) 所示的是一种有源馈能式开通缓冲电路，图中 SMPS 表示开关型电源。当 GTR 关断时，储存在缓冲电感 $L_s$ 中的能量经二极管 VD 传送至电容 $C_0$ 上，开关电源 SMPS 再把电容 $C_0$ 上的低电压变成适合馈至电源的较高的电压。电容 $C_0$ 的充电速度取决于负载电流的大小，适当控制 SMPS 可使电容 $C_0$ 的电压保持恒定，也可改变电容的充电电流以维持缓冲电感中恢复时间的恒定。

③ 馈能式复合缓冲电路　图 8-24 为馈能式复合缓冲电路。关断缓冲电容 $C_s$ 的作用与图 8-23 中相同，电容 $C_0$ 和电感 $L_s$ 并联运行将储存的能量馈送给负载。当电容 $C_0$ 放电时，电感 $L_s$ 上的电压逐渐减小为零，在这段时间内负载电流经续流二极管 $VD_f$ 导通。

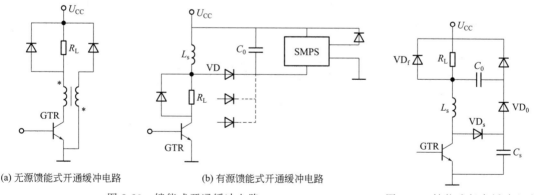

| (a) 无源馈能式开通缓冲电路 | (b) 有源馈能式开通缓冲电路 | |

图 8-23　馈能式开通缓冲电路　　　　　　图 8-24　馈能式复合缓冲电路

## 8.3.4　检测方法

现举一个实例来说明 GTR 的具体检测方法。被测管型号为 ST100Y$_2$。其内部包含两个 GTR，均为 NPN 型管，测试电路如图 8-25 所示（仅以 GTR$_1$ 为例）。检测步骤如下：

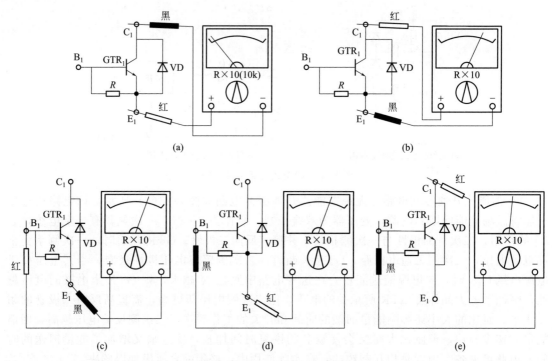

图 8-25　GTR 的具体检测方法

① 参见图 8-25(a)，将万用表拨至 R×10 挡，红表笔接发射极 $E_1$，黑表笔接集电极 $C_1$，万用表指示的电阻值为无穷大，表明 $GTR_1$ 的穿透电流很小。再将万用表换用 R×10k 挡复测 $C_1$ 和 $E_1$ 之间电阻为 10MΩ，说明 $C_1$ 和 $E_1$ 间无断路现象。

② 参见图 8-25(b)，将万用表拨回 R×10 挡，红表笔接 $C_1$ 极，黑表笔接 $E_1$ 极，电阻值为 43Ω。此时测得的实际上是保护二极管 VD 的正向电阻值。

③ 参见图 8-25(c)，将万用表红表笔 $B_1$ 极，黑表笔接 $E_1$ 极，电阻值为 60Ω。此值是管子内部 $B_1$ 和 $E_1$ 极之间泄放电阻 $R$ 的阻值。

④ 参见图 8-25(d)，将红表笔接 $E_1$，黑表笔接 $B_1$，测得阻值为 57Ω。此值是发射结的正向电阻值。

⑤ 参见图 8-25(e)，将红表笔接 $C_1$ 极，黑表笔接 $B_1$ 极，测得阻值为 195Ω。此值为 $GTR_1$ 集电结的正向电阻值。接着，交换红、黑两表笔再测量，反向电阻值为无穷大，表明 $GTR_1$ 的集电结完好。

上述测量结果表明 $GTR_1$ 基本正常，参照同样的方法可判断 $GTR_2$ 的好坏。

# 第**9**章

# 功率场效应晶体管

功率场效应晶体管（Power Mental Oxide Semiconductor Effect Transistor，Power MOSFET）是一种多子导电的单极型电压控制器件，它具有开关速度快、高频性能好、输入阻抗高、驱动功率小、热稳定性好、无二次击穿、安全工作区宽等特点，但其电压和电流容量较小，故在各类高频中小功率的电力电子装置中得到广泛应用。本章首先讲述功率场效应晶体管基础知识，然后着重讲述由其构成的直流变换电路工作原理。

## 9.1 基础知识

### 9.1.1 基本结构与工作原理

功率 MOSFET 也是一种功率集成器件，它由成千上万个小 MOSFET 元胞组成，每个元胞的形状和排列方法，不同的生产厂家采用了不同的设计。图 9-1（a）所示为 N 沟道 MOSFET 的元胞结构剖面示意图。两个 $N^+$ 区分别作为该器件的源区和漏区，分别引出源极 S 和漏极 D。夹在两个 $N^+$（$N^-$）区之间的 P 区隔着一层 $SiO_2$ 的介质作为栅极。因此栅极与两个 $N^+$ 区和 P 区均为绝缘结构。因此，MOS 结构的场效应晶体管又称绝缘栅场效应晶体管。

由图 9-1（a）可知，功率 MOSFET 的基本结构仍为 $N^+$（$N^-$）$PN^+$ 形式，其中掺杂较轻的 $N^-$ 区为漂移区。设置 $N^-$ 区可提高器件的耐压能力。在这种器件中，漏极和源极间有两个背靠背的 PN 结存在，在栅极未加电压信号之前，无论漏极和源极之间加正电压或负电压，该器件总是处于阻断状态。为使漏极和源极之间流过可控的电流，必须具备可控的导电沟道才能实现。

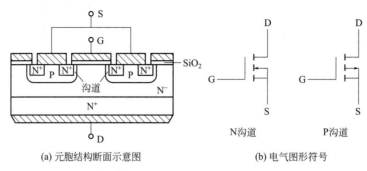

(a) 元胞结构断面示意图　　　　　(b) 电气图形符号

图 9-1　功率 MOSFET 的元胞结构和电气图形符号

MOS 结构的导电沟道是由绝缘栅施加电压之后感应产生的。在如图 9-1（a）所示的结构中，若在 MOSFET 栅极与源极之间施加一定大小的正电压，这时栅极相对于 P 区则为正电压。由于夹在两者之间的 $SiO_2$ 层不导电，聚集在电极上的正电荷就会在 $SiO_2$ 层下的半导体表面感应出等量的负电荷，从而使 P 型材料变成 N 型材料，进而形成反型层导电沟道。若栅压足够高，由此感应而生的 N 型层同漏与源两个 $N^+$ 区构成同型接触，使常态中存在的两个背靠背 PN 结不复存在，这就是该器件的导电沟道。由于导电沟道必须与源漏区导电类型一致，所以 N-MOSFET 以 P 型材料为衬底，栅源之间要加正电压；反之，P-MOSFET 以 N 型材料为衬底，栅源之间要加负电压。

根据载流子的类型不同，功率 MOSFET 可分为 N 沟道和 P 沟道两种，应用最多的是绝缘栅 N 沟道增强型。图 9-1（b）所示为功率 MOSFET 的电气图形符号，图形符号中的箭头表示电子在沟道中移动的方向。左图表示 N 沟道，电流的方向是从漏极出发，经过 N 沟道流入 $N^+$ 区，最后从源极流出；右图表示 P 沟道，电流方向是从源极出发，经过 P 沟道流入 $P^+$ 区，最后从漏极流出。不论是 N 沟道的 MOSFET 还是 P 沟道的 MOSFET，只有一种载流子导电，故称其为单极型器件。这种器件不存在像双极型器件那样的电导调制效应，也不存在少子复合问题，所以它的开关速度快、安全工作区宽并且不存在二次击穿问题。因为它是电压控制型器件，使用极为方便。此外，功率 MOSFET 的通态电阻具有正温度系数，因此它的漏极电流具有负温度系数，便于并联应用。

功率 MOSFET 需要在 G 极与 S 极之间有一定的电压 $U_{GS}$ 或 $-U_{GS}$，才有相应的漏极电流 $I_D$ 或 $-I_D$。对 N 沟道的导通条件是：$U_G > U_S$，$U_{GS} = 0.45 \sim 3V$。$U_{GS}$ 越大，$I_D$ 越大；对 P 沟道的导通条件是：$U_G < U_S$，即 $U_{GS}$ 是负的，通常用 $-U_{GS}$ 来表示。$-U_{GS} = 0.45 \sim 3V$ 时才导通。$-U_{GS}$ 越大，$-I_D$ 越大。

## 9.1.2　主要特性

功率 MOSFET 的特性包括静态特性和动态特性，输出特性和转移特性属于静态特性，而开关特性则属于动态特性。

（1）输出特性

输出特性也称漏极伏安特性，它是以栅源电压 $U_{GS}$ 为参变量，反映漏极电流 $I_D$ 与漏源电压 $U_{DS}$ 间关系的曲线族，如图 9-2 所示。由图可见输出特性分三个区：

可调电阻区Ⅰ：$U_{GS}$ 一定时，漏极电流 $I_D$ 与漏源电压 $U_{DS}$ 几乎呈线性关系。当 MOSFET 作为开关器件应用时，工作在此区内。

饱和区Ⅱ：在该区中，当 $U_{GS}$ 不变时，$I_D$ 几乎不随 $U_{DS}$ 的增加而加大，$I_D$ 近似为一个常数。当 MOSFET 用于线性放大时，则工作在此区内。

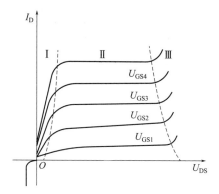
图 9-2 功率 MOSFET 的输出特性

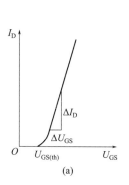
(a)

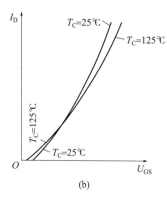
(b)

图 9-3 功率 MOSFET 的转移特性

雪崩区Ⅲ：当漏源电压 $U_{DS}$ 过高时，使漏极 PN 结发生雪崩击穿，漏极电流 $I_D$ 会急剧增加。在使用器件时应避免出现这种情况，否则会使器件损坏。

功率 MOSFET 无反向阻断能力，因为当漏源电压 $U_{DS}<0$ 时，漏区 PN 结为正偏，漏源间流过反向电流。因此，功率 MOSFET 在应用过程中，若必须承受反向电压，则 MOSFET 电路中应串入快速二极管。

（2）转移特性

转移特性是指在一定的漏极与源极电压 $U_{DS}$ 下，功率 MOSFET 的漏极电流 $I_D$ 和栅源电压 $U_{GS}$ 的关系曲线，如图 9-3（a）所示。该特性表征功率 MOSFET 的栅源电压 $U_{GS}$ 对漏极电流 $I_D$ 的控制能力。

由图 9-3（a）可见，只有当栅源电压 $U_{GS}>U_{GS(th)}$ 时，器件才导通，$U_{GS(th)}$ 称为开启电压。图 9-3（b）所示为壳温 $T_C$ 对转移特性的影响。由图可见，在低电流区，功率 MOSFET 具有正电流温度系数，在同一栅压下，$I_D$ 随温度的上升而增大；而在大电流区，功率 MOSFET 具有负电流温度系数，在同一栅压下，$I_D$ 随温度的上升而下降。在电力电子电路中，功率 MOSFET 作为开关元件通常工作于大电流开关状态，因而具有负温度系数。此特性使功率 MOSFET 具有较好的热稳定性，芯片热分布均匀，从而避免了由于热电恶性循环而产生的电流集中效应所导致的二次击穿现象。

（3）开关特性

功率 MOSFET 是一个近似理想的开关，具有很高的增益和极快的开关速度。这是由于它是单极型器件，依靠多数载流子导电，没有少数载流子的存储效应，与关断时间相联系的储存时间大大减小。它的开通与关断只受到极间电容影响，与极间电容的充放电情况有关。

功率 MOSFET 内寄生着两种类型的电容：一种是与 MOS 结构有关的 MOS 电容，如栅源电容 $C_{GS}$ 和栅漏电容 $C_{GD}$；另一种是与 PN 结有关的电容，如漏源电容 $C_{DS}$。功率 MOSFET 极间电容的等效电路如图 9-4 所示。输入电容 $C_{iss}$、输出电容 $C_{oss}$ 和反馈电容 $C_{rss}$ 是应用中常用的参数，它们与极间电容的关系定义为

$$C_{iss}=C_{GS}+C_{GD};C_{oss}=C_{DS}+C_{GD};C_{rss}=C_{GD}$$

功率 MOSFET 的开关过程的电压波形如图 9-5 所示。开通时间 $t_{on}$ 分为延时时间 $t_d$ 和上升时间 $t_r$ 两部分，$t_{on}$ 与功率 MOSFET 的开启电压 $U_{GS(th)}$ 和输入电容 $C_{iss}$ 有关，并受信号源的上升时间和内阻的影响。关断时间 $t_{off}$ 可分为储存时间 $t_s$ 和下降时间 $t_f$ 两部分，$t_{off}$ 则由功率 MOSFET 漏源电容 $C_{DS}$ 和负载电阻决定。通常功率 MOSFET 的开关时间为 $10\sim100ns$，而双极型器件的开关时间则以微秒计，甚至达到几十微秒。

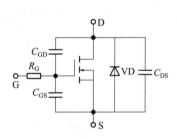

图 9-4  功率 MOSFET 极间电容的等效电路

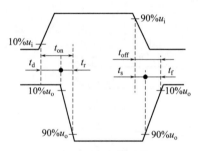

图 9-5  功率 MOSFET 开关过程的电压波形

## 9.1.3  主要参数

（1）通态电阻 $R_{on}$

通态电阻 $R_{on}$ 是与输出特性密切相关的参数，是指在确定的栅源电压 $U_{GS}$ 下，功率 MOSFET 由可调电阻区进入饱和区时的漏源极间的直流电阻。它是影响最大输出功率的重要参数。在开关电路中它决定了输出电压幅度和自身损耗大小。

在相同的条件下，耐压等级愈高的器件，其通态电阻愈大，且器件的通态压降愈大。这也是功率 MOSFET 电压难以提高的原因之一。

由于功率 MOSFET 的通态电阻具有正电阻温度系数，当电流增大时，附加发热使 $R_{on}$ 增大，对电流的增加有抑制作用。

（2）开启电压 $U_{GS(th)}$

开启电压 $U_{GS(th)}$ 为转移特性曲线与横坐标交点处的电压值，又称阈值电压。在实际应用中，通常将漏栅短接条件下 $I_D$ 等于 1mA 时的栅极电压定义为开启电压 $U_{GS(th)}$，它随结温升高而下降，具有负的温度系数。

（3）跨导 $g_m$

跨导定义为

$$g_m = \Delta I_D / \Delta U_{GS}$$

即为转移特性的斜率，单位为西门子（S）。$g_m$ 表示功率 MOSFET 的放大能力，故跨导 $g_m$ 的作用与 GTR 中电流增益 $\beta$ 相似。

（4）漏源击穿电压 $BU_{DS}$

漏源击穿电压 $BU_{DS}$ 决定了功率 MOSFET 的最高工作电压，它是为了避免器件进入雪崩区而设的极限参数。$BU_{DS}$ 主要取决于漏区外延层的电阻率、厚度及其均匀性。由于电阻率随温度不同而变化，因此当结温升高时，$BU_{DS}$ 随之增大，耐压提高。这与双极型器件如 GTR 和晶闸管等随结温升高耐压降低的特性恰好相反。

（5）栅源击穿电压 $BU_{GS}$

栅源击穿电压 $BU_{GS}$ 是为了防止绝缘栅层因栅漏电压过高而发生介电击穿而设定的参数。一般栅源电压的极限值为 ±20V。

（6）最大功耗 $P_{DM}$

功率 MOSFET 最大功耗为

$$P_{DM} = (T_{jM} - T_C) / R_{TjC}$$

式中　$T_{jM}$——额定结温（$T_{jM} = 150℃$）；

　　　$T_C$——管壳温度；

　　　$R_{TjC}$——结与壳间的稳态热阻。

由上式可见，器件的最大耗散功率与管壳温度有关。在 $T_{jM}$ 和 $R_{TjC}$ 为定值的条件下，$P_{DM}$ 将随 $T_C$ 的增高而下降，因此，器件在使用中散热条件是十分重要的。

（7）漏极连续电流 $I_D$ 和漏极峰值电流 $I_{DM}$

漏极连续电流 $I_D$ 和漏极峰值电流 $I_{DM}$ 表征功率 MOSFET 的电流容量，它们主要受结温的限制。功率 MOSFET 允许的漏极连续电流 $I_D$ 是

$$I_D = \sqrt{P_{DM}/R_{on}} = \sqrt{(T_{jM} - T_C)/R_{on}R_{TjC}}$$

实际上功率 MOSFET 的漏极连续电流 $I_D$ 通常没有直接的用处，仅是作为一个基准。这是因为许多实际应用的 MOSFET 工作在开关状态中，因此在非直流或脉冲工作情况下，其最大漏极电流由额定峰值电流 $I_{DM}$ 定义。只要不超过额定结温，峰值电流 $I_{DM}$ 可以超过连续电流。在 25℃ 时，大多数功率 MOSFET 的 $I_{DM}$ 是连续电流额定值的 2～4 倍。

此外值得注意的是：随着结温 $T_j$ 升高，实际允许的 $I_D$ 和 $I_{DM}$ 均会下降。如型号为 IRF330 的功率 MOSFET，当 $T_C = 25℃$ 时，$I_D$ 为 5.5A，当 $T_C = 100℃$ 时，$I_D$ 为 3.3A。所以在选择器件时必须根据实际工作情况考虑裕量，防止器件在温度升高时，漏极电流降低而损坏。

## 9.1.4 栅极驱动电路

功率 MOSFET 栅极驱动电路的型式各种各样，按驱动电路与栅极的连接方式可分为三类：直接驱动、隔离驱动和集成驱动。

（1）直接驱动电路

① TTL 驱动电路 图 9-6(a) 是最简单的 TTL 驱动电路，它应能输出开通驱动电流 $I_{G(on)}$ 和吸取关断电流 $I_{G(off)}$。图中 TTL 电路可以是驱动器、缓冲器或其他逻辑电路。这种集电极开路的驱动器末级是单管输出，受其灌电流的限制外接电阻 $R$ 都在数百欧。用这种驱动器驱动功率 MOSFET 开通时，因 $R$ 阻值较大，所以器件的开通时间较长。

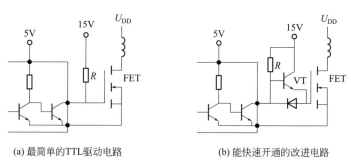

(a) 最简单的TTL驱动电路　　　　　　　(b) 能快速开通的改进电路

图 9-6　TTL 驱动电路

图 9-6(b) 所示为能快速开通的改进电路，它减小了 TTL 上的功耗。当 TTL 输出管导通时，功率 MOSFET 的输入电容被短路至地，这时吸收电流的能力受该导通管的 $\beta$ 和它可能得到的基极电流的限制。而 TTL 输出为高电平时，栅极通过附加的晶体管 VT 获得电压及电流，充电能力提高，因而开通速度加快。

② 互补输出驱动电路 图 9-7(a) 所示为由晶体管组成的互补输出驱动电路，采用这种电路不但可提高开通时的速度，而且也可提高关断速度。在这种电路中输出晶体管是作为射极跟随器工作的，不会出现饱和，因而不影响功率 MOSFET 的开关频率。

图 9-7(b) 所示为由 MOS 管组成的互补输出驱动电路，由于采用了 $-U_E$ 电源，在关断驱动时，可加速栅极输入电容的放电，缩短关断时间。

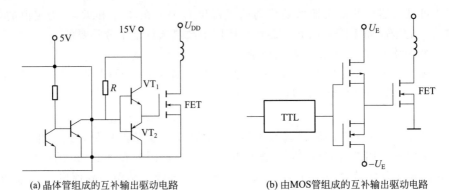

(a) 晶体管组成的互补输出驱动电路　　　　(b) 由MOS管组成的互补输出驱动电路

图 9-7　互补输出驱动电路

③ CMOS 驱动电路　直接用 CMOS 器件也可以驱动功率 MOSFET，而且它们可以共用一组电源。栅极电压小于 10V 时，MOSFET 将处于电阻区，不需要外接电阻，电路更简单。不过开关速度低并且驱动功率要受电流源和 CMOS 器件吸收电容量的限制。

（2）隔离驱动电路

隔离式栅极驱动电路根据隔离元件的不同，可分为电磁隔离和光电隔离两种。

① 脉冲变压器隔离驱动电路　脉冲变压器是典型的电磁隔离元件，如图 9-8 所示为几种脉冲变压器驱动的型式。如图 9-8(a) 所示是利用续流二极管 VD 限制了驱动晶体管 VT 中出现的过电压，缩短了关断时间。如图 9-8(b) 所示电路，在续流二极管 VD 支路中串接一个稳压管 VZ，当 VT 关断时起钳位作用，从而缩短了关断时间。如图 9-8(c) 所示电路是在栅极电阻上并联了加速二极管 $VD_s$，使充电电流经过它向输入电容充电，增大了充电电流，加快了 MOSFET 的开通速度。如图 9-8(d) 所示是用互补型式驱动功率 MOSFET 的栅

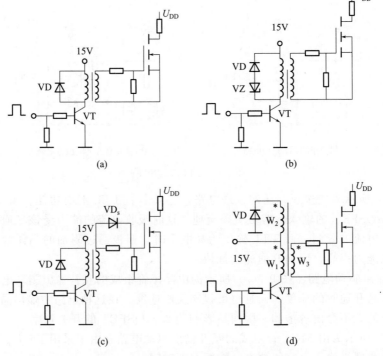

图 9-8　几种脉冲变压器隔离驱动电路

极，由于关断时利用二次绕组 $W_2$ 形成的反向电压，因此明显地降低了关断过程的时间延迟。

② 光耦合器驱动电路　利用光耦合器的隔离驱动电路如图 9-9 所示。图 9-9(a) 为标准的光耦合电路，通过光耦合器将控制信号回路与驱动回路隔离，使得输出级设计电阻值减小，从而解决了栅极驱动源低阻抗的问题，但由于光耦合器响应速度慢，因此使开关延迟时间加长，限制了使用频率。图 9-9(b) 为改进的光耦合电路，此电路使阻抗进一步降低，因而使栅极驱动的关断延迟时间进一步缩短，延迟时间的数量级仍为微秒级。

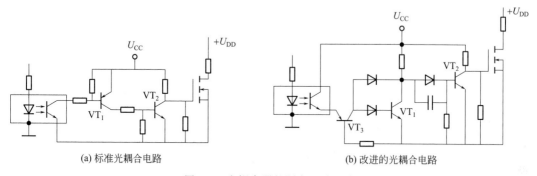

(a) 标准光耦合电路　　　　　　　(b) 改进的光耦合电路

图 9-9　光耦合器的隔离驱动电路

（3）集成驱动电路

① IR2125 芯片驱动电路　IR2125 是一种单片高压高速单通道功率 MOSFET 驱动器，它包括输入/输出逻辑、保护电路、电平移位电路、输出驱动和自举电源等部分。

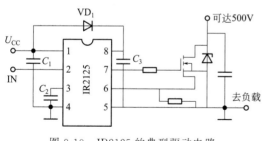

图 9-10　IR2125 的典型驱动电路

图 9-10 给出了 IR2125 的典型驱动电路。其浮置电压是通过一个自举电路从固定电源来的。图中的充电二极管 $VD_1$ 的耐压必须大于高压直流母线上的尖峰电压，为防止自举电容 $C_3$ 放电，必须使用快恢复二极管。自举电容 $C_3$ 的大小与开关频率、占空比和被驱动功率 MOSFET 的栅极电荷要求有关，电容 $C_3$ 上的电压降不能低于欠压锁定门限。

$U_{CC}$ 的旁路电容 $C_1$ 和 $C_2$ 应能为自举电源提供足够的瞬态电流。$C_1$ 和 $C_2$ 的值一般取自举电容 $C_3$ 值的 10 倍左右。

② IR2130 芯片驱动电路　IR2130 可直接驱动中小容量的功率 MOSFET。它有六路输入信号和输出信号，其中六路输出信号中的三路具有电平转换功能，因而 IR2130 芯片驱动电路既能驱动桥式电路中低压侧的功率器件，又能驱动高压侧的功率元件。也就是说，该驱动器可共地运行，且只需一路控制电源，而常规的驱动系统通常包括光电隔离器件或者脉冲变压器，同时还必须向驱动电路提供相应的隔离电源。

图 9-11 所示为 IR2130 在直流永磁无刷电机控制系统中的应用电路图。UC3625 为无刷直流电机控制器，其 $H_1$、$H_2$、$H_3$ 为转子位置检测输入端，其输出端的信号经电平变换后送至 IR2130 输入端，再经三相桥式逆变电路后驱动电机，实现转速或转矩调节。

③ UC3724/3725 芯片驱动电路　UC3724/3725 一起配对组成隔离的 MOSFET 栅极驱动电路，特别适合于驱动全桥变换器的高压侧 MOSFET，典型应用电路如图 9-12 所示。

该电路驱动参数如下：

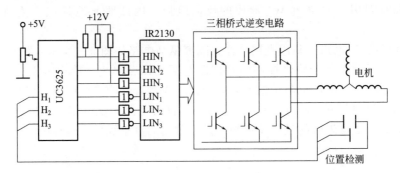

图 9-11　IR2130 在直流永磁无刷电机控制系统中的应用

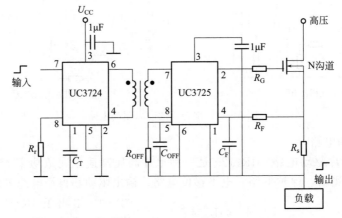

图 9-12　UC3724/3725 配对典型应用电路

　　a. 200mW 平均栅极驱动功率；

　　b. 100kHz 的开关频率；

　　c. 15V 供电；

　　d. 1kV 的隔离电压。

　　(4) 实用驱动电路举例

　　① 正反馈型驱动电路　如图 9-13 所示为正反馈型驱动电路。正反馈信号的获得是通过二次绕组 $W_3$ 实现的。当输入信号为高电平时，反相器Ⅱ的输出为高电平，在该驱动信号作用下出现漏极电流，此时一次绕组 $W_1$ 中感生出星号端为正的反电动势，在变压器二次绕组 $W_3$ 中也感生出相应极性的电势，并通过 $R_1$ 向功率 MOSFET 的输入电容充电，随着功率 MOSFET 的导通不停地给栅极施以正反馈，加速了功率 MOSFET 的开通过程，缩短了开通时间。当输入信号为低电平时，使功率 MOSFET 关断，反相器Ⅰ输出高电平并使辅助管 FETA 开通，从而将功率 MOSFET 的栅极接地，迫使其输入电容迅速放电，加速功率 MOSFET 的关断速度，由此可见这种电路是一种高速开关电路。

　　② 窄脉冲自保护驱动电路　如图 9-14 所示为一种具有过载和短路保护功能的窄脉冲驱动电路。当输入信号 $u_i$ 由低变高时，晶体管 $VT_1$ 导通，脉冲变压器一次绕组上的电压为电源电压 $U_{C1}$ 在电阻 $R_2$、$R_3$ 上取得的分压值。脉冲变压器可以做得很小，故在很短时间内就会饱和，耦合到其二次绕组的电压是一个正向尖脉冲，该尖脉冲使 $VT_2$ 导通，$VT_2$、$VT_3$ 组成两级正反馈互锁电路，由于互锁作用 $VT_2$、$VT_3$ 将保持导通，因而 $VT_4$ 导通使功率 MOSFET 导通。当 $u_i$ 由高电平变低时，脉冲变压器一次侧磁恢复，在二次侧感应出一个负

向尖脉冲，使 $VT_2$ 截止，从而使 $VT_3$、$VT_4$ 截止，$VT_5$ 瞬时导通，关断功率 MOSFET。在该电路中 $R_6$、$VD_3$、$VD_4$ 构成自保护驱动。参考点 A 的电位由电阻 $R_4$、$R_5$ 分压获得，在正常工作时功率 MOSFET 的漏极 D 点电位低于 A 点电位，因而二极管 $VD_4$ 截止，电源 $U_{C2}$ 经电阻 $R_6$、二极管 $VD_3$ 到功率 MOSFET 流过电流。当短路或过载时，功率 MOSFET 的 $U_{DS}$ 上升，当 $U_D=U_A$ 时二极管 $VD_4$ 导通，$R_6$ 和 $R_8$ 上的分压使 A 点电位升高，由 $VT_2$、$VT_3$ 构成的互锁电路翻转，使 $VT_5$ 瞬时导通，关断功率 MOSFET，使之得到有效保护。

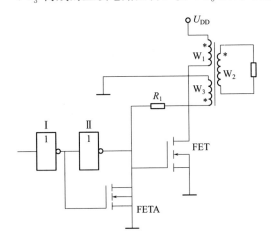

图 9-13　正反馈型驱动电路

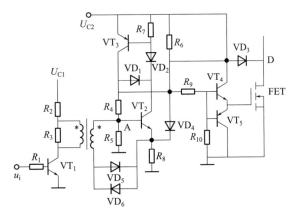

图 9-14　具有过载和短路保护功能的窄脉冲驱动电路

③ 窄脉冲 MOS 化驱动电路　可以利用互锁电路的保持功能实现用窄脉冲驱动功率 MOSFET。互锁电路由两个小功率 MOSFET 管的栅源交叉连接组成，如图 9-15 所示。这样组成了一个无源双稳态电路，$C_1$、$C_2$、C 是储能元件，它们可以是外接电容器，也可利用 $VT_1$、$VT_2$ 和功率 MOSFET 的寄生电容。在输入信号 $u_i$ 的上升沿，脉冲变压器的二次侧产生一个正向尖脉冲使 $C_1$ 充电，$VT_1$ 开通，$C_2$ 通过 $VT_1$ 放电使 $VT_2$ 关断，C 由窄脉冲通过 $R_g$ 充电使功率 MOSFET 导通。反之，在输入信号 $u_i$ 的下降沿，脉冲变压器的二次侧产生一个负向尖脉冲使 $C_2$ 充电 $VT_2$ 导通，$C_1$ 和 C 通过 $VT_2$ 放电，最终 $VT_1$ 和功率 MOSFET 关断。增大 $C_1$、$C_2$ 或改变 $R_g$ 还可以对导通及关断时间进行调整。当电路开始接电时，$VT_1$、$VT_2$、功率 MOSFET 均处于关断状态，由于功率 MOSFET 的栅极都处于高阻抗状态，极易因干扰或噪声而使电容 $C_1$ 和 $C_2$ 充电，造成功率 MOSFET 误导通。为此设置了电阻 $R_d$、$C_2$，通过 $R_d$ 对 $C_2$ 自动充电保证功率 MOSFET 处于关断状态。

（5）功率 MOSFET 应用举例

① 功率 MOSFET 的并联应用　功率 MOSFET 在并联应用中的关键问题是要做好电流的动态均衡分配。所谓动态电流不仅指开通和关断期间的电流，还指窄脉冲和占空比很小的峰值电流。影响动态电流均衡的因素主要是：跨导、开启电压、通态电阻和开关速度等。因此在使用中首先应使并联器件的参数分散性尽可能小，特别是转移特性最好一致。但是，要寻求参数完全相同的器件是很困难的，实际上只要在选取与匹配参数时考虑在电流分配不均的情况下负担最重的器件保证在安全水平之内即可。电路

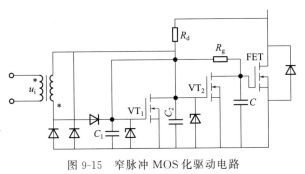

图 9-15　窄脉冲 MOS 化驱动电路

结构不同，对动态均流的影响也不同，若为电感性负载，将会造成十分明显的影响，选配器件时必须考虑这一因素。由于功率 MOSFET 的寄生电容较大，工作频率又高，引线及各种寄生电感极易造成寄生振荡，必须采取措施加以消除。

　　a.并联功率 MOSFET 的各栅极分别用电阻分开，栅极驱动电路的输出阻抗应小于串入的电阻值。

　　b.在每个栅极引线上设置铁氧体磁珠，即在导线上套一磁环形成有损耗阻尼环节。

　　c.必要时在各个器件的漏栅之间接入数百皮法的小电容以改变耦合电压的相位关系。

　　d.在源极接入适当的电感。

　　e.精心布局，尽量做到器件完全对称、连线长度相同且减短加粗和使用多股绞线。

　　② 开关稳压电源　高频开关稳压电源和线性稳压电源相比，具有效率高、体积小、重量轻等优点；但也存在着电路复杂、纹波大、射频干扰和电磁干扰大等缺点。

　　下面以典型的三片式开关电源为例予以介绍。所谓三片式开关电源，是指电源是以三个集成芯片为主，辅以极少分立元件构成的闭环控制系统。这种电路不仅结构简单，而且性能优越，因此具有代表性。

　　图 9-16 所示为美国 MOTOROLA 公司生产的 100kHz、60W 的三片式开关直流稳压电源的原理框图。图 9-17 为该电源的原理电路。电路中的开关器件为功率 MOSFET。MC34060 型 PWM 控制器为双列直插 14 脚型式。它只有一个输出端，电源电压最高为40V，输出最大电流为 250mA，工作频率范围为 1～300kHz。

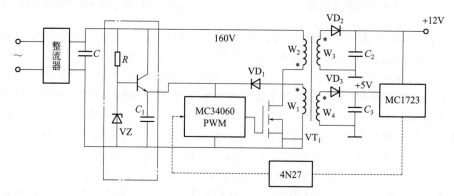

图 9-16　三片式开关直流稳压电源的原理框图

　　本电源有四路输出电压：±5V 和±12V。开关器件 $VT_1$ 采用 MTP5N40 型功率 MOSFET，其容量为 4A、400V，通态电阻为 1Ω。5V 组整流器采用肖特基管 MBR1035，12V组整流器采用 MVR805 型快速恢复二极管。输出滤波电容采用高频电容器。

　　主电路由功率 MOSFET 管 $VT_1$ 和变压器 T 的一次绕组 $W_1$、$W_2$ 以及二极管 $VD_2$ 构成准推挽式电路，T 的二次绕组 $W_3$、$W_4$ 和 $W_6$、$W_7$ 分别构成了±5V 和±12V 两组电压源。控制电路的工作电源由高压晶体管 $VT_2$ 获得，$VT_2$ 接成射极输出器的形式，其基极电位由12V 稳压管 VZ 确定，而发射极接 MC34060 的电源端，同时接至变压器 T 的反馈绕组 $W_3$。当绕组中有感应电压而使二极管 $VD_7$ 导通时，可使 $VT_2$ 反向偏置。电容 $C_{13}$ 为软启动电容。刚接通电源时，反馈信号尚未出现，只有电阻 $R_6$ 和 $R_7$ 组成的分压网络来控制死区时间，使导通脉冲占空比不超过 45%。随着输出电压的建立，由＋5V 电压输出端取出反馈信号，经 MC1723 放大，4N27 隔离后引入 MC34060 的 PWM 比较器，调制控制脉冲的占空比，使输出电压稳定在规定值上。

　　③ 高频自激振荡电源　图 9-18 是由功率 MOSFET 构成的用于节能型荧光灯电源的高

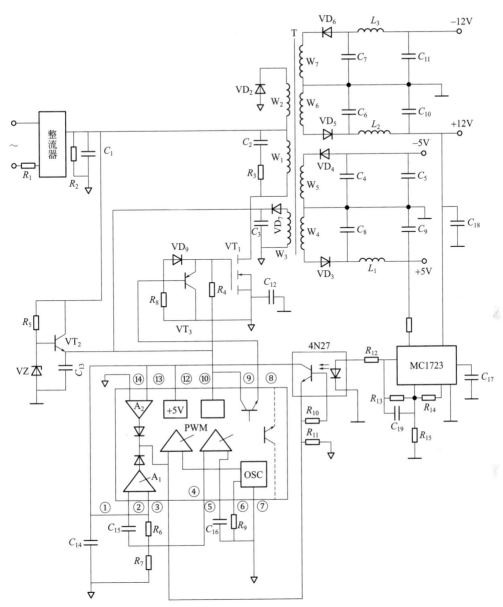

图 9-17　三片式开关直流稳压电源的原理电路

频自激振荡器。以往老式的荧光灯都用镇流器限制灯管电流，镇流器不仅笨重，消耗硅钢片和铜，而且其功耗约占灯具总功耗的 30%。若用图 9-18 所示的高频电源供给高发光效能的节能型荧光灯管，可以大大提高气体电离的效率，因而在同样的发光强度下，灯管电流比低频供电时小，并且发光没有闪烁感，同时还可即时启动。

　　该电路工作原理如下：当 220V 交流电接通时，$VT_1$ 和 $VT_2$ 两器件电流的开通滞后时间和上升时间不可能完全一致，其中开通时间短的管子（假如 $VT_2$）电流上升得快，则变压器星号端感应高电位。于是通过磁通耦合，使 $VT_2$ 栅极电位也上升，$VT_2$ 漏极电流进一步增大；而 $VT_1$ 栅极电位下降并趋向截止。随着 $VT_2$ 漏极电流的增大，变压器磁路趋向饱和，磁通变化率 $d\varphi/dt$ 急剧减小，因而 $VT_2$ 栅极电压随之迅速降低，而 $VT_1$ 栅极电位上升，使 $VT_2$ 漏极电流减小，于是变压器一次绕组感应电动势反向。通过耦合，$VT_2$ 栅极电压也反向，迫使 $VT_2$ 截止，$VT_1$ 栅极电压上升而导通，完成一次换相。可以看出，利用变压器磁路饱和，电路可以连续振荡，振荡频率由变压器二次侧负载电阻、高频扼流圈 $L$ 和变压器漏感决定。

交流电源输入经整流和电容器 $C_1$ 滤波后的直流电压在 $R_1$、$R_2$ 和 $C_2$ 上分压，$R_2$、$C_2$ 两端电压同时加到两个功率 MOSFET 的栅极，其值略大于器件的开启电压 $U_T$ 值，以便在启动时 $VT_1$、$VT_2$ 同时出现电流，再利用电路的自然不对称和正反馈作用引起振荡。

由于这类高频振荡电源摆脱了笨重的变压器和滤波器，所以十分轻便，制造也简单。这类电源的缺点是高频振荡会干扰电网，也会通过空间电磁辐射干扰通信，所以应注意屏蔽和交流电源输入端的滤波。

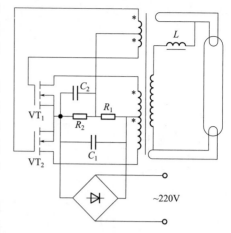

图 9-18　由功率 MOSFET 构成的高频自激振荡器

## 9.1.5　保护电路

（1）过电压保护电路

加到 MOSFET 上的浪涌电压有开关与其他 MOSFET 等部件产生的浪涌电压，有 MOSFET 自身关断时产生的浪涌电压，有 MOSFET 内部二极管的反向恢复特性产生的浪涌电压等，这些过电压会损坏元件，因此要降低这些电压的影响。

各种形式的过电压保护电路如图 9-19 所示，其中图 9-19（a）所示电路是用 $RC$ 吸收浪涌电压的方式。图 9-19（b）所示电路是再接一个二极管 VD 抑制浪涌电压，为防止浪涌电压

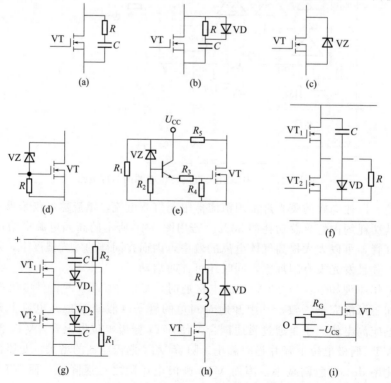

图 9-19　各种形式的过电压保护电路

的振荡，VD 要采用高频开关二极管。图 9-19(c) 所示电路是用稳压二极管钳位浪涌电压的方式，而图 9-19(d)、(e) 所示电路是 MOSFET 上如果加的浪涌电压超过规定值，就使 MOSFET 导通的方式。图 9-19(f) 和 (g) 所示电路在逆变器电路中使用，在正负母线间接电容而吸收浪涌电压。特别是图 9-19(g) 所示电路能吸收高于电源电压的浪涌电压，吸收电路的损耗小。图 9-19(h) 所示电路是在感性负载上并联二极管 VD，能消除来自负载的浪涌电压。图 9-19(i) 所示电路是栅极串联电阻 $R_G$，使栅极反向电压 $-U_{GS}$ 选用最佳值，延迟关断时间而抑制浪涌电压的发生。

对于任何保护电路来说，过电压抑制电路中的接线都要尽可能地短，尽量靠近 MOSFET 的电极，另外，主回路接线也要尽量短，采用粗线与多股绞合线，若采用平行线时，需要减小接线电感。

（2）过电流保护电路

MOSFET 的过电流有两种情况，即负载短路与负载过大时产生的过电流。过电流保护的基本电路如图 9-20 所示，由电流互感器（CT）检测过电流，从而切断 MOSFET 的栅极信号。也可用电阻或霍尔元件替代 CT。

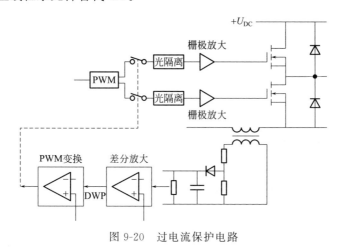

图 9-20　过电流保护电路

## 9.1.6　检测方法

（1）判别引脚

① 判别栅极 G　将万用表置于 R×1k 挡，分别测量 3 根引脚间的电阻，如果测得某引脚与其余两引脚间的电阻值均为无穷大，且对换表笔测量时阻值仍为无穷大，则证明此脚是栅极 G。因为从结构上看，栅极 G 与其余两脚是绝缘的。但要注意，此种测量法仅对管内无保护二极管的 MOS 管适用。

② 判定源极 S 和漏极 D　由 MOS 管结构可知，在源-漏极之间有一个 PN 结，因此根据 PN 结正、反向电阻存在差异的特点，可准确识别源极 S 和漏极 D。将万用表置于 R×1k 挡，先用一表笔将被测 MOS 管 3 个电极短接一下，然后用交换表笔的方法测两次电阻，如果管子是好的，必然会测得阻值为一大一小。其中阻值较大的一次测量中，黑表笔所接的为漏极 D，红表笔所接的为源极 S，而阻值较小的一次测量中，红表笔所接的为漏极 D，黑表笔所接的为源极 S。这种规律还证明，被测管为 N 沟道管。如果被测管子为 P 沟道管，则所测阻值的大小规律正好相反。

（2）好坏的判别

用万用表 R×1k 挡去测量场效应管任意两引脚之间的正、反向电阻值。如果出现两次及两次以上电阻值较小（几乎为 0Ω）的情况，则该场效应管损坏；如果仅出现一次电阻值较小（一般为数百欧）的情况，其余各次测量电阻值均为无穷大，还需作进一步判断。以 N 沟道管为例，可依次做下述测量，以判定管子是否良好。

① 将万用表置于 R×1k 挡。先将被测 MOS 管的栅极 G 与源极 S 用镊子短接一下，然后将红表笔接漏极 D，黑表笔接源极 S，所测阻值应为数千欧，如图 9-21 所示。

② 先用导线短接 G 与 S，将万用表置于 R×10k 挡，红表笔接 S，黑表笔接 D，阻值应接近无穷大，否则说明 MOS 管内部 PN 结的反向特性较差，如图 9-22 所示。

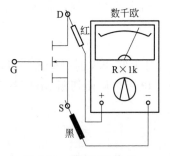

图 9-21　测 MOS 管 $R_{SD}$

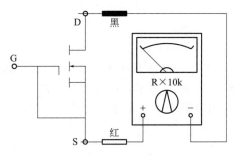

图 9-22　短接 G 与 S，测 MOS 管 $R_{DS}$

③ 紧接上述测量，将 G 与 S 间短路线去掉，表笔位置不动，将 D 与 G 短接一下再脱开，相当于给栅极注入了电荷，此时阻值应大幅度减小并且稳定在某一阻值。此阻值越小说明跨导值越高，管子的性能越好。如果万用表指针向右摆幅很小，说明 MOS 管的跨导值较小。具体测试操作如图 9-23 所示。

④ 紧接上述操作，表笔不动，电阻值维持在某一数值，用镊子等导电物将 G 与 S 短接一下，给栅极放电，万用表指针应立即向左转至无穷大。具体操作如图 9-24 所示。

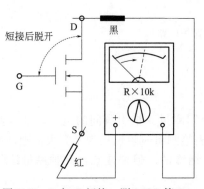

图 9-23　D 与 G 短接，测 MOS 管 $R_{DS}$

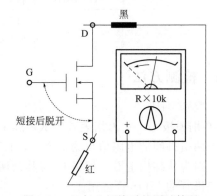

图 9-24　G 与 S 短接时的测试情况

上述测量方法是针对 N 沟道 MOS 场效应管而言，若测量 P 沟道管，则应将万用表两表笔的位置进行调换。

## 9.2　非隔离型直流变换器

非隔离型直流变换器有 3 种基本的电路拓扑：降压（Buck）型、升压（Boost）型、反相（Buck-Boost 即降压-升压）型。此外还有库克（Cuk）型、Sepic 型和 Zeta 型。本节讲述降压型、升压型和反相型直流变换器 3 种基本的电路拓扑。

降压型、升压型和反相型等非隔离型直流变换器的基本特征是：用功率开关晶体管把输入直流电压变成脉冲电压（直流斩波），再通过储能电感、续流二极管和输出滤波电容等元件的作用，在输出端得到所需平滑直流电压，输入与输出之间没有隔离变压器。

在分析电路工作原理时，为了便于抓住主要矛盾，掌握基本原理，简化公式推导，将功率开关晶体管和二极管都视为理想器件，可以瞬间导通或截止，导通时压降为零，截止时漏电流为零；将电感和电容都视为理想元件，电感工作在线性区且漏感和线圈电阻都忽略不计，电容的等效串联电阻和等效串联电感都为零。

各种直流变换器电路都存在电感电流连续模式（Continuous Conduction Mode，CCM）和电感电流不连续模式（Discontinuous Conduction Mode，DCM）两种工作模式，本书着重讲述电感电流连续模式。

## 9.2.1　降压式直流变换器

（1）工作原理

降压（Buck）式直流变换器（简称降压变换器）的电路图如图 9-25 所示，它由功率开关管 VT（图中为 N 沟道增强型 VMOS 功率场效应晶体管）、储能电感 $L$、续流二极管 VD、输出滤波电容 $C_o$ 以及控制电路组成，$R_L$ 为负载电阻。输入直流电源电压为 $U_i$，输出电压瞬时值为 $u_o$，输出直流电压（即瞬时输出电压 $u_o$ 的平均值）用 $U_o$ 表示，输出直流电流 $I_o = U_o/R_L$。

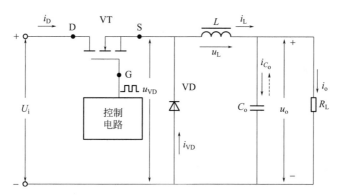

图 9-25　降压变换器电路图

功率开关管 VT 的导通与截止受控制电路输出的驱动脉冲控制。如图 9-25 所示，当控制电路有脉冲输出时，VT 导通，续流二极管 VD 反偏截止，VT 的漏极电流 $i_D$ 通过储能电感 $L$ 向负载 $R_L$ 供电；此时 $L$ 中的电流逐渐上升，在 $L$ 两端产生左端正右端负的自感电势抗拒电流上升，$L$ 将电能转化为磁能储存起来。经过 $t_{on}$ 时间后，控制电路无脉冲输出，使 VT 截止，但 $L$ 中的电流不能突变，这时 $L$ 两端产生右端正左端负的自感电势抗拒电流下降，使 VD 正向偏置而导通，于是 $L$ 中的电流经 VD 构成回路，其电流值逐渐下降，$L$ 中储存的磁能转化为电能释放出来供给负载 $R_L$。经过 $t_{off}$ 时间后，控制电路输出脉冲又使 VT 导通，重复上述过程。滤波电容 $C_o$ 是为了降低输出电压 $u_o$ 的脉动而加入的。续流二极管 VD 是必不可少的元件，倘若无此二极管，电路不仅不能正常工作，而且在 VT 由导通变为截止时，$L$ 两端将产生很高的自感电势而使功率开关管击穿损坏。

在 $L$ 足够大的条件下，降压变换器工作于电感电流连续模式，假设 $C_o$ 也足够大，则波形图如图 9-26 所示。

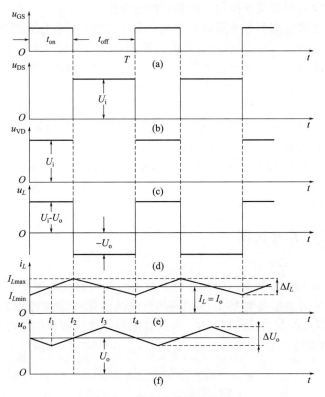

图 9-26　降压变换器波形图

控制电路输出的驱动脉冲宽度为 $t_{on}$，无脉冲的持续时间为 $t_{off}$，开关周期 $T = t_{on} + t_{off}$。栅-源间驱动脉冲 $u_{GS}$ 的波形如图 9-26（a）所示；功率开关管漏-源间电压 $u_{DS}$ 和续流二极管阴极-阳极两端电压 $u_{VD}$ 的波形分别如图 9-26（b）、（c）所示。在 $t_{on}$ 期间，VT 导通，$u_{DS} = 0$，VD 截止，$u_{VD} = U_i$；在 $t_{off}$ 期间，VT 截止而 VD 导通，$u_{VD} = 0$，$u_{DS} = U_i$。

$t_{on}$ 期间 $L$ 两端电压为

$$u_L = L \frac{\mathrm{d}i_L}{\mathrm{d}t} = U_i - u_o$$

其极性是左端正右端负。符合使用要求的直流变换器在稳态情况下 $u_o$ 波形应相当平滑，即 $u_o \approx U_o$，因此上式可以近似地写成

$$u_L = L \frac{\mathrm{d}i_L}{\mathrm{d}t} = U_i - U_o$$

这期间 $L$ 中的电流 $i_L$ 按线性规律从最小值 $I_{L\min}$ 上升到最大值 $I_{L\max}$，即

$$i_L = \int \frac{U_i - U_o}{L} \mathrm{d}t = \frac{U_i - U_o}{L} t + I_{L\min}$$

$L$ 中的电流最大值为

$$I_{L\max} = \frac{U_i - U_o}{L} t_{on} + I_{L\min}$$

$L$ 中储存的能量为

$$W = \frac{1}{2} I_{L\max}^2 L$$

$t_{off}$ 期间 $L$ 两端电压为

$$u_L = L\frac{\mathrm{d}i_L}{\mathrm{d}t} = -U_\mathrm{o}$$

其极性是右端正左端负，与正方向相反。从上式可以看出，这时 $L$ 中的电流 $i_L$ 按线性规律下降，其下降斜率为 $-U_\mathrm{o}/L$。$i_L$ 按此斜率从最大值 $I_{L\max}$ 下降到最小值 $I_{L\min}$。

$L$ 中的电流最小值为

$$I_{L\min} = I_{L\max} - \frac{U_\mathrm{o}}{L}t_\mathrm{off}$$

通过以上定量分析可以得到一个重要概念：在一段时间内电感两端有一恒定电压时，电感中的电流 $i_L$ 必然按线性规律变化，其斜率为电压值与电感量之比。当电流与电压实际方向相同时，$i_L$ 按线性规律上升；当电流与电压实际方向相反时，$i_L$ 按线性规律下降。

在 VT 周期性地导通、截止过程中，$L$ 中的电流增量（即 $t_\mathrm{on}$ 期间 $i_L$ 的增加量和 $t_\mathrm{off}$ 期间 $i_L$ 的减小量）为

$$\Delta I_L = I_{L\max} - I_{L\min} = \frac{U_\mathrm{i} - U_\mathrm{o}}{L}t_\mathrm{on} = \frac{U_\mathrm{o}}{L}t_\mathrm{off} \tag{9-1}$$

如上所述，$u_L$ 和 $i_L$ 的波形分别如图 9-26(d)、(e) 所示。从图 9-25 中可以看出，储能电感中的电流 $i_L$ 等于流过负载的输出电流 $i_\mathrm{o}$ 与滤波电容充放电电流 $i_{C_\mathrm{o}}$ 的代数和。由于电容不能通过直流电流，其电流平均值为零，因此储能电感的电流平均值 $I_L$ 与输出直流电流 $I_\mathrm{o}$（即 $i_\mathrm{o}$ 的平均值）相等，即

$$I_L = (I_{L\max} - I_{L\min})/2 = I_\mathrm{o} \tag{9-2}$$

输出电压瞬时值 $u_\mathrm{o}$ 也就是滤波电容 $C_\mathrm{o}$ 两端的电压瞬时值，它实际上是脉动的，当 $C_\mathrm{o}$ 充电时 $u_\mathrm{o}$ 升高，在 $C_\mathrm{o}$ 放电时 $u_\mathrm{o}$ 降低。滤波电容的电流瞬时值为

$$i_{C_\mathrm{o}} = i_L - i_\mathrm{o}$$

其中输出电流瞬时值

$$i_\mathrm{o} = u_\mathrm{o}/R_L$$

符合使用要求的直流变换器虽然输出电压 $u_\mathrm{o}$ 有脉动，但 $u_\mathrm{o}$ 与其平均值 $U_\mathrm{o}$ 很接近，即 $u_\mathrm{o} \approx U_\mathrm{o}$，于是 $i_\mathrm{o} \approx I_\mathrm{o}$。因此

$$i_{C_\mathrm{o}} \approx i_L - I_\mathrm{o}$$

当 $i_L > I_\mathrm{o}$ 时，$i_{C_\mathrm{o}} > 0$（$i_{C_\mathrm{o}}$ 为正值），$C_\mathrm{o}$ 充电，$u_\mathrm{o}$ 升高；当 $i_L < I_\mathrm{o}$ 时，$i_{C_\mathrm{o}} < 0$（$i_{C_\mathrm{o}}$ 为负值），$C_\mathrm{o}$ 放电，$u_\mathrm{o}$ 降低。$u_\mathrm{o}$ 的波形如图 9-26(f) 所示（为了便于看清 $u_\mathrm{o}$ 的变化规律，图中 $u_\mathrm{o}$ 的脉动幅度有所夸张，实际上 $u_\mathrm{o}$ 的脉动幅度很小）。

假设电路已经稳定工作，我们来观察 $u_\mathrm{o}$ 的具体变化规律：在 $t=0$ 时，VT 受控由截止变导通，但此刻 $i_L = I_{L\min} < I_\mathrm{o}$，因此 $C_\mathrm{o}$ 继续放电，使 $u_\mathrm{o}$ 下降；到 $t=t_1$ 时，$i_L$ 上升到 $i_L = I_\mathrm{o}$，$C_\mathrm{o}$ 停止放电，$u_\mathrm{o}$ 下降到了最小值；此后 $i_L > I_\mathrm{o}$，$C_\mathrm{o}$ 开始充电，使 $u_\mathrm{o}$ 上升；在 $t=t_2$ 时，VT 受控由导通变截止，然而此刻 $i_L = I_{L\max} > I_\mathrm{o}$，故 $C_\mathrm{o}$ 继续充电，$u_\mathrm{o}$ 继续上升；到 $t=t_3$ 时，$i_L$ 下降到 $i_L = I_\mathrm{o}$，$C_\mathrm{o}$ 停止充电，$u_\mathrm{o}$ 上升到了最大值；此后 $i_L < I_\mathrm{o}$，$C_\mathrm{o}$ 开始放电，使 $u_\mathrm{o}$ 下降；在 $t=t_4$ 时又重复 $t=0$ 时的情况。输出脉动电压（即纹波电压）的峰-峰值用 $\Delta U_\mathrm{o}$ 表示。

（2）输出直流电压 $U_\mathrm{o}$

电感两端直流电压为零（忽略线圈电阻），即电压平均值为零，因此在一个开关周期中 $u_L$ 波形的正向面积必然与负向面积相等。由图 9-26(d) 可得

$$(U_\mathrm{i} - U_\mathrm{o})t_\mathrm{on} = U_\mathrm{o}t_\mathrm{off}$$

由此得到降压变换器在电感电流连续模式时，输出直流电压 $U_\mathrm{o}$ 与输入直流电压 $U_\mathrm{i}$ 的

关系式为

$$U_o = \frac{t_{on}}{t_{on}+t_{off}}U_i = \frac{t_{on}}{T}U_i = DU_i \tag{9-3}$$

式中，$t_{on}$ 为功率开关管导通时间；$t_{off}$ 为功率开关管截止时间；$T$ 为功率开关管开关周期，即

$$T = t_{on} + t_{off} \tag{9-4}$$

$D$ 为开关接通时间占空比，简称占空比，即

$$D = t_{on}/T \tag{9-5}$$

由式（9-3）可知，改变占空比 $D$，输出直流电压 $U_o$ 也随之改变。因此，当输入电压或负载变化时，可以通过闭环负反馈控制回路自动调节占空比 $D$ 来使输出直流电压 $U_o$ 保持稳定。这种方法称为"时间比率控制"。

改变占空比的方法有下列 3 种：

① 保持开关频率 $f$ 不变（即开关周期 $T$ 不变，$T = 1/f$），改变 $t_{on}$，称为脉冲宽度调制（Pulse Width Modulation，PWM），这种方法应用得最多；

② 保持 $t_{on}$ 不变而改变 $f$，称为脉冲频率调制（Pulse Frequency Modulation，PFM）；

③ 既改变 $t_{on}$，也改变 $f$，称为脉冲宽度频率混合调制。

从式（9-3）中还可以看出，由于占空比 $D$ 始终小于 1，必然 $U_o < U_i$，所以图 9-25 所示电路称为降压式直流变换器或降压型开关电源。

（3）元器件参数计算

① 储能电感 $L$ 储能电感的电感量 $L$ 足够大才能使电感电流连续。假如电感量偏小，则功率开关管导通期间电感中储能较少，在功率开关管截止期间的某一时刻，电感储能就释放完毕而使电感中的电流、电压都变为零，于是 $i_L$ 波形不连续，相应地 $u_{DS}$、$u_{VD}$ 波形出现台阶，如图 9-27(a) 所示。由于 $i_L$ 为零期间仅靠 $C_o$ 放电提供负载电流，因此，这种电感电流不连续模式将使直流变换器带负载能力降低、稳压精度变差和纹波电压增大。若要避免出现这种现象，就要 $L$ 值较大，但 $L$ 值过大会使储能电感的体积和重量过大。通常根据临界电感 $L_c$ 来选取 $L$ 值，即

$$L \geqslant L_c \tag{9-6}$$

临界电感 $L_c$ 是使通过储能电感的电流 $i_L$ 恰好连续而不出现间断所需的最小电感量。当 $L = L_c$ 时，相关电压、电流波形如图 9-27(b) 所示，$i_L$ 在功率开关管截止结束时刚好下降为零。这时 $I_{L\min} = 0$，并且

$$\Delta I_L = 2I_L \tag{9-7}$$

由式（9-7）和式（9-1）～式（9-3），可求得降压变换器的临界电感为

$$L_c = \frac{U_o t_{off}}{2I_o} = \frac{U_o T(1-D)}{2I_o} = \frac{U_o T}{2I_o}\left(1-\frac{U_o}{U_i}\right) \tag{9-8}$$

式中，$I_o$ 应取最小值（但输出不能空载，即 $I_o \neq 0$），为了避免电感体积过大，也可以取额定输出电流的 $0.3 \sim 0.5$ 倍；$U_o/U_i = D$ 应取最小值（即 $U_i$ 取最大值），$U_o$ 应取最大值。从式（9-8）中可以看出，开关工作频率愈高，即 $T$ 愈小，则所需电感量愈小。

观察图 9-25 可知，忽略 $L$ 中的线圈电阻，降压变换器输出直流电压 $U_o$ 等于续流二极管 VD 两端瞬时电压 $u_{VD}$ 的平均值。对照 $L < L_c$ 和 $L = L_c$ 的 $u_{VD}$ 波形图（图 9-27）可以看出，当输入电压 $U_i$ 和占空比 $D$ 不变时，因为 $L < L_c$ 时 $u_{VD}$ 波形中多一个台阶，所以 $L < L_c$（电感电流不连续模式）的 $U_o$ 值大于 $L \geqslant L_c$（电感电流连续模式）的 $U_o$ 值。计算 $U_o$ 的式（9-3）仅适用于 $L \geqslant L_c$ 的情形。

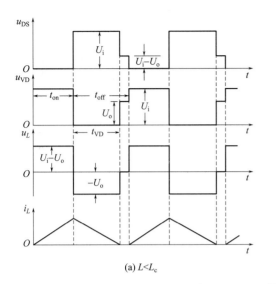 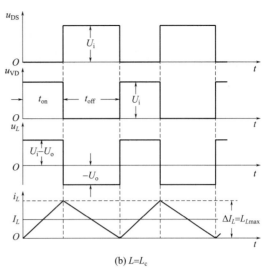

图 9-27　降压变换器 $L$ 值对电压、电流波形的影响

式（9-8）表明，当输入电压 $U_i$、输出电压 $U_o$ 和开关周期 $T$ 一定时，输出电流 $I_o$ 愈小（即负载愈轻），则临界电感值 $L_c$ 愈大。假如设计直流变换器时没有按实际的最小 $I_o$ 值来计算 $L_c$，并取 $L > L_c$，就会出现这样的现象：只有负载较重时，$I_o$ 较大，直流变换器才工作在 $L \geqslant L_c$ 的状态；而轻载时 $I_o$ 小，直流变换器变为处于 $L < L_c$ 的状态，这时 $I_{L\max}$ 值较小，电感中储能少，不足以维持 $i_L$ 波形连续，$U_o$ 将比按式（9-3）计算的值大，要使 $U_o$ 不升高，应减小占空比 $D$。

储能电感的磁芯，通常采用铁氧体，在磁路中加适当长度的气隙；也可采用磁粉芯。由于磁粉芯是将铁磁性材料与顺磁性材料的粉末复合而成的，相当于在磁芯中加了气隙，因此具有在较高磁场强度下不饱和的特点，不必加气隙；但磁粉芯非线性特性显著，其电感量随工作电流的增加而下降。

② 输出滤波电容 $C_o$　从图 9-26（f）中看出，降压变换器的输出纹波电压峰-峰值 $\Delta U_o$，等于 $t_1 \sim t_3$ 期间 $C_o$ 上的电压增量，因此

$$\Delta U_o = \frac{\Delta Q}{C_o} = \frac{1}{C_o} \int_{t_1}^{t_3} i_{C_o} \, \mathrm{d}t$$

虽然在整个 $t_1 \sim t_3$ 期间，$i_{C_o} \approx i_L - I_o > 0$，$C_o$ 充电，使 $u_o$ 升高，但其中 $t_1 \sim t_2$ 期间（其持续时间约为 $t_{on}/2$）$i_{C_o}$ 值上升，而 $t_2 \sim t_3$ 期间（其持续时间约为 $t_{off}/2$）$i_{C_o}$ 值下降，两个期间 $i_{C_o}$ 变化规律不同，所以要把积分区间分为两个部分，即

$$\begin{aligned} \Delta U_o &= \frac{1}{C_o} \left( \int_{t_1}^{t_2} i_{C_o} \, \mathrm{d}t + \int_{t_2}^{t_3} i_{C_o} \, \mathrm{d}t \right) \\ &= \frac{1}{C_o} \left[ \int_{\frac{t_{on}}{2}}^{t_{on}} \left( \frac{U_i - U_o}{L} t + I_{L\min} - I_o \right) \mathrm{d}t \right. \\ &\quad \left. + \int_0^{\frac{t_{off}}{2}} \left( I_{L\max} - \frac{U_o}{L} t - I_o \right) \mathrm{d}t \right] \end{aligned}$$

注：为便于计算，上述第二项积分移动纵坐标使积分下限为坐标原点。

经过数学运算求得

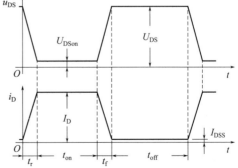

图 9-28　功率开关管漏极电压、电流开关工作波形

$$\Delta U_{o} = \frac{U_{o} T t_{off}}{8 L C_{o}} = \frac{U_{o} T^{2}}{8 L C_{o}} \left( 1 - \frac{U_{o}}{U_{i}} \right)$$

根据允许的输出纹波电压峰-峰值 $\Delta U_{o}$（或相对纹波 $\Delta U_{o}/U_{o}$，通常相对纹波小于 0.5%），可利用上式确定输出滤波电容所需的电容量为

$$C_{o} \geqslant \frac{U_{o} T^{2}}{8 L \Delta U_{o}} \left( 1 - \frac{U_{o}}{U_{i}} \right) \tag{9-9}$$

从上式可以看出，开关频率愈高，即 $T$ 愈小，则所需电容量 $C_{o}$ 愈小。

输出滤波电容 $C_{o}$ 采用高频电解电容器，为使 $C_{o}$ 有较小的等效串联电阻（ESR）和等效串联电感（ESL），常用多个电容器并联。电容器的额定电压应大于电容器上的直流电压与交流电压峰值之和，电容器允许的纹波电流应大于实际纹波电流值。电解电容器是有极性的，使用中正、负极性切不可接反，否则，电容器会因漏电流很大而过热损坏，甚至发生爆炸。

③ 功率开关管 VT（VMOSFET）

a. VMOSFET 的最大漏极电流 $I_{Dmax}$ 与漏极电流有效值 $I_{Dx}$。降压变换器等非隔离型开关电源，功率开关管导通时，漏极电流 $i_{D}$ 等于 $t_{on}$ 期间的电感电流 $i_{L}$，因此最大漏极电流 $I_{Dmax}$ 与储能电感中的电流最大值 $I_{Lmax}$ 相等。当 $L \geqslant L_{c}$ 时

$$I_{Lmax} = I_{L} + \frac{\Delta I_{L}}{2} \tag{9-10}$$

在降压变换器中，$I_{L} = I_{o}$，将 $\Delta I_{L}$ 用式(9-1) 代入，得

$$I_{Lmax} = I_{o} + \frac{U_{o}}{2L} t_{off}$$

而 $t_{off} = T - t_{on} = T(1-D) = T(1-U_{o}/U_{i})$

所以

$$I_{Dmax} = I_{Lmax} = I_{o} + \frac{U_{o} T}{2L} \left( 1 - \frac{U_{o}}{U_{i}} \right) \tag{9-11}$$

漏极电流有效值为

$$I_{Dx} = \sqrt{\frac{\int_{0}^{T} i_{D}^{2} dt}{T}} \approx \sqrt{\frac{\int_{0}^{t_{on}} I_{L}^{2} dt}{T}} = \sqrt{\frac{t_{on}}{T}} I_{L} = \sqrt{D} I_{L} \tag{9-12}$$

在降压变换器中

$$I_{Dx} \approx \sqrt{D} I_{o} \tag{9-13}$$

b. VMOSFET 的最大漏-源电压 $U_{DSmax}$。功率开关管的漏-源电压 $u_{DS}$ 在它由导通变为截止时最大，在降压变换器中其值为

$$U_{DSmax} = U_{i} \tag{9-14}$$

c. VMOSFET 的耗散功率 $P_{D}$。在前面的讨论中，把功率开关管视为理想器件，既没有考虑它的"上升时间" $t_{r}$ 和"下降时间" $t_{f}$ 等动态参数及开关损耗，也没有考虑它的通态损耗。实际上功率开关管在工作过程中是存在功率损耗的，开关工作一周期可分为 4 个时区，即上升期间 $t_{r}$、导通期间 $t_{on}$、下降期间 $t_{f}$ 和截止期间 $t_{off}$，除了 $t_{off}$ 期间损耗功率很小外，在 $t_{r}$、$t_{f}$ 和 $t_{on}$ 期间的损耗功率都不能忽略。

深入讨论 $t_{r}$ 和 $t_{f}$ 的过程很复杂，为简化分析，将开关工作波形理想化，如图 9-28 所示。VMOS 场效应管各时区的损耗功率在一个周期内的平均值分别如下。

上升损耗：

$$P_r = \frac{1}{T}\int_0^{t_r} U_{DS}\left(1 - \frac{t}{t_r}\right)I_D\frac{t}{t_r}dt = \frac{U_{DS}I_D}{6T}t_r$$

通态损耗：

$$P_{on} = U_{DSon}I_D\frac{t_{on}}{T} = U_{DSon}I_D D$$

下降损耗：

$$P_f = \frac{1}{T}\int_0^{t_f} U_{DS}\left(1 - \frac{t}{t_f}\right)I_D\frac{t}{t_f}dt = \frac{U_{DS}I_D}{6T}t_f$$

截止损耗：

$$P_{off} = U_{DS}I_{DSS}\frac{t_{off}}{T} = U_{DS}I_{DSS}(1-D)$$

因此，VMOSFET 的耗散功率为

$$P_D = P_r + P_{on} + P_f + P_{off}$$
$$= \frac{U_{DS}I_D}{6T}(t_r+t_f) + U_{DSon}I_D D + U_{DS}I_{DSS}(1-D) \qquad (9\text{-}15)$$

式中，$U_{DS}$ 为 VMOSFET 截止时的 D、S 极间电压；$I_D$ 为 VMOSFET 导通期间的漏极平均电流；$T$ 为开关周期；$t_r$ 为 VMOSFET 的开关参数"上升时间"；$t_f$ 为 VMOSFET 的开关参数"下降时间"；$U_{DSon}$ 为 VMOSFET 的通态压降，$U_{DSon} = I_D R_{on}$（$R_{on}$ 为 VMOSFET 的导通电阻）；$I_{DSS}$ 为 VMOSFET 的零栅压漏极电流，即 VMOSFET 截止时的漏极电流；$D$ 为占空比。

$P_r$ 与 $P_f$ 之和称为开关损耗，$P_{on}$ 与 $P_{off}$ 之和称为稳态损耗。

通常 VMOSFET 的 $I_{DSS}$ 很小，使 $P_{off}$ 可以忽略不计，因此 VMOSFET 的耗散功率可近似为

$$P_D = \frac{U_{DS}I_D}{6T}(t_r+t_f) + U_{DSon}I_D D \qquad (9\text{-}16)$$

也就是说，$P_D$ 近似等于开关损耗与通态损耗之和。为了避免开关损耗过大，$t_r+t_f$ 应比 $T$ 小得多。

式(9-16)具有通用性，不仅适用于降压式直流变换器，而且对其他类型的直流变换器也适用。需要说明的是，该式仅适用于粗略估算，因为它所依据的是功率开关管的理想开关波形，同实际开关波形有些差别，式中的开关损耗部分有可能出现较大误差（计算开关损耗比较精确的方法是：根据实测的 $i_D$、$u_{DS}$ 波形，用图解法求出，不过这种方法很复杂）。用该式计算的结果选管时，VMOSFET 允许的耗散功率要有一定裕量。

对降压变换器而言，$U_{DS} = U_i$，$I_D = I_o$，$D = U_o/U_i$，故

$$P_D = \frac{U_i I_o}{6T}(t_r+t_f) + \frac{U_{DSon}I_o U_o}{U_i} \qquad (9\text{-}17)$$

选择 VMOSFET 的要求是：漏极脉冲电流额定值 $I_{DM} > I_{Dmax}$，漏极直流电流额定值大于 $I_{Dx}$，漏-源击穿电压 $V_{(BR)DSS} \geq 1.25U_{DSmax}$（考虑 25% 以上的裕量），最大允许耗散功率 $P_{DM} > P_D$，导通电阻 $R_{on}$ 小，开关速度快。

④ 续流二极管 VD　续流二极管 VD 在功率开关管 VT 截止时导通，其电流值等于 $t_{off}$ 期间的 $i_L$。从图 9-26(e)中可以看出，续流二极管中的电流平均值为

$$I_{VD} = \frac{t_{off}}{T}I_L = (1-D)I_L \qquad (9\text{-}18)$$

在降压变换器中，由于 $I_L = I_o$，$D = U_o/U_i$，因此

$$I_{VD} = \left(1 - \frac{U_o}{U_i}\right) I_o \qquad (9-19)$$

续流二极管承受的反向电压为

$$U_R = U_i \qquad (9-20)$$

选择续流二极管的要求是：额定正向平均电流 $I_F \geqslant (1.5\sim2) I_{VD}$，反向重复峰值电压 $U_{RRM} \geqslant (1.5\sim2) U_R$，正向压降小，反向漏电流小，反向恢复时间短并具有软恢复特性。

上述选择 VMOSFET 和二极管的要求，不仅适用于降压式直流变换器，对其他直流变换器也适用。

（4）优缺点

降压变换器的优点：

① 若 $L$ 足够大（$L \geqslant L_c$），则电感电流连续，不论功率开关管导通或截止，负载电流都流经储能电感，因此输出电压脉动较小，并且带负载能力强；

② 对功率开关管和续流二极管的耐压要求较低，它们承受的最大电压为输入最高电源电压。

降压变换器的缺点：

① 当功率开关管截止时，输入电流为零，因此输入电流不连续，是脉冲电流，这对输入电源不利，加重了输入滤波的任务；

② 功率开关管和负载是串联的，如果功率开关管击穿短路，负载两端电压便升高到输入电压 $U_i$，可能使负载因承受过电压而损坏。

限于篇幅，对后面其他类型的变换器不讲述元器件参数的计算。不同的直流变换器，虽然元器件参数的计算公式不同，但分析方法相似。对于其他类型的直流变换器，在掌握其工作原理和波形图的基础上，可借鉴上述方法计算元器件参数。

## 9.2.2 升压式直流变换器

（1）工作原理

升压（Boost）式直流变换器（简称升压变换器）的电路图如图 9-29 所示。当控制电路有驱动脉冲输出时（$t_{on}$ 期间），功率开关管 VT 导通，输入直流电压 $U_i$ 全部加在储能电感 $L$ 两端，其极性为左端正右端负，续流二极管 VD 反偏截止，电流从电源正端经 $L$ 和 VT 流回电源负端，$i_L$ 按线性规律上升，$L$ 将电能转化为磁能储存起来。经过 $t_{on}$ 时间后，控制电路无脉冲输出（$t_{off}$ 期间），使 VT 截止，$L$ 两端自感电势的极性变为右端正左端负，使 VD 导通，$L$ 释放储能，$i_L$ 按线性规律下降；这时 $U_i$ 和 $L$ 上的电压 $u_L$ 叠加起来，经 VD 向负载 $R_L$ 供电，同时对滤波电容 $C_o$ 充电。经过 $t_{off}$ 时间后，VT 又受控导通，VD 截止，$L$ 储能，已充电的 $C_o$ 向负载 $R_L$ 放电。经 $t_{on}$ 时间后，VT 受控截止，重复上述过程。开关周期 $T = t_{on} + t_{off}$。

假设 $L$ 和 $C_o$ 都足够大，电路工作于电感电流连续模式，则升压变换器的波形图如图 9-30 所示。在 $t_{on}$ 期间，VT 受控导通，$u_{DS} = 0$；VD 截止，其

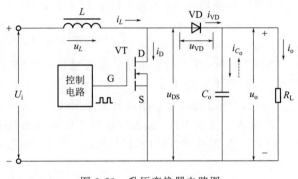

图 9-29 升压变换器电路图

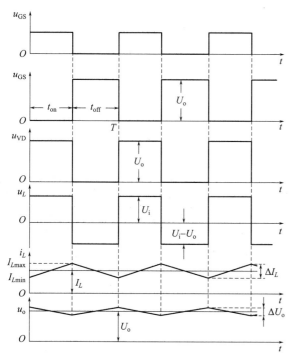

图 9-30 升压变换器波形图

阴极-阳极间电压 $u_{VD} = u_o \approx U_o$；$L$ 两端电压为（极性左端正右端负）$u_L = U_i$；在 $t_{off}$ 期间，VT 截止，VD 导通，$u_{VD} = 0$，$u_{DS} = u_o \approx U_o$；$L$ 两端电压为（极性右端正左端负）$u_L = -(U_o - U_i)$，在 $t_{on}$ 期间，$C_o$ 放电，$u_o$ 有所下降；在 $t_{off}$ 期间，$C_o$ 充电，故 $u_o$ 有所上升（为了便于说明问题，图中 $u_o$ 脉动幅度有所夸张，实际上 $u_o$ 脉动很小）。

（2）输出直流电压 $U_o$

电感两端直流电压为零（忽略线圈电阻），即电压平均值为零。据此利用 $u_L$ 波形图可求得升压变换器电感电流连续模式的输出直流电压（即 $u_o$ 的平均值）为

$$U_o = \frac{T}{t_{off}} U_i = \frac{U_i}{1-D} \qquad (9\text{-}21)$$

由于 $t_{off} < T$，$0 < D < 1$，因此输出直流电压 $U_o$ 始终大于输入直流电压 $U_i$，这就是升压式直流变换器名称的由来。

需要指出的是，在升压变换器中，储能电感 $L$ 的电流平均值 $I_L$ 大于输出直流电流 $I_o$。与降压变换器不同，$L$ 中的电流就是升压变换器的输入电流。忽略电路中的损耗，输出直流功率与输入直流功率相等，即

$$U_o I_o = U_i I_L$$

因此

$$I_L = \frac{U_o}{U_i} I_o = \frac{I_o}{1-D} \qquad (9\text{-}22)$$

（3）优缺点

升压变换器的优点：

① 输出电压总是高于输入电压，当功率开关管被击穿短路时，不会出现输出电压过高而损坏负载的现象；

② 输入电流（即 $i_L$）是连续的，不是脉冲电流，因此对电源的干扰较小，输入滤波器的任务较轻。

升压变换器的缺点：输出侧的电流（指流经 VD 的 $i_{VD}$）不连续，是脉冲电流，从而加重了输出滤波的任务。

## 9.2.3 反相式直流变换器

（1）工作原理

反相（Buck-Boost）式直流变换器（简称反相变换器）的电路图如图 9-31 所示。与降压变换器相比，电路结构的不同点是储能电感 $L$ 和续流二极管 VD 对调了位置。

当控制电路有驱动脉冲输出时（$t_{on}$ 期间），功率开关管 VT 导通，输入直流电压 $U_i$ 全部加在储能电感 $L$ 两端，其极性为上端正下端负，续流二极管 VD 反偏截止，电流从电源正端经 VT 和 $L$ 流回电源负端，$i_L$ 按线性规律上升，$L$ 将电能转化为磁能储存起来。经过

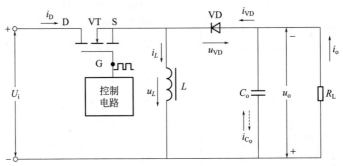

图 9-31　反相变换器电路图

$t_{on}$ 时间后，控制电路无脉冲输出（$t_{off}$ 期间），使 VT 截止，$L$ 两端自感电势的极性变为下端正上端负，使 VD 导通，$L$ 所储存的磁能转化为电能释放出来，向负载 $R_L$ 供电，并同时对滤波电容 $C_o$ 充电，$i_L$ 按线性规律下降。经过 $t_{off}$ 时间后，VT 又受控导通，VD 截止，$L$ 储能，已充电的 $C_o$ 向负载 $R_L$ 放电。经 $t_{on}$ 时间后，VT 受控截止，重复上述过程。开关周期 $T = t_{on} + t_{off}$。由以上讨论可知，这种电路输出直流电压 $U_o$ 的极性和输入直流电压 $U_i$ 的极性是相反的，故称为反相式直流变换器。

　　假设 $L$ 和 $C_o$ 都足够大，电路工作于电感电流连续模式，则反相变换器的波形图如图 9-32 所示。在 $t_{on}$ 期间，VT 受控导通，$u_{DS} = 0$；VD 截止，其阴极-阳极间电压 $u_{VD} = U_i + u_o \approx U_i + U_o$；$L$ 两端电压为 $u_L = U_i$（极性上端正下端负）；在 $t_{off}$ 期间，VT 截止，VD 导通，$u_{VD} = 0$，$u_{DS} = U_i + u_o \approx U_i + U_o$；$L$ 两端电压为 $u_L = -u_o \approx -U_o$（极性下端正上端负，与正方向相反）。

　　$L$ 中的电流平均值为 $I_L$。根据电荷守恒定律，当电路处于稳态时，储能电感 $L$ 在 $t_{off}$ 期间所释放的电荷总量等于负载 $R_L$ 在一个周期（$T$）内所获得的电荷总量，即

$$I_L t_{off} = I_o T$$

所以

$$I_L = \frac{T}{t_{off}} I_o = \frac{I_o}{1-D} \tag{9-23}$$

可见在反相变换器中，$I_L > I_o$。

　　输出电压瞬时值 $u_o$ 等于滤波电容 $C_o$ 两端的电压瞬时值。在 VT 导通、VD 截止时（即 $t_{on}$ 期间），$C_o$ 放电，$u_o$ 有所下降；在 VT 截止、VD 导通时（即 $t_{off}$ 期间），$C_o$ 充电，$u_o$ 有所上升。因此，$u_o$ 波形如图 9-32 所示（图中 $u_o$ 脉动幅度有所夸张）。

　　（2）输出直流电压 $U_o$

　　利用 $u_L$ 波形图可求得反相变换器电感电流连续模式的输出直流电压为

$$U_o = \frac{t_{on}}{t_{off}} U_i = \frac{D}{1-D} U_i \tag{9-24}$$

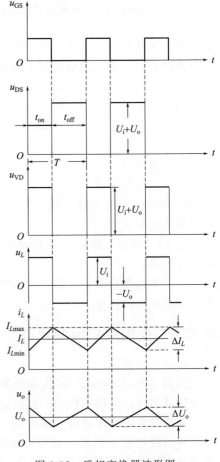

图 9-32　反相变换器波形图

式中，$D$ 为占空比，$D=t_{on}/T$。

从式（9-24）可知：

① 当 $t_{on}<t_{off}$ 时，$D<0.5$，$U_o<U_i$，电路属于降压式；

② 当 $t_{on}=t_{off}$ 时，$D=0.5$，$U_o=U_i$；

③ 当 $t_{on}>t_{off}$ 时，$D>0.5$，$U_o>U_i$，电路属于升压式。

由此可见，这种电路的占空比 $D$ 若能从小于 0.5 变到大于 0.5，输出直流电压 $U_o$ 就能由低于输入直流电压 $U_i$ 变为高于输入直流电压 $U_i$，所以反相式直流变换器又称为降压-升压式直流变换器，使用起来灵活方便。

（3）优缺点

反相变换器的优点：

① 当功率开关管被击穿短路时，不会出现输出电压过高而损坏负载的现象；

② 既可以降压，也可以升压。

反相变换器的缺点：

① 在续流二极管截止期间，负载电流全靠滤波电容 $C_o$ 放电来提供，因此带负载能力较差，稳压精度也较差。这种电路输入电流（指 VT 的 $i_D$）与输出侧的电流（指流经 VD 的 $i_{VD}$）都是脉冲电流，从而加重了输入滤波和输出滤波的任务。

② 功率开关管或续流二极管截止时承受的反向电压较高，都等于 $U_i+U_o$，因此对器件的耐压要求较高。

# 9.3　隔离型直流变换器

隔离型直流变换器按其电路结构的不同，可分为单端反激式、单端正激式、推挽式、全桥式和半桥式。每种又有自励型和他励型之分，本节仅讨论他激型。隔离型直流变换器的基本工作过程是：输入直流电压，先通过功率开关管的通断把直流电压逆变为占空比可调的高频交变方波电压加在变压器初级绕组上，然后经过变压器变压、高频整流和滤波，输出所需直流电压。在这类直流变换器中均有高频变压器，可实现输出侧与输入侧之间的电气隔离。高频变压器的磁芯通常采用铁氧体或铁基纳米晶合金（超微晶合金）。

## 9.3.1　单端反激式直流变换器

（1）工作原理

单端反激（Flyback）式直流变换器（简称单端反激变换器）电路图如图 9-33（a）所示，简化电路如图 9-33（b）所示。这种变换器由功率开关管 VT、高频变压器 T、整流二极管 VD 和滤波电容 $C_o$、负载电阻 $R_L$ 以及控制电路组成。变压器初级绕组为 $N_p$、次级绕组为 $N_s$，同名端如图中所示，当 VT 导通时，VD 截止，故称为反激式变换器。在这种电路中，变压器既起变压作用，又起储能电感的作用。所以，人们又把这种电路称为电感储能式变换器。

功率开关管 VT 的导通与截止由加于栅-源极间的驱动脉冲电压（$u_{GS}$）控制，开关工作周期 $T=t_{on}+t_{off}$。

① $t_{on}$ 期间：VT 受控导通，忽略 VT 的压降，可近似认为输入直流电压 $U_i$ 全部加在变压器初级绕组两端，变压器初级电压 $u_p=U_i$，于是变压器次级电压为

$$u_s=u_p/n=U_i/n$$

式中，$n=u_p/u_s=N_p/N_s$ 为变压器的变比，即变压器初、次级绕组匝数比。

如图 9-33 所示，此时变压器初级绕组的电压极性为上端正下端负，次级绕组的电压极性由同名端决定，为下端正上端负，故 VD 反向偏置而截止，次级绕组中无电流通过。由于变压器初级电压为

$$u_p = N_p \frac{\mathrm{d}\Phi}{\mathrm{d}t} = L_p \frac{\mathrm{d}i_p}{\mathrm{d}t} = U_i$$

因此变压器初级绕组的电流（即 VT 的漏极电流）为

$$i_p = \int \frac{U_I}{L_p}\mathrm{d}t = \frac{U_i}{L_p}t + I_{p0} \tag{9-25}$$

式中，$L_p$ 为变压器初级励磁电感；$I_{p0}$ 为初级绕组的初始电流。

由上式可知，在 $t_{on}$ 期间 $i_p$ 按线性规律上升，$L_p$ 储能。变压器初级绕组中的电流最大值 $I_{pm}$ 出现在 VT 导通结束的 $t = t_{on}$ 时刻，其值为

$$I_{pm} = \frac{U_i}{L_p}t_{on} + I_{p0}$$

$L_p$ 中的储能为

$$W_p = \frac{1}{2}I_{pm}^2 L_p$$

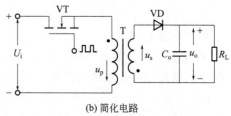

(a) 电路图

(b) 简化电路

图 9-33　单端反激变换器电路图

该能量储存在变压器的励磁电感中，即储存在磁芯和气隙的磁场中。

② $t_{off}$ 期间：VT 受控截止，变压器初级电感 $L_p$ 产生感应电势反抗电流减小，使变压器初、次级电压反向（初级绕组电压极性变为下端正上端负，而次级绕组电压极性变为上端正下端负），于是 VD 正向偏置而导通，储存在磁场中的能量释放出来，对滤波电容 $C_o$ 充电，并对负载 $R_L$ 供电，输出电压等于滤波电容 $C_o$ 两端电压。假设电路已处于稳态，$C_o$ 足够大，使输出电压瞬时值 $u_o$ 近似等于平均值——输出直流电压 $U_o$，忽略整流二极管 VD 的正向压降，则 VD 导通期间（$t_{VD}$）变压器次级电压为

$$u_s = N_s \frac{\mathrm{d}\Phi}{\mathrm{d}t} = L_s \frac{\mathrm{d}i_s}{\mathrm{d}t} = -U_o \tag{9-26}$$

式中，$L_s$ 为变压器次级电感，它是变压器初级电感折算到次级的量。这时变压器次级电压绝对值为 $U_o$，上式中的负号表示电压方向与次级电压正方向（下端正上端负）相反。

由上式可解得变压器次级绕组中的电流为

$$i_s = I_{sm} - \frac{U_o}{L_s}t \tag{9-27}$$

当 $t = 0$ 时，$i_s = I_{sm}$。$I_{sm}$ 为变压器次级电流最大值，它出现在 VT 由导通变为截止的时刻，即 VD 由截止变为导通的时刻。由于变压器的磁势 $\sum iN$ 不能突变，因此

$$I_{sm} = nI_{pm}$$

式中，$n$ 是变压器的变比。

设 T 为全耦合变压器［全耦合变压器是指无漏磁通（即无漏感）、无损耗但励磁电感为有限值（不是无穷大）的变压器，它等效为励磁电感与理想变压器并联］，则储能为

$$\frac{1}{2}I_{pm}^2 L_p = \frac{1}{2}I_{sm}^2 L_s$$

用上式求得变压器次级电感 $L_s$ 与变压器初级电感 $L_p$ 的关系为

$$L_s = L_p / n^2 \tag{9-28}$$

由式(9-27)可知，在 $t_{off}$ 期间，$i_s$ 按线性规律下降，其下降速率取决于 $U_o/L_s$。$L_s$ 小，则 $i_s$ 下降得快，$L_s$ 大，则 $i_s$ 下降得慢，而 $L_s$ 与 $L_p$ 的值是密切关联的。在单端反激变换器中同样存在临界电感：变压器初级的临界电感值为 $L_{pc}$，对应地变压器次级临界电感值为 $L_{sc}$（$L_{sc}=L_{pc}/n^2$）。在 $L_p < L_{pc}$（$L_s < L_{sc}$）、$L_p > L_{pc}$（$L_s > L_{sc}$）时，电路的波形图分别如图 9-34（a）、（b）所示。

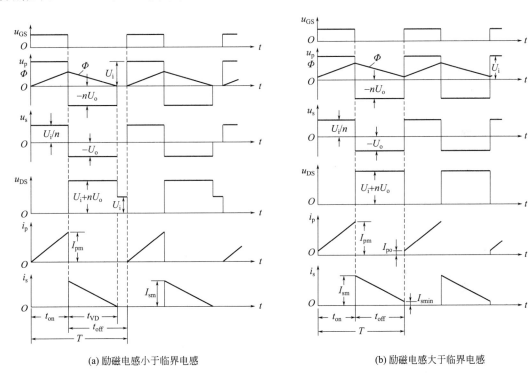

(a) 励磁电感小于临界电感　　　　　　　(b) 励磁电感大于临界电感

图 9-34　单端反激变换器波形图

a. 当 $L_s < L_{sc}$ 时，$i_s$ 下降较快，VT 受控截止尚未结束，变压器的电感储能便释放完毕，使 VD 截止。VD 的导通时间 $t_{VD} < t_{off}$，变压器次级电流最小值 $I_{smin}=0$，相应地变压器初级初始电流 $I_{p0}=0$。从 VD 开始导通到它截止的 $t_{VD}$ 期间，变压器次级电压 $u_s=-U_o$，初级电压 $u_p=nu_s=-nU_o$，VT 的漏-源电压 $u_{DS}=U_i+nU_o$。VD 截止后到 $t_{off}$ 结束期间，变压器次级和初级电压均为零，VT 的漏-源电压 $u_{DS}=U_i$。

b. 当 $L_s > L_{sc}$ 时，$i_s$ 下降较慢。在 $t_{off}$ 期末，即 VT 截止结束时，$i_s$ 按式(9-27)的规律尚未下降到零，$i_s$ 的最小值为

$$I_{smin} = I_{sm} - \frac{U_o}{L_s}t_{off} > 0$$

但此刻 VT 再次受控导通，变压器初、次级电压反向，使 VD 加上反向电压而截止，另一个开关周期开始。因变压器的磁势 $\sum iN$ 不能突变，故在 VD 截止、变压器次级电流由 $I_{smin}$ 突变为零的同时，变压器初级电流由零突变为初始电流，即

$$I_{p0} = I_{smin}/n$$

显然，当 $L_s > L_{sc}$ 时，$t_{VD} = t_{off}$，在整个 $t_{off}$ 期间，$u_s = -U_o$，$u_p = -nU_o$，$u_{DS} = U_i + nU_o$。

c. 当变压器电感为临界电感（$L_{sp} = L_{pc}$、$L_s = L_{sc}$）时，恰好在 $t_{off}$ 结束的时刻 $i_s$ 下降到零，相应地 $I_{p0} = 0$。也就是说，这时磁化电流（$t_{off}$ 期间的 $i_p$ 和 $t_{off}$ 期间的 $i_s$）恰好连续而不间断。$t_{off}$ 期间结束，又转入 $t_{on}$ 期间。在 $t_{on}$ 期间靠 $C_o$ 放电供给负载电流。

由于这种直流变换器当功率开关器件 VT 导通时，整流二极管 VD 截止，电源不直接向负载传送能量，而由变压器储能；当 VT 变为截止时，VD 导通，储存在变压器磁场中的能量释放出来供给负载 $R_L$ 和输出滤波电容 $C_o$，因此称为反激式变换器。

图 9-33(a) 中，$C_i$ 用于输入滤波；$C_1$、$R_1$、$VD_1$ 为关断缓冲电路，用于对功率开关管进行保护，并吸收高频变压器漏感释放储能所引起的尖峰电压。

在 VT 由导通变为截止时，电容 $C_1$ 经二极管 $VD_1$ 充电，$C_1$ 的充电终了电压为 $U_{C_1} = U_i + nU_o$。由于电容电压不能突变，VT 的漏-源电压被 $C_1$ 两端电压钳制而有个上升过程，因此不会出现漏-源电压与漏极电流同时达到最大值的情况，从而避免了出现最大的瞬时尖峰功耗。$C_1$ 储存的能量为 $C_1 U_{C_1}^2 / 2$。当 VT 由截止变为导通时，$C_1$ 经 VT 和 $R_1$ 放电，其放电电流受 $R_1$ 限制，电容 $C_1$ 储存的能量大部分消耗在电阻 $R_1$ 上。由此可见，在加入关断缓冲电路后，VT 关断时的功率损耗，一部分从 VT 转移至缓冲电路中，VT 承受的电压上升率和关断损耗下降，从而受到保护，但是，总的功耗并未减少。

此外，当 VT 由导通变为截止时，高频变压器漏感中储存的能量，也经 $VD_1$ 向 $C_1$ 充电，使漏感的 $di/dt$ 值减小，因而变压器漏感释放储能所引起的尖峰电压受到一定抑制。

（2）变压器的磁通

由于变压器初级电压

$$u_p = N_p \frac{d\Phi}{dt}$$

因此变压器磁芯中的磁通为

$$\Phi = \int \frac{u_p}{N_p} dt$$

在 VT 导通的 $t_{on}$ 期间：

$$u_p = U_i$$

故

$$\Phi = \frac{U_i}{N_p} t + \Phi_0$$

式中，$\Phi_0$ 为磁通初始值。

由此可见，在 $t_{on}$ 期间，$\Phi$ 按线性规律上升，最大磁通为

$$\Phi_m = \frac{U_i}{N_p} t_{on} + \Phi_0$$

磁通增量为正增量：

$$\Delta\Phi_{(+)} = \frac{U_i}{N_p} \Delta t = \frac{U_i}{N_p} t_{on}$$

在 VD 导通的 $t_{VD}$ 期间：

$$u_p = -nU_o$$

此期间 $\Phi$ 按线性规律下降，磁通增量为负增量：

$$\Delta\Phi_{(-)} = -\frac{nU_o}{N_p} \Delta t = -\frac{nU_o}{N_p} t_{VD}$$

在稳态情况下，一周期内磁通的正增量 $\Delta\Phi_{(+)}$ 必须与负增量的绝对值 $\Delta\Phi_{(-)}$ 相等，称为磁通的复位。磁通复位是单端变换器必须遵循的一个原则。在单端变换器中，磁通 $\Phi$ 只工作在磁滞回线的一侧（第一象限），假如每个开关周期结束时 $\Phi$ 没有回到周期开始时的值，则 $\Phi$ 将随周期的重复而渐次增加，导致磁芯饱和，于是 VT 导通时磁化电流很大（即漏极电流 $i_D$ 很大），造成功率开关管损坏。因此，每个开关周期结束时的磁通必须回到原来的起始值，这就是磁通复位的原则。

（3）输出直流电压 $U_o$

① 磁化电流连续模式　当 $L_p \geqslant L_{pc}$（$L_s \geqslant L_{sc}$）时，磁化电流连续。忽略变压器线圈电阻，变压器上的直流电压应为零，即变压器初级电压 $u_p$（或次级电压 $u_s$）的平均值应为零。也就是说，波形图上 $u_p$ 波形在 $t_{on}$ 期间与时间 $t$ 轴所包络的正向面积，应和它在 $t_{off}$ 期间与时间 $t$ 轴所包络的负向面积相等。由图 9-34(b) 中 $u_p$ 波形图可得：

$$U_i t_{on} = n U_o t_{off}$$

由上式求得，单端反激变换器磁化电流连续模式的输出直流电压为

$$U_o = \frac{U_i t_{on}}{n t_{off}} = \frac{D U_i}{n(1-D)} \tag{9-29}$$

式中，$D = t_{on}/T$，为占空比。

这时输出直流电压取决于占空比 $D$、变压器的变比 $n$ 和输入直流电压 $U_i$，同负载轻重几乎无关。

② 磁化电流不连续模式　当 $L_p < L_{pc}$（$L_s < L_{sc}$）时，磁化电流不连续。整流二极管 VD 的导通时间 $t_{VD} < t_{off}$，因此需要用与上面不同的方法来求得 $U_o$ 值。

功率开关管 VT 导通期间变压器初级电感中储存的能量为

$$W_p = \frac{1}{2} I_{pm}^2 L_p$$

在 $L_p < L_{pc}$ 时，初始电流 $I_{p0} = 0$，故

$$I_{pm} = \frac{U_i}{L_p} t_{on}$$

因此

$$W_p = \frac{U_i^2 t_{on}^2}{2 L_p}$$

其功率为

$$P = \frac{W_p}{T} = \frac{U_i^2 t_{on}^2}{2 L_p T}$$

负载功率为

$$P_o = U_o^2 / R_L$$

理想情况下，效率为 100%，变压器在功率开关管导通期间所储存的能量，全部转化为供给负载的能量，即

$$P = P_o$$

由此求得单端反激变换器磁化电流不连续模式的输出直流电压为

$$U_o = U_i t_{on} \sqrt{\frac{R_L}{2 L_p T}} \tag{9-30}$$

由此可见，在励磁电感小于临界电感的条件下，如果 $U_i$、$t_{on}$、$T$ 和 $L_p$ 不变，输出直流电压 $U_o$ 随负载电阻 $R_L$ 增大而增大，当负载开路（$R_L \to \infty$）时，$U_o$ 将会升得很高；功

率开关管在截止时，$u_{DS}=U_i+nU_o$ 也将很高，可能击穿损坏。因此在开环情况下，注意不要让负载开路。闭环时（接通负反馈自动控制），如果电路的稳压性能良好，在负载电阻 $R_L$ 增大时，占空比 $D$ 会自动调小，即 $t_{on}$ 减小，从而使 $U_o$ 保持稳定。在输出滤波电容 $C_o$ 两端并联一个约流过 $1\%$ 额定输出电流的泄放电阻（死负载），使单端反激式直流变换器实际上不会空载，可以防止产生过电压。

（4）性能特点

① 利用高频变压器初、次级绕组间电气绝缘的特点，当输入直流电压 $U_i$ 是由交流电网电压直接整流滤波获得时，可以方便地实现输出端和电网之间的电气隔离。

② 能方便地实现多路输出。只需在变压器上多绕几组次级绕组，相应地多用几个整流二极管和滤波电容，就能获得不同极性、不同电压值的多路直流输出电压。

③ 保持占空比 $D$ 在最佳范围内的情况下，可适当选择变压器的变比 $n$，使直流变换器满足对输入电压变化范围的要求。

**【例 9-1】** 某单端反激变换器应用在无工频变压器开关整流器中作辅助电源，用交流市电电压直接整流滤波获得输入直流电压 $U_i$，允许市电电压变化范围为 $150\sim290\text{V}$，要求占空比 $D$ 的变化范围在 $0.2\sim0.4$ 以内，验证能否实现输出电压 $U_o=18\text{V}$ 保持不变。

**【解】** 由式（9-29）可得

$$U_i=\frac{n(1-D)}{D}U_o$$

设变压器的变比 $n=N_p/N_s=5$，并将 $D=0.2$ 及 $D=0.4$ 分别代入上式，得

$$U_{i(\max)}=\frac{5\times(1-0.2)}{0.2}\times18=360(\text{V})$$

$$U_{i(\min)}=\frac{5\times(1-0.4)}{0.4}\times18=135(\text{V})$$

单相桥式不控整流电容滤波电路，其输出直流电压 $U_i$ 与输入交流电压有效值 $U_{AC}$ 之间的关系式为

$$U_i=1.2U_{AC}$$

故

$$U_{AC(\max)}=U_{i(\max)}/1.2=360/1.2=300(\text{V})$$

$$U_{AC(\min)}=U_{i(\min)}/1.2=135/1.2=113(\text{V})$$

由此可见，选变比 $n=5$，在 $D=0.2\sim0.4$ 范围内，交流市电电压有效值在 $113\sim300\text{V}$ 之间变化，可以保持输出直流电压 $U_o=18\text{V}$ 不变，所以市电电压变化范围 $150\sim290\text{V}$ 完全能够满足 $U_o=18\text{V}$ 不变的要求。

以上①～③是各种隔离型直流变换电路的共同优点，以后不再重述。

④ 抗扰性强。由于 VT 导通时 VD 截止，VT 截止时 VD 导通，能量传递经过磁的转换，因此通过电网窜入的电磁骚扰不能直接进入负载。

⑤ 功率开关管在截止期间承受的电压较高。

当 $L_p\geqslant L_{pc}$（$L_s\geqslant L_{sc}$）时，功率开关管 VT 截止期间的漏-源电压为

$$U_{DS}=U_i+nU_o=\frac{U_i}{1-D} \tag{9-31}$$

占空比 $D$ 越大，功率开关管截止期间的 $U_{DS}$ 就越高。在无工频变压器开关电源中，由于我国交流市电电压 $U_{AC}$ 为 220V，因此整流滤波后的直流电压 $U_i=(1.2\sim1.4)U_{AC}$，约 300V，若占空比 $D=0.5$，则 $U_{DS}=2U_i=600\text{V}$；假如 $D=0.9$，则 $U_{DS}\approx3000\text{V}$。考虑到目

前功率开关管大多耐压在 1000V 以下，在设计无工频变压器开关电源中的单端反激变换器时，通常选取占空比 $D<0.5$。

⑥ 单端反激变换器在隔离型直流变换器中结构最简单，但只能由变压器励磁电感中的储能来供给负载，故常用于输出功率较小的场合，常在开关电源中作辅助电源。

⑦ 单端变换器的变压器中，磁通 $\Phi$ 只工作在磁滞回线的一侧，即第一象限。为防止磁芯饱和，使励磁电感在整个周期中基本不变，应在磁路中加气隙。单端反激变换器的气隙较大，杂散磁场较强，需要加强屏蔽措施，以减小电磁干扰。

## 9.3.2 单端正激式直流变换器

单端正激（Forward）式直流变换器，简称单端正激变换器。它既可采用单个功率晶体管电路，也可采用双功率晶体管电路。

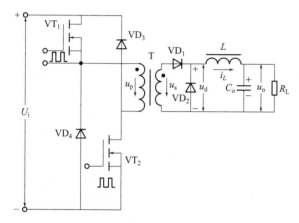

图 9-35 所示为双晶体管单端正激变换器的电路图，功率开关管 $VT_1$ 和 $VT_2$ 受控同时导通或截止，但两个栅极驱动电路必须彼此绝缘。高频变压器 T 初级绕组 $N_p$、次级绕组 $N_s$ 的同名端如图中所示，其连接同单端反激变换器相反，当功率开关 $VT_1$ 和 $VT_2$ 受控导通时，整流二极管 $VD_1$ 也同时导通，电源向负载传送能量，电感 $L$ 储能。当 $VT_1$ 和 $VT_2$ 受控截止时，$VD_1$ 承受反压也截止，续流二极管 $VD_2$ 导通，$L$ 中的储能通过续流二极管 $VD_2$ 向负载释放。输出滤波电容 $C_o$ 用于降低输出电压的脉动。由于这

图 9-35 双晶体管单端正激变换器电路图

种变换器在功率开关管导通的同时向负载传输能量，因此称为正激式变换器。

当储能电感 $L$ 的电感量足够大，而使电感电流（$i_L$）连续时，电路相关波形图如图 9-36 所示。在 $t_{on}$ 期间，$VT_1$ 和 $VT_2$ 导通，变压器初、次级绕组电压极性均为上端正下端负，$u_p=U_i$，$u_s=U_i/n$（$n$ 为变压器变比），整流二极管 $VD_1$ 正向偏置而导通，电源向负载传送能量；储能电感 $L$ 储能，$i_L$ 按线性规律上升，同时高频变压器中励磁电感 $L_p$ 储能。此时，变压器初级绕组电流 $i_p$ 等于磁化电流 $i_j$ 与次级绕组电流 $i_s$ 折算到初级的电流 $i_s'$ 之和，即

$$i_p=i_j+i_s'$$

其中

$$i_s'=i_s/n=i_L/n\approx I_o/n$$

$$i_j=\frac{U_i}{L_p}t$$

磁化电流 $i_j$ 按线性规律上升，其最大值为

$$i_{jm}=\frac{U_i}{L_p}t_{on}$$

在 $t_{off}$ 期间，$VT_1$ 和 $VT_2$ 截止，$VD_1$ 承受反压而截止，续流二极管 $VD_2$ 导通，$L$ 中的储能释放出来供给负载，$i_L$ 按线性规律下降。

$VD_3$ 和 $VD_4$ 用于实现磁通复位，并起钳位作用。在 $t_{on}$ 期间它们承受反压（其值为 $U_i$）

而截止；当 $VT_1$ 和 $VT_2$ 受控由导通变为截止时，变压器初、次级绕组电压极性均变为下端正上端负，$VD_3$ 和 $VD_4$ 正向偏置而导通，变压器励磁电感 $L_p$ 中的储能经 $VD_3$ 和 $VD_4$ 回送给电源。变压器初级绕组电流 $i_p$ 的回路为：$N_p$ 下端 $\rightarrow VD_3 \rightarrow U_{i(+)} \rightarrow U_{i(-)} \rightarrow VD_4 \rightarrow N_p$ 上端 $\rightarrow N_p$ 下端。忽略 $VD_3$ 和 $VD_4$ 的正向压降，在变压器励磁电感储能释放过程中，$u_p = -U_i$（负号表示电压极性与规定正方向相反），$VT_1$ 和 $VT_2$ 的 $u_{DS} = U_i$，变压器初级绕组 $N_p$ 中的电流 $i_p$ 按线性规律下降，即

$$i_p = i_{jm} - \frac{U_i}{L_p}t = \frac{U_i}{L_p}(t_{on} - t)$$

上式中，当 $VT_1$ 和 $VT_2$ 刚由导通变为截止时，$t = 0$，$i_p = I_{jm}$；当变压器励磁电感储能释放完毕时，$i_p = 0$，对应地 $t = t_{VD_3} = t_{on}$，即 $VD_3$ 和 $VD_4$ 的导通持续时间 $t_{VD_3}$ 在量值上等于 $t_{on}$。

为了保证磁通复位，必须满足 $t_{off} \geqslant t_{VD_3} = t_{on}$，也就是说，必须使占空比 $D \leqslant 0.5$。在 $t_{VD_3}$ 结束至 $t_{off}$ 期末这段时间，变压器励磁电感的储能已经释放完毕而 $VT_1$ 和 $VT_2$ 尚未受控导通，变压器初、次级绕组的电压均为零，$VT_1$ 和 $VT_2$ 的 $u_{DS} = U_i/2$。

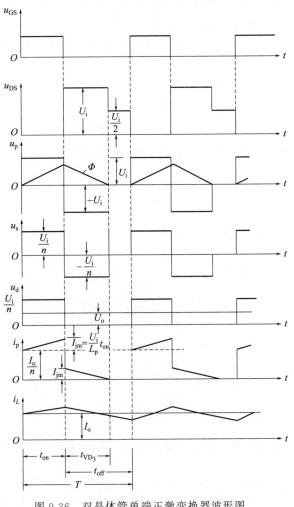

图 9-36　双晶体管单端正激变换器波形图

在单端反激变换器中，$t_{on}$ 期间的变压器初级电流 $i_p$ 就是磁化电流，由于通过 $i_p$ 在 $L_p$ 中的储能来供给负载，因此磁化电流的最大值较大，为了防止变压器磁芯饱和，磁芯中的气隙应较大。而在单端正激变换器中，变压器励磁电感的储能不用于供给负载，故磁化电流应相应小（$I_{jm} \ll I_o/n$），变压器磁芯中的气隙也就较小。

利用 $u_d$ 波形图可求得双功率晶体管单端正激变换器电感电流（$i_L$）连续模式的输出直流电压为

$$U_o = DU_i/n \tag{9-32}$$

式中，占空比 $D = t_{on}/T$，必须满足 $D \leqslant 0.5$。

如前所述，单端正激变换器中的整流二极管 $VD_1$，在功率开关管导通时导通，功率开关管截止时截止。若把整流二极管 $VD_1$ 看成输出回路中的功率开关，把高频变压器次级绕组电压 $u_s = U_i/n$ 看成输出回路的输入电压，则单端正激变换器的输出回路不仅在电路形式上和降压变换器的主回路一样，而且工作原理也相同。

采用单个晶体管的单端正激变换器的电路图如图 9-37 所示。图中 $N_F$ 是变压器中的去磁绕组，通常这个绕组和初级绕组的匝数相等，即 $N_F = N_p$，并且保持紧耦合，它和储能

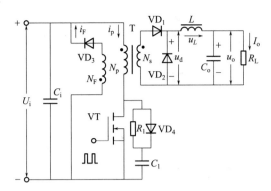

图 9-37 单个晶体管单端正激变换器电路图

反馈二极管 $VD_3$ 用以实现磁通复位（$VD_3$ 在 VT 由导通变截止后导通），$N_F$ 和 $VD_3$ 绝不可少。这种电路的 $U_o$ 仍用式(9-32) 计算，同样必须满足 $D \leqslant 0.5$；但当功率开关管 VT 截止时，在 $VD_3$ 导通期间，漏-源极间电压 $U_{DS} = 2U_i$；$VD_3$ 截止后，$U_{DS} = U_i$。

在实际应用中，单端正激式直流变换器采用双晶体管电路的比较多。

单端正激式直流变换器具有类似降压变换器输出电压脉动小、带负载能力强等优点。但高频变压器磁芯仅工作在磁滞回线的第一象限，其利用率较低。

## 9.3.3 推挽式直流变换器

单端直流变换器不论是正激式还是反激式，其共同的缺点是高频变压器的磁芯只工作于磁滞回线的一侧（第一象限），磁芯的利用率较低，且磁芯易于饱和。双端直流变换器的磁芯是在磁滞回线的一、三象限工作，因此磁芯的利用率高。双端直流变换器有推挽式、全桥式和半桥式三种。

（1）工作原理

推挽（Push-Pull）式直流变换器，简称推挽变换器，其电路图如图 9-38 所示。$VT_1$ 和 $VT_2$ 为特性一致、受驱动脉冲控制而轮换工作的功率开关管，每管每次导通的时间小于周期的一半；$T$ 为高频变压器，初级绕组 $N_{p1} = N_{p2} = N_p$，次级绕组 $N_{s1} = N_{s2} = N_s$；$VD_1$ 和 $VD_2$ 为整流二极管，$L$ 为储能电感，$C_o$ 为输出滤波电容，电路是对称的。

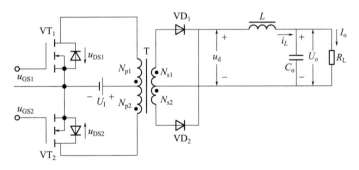

图 9-38 推挽变换器电路图

假设功率开关管和整流二极管都为理想器件，$L$ 和 $C_o$ 均为理想元件，高频变压器为紧耦合变压器，储能电感的电感量大于临界电感而使电路工作于电感电流连续模式，则波形图如图 9-39 所示。

$VT_1$ 的栅极驱动脉冲电压为 $u_{GS1}$，$VT_2$ 的栅极驱动脉冲电压为 $u_{GS2}$，彼此相差半周期，其脉冲宽度 $t_{on1} = t_{on2} = t_{on}$。电路稳定工作后，工作过程及原理如下：

① $VT_1$ 导通、$VT_2$ 截止 在 $t_{on1}$ 期间，$VT_1$ 受控导通，$VT_2$ 截止。输入直流电压 $U_i$ 经 $VT_1$ 加到变压器初级 $N_{p1}$ 绕组两端，$VT_1$ 的 D、S 极间电压 $u_{DS1} = 0$，$N_{p1}$ 上的电压 $u_{p1} = U_i$，极性是下端正上端负。因 $N_{p1} = N_{p2}$，故 $N_{p2}$ 上的电压 $u_{p2} = u_{p1}$，$u_{p2}$ 的极性由同名端判定，也是下端正上端负。因此变压器初级电压为

$$u_p = u_{p1} = u_{p2} = L_p \frac{\mathrm{d}i}{\mathrm{d}t} = N_p \frac{\mathrm{d}\Phi}{\mathrm{d}t} = U_i$$

这时 $VT_2$ 的 D、S 极间电压 $u_{DS2} = 2U_i$，即截止管承受两倍的电源电压。

变压器次级绕组 $N_{s1}$ 上的电压为 $u_{s1}$，$N_{s2}$ 上的电压为 $u_{s2}$。变压器次级电压为

$$u_s = u_{s1} = u_{s2} = \frac{N_s}{N_p} u_p = \frac{U_i}{n}$$

式中，$n = N_p/N_s$ 为变压器的变比，即初、次级匝数比。

由同名端判定，此时 $u_{s1}$ 和 $u_{s2}$ 的极性都是上端正下端负，因此整流二极管 $VD_1$ 导通，$VD_2$ 截止，它承受的反向电压为 $2U_i/n$。储能电感 $L$ 两端电压 $u_L = U_i/n - U_o$，极性是左端正右端负，流过电感 $L$ 的电流 $i_L$（同时也是 $N_{s1}$ 绕组的电流 $i_{s1}$）按线性规律上升，$L$ 储能。与此同时，电源向负载传送能量。

$t_{on1}$ 期间变压器中磁通 $\Phi$ 按线性规律上升，由 $-\Phi_m$ 升至 $+\Phi_m$，在 $t_{on1}/2$ 处过零点。当 $t_{on1}$ 结束时，$N_{p1}$ 绕组中的磁化电流升至最大值 $I_{jm}$。

② $VT_1$ 和 $VT_2$ 均截止　在 $t_{on1}$ 结束到 $t_{on2}$ 开始之前，$VT_1$ 和 $VT_2$ 均截止。当 $t = t_{on1}$ 时，$VT_1$ 由导通变为截止，$N_{p1}$ 绕组中的电流由 $i_{p1} = i'_{s1} + i_{jm}$ 变为零（其中 $i'_{s1}$ 是负载电流分量，即变压器次级电流 $i_{s1}$ 折算到初级的电流值，$i'_{s1} = i_L/n$，变压器初级磁化电流

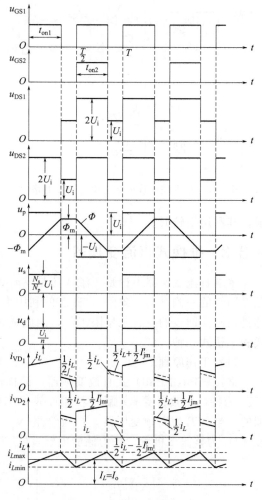

图 9-39　推挽变换器波形图

的最大值 $I_{jm}$ 通常不超过折算到初级的额定负载电流的 $10\%$）。只要磁化电流最大值小于负载电流分量，则从 $t_{on1}$ 结束到 $t_{on2}$ 开始前，变压器中励磁磁势（安匝）不变，使磁通保持 $\Phi_m$ 不变，即 $\mathrm{d}\Phi/\mathrm{d}t = 0$，于是变压器各绕组的电压都为零。$VT_1$ 和 $VT_2$ 承受的电压均为电源电压，即 $u_{DS1} = u_{DS2} = U_i$。

在此期间，储能电感 $L$ 向负载释放储能，$i_L$ 按线性规律下降，$u_L$ 的极性变为右端正左端负，整流二极管 $VD_1$ 和 $VD_2$ 都正向偏置而导通，同时起续流二极管的作用，这时 $u_L = -U_o$。将变压器次级磁化电流最大值记为 $I'_{jm}$，则流过 $VD_1$ 的电流（即 $N_{s1}$ 中的电流）为

$$i_{VD_1} = i_{s1} = \frac{i_L}{2} - \frac{I'_{jm}}{2}$$

流过 $VD_2$ 的电流（即 $N_{s2}$ 中的电流）为

$$i_{VD2} = i_{s2} = \frac{i_L}{2} + \frac{I'_{jm}}{2}$$

变压器的磁势为

$$\sum i_s N_s = (i_{s2} - i_{s1})N_s = I'_{jm} N_s$$

在电感电流连续模式，该磁势与 $t = t_{on1}$ 时变压器初级励磁磁势相等，即

$$I'_{jm}N_s = I_{jm}N_p$$

可得变压器次级磁化电流最大值为

$$I'_{jm} = \frac{N_p}{N_s}I_{jm} = nI_{jm}$$

由变压器的结构原理可知，在此期间要磁通保持 $\Phi_m$ 不变，必须是 $i_{VD_2} > i_{VD_1}$，并且二者之差等于 $I'_{jm}$；而 $i_{VD_1}$ 与 $i_{VD_2}$ 之和等于 $i_L$。

③ $VT_2$ 导通，$VT_1$ 截止　在 $t_{on2}$ 期间，$VT_2$ 受控导通，$VT_1$ 仍然截止。输入电压 $U_i$ 经 $VT_2$ 加到变压器初级 $N_{p2}$ 绕组两端，变压器初级电压极性为上端正下端负，与 $t_{on1}$ 期间的极性相反。

$$u_p = u_{p2} = u_{p1} = L_p\frac{di_j}{dt} = N_p\frac{d\Phi}{dt} = -U_i$$

此时 $u_{DS2} = 0$，而 $u_{DS1} = 2U_I$；变压器次级电压为

$$u_s = u_{s2} = u_{s1} = -U_i/n$$

其极性是下端正上端负，因此整流二极管 $VD_2$ 导通，$VD_1$ 截止，它承受的反向电压为 $2U_i/n$；$u_L = U_i/n - U_o$，极性又变为左端正右端负，$i_L$（同时也是 $N_{s2}$ 绕组的电流 $i_{s2}$）按线性规律上升，$L$ 储能，同时电源向负载传送能量。

$t_{on2}$ 期间，变压器中磁通 $\Phi$ 按线性规律下降，由 $+\Phi_m$ 降至 $-\Phi_m$，在 $t_{on2}/2$ 处过零点。当 $t_{on2}$ 结束时，$N_{p2}$ 绕组中的励磁电流为 $-I_{jm}$。

④ $VT_2$ 和 $VT_1$ 均截止　从 $t_{on2}$ 结束至下一个周期 $t_{on1}$ 开始之前，$VT_2$ 和 $VT_1$ 均截止。在 $t_{on2}$ 结束的瞬间，$VT_2$ 由导通变为截止，$N_{p2}$ 绕组中的电流由 $i_{p2} = -(i'_{s2} + i_{jm})$ 变为零。若磁化电流最大值小于负载电流分量，则从 $t_{on2}$ 结束到下个周期开始前，变压器励磁磁势维持不变，使磁通保持 $-\Phi_m$ 不变，即 $d\Phi/dt = 0$，因此变压器各绕组电压都为零，$u_{DS1} = u_{DS2} = U_i$。

在此期间，$L$ 对负载释放储能，$i_L$ 按线性规律下降，$VD_1$ 和 $VD_2$ 都导通，其电流分别为

$$i_{VD_1} = i_{s1} = \frac{i_L}{2} + \frac{I'_{jm}}{2}$$

$$i_{VD_2} = i_{s2} = \frac{i_L}{2} - \frac{I'_{jm}}{2}$$

此时变压器的磁势为

$$\sum i_s N_s = (i_{s2} - i_{s1})N_s = -I'_{jm}N_s$$

它与 $t_{on2}$ 结束瞬间的变压器初级励磁磁势相等，即

$$-I'_{jm}N_s = -I_{jm}N_p$$

这种电路每周期都按上述四个过程工作，不断循环。滤波前的输出电压瞬时值为 $u_d$，忽略整流二极管的正向压降，在 $t_{on1}$ 和 $t_{on2}$ 期间，$u_d = U_i/n$，其余时间 $u_d = 0$。

需要指出，如图 9-39 所示的是推挽变换器的理想波形图，其实际有关电压、电流波形如图 9-40 所示。在开关的暂态过程中，当功率开关管开通时，由于变压器次级在整流二极管反向恢复时间内所造成的短路，漏极电流将出现尖峰；在功率开关管关断时，尽管当负载电流较大时变压器中励磁磁势不变，使主磁通保持 $\Phi_m$ 或 $-\Phi_m$ 不变，但高频变压器的漏磁通下降，漏感仍将释放它的储能，在变压器绕组上，相应地在功率开关管漏-源稳态截止电压上，会出现电压尖峰，经衰减振荡变为终值。在功率开关管的 D、S 极间并联 $RC$ 吸收网络（即接上关断缓冲电路），可以减小尖峰电压。

（2）防止"共同导通"

功率开关管有个动态参数叫"存储时间" $t_s$。对双极型晶体管而言，它是指消散晶体管饱和导通时储存于集电结两侧的过量电荷所需要的时间；对 VMOSFET 而言，则是对应于栅极电容存储电荷的消散过程。由于存储时间的存在，在驱动脉冲结束后，晶体管要延迟一段时间才能关断，使晶体管的导通持续时间大于驱动脉冲宽度 $t_{on}$。当晶体管的导通宽度超过工作周期的一半时，该晶体管尚未关断而另一个晶体管已经得到驱动脉冲而导通。这样，一对晶体管将在一段时间里共同导通，输入电源将被它们短接，产生很大的电流，从而使晶体管损坏。

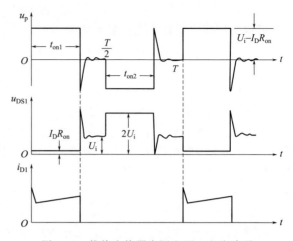

图 9-40　推挽变换器实际电压、电流波形

在推挽式等双端直流变换器中，为了防止"共同导通"，要求功率开关管的存储时间 $t_s$ 尽可能地小；同时，必须限制驱动脉冲的最大宽度，以保证一对晶体管在开关工作中有共同截止的时间。驱动脉冲宽度在半个周期中达不到的区域称为"死区"。在提供驱动脉冲的控制电路中，必须设置适当宽度的"死区"——驱动脉冲的死区时间要大于功率开关管的"关断时间"：$t_s + t_f$，并有一定的裕量。正因为如此，图 9-38 中 $VT_1$ 和 $VT_2$ 每管每次导通的时间要小于周期的一半。

（3）输出直流电压 $U_o$

如图 9-39 所示，每个功率开关管的工作周期为 $T$，然而输出回路中滤波前方波脉冲电压 $u_d$ 的重复周期为 $T/2$。输出直流电压 $U_o$ 等于 $u_d$ 的平均值，由 $u_d$ 波形图求得推挽变换器电感电流连续模式的输出直流电压为

$$U_o = \frac{U_i t_{on}/n}{T/2}$$

每个功率开关管的导通占空比为

$$D = t_{on}/T$$

滤波前输出方波脉冲电压的占空比为

$$D_o = \frac{t_{on}}{T/2} = \frac{2t_{on}}{T} = 2D \tag{9-33}$$

所以

$$U_o = D_o U_i/n = 2DU_i/n \tag{9-34}$$

$U_o$ 的大小通过改变占空比来调节。为了防止"共同导通"，必须满足 $D < 0.5$、$D_o < 1$。输出直流电流 $I_o = U_o/R_L$，与 $i_L$ 的平均值相等。

（4）优缺点

推挽变换器的优点：

① 同单端直流变换器比较，变压器磁芯利用率高，输出功率较大，输出纹波电压较小；

② 两个功率开关管的源极是连在一起的，两组栅极驱动电路有公共端而无须绝缘，因此驱动电路较简单。

推挽变换器的缺点：

① 高频变压器每一初级绕组仅在半周期以内工作，故变压器绕组利用率低；

② 功率开关管截止时承受 2 倍电源电压，因此对功率开关管的耐压要求高；

③ 存在"单向偏磁"问题，可能导致功率开关管损坏。

尽管选用功率开关管时两管是配对的，但在整个工作温度范围内，两管的导通压降、存储时间等不可能完全一样，这将造成变压器初级电压正负半周波形不对称。例如，两功率开关管导通压降不同将引起正负半周波形幅度不对称，两管存储时间不同将引起正负半周波形宽度不对称。只要变压器的正负半周电压波形稍有不对称（即正负半周"伏秒"积绝对值不相等），磁芯中便产生"单向偏磁"，形成直流磁通。虽然开始时直流磁通不大，但经过若干周期后，就可能使磁芯进入饱和状态。一旦磁芯饱和，则变压器励磁电感减至很小，从而使功率开关管承受很大的电流电压，耗散功率增大，管温升高，最终导致功率开关管损坏。

解决单向偏磁问题较为简便的措施，一是采用电流型 PWM 集成控制器使两管电流峰值自动均衡；二是在变压器磁芯的磁路中加适当气隙，用以防止磁芯饱和。

推挽式直流变换器用一对功率开关管就能获得较大的输出功率，适宜在输入电源电压较低的情况下应用。

### 9.3.4 全桥式直流变换器

（1）工作原理

全桥（Full-Bridge）式直流变换器简称全桥变换器，其电路图如图 9-41 所示。特性一致的功率开关管 $VT_1 \sim VT_4$ 组成桥的四臂，高频变压器 T 的初级绕组接在它们中间。对角线桥臂上的一对功率开关管 $VT_1$、$VT_4$ 或 $VT_2$、$VT_3$，受栅极驱动脉冲电压的控制而同时导通或截止，驱动脉冲应有死区，每一对功率开关管的导通时间小于周期的一半；$VT_1$、$VT_4$ 和 $VT_2$、$VT_3$ 轮换通断，彼此间隔半周期。图中 C 为耦合电容，其容量应足够大，它能阻隔直流分量，用以防止变压器产生单向偏磁，提高电路的抗不平衡能力（采用电流型PWM 集成控制器时可以不接 C）。$VD_1 \sim VD_4$ 对应为 $VT_1 \sim VT_4$ 的寄生二极管。变压器次级输出回路的接法同推挽式直流变换器完全一样。理想情况下电感电流连续模式的波形图如图 9-42 所示。

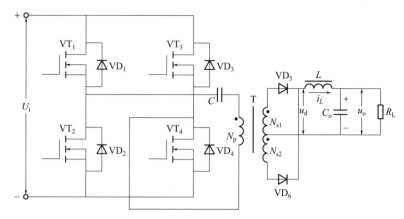

图 9-41 全桥变换器电路图

在 $t_{on1}$ 期间，$VT_1$ 和 $VT_4$ 受控同时导通，$VT_2$ 和 $VT_3$ 截止。电流回路为：$U_{i(+)} \rightarrow VT_1 \rightarrow C \rightarrow N_p \rightarrow VT_4 \rightarrow U_{i(-)}$。忽略 $VT_1$、$VT_4$ 的压降以及 C 上的压降，变压器初级绕组电压 $u_p = U_i$，其极性是上端正下端负。$VT_2$ 和 $VT_3$ 的 D、S 极间电压分别等于 $U_i$。变压器磁

通 $\Phi$ 由 $-\Phi_{\mathrm{m}}$ 升至 $+\Phi_{\mathrm{m}}$，在 $t_{\mathrm{on1}}/2$ 处过零点。变压器次级电压的极性由同名端决定，也是上端正下端负，此时整流二极管 $VD_5$ 导通，$VD_6$ 反偏截止，储能电感 $L$ 储能。

从 $t_{\mathrm{on1}}$ 结束到 $t_{\mathrm{on2}}$ 开始前，$VT_1 \sim VT_4$ 都截止，$u_{\mathrm{p}}=0$，每个功率开关管的 D、S 极间电压都为 $U_{\mathrm{i}}/2$。这时 $L$ 释放储能，$VD_5$ 和 $VD_6$ 都导通，同时起续流作用；$\sum i_s N_s = I_{\mathrm{jm}} N_{\mathrm{p}}$，维持变压器中磁势不变，使磁通保持 $\Phi_{\mathrm{m}}$ 不变。

在 $t_{\mathrm{on2}}$ 期间，$VT_2$ 和 $VT_3$ 受控同时导通，$VT_1$ 和 $VT_4$ 截止。电流回路为：$U_{\mathrm{i}(+)} \rightarrow VT_3 \rightarrow N_{\mathrm{p}} \rightarrow C \rightarrow VT_2 \rightarrow U_{\mathrm{i}(-)}$。忽略 $VT_2$、$VT_3$ 的压降以及 $C$ 的压降，$u_{\mathrm{p}} = -U_{\mathrm{i}}$，其极性是下端正上端负。$VT_1$ 和 $VT_4$ 的 D、S 极间电压分别等于 $U_{\mathrm{i}}$。变压器磁通 $\Phi$ 由 $+\Phi_{\mathrm{m}}$ 降至 $-\Phi_{\mathrm{m}}$，在 $t_{\mathrm{on2}}/2$ 处过零点。在变压器次级回路中，$VD_6$ 导通，$VD_5$ 反偏截止，$L$ 又储能。

从 $t_{\mathrm{on2}}$ 结束到下个周期 $t_{\mathrm{on1}}$ 开始前，$VT_1 \sim VT_4$ 都截止，$u_{\mathrm{p}}=0$，每个功率开关管的 D、S 极间电压都为 $U_{\mathrm{i}}/2$。这时 $L$ 释放储能，$VD_5$ 和 $VD_6$

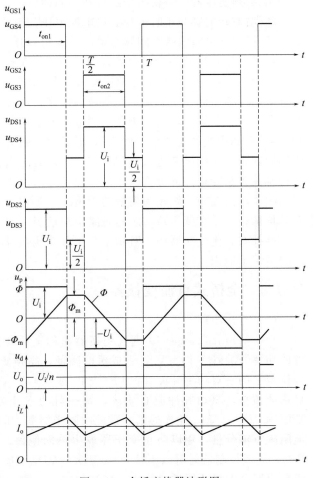

图 9-42　全桥变换器波形图

都导通，同时起续流作用；$\sum i_s N_s = -I_{\mathrm{jm}} N_{\mathrm{p}}$，维持变压器中磁势不变，使磁通保持 $-\Phi_{\mathrm{m}}$ 不变。

$t_{\mathrm{on1}} = t_{\mathrm{on2}} = t_{\mathrm{on}}$，在变压器初级绕组上形成正负半周对称的方波脉冲电压，它传递到次级，经 $VD_5$、$VD_6$ 整流后得到滤波前的输出电压 $u_{\mathrm{d}}$，忽略整流二极管的正向压降，在 $t_{\mathrm{on1}}$ 和 $t_{\mathrm{on2}}$ 期间 $u_{\mathrm{d}} = U_{\mathrm{i}}/n$，其余时间 $u_{\mathrm{d}} = 0$。$u_{\mathrm{d}}$ 经 $L$ 和 $C_{\mathrm{o}}$ 滤波，向负载供给平滑的直流电。

图 9-41 中与功率开关管反并联的寄生二极管 $VD_1 \sim VD_4$，在换向时起钳位作用：为高频变压器提供能量反馈通路，抑制尖峰电压。例如，当 $VT_1$、$VT_4$ 由导通变为截止时，尽管高频变压器的主磁通保持不变，但是变压器的漏磁通下降，漏感释放储能，在 $N_{\mathrm{p}}$ 绕组上产生与 $VT_1$、$VT_4$ 导通时极性相反的感应电压，这个下端正上端负的感应电压，使 $VD_3$ 和 $VD_2$ 导通，电流回路为：$N_{\mathrm{p}}$（下）$\rightarrow VD_3 \rightarrow U_{\mathrm{i}(+)} \rightarrow U_{\mathrm{i}(-)} \rightarrow VD_2 \rightarrow C \rightarrow N_{\mathrm{p}}$（上），漏感储能回送给电源，$u_{\mathrm{p}}$ 被钳制为 $-U_{\mathrm{i}}$；这时 $u_{\mathrm{DS2}} \approx 0$，$u_{\mathrm{DS3}} \approx 0$，$u_{\mathrm{DS1}} \approx U_{\mathrm{i}}$，$u_{\mathrm{DS4}} \approx U_{\mathrm{i}}$。当 $VT_2$、$VT_3$ 由导通变截止时，高频变压器的漏感也要释放储能，在 $N_{\mathrm{p}}$ 绕组上产生与 $VT_2$、$VT_3$ 导通时极性相反的感应电压，此上端正下端负的感应电压使 $VD_1$ 和 $VD_4$ 导通，其电流回路为：$N_{\mathrm{p}}$（上）$\rightarrow C \rightarrow VD_1 \rightarrow U_{\mathrm{i}(+)} \rightarrow U_{\mathrm{i}(-)} \rightarrow VD_4 \rightarrow N_{\mathrm{p}}$（下），漏感储能又回送给电源，$u_{\mathrm{p}}$ 被钳制为 $U_{\mathrm{i}}$；此时 $u_{\mathrm{DS1}} \approx 0$，$u_{\mathrm{DS4}} \approx 0$，$u_{\mathrm{DS2}} \approx U_{\mathrm{i}}$，$u_{\mathrm{DS3}} \approx U_{\mathrm{i}}$。寄生二极管的导通持续时间，

等于漏感放完储能所需时间，这个时间应很短。

此外，如果变换器突然失去负载，在 $VT_1 \sim VT_4$ 都变为截止时，因变压器保持磁势不变的条件（变压器初级磁化电流最大值小于负载电流分量）已经丧失，变压器磁势下降，使主磁通下降，变压器初级绕组将产生与 $VT_1 \sim VT_4$ 都截止前极性相反的感应电压，这时 $VD_3$、$VD_2$ 或 $VD_1$、$VD_4$ 导通，把变压器励磁电感中的储能回送给电源，变压器初级绕组的感应电压和功率开关管承受的最大电压都被钳制为 $U_i$ 值，从而达到保护功率开关管的目的。

电路中的有关实际电压、电流波形如图 9-43 所示。其中功率开关管关断时的电压尖峰，是变压器漏感释放储能造成的；功率开关管开通时的电流尖峰，是整流二极管反向恢复时间内在变压器次级形成短路电流而造成的；$u_p$ 波形顶部略倾斜，主要是受耦合电容 $C$ 压降的影响。

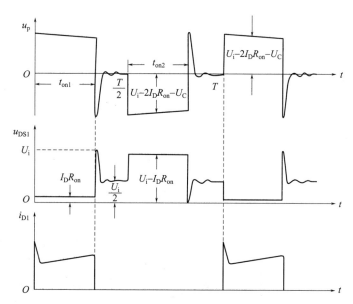

图 9-43　全桥变换器实际电压、电流波形

（2）输出直流电压 $U_o$。

如图 9-42 所示，全桥变换器每对功率开关管的工作周期为 $T$，而滤波前输出电压 $u_d$ 的重复周期为 $T/2$，输出直流电压 $U_o$ 为 $u_d$ 的平均值。$U_o$ 与 $U_i$ 的关系同推挽变换器一样，即电感电流连续模式的输出直流电压为

$$U_o = D_o U_i / n = 2 D U_i / n$$

为防止两对功率开关管"共同导通"，占空比的变化范围必须限制为 $D < 0.5$，$D_o < 1$。

（3）优缺点

全桥变换器的优点：

① 变压器利用率高，输出功率大，输出纹波电压较小；

② 对功率开关管的耐压要求较低，比推挽式变换器低一半。

全桥变换器的缺点：

① 要用四个功率开关管；

② 需要四组彼此绝缘的栅极驱动电路，驱动电路复杂。

全桥式直流变换器适宜在输入电源电压高、要求输出功率大的情况下应用。

## 9.3.5 半桥式直流变换器

（1）工作原理

半桥（Half-Bridge）式直流变换器简称半桥变换器，其电路图如图9-44所示。四个桥臂中两个桥臂采用特性相同的功率开关管 $VT_1$、$VT_2$，故称为半桥。另外两个桥臂是电容量和耐压都相同的电容器 $C_1$、$C_2$，它们起分压等作用，其电容量应足够大。

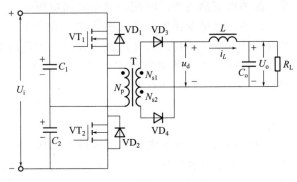

图9-44 半桥变换器电路图

当 $VT_1$ 和 $VT_2$ 尚未开始工作时，电容 $C_1$ 和 $C_2$ 被充电，它们的端电压均等于电源电压的一半，即

$$U_{C_1}=U_{C_2}=U_i/2$$

$VT_1$ 和 $VT_2$ 受栅极驱动脉冲电压的控制而轮换导通，驱动脉冲应有死区，每个功率开关管的导通时间小于周期的一半。理想情况下电感电流连续模式的波形图如图9-45所示。

$t_{on1}$ 期间，$VT_1$ 受控导通，$VT_2$ 截止。电流回路为 $U_{i(+)}$ →$VT_1$→$N_p$→$C_2$→$U_{i(-)}$；$C_{1(+)}$ →$VT_1$→$N_p$→$C_{1(-)}$。这时 $C_1$ 放电，$C_2$ 充电；$U_{C_1}$ 逐渐下降，$U_{C_2}$ 逐渐上升，保持 $U_{C_1}+U_{C_2}=U_i$。$C_1$ 两端电压 $U_{C_1}$ 经 $VT_1$ 加到高频变压器 T 的初级绕组 $N_p$ 上，忽略 $VT_1$ 压降，变压器初级电压为

$$u_p=U_{C_1}\approx U_i/2$$

其极性是上端正下端负。$VT_2$ 的 D、S 极间电压 $u_{DS2}=U_i$。

$t_{on2}$ 期间，$VT_2$ 受控导通，$VT_1$ 截止。电流回路为 $U_{i(+)}$ →$C_1$→$N_p$→$VT_2$→$U_{i(-)}$；$C_{2(+)}$ →$N_p$→$VT_2$→$C_{2(-)}$。此时 $C_2$ 放电，$C_1$ 充电；$U_{C_2}$ 逐渐下降，$U_{C_1}$ 逐渐上升，保持 $U_{C_1}+U_{C_2}=U_i$。$C_2$ 两端电压 $U_{C_2}$ 经 $VT_2$ 加到 $N_p$ 上，忽略 $VT_2$ 的压降，变压器初级电压为

$$u_p=-U_{C_2}\approx -U_i/2$$

其极性是下端正上端负。$VT_1$ 的 D、S 极间电压 $u_{DS1}=U_i$。

由于 $C_1$ 或 $C_2$ 在放电过程中端电压逐渐下降，因此 $u_p$ 波形的顶部略呈倾斜状。当电路对称时，$U_{C_1}$ 与 $U_{C_2}$ 的平均值为 $U_i/2$。

当 $VT_1$ 和 $VT_2$ 都截止时，只要变压器初级磁化电流最大值小于负载电流分量，则 $u_p=0$，$u_{DS1}=u_{DS2}=U_i/2$。

$t_{on1}=t_{on2}=t_{on}$，在变压器初级绕组上

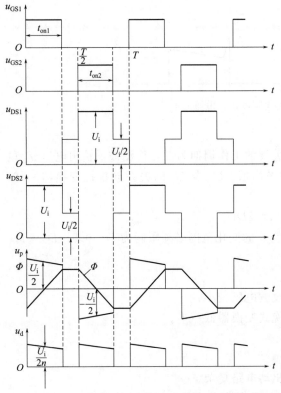

图9-45 半桥变换器波形图

形成正负半周对称的方波脉冲电压。次级绕组 $N_{s1}＝N_{s2}＝N_s$，每个次级绕组的电压为

$$u_s＝\frac{N_s}{N_p}u_p＝\frac{u_p}{n}$$

其极性根据同名端来判定。

$t_{on1}$ 期间：

$$u_s＝U_i/2n$$

$t_{on2}$ 期间：

$$u_s＝-U_i/2n$$

次级绕组电压经 $VD_3$、$VD_4$ 整流后得到 $u_d$，如果忽略整流二极管的正向压降，在 $t_{on1}$ 和 $t_{on2}$ 期间，$u_d＝U_i/2n$，其余时间 $u_d＝0$。

变压器次级输出回路的工作情形，除 $u_s$ 的幅值变为 $U_i/2n$ 外，同推挽式以及全桥式直流变换器一样。

半桥变换器自身具有一定的抗不平衡的能力。例如，若 $VT_1$ 和 $VT_2$ 的存储时间 $t_s$ 不同，$t_{s1}＞t_{s2}$ 而使 $VT_1$ 比 $VT_2$ 的导通时间长，则电容 $C_1$ 的放电时间比 $C_2$ 的放电时间长，$C_1$ 放电时两端的平均电压将比 $C_2$ 放电时两端的平均电压低。因此，在 $VT_1$ 导通的正半周，$N_p$ 绕组两端的电压幅值较低而持续时间较长；在 $VT_2$ 导通的负半周，$N_p$ 绕组两端的电压幅值较高而持续时间较短。这样可使 $u_p$ 正负半周的"伏秒"积相等而不产生单向偏磁现象。由于半桥变换器自身具有一定的抗不平衡能力，因此可以不接与变压器初级绕组串联的耦合电容。有的半桥变换器仍接耦合电容，是为了进一步提高电路的抗不平衡能力，更好地防止因电路不对称（例如两个功率开关管的特性差异）而造成变压器磁芯饱和。

图 9-44 中的 $VD_1$、$VD_2$ 分别为 $VT_1$、$VT_2$ 的寄生二极管，它们在换向时起钳位作用：为高频变压器提供能量反馈通路，抑制尖峰电压。当 $VT_1$ 由导通变截止时，高频变压器的漏感释放储能，在 $N_p$ 绕组上产生与 $VT_1$ 导通时极性相反的感应电压，这个下端正上端负的感应电压使 $VD_2$ 导通，漏感储能给 $C_2$ 充电并回送电源，电流回路为 $N_p$（下）$\rightarrow C_2 \rightarrow VD_2 \rightarrow N_p$（上）；$N_p$（下）$\rightarrow C_1 \rightarrow U_{i(+)} \rightarrow U_{i(-)} \rightarrow VD_2 \rightarrow N_p$（上）。这时 $u_p＝-U_{C_2} \approx -U_i/2$，$u_{DS2} \approx 0$，$u_{DS1} \approx U_i$。

当 $VT_2$ 由导通变截止时，高频变压器的漏感也要释放储能，在 $N_p$ 绕组上产生与 $VT_2$ 导通时极性相反的感应电压，该上端正下端负的感应电压使 $VD_1$ 导通，漏感储能给 $C_1$ 充电并回送电源，电流回路为 $N_p$（上）$\rightarrow VD_1 \rightarrow C_1 \rightarrow N_p$（下）；$N_p$（上）$\rightarrow VD_1 \rightarrow U_{i(+)} \rightarrow U_{i(-)} \rightarrow C_2 \rightarrow N_p$（下）。此时 $u_p＝U_{C_1} \approx U_i/2$，$u_{DS1} \approx 0$，$u_{DS2} \approx U_i$。

$VD_1$ 或 $VD_2$ 的导通持续时间等于漏感放完储能所需时间。

电路中的有关实际电压、电流波形如图 9-46 所示。

（2）输出直流电压 $U_o$

输出直流电压 $U_o$ 为滤波前输出方波脉冲电压 $u_d$ 的平均值，据图 9-45 所示 $u_d$ 波形可以求得半桥变换器电感电流连续模式的输出直流电压为

$$U_o＝\frac{D_oU_i}{2n}＝\frac{DU_i}{n} \tag{9-35}$$

式中，$n＝N_p/N_s$ 是变压器的变比；$D＝t_{on}/T$ 是每个功率开关管的导通占空比；$D_o＝2D$ 是滤波前输出方波脉冲电压的占空比。

为了防止"共同导通"，必须满足 $D＜0.5$，$D_o＜1$。

（3）优缺点

半桥变换器的优点：

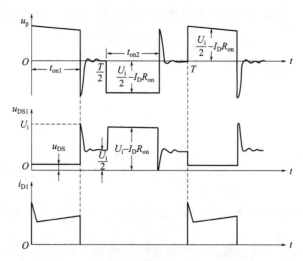

图 9-46　半桥变换器实际电压、电流波形

① 抗不平衡能力强；

② 同推挽式电路比，变压器利用率高，对功率开关管的耐压要求低（低一半）；

③ 同全桥式电路比，少用两个功率开关管，相应地驱动电路也较为简单。

半桥变换器的缺点：

① 同推挽式电路比，驱动电路较复杂，两组栅极驱动电路必须绝缘；

② 同全桥式及推挽式电路比，获得相同的输出功率，功率开关管的电流要大一倍；若功率开关管的电流相同，则输出功率少一半。

半桥式直流变换器适宜在输入电源电压高、输出中等功率的情况下应用。

# 第 *10* 章
## 绝缘栅双极晶体管

绝缘栅双极晶体管（IGBT），是 20 世纪 80 年代发展起来的一种新型复合器件。IGBT 综合了功率 MOSFET 和 GTR 的优点，具有良好的特性，有更广泛的应用领域。目前 IGBT 的电流和电压等级已达 2500A/4500V，关断时间已缩短到 10ns 级，工作频率达 50kHz，擎住现象得到改善，安全工作区（SOA）扩大。这些优越的性能使得 IGBT 成为大功率开关电源、逆变器等电力电子装置的理想功率器件。

## 10.1 原理与特性

### 10.1.1 基本结构

一种由 N 沟道功率 MOSFET 与电力（双极型）晶体管组合而成的 IGBT 的基本结构如图 10-1(a) 所示。将这个结构与功率 MOSFET 结构相对照，不难发现这两种器件的结构十

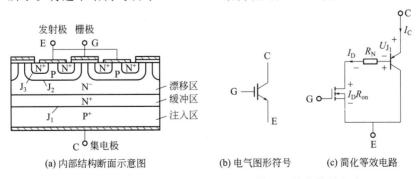

(a) 内部结构断面示意图　　(b) 电气图形符号　　(c) 简化等效电路

图 10-1　IGBT 的基本结构、电气图形符号和简化等效电路

分相似，不同之处在于 IGBT 比功率 MOSFET 多一层 P$^+$ 注入区，从而形成一个大面积的 P$^+$N 结 J$_1$，这样就使得 IGBT 导通时可由 P$^+$ 注入区向 N 基区发射少数载流子（即空穴），对漂移区电导率进行调制，因而 IGBT 具有很强的电流控制能力。

介于 P$^+$ 注入区与 N$^+$ 漂移区之间的 N$^+$ 层称为缓冲区。有无缓冲区可以获得不同特性的 IGBT。有 N$^+$ 缓冲区的 IGBT 称为非对称型（也称穿通型）IGBT。它具有正向压降小、关断时间短、关断时尾部电流小等优点，但反向阻断能力相对较弱。无 N$^+$ 缓冲区的 IGBT 称为对称型（也称非穿通型）IGBT。这种 IGBT 具有较强的正反向阻断能力，但其他特性却不及非对称型 IGBT。目前以上两种结构的 IGBT 均有产品。在图 10-1(a) 中，C 为集电极，E 为发射极，G 为栅极（也称门极）。该器件的电路图形符号如图 10-1(c) 所示，图中所示箭头表示 IGBT 中电流流动的方向（P 沟道 IGBT 的箭头与其相反）。

## 10.1.2　工作原理

简单来说，IGBT 相当于一个由 MOSFET 驱动的厚基区 PNP 型晶体管。它的简化等效电路如图 10-1(b) 所示，图中 $R_N$ 为 PNP 型晶体管基区内的调制电阻。从该等效电路可以清楚地看出，IGBT 是用晶体管和功率 MOSFET 组成的复合器件。因为图中的晶体管为 PNP 型晶体管，MOSFET 为 N 沟道场效应晶体管，所以这种结构的 IGBT 称为 N 沟道 IGBT。类似地还有 P 沟道 IGBT。IGBT 是一种场控器件，它的开通和关断由栅极和发射极间电压 $U_{GE}$ 决定。当栅射极电压 $U_{GE}$ 为正且大于开启电压 $U_{GE(th)}$ 时，MOSFET 内形成沟道并为 PNP 型晶体管提供基极电流进而使 IGBT 导通。此时，从 P$^+$ 区注入 N$^-$ 的空穴（少数载流子）对 N$^-$ 区进行电导调制，减小 N$^-$ 区的电阻 $R_N$，使高耐压的 IGBT 也具有很低的通态压降。当栅射极间不加信号或加反向电压时，MOSFET 内的沟道消失，则 PNP 晶体管的基极电流被切断，IGBT 即关断。由此可见，IGBT 的驱动原理与 MOSFET 基本相同。

## 10.1.3　基本特性

（1）静态特性

IGBT 的静态特性包括转移特性和输出特性。

① 转移特性　IGBT 转移特性是描述集电极电流 $I_C$ 与栅射电压 $U_{GE}$ 之间的相互关系，如图 10-2(a) 所示。此特性与功率 MOSFET 的转移特性相似。由图 10-2(a) 可知，$I_C$ 与 $U_{GE}$ 基本呈线性关系，只有当 $U_{GE}$ 在 $U_{GE(th)}$ 附近时才呈非线性关系。当栅射电压 $U_{GE}$ 小于 $U_{GE(th)}$ 时，IGBT 处于关断状态；当 $U_{GE}$ 大于 $U_{GE(th)}$ 时，IGBT 开始导通。由此可知，$U_{GE(th)}$ 是 IGBT 能实现电导调制而导通的最低栅射电压。$U_{GE(th)}$ 随温度升高略有下降，温度每升高 1℃，其值下降 5mV 左右。在 25℃ 时，IGBT 的开启电压 $U_{GE(th)}$ 一般为 2～6V。

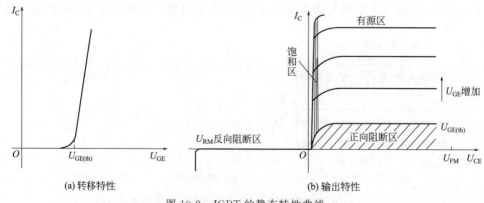

(a) 转移特性　　　　　　　(b) 输出特性

图 10-2　IGBT 的静态特性曲线

② 输出特性　IGBT 的输出特性也称为伏安特性。它描述的是以栅射电压 $U_{GE}$ 为控制变量时集电极电流 $I_C$ 与集射极间电压 $U_{CE}$ 之间的关系，IGBT 的输出特性如图 10-2(b) 所示。此特性与电力晶体管 GTR 的输出特性相似，不同的是控制变量。IGBT 为栅射电压 $U_{GE}$ 而电力晶体管为基极电流 $I_B$。IGBT 的输出特性分正向阻断区、有源区和饱和区。当 $U_{GE}<0$ 时，IGBT 为反向阻断工作状态。由图 10-1(a) 可知，此时 $P^+N$ 结（$J_1$ 结）处于反偏状态，因而不管 MOSFET 的沟道体区中有没有形成沟道，均不会有集电极电流出现。由此可见，IGBT 由于比 MOSFET 多了一个 $J_1$ 结而获得反向电压阻断能力，IGBT 能够承受的最高反向阻断电压 $U_{RM}$ 取决于 $J_1$ 结的雪崩击穿电压。当 $U_{CE}>0$ 而 $U_{GE}<U_{GE(th)}$ 时，IGBT 为正向阻断工作状态。此时 $J_2$ 结处于反偏状态，且 MOSFET 的沟道体区内没有形成沟道，IGBT 的集电极漏电流 $I_{CES}$ 很小。IGBT 能够承受的最高正向阻断电压 $U_{FM}$ 取决于 $J_2$ 的雪崩击穿电压。如果 $U_{CE}>0$ 而且 $U_{GE}>U_{GE(th)}$ 时，MOSFET 的沟通体区内形成导电沟道，IGBT 进入正向导通状态。此时，由于 $J_1$ 结处于正偏状态，$P^+$ 区将向 N 基区注入空穴。当正偏压升高时，注入空穴的密度也相应增大，直到超过 N 基区的多数载流子密度为止。在这种状态工作时，随着栅射电压 $U_{GE}$ 的升高，向 N 基区提供电子的导电沟道加宽，集电极电流 $I_C$ 将增大，在正向导通的大部分区域内，$I_C$ 与 $U_{GE}$ 呈线性关系，而与 $U_{CE}$ 无关，这部分区域称为有源区或线性区。IGBT 的这种工作状态称为有源工作状态或线性工作状态。对于工作在开关状态的 IGBT，应尽量避免工作在有源区（线性区），否则 IGBT 的功耗将会很大。饱和区是指输出特性明显弯曲的部分，此时集电极电流 $I_C$ 与栅射电压 $U_{GE}$ 不再呈线性关系。在电力电子电路中，IGBT 工作在开关状态，因而 IGBT 是在正向阻断区和饱和区之间来回转换。

（2）动态特性

图 10-3 给出了 IGBT 开关过程的波形图，即动态特性曲线。IGBT 的开通过程与 MOSFET 的开通过程很相似。这是因为 IGBT 在开通过程中大部分时间是作为 MOSFET 运行的。开通时间 $t_{on}$ 定义为从驱动电压 $U_{GE}$ 的脉冲前沿上升到 $10\%U_{GEM}$（幅值）处起至集电极电流 $I_C$ 上升到 $90\%I_{CM}$ 处止所需要的时间。开通时间 $t_{on}$ 又可分为开通延迟时间 $t_{d(on)}$ 和电流上升时间 $t_r$ 两部分。$t_{d(on)}$ 定义为从 $10\%U_{GE}$ 到出现 $10\%I_{CM}$ 所需要的时间；$t_r$ 定义为集电极电流 $I_C$ 从 $10\%I_{CM}$ 上升至 $90\%I_{CM}$ 所需要的时间。集射电压 $U_{CE}$ 的下降过程分成 $t_{fv1}$ 和 $t_{fv2}$ 两段，$t_{fv1}$ 段曲线为 IGBT 中 MOSFET 单独工作的电压下降过程；$t_{fv2}$ 段曲线为 MOSFET 和 PNP 型晶体管同时工作的电压下降过程。$t_{fv2}$ 段电压下降变缓的原因有两个：其一是 $U_{CE}$ 电压下降时，IGBT 中 MOSFET 的栅漏电容增加，致使电压下降变缓，这与 MOSFET 相似；其二是 IGBT 的 PNP 晶体管由放大状态转换到饱和状态要有一个过程，下降时间变长，这也会造成电压下降变缓。由此可知 IGBT 只有在 $t_{fv2}$ 结束才完全进入饱和状态。

IGBT 关断时，从驱动电压 $U_{GE}$ 的脉冲后沿下降到 $90\%U_{GEM}$ 处起，至集电极电流下降到 $10\%I_{CM}$ 处止，这段过

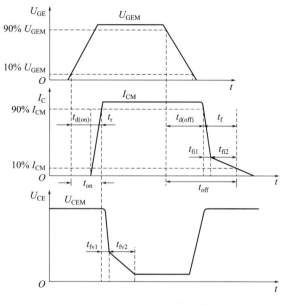

图 10-3　IGBT 的动态特性曲线

渡过程所需要的时间称为关断时间 $t_{off}$。关断时间 $t_{off}$ 包括关断延迟时间 $t_{d(off)}$ 和电流下降时间 $t_f$ 两部分。其中 $t_{d(off)}$ 定义为从 $90\%U_{GEM}$ 处起至集电极电流下降到 $90\%I_{CM}$ 处止的时间间隔；$t_f$ 定义为集电极电流从 $90\%I_{CM}$ 处下降至 $10\%I_{CM}$ 处的时间间隔。电流下降时间 $t_f$ 又可分为 $t_{fi1}$ 和 $t_{fi2}$ 两段，$t_{fi1}$ 对应 IGBT 内部的 MOSFET 的关断过程，$t_{fi2}$ 对应于 IGBT 内部的 PNP 型晶体管的关断过程。

IGBT 的击穿电压、通态压降和关断时间都是需要折中的参数。高压器件的 N 基区必须有足够的宽度和较高的电阻率，这会引起通态压降的增大和关断时间的延长。在实际电路应用中，要根据具体情况合理选择器件参数。

## 10.1.4　擎住效应

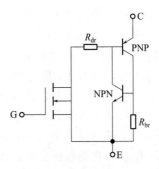

图 10-4　IGBT 实际结构的等效电路

为简明起见，我们曾用图 10-1(c) 所示的简化等效电路说明 IGBT 的工作原理，但是 IGBT 实际的工作过程则需用图 10-4 来说明。如图 10-4 所示，IGBT 内还含有一个寄生的 NPN 型晶体管，它与作为主开关器件的 PNP 型晶体管一起将组成一个寄生晶闸管。

在 NPN 型晶体管的基极与发射极之间存在着体区短路电阻 $R_{br}$。在该电阻上，P 型体区的横向空穴电流会产生一定压降 [参看图 10-1(a)]。对 $J_3$ 结来说，相当于施加一个正偏置电压。在额定的集电极电流范围内，这个正偏压很小，不足以使 $J_3$ 结导通，NPN 型晶体管不起作用。如果集电极电流大到一定程度，这个正偏压将上升，致使 NPN 型晶体管导通，进而使

NPN 型和 PNP 型晶体管同时处于饱和状态，造成寄生晶闸管开通，IGBT 栅极失去控制作用，这就是所谓的擎住效应（Latch），也称为自锁效应。IGBT 一旦发生擎住效应后，器件失控，极电极电流很大，造成过高的功耗，能导致器件损坏。由此可知集电极电流有一个临界值 $I_{CM}$，大于此值后 IGBT 会产生擎住效应。为此，器件制造厂必须规定集电极电流的最大值 $I_{CM}$ 和相应的栅射电压的最大值。集电极通态电流的连续值超过临界值 $I_{CM}$ 时产生的擎住效应称为静态擎住效应。值得指出的是，IGBT 在关断的动态过程中会产生所谓关断擎住或称动态擎住效应，这种现象在负载为感性时更容易发生。动态擎住所允许的集电极电流比静态擎住时还要小，因此制造厂所规定的 $I_{CM}$ 值是按动态擎住所允许的最大集电极电流而确定的。

绝缘栅双极晶体管（IGBT）产生动态擎住现象的主要原因是器件在高速关断时，电流下降得太快，集射电压 $U_{CE}$ 突然上升，$du_{CE}/dt$ 很大，在 $J_2$ 结引起较大的位移电流，当该电流流过 $R_{br}$ 时，可产生足以使 NPN 型晶体管开通的正向偏置电压，造成寄生晶闸管自锁。为了避免发生动态擎住现象，可适当加大栅极串联电阻 $R_{dr}$，以延长 IGBT 的关断时间，使电流下降速度变慢，因而使 $du_{CE}/dt$ 减小。

## 10.1.5　主要参数

（1）集射极击穿电压 $BU_{CES}$

集射极击穿电压 $BU_{CES}$ 决定了 IGBT 的最高工作电压，它是由器件内部的 PNP 型晶体管所能承受的击穿电压确定的，具有正温度系数，其值大约为 $0.63V/℃$，即 $25℃$ 时，具有 $600V$ 击穿电压的器件，在 $-55℃$ 时，只有 $550V$ 的击穿电压。

（2）开启电压 $U_{GE(th)}$

开启电压 $U_{GE(th)}$ 为转移特性与横坐标交点处的电压值，是 IGBT 导通的最低栅射极电

压。$U_{GE(th)}$ 随温度升高而下降，温度每升高 1℃，$U_{GE(th)}$ 值下降 5mV 左右。在 25℃ 时，IGBT 的开启电压一般为 2～6V。

（3）通态压降 $U_{CE(on)}$

IGBT 的通态压降 $U_{CE(on)}$〔参见图 10-1(c)〕为

$$U_{CE(on)} = U_{J_1} + U_{R_N} + I_D R_{on}$$

式中　　$U_{J_1}$——$J_1$ 结的正向压降，为 0.7～1V；

　　　　$U_{R_N}$——PNP 晶体管基区内的调制电阻 $R_N$ 上的压降；

　　　　$R_{on}$——MOSFET 的沟道电阻。

通态压降 $U_{CE(on)}$ 决定了通态损耗。通常 IGBT 的 $U_{CE(on)}$ 为 2～3V。

（4）最大栅射极电压 $U_{GES}$

栅射极电压是由栅氧化层的厚度和特性所限制的。虽然栅氧化层介电击穿电压的典型值大约为 80V，但为了限制故障情况下的电流和确保长期使用的可靠性，应将栅射极电压限制在 20V 之内，其最佳值一般取 15V 左右。

（5）集电极连续电流 $I_C$ 和峰值电流 $I_{CM}$

集电极流过的最大连续电流 $I_C$ 即为 IGBT 的额定电流，其表征 IGBT 的电流容量，$I_C$ 主要受结温的限制。

为了避免擎住效应的发生，规定了 IGBT 的最大集电极电流峰值 $I_{CM}$。由于 IGBT 大多工作在开关状态，因而 $I_{CM}$ 更具有实际意义，只要不超过额定结温（150℃），IGBT 可以工作在比连续电流额定值大的峰值电流 $I_{CM}$ 范围内，通常峰值电流为额定电流的 2 倍左右。

与 MOSFET 相同，参数表中给出的 $I_C$ 为结温 $T_C = 25℃$ 或 $T_C = 100℃$ 时的值，在选择 IGBT 的型号时应根据实际工作情况考虑裕量。

## 10.1.6　安全工作区

IGBT 具有较宽的安全工作区。因 IGBT 常用于开关工作状态。它的安全工作区分为正向偏置安全工作区（Forward Biased Safe Operating Area，FBSOA）和反向偏置安全工作区（Reverse Biased Safe Operating Area，RBSOA）。图 10-5(a)、(b) 分别为 IGBT 的正向偏置安全工作区（FBSOA）和反向偏置安全工作区（RBSOA）。

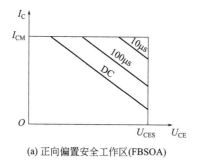
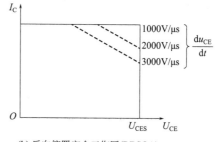

(a) 正向偏置安全工作区(FBSOA)　　　　(b) 反向偏置安全工作区(RBSOA)

图 10-5　IGBT 的安全工作区

正向偏置安全工作区（FBSOA）是 IGBT 在导通工作状态的参数极限范围。FBSOA 由导通脉宽的最大集电极电流 $I_{CM}$、最大集射极间电压 $U_{CES}$ 和最大功耗 $P_{CM}$ 三条边界线包围而成。FBSOA 的大小与 IGBT 的导通时间长短有关。导通时间越短，最大功耗耐量越高。图 10-5(a) 示出了直流（DC）和脉宽（PW）分别为 100$\mu$s、10$\mu$s 三种情况的 FBSOA，其中直流的 FBSOA 为最小，而脉宽为 10$\mu$s 的 FBSOA 最大。反向偏置安全工作区（RBSOA）

是 IGBT 在关断工作状态下的参数极限范围。RBSOA 由最大集电极电流 $I_{CM}$、最大集射极间电压 $U_{CES}$ 和电压上升率 $du/dt$ 三条极限边界线所围而成。如前所述，过高的 $du_{CE}/dt$ 会使 IGBT 产生动态擎住效应。$du_{CE}/dt$ 越大，RBSOA 越小。

绝缘栅双极晶体管（IGBT）的最大集电极电流 $I_{CM}$ 是根据避免动态擎住而确定的，与此相应确定了最大栅射极间电压 $U_{GES}$。IGBT 的最大允许集射极间电压 $U_{CES}$ 是由器件内部的 PNP 型晶体管所能承受的击穿电压确定的。

## 10.2 驱动与保护电路

绝缘栅双极晶体管（IGBT）的输入特性几乎和 MOSFET 相同，所以用于 MOSFET 的驱动电路同样可以用于 IGBT。

### 10.2.1 光电隔离驱动电路

在用于驱动电动机的逆变器电路中，为使 IGBT 能够稳定工作，要求 IGBT 的驱动电路采用正负偏压双电源的工作方式。为了使门极驱动电路与信号电路隔离，应采用抗噪声能力强、信号传输时间短的光耦合器件。门极和发射极的引线应尽量短，门极驱动电路的输出线应为绞合线，其具体电路如图 10-6(a) 所示。为抑制输入信号的振荡现象，在图中的门源端并联一阻尼网络，即由 $1\Omega$ 电阻和 $0.33\mu F$ 电容器组成阻尼滤波器。另外驱动电路的输出级与 IGBT 输入端之间的连接串有一个 $10\Omega$ 的门极电阻。

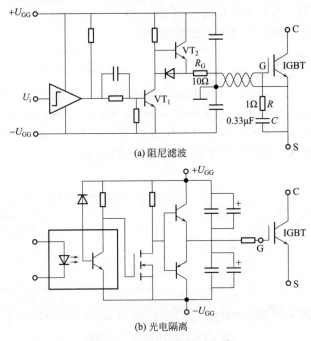

图 10-6　IGBT 门极驱动电路

图 10-6(b) 为采用光耦合器对信号电路与门极驱动电路进行隔离。驱动电路的输出级采用互补电路的型式以降低驱动源的内阻，同时加速 IGBT 的关断过程。

### 10.2.2 脉冲变压器驱动电路

如图 10-7 所示为应用脉冲变压器直接驱动 IGBT 的电路。电路中由控制脉冲形成单元产生的脉冲信号经晶体管 VT 进行功率放大后加到脉冲变压器 T，并由 T 隔离耦合经稳压管 VZ$_1$、VZ$_2$ 限幅后驱动 IGBT。由于是电磁隔离方式，驱动级不需要专门的直流电源，简化了电源结构，且工作频率较高，可达 100kHz 左右。这种电路的缺点是由于漏感和集肤效应的存在，绕组的绕制工艺复杂，并易于出现振荡。

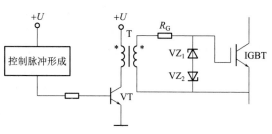

图 10-7　IGBT 脉冲变压器直接驱动电路

## 10.2.3　555 定时器驱动电路

如图 10-8(a) 所示为用定时器 555 组成的驱动电路。555 是一种模拟、数字混合式单定时器集成电路，外接适当的电阻和电容就能构成多谐振荡器、单稳态电路和双稳态电路。在 IGBT 的驱动电路中，555 的端子 2、6 接在一起，组成了双稳态电路结构。为了说明其工作原理，将定时器 555 的原理框图示于图 10-8(b) 中。中间由两个或非门组成 RS 触发器，R 端和 S 端分别与两个电压比较器 A$_1$、A$_2$ 的输出相连接，由三个阻值相同的电阻 $R$ 对电源电压 $U_S$ 分压后形成比较器的参考电压。输入端 TH（端子 6）接比较器 A$_1$ 的同相端，当其电平高于反相端电平 $U_{CO}$ 时，该比较器输出高电平。在 CO 端（端子 5）悬空的情况下，$U_{CO}/2 = 2U_S/3$。输入端 $\overline{TR}$（端子 2）接比较器 A$_2$ 的反相端，当其电平低于同相输入端电平时，该比

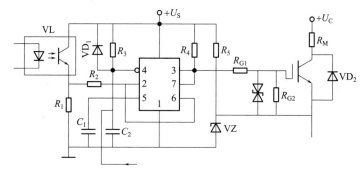

(a) 驱动电路

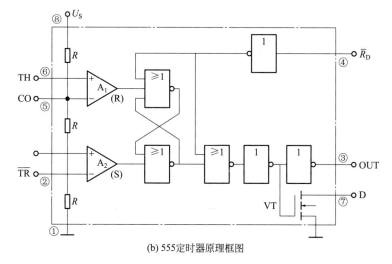

(b) 555定时器原理框图

图 10-8　555 定时器及由其组成的 IGBT 驱动电路

较器输出高电平。比较器 $A_2$ 的同相输入端为 $U_{CO}/2$，在 CO 端悬空时，$U_{CO}/2=U_S/3$。

图中 VT 为放电管，在电路输出为 0 时导通，漏极对地近似于短路，在输出为 1 时放电管截止，漏极对地相当于开路。

在图 10-8(a) 所示的驱动电路中，控制脉冲信号经光耦合器 VL 隔离后将信号经由 $R_1$、$R_2$ 传送至定时器 555 的 2、6 端（即同时送至 TH、$\overline{\mathrm{TR}}$ 端）。当信号为高电平时，TH 端失效，使 555 输出端 3 为低电平；当信号为低电平时，$\overline{\mathrm{TR}}$ 端失效，使 555 输出端为高电平。

## 10.2.4 专用驱动模块

大多数 IGBT 生产厂家为了解决 IGBT 的可靠性问题，都生产与其相配套的混合集成驱动电路，如日本富士的 EXB 系列、日本东芝的 TK 系列、美国摩托罗拉的 MPD 系列等。这些专用驱动电路抗干扰能力强、集成化程度高、速度快、保护功能完善，可实现 IGBT 的最优驱动。在这里重点介绍一下应用较为广泛的由光耦合器件作为隔离元件的厚膜驱动器，其典型新产品为日本富士公司研制的 EXB840 和 EXB841。EXB840 能驱动 300A、1200V 的 IGBT 器件。其工作电源为 20V，开关频率在 20kHz 以下，信号延迟时间小于 $1.5\mu s$，内有过流检测及过载慢速关栅等控制功能。EXB840 内部结构简图如图 10-9 所示，典型应用电路如图 10-10 所示，各引脚功能如表 10-1 所示。

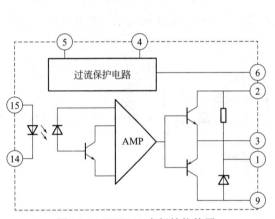

图 10-9 EXB840 内部结构简图

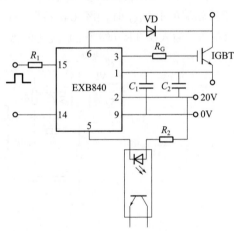

图 10-10 EXB840 的典型应用电路

表 10-1 EXB840 系列引脚功能表

| 引脚号 | 功 能 说 明 | 引脚号 | 功 能 说 明 |
|---|---|---|---|
| 1 | 连接用于反向偏置电源的滤波电容，与 IGBT 的发射极相接 | 7、8 | 可不接 |
| | | 9 | 电源地端 |
| 2 | 电源正端，一般为 20V | | |
| 3 | 驱动输出，经栅极电阻 $R_G$ 与 IGBT 相连 | 10、11 | 可不接 |
| 4 | 外接电容器，防止过流保护环节误动作 | 12、13 | 空 |
| 5 | 内设的过流保护输出端 | 14 | 驱动输入（-） |
| 6 | 经快速二极管连到 IGBT 的集电极，监视集电极电源，作为过流信号之一 | 15 | 驱动输入（+） |

在图 10-10 中，当 IGBT 出现过流时，6 脚外接二极管导通，5 脚呈现低电平，过流检测光耦导通向控制电路送出过流信号。另外，当 6 脚外接二极管导通后，EXB840 内部立即开始缓降栅压对 IGBT 实行软关断。

除日本富士 EXB84 系列驱动器外，采用光耦隔离元件的集成驱动器还有日本英达 HR065、日本三菱 M57959L~M57962 以及国产的 HL402 等。使用这些驱动器时，读者可查阅有关商家的产品手册，在此不一一介绍。

最后要说明的是，光耦驱动器虽然具有很多优点，但需要较多的电源且信号传输延迟时间较长。采用变压器耦合驱动时可克服光耦驱动器的诸多不足，驱动电路结构简单和工作电源少是其突出优点。但是变压器耦合驱动器不能自动实现过流保护和任意脉宽输出，尤其是很难对 SPWM 信号脉冲的传输实现隔离。美国 Unitrode 公司的 UC3726/3727 就是专为克服不能实现任意脉宽输出而设计的，但其外围电路较多，因而在目前传输信号频率不太高的场合还是多用光耦合器件进行隔离。

## 10.2.5　保护电路

将 IGBT 用于电力变换器时，应采取保护措施以防损坏器件，常用的保护措施有：

① 通过检出的过电流信号切断门极控制信号，实现过电流保护；

② 利用缓冲电路抑制过电压并限制过量的 $du/dt$；

③ 利用温度传感器检测 IGBT 的壳温，当超过允许温度时主电路跳闸，实现过热保护。

下面简单介绍三种保护电路。

如图 10-11 所示是第一种实用的 IGBT 过电流保护电路，由图可知，漏极电压与门极驱动信号相"与"后输出过电流信号，将此过电流信号反馈至主控电路切断门极信号，以保护 IGBT 不受损坏。

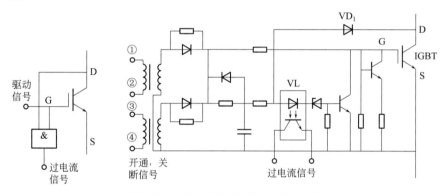

图 10-11　IGBT 过电流保护电路（1）

如图 10-12 所示为第二种实用的 IGBT 过电流保护电路。当 IGBT 的漏极电流小于限流阈值时，比较器同相端电位低于反相端电位，其输出为低电平，$VT_3$ 关断，当驱动信号为高电平时，$VT_2$ 导通，驱动信号使 IGBT 导通；当驱动信号由高电平变为低电平时，$VT_2$ 的寄生二极管导通，驱动信号将 IGBT 关断。这时 IGBT 仅受驱动信号控制。

当导通的 IGBT 源极电流超过限流阈值，电流经电流互感器 T、二极管 $VD_3$ 在电阻 $R_5$ 上产生的压降传送到比较器同相端，其电位将超过反相端电位，比较器输出由低电平翻转到高电平，$VT_1$ 导通迅速泄放 $VT_2$ 的栅极电荷，

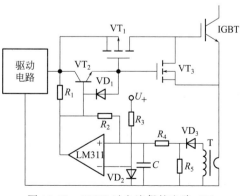

图 10-12　IGBT 过电流保护电路（2）

VT$_2$ 迅速关断，阻断了驱动信号传送到 IGBT 的门极；同时 VT$_1$ 驱动 VT$_2$ 迅速导通，将 IGBT 的门极电荷迅速泄放，使 IGBT 关断；正反馈电阻 $R_2$ 使比较器在 IGBT 过电流被关断后保持输出高电平，以确保 IGBT 在本次开关周期内不再导通。当驱动信号由高电平变为低电平时，比较器输出端随之变为低电平，同相端电位下降并低于反相端电位，过电流保护电路复位，为下一个开关周期的正常运行和过电流保护做好准备。当驱动信号再次变为高电平时，经导通的 VT$_2$ 驱动 IGBT 导通，如 IGBT 的源极电流不超过限流阈值则过电流保护电路不动作；如电流超过限流阈值，则过电流保护电路动作将 IGBT 再次关断。这样过电流保护电路实现了逐个脉冲电流限制。电流的限流阈值可通过调整电阻 $R_5$ 任意设置，由于采用了逐个脉冲电流限制，可将限流阈值设置在最大工作电流的 1.1 倍，这样既可确保 IGBT 在任何负载状态下电流被限制在限流阈值内，又不影响电路正常工作，因此具有较高的可靠性。

　　第三种电路就是浪涌电压吸收电路，如图 10-13 所示是典型的浪涌电压吸收电路。如图 10-13（a）所示是最简单的浪涌电压吸收电路，只是在直流端子间接入小容量电容而已，适用于 50A 系列以下的 IGBT。如图 10-13（b）所示的电路是用 RCD 电路吸收较大的浪涌能量，用电容吸收高频浪涌电压，这种方式适用于中等容量变换器的 IGBT。如图 10-13（c）所示的电路在各臂上接有 RCD 的电路，元件并联时对应于 1~2 个元件接入一组 RCD 电路，采用高速并且具有软恢复特性二极管较佳。另外可在二极管两端并联陶瓷电容从而减小浪涌电压。如图 10-13（d）、（e）所示电路的吸收浪涌电压效果好，但其损耗比较大，因此应用于 IGBT 耐压裕量较小的场合。

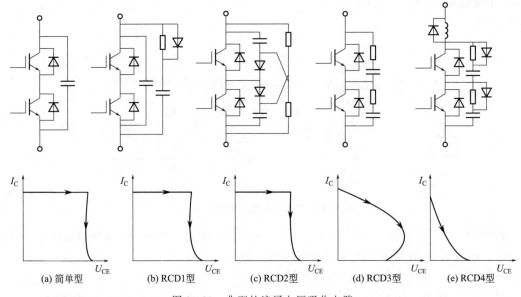

图 10-13　典型的浪涌电压吸收电路

# 10.3　逆变电路

　　习惯上，人们将逆变器中完成直流电能变交流电能的变换主通道叫逆变主电路，它主要由功率开关器件、变压器及电解电容等构成，通过控制功率开关器件有规律的通与断，使电流按预测的途径流通而实现直流到交流的变换。逆变器主电路的工作方式有多种，但由于新型全控功率器件的出现，现在基本上都采用所谓的脉冲宽度调制（PWM）法。

## 10.3.1 单相逆变电路

(1) 单相全桥式逆变电路

单相全桥式逆变电路的基本结构如图 10-14 所示，它是由直流电源 $E$、输出变压器 B、四个功率开关器件（即图中的四个 IGBT）及四个二极管组成的。

在图 10-14 所示电路中，首先令 $VT_2$ 和 $VT_3$ 的控制电压 $U_{G_2}$ 和 $U_{G_3}$ 为负值，使 $VT_2$ 和 $VT_3$ 截止；令 $VT_1$ 和 $VT_4$ 的控制电压 $U_{G_4}$ 及 $U_{G_1}$ 为正值，使 $VT_1$ 和 $VT_4$ 导通，在如图 10-15 所示的 $t_1 \sim t_2$ 时间段。$VT_1$ 和 $VT_4$ 导通后，电流的流通路径为：$E^+ \to VT_1 \to$ 变压器初级 $\to VT_4 \to E^-$。如果忽略 $VT_1$ 和 $VT_4$ 导通后的管压降，则变压器初级电压为 $U_{12} = E$，变压器 B 的次级电压为 $U_{34} = N_2 E / N_1$（$N_1$ 和 $N_2$ 分别为变压器 B 的初次级匝数）。$VT_1$ 和 $VT_4$ 在 $t_2$ 时

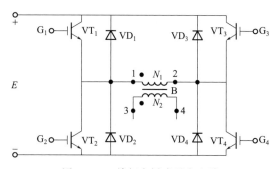

图 10-14 单相全桥式逆变电路

刻关断，此后四个功率开关器件均截止。至 $t_3$ 时刻，$VT_2$ 和 $VT_3$ 导通，电流经 $E^+ \to VT_3 \to$ 变压器初级 $\to VT_2 \to E^-$ 流动。在忽略 $VT_2$ 和 $VT_3$ 的导通压降情况下，$U_{12} = -E$、$U_{34} = -N_2 E / N_1$。$VT_2$ 和 $VT_3$ 在 $t_4$ 时刻关断。若电路按上述方式周而复始地工作，则可在变压器次级获得交变电压，从而实现直流变交流的功能。

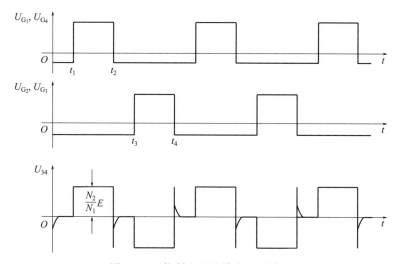

图 10-15 控制电压及输出电压波形

需要说明的两点是：第一，如果只是想实现直流变交流，则可不用变压器；如要隔离和变压就必须要有输出变压器。一般在小型 UPS 中，所采用的电池组电压均较低，因此多采用有变压器的电路，也有一些产品采用先隔离升压后直接逆变的方法。第二，图 10-14 中的四个二极管是电路必备元件，这是因为无论是有无变压器的电路，总是要考虑图 10-14 中端"1"和端"2"间的等效串联电感。正是等效串联电感的存在，使 $VT_1$ 和 $VT_4$ 关断时，由 $VD_2$ 和 $VD_3$ 为其能量释放回电源 $E$ 提供了通路。同理，在 $VT_2$ 和 $VT_3$ 关断时，$VD_1$ 和 $VD_4$ 也起同样的作用。如果在电路中不接入二极管，则在功率开关器件关断瞬间，会因电感的作用使其两端呈现极高的电压尖峰，严重时会导致功率开关器件击穿损坏。

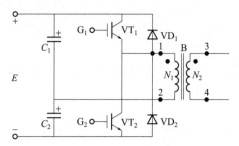

图 10-16　单相半桥式逆变电路

图 10-15 为控制电压及输出电压的波形。图中，$t_2$ 时刻所对应输出电压的反向尖峰电压由等效串联电感通过二极管释放能量所致。

（2）单相半桥式逆变电路

单相半桥式逆变电路是由直流电源 $E$、分压电容器 $C_1$ 及 $C_2$、功率开关器件 $VT_1$ 及 $VT_2$、输出变压器 B 以及两个二极管 $VD_1$ 和 $VD_2$ 组成的，其电路结构如图 10-16 所示。

在说明单相半桥式逆变电路的工作原理之前，要明确的是电路中的分压电容器 $C_1$ 与 $C_2$ 的容量相等，即 $C_1 = C_2$。同时，假设电容器的容量足够大，以至于在电路工作过程中 $C_1$ 和 $C_2$ 两端电压几乎不变，即时刻有 $UC_1 = UC_2 = E/2$。下面来说明电路的工作原理。

在 $t_1 \sim t_2$ 期间，$U_{G_1} > 0$、$U_{G_2} < 0$，$VT_1$ 导通 $VT_2$ 截止。在此期间 $C_1$ 放电，其路径为 $C_1^+ \rightarrow VT_1 \rightarrow$ 变压器初级绕组 $\rightarrow C_1^-$；电容器 $C_2$ 充电，其路径为 $E^+ \rightarrow VT_1 \rightarrow$ 变压器初级绕组 $\rightarrow C_2 \rightarrow E^-$。如前假定条件，在 $U_{C_1}$ 和 $U_{C_2}$ 均不变的前提条件下，变压器初级的两端电压 $U_{12} = UC_1 = E/2$，变压器的次级电压为 $U_{34} = (N_2/N_1)U_{12} = N_2 E/(2N_1)$。当然，这是在忽略 $VT_1$ 导通时的管压降并设初级与次级匝数分别为 $N_1$ 和 $N_2$ 时得到的结果。

$t_2$ 时刻，$VT_1$ 关断，电路中"1"端和"2"端间的等效串联电感通过 $VD_2$ 向电容 $C_2$ 释放能量。此后，即 $t_2 \sim t_3$ 期间，因 $U_{G_1} < 0$、$U_{G_2} < 0$，$VT_1$ 和 $VT_2$ 均截止。

$t_3 \sim t_4$ 期间，$U_{G_2} > 0$，$U_{G_1} < 0$。$VT_1$ 截止而 $VT_2$ 导通。期间 $C_1$ 充电，其路径为 $E^+ \rightarrow C_1 \rightarrow$ 变压器初级绕组 $\rightarrow VT_2 \rightarrow E^-$；电容器 $C_2$ 放电，其路径为 $C_2^+ \rightarrow$ 变压器初级绕组 $\rightarrow VT_2 \rightarrow C_2^-$。与 $t_1 \sim t_2$ 期间的假定一样，此时可以得到变压器初级的两端电压 $U_{12} = -U_{C_2} = -E/2$，变压器次级电压为 $U_{34} = (N_2/N_1)U_{12} = -N_2 E/(2N_1)$。

$t_4$ 时刻，$VT_2$ 关断，电路中"1"端和"2"端间的等效串联电感通过 $VD_1$ 向电容器 $C_1$ 释放能量。此后 $VT_1$ 和 $VT_2$ 又均处于截止状态。

综上所述，如果使电路按上述过程周而复始地工作，则可在变压器次级获得交变的电压输出，这样该电路就实现了直流变交流的目的。在该电路工作过程中，控制电压 $U_{G_1}$ 和 $U_{G_2}$ 及 $U_{34}$ 的波形如图 10-17 所示。

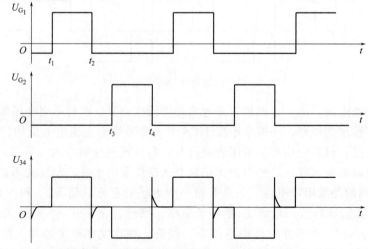

图 10-17　半桥电路的控制电压及输出电压波形

（3）单相推挽式逆变电路

单相推挽式逆变电路是由直流电源 $E$、输出变压器、功率开关器件 $VT_1$ 和 $VT_2$ 以及两个二极管 $VD_1$ 和 $VD_2$ 组成的，其电路结构如图 10-18 所示。在这种结构的电路中，要求两个初级绕组的匝数必须相等，即 $N_1 = N_2$。下面仍以单脉宽调制方式讨论电路的工作原理。

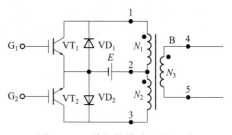

图 10-18　单相推挽式逆变电路

设功率开关器件 $VT_1$ 和 $VT_2$ 的栅极分别加上如图 10-19 所示的控制电压 $U_{G_1}$ 和 $U_{G_2}$，则在 $t_1 \sim t_2$ 期间，$VT_1$ 导通 $VT_2$ 截止。在此期间若忽略 $VT_1$ 的管压降，则变压器初级的电压为 $U_{12} = -E$，变压器次级电压为 $U_{45} = -N_3 E/N_1$，$VT_2$ 承受的电压为 $2E$。$t_2$ 时刻，$VT_1$ 关断，变压器初级等效串联电感力图维持原电流不变，因而导致初级绕组的电压极性与 $VT_1$ 导通时相反，即 $N_1$ 绕组的"1"端为正而"2"端为负，$N_2$ 绕组的"2"端为正而"3"端为负。因此该等效电感的能量只能通过 $VD_2$ 向直流电源 $E$ 反馈。

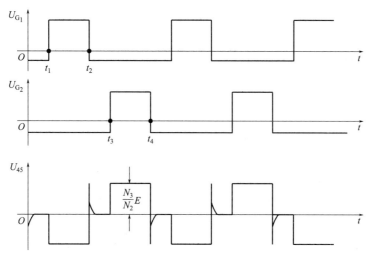

图 10-19　推挽电路的控制电压及输出电压波形

在 $t_3 \sim t_4$ 期间，$VT_1$ 截止而 $VT_2$ 导通。$VT_2$ 导通时若忽略其管压降，则变压器初级绕组的电压为 $U_{21} = -U_{23} = -E$，变压器的次级电压为 $U_{45} = N_3 E/N_2$，在此期间 $VT_1$ 承受的电压为 $2E$。$t_4$ 时刻，$VT_2$ 关断，变压器初级等效串联电感的能量通过 $VD_1$ 向直流电源 $E$ 反馈。

此后，使电路按此规律周而复始地工作，则可在变压器次级获得交变的输出电压，从而使该电路实现了直流变交流的功能。

## 10.3.2　三相桥式逆变电路

由 3 个单相逆变电路可组成一个三相逆变电路，每个单相逆变电路可以是任意形式，只要 3 个单位逆变电路输出电压的大小相等、频率相同、相位互差 120°即可。然而，在三相逆变电路中应用最广泛的是三相桥式逆变电路，如图 10-20 所示，它可以看成由 3 个半桥逆变电路组合而成。

为了分析问题方便，在直流侧标出了假想中点 $O'$，但在实际电路中直流侧只有一个电容器。若三相桥式逆变电路的工作方式是 180°导电式（也有 120°导电方式，读者可自行分

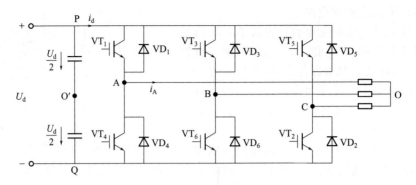

图 10-20　三相桥式逆变电路

析），即每个桥臂的导通角为 $180°$，同一相（即同一半桥）上下两个桥臂交替导通，各相开始导通的角度依次相差 $120°$，控制信号如图 10-21（a）所示。这样在任何时刻将有 3 个桥臂同时导通，导通的顺序为 1、2、3→2、3、4→3、4、5→4、5、6→5、6、1→6、1、2。即可能是上面一个桥臂和下面两个桥臂同时导通，也可能是上面两个桥臂和下面一个桥臂同时导通。因为每次换流都是在同一相上下两个桥臂之间进行，因此被称为纵向换流。

（1）输出电压分析

根据上述控制规律，可得到 $u_{AO'}$、$u_{BO'}$、$u_{CO'}$ 的波形，它们是幅值为 $U_d/2$ 的方波，但相位依次相差 $120°$，如图 10-21（b）所示。输出的线电压为

$$u_{AB} = u_{AO'} - u_{BO'}$$
$$u_{BC} = u_{BO'} - u_{CO'}$$
$$u_{CA} = u_{CO'} - u_{AO'}$$

波形如图 10-21（c）所示。

三相负载可按星形或三角形连接。当负载为三角形连接时，相电压与线电压相等，很容易求得相电流和线电流；当负载为星形连接时，必须先求出负载相电压，然后才能求得线电流。以电阻性负载为例说明如下。

由图 10-21（a）所示的波形图可知，在输出电压的半个周期内，逆变电路有 3 种工作模式（开关状态）。

① 模式 1（$0 \leqslant \omega t \leqslant \pi/3$），$VT_5$、$VT_6$、$VT_1$ 导通。三相桥的 A、C 两点均接 P，B 点接 Q，其等效电路如图 10-21（g）所示。

$$u_{AO} = u_{CO} = U_d/3$$
$$u_{BO} = -2U_d/3$$

② 模式 2（$\pi/3 \leqslant \omega t \leqslant 2\pi/3$），$VT_6$、$VT_1$、$VT_2$ 导通。三相桥的 A 点接 P，B、C 两点均接 Q，其等效电路如图 10-21（h）所示。

$$u_{AO} = 2U_d/3$$
$$u_{BO} = u_{CO} = -U_d/3$$

③ 模式 3（$2\pi/3 \leqslant \omega t \leqslant \pi$），$VT_1$、$VT_2$、$VT_3$ 导通。三相桥的 A、B 两点均接 P，C 点接 Q，其等效电路如图 10-21（i）所示。

$$u_{AO} = u_{BO} = U_d/3$$
$$u_{CO} = -2U_d/3$$

根据上述分析，星形负载电阻上的相电压 $u_{AO}$、$u_{BO}$、$u_{CO}$ 波形是阶梯波，如图 10-21（d）所示。将 A 相电压 $u_{AO}$ 展开成傅里叶级数：

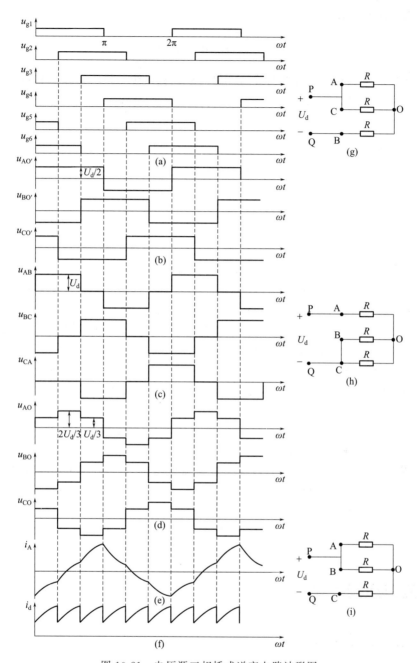

图 10-21 电压源三相桥式逆变电路波形图

$$u_{AO} = \frac{2U_d}{\pi}\left(\sin \omega t + \frac{1}{5}\sin 5\omega t + \frac{1}{7}\sin 7\omega t + \frac{1}{11}\sin 11\omega t + \cdots\right)$$

由此可见，$u_{AO}$ 无 3 次谐波，仅有更高的奇次谐波。

a. 基波幅值：

$$U_{AO1m} = 2U_d/\pi = 0.637U_d$$

b. 基波有效值：

$$U_{AO1} = \frac{2U_d}{\sqrt{2}\,\pi} = 0.45U_d$$

c.负载相电压的有效值：

$$U_{AO} = \sqrt{\frac{1}{2\pi}\int_0^{2\pi} u_{AO}^2 d(\omega t)} = 0.472U_d$$

线电压和相电压的基波及各次谐波与一般对称三相系统一样，存在$\sqrt{3}$倍的关系。

d.线电压$u_{AB}$的基波幅值：

$$U_{AB1m} = \sqrt{3}U_{AO1m} = 1.1U_d$$

e.线电压$u_{AB}$的基波有效值：

$$U_{AB1} = U_{AB1m}/\sqrt{2} = 0.78U_d$$

f.负载线电压的有效值：

$$U_{AB} = \sqrt{\frac{1}{2\pi}\int_0^{2\pi} u_{AB}^2 d(\omega t)} = 0.817U_d$$

（2）输出和输入电流分析

不同负载参数，其阻抗角$\varphi$不同，则负载电流的波形形状和相位都有所不同。当负载参数一定时，可由$u_{AO}$的波形求出A相电流$i_A$的波形。如图10-21（e）所示是在感性负载下$i_A$的波形。上、下桥臂间的换流过程和半桥电路一样。如上桥臂1中的$VT_1$从通态转换到断态时，因负载电感中的电流不能突变，下桥臂4中的$VD_4$导通续流，待负载电流下降到零，桥臂4中的电流反向时，$VT_4$才开始导通。负载阻抗角$\varphi$越大，$VD_4$导通的时间越长。$i_A$的上升段即为桥臂1导电的区间，其中$i_A < 0$时为$VD_1$导通，$i_A > 0$时为$VT_1$导通；$i_A$的下降段即为桥臂4导电区间，其中$i_A > 0$时为$VD_4$导通，$i_A < 0$时为$VT_4$导通。

$i_B$、$i_C$的波形和$i_A$形状相同，相位依次相差120°。把桥臂1、3、5（或2、4、6）的电流叠加起来，就可得到直流侧电流$i_d$的波形，如图10-21（f）所示。$i_d$的波形均为正值，但每隔60°脉动一次。说明逆变桥除了从直流电源吸取直流电流外，还要与直流电源交换无功电流。当负载阻抗角$\varphi > \pi/3$时直流侧的电流波形也是脉动的，且既有正值也有负值，负值表示负载中的无功能量通过二极管反馈回直流侧。此外，当负载为纯电阻负载时，三相桥式逆变电路中所有反并联二极管都不会导通，直流电源吸取无脉动的直流电流。

# 10.4 典型应用实例

## 10.4.1 静音式变频调速系统

所谓静音式设备即指无噪声设备，当开关频率高于20kHz以上时，就超出了人的听觉范围，人们即无噪声感觉，IGBT恰恰适合于此。

一个11kW由单片微机控制的变频调速系统如图10-22所示。其主电路为典型的三相桥式逆变电路，具有过电流和过电压保护，选用EXB850专用集成驱动器驱动IGBT。

变频系统的主控部分由8031微处理器和可编程全数字化的SPWM集成控制器SLE4520组成，其接线关系如图10-23所示。可编程器件SLE4520能把三个8位数字量同时转换成三路相应脉宽的矩形波信号，再与死区寄存器产生的死区信号结合后，通过接口电路产生六路输出信号，每路最大可提供20mA电流。与硬件连接配套的还有相应的软件程序，主要是利用程序查表得到脉宽数据等。

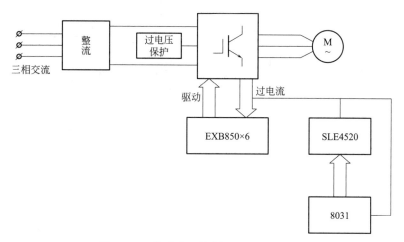

图 10-22 单片微机控制的变频调速系统

## 10.4.2 工业加热电源

（1）30kW/50kHz 并联谐振感应加热电源

由于 IGBT 构成的逆变器可以在几十千赫兹的频段运行，所以可用它替代原来的电子管高频电源。如图 10-24 所示即为并联谐振感应加热电源的主电路图。其中的直流侧串有大电感而近似为电流源，逆变器的输出电流为方波，输出电压近似为正弦波。

电路中采用三相桥式不控整流加上由 IGBT（$VT_1 \sim VT_4$）及 $VT_0$ 组成的斩波器构成直流电

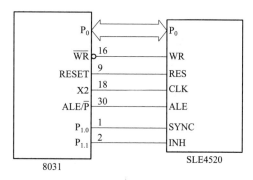

图 10-23 8031 与 SLE4520 接线关系示意图

流源，具有保护动作速度快以及由于高频斩波而使滤波器尺寸小等优点。控制电路保持桥式逆变器工作于零相位谐振状态。该电路采用了准谐振的工作状态，即在负载电压过零时刻，臂内电流才开始换相，不同于通常的失谐工作方式，由于不可缺少的上、下臂的重叠导通时间以及开关时间的存在，所以又不同于理想谐振方式。其输出电压、电流的基波相位差为零，故称之为零相位并联谐振。使之维持零相位谐振工作状态的相位控制框图如图 10-25 所示，其中角 $\theta$ 用来补偿控制电路的时延。

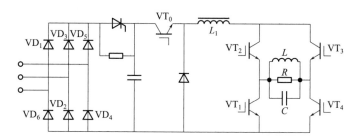

图 10-24 并联谐振感应加热电源主电路图

（2）逆变弧焊电源

逆变弧焊电源也可由 IGBT 组成，如图 10-26 所示。电源逆变频率为 30kHz，具有功率大、电流高、电流稳定性好、控制简单、容易实现微机控制等优点。

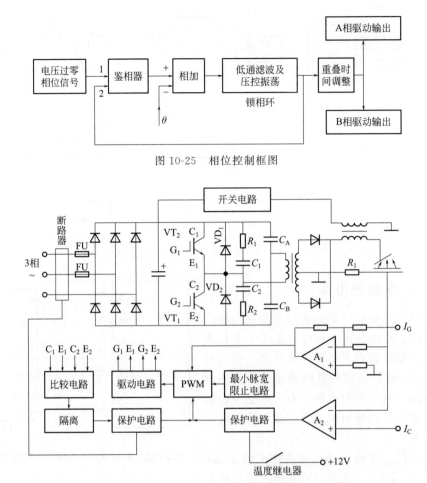

图 10-25　相位控制框图

图 10-26　逆变弧焊电源原理框图

该电源主电路采用抗不平衡能力较强的半桥式逆变电路，由 IGBT 管 $VT_1$、$VT_2$ 和电容 $C_A$、$C_B$ 组成，采用脉冲宽度调制和脉冲频率调制综合控制方法控制电源输出外特性，控制电路包括电流取样电路、误差放大器、PWM 控制器、最小脉宽限制电路、门限电路和驱动输出电路几部分。在电弧燃烧时，采用恒流控制，使工作过程中电弧十分稳定。恒流控制主要是通过电流负反馈闭环控制实现的：由电流取样电路（$R_1$）取得的电流信号，经误差放大器 $A_1$ 与给定电流信号 $I_G$ 比较放大后，输入 PWM 控制器控制其脉宽输出，从而实现 PWM 控制；短路时通过门限控制改变输出脉冲频率，从而实现 PFM 控制。在电路中设置了电流门限值 $I_C$，当负载短路时电流增加，由电流取样电路取得的电流信号与 $I_C$ 比较，一旦超过 $I_C$，则比较器 $A_2$ 输出低电平，关闭 PWM 电路输出，输出电流随之下降，当电流降到 $I_C$ 值以下时，恢复 PWM 电路的输出，如此反复，实现了对电源短路电流和瞬时电流冲击的限制。

在弧焊电源中的过流现象可分为两种情况，一种是由于负载突然增大或短路而造成的过流，另一种是由于器件损坏如 IGBT、逆变电容、整流二极管失效而造成的过电流。针对上述两种情况，电源中设置了三种过电流保护措施：①输入端快速熔断器过电流保护；②通过检测 IGBT 的 C、E 间电压检测流过 IGBT 的电流，当电流超过设定值时，关闭 IGBT，随后切断整个主回路；③通过取样电阻检测流过电源二次侧的电流，一旦电流超过给定值时，则关闭 PWM 输出。这种方法为可恢复性电流保护，其特点是当出现某种瞬时过电流时既能保护电路安全，又不会中断电弧燃烧。

过压保护电路仍由阻容吸收网络 $R_1$、$C_1$ 和 $R_2$、$C_2$ 组成，它们分别并联在 IGBT 开关管 $VT_1$、$VT_2$ 的 C、E 极两端，以吸收 IGBT 管在关断过程中产生的电压尖峰，抑制过高的 $di/dt$，保证 IGBT 的安全。

该电源是多弧离子镀弧焊电源，是离子镀膜机的重要组成部分。由于是真空电弧，其本身热稳定性低于空气中的电弧，故对电源电流稳定性的要求高于一般焊接用电源。由于本电源采用电流负反馈控制，电源输出外特性为恒流特性。同时由于逆变频率较高，控制系统时间常数也较小，因而电弧稳定性较好。此外，由于逆变频率较高，输出电感较小，还在电源输出端并联阻容吸收网络和压敏电阻，抑制了电压尖峰，提高了整机效率。

## 10.4.3 不间断电源（UPS）

日本东芝公司研制的不间断电源用的三相 IGBT 逆变器，采用重复控制和瞬时控制相结合的全数字化控制，对线性负载和非线性负载都能保证低的电压畸变。

该 UPS 的主电路如图 10-27 所示。逆变器开关采用 IGBT，UPS 的输入为三相电网电源，通过晶闸管全控整流电路将交流电变换成直流电。直流电路与 $LC$ 滤波器和电池相连接，逆变器将直流电重新变换成交流电，交流输出侧连接变压器和电容器，通过变压器和电容器将交流电送到负载。交流侧的滤波器由变压器漏感和交流电容器组成。

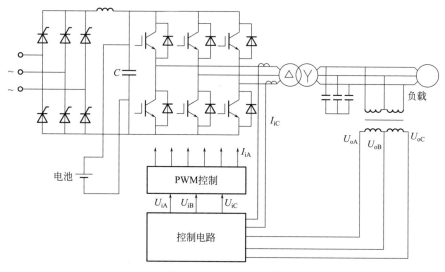

图 10-27　UPS 主电路

## 10.4.4 有源功率滤波器

有源功率滤波器用于感性储能系统，以抑制谐波补偿无功功率。

一般有源功率滤波器是由电流源或电压源 PWM 整流器组成的，在电流源 PWM 变流器中，直流侧有一电抗器以恒定电流，而在电压源 PWM 变流器中，有一电容器或电池以恒定电压。为了无故障地运行，直流侧的电压或电流必须大于电网电压或补偿电流的幅值。由此可见，电压源变流器起升压作用，电流源变流器起降压作用。

有源功率滤波器的一种实验电路如图 10-28 所示。连接二极管单桥电路主要是模拟负载状态。为启动或关断系统，电感器应由电源充电或放电到电源，由直流侧的充电电感避免过电流，系统与电网频率同步，电路中选择带二极管的 IGBT，串联二极管用来截止开关两端的反向电压，并联二极管用来传导串联二极管的反向电流。交流侧的滤波器由 $L_A$ 和 $C$ 组成以减少 PWM 变流器的开关纹波，滤波器的谐振频率应比补偿谐波频率低。

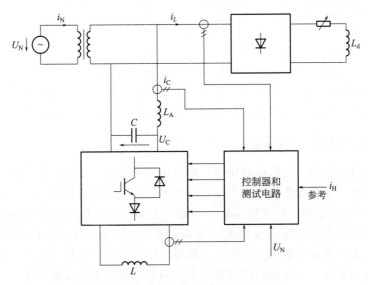

图 10-28　有源功率滤波器实验电路

# 第11章
# 电声器件

电声元件是将电信号转换为声音信号或将声音信号转换成电信号的换能元件，它是利用电磁感应、静电感应或压电效应等来完成电声转换的。扬声器、耳机、压电陶瓷片和蜂鸣器等就是将电信号转换成声频信号的电声元件；而传声器（话筒）则是可将声音信号转换为电信号的电声元件。电声元件在收音机、电视机、计算机等各种电子电气设备中的应用十分广泛。电声元件的种类很多，本章主要介绍几种最为常用的电声器件。

## 11.1 扬声器

### 11.1.1 扬声器的特性与种类

扬声器又称喇叭，是最常用的电声转换器件，它将模拟的话音电信号转化成声波。是收音机、录音机、音响等设备中的重要元件，其质量优劣直接影响音质和音响效果。扬声器在电路中用图 11-1 所示符号表示，代表字母为 B 或 BL。

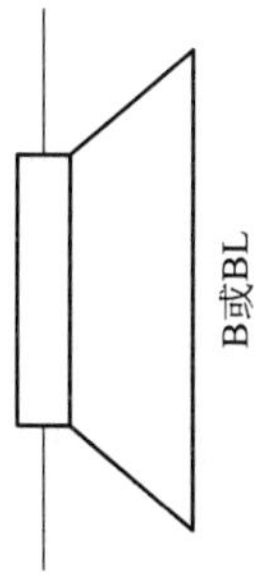

扬声器的分类方式很多，按换能方式的不同可分为电动扬声器、静电扬声器、舌簧扬声器、压电扬声器和离子扬声器等；按频率范围可分为低音扬声器、中音扬声器、高音扬声器和全频扬声器；按扬声器的形状可分为纸盆扬声器、号筒式扬声器和球顶扬声器等。

（1）电动扬声器

电动扬声器又称动圈式扬声器，在电视机、收音机中应用十分广泛，按其所采用的磁性材料的不同可分为永磁（铝镍钴合金）式的和恒磁（钡铁氧体）式两种。永磁式扬声器因磁铁可以做得很小，所以常安装在内

图 11-1 扬声器的电路符号

B或BL

部，又称其为内磁式。其特点是漏磁少、体积小，但价格稍贵。恒磁式扬声器往往要求磁体体积较大，所以通常安装在外部，又称其为外磁式。其特点是漏磁多、体积大，但价格比较便宜，常用于普通收音机。电动扬声器由纸盆、音圈、音圈支架、磁铁、盆架等组成，如图11-2所示。当音频电流通过音圈时，音圈产生随音频电流而变化的磁场，这一变化磁场与永久磁铁的磁场发生相吸或相斥作用，导致音圈产生机械振动，并且带动纸盆振动，从而发出声音。

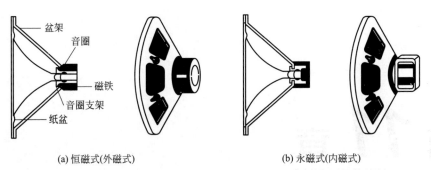

盆架
音圈
磁铁
音圈支架
纸盆

(a) 恒磁式(外磁式)　　　　　　　　　　(b) 永磁式(内磁式)

图 11-2　电动扬声器

（2）静电扬声器

静电扬声器又名电容扬声器，是应用静电场产生机械力的原理做成的扬声器。它是由一个固定电极和一个可动电极形成的电容器构成的，在两个电极间需要加一固定直流电压（即极化电压），使之产生一个固定静电场。当声频电压加到两电极上时，由于其间所产生的交变电场与固定静电场发生相互作用，则电极间有一个与声频电压相应的交变力，使可动电极随之振动，与空气耦合而辐射声波。可动电极一般是在塑料膜上喷镀一层导电金属制成的。现在已经出现了省去极化电源而用薄膜驻极体做成的静电扬声器。

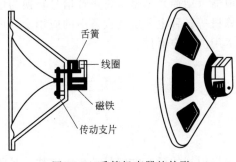

舌簧
线圈
磁铁
传动支片

图 11-3　舌簧扬声器的外形

（3）舌簧扬声器

舌簧扬声器是应用电磁原理做成的，属于电磁扬声器的一种，主要由永久磁铁、线圈、衔铁（舌簧）构成。衔铁位于线圈内，并与纸盆相连接。利用纸盆的吸引力和排斥力，以衔铁作媒介，带动纸盆，把声波辐射到空间去。这种扬声器阻抗和灵敏度高，工艺简便，但频率范围较窄，应用较少。舌簧扬声器的外形如图11-3所示。

（4）压电扬声器

压电扬声器是利用压电材料的逆压电效应而工作的，也称为晶体式扬声器。电介质（如石英、酒石酸钾钠等晶体）在压力作用下发生极化使两端表面间出现电势差的现象，称为"压电效应"。它的逆效应，即置于电场中的电介质会发生弹性形变，称为"逆压电效应"或"电致伸缩"。压电扬声器与电动扬声器相比不需要磁路，与静电扬声器相比不需要偏压，结构简单、价格便宜，缺点是失真大且工作不稳定。

（5）离子扬声器

离子扬声器是用声频调制的高频信号，在一个特殊的装置里使空气电离，电离的强度随声频信号而改变，使空气发生相应的膨胀和压缩，使设在装置中的喇叭喉部产生声波，由喇叭耦合辐射到空气中去。这类扬声器的高频性能优良，失真小，但低频性能差，而且结构复杂,需要使用高压高频源、调制器和屏蔽等装置,故应用受到限制。

（6）纸盆扬声器

纸盆扬声器是电动扬声器的典型结构之一。它主要由振动系统、磁路系统和辅助系统三部分组成。振动系统包括锥形纸盆、音圈和定心支片等；磁路系统包括永磁磁体、导磁板等；辅助系统包括盆架、接线板、压边和防尘盖等。现在生产的双纸盆扬声器将高、低音扬声器做在一起,大、小纸盆形成一个整体一起发声,因此频响宽,效果较好。双纸盆扬声器的外形如图11-4所示。

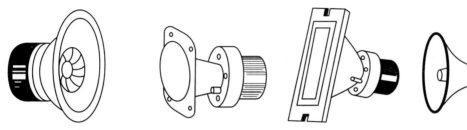

图11-4 双纸盆扬声器的外形        图11-5 号筒式扬声器的外形

（7）号筒式扬声器

号筒式扬声器通常是应用电动原理制成的,它主要由振动系统（高音头）和号筒两部分构成。振动系统与电动纸盆扬声器相似,不同的是它的振膜为一球顶形膜片,而非纸盆。振膜的振动通过号筒与空气耦合而辐射声波。这类扬声器效率高、音量大,因而俗称高音喇叭。它适合于室外及广场使用,但频率范围较窄,单个使用音质较差。号筒式扬声器的外形如图11-5所示。

（8）球顶扬声器

球顶扬声器使用一种近似呈半球形的振膜,使用球顶形振膜既有利于改善扬声器的指向性,也有利于提高振膜的强度。球顶扬声器的振膜一般用刚性好、质量轻的金属或非金属材料制成。振膜口径也设计得较小,小口径的振膜质量比传统锥盆小得多。质量小的振膜对高频信号重放非常有利。球顶扬声器和锥形扬声器的另外一个差别是振膜的支撑方式不同,球顶扬声器的振膜仅靠振膜周围的折环支撑,这就使球顶扬声器的振膜在频率较低时会出现横向振动,导致一些不必要的失真。球顶扬声器的缺点是能量转换效率较低,但其最大优点是中、高频响应优异并具有较宽的指向性,除此以外,它还具有瞬态特性好、失真小和音质较好的优点。

球顶扬声器根据球顶振膜的结构不同可分为正球顶和反球顶两种,如图11-6所示。正球顶扬声器的振膜从正面看成凸形,而反球顶扬声器的振膜则呈凹形的碗形。根据振膜的材料不同,球顶扬声器又可分为软球顶扬声器、硬球顶扬声器和复合膜球顶扬声器三种。

图11-6 球顶扬声器的外形

这里值得一提的是球顶扬声器的音圈。我们知道,扬声器振动系统的质量对扬声器的频率响应有很大影响。在高频扬声器中,为了获得更好的高频重放上限,要求高频扬声器的振动系统在保证刚性的前提下具有尽可能小的质量,市场上的一些Hi-Fi用球顶高频扬声器的音圈大多用新颖的铜包铝线绕制而成。铝具有比铜更小的密度,使用铜包铝线音圈绕组可以减小音圈的质量,这更有利于改善高频扬声器的频响指标。根据电流的集肤效应，高频扬声器音圈中的大部分电流都在音圈绕组导线的表层流过，由于铜具有比铝更小的电阻率，铜包铝线音圈的损耗几乎与铜漆包线绕组音圈相同。此外，铜具有良好的可焊性，使用铜包铝线可以方便地将音圈与编织线连接，克服了铝漆包线焊接不牢的弱点。

（9）组合扬声器

在需要高保真系统扬声器的地方，一般要求具有能重放 20～20000Hz 的频率范围。用一个扬声器实际上达不到上述要求。因而需要用两个或几个不同频率范围的扬声器单元，通过分频的方法，组合安装在一个扬声器箱内。这种在一个扬声器箱内装有几个扬声器单元和分频器，甚至还有音量衰减器的放声系统，称为组合扬声器。

## 11.1.2  扬声器的主要技术参数

扬声器的主要技术参数有额定功率、标称阻抗、频率响应、灵敏度、谐振频率等。

（1）额定功率

额定功率又称标称功率，是指扬声器能长时间正常工作的允许输入功率。扬声器在额定功率下工作是安全的，失真度也不会超出规定值。当然，实际上扬声器能承受的最大功率比额定功率大，所以不必担心因音频信号幅度变化过大、瞬时或短时间内音频功率超出额定功率值而导致扬声器损坏。常用扬声器的功率有 0.1W、0.25W、1W、3W、5W、10W、60W和 20W 等。

（2）额定阻抗

额定阻抗又称标称阻抗，是制造厂家所规定的扬声器（交流）阻抗值。在此阻抗上，扬声器可以获得最大的输出功率。额定阻抗一般印在磁钢上，是扬声器的重要指标。通常，口径小于 90mm 的扬声器的额定阻抗是用 1000Hz 的测试信号测出的，口径大于 90mm 的扬声器的额定阻抗则是用 400Hz 的测试信号测出的。选用扬声器时，其额定阻抗一般应与音频功放器的输出阻抗相符。

（3）频率响应

频率响应又称有效频率范围，是指扬声器重放音频的有效工作频率范围。扬声器的频率响应范围显然越宽越好，但受结构及工艺等因素的限制，一般不可能很宽，国产普通纸盆130mm（约 5in，1in＝25.4mm）扬声器的频率响应大多为 120～10000Hz，相同尺寸的优质发烧级同轴橡皮边或泡沫边扬声器则可达 55Hz～21kHz。

（4）特性灵敏度

特性灵敏度简称灵敏度，是指在规定的频率范围内，在自由场条件下，馈给扬声器 1W粉红噪声信号，在其参考轴上距参考点 1m 处能产生的声压。扬声器灵敏度越高，其电声转换效率就越高。

（5）谐振频率

谐振频率是指扬声器有效频率范围的下限值。通常谐振频率越低，扬声器的低音重放性能就越好。优秀的重低音扬声器的谐振频率多为 20～30Hz。

## 11.1.3  扬声器的检测

（1）估测阻抗和判断好坏

一般在扬声器磁体的商标上都标有阻抗值。但有时也可能遇到标记不清或标记脱落的情况。这时，可用下述方法进行估测。

将万用表置于 R×1 挡，调零后，测出扬声器音圈的直流铜阻 $R$，然后用估算公式 $Z=$

$1.17R$ 算出扬声器的阻抗。例如，测得一个无标记扬声器的直流铜阻为 $6.8\Omega$，则阻抗 $Z=1.17\times6.8=7.9$（$\Omega$）。一般电动扬声器的实测电阻值约为其标称阻抗的 $90\%$。

　　扬声器是否正常，除可用以上方法测其阻抗外，还可用以下方法进行简易判断。方法是：将万用表置于 R×1 挡，把任意一支表笔与扬声器的任一引出端相接，用另一支表笔断续触碰扬声器另一引出端，此时，扬声器应发出"嚓嚓"声，指针也相应摆动。如触碰时扬声器不发声，指针也不摆动，说明扬声器内部音圈断路或引线断裂。

　　（2）极性检测

　　单个扬声器接在电路中，可以不考虑两个接线端的极性，但如果将多个扬声器并联或串联起来使用，就需要考虑接线端的极性了。这是因为相同的音频信号从不同极性的接线端流入扬声器时，扬声器纸盆振动方向会相反，这样扬声器发出的声音会抵消一部分，扬声器间相距越近，抵消越明显。

　　在检测扬声器极性时，万用表选择最低的直流电流挡，例如 $50\mu A$ 或 $100\mu A$ 挡，红、黑表笔分别接扬声器的两个接线端，如图 11-7 所示，然后手轻压纸盆，会发现表针摆动一下又返回到 0 处。若表针向右摆动，则红表笔接的接线端为"＋"，黑表笔接的接线端为"－"；若表针向左摆动，则红表笔接的接线端为"－"，黑表笔接的接线端为"＋"。

　　用上述方法检测扬声器的理论根据是：当手轻压纸盆时，纸盆带动线圈运动，线圈切割磁铁的磁感线而产生电流，电流从扬声器的"＋"接线端流出。当红表笔接"＋"端时，表针往右摆动；若红表笔接"－"端时，表针反偏（左摆）。

　　当多个扬声器并联使用时，要将各个扬声器的"＋"端与"＋"端连接在一起，"－"端与"－"端连接在一起，如图 11-8(a) 所示。当多个扬声器串联使用时，要将下一个扬声器的"＋"端与上一个扬声器的"－"端连接在一起，如图 11-8(b) 所示。

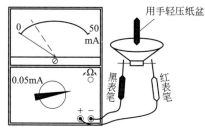

图 11-7　扬声器的极性检测

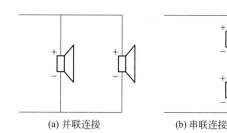

图 11-8　多个扬声器并、串联时正确的连接方法

## 11.1.4　扬声器使用注意事项

　　扬声器是发声器件，直接影响到听音效果的好坏。因此，正确地使用扬声器是非常重要的。除了要选择灵敏度高、失真小、频响宽的扬声器外，在使用中一定要使扬声器工作在最佳状态。在具体使用中应注意以下几点。

　　① 注意防潮　扬声器应放置于干燥处，潮气容易使扬声器的纸盆软化变形，使音圈霉烂、位移，甚至与磁铁摩擦。

　　② 注意防振　剧烈的振动和撞击会引起扬声器磁铁失磁、变形和碎裂损坏。

　　③ 切忌超功率使用　在接入电路时，一定要注意加到扬声器的功率不得超过其额定功率，否则将引起纸盆振破，音圈烧毁，导致其报废。

　　④ 远离高温，勿靠近热源　若扬声器长期受热容易引起退磁。

　　⑤ 阻抗匹配　每一种扬声器都有其一定的阻抗，如果阻抗失配，扬声器的最大效率就不能得以发挥，而且可能造成失真增大，甚至将扬声器烧坏。

### 11.1.5　扬声器的更换

当扬声器损坏后，除简单故障可修复外，一般应更换，更换时应注意以下问题。

（1）注意扬声器的口径及外形

代换时，新、旧扬声器口径要相同。例如代换用于收音机的扬声器，要根据收音机机壳内的容积来选择扬声器。若扬声器的磁体太大，会使磁体刮碰电路板上的元器件；若磁体太高，则可能导致机壳的前、后盖合不上。对于固定孔位置与原固定位置不同的扬声器，可根据机壳前面板固定柱的位置，重新钻孔安装，或采用卡子来固定扬声器。

（2）注意扬声器的阻抗

现以 OTL（OTL 是英文 Output Transformer Less 的简写，意思是无输出变压器）功率放大器为例，说明扬声器阻抗的重要性。OTL 形式的功放级输出端的负载阻抗，虽然不像用输出变压器耦合方式的功放级对阻抗要求那么严格，但阻抗匹配也不能相差太大。例如，某 OTL 功放级输出端要求配接阻抗 8Ω 的负载，可以输出 2W 的功率，其输出音频电压为

$$U = \sqrt{PR} = \sqrt{2 \times 8} = 4(\text{V})$$

其输出音频电流为

$$I = P/U = 2/4 = 0.5(\text{A})$$

式中，$R$ 为负载阻抗，Ω；$P$ 为输出功率，W。

若配接阻抗 4Ω 的负载，则输出功率为

$$P = U^2/R = 4^2/4 = 4(\text{W})$$

输出音频电流为

$$I = P/U = 4/4 = 1(\text{A})$$

通过以上对比可以看出：负载阻抗减小一半时，则输出功率增加一倍，其输出电流也增大一倍，这就要考虑到功放电路中某些晶体管的一些相关参数指标是否满足要求。例如，功率放大管的集电极最大电流 $I_{CM}$ 值和耗散功率 $I_{CM}$ 值等是否够用。若功放管的上述参数指标不够用而随意降低其负载阻抗值，在放大器满功率输出时，势必将功放管烧毁。当然，这种情况也包括采用功放集成电路的功放级。

（3）注意扬声器的额定功率

为了增加扬声器的保真度，一般功放级的输出功率均大于扬声器额定功率的 2～3 倍或更多。这种情况称为功率储备，其目的是当音量电位器开得不太大时，失真度最小，而输出的声音已经足够响亮，从而获得最佳放音效果。从这个意义上来讲，代换扬声器时，不要选配额定功率太大的扬声器，否则，当音量电位器开小时，其输出功率没有足够力量推动纸盆振动或振动幅度太小，声音便显得无力、不好听；当音量电位器开大后，放大器失真度又相应地增大。但是，也不能使扬声器的额定功率小于放大器的输出功率太多，两者相差悬殊也容易将扬声器的音圈烧坏或使纸盆移位。

（4）注意扬声器的电性能指标

选配扬声器，要求失度小、频率特性好和灵敏度高。

## 11.2　耳机

耳机与扬声器一样，也是一种电声转换器件，其功能是将电信号转换为声音信号。耳机

的实物外形及电路图形符号如图 11-9 所示。

(a) 耳机的实物外形　　　　　　　　　(b) 耳机的电路图形符号

图 11-9　耳机的实物外形及电路图形符号

## 11.2.1　耳机的工作原理

耳机的种类很多，可分为动圈式、动铁式、压电式、静电式、气动式、等磁式和驻极体式等，动圈式、动铁式和压电式耳机较为常见，其中动圈式耳机使用最为广泛。

动圈式耳机是一种最常用的耳机，其结构、工作原理与动圈式扬声器相同，可以看作是微型动圈式扬声器。动圈式耳机的优点是制作相对容易，且线性好、失真小、频响宽。

动铁式耳机又常称为电磁式耳机，其基本结构如图 11-10 所示，一个铁片振动膜被永久磁铁吸引，在永久磁铁上绕有线圈，当线圈通入音频电流时会产生变化的磁场，它会增强或削弱永久磁铁的磁场。磁铁变化的磁场使铁片振动膜发生振动而发声。动铁式耳机的优点是使用寿命长、效率高，缺点是失真大、频响窄，在早期较为常用。

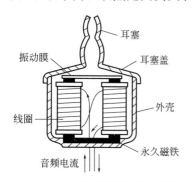

图 11-10　电磁式耳机的基本结构

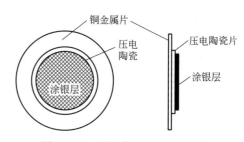

图 11-11　压电式耳机的基本结构

压电式耳机是利用压电陶瓷的压电效应发声的，压电陶瓷的基本结构如图 11-11 所示，在铜片和涂银层之间夹有压电陶瓷片，当给铜片和涂银层之间施加变化的电压时，压电陶瓷片会产生振动而发声。压电式耳机的优点是效率高、频率高，缺点是失真大、驱动电压高、低频响应差、抗冲击性差。

## 11.2.2　耳机的检测

目前，双声道耳机使用较多，耳机插头有三个引出点（导电环），一般插头后端的接触点为公共导电环，前端和中间接触点分别为左（L）、右（R）声道导电环，中间由两个绝缘环隔开。三个导电环内部接出三根导线，公共导电环导线引出后一分为二，三根导线变为四根后两两与左、右声道耳机线圈连接，如图 11-12 所示。

利用万用表可方便地检测耳机的通断情况。检测时，将万用表置于 R×1 或 R×10 挡，用黑表笔接在耳机插头的公共导电环上，然后用红表笔分别触碰耳机插头的另外两个声道导电环（如图 11-13 所示），相应的左或右声道的耳机应发出"嚓嚓"声，指针应偏转，指示值通常应为几十到几百欧，而且左、右声道的耳机阻值应对称。如果测量时无声，指针也不偏转，说明相应的耳机有引线断裂或内部焊点脱开的故障。若指针摆至零位附近，说明相应耳机内部引线或耳机插头处有短路处。若指针指示阻值正常，但发声很轻，一般是耳机振膜片与磁铁间的间隙不对造成的。

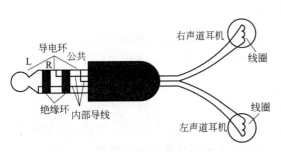

图 11-12　双声道耳机接线示意图

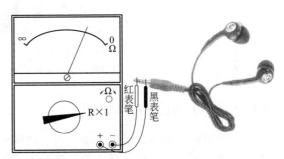

图 11-13　双声道耳机检测示意图

## 11.2.3　耳机的维修

下面以双声道耳机为例，介绍其常见维修方法。

（1）引线齐根折断

由于佩戴时耳机经常弯折，很容易在耳机根部折断，造成接触时好时坏。修理时，将耳机线齐根剪断，剥下外面的海绵套，用小螺丝刀（起子）在后盖引出线部分的下部轻轻向上撬，就可把后盖与耳机体脱开。然后取下后盖，可以看到内部有两个焊片，将残留的引线焊下，从后盖的引线孔中拉出，再用与线径差不多的小螺丝刀将引线孔清理一下，将剪断的引线通过孔穿进去，分别焊在两个焊片上。

（2）信号弱时无声，信号强时只有"嚓嚓"声

这种现象一般是音圈与音膜脱离所致。修理时，可取下耳机的海绵套，就可看到耳机的正面为一多孔金属片，如图 11-14 所示。

将小螺丝刀插入一个小孔里（注意插入的深度要适量，不要刺破下面的音膜），轻轻向上挑，前盖便可卸下。这时可以看到耳机的音膜如图 11-15 所示。

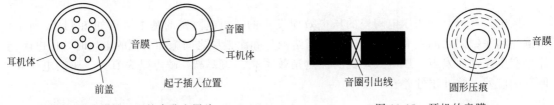

图 11-14　耳机正面的多孔金属片　　　　　图 11-15　耳机的音膜

按照图 11-14 上的位置伸入一支小螺丝刀，顺着耳机的外沿转一圈，将音膜取下来（注意：不要损伤两根音圈引出线）。将耳机翻过来，轻轻拍打，音圈就会掉出来。然后用少许 502 胶涂在音膜中心的一个圆形压痕上。将音圈与圆形压痕对准放好，轻捏几下，放置一段时间后，装入耳机。再在耳机边缘上沿涂少许 502 胶，将多孔金属片盖好，压紧即可。

（3）耳机完全无声

这是因为音圈引出线断线所致，用万用表 R×100 挡测试时电阻为无穷大。对此，检修

时可先按照前面的步骤将前、后盖都打开（注意：这时不必剪断耳机线，可以沿着耳机线把后盖推上去），用镊子把音圈从音膜上取下，可以看到音圈上有两条引出线，如图 11-16 所示。用镊子将其拉出少许，用烙铁上锡后焊在耳机背面的焊片上，然后再将耳机装好即可。

图 11-16　音圈上的引线示意图

# 11.3　压电陶瓷蜂鸣片和蜂鸣器

## 11.3.1　压电陶瓷蜂鸣片

（1）压电陶瓷蜂鸣片的特性

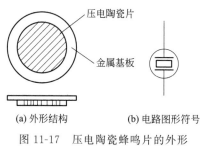

(a) 外形结构　　(b) 电路图形符号

图 11-17　压电陶瓷蜂鸣片的外形和电路图形符号

压电陶瓷蜂鸣片的外形结构及电路图形符号如图 11-17 所示。

通常，压电陶瓷蜂鸣片是用锆钛酸铅或铌镁酸铅压电陶瓷材料制成的。在陶瓷片的两面制备上银电极，经极化、老化后，用环氧树脂把它跟黄铜片（或不锈钢片）粘贴在一起成为发声元件。当在沿极化方向的两面施加振荡电压时，交变的电信号使压电陶瓷带动金属片一起产生弯曲振动，并随此发出响亮的声音。

压电陶瓷蜂鸣片的特点是体积小、重量轻、厚度薄、耗电省、可靠性高；其声响可达 120dB，且造价低廉。因此它可在电子手表、玩具、门铃等各种电子产品上作讯响器。如果配上各种传感元件，还可做成开水沸点报讯、煤气检测报警等各种温度、湿度、嗅敏报警器。在工业自动控制设备或仪表中，还可作限位、定位、危险等报讯装置。

（2）压电陶瓷蜂鸣片的检测

将万用表拨至直流 2.5V 挡，将待测压电蜂鸣片平放于木制桌面上，带压电陶瓷片的一面朝上。然后将万用表的一支表笔横放在蜂鸣片下方，与金属片相接触，用另一支表笔在压电蜂鸣片的陶瓷片上轻轻触、离。仔细观察，万用表指针应随表笔的触、离而摆动，摆动幅度越大，则说明压电蜂鸣片的性能越好，灵敏度越高；若指针不动，则说明蜂鸣片已损坏。

## 11.3.2　压电陶瓷蜂鸣器

（1）压电陶瓷蜂鸣器的特性

压电陶瓷蜂鸣器是一种一体化结构的电子讯响器。它主要由多谐振荡器和压电陶瓷蜂鸣片组成，并带有电感阻抗匹配器与微型共鸣箱，外部采用塑料壳封装。压电陶瓷蜂鸣器的工作原理方框图如图 11-18 所示，其电路图形符号如图 11-19 所示。其中，多谐振荡器是由晶体管或集成电路构成的。当接通电源后，多谐振荡器起振，输出音频信号（一般为 1.5～

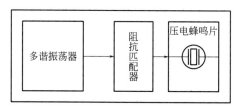

图 11-18　压电陶瓷蜂鸣器原理方框图

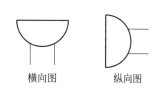

横向图　　　纵向图

图 11-19　压电陶瓷蜂鸣器电路图形符号

2.5kHz），经阻抗匹配器推动压电蜂鸣片发声。国产压电蜂鸣器的工作电压一般为直流6～15V，有正负极两个引出线。

（2）压电陶瓷蜂鸣器的检测

将一稳压直流电源的输出电压调到6V左右（蜂鸣器的额定工作电压），把正、负极用导线引出。当正极接压电陶瓷蜂鸣器的正极，负极接压电陶瓷蜂鸣器的负极时，若蜂鸣器发出悦耳的响声，说明器件工作正常，如果通电后蜂鸣器不发声，说明其内部有元件损坏或引线根部断线，应对内部振荡器和压电蜂鸣片进行检查修理。检测时应注意，不得使加在压电陶瓷蜂鸣器两端的电压超过规定的最高工作电压，以防止将压电陶瓷蜂鸣器烧坏。

# 11.4 传声器

传声器俗称话筒，其作用与扬声器相反，它是将声音信号转换为电信号的电声元件。传声器的文字符号过去曾用"S""M""MIC"等表示，新国标规定为B或BM。常见传声器实物图片及其电路图形符号如图11-20所示。

图11-20　传声器的实物图片及其电路符号

传声器的主要技术参数有灵敏度、频率响应、输出阻抗、指向性和固有噪声等。

灵敏度是指传声器在自由场中，接受一定的外部声压而输出的信号电压（输出端开路时）。灵敏度的单位通常用mV/Pa（毫伏/帕）或dB［假设W＝1V/Pa，则dB＝20lg(X/W)，X就是所要换算的V/Pa。通过计算可知：0dB＝1000mV/Pa。例如，2.053mV/Pa相当于多少dB呢？可通过上述公式计算：$20 \times \lg(2.053 \times 10^{-3}) = 20 \times (\lg 2.053 - 3) = 20 \times (0.31 - 3) = -53.7$(dB)］。一般动圈式传声器的灵敏度多在0.5～10mV/Pa（－66～－40dB）范围内。

频率响应是指传声器在自由场中灵敏度级和频率间的关系。频率响应好的传声器，其音质也好，但为了适应某些需要，有的话筒在设计制造中有意压低或抬高某频段响应特性，如为提高语言清晰度，有的专用话筒将其低频响应压低等。普通传声器的频率响应多在100～10000Hz，质量较优的为40～15000Hz，更好的可达20～20000Hz以上。

输出阻抗通常是在1kHz频率下测量的传声器输出阻抗。一般将输出阻抗小于2kΩ的称作低阻抗传声器，大于2kΩ（大都在10kΩ以上）的称为高阻抗传声器。相比较而言，低阻抗传声器的应用较广。

指向性是指传声器的灵敏度随声波入射方向而变化的特性。传声器的指向性主要有3种：一是全向性。全向性传声器对来自四周的声波都有基本相同的灵敏度。二是单向性。单向性传声器的正面灵敏度明显高于背面。三是双向性。双向性传声器前、后两面的灵敏度基本一样，而两侧的灵敏度较低。

固有噪声是在没有外界声音、风流、振动及电磁场等干扰的环境下测得的传声器输出电压有效值。一般传声器的固有噪声都很小，为微伏级电压。

下面介绍在家用电器中常用的驻极体话筒、动圈式话筒和电容式话筒。

## 11.4.1　驻极体话筒

（1）驻极体话筒的特性

驻极体话筒具有体积小、结构简单、电声性能好、价格低等一系列优点，广泛用于盒式录音机、无线话筒及声控等电路中。驻极体话筒主要由声电转换和阻抗变换两部分组成。其结构如图 11-21 所示。

图 11-21　驻极体话筒的结构

声电转换的关键元件是驻极体振动膜。它是一片极薄的塑料膜片，在其中一面蒸发上一层纯金薄膜。然后再经过高压电场驻极后，两面分别驻有异性电荷。膜片的蒸金面向外，与金属外壳相连通。膜片的另一面与金属极板之间用薄的绝缘衬圈隔离开。这样，蒸金膜与金属极板之间就形成一个电容。当驻极体膜片遇到声波振动时，引起电容两端的电场发生变化，从而产生了随声波变化而变化的交变电压。驻极体膜片与金属极板之间的电容量比较小，一般为几皮法，因而其输出阻抗值很高，约几十兆欧以上。这样高的阻抗是不能直接与音频放大器相匹配的。所以在话筒内接入一个结型场效应晶体管来进行阻抗变换。场效应管的特点是输入阻抗极高、噪声系数低。普通场效应管有源极（S）、栅极（G）和漏极（D）。这里使用的是在内部源极和栅极间再复合一个二极管的专用场效应管，如图 11-22 所示。

接二极管的目的是在场效应管受强信号冲击时起保护作用。场效应管的栅极（G）接金属极板。这样，驻极体话筒的输出线便有三根，即源极 S，一般用蓝色塑线；漏极 D，一般用红色塑料线；连接金属外壳的编织屏蔽线。

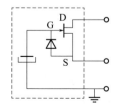

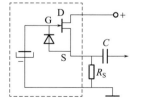

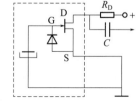

图 11-22　驻极体话筒专用场效应管　　　　图 11-23　驻极体话筒与电路的接法

（2）与电路的连接

驻极体话筒与电路的接法有两种：源极输出与漏极输出，如图 11-23 所示。

源极输出类似晶体三极管射极输出，需用三根引出线。漏极 D 接电源正极。源极 S 与地之间接一电阻 $R_S$ 来提供源极电压，信号由源极经电容 C 输出。编织线接地起屏蔽作用。源极输出的输出阻抗小于 $2k\Omega$，电路比较稳定，动态范围大，但输出信号比漏极输出小。

漏极输出类似晶体三极管的共发射极放大器，只需两根引出线。漏极 D 与电源正极间接一漏极电阻 $R_D$，信号由漏极 D 经电容 C 输出。源极 S 与编织线一起接地。漏极输出有电压增益，因而话筒灵敏度比源极输出时要高，但电路动态范围略小。

$R_S$ 和 $R_D$ 的大小要根据电源电压大小来决定。一般可在 $2.2 \sim 5.1k\Omega$ 间选用。例如电源电压为 6V 时，$R_S$ 为 $4.7k\Omega$，$R_D$ 为 $2.2k\Omega$。

通常驻极体话筒有四种连接方式，如图 11-24 所示。对应的话筒引出端有三端式和二端式两种。

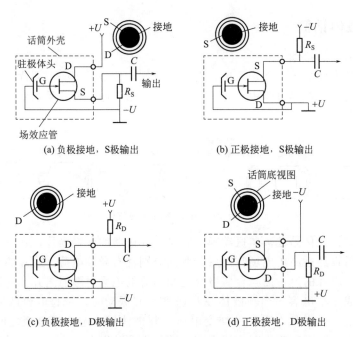

图 11-24　驻极体话筒的连接方式

　　有些驻极体话筒内已设有偏置电阻，使用时不必另外再加偏压电阻。采用此种接法的驻极体话筒，适用于高保真小信号放大场合，其缺点是在大信号下容易发生阻塞。另有少数驻极体话筒产品内部没有加装场效应管；两个输出接点可以任意接入电路，但最好把接外壳的一点接地，另一点接入由场效应管组成的高阻抗输入前置放大器。应该指出的是，带场效应管的话筒不加偏压而直接加在音频放大器输入端是不能工作的。

　　（3）性能测量

　　驻极体话筒是否正常，可采用以下方法进行判断。

　　① 电阻法　通过测量驻极体话筒引线间的电阻，可以判断其内部是否开路或短路。测量时，将万用表置于 R×100 或 R×1k 挡，红表笔接驻极体话筒的芯线或信号输出点，黑表笔接引线的金属外皮或话筒的金属外壳。一般所测阻值应在 500Ω～3kΩ 范围内。若所测阻值为无穷大，则说明话筒开路，若测得阻值接近零时，表明话筒有短路性故障。如果阻值比正常值小得多或大得多，都说明被测话筒性能变差或已经损坏。

　　② 吹气法　将万用表置于 R×100 挡，将红表笔接话筒的引出线的芯线，黑表笔接话筒引出线的屏蔽层，此时，万用表指针应有一阻值，然后正对着话筒吹一口气，仔细观察指针，应有较大幅度的摆动。万用表指针摆动的幅度越大，说明话筒的灵敏度越高，若指针摆动幅度很小，则说明话筒灵敏度很低，使用效果不佳。假如发现指针不动，可交换表笔位置再做吹气试验，若指针仍然不摆动，则说明话筒已经损坏。另外，如果在未吹气时，指针指示的阻值便出现漂移不定的现象，则说明话筒热稳定性很差，不宜继续使用。对于有三个引出端的驻极体话筒，只要正确区分出三个引出线的极性，将黑表笔接正电源端，红表笔接输出端，接地端悬空，采用上述方法仍可检测鉴定话筒的性能优劣。

　　需要注意的是：对有些带引线插头的话筒，可直接在插头处进行测量。但要注意，有的话筒上装有一个开关（ON/OFF），测试时要将此开关拨到"ON"的位置，而不要使开关处在"OFF"的位置。否则，将无法进行正常测试，以至于造成误判。

　　③ 电压法　此法适用于检测装在收录机等电气设备上的话筒。测试电路如图 11-25 所

示。在正常时，话筒的工作电压是电源供电电压
＋E 的 1/3～1/2。假设电源的供电电压为 6V，则
话筒的工作电压为 2～3V。这是因为电源电压加
到负载电阻 R 及话筒上时，要有数毫安的工作电
流，此电流使电源电压 E 在 R 上产生一定的压
降。检测时，将万用表置于直流 10V 挡，测量话
筒上的工作电压。如果话筒上的工作电压已接近
于电源电压，则说明话筒处于开路状态；如果测
得话筒工作电压接近于 0V，则表明话筒处于短路
状态；如果话筒工作电压高于或低于正常值，但
不等于电源电压或也不为零，则说明内部场效应
管的性能变差。

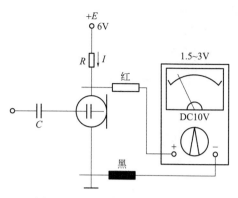

图 11-25　驻极体话筒电压测量法

（4）驻极体话筒常见故障与检修

① 断路和短路　话筒开路性故障多是由内部引线折断或内部场效应管电极烧断损坏而
引起的；短路性故障多是话筒内部引出线的芯线与外层的金属编织线相碰短路或内部场效应
管击穿所造成的。排除开路（断路）和短路性故障时，可先将话筒外部引线剪掉，只留下一
小段，然后按前述的检测方法用万用表测量话筒残留引线间的阻值，检查是否还有开路或短
路现象。如故障排除，则说明被剪掉的引线有问题，用其他软线重新接在残留引线的两端即
可，如故障依旧，则应检查内部场效应管是否异常。

② 灵敏度低　话筒内部的场效应管性能变差，或话筒本身受剧烈振动使膜片发生位移，
都会导致其灵敏度降低。对这种故障一般采用换新的方法予以解决。换新时，应尽量采用同
型号的话筒将其更换。

## 11.4.2　动圈式话筒

（1）动圈式话筒的结构

动圈式话筒的基本结构如图 11-26 所示，它主要由永久磁铁、音膜、输出变压器等部件
组成。音膜的音圈套在永久磁铁的圆形磁隙中，当音膜受声波的作用力而振动时，音圈则切
割磁力线而在两端产生感应电压。由于话筒的音圈圈数很少，其输出电压和输出阻抗都比较
低。为了提高其灵敏度和满足与扩音机输入
阻抗匹配的要求，在话筒中还装有一只输出
变压器。变压器有自耦和互感两种，根据
初、次级圈数比不同，其输出阻抗有高阻和
低阻两种。话筒的输出阻抗在 600Ω 以下的
为低阻话筒；输出阻抗在 10000Ω 以上的为
高阻话筒。有些话筒的输出变压器次级有两
个抽头，它既有高阻输出，又有低阻输出，
只要改变接头的位置，就能改变其输出
阻抗。

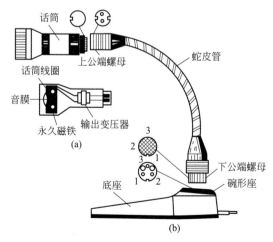

图 11-26　动圈式话筒的基本结构

（2）动圈式话筒的检测和维修

动圈式话筒的常见故障是无声、音小、
失真或时断时续。主要原因是音膜变形、音
圈与磁铁相碰、音圈及输出变压器短路或开

路、磁隙位置变动、磁力减小、插塞与插口接触不好或短接、话筒线短路或开路。

检查话筒是否正常，可利用万用表 R×10 挡来测量话筒的电阻值，如果话筒的音圈和变压器的初级电路正常，在测量电阻时，话筒会发出清脆的"嚓嚓"的声音。

## 11.4.3　电容式话筒

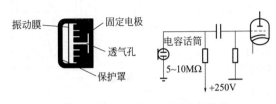

图 11-27　电容式话筒的结构与接线

电容式话筒其实是一个平板形的半可变电容器，它主要由一固定电极与一膜片组成。极板与膜片的距离通常是 0.025～0.05mm，中间的介质是空气，膜片由铝合金或不锈钢制成。电容式话筒的结构和接线如图 11-27 所示。使用时在两合金片间接 250V 左右的直流高压，并串入一个高阻值的电阻。平常，电容器呈充电状态。当声波传来时，膜片因受力而振动，使两片间的电容量发生变化，电路中充电的电流因电容量的变化而跟着变化。此变化的电流流过高阻值的电阻时，变成电压变化而输出。电容式话筒的输出阻抗很高，当话筒输出线较长时，极易捡拾外界噪声。因此话筒与电子管的连线越短越好。为了解决这个问题，常在话筒壳内装置一个放大器，使话筒输出线到放大器的连线缩至最短。

电容式话筒的频率响应好、固有噪声电平低、失真小，在固定的录音室和实验室中作为标准仪器来校准其他电声器件是比较理想的。不足之处是必须用一极化直流的高压放大器装在话筒壳内，体积大，维修比较困难。

# 第12章
## 其他辅助器件

## 12.1 继电器

继电器是利用电磁原理、机电原理或其他方法（如热电、光电等）实现电路中连接点的闭合或切断的控制元件。它实际上是一种利用低电压、小电流来控制大电流、高电压的自动开关，在自动控制系统、遥控遥测系统、通信系统等的控制装置和保护装置以及机电一体化设备中得到了广泛应用。

继电器种类繁多，但任何类型的继电器均由三个主要部分组成：一是对输入的物理量产生响应的输入机构，如电感线圈、电磁铁、温敏元件、光敏元件、磁敏元件以及电子电路等；二是能改变输出状态的输出机构，如触点（接点）、转换开关、电子开关等；三是连接输

图 12-1　继电器的动作原理框图

入和输出机构的转换装置，如衔铁、比较器以及光电耦合器等，以实现小的输入量对输出机构的状态控制。继电器的动作原理框图如图 12-1 所示。

上述继电器组成中三个主要部分的功能与特点，就决定了继电器的如下特征：

① 继电器不同于一般的开关，它具有自动控制的功能。一般的开关、插接件的动作需借助人力，不具备自动控制的功能。继电器的动作是依靠输入的各种物理量（包括电量），当输入量达到规定值时，继电器的输出状态就会发生变化。

② 继电器不同于一般的电子开关，它的输出和输入机构是严格电隔离的，两者间的绝缘电阻不小于 $100\mathrm{M}\Omega$。

③ 继电器的输出量的变化必须是跳跃式的，或通或断，或呈高电平或呈低电平，并能

对其他电气电路进行控制、保护或调节。

一般的继电器的结构比较简单，通用性好，标准化程度高，检测和维护也比较方便。继电器属于开关类元件的范畴，但又不同于一般的开关，其输入与输出回路高度隔离，绝缘电阻高达 $100\text{M}\Omega$。

常用的继电器主要有电磁继电器、固态继电器、干簧式继电器、磁保持湿簧式继电器和步进继电器等。电磁式继电器又可以分为交流电磁继电器、直流电磁继电器、大电流电磁继电器、小型电磁继电器、常开型电磁继电器、常闭型电磁继电器、极化继电器、双稳态继电器、逆流继电器、缓吸继电器、缓放继电器以及快速继电器等多种。固态继电器又可以分为直流型固态继电器、交流型固态继电器、功率固态继电器、高灵敏度固态继电器、多功能开关型固态继电器、固态时间继电器、参数固态继电器、无源固态温度继电器以及双向传输固态继电器等。

## 12.1.1 电磁继电器

（1）外形与结构

电磁继电器是控制电路中广泛使用的一种元件，它实质上是一种用较小电流来控制较大电流的开关器件，即只要有很小的电流通过继电器的线圈，就能产生机械动作，并利用相关簧片带动触点，接通或断开所控制的电路。

根据供电方式的不同，电磁继电器主要分为交流继电器和直流继电器两大类。这两大类继电器又各有多种不同的规格。图 12-2 是小型电磁继电器的基本结构和常见外形图。由结构图可见，电磁继电器主要由铁芯、线圈、衔铁、触点、簧片以及底座等组成。

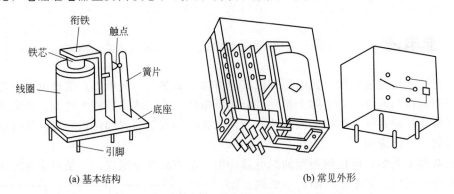

(a) 基本结构　　　　　　　　　　　　(b) 常见外形

图 12-2　小型电磁继电器的基本结构和常见外形

电磁继电器的动作过程如图 12-3 所示。当继电器的线圈加电，有电流通过时，位于线圈中间的铁芯被磁化，产生磁力，将衔铁吸下，衔铁通过杠杆的作用推动簧片动作，使触点闭合，如图 12-3(a) 所示；当切断继电器线圈的供电电源时，铁芯失去磁力，衔铁在簧片的作用下恢复原位，触点断开，如图 12-3(b) 所示。

（2）电路图形符号

电磁继电器的线圈一般只有一个，但其带触点的簧片有时根据需要则可设置为多组。在电路图中，表示继电器时只画出它的线圈和与控制电路有关的触点。线圈用长方框表示，长方框旁边标有继电器的文字符号"KR"。电磁继电器的触点有动合触点和动断触点之分。所谓动合触点是指在继电器的线圈没有加电时，其原始位置是处于断开状态的触点，当线圈加电后，动合触点转为闭合状态。而所谓动断触点则是指在继电器的线圈没有加电时，其原始位置是处于闭合接通状态的触点，当线圈加电后，动断触点转为断开状态。

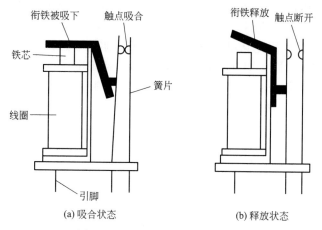

图 12-3　电磁继电器的动作过程

在电路图中，继电器的触点有两种表示方法，一种是把触点直接画在长方框的一侧，另一种是按电路连接的需要，把各触点分别画到各自的控制电路中。如图 12-4 所示列出了继电器的电路图形符号和常用触点的电路符号。在电路图中，触点组通常按线圈不通电时的原始状态画出。

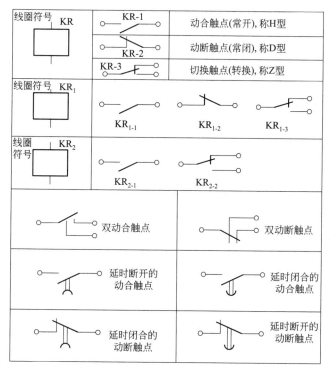

图 12-4　继电器的电路图形符号

（3）主要参数

电磁继电器有以下几个主要参数：

① 线圈电源与线圈功率　线圈电源是指继电器线圈使用的工作电源是交流电还是直流电。线圈功率则是指继电器线圈所消耗的额定电功率值。

② 额定工作电压与额定工作电流　额定工作电压是指继电器可靠工作时加在线圈两端

的电压。而额定工作电流则是指继电器正常工作时所需要的电流值。在使用继电器时，应使加在线圈两端的电压及流过线圈的电流满足其额定电压与额定电流的要求。

③ 直流电阻　直流电阻是指继电器线圈的直流电阻值。额定电压、额定电流、直流电阻之间的关系符合欧姆定律，即直流电阻＝额定电压/额定电流。

使用中，若已知额定工作电压和直流电阻，可按欧姆定律求出额定工作电流。例如，某继电器直流电阻为 $680\Omega$，额定工作电压为 $24V$，则额定工作电流 $I＝24/680\approx35$（mA）。同理，根据继电器的直流电阻和额定工作电流值也可以求出额定工作电压值。

④ 吸合电压与吸合电流　吸合电压是指继电器能够产生吸合动作的最小电压值，而吸合电流则是指能产生吸合动作的最小电流值。

在使用继电器时，如果只给继电器线圈加上吸合电压，吸合动作是不可靠的，因为电压稍有波动继电器就有可能恢复到原始状态。只有给线圈加上额定工作电压，吸合动作才是可靠的。在实际使用中，要使继电器可靠地吸合，所加电压可略高于额定工作电压，但一般不要大于额定工作电压的 1.5 倍，否则容易使线圈烧毁。

⑤ 释放电压与释放电流　当继电器从吸合状态恢复原位时，允许残存于线圈两端的最大电压，称释放电压；而能使继电器产生释放动作的最大电流，则称释放电流。

在使用继电器时，控制电路在释放继电器时，其残存电压（或电流）必须小于释放电压（或电流），否则继电器将不能可靠释放。

⑥ 触点负荷　触点负荷是指继电器触点允许施加的电压和通过的电流。它决定了继电器能控制的电压和电流的大小。使用时不能用触点负荷小的继电器去控制大电流的电路，但可以用触点负荷大的继电器去控制小电流的电路。

⑦ 吸合时间　吸合时间是指继电器线圈通电后，触点由释放状态转为吸合状态所需的时间。

（4）应用电路

① 采用电磁继电器的控制电路　电磁继电器是具有隔离功能的自动开关元件，广泛应用于遥控、遥测、通信、自动控制、机电一体化及电力电子设备中，是常用的控制元件之一。

继电器输入部分以直流电压驱动，一般规格有 5V、9V、12V、24V 等。输出部分接上负载与交流电源，在使用上需注意接点所能承受的电流与电压值，如 120V/2A，代表接点只能承受 2A 的电流，因此要视负载电流的大小选用适当的继电器。

作为控制元件，电磁继电器主要有如下几种作用：

a.扩大控制范围。如可以采用多触点继电器同时换接、开断、接通多路电路。

b.控制信号的放大。若采用灵敏型继电器、中间继电器等，就可以用一个很微小的控制量来控制很大功率的电路。

c.自动控制。可以将电磁继电器与遥控、监测控制电路连接在一起，实现控制的自动化运行。

如图 12-5 所示为采用继电器控制的延时节电灯电路。它由阻容降压整流电路、555 单稳态定时电路和继电器控制电路等组成，可用于地下室、走廊等处的照明。人过往时，按一下开关 SB，灯就点亮，1min 后人走远时灯自动熄灭，节约电能。

$R_1$、$C_1$、$VD_1\sim VD_4$ 和稳压二极管 VZ（6V）组成交流降压整流稳压电路，由 VZ 稳压出＋6V 直流电压。不闭锁按钮开关与继电器的常开触电 $K_{1-1}$ 并接，平时处于断开状态。

555 时基集成电路与 $C_3$、$R_2$ 等组成开机记忆延时电路。当按压开关 SB 后，VZ 稳压出的＋6V 电压为 555 集成电路提供工作电压。此后，＋6V 电压经 $R_2$ 向 $C_3$ 充电。由于电容

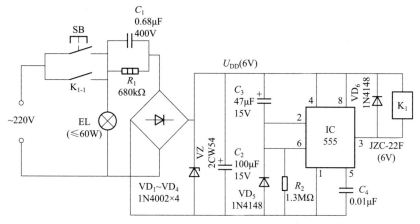

图 12-5 采用继电器控制的延时节电灯电路

器的端电压不能突变，555 的 6 脚在初始时呈低电平，使 555 复位，3 脚输出低电平，继电器 $K_1$ 的线圈通电吸合，其触点 $K_{1-1}$ 闭合、自锁。这时即使松开开关 SB，电灯 EL 仍通电发光。$C_3$ 经 $R_2$ 充电，当 $C_3$ 下端的电位下降至 $U_{DD}/3$ 时，555 置位，其 3 脚转呈高电平，$K_1$ 失电释放，触点 $K_{1-1}$ 断开，EL 无电自熄。电灯 EL 的点亮延时时间取决于 $C_3$、$R_2$ 的充电时间常数，即

$$t_d = 1.1 R_2 C_3$$

图示的延时时间约为 1min。

② 采用电磁继电器的保护电路  电磁继电器的线圈在断电瞬间，线圈上可产生高于线圈额定工作电压值 30 倍以上的反相峰值电压，该电压对电路有极大危害，通常采用并联瞬态抑制（又叫削峰）二极管或电阻的方法加以抑制，使反峰电压不超过 50V，但并联二极管会将继电器的释放时间延长 3～5 倍，当释放时间要求过高时，可在二极管一端串接一个合适的电阻，如图 12-6 所示。

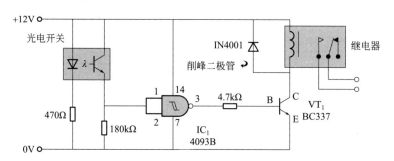

图 12-6 电磁继电器反峰电压抑制电路

继电器触点保护线路有很多种，对于电感性负载，通常用在负载两端并联二极管来消除火花，在触点两端并联 $RC$ 吸收网络或压敏电阻来保护触点；对于容性负载和阻性负载，通常用在负载回路串联小阻值功率电阻或串联一个 $RC$ 抑制网络来抑制浪涌电流的冲击，如图 12-7 所示。

（5）检测方法

① 判别类型（交流或直流）  根据供电电源的不同，电磁继电器分为交流供电与直流供电两种类型，在使用时必须对两者加以区分。凡是交流继电器，在其铁芯顶端都嵌有一铜制的短路环，如图 12-8 所示。而直流电磁继电器则没有此铜环。另外，在交流继电器的线

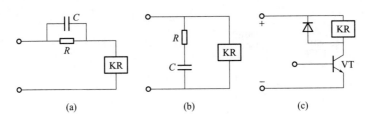

图 12-7　继电器的附加电路

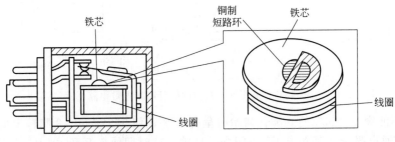

图 12-8　交流继电器

圈上常标有"AC"字样，而在直流继电器的线圈上则标有"DC"字样。根据这些特征可将两者准确区别。

②　判别触点的数量及类别　通常，小型电磁继电器多采用透明壳体封装，只要仔细观察其内部触点的结构，即可知道该继电器有多少对触点，每对触点的类别以及哪几个簧片构成一组触点，对应的是哪几个引出端。例如，如图 12-9 所示是一种有两组转换触点（2Z）的电磁继电器。位于左边的就是带触点的簧片组，一共有两组。簧片 1、2、3 组成一组，1、3 为动断触点，1、2 为动合触点。同样，簧片 5、4、6 为另一组，4、6 为动断触点，4、5 为动合触点。

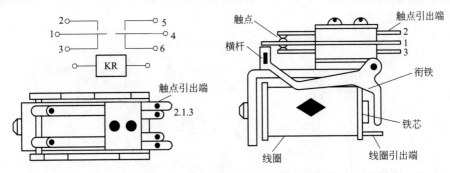

图 12-9　具有两组转换触点的继电器

③　检测触点接触电阻　如图 12-10 所示是检测两组转换触点接触电阻的示意图。将万用表置于 R×1 挡，先测量一下动断触点 1、3 之间及 4、6 之间的电阻，阻值应为 0Ω，然后测量一下动合触点 1、2 之间及 4、5 之间的电阻，阻值应为无穷大。接着，给继电器加上额定工作电压使其吸合，这时动合触点闭合，测量 1、2 之间及 4、5 之间的电阻，应为 0Ω；而动断触点此时断开，测量 1、3 之间及 4、6 之间的电阻，应变为无穷大。

在测量时，如果动合和动断触点转换不正常，或触点在闭合时测出接触电阻，则说明被测继电器性能不良，不能再继续使用。

④　测量线圈电阻　根据电磁继电器标称直流电阻值的大小，将万用表置于适当的电阻挡，可直接测出继电器线圈的电阻值。如图 12-11 所示为测量某标称直流电阻 $R = 1000\Omega$ 的

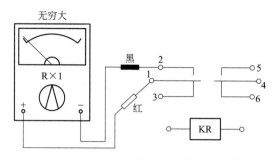

图 12-10 用万用表检测继电器两组转换
触点的接触电阻

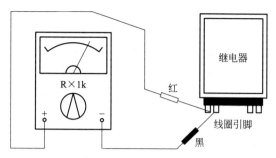

图 12-11 检测继电器线圈电阻

继电器的实例。将万用表拨至 R×1k 挡或 R×100 挡，把两支表笔接到继电器线圈的两根引脚上，所得电阻值为990Ω，基本与标称直流电阻值相符。正常的电磁继电器线圈电阻值为25～2000Ω。通常，电磁继电器的额定工作电压越低，线圈的直流电阻值越小；而额定工作电压越高，则线圈的直流电阻值越大。检测时，若测得继电器线圈的电阻值为无穷大，则说明电磁线圈有开路现象；若测得的直流电阻值低于标称电阻值很多，则表明线圈很可能有匝间短路现象。

⑤ 检测吸合电压与吸合电流　检测电磁继电器吸合电压与吸合电流的测试方法如图 12-12 所示。按图连接好电路后，慢慢调节稳压电源的电压，使其逐渐升高，当听到衔铁"喀嗒"一声吸合时，此时稳压电源指示的电压值即是吸合电压，万用表所指示的电流值则是吸合电流。

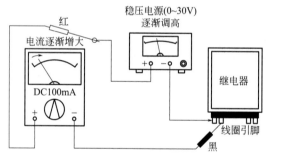

图 12-12 检测继电器吸合电压与吸合电流的方法

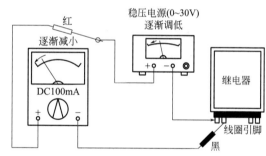

图 12-13 检测继电器释放电压与释放电流的方法

继电器的吸合电压和吸合电流并不是很固定的。如果进行多次测试，则各次所得到的吸合电压和吸合电流值都略有不同，这属于正常现象。但每次测试得到的吸合电压与吸合电流的具体数值应在某一数值附近，偏差不应该很大。

测出吸合电压和吸合电流以后，可以估算出被测继电器的额定工作电压与额定工作电流。设额定工作电压为$U_E$，吸合电压为$U_X$，则：$U_E \approx 1.3 U_X$；设额定工作电流为$I_E$，吸合电流为$I_X$，则：$I_E \approx 1.5 I_X$。

⑥ 检测释放电压与释放电流　检测继电器释放电压与释放电流的操作方法如图 12-13 所示。先按照测试吸合电压与吸合电流的方法使继电器吸合，然后再逐渐调低稳压电源的电压，这时万用表上的电流读数将慢慢减小，当减小到某一数值时，衔铁就会释放，此时的数据便是释放电压和释放电流。一般继电器的释放电压是吸合电压的10%～50%。如果被测继电器的释放电压小于吸合电压的1/10，说明此继电器工作是不可靠的。若将这样的继电器用于控制电路中，则可能在线圈断电之后，衔铁仍处于吸合状态，它所控制的触点则不能

完成转换动作。

⑦ 估计触点负荷　继电器触点负荷的具体数值可通过查阅相关手册或使用说明书来获得。但在实际应用过程中，有时也可凭经验对继电器的触点负荷进行估计。一般而言，体积大的继电器，其触点比较宽，衔铁吸合有力，触点负荷比较大。

以上介绍的检测继电器的方法，均是以直流继电器为例进行叙述的。若所测器件为交流继电器，则供电电源应采用交流电源，万用表也应使用相应的交流挡。

## 12.1.2　固态继电器

（1）性能特点

固态继电器是一种一体化无触点电子开关器件，其英文名字为 Solid State Relay，简称 SSR。固态继电器的功能与电磁继电器基本相似，但与电磁继电器相比，又有其自身的突出特点。固态继电器的输入端仅需很小的控制电流，且能与 TTL、CMOS 等集成电路实现良好兼容。其输出回路采用大功率晶体三极管或双向晶闸管作为开关器件来接通或断开负载电源。由于在开关过程中无机械触点，因此固态继电器具有工作可靠、开关速度快、噪声低、寿命长和工作频率高等特点，在自动控制装置中得到了广泛应用。

固态继电器有小功率和大功率之分。小功率固态继电器输出的负载电流较小，通常为 1～2A。大功率固态继电器输出的负载电流为 5～10A。大功率固态继电器本身通常带有散热器，也有本身不带散热器的，使用时需加适当规格的散热器才可满足相应的使用要求。如图 12-14 所示为常见固态继电器的外形。

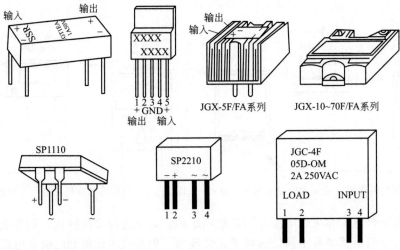

图 12-14　常见固态继电器的外形

（2）种类与电路符号

固态继电器可分为交流固态继电器（AC-SSR）和直流固态继电器（DC-SSR）两类。这是按其输出端所能控制的负载类型加以区分的，即 AC-SSR 输出端控制交流负载，DC-SSR 输出端控制直流负载，而这两者的输入端均需施加直流电压。

如图 12-15 所示是交流固态继电器（AC-SSR）内部电路及电路图形符号。AC-SSR 多为四端器件，且以双向晶闸管（TRLAC）作为开关器件，用以控制交流负载电源的通断。

如图 12-16 所示是直流固态继电器（DC-SSR）内部电路及电路图形符号。DC-SSR 也多为四端器件，它以功率晶体管作为开关器件，用来控制直流负载电源的通断。

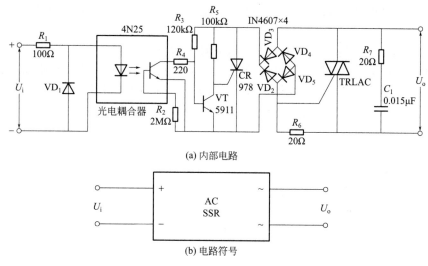

(a) 内部电路

(b) 电路符号

图 12-15 交流固态继电器的内部电路与电路图形符号

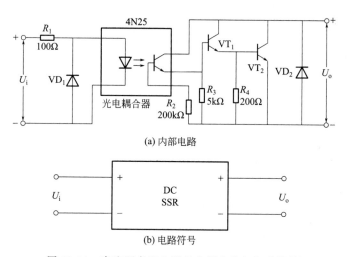

(a) 内部电路

(b) 电路符号

图 12-16 直流固态继电器的内部电路与电路符号

（3）内部电路结构

固态继电器的内部电路结构框图如图 12-17 所示。它主要由输入电路、光电耦合器、驱动电路、开关输出电路和瞬态峰值抑制电路等组成。

① 输入电路 固态继电器的输入电路通常由限流电阻 $R$ 与保护二极管 $VD_1$（或 $VD_2$）组成。$R$ 串联在光电耦合器中的发光二极管的正极回路里，而保护二极管 $VD_1$ 则是反向并

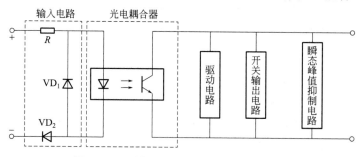

图 12-17 固态继电器的内部电路结构框图

联在发光二极管的两端。有的继电器还设置有 $VD_2$，此二极管同向串联在发光二极管的负极回路里。

② 光电耦合器 光电耦合器由发光二极管和光敏三极管构成，它起到信号传输与控制的作用，并使输入端与输出端实现良好的隔离。当光电耦合器输入端没有施加控制信号时，发光二极管没有电流通过，此时光敏三极管截止；当输入端加入控制信号时，发光二极管通电发光，光敏三极管因受光而导通，同时将输出信号加到驱动电路。

③ 驱动电路 固态继电器的驱动电路通常是由集成电路或三极管构成，其作用是对光敏三极管输出的控制信号进行放大。

④ 开关输出电路 对于交流固态继电器，开关输出电路由双向晶闸管构成，而对于直流固态继电器，开关输出电路则由功率开关三极管或功率场效应管构成。开关输出电路的作用是接通或切断所控制的负载电路。当固态继电器的输入端未加控制信号时，光电耦合器中的发光二极管不发光，开关输出电路处于关断状态；当输入端加入控制信号时，发光二极管发光，使光敏三极管导通并输出电信号，此信号经驱动电路放大后加到开关输出电路，使其饱和导通，从而实现接通受控负载电路的功能。

⑤ 瞬态峰值抑制电路 设置瞬态峰值抑制电路的目的是抑制开关输出电路在转换工作状态时所产生的瞬间峰值脉冲干扰信号。对于采用双向晶闸管开关输出电路的交流固态继电器，瞬态峰值抑制电路通常由电阻与电容构成串联吸收回路，而对于采用功率开关三极管或功率场效应管开关输出电路的直流固态继电器，瞬态峰值抑制电路则通常由二极管或稳压二极管组成。

（4）选用要点

① 选用适当的类型 这一点是选择固态继电器时首先需要确认的。必须根据被控电路的电源类型正确选择相应种类的固态继电器，这样才能保证固态继电器与时间应用电路能正常可靠地工作。也就是说，如果被控电路的电源是交流电压，则应选用交流固态继电器（AC-SSR），如果被控电路的电源是直流电压，则应选用直流固态继电器（DC-SSR）。交流固态继电器与直流固态继电器不能互换使用。

② 正确选取输出负载电压与输出负载电流 输出负载电压与输出负载电流是固态继电器的两个重要参数，这两个参数直接表征了固态继电器带负载能力的大小。常用交流固态继电器的输出负载电压为 AC20～380V，电流为 1～10A；常用直流固态继电器的输出负载电压为 DC4～55V，电流为 0.5～10A。在选用固态继电器时，应根据具体被控电路的电源电压和电流的大小来选取固态继电器的输出负载电压和输出负载电流，其总的要求是要留有一定的功率裕量。

a. 输出负载电压。固态继电器的输出负载电压是指在给定条件下，器件所能承受稳态阻性负载的允许电压有效值，此项参数通常标注在固态继电器壳体上。选用固态继电器时，如果被控负载是稳态阻性负载，则所选固态继电器的标称输出负载电压值应大于被控负载电压的 1 倍，以保证器件能正常工作。如果被控负载是非稳态或非阻性的，则在选用固态继电器时，必须要考虑所选器件是否能承受工作状态或条件（电路中的感应电势、瞬态峰值电压、环境温度等）变化时所产生的最大合成电压值。例如，被控负载为感性负载，则所选固态继电器的额定输出负载电压必须大于被控电源电压值的 2 倍，而且所选器件的击穿电压应高于负载电源电压峰值的 2 倍，这样才能使固态继电器处于正常工作状态。

b. 输出负载电流。固态继电器的输出负载电流是指在给定条件（额定电压、功率、环境温度、有无散热器等）下，器件所能承受的最大电流有效值。选取固态继电器的输出负载电流时，也应遵循留有裕量的原则。一般所选固态继电器的输出负载电流应大于被控电路电流的 1 倍。厂家在产品说明书中通常都提供热降额曲线，选用时，应充分考虑周围环境温度对固态继电器工作状态的影响。如果使用器件的环境温度上升，则应按产品热降额曲线作降额使用，这样可有效防止因过热而损坏固态继电器。

（5）检测方法

① 识别输入、输出引脚并检测好坏　在交流固态继电器的壳体上，输入端一般标有"＋""－"符号及"INPUT"字样，而输出端则不分正、负，但通常都标有"～"符号或"LOAD"字样。而对于直流固态继电器，一般在输入端和输出端均标有"＋""－"符号，有的器件上还标有"IN"（输入）与"OUT"（输出）字样。这些标记都可作为直接判别输入端与输出端的依据。

对于输入、输出标记不清楚的固态继电器，可用万用表进行判别。具体方法如图 12-18 所示。将万用表置于 R×10k 挡，分别测量四根引脚之间的正、反向电阻值，其中必定能测出一对引脚之间的电阻值符合正向导通、反向截止的规律，即正向电阻比较小，反向电阻为无穷大。据此便可判定这两根引脚为输入端，而在正向测量时（阻值较小的一次测量），黑表笔所接的是正极，红表笔所接的则为负极。对于其他各引脚间的电阻值，则无论怎样测量均应为无穷大。表 12-1 列出了固态继电器各引脚间的正常电阻值，可供测试时参考。

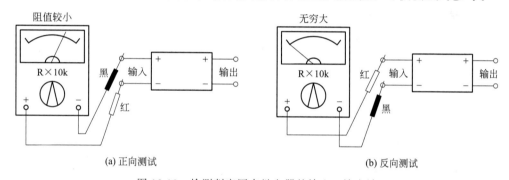

(a) 正向测试　　　　　　　　　　　　　　(b) 反向测试

图 12-18　检测判定固态继电器的输入、输出端

表 12-1　SSR 各引脚间电阻值

| 红表笔 | 输入⊕ | 输入⊖ | 输入～ | 输出～ | 输出⊕ | 输出⊖ |
|---|---|---|---|---|---|---|
| 黑表笔 | 输入⊖ | 输入⊕ | 输出～ | 输入～ | 输出⊖ | 输出⊕ |
| 阻　值 | ∞ | 较小 | ∞ | ∞ | ∞ | ∞ |

对于直流固态继电器，找到输入端后，一般与其横向相对应的便是输出端的正极和负极，即输入端的正极横向对应的是输出端的正极，输入端负极横向对应的则是输出端的负极［如图 12-16(a) 所示］。值得注意的是，有些固态继电器的输出端带有保护二极管，为五端器件。测试时，可先找出输入端 6 的两根引脚，然后，采用测量其余三根引脚间正、反向电阻值的方法，将公共地、输出⊕、输出⊖加以区别。

此外，对于输出端接有保护二极管的固态继电器，当用万用表电阻挡检测其输出端两根引脚间的电阻值时；当红表笔接⊖极，黑表笔接⊕极时，所测阻值应为无穷大；而当黑表笔接⊖极，红表笔接⊕极时，所测得的是保护二极管的正向电阻，其值应为几千欧。这种规律与输出端不带保护二极管的固态继电器有所不同，检测时要注意正确区分，以防误判。

② 检测输入电流和带负载能力　下面举一个实例说明具体测试操作方法。

测试电路如图 12-19 所示。被测器件为 JGC-4F 型 AC-SSR。该交流固态继电器的额定输入直流电压为 5V，交流输出负载电压为 AC250V，电流为 2A。

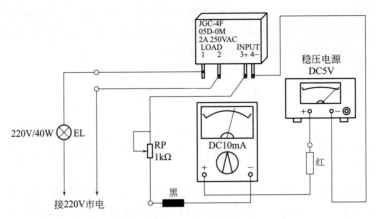

图 12-19　检测 AC-SSR 输入电流和带载能力

　　测试输入电压选用直流 5V，由直流稳压电源提供。将万用表置于直流 10mA 挡接入电路。RP 为 1kΩ 电位器，用来限制输入电流和调整输入电流的大小。将 JGC-4F 的输出端接入 220V 交流市电，EL 为一只 220V/40W 白炽灯泡，作为交流负载。电路接通后，调整 RP，当万用表指示值小于 5mA 时，白炽灯泡 EL 处于熄灭状态，当万用表指示电流在 5～9.8mA 之间变化时，灯泡均能正常发光。此现象说明被测 JGC-4F 型固态继电器性能良好。

　　按照上述方法，也可检测直流固态继电器（DC-SSR）性能的好坏，但要将 DC-SSR 的输出端接直流电源和相应的负载。

## 12.1.3　干簧式继电器

（1）干簧管

　　干簧管的全称叫"干式舌簧开关管"。图 12-20 所示为其外形图。它把用两片既导磁又导电的材料做成的簧片平行地封入充有惰性气体（如氮气、氦气等）的玻璃管中组成开关元件。两簧片的端部重叠并留有一定间隙以构成触点。

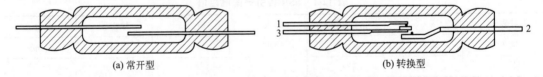

(a) 常开型　　　　　　　　　　　　　　　　　　(b) 转换型

图 12-20　干簧式继电器外形

　　当永久磁铁靠近干簧管或者由绕在干簧管上面的线圈通电后形成磁场使簧片磁化，簧片的触点部分就感应出极性相反的磁极，如图 12-21 所示。异名的磁铁相互吸引，当吸引的磁力超过簧片弹力时，触点吸合；当磁力减小到一定值时，触点又会被簧片的弹力所断开。

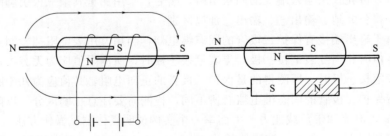

图 12-21　干簧式继电器工作原理

干簧管按体积的大小可分为微型、小型和大型。干簧管触点的形式常见的有常开触点（H型）与转换触点（Z型）两种。

常开接点的干簧管如图12-20（a）所示。平时它的触点断开，当簧片被磁化时，接点闭合。转换接点的干簧管如图12-20（b）所示。簧片1用导电而不导磁的材料做成，簧片2、3被磁化而吸引，使接点2、3闭合。这样就构成了一个转换开关。

（2）结构与性能

使干簧管动作的激励磁场可以是永久磁铁，也可以是通电线圈。因此，把干簧管置于线圈内，就可以制成一种干簧式继电器。

图12-22所示是一种干簧式继电器结构示意图。在同一干簧式继电器的线圈骨架内，可以同时放入2～4个同类的干簧管，从而获得多对触点的干簧式继电器。

干簧式继电器有下列优缺点：

① 接点与大气隔绝，管内又充有惰性气体，这样大大减少了触点开、闭过程中由于接点火花而引起的触点氧化和碳化，并防止外界气体和尘埃杂质对接点的侵蚀和污染。

② 簧片轻而短，有较高的固有频率，提高了触点的通、断速度。一般通、断的动作时间仅为1～3ms，比一般电磁继电器快5～10倍。

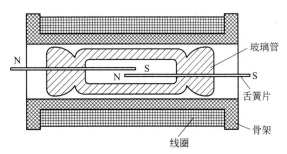

图12-22　干簧式继电器的结构

③ 体积小、重量轻。

④ 缺点是开关容量小、触点易产生抖动、触点接触电阻大。

常见的干簧式继电器有JAG-2和JAG-4系列。表12-2给出了其主要性能参数。

**表12-2　JAG-2型和JAG-4型干簧式继电器的主要性能参数**

| 型号 | 额定电压/电流 | 吸和电流/mA | 释放电流/mA | 触点负荷 | | 说明 |
|---|---|---|---|---|---|---|
| | | | | H | Z | |
| JAG-2-1HA/ZA | 6V | ≤44 | ≥9 | 24V×0.2A（直流） | 24V×0.1A（直流） | 常开触点用H表示，转换触点用Z表示 |
| JAG-2-1HA/ZB | 12V | ≤22 | ≥4.5 | | | |
| JAG-2-1HA/ZC | 24V | ≤13.5 | ≥3 | | | |
| JAG-2-2HA/ZA | 6V | ≤28 | ≥7 | | | |
| JAG-2-2HA/ZB | 12V | ≤18 | ≥4 | | | |
| JAG-2-2HA/ZC | 24V | ≤9 | ≥2.2 | | | |
| JAG-2-3HA/ZA | 6V | ≤48 | ≥3 | | | |
| JAG-2-3HA/ZB | 12V | ≤25 | ≥4.5 | | | |
| JAG-2-3HA/ZC | 24V | ≤15 | ≥2.5 | | | |
| JAG-4-1HA | 13mA | ≤9 | ≥1.8 | 12V×0.05A（直流） | | |
| JAG-4-1HB | 10mA | ≤5 | ≥1.1 | | | |
| JAG-4-2HA | 32mA | ≤16 | ≥3 | | | |
| JAG-4-2HB | 20mA | ≤10 | ≥1.8 | | | |
| JAG-4-3HA | 46mA | ≤23 | ≥3.5 | | | |
| JAG-4-3HB | 26mA | ≤13 | ≥2 | | | |
| JAG-4-4HA | 60mA | ≤30 | ≥4.5 | | | |
| JAG-4-4HB | 40mA | ≤20 | ≥2.8 | | | |

（3）应用电路

图 12-23 所示为采用干簧式继电器的门窗防入侵语音报警电路，该电路主要由磁控型干簧式继电器、晶闸管触发电路和语音报叫电路等组成。干簧管装在门框上，永久磁铁装在门上。平时，门处于关闭状态，由于干簧管 KR 与永久磁铁相距很近，KR 内的常开触点靠磁铁的磁力而吸合，晶闸管 SCR 的控制极 G 无触发电流，SCR 呈阻断状态，后级的音响报叫电路无电不工作。

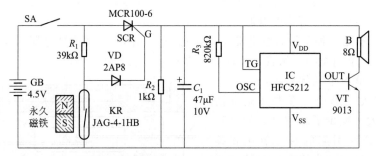

图 12-23　采用干簧式继电器的门窗防入侵语音报警电路

当小偷破门而入时，门上的磁铁随门远离干簧管 KR，干簧管 KR 的常开触点失去磁力作用，靠簧片弹性而断开，电源电压经 $R_1$、VD 加至 SCR 的 G 极，使 SCR 触发导通，音响报叫电路得电并发出报警信号。

（4）检测方法

干簧式继电器有两种类型：一种是本身具有通电线圈的干簧式继电器；另一种是外带永久磁铁的干簧式继电器。其检测方法如下：

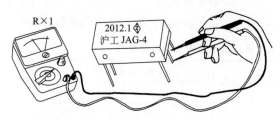

图 12-24　Z 型干簧式继电器的触点检测

① 有线圈的干簧式继电器触点的检测　干簧式继电器有常开触点（H）型和转换触点（Z）型两种。图 12-24 是 Z 型的检测示意图。

选用万用表的 R×1 档，将表笔分别接在常闭触点的两引脚上，阻值应为 0Ω。然后，用表笔接触常开触点的引脚，阻值应为无穷大。再给继电器的线圈加上该元件的额定电压，通电线圈产生的磁场使常开的舌簧片磁化，将常闭触点转为开路，将常开触点转为闭合。此时，原常闭触点的阻值变为无穷大，常开触点的阻值则变为 0Ω，与通电前的阻值情况相反，说明该 Z 型继电器良好。若万用表有一定阻值或无指示，则说明该继电器有故障。

对于只有一组触点的常开（H）型继电器，测试方法同前。线圈通电前及通电后的阻值应分别为无穷大和 0Ω。

② 永久磁铁干簧管继电器触点的检测　将万用表置于 R×1 档，使永久磁铁远离干簧管，再用万用表的两支表笔分别接触干簧管（H 型）的两引脚，此时表的指示值应为无穷大。然后，将永久磁铁平行移近干簧管，在移至相距 6～10mm 时，万用表的指示值变为 0Ω，说明该 H 型永久磁铁干簧式继电器的触点良好。用上述方法同样可以检测 Z 型继电器。测试时，若万用表的指示有一定阻值或无指示，则表明继电器的簧片有故障。

③ 干簧式继电器线圈直流电阻的检测　以 JAG-4 型干簧式继电器为例说明其检测方法。

将万用表拨至 R×100 挡，两表笔分别接线圈两引脚，如图 12-25 所示。JAG-4-1HB 型继电器线圈的直流电阻应为 1250Ω，JAG-4-4HB 型继电器的线圈电阻应为 270Ω。如测得的阻值与标称阻值基本接近，则表明线圈是好的；如测得阻值为零，则表明线圈内部引脚已短路；如测得阻值为无穷大，则表明线圈开路；如测得阻值与标称值相差很大，则说明线圈内部有问题。

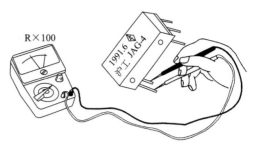

图 12-25　干簧式继电器线圈直流电阻的检测

# 12.2　光电耦合器

光电耦合器也称光电隔离器或光耦合器，简称光耦。它是以光为媒介来传输电信号的器件，通常把发光器（红外线发光二极管 LED）与受光器（光敏半导体管）封装在同一管壳内。当输入端加电信号时，发光器发出光线，受光器接受光线之后就产生光电流，从输出端流出，从而实现了"电→光→电"的转换。

光电耦合器输入与输出端之间没有电的直接耦合，光线的耦合又是封闭在管壳内，因而具有抗干扰能力强、寿命长、传输效率高等优点，因此广泛应用于电气隔离、电平转换、级间非电耦合、开关电路及仪表计算机电路之中。

## 12.2.1　电路图形符号

光耦内部由发光二极管和光敏元件（包括光敏晶体管、场效应管、光控晶闸管等）两个相互独立的部分组成。常见的光耦有管式、双列直杆式等封装形式。图 12-26 所示为常见光耦的外形。图 12-27 所示为其电路图形符号与封装形式。

图 12-26　常见光电耦合器的外形

## 12.2.2　工作原理

（1）原理与作用

光敏晶体管的导通与截止是由发光二极管所加电压来控制的。当发光二极管施加正向电压时，发光二极管将输入的电信号转换为光信号，该光信号照射在光敏晶体管上，导致光敏晶体管内阻减小而导通，又还原为电信号输送至后级电路。反之，当发光二极管无正向电压或所加正向电压很小时，发光二极管不发光或发光强度减弱，使光敏晶体管内阻增大而截止。所以光耦在控制、测量、输入与输出信号回路的隔离等方面都起到非常重要的作用。

（2）特点

① 光耦是一种实现从电能→光能→电能转换的半导体器件，前后级之间通过光来传输，所以可实现前后级电路电的隔离。

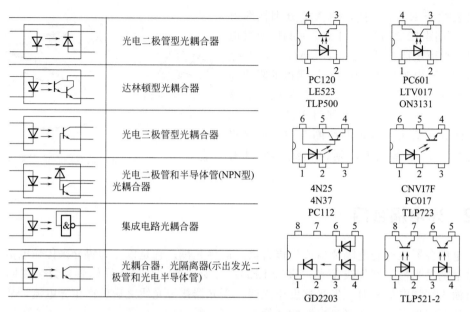

图 12-27　光电耦合器的电路图形符号与封装形式

② 信号只能单向传输，响应速度快、工作稳定可靠、寿命长，无接触振动、电气噪声等问题。

③ 光耦既可以传输直流信号又可以传输交流信号，所以在自动控制、测量、输入与输出信号回路的隔离等电路中都有广泛的应用。

## 12.2.3　基本特性

（1）共模抑制比

在光电耦合器内部，由于发光二极管和光电晶体管之间的耦合电容很小（通常在 2pF 以内），所以共模输入电压 $U_C$ 通过级间耦合电容对输出电流 $I_C$ 的影响比较小，即 $dI_C/dU_C$ 比较小，因而共模抑制比比较高。

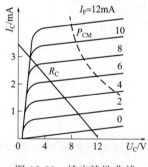

图 12-28　输出特性曲线

（2）输出特性

光电耦合器的输出特性是指在一定发光电流 $I_F$ 下，光电管所加偏压 $U_C$ 与光电管输出电流 $I_C$ 之间的关系曲线，如图 12-28 所示。图中的 $I_C$ 为集电极电流，$U_C$ 是光电三极管集-射极间电压。当 $I_F=0$ 时，发光二极管不发光，此时对应的光电三极管集电极输出电流称为暗电流，其数值很小，一般只有 $0.1\mu A$ 左右。当 $I_F>0$ 时，发光二极管开始发光，在一定的 $I_F$ 下，$U_C$ 的变化对 $I_C$ 影响很小，即 $I_C$ 的大小基本上与 $U_C$ 的大小无关，而 $I_F$ 和 $I_C$ 之间的变化呈线性关系。在光电三极管的发射极与地之间串接一个负载电阻 $R_L$ 后，即可在 $R_L$ 上取得输出电压 $U_o$。$R_L$ 的选择应使负载在允许功耗 $P_{CM}$ 曲线之内。

（3）电流传输比

光电耦合器光电管的集电极电流 $I_C$ 与发光二极管的输入电流 $I_F$ 之比称为电流传输比。输出电流 $I_C$ 的微小变量 $\Delta I_C$ 与输入电流 $I_F$ 的微小变量 $\Delta I_F$ 之比称为微变电流传输比。如果光电耦合器的输出特性线性度较好，以上两个电流传输比则近似相等。电流传输比通常用

CTR表示。CTR的大小与光电耦合器的类型有关。二极管输出光电耦合器的CTR较小，约在3%以内。三极管输出光电耦合器的CTR可达150%，而光电开关的CTR可高达500%。

（4）隔离性能

光电耦合器的隔离性能通常用隔离电阻（绝缘电阻）和隔离电压（耐压值）来表示。一般情况下，光电耦合器发光二极管和光电三极管之间的隔离电阻为$10^{10}\sim10^{11}\Omega$，隔离电压为$500\sim1000V$，个别达林顿管输出的光电耦合器，其隔离电压可达$10kV$。

光电耦合器与晶体管一样，可以工作于线性放大状态，也可工作于开关状态。在电源的驱动电路中，光电耦合器一般用来传递脉冲信号，工作于开关状态。因此，光电耦合器的响应时间是其重要特性之一。发光二极管和硅光电三极管组成的光电耦合器的响应时间一般为$5\sim10\mu s$，发光二极管和硅光电二极管组成的光电耦合器的响应时间约为$2\mu s$，高速光电耦合器的响应时间小于$1.5\mu s$。负载电阻$R_L$的大小影响光电耦合器的响应时间，$R_L$越小，响应时间越短。在实际应用中，应在光电耦合器允许的集电极电流范围内，尽量减小负载电阻，以提高光电耦合器的响应速度。

## 12.2.4　主要参数

常见二极管输出光电耦合器、三极管输出光电耦合器、达林顿输出光电耦合器和光电开关的主要参数分别见表12-3～表12-6所示。

**表12-3　常见二极管输出光电耦合器主要参数**

| 型号 | 最大耗散功率/mW | 暗电流/$\mu$A | 反向击穿电压/V | 最大正向电流/A | 正向电压/V | 反向电压/V | 电流传输比/% | 隔离电压/V | 隔离电阻/$\Omega$ | 隔离电容/pF |
|---|---|---|---|---|---|---|---|---|---|---|
| GD211 | | 0.1 | 50 | 50 | 1.3 | 5 | 0.5～0.75 | 500 | $10^{11}$ | 2 |
| GD212 | | 0.1 | 50 | 50 | 1.3 | 5 | 0.75～1 | 500 | $10^{11}$ | 2 |
| GD213 | | 0.1 | 50 | 50 | 1.3 | 5 | 1～2 | 500 | $10^{11}$ | 2 |
| GD214 | | 0.1 | 50 | 50 | 1.3 | 5 | 1.5～2 | 500 | $10^{11}$ | 2 |
| GD215 | | 0.1 | 50 | 50 | 1.3 | 5 | 2～3 | 500 | $10^{11}$ | 2 |
| GD-M | 100 | 0.1 | 30 | 50 | 1.3 | 5 | 0.1 | 1k | $10^{10}$ | 2 |
| GD211A | 100 | 0.1 | 50 | 50 | 1.3 | 5 | 0.25～0.5 | 500 | $10^{11}$ | 1 |

**表12-4　常见三极管输出光电耦合器主要参数**

| 型号 | 最大耗散功率/mW | 暗电流/$\mu$A | 反向击穿电压/V | 饱和压降/V | 最大正向电流/A | 正向电压/V | 反向电压/V | 电流传输比/% | 隔离电压/V | 隔离电阻/$\Omega$ |
|---|---|---|---|---|---|---|---|---|---|---|
| GD311 | 150 | 0.1 | 40 | 0.3 | 50 | 1.3 | 5 | 10～20 | 500 | $10^{11}$ |
| GD312 | 150 | 0.1 | 40 | 0.3 | 50 | 1.3 | 5 | 20～40 | 500 | $10^{11}$ |
| GD313 | 150 | 0.1 | 40 | 0.3 | 50 | 1.3 | 5 | 40～60 | 500 | $10^{11}$ |
| GD314 | 150 | 0.1 | 40 | 0.3 | 50 | 1.3 | 5 | 60～80 | 500 | $10^{11}$ |
| GD315 | 150 | 0.1 | 40 | 0.3 | 50 | 1.3 | 5 | 80～100 | 500 | $10^{11}$ |
| GD323 | 150 | 0.1 | 40 | 0.3 | 50 | 1.3 | 5 | 40～60 | 1k | $10^{10}$ |
| GD324 | 150 | 0.1 | 40 | 0.3 | 50 | 1.3 | 5 | 60～80 | 500 | $10^{11}$ |
| GD325 | 150 | 0.1 | 40 | 0.3 | 50 | 1.3 | 5 | 80～100 | 500 | $10^{11}$ |
| GD326 | 150 | 0.1 | 40 | 0.3 | 50 | 1.3 | 5 | 100～120 | 1k | $10^{11}$ |
| GD327 | 150 | 0.1 | 40 | 0.3 | 50 | 1.3 | 5 | 120～150 | 500 | $10^{11}$ |

表 12-5　常见达林顿输出光电耦合器主要参数

| 型号 | 最大耗散功率/mW | 暗电流/μA | 反向击穿电压/V | 饱和压降/V | 最大正向电流/A | 正向电压/V | 反向电压/V | 电流传输比/% | 隔离电压/V | 隔离电阻/Ω |
|---|---|---|---|---|---|---|---|---|---|---|
| G202 | 75 | 1 | 30 | | 50 | 1.3 | 5 | 200～500 | 500 | $10^{10}$ |
| GO203 | 75 | 1 | 30 | | 50 | 1.3 | 5 | 500 | 500 | $10^{10}$ |
| GO211 | 75 | 1 | 30 | | 40 | 1.3 | 5 | 100～200 | 1k | $10^{10}$ |
| GO212 | 75 | 1 | 30 | | 40 | 1.3 | 5 | 200～500 | 1k | $10^{10}$ |
| GO213 | 75 | 1 | 30 | | 40 | 1.3 | 5 | 500 | 1k | $10^{10}$ |
| GD-D | 100 | 1 | 30 | | 40 | 1.5 | 5 | 500 | 1k | $10^{10}$ |
| GO221 | 100 | 1 | 30 | | 75 | 1.3 | 5 | 100～200 | 5k | $10^{10}$ |
| GO222 | 100 | 1 | 30 | 1.5 | | 1.3 | 5 | 200～500 | 5k | $10^{10}$ |
| GO223 | 100 | 1 | 30 | 1.5 | 75 | 1.3 | 5 | 500 | 5k | $10^{10}$ |
| GO231 | 100 | 1 | 30 | 1.5 | 75 | 1.3 | 5 | 100～200 | 10k | $10^{10}$ |

表 12-6　常见光电开关主要参数

| 型号 | 最大耗散功率/mW | 暗电流/μA | 反向击穿电压/V | 最大正向电流/A | 正向电压/V | 反向电压/V | 电流传输比/% |
|---|---|---|---|---|---|---|---|
| GK210 | | | | 50 | 1.5 | 5 | 0.1 |
| GK310 | 150 | 0.1 | 40 | 50 | 1.5 | 5 | 3 |
| GK220 | 150 | 0.1 | 50 | 50 | 1.5 | 5 | 0.03 |

## 12.2.5　应用电路

（1）稳压控制电路

图 12-29 是一款采用光耦进行稳压控制的电路。当输出端电压升高时，光耦 $Q_1$ 内部的发光二极管发光强度增大，内部光电三极管的集电极-发射极之间阻值变小，进而使开关管 $VT_1$ 的导通时间变短，于是输出端电压降低到额定值。

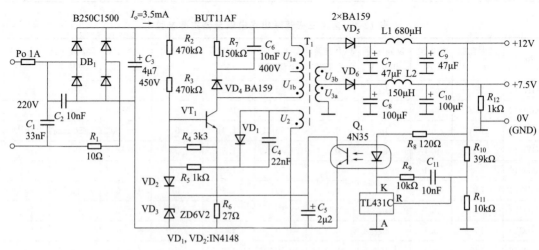

图 12-29　采用光耦进行稳压控制的电路

（2）厂门控制电路

图 12-30 为由光耦构成的厂门自动控制电路。当天亮有光照射光敏电阻 RG 时，它的电阻值变得很小，RG 就控制程控集成电路 IC 给 $VT_1$ 加正向偏置电压，同时使 $VT_2$ 无偏置电压。这时 $VT_1$ 饱和导通，使 $GH_1$ 中的发光二极管发光，光电三极管的导通电流触发 $VS_1$ 导通，220V 的交流电压就加到电机右侧和公共端之间，电机正转将厂门自动打开。$VT_2$ 无正偏置电压，$VS_2$ 不导通。厂门被打开后，程控集成电路就撤销加在 $VT_1$ 的 B 极的正偏压，使 $VT_1$、$VT_2$ 均处于截止状态。

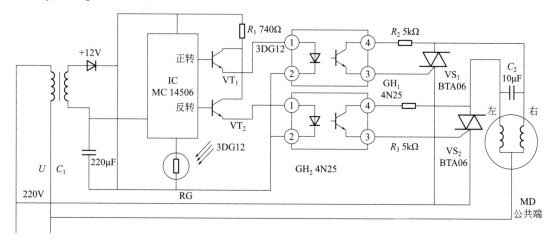

图 12-30 由光耦构成的厂门自动控制电路

每到夜间，RG 上无光照，其电阻值变得很大，控制程控集成电路翻转使 $VT_2$ 导通，$VT_1$ 截止。电源电压就通过 $R_1$、$VT_2$ 加到 $GH_2$ 内的发光二极管上，二极管发光照射光电三极管后，$GH_1$ 的 3、4 脚触发 $VT_2$ 导通，220V 的交流电压加到电机左端与公共端之间，电机反转，将厂门自动关闭。这时因 $VT_1$ 无正偏压，所以 $VS_1$ 不导通。

当厂门关闭后，程控集成电路撤销加在 $VT_2$B 极的正偏压，使 $VT_1$、$VT_2$ 均处于截止状态，电机静止不动。到天亮时，又有光照射 RG 时，程控电路才发生翻转，再次变为 $VT_2$ 截止，而 $VT_1$ 导通。

（3）彩色电视机电源电路

① 工作原理 如图 12-31 是彩色电视机电源电路组成简图，图中只画出了直流工作元

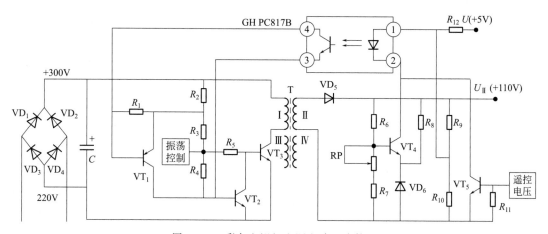

图 12-31 彩色电视机电源电路组成简图

件。220V 交流电经 $VD_1 \sim VD_4$ 整流、电容 $C$ 滤波后，得到近 300V 的直流电压，然后分两路加到开关管 $VT_2$ 上，使电源电路启动工作。

第一路是 300V 电压经开关变压器 T 初级（绕组 I）加到 $VT_3$ 的 C 极，第二路是由 $R_2$ 经 $R_3$、$R_4$ 加到 $VT_2$ 的 B 极形成偏置电压，使 $VT_2$ 导通，电流就流过 T 的初级线圈（绕组 I），次级线圈（绕组 II、III、IV）产生感应电压。

绕组 III 产生感应电压加到"振荡控制"电路上（图 12-31 中未画出），使 $VT_3$ 按开关一关一开一关的方式工作下去。绕组 I 中导通间断的直流电，变压器的自感、互感作用又使绕组 II、III 和 IV 产生感应电压。经各自整流滤波元器件形成多组直流电源，供彩色电视机不同功能电路使用，其中 $U_{II}$（110V）称为彩色电视机的主电压，这就是彩色电视机电源电路简单的工作原理。

② 光耦的作用　如果由于某种原因使 $U_{II}$ 高于正常值 110V，将对彩色电视机电路带来极大危害，因此在电源电路中设置有稳压电路。

当输出电压 $U_{II}$ 高于 110V 时，经 $R_6$、RP、$R_7$ 分压后加在 $VT_4$ 的 B 极的电压便随之升高。在 $R_8$、$VD_6$ 串联电路中，$VD_6$ 为 5.2V 的稳压二极管，使 $VT_4$ 的 E 极电压始终保持在 5.2V，$VT_4$ 正向偏置加强，导通电流增大，C 极电压降低，使光耦中发光二极管负极电压下降。而发光二极管正极电压是由 $R_9$、$R_{10}$ 对 $U_{II}$ 分压供给的，也随 $U_{II}$ 升高。因此使得发光二极管正偏置加强，导通电流增大，发光增强，直接导致光耦内光电三极管导通电流增大。连锁地使 $VT_1$ 的 B 极和 C 极电流、$VT_2$ 的 B 极和 C 极电流增大，于是将注入到 $VT_3$ 的 B 极的振荡电流分出一定数量直接流到地，使 $VT_3$ 的 B 极电流减小，从而使电源调整管 $VT_3$ 的导通时间缩短，截止时间增长。$VT_3$ 的 C 极的导通电流随着变小，变压器互感产生的电压就下降，迫使升高的 $U_{II}$ 降到 110V 稳压值。反之，当由于某种原因引起输出电压 $U_{II}$ 低于 110V 时，上述电路就朝反向变化，使电源调整管 $VT_3$ 导通时间增长，截止时间缩短，最终使降低的 $U_{II}$ 又升高到 110V 的正常值，从而稳定输出电压。

从控制稳压过程可知光耦的作用：一是将 110V 端电路与 300V 端电路隔离；二是自动变阻。当 $U_{II}$ 升高时，光耦内二极管发光增强，三极管电流增大，实质是光电三极管 C-E 极电阻值变小，最后控制 $U_{II}$ 下降到 110V。当 $U_{II}$ 下降时，光耦内发光二极管发光减弱，三极管导通电流减小，使其 C-E 极电阻值变大，最后控制 $U_{II}$ 上升到 110V。

（4）双向光耦合器构成的开关电路

双向光耦合器又称为双向晶闸管驱动器，专门用于驱动双向晶闸管。双向光耦有过零触发耦合器（如 MOC3030）和非过零触发耦合器（如 MOC3009）两种类型。

在双向光耦中，输入级是发光二极管，输出级是光敏双向晶闸管，在导通时，流过的双向电流达 100mA，压降小于 3V，导通时最小维持电流为 $100\mu A$。在截止时，其阻断电压为直流 250V，当维持电流小于 $100\mu A$ 时，双向晶闸管从导通变为截止。当阻断电压大于 250V 时，或发光二极管发光时，则双向晶闸管导通。为了降低双向光耦的误触发率，通常在光耦的输出端加阻容吸收电路。

如图 12-32 所示为采用双向光耦构成的开关电路。采用该电路与采用普通电磁继电器的电路相比具有响应速度快、无噪声、无火花及寿命长等优点。$R_2$、$C_1$ 可组成双向晶闸管 $VT_1$ 的保护电路，$L_1$、$L_2$ 为谐波滤除电路，切断电路工作时对电网中其他电器的干扰。

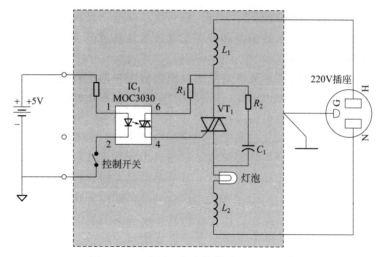

图 12-32 采用双向光耦构成的开关电路

# 12.3 霍尔传感器

霍尔传感器（Hall-effect Sensor）是一种磁传感器，用它可以检测磁场及其变化，可在各种与磁场有关的场合中使用。

霍尔传感器是一种基于霍尔效应的传感器。霍尔效应是由科学家爱德文·霍尔在 1879 年发现的。由于任何承载电流的连线或电路板上的绕线都会产生一个磁场，故可在置于磁场的导体或半导体中通入电流。若电流与磁场垂直，则在与磁场和电流都垂直的方向上会出现一个电势差。这种现象就是霍尔效应。产生的电势差称为霍尔电压。利用霍尔效应制成的元件称为霍尔传感器。

## 12.3.1 工作原理

霍尔传感器具有许多优点：结构牢固、体积小、重量轻、寿命长、安装方便、功耗小、频率高（可达 1MHz）、耐振动、不怕灰尘/油污/水汽及盐雾等的污染或腐蚀。

现在常用的霍尔传感器是利用硅集成电路工艺将霍尔元件和测量线路集成在一起的一种集成霍尔传感器，如图 12-33 所示为常见霍尔传感器实物外形及其电路图形符号。集成霍尔传感器取消了传感器和测量电路之间的界限，实现了材料、元件、电路三位一体。集成霍尔传感器与分立传感器相比，由于减少了焊点，因此显著地提高了可靠性。

图 12-33 常见霍尔传感器实物外形及其电路图形符号

集成霍尔传感器通常有三根引脚，1 脚为供电端，2 脚为接地端，3 脚为信号输出端；也有一些四根引脚的双输出互补型霍尔传感器（1 脚为供电端，2 脚和 3 脚分别为信号输出端 1 和信号输出端 2，3 脚为接地端）。集成霍尔传感器的输出是经过处理的霍尔输出信号。在通常情况下，当外加磁场的 S 极接近霍尔传感器外壳上打有型号标志的一面时，作用到霍尔电路上的磁场方向为正，输出电压会高于无磁场时的输出电压。反之，当磁场的 N 极接近霍尔传感器外壳上打有型号标志的一面时，输出电压降低。按照输出信号的形式，集成霍尔传感器可以分为线性集成霍尔传感器和开关型集成霍尔传感器两种类型。

（1）线性集成霍尔传感器

线性集成霍尔传感器是把霍尔元件与放大线路集成在一起的传感器。其输出信号电压与加在霍尔元件上的磁感应强度成比例，当元件敏感面磁场强弱变化时，输出在 $1.0 \sim 4.2\text{V}$ 范围内连续线性变化（若电源供电为5V）。

线性集成霍尔传感器的电路比较简单，用于精度要求不高的场合。线性集成霍尔传感器由霍尔元件、差分放大器和射极跟随器组成，其内部电路如图12-34所示。

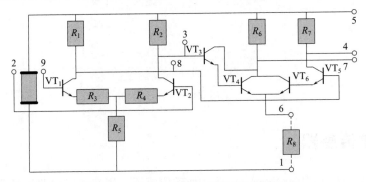

图 12-34　线性集成霍尔传感器内部电路

在图12-34电路中，霍尔元件的输出信号经由 $\text{VT}_1$、$\text{VT}_2$、$R_1 \sim R_5$ 组成的第一级差分放大器放大后，再由 $\text{VT}_3 \sim \text{VT}_6$、$R_6$ 和 $R_7$ 组成的第二级差分放大器放大。第二级放大采用达林顿对管，射极电阻 $R_8$ 外接，适当选取 $R_8$ 的阻值，可以调整该极的工作点，从而达到改变电路增益的目的。在电源电压为9V、$R_8$ 取 $2\text{k}\Omega$ 时，全电路的增益可达1000倍左右，与分立元件霍尔传感器相比，灵敏度大为提高。线性集成霍尔传感器有很高的灵敏度和优良的线性度，适用于各种磁场检测。

（2）开关型集成霍尔传感器

开关型集成霍尔传感器是把霍尔元件的输出经过处理后输出一个高电平或低电平的数字信号，故开关型集成霍尔传感器又称霍尔开关（电路）或霍尔数字电路，主要由稳压器、霍尔片、差分放大器、施密特触发器及输出级组成，其工作原理框图如图12-35所示。

稳压器的作用是当电源电压从 $3.5 \sim 20\text{V}$ 变化时，保证电路能正常工作；霍尔片的作用

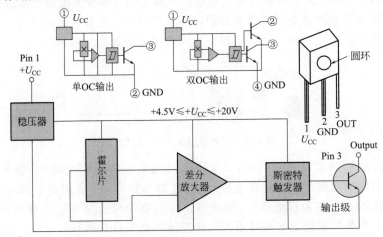

图 12-35　开关型集成霍尔传感器内部电路框图

是将变化的磁信号转换成相应的电信号；差分放大器用来将霍尔电压发生器输出的微弱电压信号放大；施密特触发器用来将差分放大器输出的模拟信号转换成数字信号。

在外磁场的作用下，当磁感应强度超过导通阈值 BOP 时，霍尔电路输出管导通，输出低电平后，磁感应强度再增加，输出管仍保持通导态。若外加磁场的磁感应强度值降低到释放点 BRP 时，输出管截止，输出端输出高电平，故称 BOP 为工作点，BRP 为释放点，称 BOP−BRP＝BH 为回差。回差的存在使开关电路的抗干扰能力增强。开关型集成霍尔传感器增强了开关电路的抗干扰能力，保证开关动作稳定，不产生振荡现象。

## 12.3.2　检测方法

霍尔传感器好坏检测方法如图 12-36 所示。在传感器的电源脚 1、接地脚 2 之间接 5V 电源，然后将万用表拨至直流电压 2.5V 挡，红、黑表笔分别接输出脚 3 和接地脚 2，再用一块磁铁靠近霍尔传感器的敏感面，如果霍尔传感器正常，应有电压输出，万用表表针会摆动。表针摆动幅度越大，说明传感器灵敏度越高；如果表针不动，则为霍尔元件损坏。

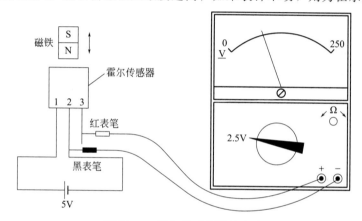

图 12-36　霍尔传感器测量电路

利用该方法不但可以判别霍尔元件的好坏，还可以判别霍尔元件的类型。如果在磁铁靠近或远离传感器的过程中，输出电压慢慢连续变化，则为线性型传感器；如果输出电压在某点突然发生高、低电平的转换，则为开关型传感器。

## 12.3.3　典型应用

（1）速度检测

每当有导磁物体出现在霍尔传感器前端时，霍尔传感器就会输出一个脉冲信号电压。若将该脉冲整形，送入单片机或者频率-电压转换电路即可得到在一定时间内导磁物体出现在霍尔传感器前端的次数。

若将霍尔传感器安装在汽车传动轴附近，则传动轴每转动一周，霍尔传感器的输出端就会输出一个脉冲信号，将该脉冲信号处理后送到比较控制电路就可以知道在一定时间内传动轴旋转了多少圈。如图 12-37 所示电路是汽车中常用的转速检测电路。

在如图 12-37 所示电路中，每当磁路被钢制传动轴转盘切断时，霍尔传感器就输出一个低电平脉冲信号；反之，输出高电平信号。该信号经过放大后送到控制解码电路，然后再经过后级驱动电路连接到速度仪表盘上，这样就可以实时监视汽车的时速。

（2）开关检测

当 N 极磁场作用于霍尔传感器时，传感器会输出低电平；而没有 N 极磁场作用时，霍

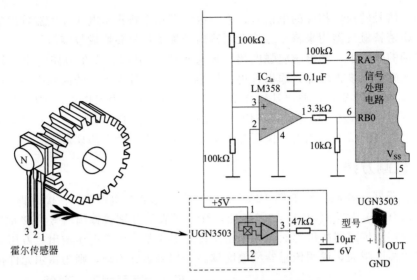

图 12-37　汽车中常用的转速检测电路

尔传感器输出为高电平。

　　由于霍尔传感器寿命长、不容易损坏，而且对振动、加速度不太敏感，作用时开关时间也比较快，通常为 0.1～0.2ms，因此可以把一块永磁体放在手机的翻盖上，当翻盖合上时，磁体的 N 极靠近霍尔传感器，通过霍尔传感器来检测翻盖是否合上。

　　折叠翻盖手机的翻盖检测电路通常由一个开关型霍尔传感器和两个电源开关控制三极管组成，如图 12-38 所示。

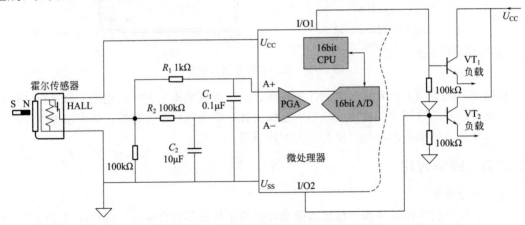

图 12-38　折叠翻盖手机的翻盖检测电路

　　图 12-38 电路中，三极管 $VT_1$、$VT_2$ 的导通与截止受手机微处理器输出的高电平信号的控制。当翻盖合上时，装在翻盖中磁铁的磁场作用于霍尔传感器（一般折叠翻盖手机都把磁铁安装在翻盖上），霍尔传感器的信号输出端输出低电平。该低电平被 CPU 检测后使 I/O1、I/O2 输出端输出低电平控制 $VT_1$、$VT_2$ 截止，切断发射电路、背景灯的供电；如果是在通话后合上翻盖，则该低电平信号作为"挂机"信号送给 CPU 执行挂机操作（这也就是为什么合上翻盖后手机就挂断的道理）。

　　当用户打开翻盖时，霍尔传感器的输出端就会输出高电平，如果该高电平信号是在来电时产生的，那么在送给 CPU 时，CPU 便作为开机信号而接通发射电路、背景灯供电，处于接听电话工作模式；但如果仅仅是用户单纯打开翻盖做其他操作如输入短信、电话号码，则霍尔传感器输出的高电平信号仅仅会使 CPU 输出背景灯控制信号，使背景灯点亮。

（3）电流传感器

众所周知，在有电流流过的导线周围会感生出磁场，该磁场与流过电流的关系，可由安培环路定律求出。霍尔传感器检测由电流感生的磁场，即可测出产生此磁场电流的量值。由此，可以采用霍尔传感器构成霍尔电流传感器。霍尔电流传感器可实现电流的"无电位"检测，即测量电路不必接入被测电路即可实现电流检测。它靠磁场进行耦合。因此，检测电路的输入、输出电路是完全电隔离的。霍尔电流传感器可以检测从直流到 100kHz 的各种波形电流，响应时间小于 $1\mu s$。

霍尔电流传感器的制作方法如下：用一个环形导磁材料做成磁芯，套在被测电流流过的导线上（可以将导线中电流感生的磁场聚集起来），在磁芯上开一个气隙，在气隙中内置一个线性霍尔传感器，导线通电后，便可由其霍尔输出电压得到导线中流过的电流。检测小电流（通常低于 25A）时，需要将导线在磁体上绕几圈；检测大电流时，导线可以直接从磁环中穿过。测量小电流与大电流的霍尔电流传感器分别如图 12-39、图 12-40 所示。

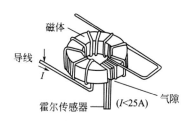

图 12-39　检测小电流的电流传感器

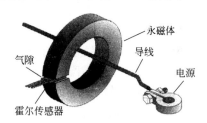

图 12-40　检测大电流的电流传感器

图 12-39、图 12-40 所示的电流传感器称为直接测量式传感器。这种测量方式的优点是结构简单，测量结果的精度和线性度都较高，可测直流、交流和各种波形的电流。但其测量范围、带宽等受到一定的限制。霍尔传感器是磁场检测器，它检测的是磁芯气隙中的磁感应强度。电流增大后，磁芯可能达到饱和。随着频率的升高，磁芯中的涡流损耗、磁滞损耗等也会随之升高，这些都会对其测量精度产生影响。

（4）位置检测

传统的直流电机为了保持气隙磁链与转子磁链的位置相对不变（相互成 90°电角度），就采用电刷来改变转子绕组的电流。无刷直流电机为了保持这种相对位置的不变，就必须根据转子的位置来改变绕组中的电流，故需要在定子的适当位置加装位置传感器。这种位置传感器通常为开关型霍尔传感器，如图 12-41（a）所示。

直流无刷电机使用永磁转子，在定子的适当位置放置所需数量的霍尔传感器，它们的输出和相应的定子绕组的供电电路相连。当转子经过霍尔传感器附近时，永磁转子的磁场令已通电的霍尔传感器输出一个电压信号使定子绕组供电控制三极管导通，给相应的定子绕组供电，产生和转子磁场极性相同的磁场，推斥转子继续转动。到下一个位置，前一个位置的霍尔传感器停止工作，下一个位置的霍尔传感器输出一个控制信号，使下一个绕组通电，产生推斥力使转子继续转动。如此循环，维持电机的工作。

在这里，霍尔传感器起位置传感器的作用，检测转子磁极的位置，其输出使定子绕组供电电路通、断，又起开关作用，当转子磁极离去时，令上一个霍尔传感器停止工作，下一个器件开始工作，使转子磁极总是面对推斥磁场。

计算机中的 CPU 散热风扇采用的也是无刷直流电机，在这种电机中，霍尔传感器不但起着位置传感器的作用，还起到速度检测传感器的作用。霍尔传感器在计算机 CPU 风扇中

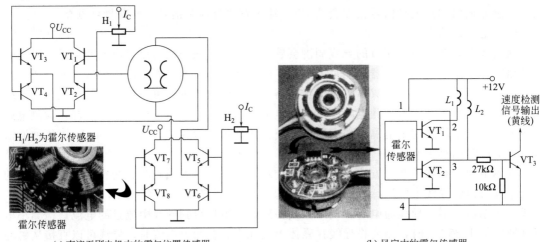

(a) 直流无刷电机中的霍尔位置传感器　　　　　　　(b) 风扇中的霍尔传感器

图 12-41　霍尔传感器应用于位置检测实例

的应用电路如图 12-41（b）所示。

计算机中的 CPU 散热风扇采用两相绕组线圈首尾相接缠绕在四个定子铁芯上，两组线圈相差 90°，开关型霍尔传感器固定在定子铁芯附近，用于探测转子磁环磁场的变化。当永磁转子旋转时，加到霍尔传感器的磁感应强度发生变化，霍尔传感器便控制输出信号驱动 $VT_1$ 和 $VT_2$ 按一定的规则导通或截止，使定子线圈产生的磁场与转子磁环的磁场相互作用，对转子产生同一个方向的推或拉的力矩，使其转动起来。

在如图 12-41（b）所示的电路中，风扇的扇叶每转一圈，转子就转一圈，霍尔传感器的输出端就输出一个脉冲信号，风扇的转子在 1min 内旋转了多少圈，就会有多少个脉冲信号输出。该信号经过放大后送到解码控制电路，经过与 BIOS（Basic Input Output System，基本输入输出系统。BIOS 是电脑启动时加载的第一个软件）内部的数据进行对比后，就可以通过显示器显示出 CPU 风扇的实时转速。

（5）霍尔传感器与外围电路的接口

霍尔传感器的输出电路一般是一个集电极开路的 NPN 晶体管，其使用规则和一般的 NPN 开关管相同。输出管截止时，漏电流很小，一般只有几纳安，输出电压和电源电压相近，但电源电压最高不得超过输出管的击穿电压。输出管导通时，其输出端和线路的公共端短路。因此，必须外接一个电阻器（即负载电阻）来限制流过管子的电流，使其不超过最大允许值（一般为 20mA），以免损坏输出管。输出电流较大时，管子的饱和压降也会随之增大。霍尔传感器与外围电路的接口电路如图 12-42 所示。若受控电路所需的电流大于 20mA，则可在霍尔传感器与被控电路之间接入电流放大器。

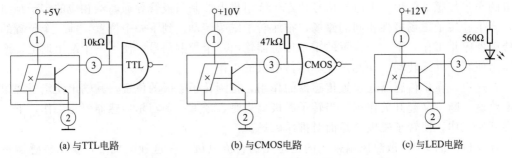

(a) 与 TTL 电路　　　　　　　(b) 与 CMOS 电路　　　　　　　(c) 与 LED 电路

图 12-42　霍尔传感器与外围电路的接口电路

# 第 *13* 章
# 电子测量基础

## 13.1 电子测量基础知识

### 13.1.1 电子测量的内容

电子测量就是以电子技术理论为依据，借助于电子测量设备，把未知的电量或非电量与作为测量单位的标准电量进行比较，从而确定这个未知电量或非电量（包括数值和单位）的过程。电子测量内容通常包含以下几个方面：

① 能量的测量，如电流（$I$）、电压（$U$）、电功率（$P$）、电能（$W$）等。

② 电路特征的测量，如电阻（$R$）、电容（$C$）、电感（$L$）、阻抗（$Z$）等。

③ 电信号特性的测量，如频率（$f$）、周期（$T$）、相位（$\varphi$）、功率因数（$\cos\varphi$）、失真度（$k$）等。

④ 电子电路性能的测量，如放大倍数（$A$）、通频带（$BW$）、灵敏度（$S$）等。

⑤ 非电量的测量，如压力（$p$）、温度（$T$）、速度（$v$）、时间（$t$）等。

上述各项测量内容中，尤其是频率、时间、电压、相位、阻抗等基本电参数的测量更为重要，它们往往是其他参数测量的基础。如放大器的增益测量实际上就是其输入、输出端电压的测量；脉冲信号波形参数的测量可归结为电压和时间的测量，许多情况下电流的测量不方便，就以电压的测量来代替。同时，由于时间和频率的测量具有其他测量所不可比拟的精确性，因此人们越来越关注把其他待测量转化成时间或频率的测量的方法和技术。

## 13.1.2 电子测量的方法

（1）按测量手段分类

① 直接测量：在测量过程中，能够直接将被测量与同类标准量进行比较，或能够直接用事先刻度好的测量仪器对被测量进行测量，直接获得数值的测量称为直接测量。例如，用电压表测量电压、用电流表测量电流、用直流电桥测量电阻等都是直接测量。直接测量方式广泛应用于工程测量中。

② 间接测量：当被测量由于某种原因不能直接测量时，可以通过直接测量与被测量有一定函数关系的物理量，然后按函数关系计算出被测量的数值，这种间接获得测量结果的方式称为间接测量。例如，用伏安法测量电阻，是利用电压表和电流表分别测量出电阻两端的电压和通过该电阻的电流，然后根据欧姆定律计算出被测电阻的大小。间接测量方式广泛应用于科研、实验室及工程测量中。

③ 组合测量：当某项测量结果需要用多个未知参数表达时，可通过改变测量条件进行多次测量，根据函数关系列出方程组求解，从而得到未知量的测量，称为组合测量。这种测量方法比较复杂，费时间，但精度较高，一般适用于科学实验。

（2）按测量方式分类

① 直读法：用直接指示被测量大小的指示仪表进行测量，能够直接从仪表刻度盘上或从显示器上读取被测量数值的测量方法，称为直读法。例如，用欧姆表测量电阻时，由指示的数值可以直接读出被测电阻的数值。这一读数被认为是可信的，因为欧姆表的数值事先用标准电阻进行了校验，标准电阻已将其量值和单位传递给欧姆表，间接地参与了测量。直读法测量的过程简单，操作容易，读数迅速，但其测量的准确度不高。

② 比较法：将被测量与标准量在比较仪器中直接进行比较，从而获得被测量数值的方法，称为比较法。例如，用电桥测量电阻时，标准电阻直接参与了测量过程。在电子测量中，比较法具有很高的测量准确度，可以达到$\pm 0.001\%$，但测量时操作比较麻烦，相应的测量设备也比较昂贵。

比较法又可分为零值法、较差法和替代法三种。

a.零值法又称平衡法，它是利用被测量和标准量对仪器的作用相互抵消，由指零仪表作出判断的方法，即当指零仪表指示为零时，表示两者的作用相等，仪器达到平衡状态。此时按一定的关系可计算出被测量的数值。

b.较差法是通过测量被测量与标准量的差值，或正比于该差值的量，根据标准量来确定被测量数值的方法。

c.替代法是分别把被测量和标准量接入同一测量系统，在标准量替代被测量时，调节标准量，使系统的工作状态在替代前后保持一致，然后根据标准量来确定被测量的数值。用替代法测量时，由于替代前后测量系统的工作状态是一样的，因此仪器本身性能和外界因素对替代前后的影响几乎是相同的，有效地克服了所有外界因素对测量结果的影响。

（3）按测量性质分类

① 时域测量：时域测量也叫作瞬时测量，主要是测量被测量随时间的变化规律。如用示波器观察脉冲信号的上升沿、下降沿、平顶降落等脉冲参数以及动态电路的暂态过程。

② 频域测量：频域测量也称为稳态测量，主要目的是获取待测量与频率之间的关系。如用频谱分析仪分析信号的频谱，测量放大器的幅频特性、相频特性等。

③ 数据域测量：数据域测量也称为逻辑量测量，主要是对数字信号或电路的逻辑状态进行测量，如用逻辑分析仪等设备测量计数器的状态。随着微电子技术的发展，数据域测量

及测量智能化、自动化显得越来越重要。

④ 随机测量：随机测量又叫作统计测量，主要是对各类噪声信号进行动态测量和统计分析。这是一项新的测量技术，尤其在通信领域有着广泛应用。

除了上述几种常见的分类方法外，还有其他一些分类方法。比如，按照对测量精度的要求，可以分为精密测量和工程测量；按照测量时测量者对测量过程的干预程度可分为自动测量和人工测量；按照被测量与测量结果获取地点的关系可分为本地测量和遥控测量或分为接触测量和非接触测量；按照被测量的属性分为电量测量和非电量测量等。

### 13.1.3　电子测量的特点

（1）测量频率范围宽

测量频率时，除测量直流外可低至 $10^{-5}$ Hz，高频可至 $10^{12}$ Hz。在不同的频率范围内，电子测量所依据的原理、使用的测量仪器、采用的测量方法也各不相同。例如，信号源就分为低频、音频、高频、超高频等多种信号发生器。

（2）测量仪器的量程广

量程是仪器所能测量各种参数的最大范围。由于被测对象的大小相差极大，因而要求测量仪器的量程也极宽。例如，1 台高灵敏度的新型数字电压表可以测出 10nV 级至 1kV 级的电压，量程达 11 个数量级。

（3）测量准确度高

电子仪器的准确度通常比其他测量仪器高，特别是对频率和时间的测量。由于采用原子频标和原子秒（原子秒是由原子振荡周期，即原子跃迁时发射或吸收电磁波的周期导出的时间基本单位。原子秒是 1967 年第 13 届国际计量大会决定采用的。其定义为：秒是铯-133 原子在其基态两个超精细能级间跃迁时辐射的 9192631770 个周期所持续的时间。这种辐射周期持续而稳定，因而通过决议）作为基准，使时间的测量误差减小到 $10^{-14}$ 量级。

（4）测量速度快

电子测量由于是通过电子运动和电磁波的传播来进行工作的，因此它具有其他测量方法通常无法比拟的高速度。例如，在火箭发射过程中需要快速测出其运动参数，以便下达控制信号，使其达到预期的目标。

（5）实现遥测和长期不断的测量

通过各种类型的传感器，可以实现对人体不便于接触或无法到达的区域进行遥测，而且也可以在被测对象正常工作的情况下进行不间断的测量。例如对卫星、导弹、人体内部、敌人火力可达的前沿阵地等的测量。

（6）测量过程的自动化和测量仪器的微机化

由于电子测量的测量结果和它所需要的控制信号都是电信号，非常有利于直接测量或通过 A/D 变换与计算机相连接，实现自动记录、数据运算、分析处理和程序控制，做成各种自动化仪器或自动测试系统。

电子测量所具有的一系列特点，使其广泛应用于各领域，大到天文观侧、航空航天，小到物质结构、基本粒子，几乎没有不应用电子测量技术的领域。

### 13.1.4　测量单位制

测量单位是确定一个被测量的标准，因此测量单位的确定与统一非常重要。

（1）国际单位制的组成

国际单位制（International System of Units，SI）由国际单位制单位、国际单位制词头和国际单位制的十进倍数单位三部分组成。

① 国际单位制单位包括了基本单位、导出单位和辅助单位三类。其基本单位共有七个，其名称及符号列于表 13-1 中。导出单位是由基本单位按定义、定律或一定的关系式推导出来的单位。辅助单位有两个，即平面角的单位弧度（rad）和立体角的单位球面度（sr），它们在应用过程中可以任意作为基本单位或导出单位。

表 13-1  国际单位制基本单位

| 量的名称及其常用符号 | 单位名称 | 单位符号 | 量的名称及其常用符号 | 单位名称 | 单位符号 |
|---|---|---|---|---|---|
| 长度（$L$） | 米 | m | 热力学温度（$T$） | 开[尔文] | K |
| 质量（$m$） | 千克（公斤） | kg | 物质的量（$n$） | 摩[尔] | mol |
| 时间（$t$） | 秒 | s | 发光强度（$lv$） | 坎[德拉] | cd |
| 电流（$I$） | 安[培] | A | | | |

② 国际单位制词头采用的是十进制词头，用来表示使单位增大或缩小的十进倍数。词头是这些倍数单位名称的一部分，其代表的倍数从 $10^{-24} \sim 10^{24}$，共有 20 个，见表 13-2。

表 13-2  国际单位制词头

| 因数 | 词头名称 | | 符号 | 因数 | 词头名称 | | 符号 |
|---|---|---|---|---|---|---|---|
| | 原文（法） | 中文 | | | 原文（法） | 中文 | |
| $10^{24}$ | yotta | 尧（它） | Y | $10^{-1}$ | deci | 分 | d |
| $10^{21}$ | zetta | 泽（它） | Z | $10^{-2}$ | centi | 厘 | c |
| $10^{18}$ | exa | 艾（克萨） | E | $10^{-3}$ | milli | 毫 | m |
| $10^{15}$ | peta | 拍（它） | P | $10^{-6}$ | micro | 微 | $\mu$ |
| $10^{12}$ | tera | 太（拉） | T | $10^{-9}$ | nano | 纳（诺） | n |
| $10^{9}$ | gega | 吉（咖） | G | $10^{-12}$ | pico | 皮（可） | p |
| $10^{6}$ | mega | 兆 | M | $10^{-15}$ | femto | 飞（母托） | f |
| $10^{3}$ | kilo | 千 | k | $10^{-18}$ | atto | 阿（托） | a |
| $10^{2}$ | hecto | 百 | h | $10^{-21}$ | zepto | 仄（普托） | z |
| $10^{1}$ | deca | 十 | da | $10^{-24}$ | yocto | 幺（科托） | y |

（2）使用国际单位制的注意事项

在使用国际单位制时，必须遵循规定的使用方法。这里简要介绍国际单位制的使用方法和需要注意的事项。

① 词头代号与单位代号之间不留间隔。例如，km（千米）。

② 如果词头代号上有指数，则表明倍数单位按指数相乘。例如，$1cm^3 = 10^{-6} m^3$。

③ 两个以上单位的乘积最好用圆点作为乘号，只有当不致与其他代号混淆时，圆点可以省略，但次序不能变动。例如，k·m 或 km，但不允许写成 mk。

④ 不允许用两个以上国际单位制词头并列构成组合词头。例如 1pF（皮法），而不允许用 1mnF（毫纳法）。

⑤ 当导出单位由一个单位被另一个单位相除而构成时，可以用斜线、水平线或者负幂数表示。例如，m/s、$m \cdot s^{-1}$。

⑥ 除了加括弧外，一个组合单位在同一行内只能用一条斜线，在复杂情况下应该用负

幂数或括弧表示。例如，$m/s^2$ 或 $m \cdot s^{-2}$，但不应写为 m/s/s。

⑦ 选用国际单位制单位的倍数单位时，一般应使数值处于 0.1～1000 之间。例如，34kN 可以写成 $3.4 \times 10^4 N$，但不能写成 34000N；6.87mm 可以写成 $6.87 \times 10^{-3} m$，但不能写成 0.00687m，$5.4 \times 10^{-9} s$ 可以写成 5.4ns，但不能写成 $0.0054 \times 10^{-6} \mu s$。当在同一个量的数值表中或同一篇文章中讨论这些数值时，即使有些数值不在 0.1～1000 的范围以内，也要求使用一致的倍数单位或分数单位。

## 13.2 测量误差

在测量过程中，由于受到测量方法、测量设备、测量条件及观测经验等多方面因素的影响，测量结果不可能是被测量的真实数值，而只是其近似值，即任何测量的结果与被测量的真实值之间总是存在着差别，这种差别称为测量误差。

### 13.2.1 测量误差的分类

根据测量误差的性质和特点，可以将其分为系统误差、偶然误差和粗大误差。

（1）系统误差

在相同条件下多次测量同一量时，其大小和符号保持恒定，或在条件改变时按某种确定规律而变化的误差称为系统误差。系统误差主要是由于测量设备的不完善、测量方法的不严格和测量条件的不稳定而引起的。由于系统误差表示了测量结果偏离其真实值的程度，即反映了测量结果的准确度，所以在误差理论中，经常用准确度来表示系统误差的大小。

系统误差的消除方法：对测量仪器仪表进行校正，在准确度要求较高的测量结果中，引入校正值进行修正；消除产生误差的根源，即正确选择测量方法和仪器，尽量使测量仪表在规定的使用条件下工作，消除各种外界因素造成的影响；采用特殊的测量方法，如正负误差补偿法、替代法等。

（2）偶然误差

在实际相同条件下多次测量同一量时，其大小和符号以不可预定的方式变化着的误差称为偶然误差，又称随机误差，很多测量结果的随机误差的分布形式接近于正态分布，也有部分测量结果的随机误差属于均匀分布或其他分布。产生偶然误差的原因很多，如温度、磁场、电源频率、感官分辨本领等的偶然变化都可能引起这种误差。由于偶然误差表示了测量的结果偏离其真实值的分散情况，因此偶然误差经常用来表示测量的精密度。

消除偶然误差可采用在同一条件下，对被测量进行足够多次的重复测量，取其平均值作为测量结果的方法。

系统误差和偶然误差是两种性质完全不同的误差。系统误差反映在一定条件下误差出现的必然性；而偶然误差则反映在一定条件下误差出现的可能性。

（3）粗大误差

在一定的测量条件下，超出规定条件下预期的误差称为粗大误差。一般地，给定一个显著性的水平，按一定条件分布确定一个临界值，凡是超出临界值范围的值，就称为粗大误差，它又叫作粗误差或寄生误差。

产生粗大误差的主要原因如下：①客观原因。电压突变、机械冲击、外界振动、电磁干扰、仪器故障等引起测试仪器测量值异常或被测物品的位置相对移动，从而产生了粗大误差。②主观原因。使用了有缺陷的量具；操作时疏忽大意，测量方法错误；读数、记录和计算的错误等。另外，环境条件的反常突变因素也是产生这些误差的原因。

粗大误差不具有抵偿性，它存在于一切科学实验中，不能被彻底消除，只能在一定程度上减弱。它是异常值，严重歪曲了实际情况，所以在处理数据时应将其剔除，否则将对标准差、平均差等产生严重的影响。

## 13.2.2 测量误差的来源

（1）仪表误差

由于测量仪器本身及附件的电气和力学性能不完善而引起的误差。如仪器零件位置安装不正确、刻度不够均匀、元器件老化等，这是仪器固有的误差。

（2）使用误差

由于仪器的安装、布置、调节和校正不当等所造成的误差。如把要求水平放置的仪器垂直放置、接线太长、未装阻抗匹配连接线、接地不当等都会产生使用误差。减小这种误差的方法就是严格按照技术规程操作，提高实验技巧和对各种现象的分析能力。

（3）影响误差

测量时，各种环境因素与要求的条件不一致引起的误差称为影响误差。例如，在测量时由于受外界温度、湿度、电磁场、机械振动、光照、放射性等影响而造成的误差。

（4）人体误差

由于测量者的分辨能力、工作习惯和身体素质等原因引起的误差。对于某些借助人耳和人眼来判断结果的测量以及需要进行人工调整等的测量工作，均会产生人体误差。

（5）方法和理论误差

由于测量方法或者仪器仪表选择不当所造成的误差称为方法误差；测量时，依据的理论不严格或者应用近似公式、近似值计算等造成的误差称为理论误差。

## 13.2.3 测量误差的表示方法

测量误差通常用绝对误差和相对误差来表示。

（1）绝对误差

测量结果的数值 $X$ 与被测量的真实值 $X_0$ 的差值称为绝对误差，用 $\Delta X$ 表示：

$$\Delta X = X - X_0 \tag{13-1}$$

由于被测量的真实值 $X_0$ 往往是很难确定的，所以在实际测量中，通常用标准表的指示值或多次测量的平均值作为被测量的真实值。对同一被测量而言，测量的绝对误差越小，测量就越准确；对不同被测量，测量的绝对误差不能反映测量的准确程度。

（2）相对误差

相对误差的大小，既可以用来反映同一被测量的测量准确程度，又可以反映不同被测量的测量准确程度。相对误差根据不同的表示形式，可分为实际相对误差、示值相对误差、分贝误差和满度相对误差。

① 实际相对误差：测量的绝对误差与被测量真实值之比的百分数，称为实际相对误差，通常用符号 $\gamma_0$ 表示。

$$\gamma_0 = \frac{\Delta X}{X_0} \times 100\% \tag{13-2}$$

② 示值相对误差：测量的绝对误差与仪表指示值之比的百分数，称为示值相对误差，通常用符号 $\gamma_x$ 来表示。

$$\gamma_x = \frac{\Delta X}{X} \times 100\% \tag{13-3}$$

③ 分贝误差：用分贝（dB）表示的相对误差称为分贝误差，其在电子学和声学中常用来表示相对误差。

对于电流、电压等电参量：

$$\gamma_{(dB)} = 20\lg(1+\gamma) \tag{13-4}$$

对于功率类等电参量：

$$\gamma_{(dB)} = 10\lg(1+\gamma) \tag{13-5}$$

分贝误差数 $\gamma_{(dB)}$ 与示值相对误差数 $\gamma_x$ 有以下关系：

对于电压、电流等电参量有：$\gamma_{(dB)} \approx 8.69\gamma_x(dB)$；

对于功率类电参量有：$\gamma_{(dB)} \approx 4.3\gamma_x(dB)$。

④ 满度相对误差：测量仪器量程内最大绝对误差与测量仪器满度值（量程上限值 $X_m$）之比的百分数，称为满度相对误差，通常用符号 $\gamma_m$ 表示。

$$\gamma_m = \frac{\Delta X_m}{X_m} \times 100\% \tag{13-6}$$

满度相对误差也叫作满度误差或者最大引用误差。我国电工仪表的准确度等级 S 就是按满度误差 $\gamma_m$ 分级的，按 $\gamma_m$ 大小依次划分成 0.1、0.2、0.5、1.0、1.5、2.5 及 5.0 七级。如某电压表为 0.1 级，即表明其准确度等级为 0.1 级，其满度误差不超过 0.1%，即 $|\gamma_m| \leqslant 0.1\%$（习惯上也写成 $\gamma_m = \pm 0.1\%$）。

利用绝对误差和相对误差的概念，可以把一个测量结果完整地表示为

$$\text{测量结果} = X + \Delta X \quad \text{或} \quad \text{测量结果} = X(1+\gamma_x) \tag{13-7}$$

也就是说，测量不仅要确定被测量的大小，还必须确定测量结果误差的大小，即确定测量结果的可靠程度。

**【例 13-1】** 若要测一个 10V 左右的电压，手头有两块电压表，其中一块量程为 50V、1.5 级，另一块量程为 15V、2.5 级，问选用哪一块表合适？

**【解】** 若使用量程为 50V、1.5 级电压表，测量产生的最大相对误差：

$$|\Delta U| = 50 \times 1.5\% = 0.75V；\quad \gamma_x = \frac{|\Delta U|}{10} \times 100\% = 7.5\%$$

被测电压的最大相对误差为 7.5%。

若使用量程为 15V、2.5 级电压表，用同样方法可以求得测量产生的最大相对误差：

$$|\Delta U| = 15 \times 2.5\% = 0.375V；\quad \gamma_x = \frac{|\Delta U|}{10} \times 100\% = 3.75\%$$

被测电压的最大相对误差为 3.75%。

因此，将上述计算结果进行比较可知，应选用 15V、2.5 级电压表。

在进行电子测量时，为了减小相对误差，在选择仪器的量程时应使表针尽可能接近于满度（指示最好不小于满度的 2/3）。

# 13.3 电子测量仪器概述

测量仪器是将被测量转化成可直接获得数值或者信息的器具，包括各类指示仪器、比较仪器、记录仪器、传感器和变送器等。利用电子技术对各种待测量进行测量的设备，统称为电子测量仪器（仪表）。

## 13.3.1 测量仪器的功能

不管测量仪器是何种类型，其一般都具有物理量的变换、信号的传输和测量结果的显示等三种最基本的功能。

（1）变换功能

对于电压、电流等电学量的测量，是通过测量各种电效应来达到目的的。比如作为模拟测试仪表，就是将流过线圈的电流，转变为转动力矩，并带动与线圈相连的指针转动，使仪表指针偏转初始位置的一个角度，根据偏转角度大小得到被测电流的大小，这就是一种很基本的变换功能。对非电量测量，必须将各种非电物理量如温度、亮度、颜色、压力、物质成分等，通过各种传感器，转换成为与之相关的电压、电流等，然后再通过对电压、电流的测量，得到被测物理量的大小。

（2）传输功能

在遥测系统中，现场测量结果经变送器处理后，经过较长距离的传输才能送到测试的终端。不管是采用有线还是无线方式，传输过程中造成的信号失真和外界干扰等问题都会不同程度地存在。因此，现代测量技术和测量仪器都必须认真对待测量信息的传输问题。

（3）显示功能

测量结果必须以某种方式显示出来才有意义。因此，任何测量工具都必须具备相应的显示功能。比如模拟式仪表通过指针在仪表刻度盘上的位置显示测量结果，数字式仪表通过数码管、液晶显示器或阴极射线管显示测量结果。另外，一些先进的仪器如智能化仪器等还具有数据记录、数据存储、数据处理及自检、自校、报警提示等功能。

## 13.3.2　测量仪器的主要性能指标

（1）精密度（$\delta$）

精密度说明仪器（仪表）指示值的分散性，表示在同一测量条件下对同一被测量进行多次测量时，得到的测量结果的分散程度。它反映了随机误差的影响。精密度高，意味着随机误差小、测量结果的重复性好。比如某电流表的精密度为 0.05mA，即表示用它对同一电流进行测量时，得到的各次测量值的分散程度不大于 0.05mA。

（2）正确度（$\varepsilon$）

正确度说明仪表指示值偏离真实值的程度。所谓真实值是指待测量在特定状态下所具有的真实值的大小。正确度反映了系统误差的影响。正确度高则说明系统误差小，比如某电流表的正确度是 0.05mA，则表明用该电流表时的指示值与真实值之差不大于 0.05mA。

（3）准确度（$\tau$）

准确度是精密度和正确度的综合反映。准确度高，说明精密度和正确度都高，也就意味着系统误差和随机误差都小，因而最终测量结果的可信度也高。在具体的测量实践中，可能会出现这样的情况：正确度较高而精密度较低，或者情况相反，有相当的精密度但欠正确。当然理想的情况是既正确又精密，即测量结果准确度高。要获得理想的结果，应满足以下三个方面的条件：性能优良的测量仪器、正确的测量方法和细心的测量操作。准确度、精密度和正确度的关系可用图 13-1 表示。

（4）稳定性

稳定性经常用稳定度和影响量两个参数来表征。稳定度（稳定误差）是指在规定的时间区间，其他外界条件恒定不变的条件下，仪器示值变化的大小。造成这种

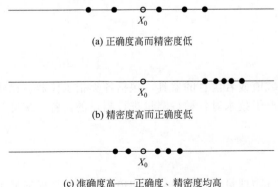

(a) 正确度高而精密度低

(b) 精密度高而正确度低

(c) 准确度高——正确度、精密度均高

图 13-1　正确度、精密度和准确度间的关系

示值变化的原因主要是仪器内部各元器件的特性、参数不稳定和老化等因素。稳定度可用示值绝对变化量和时间一起表示。

由于电源电压、频率、环境温度、湿度、气压、振动等外界条件变化而造成仪表表示值的变化量，称为影响量（影响误差），一般用示值偏差和引起该偏差的影响量一起表示。

（5）输入阻抗

测量时，如果仪器要接入待测电路，将改变被测电路的阻抗特性，这种现象称为仪器的负载效应。为了减小测量仪表对待测电路的影响，提高测量精度，通常对这类测量仪表的输入阻抗都有一定要求。仪表的输入阻抗一般用输入电阻和输入电抗表示。对信号源等供给仪器，还要考虑输出阻抗。在高频测量等场合，还必须注意阻抗匹配。

（6）灵敏度

灵敏度表示测量仪表对被测量变化的敏感程度，一般定义为测量仪表指示值增量 $\Delta Y$ 与被测量增量 $\Delta X$ 之比。例如，示波器在单位输入电压的作用下，示波管荧光屏上光点偏移的距离即为其偏转灵敏度，单位为 $cm/V$、$cm/mV$ 等。灵敏度的另一种表示方式叫作分辨率（分辨力），定义为测量仪表所能区分的被测量的最小变化量，在数字式仪表中经常使用。

（7）线性度

线性度表示测量仪表输入输出特性，表示仪表的输出量随输入量变化的规律。若仪表的输出为 $Y$，输入为 $X$，两者关系用 $Y=f(X)$ 表示。如果 $Y=f(X)$ 为 $XOY$ 平面上过原点的直线，则称之为线性刻度特性，否则称为非线性刻度特性。由于测量仪器的原理各异，不同的测量仪器可能呈现不同的刻度特性。仪器的线性度可用线性误差来表示。

（8）动态特性

测量仪表的动态特性表示仪表的输出响应随输入变化的能力。例如，模拟测试仪表由于动圈式表头指针惯性、轴承摩擦、空气阻尼等因素的作用，使得仪表的指针不能瞬间稳定在固定值上。又如示波器的垂直偏转系统，由于输入电容等因素的影响，造成输出波形对输入信号的滞后与畸变，示波器的瞬态响应就表示了这种仪器的动态特性。

并非所有仪器都用上述特性加以考核。有些测量仪器除了上述指标特性外，还有如功耗、读数装置、工作频率等其他技术要求。

## 13.3.3 电子测量仪器的分类

电子测量仪器的分类方法很多，如果按其功能，大致可分为以下几类。

① 电平测量仪器：各种模拟式电压表、毫伏表、数字式电压表、电流表、功率计、电能表等。

② 电路参数测量仪器：各类电桥，$Q$ 表，$R$、$L$、$C$ 测试仪，晶体管或集成电路参数测试仪，图示仪等。

③ 频率、时间、相位测量仪器：频率计、石英钟、数字式相位计、波长计等。

④ 波形测量仪器：各类示波器，如通用示波器、多踪示波器、取样示波器、记忆和数字存储示波器等。

⑤ 信号分析仪器：失真度测量仪、谐波分析仪、频谱分析仪等。

⑥ 模拟电路特性测试仪器：扫频仪、噪声系数测试仪、网络特性分析仪等。

⑦ 数字电路特性测试仪器：它主要指逻辑分析仪。这类仪器内部多带有微处理器或通过接口总线与外部计算机相连，是数据域测量中不可缺少的设备。

⑧ 测试用信号源：各类低频和高频信号发生器、脉冲信号发生器、函数发生器、扫描和噪声信号发生器等。

# 13.4 测量数据处理

测量数据的处理，就是从测量所得到的原始数据中求出被测量的最佳估计值，并计算其精确程度。必要时还要把测量数据绘制成曲线或归纳成经验公式，以便得出正确结论。

## 13.4.1 有效数字

由于含有误差，所以测量数据和由测量数据计算出来的算术平均值等都是近似值。通常就从误差的观点来定义近似值的有效数字。若末尾数字是个位，则包含的绝对误差值不大于0.5；若末尾是十位，则包含的绝对误差值不大于5；对于其绝对误差不大于末尾数字一半的数，从其左边第一个不为零的数字起，到右边最后一个数字（包括零）止，都称为有效数字。

例如：51416 五位有效数字  4.162 四位有效数字

    6500 四位有效数字   $6.7 \times 10^{-2}$ 两位有效数字

    0.058 两位有效数字   0.906 三位有效数字

由上述几个数字可以看出，位于数字中间和末尾的零都是有效数字，而位于第一个非零数字前面的"0"，都不是有效数字。

数字末尾的"0"很重要，如写成10.60表示测量结果准确到百分位，最大绝对误差不大于0.005；而若写成10.6，则表示测量结果准确到十分位，最大绝对误差不大于0.05。由此可见，末位是欠准确的估计值，称为欠准数字。决定有效数字位数的标准是误差，多了则夸大了测量准确度，少了则带来了附加误差。

## 13.4.2 多余数字的修约规则

对测量结果中的多余有效数字，应按以下修约规则进行：以保留数字的末尾为单位，其后面的数字若大于0.5个单位。末尾进1；小于0.5个单位，末尾不变；恰为0.5个单位，则末尾为奇数时加1，末尾为偶数时不变，即末尾取偶数。上述法则可概括为"小于5舍，大于5入，等于5时取偶数法则"。

**【例13-2】** 将下列数字保留到小数点后1位：32.34、52.56、25.35、12.45。

**【解】** 32.34→32.3；52.56→52.6；25.35→25.4；12.45→12.4

之所以采用这样的舍入法则，是出于减小计算误差的考虑。每个数字经舍入后，末尾是欠准数字，末位之前是准确数字，最大舍入误差是末位的一半。因此当测量结果未注明误差时，就认为最末一位数字有"0.5"误差，称此为"0.5误差法则"。

## 13.4.3 有效数字的运算规则

当需要对几个测量数据进行运算时，需要考虑有效数字保留多少位的问题，以便不使运算过于麻烦而又能正确地反映测量的精确度。计算结果保留的位数原则上取决于各数中精确度最差的那一项。

（1）加法运算

以小数点后最少的位数为准（各项无小数点则以有效位数最少者为准），其余各数可多取一位。结果以小数点后位数最少的为准（无小数点则以有效位数最少者为准）。

例如：13.3729＋16.04＝13.373＋16.04＝29.413→29.41

（2）减法运算

当相减两数相差较大时，其运算规则原则上与加法运算相同，当两数很接近时，有可能造成很大的相对误差，应注意以下两点：第一要尽量避免导致相近两数相减的测量方法，第二在运算中多取一些有效数字。

（3）乘除法运算

以有效数字最少的数为准，其余参与运算的数字可多取一位，结果中的有效数字位数与最少的数相等。

例如：$1.05782 \times 14.21 \times 4.52 \rightarrow 1.058 \times 14.21 \times 4.52 = 67.9544936 \rightarrow 68.0$

（4）乘方、开方运算

运算结果比原数多保留一位有效数字。

例如：$27.8^2 = 772.8$　$\sqrt{9.4} = 3.07$

（5）对数运算

对数前后的有效数字位数应相等。

# 第 *14* 章
## 万用表

万用表是万用电表的简称，顾名思义它是一种有很多用途的电气测量仪表。万用表以测量电流、电压和电阻三大参量为主，所以也称为三用表或复用表等。

普通万用表可用来测量直流电流/电压、交流电压、电阻和音频电平等电量，较高级的万用表还可测量交流电流、电感、电容、晶体三极管的共发射极直流电流放大倍数 $h_{FE}$ 等电气参数。如 MF47 型万用表，可测量直流电流/电压、交流电压、电阻，另外，还有电容量、电感量、晶体三极管直流电流放大倍数和音频电平等附加测量功能。

由于万用表具有用途广泛、操作简单、携带方便、价格低廉等诸多优点，所以它是从事电气和电子设备的安装、调试和维修的工作人员所必备的电工仪表之一。

万用表有模拟式（指针式）和数字式之分，本节重点介绍指针式和数字式万用表的工作原理、基本结构、主要技术性能和使用方法。

## 14.1 指针式万用表

### 14.1.1 工作原理

指针式万用表的基本工作原理是利用一块比较灵敏的磁电式直流电流表（微安表）作表头，当有微小电流通过表头时，就会有电流指示。但表头不能通过大电流，所以必须在表头上并联或串联一些电阻进行分流或降压，从而测出电路中的电流、电压和电阻。其工作原理如图 14-1 所示。

（1）测量直流电流

如图 14-1(a) 所示，在表头上并联一个适当的电阻进行分流，就可以扩展电流量程。改

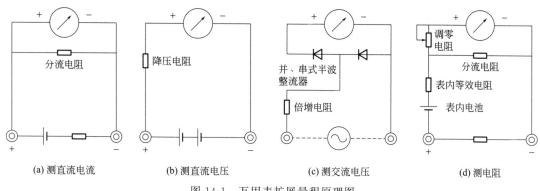

(a) 测直流电流　　(b) 测直流电压　　(c) 测交流电压　　(d) 测电阻

图 14-1　万用表扩展量程原理图

变分流电阻的阻值，就能改变电流测量范围。

（2）测量直流电压

如图 14-1(b) 所示，在表头上串联一个适当阻值的电阻进行降压，就可以扩展测量电压的量程。改变降压电阻的阻值，就能改变电压的测量范围。串接的电阻越大，电压表的量程也就越大。

电压表的内阻越高，从测量电路分到的电流越小，被测电路受到的影响越小。通常用仪表的灵敏度来表示这一特征，即用仪表的总内阻与电压量程的比值来表示。如 MF-30 型万用表的 500V 挡，其总内阻为 2500kΩ，则灵敏度为 2500/500＝5(kΩ/V)。

（3）测量交流电压

如图 14-1(c) 所示，因为表头是直流表，所以测量交流时，需加装一个并、串式半波整流电路，将交流进行整流变成直流后再通过表头，这样就可以根据直流电的大小来测量交流电压。扩展交流电压量程的方法与直流电压量程相似。

（4）测量电阻

如图 14-1(d) 所示，在表头上并联和串联适当的电阻，同时串接一节电池，使电流通过被测电阻，根据电流的大小，就可测量出电阻值。改变分流电阻的阻值，就能改变测量电阻的量程。

模拟式万用表是由表头、转换开关、测量电路三个基本部分以及表盘、表壳和表笔等组成的。各种型号万用表的外形不尽相同，如图 14-2 所示为 MF47 型万用表面板图。在模拟式万用表的面板上有带有标度尺和各种符号的表盘，转换开关的旋钮，机械调零螺栓，电阻调零旋钮，测量晶体三极管的插座以及供连接表笔的插孔或接线柱等。

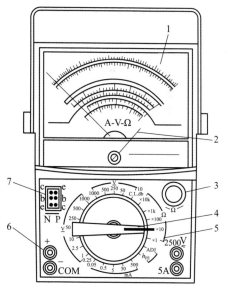

图 14-2　MF47 型万用表面板图

1—表盘；2—机械调零螺栓；3—电阻调零旋钮；
4—转换开关旋钮；5—测量种类和量程；
6—表笔插孔；7—晶体管插座

## 14.1.2　基本结构

（1）表盘

在万用表的表盘上，通常印有标度尺、数字和各种符号，如图 14-3 所示。

① 弧形标度尺　在万用表上都有一条电阻（Ω）标度尺，它位于刻度盘的最上方；一条直流用的 50 格等分的标度尺；一条 50V 以上交流用的标度尺；一条 10V 交流专用标度尺

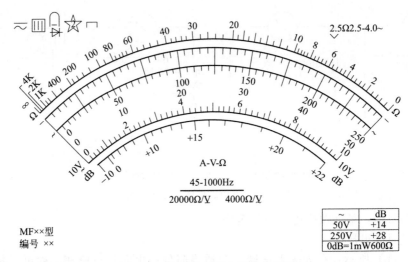

图 14-3　指针式万用表的表盘示例

以及一条音频电平（dB）标度尺。有的万用表上还有 $\underset{\sim}{A}$、$\mu F$、$mH$ 及 $h_{FE}$ 等标度尺。

② 常用符号及其意义　为了方便使用，万用表的使用条件和技术特性往往用一些特定符号标注在万用表的表盘上，使用者可根据表盘上特定的标记符号，了解万用表的特性，以确定是否符合测量需要。万用表表盘上的常用符号及其意义如表 14-1 所示。

表 14-1　万用表表盘上的常用符号及其意义

| 符号 | | 类别 | 意义 |
|---|---|---|---|
| A-V-Ω | | 用途 | 万用表(三用表) |
| 2.5—或 ②.⑤ | | | 直流电压、电流测量误差小于 2.5% |
| 4.0～或 ④.⓪ | | 测量准确度等级 | 交流电压测量误差小于 4.0% |
| $\overset{2.5}{V}$ | | | 以标度尺长度百分数表示的准确度等级(例如 2.5 级) |
| 45～1500Hz | | 适用频率 | 工作频率范围为 45～1500Hz |
| 20kΩ/V̲ | | 电压灵敏度 | 直流电压挡内阻为 20kΩ/V |
| 5kΩ/V̲ | | | 交流电压挡内阻为 5kΩ/V |
| 0dB=1mW600Ω | | | 参考零电平为 600Ω 负载上得到 1mW 功率 |
| ～ | dB | | |
| 50V | +14 | 音频电平测量 | 用交流 50V 挡测量,表上读数加 14dB |
| 100V | +20 | | 用交流 100V 挡测量,表上读数加 20dB |
| 250V | +28 | | 用交流 250V 挡测量,表上读数加 28dB |

（2）表头

表头是万用表的主要部件，其作用是用来指示被测量的数值，通常都是用高灵敏度的磁电系测量机构作为万用表的表头。一般万用表的表头及其内部结构如图 14-4 所示，磁场是由马蹄形磁钢 11 产生的，极掌 3 和圆柱形软铁 4 用来在空气隙内形成辐射的均匀磁场，动圈 7 通过胶粘在端面上的轴尖支承在宝石轴承上，可以在空气隙内自由转动，上轴尖的下面固定着指针 9。当直流电流按规定方向通过线圈时，与空气隙内的磁场相互作用，从而产生转动力矩，使动圈沿顺时针方向转动。当转动力矩与上游丝 8 和下游丝 6 所产生的反作用力矩相平衡时，指针便停止下来，从标度尺上便可得出读数。万用表表头的电气符号如图 14-5

所示，其中 $R_M$ 为表头的内阻即表头动圈电阻，$I_M$ 为表头灵敏度——使表针满刻度偏转的表头中的电流。$I_M$ 越小，说明万用表表头的灵敏度越高。一般来说，MF 系列万用表表头的灵敏度为 $10\sim100\mu A$。万用表表头的等效电路相当于一个阻值为 $R_M$ 的电阻，该电阻所允许通过的最大直流电流为 $I_M$。

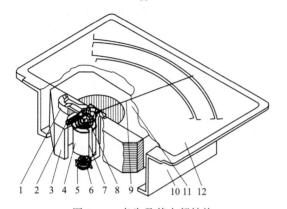

图 14-4 表头及其内部结构

1—蝴蝶形支架；2—上调零杆；3—极掌；4—圆柱形软铁；

5—下调零杆；6—下游丝；7—动圈；8—上游丝；

9—刀形指针；10—表托；11—磁钢；12—表盘

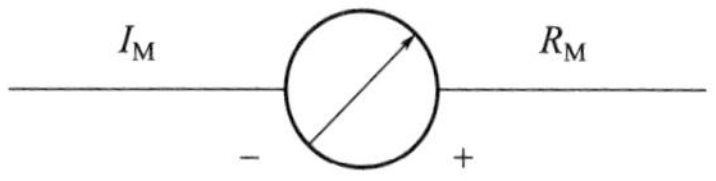

图 14-5 表头电气符号

① 动圈（指针）转动的原理　磁电系仪表的作用原理为永久磁钢、圆弧形极掌和圆柱形软铁在空气隙中形成的均匀辐射磁场，与通过绕组的电流所形成的磁场相互作用，从而产生转动力矩使动圈转动，如图 14-6 所示。动圈受力的方向可用左手定则来判断。

动圈绕组在磁场中的一边受力的大小 $F$ 与空气隙中磁感应强度 $B_0$、通过导体的电流 $I$、线圈的匝数 $N$ 和有效边长 $l$ 成正比，即

$$F=B_0INl$$

作用于动圈的转动力矩为

$$T=2Fb/2=Fb=B_0INlb=B_0INS$$

式中　$B_0$——空气隙中的平均磁感应强度；

$I$——通过动圈绕组的电流；

$N$——动圈绕组匝数；

$l$——动圈绕组在空气隙中的有效长度；

$b$——动圈绕组的平均宽度；

$S$——动圈的有效面积，$S=lb$。

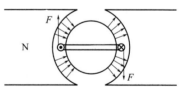

图 14-6 动圈在磁场内的偏转

如果 $B_0$ 的单位为 $Wb/m^2$，$S$ 的单位为 $m^2$，$I$ 的单位为 A，则 $T$ 的单位为 $N \cdot m$。

② 框架的阻尼作用　动圈的框架大多用铝制成。当电流 $I$ 从线圈流过而使动圈偏转时，铝框（相当于一匝短路线圈）在空气隙中切割磁感应线形成感应电流 $I'$，产生力矩 $T'$。此力矩刚好与转动力矩方向相反（如图 14-7 所示），从而降低了动圈的转动速度，并减少了表头指针停止前的摆动次数，以便迅速得到读数，这种作用叫作阻尼。同理，在动圈上单独绕以若干匝短路线圈也可起阻尼作用。短路线圈匝数越多，其阻尼作用越大。

在磁电系电工仪表中，如果有分流电阻，则动圈绕组两端通过分流电阻而构成闭合回

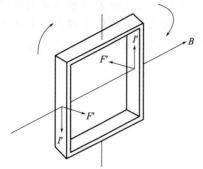

图 14-7　框架的阻尼力

路，相当于增大了电阻的短路线圈，也可起到阻尼作用。分流电阻的阻值越小，其阻尼越大；动圈绕组匝数越多，阻尼也越大。此外，磁钢磁性越强，阻尼也越大。所以匝数相当多的具有分流电阻的强磁场电表，往往不需要铝框或短路匝就可得到需要的阻尼。

阻尼过大或过小都不好。阻尼过小则指针摇摆，读取数值时间延长；阻尼过大则指针移动滞缓，读取数值时间也会延长，且会增大摩擦误差。最好是使指针停止前只做一次摆动，即稍有退回，这可通过调节分流电阻的阻值来达到。

③ 表头的零位　表头中没有电流通过时，指针所指的位置叫作标度尺的零位。表头的零位在标度尺的左边，表头只允许通过单方向的电流。因为电流方向改变，电磁转矩的方向也要改变，指针就要反向偏转，易把指针打弯。为了表明仪表所允许的通过电流方向，在万用表面板上表笔的插孔或接线柱上，一般都标有"＋""－"符号。表示电流应从"＋"插孔流入表头，从"－"插孔流出，测量时，必须注意接法要符合这一规定。

当表头中没有电流通过时，若指针所指的位置不在零位，可由图 14-4 中所示的上调零杆或下调零杆来调节指针到零位。上调零杆由面板上的机械调零螺栓来调节，下调零杆通常在表头出厂前已调好。

④ 表头质量的初步检查

a. 水平方向转动表头，指针应无卡轧现象。停止转动后，应回到原来的位置。若原来在零位上，应基本上仍回零位，偏离不超过半格（标度尺全长设为 50 格，下同）。

b. 水平位置使指针尖上下摆动，如果摆动幅度太大，表示轴承螺栓太松；如果一点儿不摆动，表示轴承螺栓太紧；稍微有些摆动，表示松紧适度。

c. 将表头竖立、斜立、倒立，看指针是否偏离原来的位置。若偏离一格以上，则表明其平衡性能较差，必须加以调整。

d. 通电测试其大概灵敏度。表头的灵敏度是指表头指针从标度尺零点偏转到满刻度时所通过的电流，电流越小，灵敏度越高。业余制作者在购买旧表头时，有必要知道其大概灵敏度。用一节干电池串联一个 30kΩ 普通电阻去测试，如图 14-8 所示，此时线路上的电流按欧姆定律计算约为（$R_M$ 忽略不计）

$$I = \frac{E}{R} = \frac{1.5}{30 \times 10^3 + R_M} \times 10^6 \approx 50(\mu A)$$

假设表头偏转 B 格，即表头每偏转一格需要通过电流 $(50/B)$ μA。表头满刻度为 50 格，表头指针从标度尺零点偏转到满刻度所需通过的电流为 $(50/B) \times 50\mu A$，则得表头大概的灵敏度。若遇到很高灵敏度的表头时，则串联的电阻值应加大。

同时，还要仔细观察一下表头内部是否有串并联电阻、磁分路器（见图 14-9）是否完全

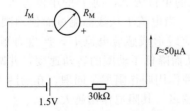

图 14-8　表头大概灵敏度的测定

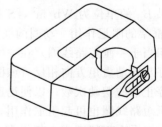

图 14-9　磁分路器

闭合。若有串并联电阻或磁分路器已闭合（当磁分路器闭合时，一部分磁感应线从磁分路器通过，使空气隙中磁感应线减少，磁场强度降低，因而表头灵敏度也随之降低，灵敏度降低可达 15％），只要去掉串并联电阻或把磁分路器移开些，就可增加其灵敏度。

（3）转换开关

万用表中测量种类及量程的选择是通过转换开关实现的。转换开关里有许多静触点和动触点，用来闭合与断开测量电路。

动触点通常称为"刀"，静触点通常称为"掷"。当转动转换开关的旋钮时，转换开关上的"刀"跟随转动，并在不同的挡位上与相应的"掷"（静触点）接触闭合，从而接通相对应的电路，并断开其他无关的电路。万用表通常采用多刀多掷转换开关，以适应切换多种测量电路的需要。

如图 14-10 所示是单层三刀二十四掷转换开关触点示意图，二十四个固定触点沿圆周分布。在圆周内还有八个圆弧形的固定滑动触点 A、B、C、D、E、F、G、H，如图 14-10（a）所示。装在转轴上的动触点有 a、b、c 三个，彼此是连通的，如图 14-10（b）所示。当旋转开关旋钮时，装在转轴上的动触点 b 及 c 可以在不同挡位的固定滑动触点上滑动，而动触点 a 与相应的固定触点接触，使这些固定滑动触点与相应的固定触点上的线路连接，从而构成完整的测量电路。如图 14-10（c）所示的是这种转换开关的等效平面展开图，其中 a、b 和 c 表示动触点。

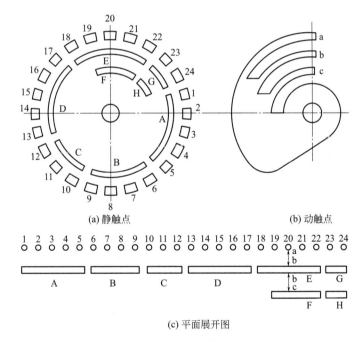

(a) 静触点　　　　　　　　　(b) 动触点

(c) 平面展开图

图 14-10　万用表转换开关

（4）测量电路

测量电路的作用是把各种被测量转换到适合表头测量的微小直流电流，它是用来实现多种电量、多个量程测量的重要手段。

测量电路实际上是由多量程直流电流表、多量程直流电压表、多量程交流电压表和多量程欧姆表等几种电路组合而成的。构成测量电路的主要元件绝大部分是各种类型和各种数值的电阻元件，如线绕电阻、碳膜电阻、电位器等。测量时，通过转换开关将这些元件组成不同的测量电路，就可以把各种不同的被测量变换成磁电系表头能够反映的微小直流电流，从而达到一表多用的目的。此外，在测量交流电的电路中，还有由电力二极管组成的整流电路以及由电容组成的滤波电路。

万用表的型号种类虽然繁多，相应的测量电路也多种多样，但是各种测量电路都大同小异，工作原理基本相同。如图 14-11 所示是 MF47 型万用表的电气原理图。

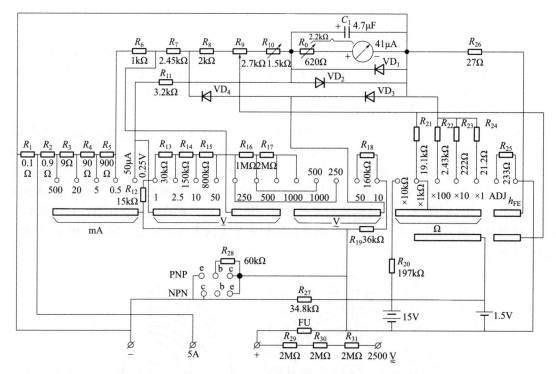

图 14-11　MF47 型万用表的电气原理图

## 14.1.3　技术指标

模拟式万用表的主要技术指标有测量种类、量程、电压灵敏度及最大电压降、准确度等级等。电压灵敏度是以直流或交流电压挡每伏刻度对应的内阻来表示的。MF47 型万用表的技术指标如表 14-2 所示。

表 14-2　MF47 型万用表的主要技术指标

| 测量种类 | 量程范围 | 电压灵敏度及最大压降 | 准确度等级 |
|---|---|---|---|
| 直流电流 | 0～0.05mA～0.5mA～5mA～50mA～500mA | 0.5V | 2.5 |
| 直流电压 | 0～0.25V～1V～2.5V～10V～50V | 20kΩ/V | 2.5 |
| | 0～250V～500V～1000V～2500V | 4kΩ | 5 |
| 交流电压 | 0～10V～50V～250V～500V～1000V～2500V | | |
| 电阻 | R×1Ω；R×10Ω；R×100Ω；R×1kΩ；R×10kΩ | R×1Ω 中心刻度为 21Ω | 2.5 |
| 音频电平 | −10～+22dB | 0dB=1mW600Ω | |
| 晶体管 $\beta$ 值 | 0～300 | | |
| 电感 | 20～1000H | | |
| 电容 | 0.001～0.35$\mu$F | | |

## 14.1.4  使用方法

（1）测量电阻

如图 14-12（a）所示，选择合适的电阻挡，将两表笔搭在一起短路使指针向右偏转，随即调整"Ω"调零旋钮，使指针恰好指到 0。然后将两支表笔分别接触被测电阻两端，如图 14-12（b）所示，读出指针在欧姆刻度线上的数值，再乘以该挡位的倍数，就是所测电阻的阻值。例如用 R×100 挡测量电阻，指针指在 15，则所测阻值为 15×100，即 1500Ω＝1.5kΩ。

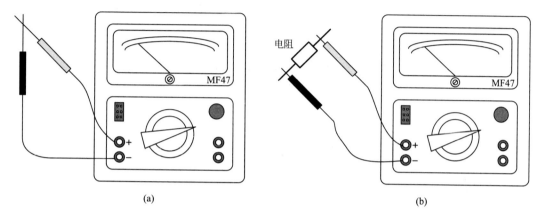

图 14-12  测量电阻接线图

由于"Ω"刻度线左部读数较密，难于看准，所以测量时应选择适当的欧姆挡位，使指针指在刻度线的中部或偏右部，这样读数比较清楚准确。注意每次换挡时都应将两支表笔短接，调整指针到零位，即重新进行欧姆校零后才能再次进行测量。

（2）测量直流电压

首先估计被测电压的大小，然后将万用表的转换开关拨至适当的"$\underline{V}$"量程，将正表笔接被测电压的"＋"端，负表笔接被测量电压"－"端。然后根据该挡量程数字与标示直流符号"$\underline{V}$"刻度线上的指针所指数字来读出被测电压的大小。如用"$\underline{V}$"50V 挡测量，可以直接读出 0～50V 的指示数值。如用"$\underline{V}$"500V 挡测量，只需将刻度线上 50 这个数字增加一个"0"，看成是 500，再依次把 40、30、20 和 10 等数字看成是 400、300、200、100 等，即可直接读出指针指示的数值。

（3）测量直流电流

先估计被测电流的大小，然后将转换开关拨至合适的"$\underline{mA}$"量程，再把万用表串接在电路中，同时观察标有直流符号"$\underline{mA}$"的刻度线，如电流量程选在 5mA 挡，这时，应把表面刻度线上 50 的数字，去掉一个"0"看成 5，然后依次把 40、30、20、10 看成是 4、3、2 和 1，这样就可以读出被测电流数值。例如，当用直流 5mA 挡测量直流电流，如果指针在 30，则被测电流的大小为 3mA。

（4）测量交流电压

测交流电压的方法与测量直流电压相似，所不同的是因交流电没有正、负之分，所以测量交流时，表笔也就不需分正、负。读数方法与上述测量直流电压的读法一样，只是数字应看标有交流符号刻度线上的指针位置。

## 14.1.5  注意事项

万用表是比较精密的仪器，如果使用不当，不仅造成测量不准确，而且极易损坏。使用万用表时应特别注意如下事项：

① 使用前，应通过面板上的调零螺钉进行机械调零，以保证测量的准确性。

② 万用表一般配有红黑两种颜色的表笔，面板上也有红黑两色钮或标有"＋""－"极性的插孔。使用时应将红色表笔的连接线接红色端钮或插入标"＋"号的插孔内，黑色表笔的连接线接黑色端钮或插入标有"－"号的插孔内。有的万用表备有交直流 2500V 的测量端钮，使用时，黑色表笔仍接在黑色端钮或标有"－"号的插孔内，而红色表笔接到 2500V 的端钮或标有 2500V 的插孔内。

③ 读数时要正视表面，认清所选测量挡的标度尺，再从垂直于表盘中心的位置正确读数，同时要注意标度尺读数和各量程挡倍率的配合，以免发生差错。若有反射镜，则应待指针与反射镜中镜像重合时读数。

④ 选择量程时应使被测量在所选择量程范围内；测量电压或电流时，指针尽量落在量程的 $1/2\sim2/3$ 范围内；测量电阻时，指针尽量落在欧姆表中心值的 $0.1\sim10$ 倍范围内，这样读数比较准确。

⑤ 测量电流与电压不能旋错挡位。若误用电阻挡或电流挡去测量电压，就容易把表烧坏。有些万用表的面板上有两个转换开关，一个选择测量对象，另一个选择测量量程。使用时应先选择测量对象，再选择测量量程。

⑥ 测量直流电压和电流时，应注意"＋""－"极性不可接错。红色表笔接正极，黑色表笔接负极。如发现指针反转，应立即调换表笔，以免损坏指针及表头。

⑦ 如事先不知道被测电压或电流的大小，应先用最高挡，而后再选用合适挡位来测试，以免表针偏转过度而损坏表头。所选用的挡位愈靠近被测值，测量的数值就愈准确。测量较高电压或较大电流时，不准带电转换开关旋钮，以防烧坏开关触点。

⑧ 被测电阻不能有并联支路，否则其测量结果是被测电阻与并联支路电阻并联后的等效电阻，而不是被测电阻的阻值。由于这一原因，测量电阻时，不能用手去接触被测电阻的两端，避免因人体电阻而造成不必要的测量误差。严禁在被测电阻带电的状态下进行电阻值的测量。

⑨ 用欧姆挡去判别二极管的极性或三极管的引脚时，要注意表笔的正负极性与表内电池的极性相反，即黑色表笔为电池的"＋"极性，红色表笔为"－"极性。

⑩ 测量电阻时，如将两支表笔短接，调"零欧姆"旋钮至最大时，指针仍然达不到 0 点，通常是由于表内电池电压不足造成的，此时应更换新电池。

⑪ 当万用表使用完毕后，切记不要将其挡位旋在电阻挡，而应将其旋至交流电压最高挡，或旋至"OFF"挡。因为表内有电池，如不小心易使两支表笔相碰短路，不仅耗费电池，严重时甚至会损坏表头。

⑫ 万用表应保持清洁干燥，避免振动或潮湿；当其长期不用时，要把电池取出，以防日久电池变质渗液，损坏万用表。

## 14.2  数字式万用表

数字式万用表是大规模集成电路、数字显示技术与计算机技术的结晶。与模拟式万用表的测量过程和指示方式完全不同：模拟式万用表是先通过一定的测量电路将被测的模拟电量转换成电流信号，再由电流信号去驱动磁电系测量机构使表头指针偏转，通过表盘上标度尺的读数指示出被测量大小；数字式万用表是先由模/数转换器（A/D 转换器）将被测模拟量变换成数字量，然后通过电子计数器的计数，最后把测量结果用数字直接显示在显示器上。

### 14.2.1 主要特点

数字式万用表与模拟式万用表相比，具有许多优点：

① 模拟式万用表的主要部件是指针式电流表，测量结果为指针式显示；数字式万用表主要应用了数字集成电路等器件，测量结果为数字显示。

② 数字式万用表的准确度高，这是指针式万用表望尘莫及的。目前大量使用的 3 位半或 4 位半数字式万用表的测量准确度为 $\pm 0.5\%\sim\pm 0.03\%$。在实际使用过程中，并不是准确度越高越好，要视被测的具体对象而定，否则准确度太高也是一种浪费。一般来讲，3 位半的数字式万用表已能满足一般情况下测量的需要。

③ 与模拟式万用表的内阻相比，数字式万用表的内阻（输入阻抗）高得多；所以在进行电压测量时，后者更接近理想的测量条件。

④ 模拟式万用表电阻阻值的刻度，从左到右的刻度线密度逐渐变疏，即刻度是非线性的；相对而言，数字式万用表的显示则是线性的。

⑤ 在进行直流电压或电流测量时，模拟式万用表如果正、负极接反，指针的偏转方向也相反；而数字式万用表能自动判别并且显示出极性的正或负。

⑥ 模拟式万用表是根据指针和刻度来读数的，会因个人的读数习惯不同而产生一定的人为误差；数字式万用表是数字显示，测量速率快，没有此类人为误差。

### 14.2.2 面板结构

不同型号数字式万用表的面板结构各不相同，但其功能大同小异。下面以 DT830 型数字式万用表为例，介绍其面板结构。

如图 14-13 所示为 DT830 型数字式万用表的面板图，主要包括电源开关、液晶显示屏、$h_{FE}$ 插孔、输入插孔以及量程选择开关等。

① 电源开关　电源开关（POWER）可根据实际需要，分别将其置于"ON"（开）或"OFF"（关）状态。测量完毕，应将其置于"OFF"位置，以免消耗电池的能量。数字式万用表的电池盒位于后盖的下方，通常采用直流 9V 的叠层电池。在电池盒内还装有熔丝管，起过载保护作用。

② 液晶显示屏　液晶显示屏最大显示值为 1999 或 $-1999$，有自动调零及极性自动显示功能。若被测电压或电流的极性为负，则显示值前将带"$-$"号。当其输入超过量程时，显示屏左端出现"1"或"$-1$"的提示字样。

③ $h_{FE}$ 插孔　$h_{FE}$ 插孔是测试晶体三极管 $h_{FE}$ 值的专用插口，测试时，将三极管的三个引脚插入对应的 E、B、C 孔内即可。

④ 输入插孔　输入插孔是万用表通过表笔与被测量连接的部位，设有"COM""V·Ω""mA""10A"四个插口。注意，黑表笔始终插在"COM"孔内；红表笔则根据具体测量对象插入不同的孔内（"V·Ω""mA"或"10A"插孔）。在"COM"插孔与其他三个插孔之间分别标有"10A·MAX"或"MAX200mA"和"MAX750V～、1000V ━━"标记，前者表示在对应的插孔内所测量的电流值不能超过 10A 或 200mA；后者表示所测量的交流电压不能超过 750V，所测量的直流电压不能超过 1000V。

⑤ 量程选择开关　量程选择开关周围用不同的颜色和分界线标出了各种不同测量的种类和量程，测量时视情况选择相应的物理量和量程。

### 14.2.3 技术性能

数字式万用表由于应用了大规模集成电路，使得操作变得更简便，读数更精确，而且还

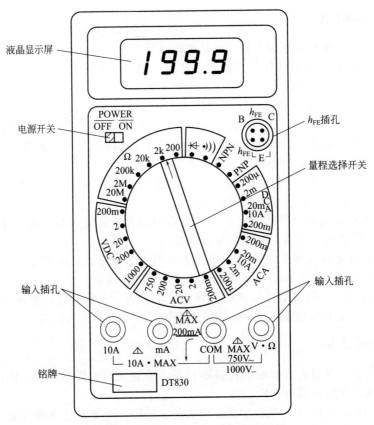

图 14-13　DT830 型数字式万用表面板

具备了较完善的过电压、过电流等保护功能。它能对多种电量进行直接测量并把测量结果用数字方式显示，与模拟式万用表相比，其各种性能指标均有大幅度提高。表 14-3 所示为 DT830 型和 DT890A 型数字式万用表的主要技术性能。

**表 14-3　DT830 型和 DT890A 型数字式万用表的主要技术性能**

| 参数 | DT830 型 | | DT890A 型 | |
| --- | --- | --- | --- | --- |
| | 量程 | 分辨率 | 量程 | 分辨率 |
| 直流电压 | 200mV | 0.1mV | 200mV | 0.1mV |
| | 2V | 1mV | 2V | 1mV |
| | 20V | 10mV | 20V | 10mV |
| | 200V | 100mV | 200V | 100mV |
| | 1000V | 1V | 1000V | 1V |
| | 输入阻抗为 10MΩ | | 输入阻抗为 10MΩ | |
| 交流电压 | 200mV | 0.1mV | 200mV | 0.1mV |
| | 2V | 1mV | 2V | 1mV |
| | 20V | 10mV | 20V | 10mV |
| | 200V | 100mV | 200V | 100mV |
| | 750V | 1V | 700V | 1V |
| | 输入阻抗为 10MΩ | | 输入阻抗为 10MΩ | |

| 参数 | DT830 型 | | DT890A 型 | |
|---|---|---|---|---|
| | 量程 | 分辨率 | 量程 | 分辨率 |
| 直流电流<br>交流电流 | 200μA | 0.1μA | 200μA | 0.1μA |
| | 2mA | 1μA | 2mA | 1μA |
| | 20mA | 10μA | 20mA | 10μA |
| | 200mA | 100μA | 200mA | 100μA |
| | 10A | 10mA | 10A | 10mA |
| | 超载保护熔丝为 0.5A/250V 熔丝 | | 超载保护熔丝为 0.5A/250V 熔丝 | |
| 电 阻 | 200Ω | 0.1Ω | 200Ω | 0.1Ω |
| | 2kΩ | 1Ω | 2kΩ | 1Ω |
| | 20kΩ | 10Ω | 20kΩ | 10Ω |
| | 200kΩ | 100Ω | 200kΩ | 100Ω |
| | 2MΩ | 1kΩ | 2MΩ | 1kΩ |
| | 20MΩ | 10kΩ | 20MΩ | 10kΩ |
| 电 容 | | | 2000pF | 1pF |
| | | | 20nF | 10pF |
| | | | 200nF | 100pF |
| | | | 2μF | 1nF |
| | | | 20μF | 10nF |
| $h_{FE}$ | $0\sim1000$,测试条件:$U_{CE}=2.8V$,$I_B=10\mu A$ | | $0\sim1000$,测试条件:$U_{CE}=2.8V$,$I_B=10\mu A$ | |
| 线路通断检查 | 被测电路电阻<20Ω±10Ω 时,蜂鸣器发声 | | 被测电路电阻<30Ω 时,蜂鸣器发声 | |
| 显示方式 | 液晶 LCD 显示,最大显示 1999 | | 液晶 LCD 显示,最大显示 1999 | |

## 14.2.4 工作原理

数字式万用表的测量过程是先由转换电路将被测量转换成直流电压信号,由模/数(A/D)转换器将电压模拟量变换成数字量,然后通过电子计数器计数,最后把测量结果用数字的形式直接显示出来。测量过程如图 14-14 所示。

图 14-14　数字式万用表的测量过程

数字式万用表是在数字式直流电压表的基础上扩展而成的,由功能选择开关把各种被测量分别通过相应的功能变换(I-U 转换器、AC-DC 转换器、R-U 转换器),变换成直流电压,并按照规定的线路送到量程选择开关,然后将相应的直流电压送到 A/D 转换器,由 A/D 转换器将直流电压转换成数字信号,再经逻辑(数字)电路处理后通过液晶(LCD)显示器显示出被测量的数值。如图 14-15 所示是普通数字式万用表的基本组成框图。

从图中可以看出,数字万用表由四个基本部分组成:

① 模拟电路。它包括功能选择电路、各种变换器电路、量程选择电路。

② A/D 转换器。

③ 逻辑(数字)电路。

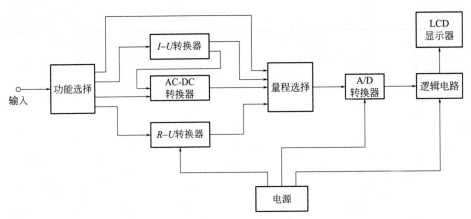

图 14-15　普通数字式万用表基本组成框图

④ 显示器电路。

其中 A/D 转换器是数字式万用表的核心部分，大都采用集成电路（IC）。如用于 3 位半仪表中的 ICL7106 集成电路，它包括了 A/D 转换器和数字电路两大部分。现在有许多不同型号的、用于数字式万用表的专用集成电路产品。

（1）数字式直流电压表的基本工作原理

以双斜积分式数字直流电压表为例，其基本工作原理框图如图 14-16 所示，工作波形如图 14-17 所示。

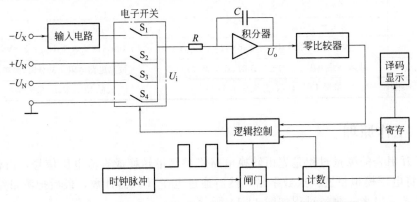

图 14-16　双斜积分式数字直流电压表的基本工作原理框图

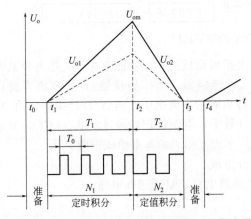

图 14-17　双斜积分式数字直流电压表的工作波形

图 14-16 中 $U_X$ 为被测电压，$U_N$ 为基准电压，逻辑控制电路控制测量顺序，双斜积分式数字直流电压表的一次测量过程包括以下三个阶段：

① 准备阶段（$t_0 \sim t_1$）：在此阶段，逻辑控制电路控制开关中的 $S_4$ 闭合，其余开关均断开，使积分器的输出为零，即 $U_o = 0$。

② 采样阶段（$t_1 \sim t_2$）：假设被测电压 $U_X$ 为负电压，在 $t = t_1$ 时刻，逻辑控制电路控制开关 $S_4$ 断开，$S_1$ 闭合。积分器对 $U_X$ 积分 $U_{o1}$ 从零开始线性上升，同时闸门被打开，计数器从 0 开始对通过闸门的时钟脉冲的个数进行计

数。设计数器的计数容量为 $N_1$，当计数器的计数值达到 $N_1+1$ 时（记此时刻为 $t_2$），计数器溢出，产生一个进位脉冲给逻辑控制电路，控制开关 $S_1$ 断开。

$$t=t_2 \text{ 时刻} \qquad U_{o1}=U_{om}=-\frac{1}{RC}\int_{t_1}^{t_2}-U_X \mathrm{d}t=\frac{T_1}{RC}U_X=\frac{N_1 T_0}{RC}U_X \tag{14-1}$$

式中，$N_1$、$T_0$、$R$、$C$ 为定值，$U_o$ 由被测电压 $U_X$ 的大小决定。

③ 比较阶段（$t_2 \sim t_3$）：在 $t=t_2$ 时刻，逻辑控制电路控制闸门打开，并将计数器清零后重新开始计数，与此同时，将开关 $S_1$ 断开，$S_2$ 闭合，积分器对 $U_N$ 进行反相积分，积分器的输出 $U_{o2}$ 从 $U_{om}$ 线性下降，一直降到 $U_{o2}=0$ 为止，此时刻记为 $t_3$。

$$t=t_3 \text{ 时刻} \qquad U_{o2}=U_{om}+\left(-\frac{1}{RC}\int_{t_2}^{t_3}U_N \mathrm{d}t\right)=0 \tag{14-2}$$

$$U_{om}-\frac{T_2}{RC}U_N=U_{om}-\frac{N_2 T_0}{RC}U_N=0 \tag{14-3}$$

将上式代入式(14-1) 可得

$$\frac{N_1 T_0}{RC}U_X-\frac{N_2 T_0}{RC}U_N=0 \tag{14-4}$$

$$U_X=\frac{N_2}{N_1}U_N \tag{14-5}$$

若取 $U_N=N_1$，则 $U_X=N_2$。

在 $t=t_3$ 时刻，零比较器输出信号给逻辑控制电路，使逻辑控制电路控制闸门关闭，计数器停止计数，并控制寄存器将计数结果送到译码显示电路。由显示器将测量结果直接用数字 $N_2$ 显示出来，同时将开关 $S_2$ 断开，$S_4$ 闭合，积分器进入休止期，准备做下一次测量。

（2）数字式万用表的原理

DT830 型数字式万用表由 7106 型大规模集成电路（LSI）构成，数字式直流电压表的基准挡（或称基本表）的量程为 $U_m=200\mathrm{mV}$。其典型接线如图 14-18 所示，图中 $R_{28}$、$C_1$

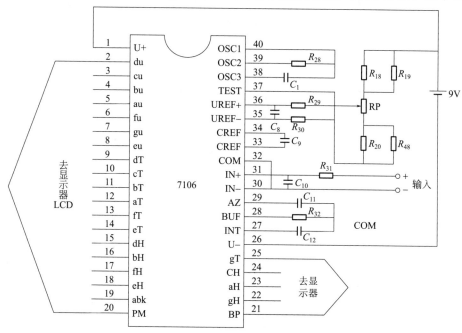

图 14-18　7106 型芯片典型接线图

为时钟振荡器的 $RC$ 网络。$R_{18} \sim R_{20}$、$R_{48}$ 及 RP 为基准电压的分压电路。$R_{31}$、$C_{10}$ 为输入端阻容滤波电路。$R_{32}$、$C_{12}$ 分别为积分电阻和积分电容。TSC7106 的公共端（32 脚）与面板上的表笔插孔 COM 连通，$U_+$ 与 COM 之间有 $2.7 \sim 2.9V$ 的稳压输出。对数字式直流电压表的分压电路加以扩展，就构成多功能、多量程的数字式万用表。

① 多量程数字式直流电压表　采用电阻分压器可以把基本量程为 220mV 的数字式电压表扩展为多量程的数字式直流电压表，电路如图 14-19 所示。该表共设置五个量程：200mV、2V、20V、200V 和 1000V，由量程选择开关 $S_1$ 控制。上述五挡的分压比依次为 1/1、1/10、1/100、1/1000、1/5000。只要选取合适的挡位，即可把 $0 \sim 1000V$ 范围内的任何直流电压 $U_{IN}$ 衰减成 $0 \sim 200mV$ 的电压，再利用量程为 200mV 的基本表进行测量。

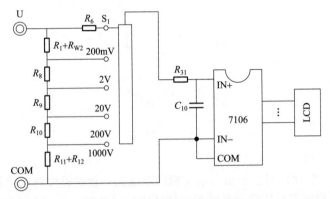

图 14-19　五量程数字式直流电压表

② 多量程数字式直流电流表　使被测输入电流 $I_X$ 流过电阻 $R$ 时可产生压降 $U_R$，将 $U_R$ 输入数字式电压表，即可显示出被测电流的大小，也即实现了 $I$-$U$ 转换。再利用选择开关可扩展成多量程的数字式直流电流表。如图 14-20 所示是五量程数字式直流电流表的电路图。通过电阻 $R_2 \sim R_5$、$R_{cu}$，即可把 $0 \sim 2A$ 范围内的任何直流电流 $I_{IN}$ 转化为 $0 \sim 200mV$ 的电压，再利用量程为 $U_m = 200mV$ 的基本表进行测量。

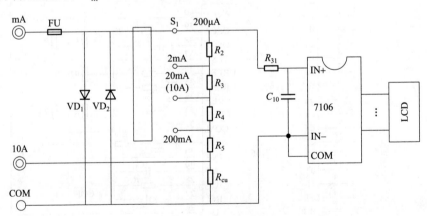

图 14-20　五量程数字式直流电流表

③ 多量程数字式交流电压、电流表　为了测量交流电压，在数字式万用表中，采用线性整流电路。由运算放大器、二极管组成半波或全波线性整流电路，使整流输出电压与被测电压成正比，构成 AC/DC 转换器。其典型电路如图 14-21 所示。运放 CA3140、二极管 $VD_1$ 和 $VD_2$ 组成半波整流电路。$C_4$、$R_5$ 和 $C_5$ 构成平滑滤波器。改变 AC/DC 转换器的增

益，即可读出被测电压有效值。该交流电压表量程为 200mV（有效值），若被测电压高于 200mV，则需在 AC/DC 转换器前加分压电路。只要在 AC/DC 转换器前加分流电阻，即可扩展成多量程数字式交流电流表。

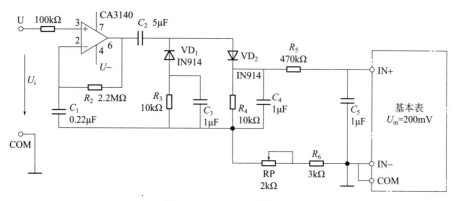

图 14-21　AC/DC 转换器

④ 多量程数字式欧姆表　测量电阻一般采用比例法，其优点是，即使基准电压存在一定偏差或者在测量过程中略有波动，也不会增加测量误差，因此可降低对基准电压的要求。其电路如图 14-22 所示。

被测电阻 $R_X$ 与基准电阻 $R_0$ 串联后接在 U＋与 COM 之间。U＋与 UREF＋，UREF－与 IN＋，IN－与 COM 两两接通。基准电压源 $E_0$ 向 $R_0$ 和 $R_X$ 提供测试电流 $I$，$R_0$ 两端的压降 $U_{R_0}$ 作为基准电压，$R_X$ 两端的压降 $U_{R_X}$ 作为输入电压 $U_{IN}$。则有

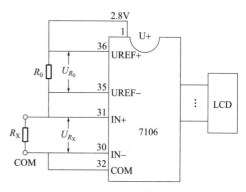

图 14-22　比例法测电阻

$$U_{IN}/U_{R_0}=U_{R_X}/U_{R_0}=(IR_X)/(IR_0)=R_X/R_0 \tag{14-6}$$

当 $R_X=R_0$ 时，显示为 1000，$R_X=2R_0$ 时，溢出。因此，显示值 $1000R_X/R_0$。

利用选择开关改变基准电阻 $R_0$ 的数值，就构成多量程数字式欧姆表。图 14-23 是六量程数字式欧姆表的电路。为了节省元件，在数字式万用表中常借用多量程数字式直流电压表

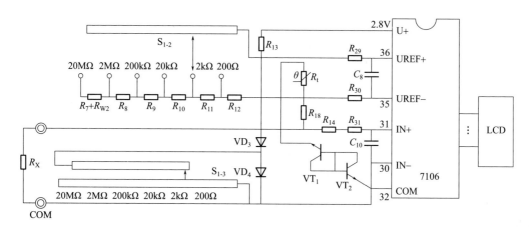

图 14-23　六量程数字式欧姆表

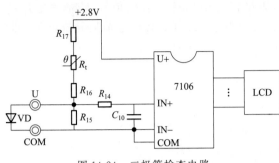

图 14-24　二极管检查电路

⑤ **二极管检查电路**　测量电路如图 14-24 所示，U＋端的 2.8V 基准电压经过 $R_{17}$、$R_t$、$R_{16}$ 向被测二极管 VD 提供正向电压，使二极管导通，导通压降 $U_{VD}$ 作为输入电压。若被测管正常，显示屏显示出的正向压降为 0.550～0.700V（硅管）或 0.150～0.300V（锗管）；如显示出"000"，则表明管子已被击穿短路；如显示出"1"，则表明管子内部开路。当然，当二极管极性接反时，也会显示"1"。所以，测量时应注意区别。

⑥ **三极管（晶体管）$h_{EF}$ 值测量电路**　三极管 $h_{EF}$ 测量电路如图 14-25 所示。被测管的工作电压为 2.8V，通过 $RP_1$、$R_1$ 产生基极电流 $I_B$（10μA）。而 $R_0$（$R_4$、$R_5$、$R_{cu}$ 串联）为取样电阻，接在被测管发射极 E 与公共端 COM 之间，将 $I_E$ 转换成 $U_{IN}$ 输入集成。电路 7106，起 $I$-$U$ 转换器的作用。由于 $I_E = I_C + I_B \approx I_C$，所以 $U_{IN} = I_E R_0 \approx I_C R_0 = I_C (R_4 + R_5 + R_{cu})$，由于 $I_C$ 与 $U_{IN}$ 成正比，则 $h_{FE} \approx I_C / I_B$，$U_{IN} = I_E R_0 \approx I_C R_0 = h_{FE} I_B R_0$。将 $I_B = 10μA$，$R_0 = 10Ω$ 代入上式得：$U_{IN} = 100 h_{FE}$（μV）$= 0.1 h_{FE}$（mV），则 $h_{FE} = 10 U_{IN}$，其中 $U_{IN}$ 的单位取 mV。因此，可以利用 200mV 量程测 $h_{FE}$，即可显示出被测三极管的 $h_{FE}$，量程为 0～2000。对于 NPN 型或 PNP 型三极管，只需改变电源极性及标准电阻 $R_0$ 的位置即可（如果是 PNP 型三极管，$R_0$ 应移到集电极上）。

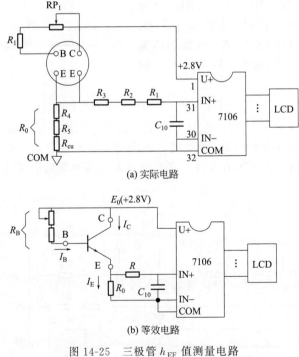

(a) 实际电路

(b) 等效电路

图 14-25　三极管 $h_{EF}$ 值测量电路

⑦ **蜂鸣器电路**　蜂鸣器电路是由 200Ω 挡扩展而成的。蜂鸣器的符号为 HA，它主要包括电压比较放大器、可控 $RC$ 振荡器和压电陶瓷蜂鸣片三部分。其电路如图 14-26 所示。

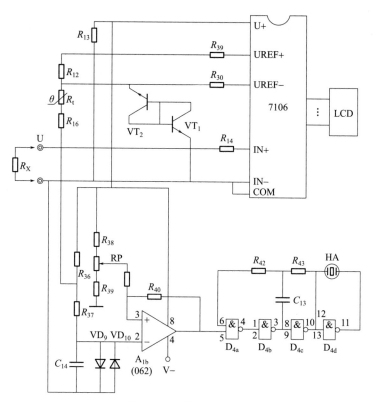

图 14-26  蜂鸣器电路

电压陶瓷蜂鸣片受由四个与非门 4011B 和 $R_{43}$、$C_{13}$ 组成的 $RC$ 振荡器控制，而振荡器的工作状态又受电压比较器（运算放大器 $A_{1b}$）控制。$A_{1b}$ 上的 "5" 端为振荡器控制端，该端高电位时，电路起振。通常 "5" 端电位近似为 $-4V$ 时振荡器停振。当被测线路接通时，就在 $R_{37}$ 的上端与 COM 之间并联上了一个阻值很小的导线电阻 $R_X$，立即使 $U_2 = 0V$。由于 $U_3 = 0.02V$，放大后输出电压 $U_5 \approx 2.4V$，使 "5" 端变成正电位，振荡器起振，反相器 $D_{4d}$ 两端就有振荡电压，驱动压电陶瓷片发出蜂鸣声。与此同时，显示器显示出被测线路的电阻值。

## 14.2.5  使用方法

① 电压测量  将红、黑表笔分别接 "V·Ω" 与 "COM" 插孔内，根据所测直流或交流电压的大小合理选择量程（直流 200mV、2V、20V、200V、1000V 或交流 200V、750V）；将红、黑表笔并接于被测电路（若是直流，注意红表笔接高电位端，否则显示屏左端将显示 "−"），此时显示屏显示出被测电压数值。若显示屏只显示最高位 "1"，表示溢出，应将量程调高。注意，不同的量程，其测量精度是不同的。例如，测量一节电压为 1.5V 的干电池，分别用 2V、20V、200V、1000V 挡测量，其测量值分别为 1.552V、1.55V、1.6V 和 2V，所以不能用高量程挡去测小电压。

② 电流测量  测量交、直流电流（ACA、DCA）时，将红表笔插入 "mA" 或 "10A" 插孔（根据测量值的大小），黑表笔接 "COM" 插孔，旋动量程选择开关至合适位置（2mA、20mA、200mA 或 10A），将两表笔串接于被测回路（直流时，注意极性），显示屏所显示的数值即为被测电流的大小。

③ 电阻测量  测量电阻时，无须调零。将红、黑表笔分别插入 "V·Ω" 与 "COM"

插孔内，旋动量程选择开关至合适位置（200Ω、2kΩ、200kΩ、2MΩ、20MΩ），将两笔表跨接在被测电阻两端（不得带电测量），显示屏所显示数值即为被测电阻的数值。应注意的是，有些型号的数字万用表，有 200MΩ 及以上的量程挡，当使用此量程挡位进行测量时，先将两表笔短路，若显示屏显示的数据不为零，仍属正常，此读数是一个固定的偏移值，被测电阻的实际数值应为显示数值减去该偏移值。

④ 二极管和电路通断的测量　进行二极管和电路通断测试时，红、黑表笔分别插入"V·Ω"与"COM"插孔，旋动量程开关至二极管测试位置"→ ·)))"。在正向情况下，显示屏即显示出二极管的正向导通电压（锗管应在 0.2～0.3V 之间，硅管应在 0.5～0.8V 之间）；在反向情况下，显示屏应显示"1"，表明二极管不导通，否则，表明被测二极管的反向漏电流大。在正向状态下，若显示"000"，则表明二极管短路，若显示"1"，则表明断路。在用来测量线路或器件的通断状态时，若检测的阻值小于 30Ω，则表内发出蜂鸣声以表示线路或器件处于导通状态。

⑤ $h_{FE}$ 值测量　进行三极管 $h_{FE}$ 值测量时，根据被测三极管类型（PNP 或 NPN）的不同，把量程开关转至"PNP"或"NPN"处，再把被测三极管的三个脚插入相应的 E、B、C 孔内，此时，显示屏所显示的数值即为被测管的"$h_{FE}$"的大小。

## 14.2.6　注意事项

① 仪表的使用或存放应避免高温、寒冷、高湿、阳光直射及强烈振动环境（其工作温度为 0～40℃，温度为 80%），使用时应轻拿轻放。

② 数字式万用表在刚测量时，显示屏上的数值会有跳动现象，这是正常的，应当待显示数值稳定后（1～2s）才能读数，切勿用最初跳动变化中的某一数值，当作被测量值读取。另外，被测元器件的引脚因日久氧化或有锈污，可能造成被测元件和表笔之间接触不良，显示屏会出现长时间的跳动现象，无法读取正确测量值。这时应先清除氧化层和锈污，使表笔接触良好后再测量。

③ 测量时，如果显示屏上只有"半位"上的读数 1，则表示被测数超出所在量程范围（二极管测量除外），称为溢出。这时说明量程选得太小，可换高一挡量程再测试。

④ 数字万用表的功能多，量程挡位也多，导致相邻两个挡位间的距离比较小。因此，转换量程开关时，动作要慢，用力不要过猛。在开关转换到位后，再轻轻地左右拨动一下，看看是否真的到位，以确保量程开关接触良好。

⑤ 严禁在测量的同时旋动量程开关，特别是在测量高电压、大电流的情况下，以防产生电弧烧坏量程开关。

⑥ 交流电压挡只能直接测量低频（小于 500Hz）正弦波信号。

⑦ 测量晶体管 $h_{FE}$ 值时，由于工作电压仅为 2.8V，且未考虑 $U_{BE}$ 的影响，因此，测量值偏高，只能是一个近似值。

⑧ 当显示屏出现"LOBAT"或"←"时，表明电池电压不足，应予更换。

⑨ 若测量电流时，没有读数，应检查熔丝是否熔断。

⑩ 测量完毕后，应关上仪表电源；如果长期不用，应将电池取出，以免因电池变质而使仪表生锈甚至损坏仪表。

# 第15章

# 示波器

电子示波器是电子测量中常用的仪器之一。它可直观地显示电信号的时域波形图像，并根据波形测量信号的电压、频率、周期、相位、调幅系数等参数，也可间接观测电路的有关参数及元器件的伏安特性。利用传感器，示波器还可测量各种非电量。示波器也可以工作在 $X$-$Y$ 模式下，用来反映相互关联的两信号之间的关系。

根据其工作原理的不同，电子示波器可分为模拟示波器和数字示波器两种；根据其用途和性能，电子示波器可分为通用电子示波器、取样示波器、存储示波器和特种用途示波器等。本章在阐述通用示波器的基本工作原理后，介绍其结构组成及其典型产品介绍；然后介绍取样示波器和数字存储示波器，最后讨论示波器的选择与使用。

## 15.1 基本工作原理

电子示波器将电信号转换成人眼能直接观察的波形图像，是通过其核心部件阴极射线示波管来实现的。下面介绍示波管的工作原理。

### 15.1.1 阴极射线示波管

目前，大多数示波器，尤其是模拟示波器的波形显示器件都是阴极射线示波管。它主要由电子枪、偏转系统和荧光屏三部分组成，这些部件密封在一个真空的玻璃壳内。普通示波管的结构及供电电路如图 15-1 所示。

（1）电子枪

电子枪由灯丝（F）、阴极（K）、控制栅极（G）、第一阳极（$A_1$）、第二阳极（$A_2$）和后加速极（$A_3$）组成。其作用是发射电子并形成很细的高速电子束，轰击荧光屏使之发光。

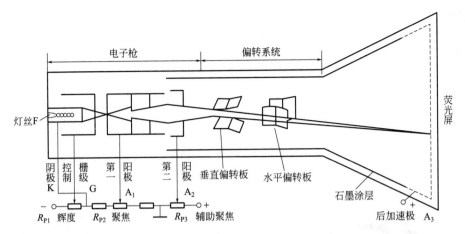

图 15-1　普通示波管结构图及供电电路

灯丝用于加热阴极。阴极在灯丝加热下发射电子。控制栅极则用来控制射向荧光屏的电子流密度，从而改变荧光屏上波形的辉度（亮度）。调节"辉度电位器" $R_{P1}$，改变栅、阴极之间的电位差即可达到此目的，故 $R_{P1}$ 在面板上的旋钮标以"辉度"。

第一阳极和第二阳极对电子束有加速作用，和控制栅极同时构成一个对电子束的控制系统，起聚焦作用。调节 $R_{P2}$ 可改变第一阳极的电位，调节 $R_{P3}$ 可以改变第二阳极的电位，恰当调节这两个电位器，可使电子束恰好在荧光屏上会聚成细小的点，以保证显示波形的清晰度。因此把 $R_{P2}$ 和 $R_{P3}$ 在面板上的旋钮分别称为"聚焦"和"辅助聚焦"。

需要指出的是，在调节"辉度"时会使聚焦受到影响，因此，示波管的"辉度"与"聚焦"并非相互独立，而是有关联的。在使用示波器时，这二者应配合调节。

后加速极 $A_3$ 位于荧光屏与偏转板之间，是涂在显示管内壁上的一层石墨粉，其主要作用是对电子束作进一步加速，增加光迹辉度。

（2）偏转系统

示波管中，在第二阳极的后面，由两对相互垂直的偏转板组成偏转系统，Y 偏转板在前（靠近第二阳极），X 偏转板在后。两对偏转板各自形成静电场，分别控制电子束在垂直方向和水平方向的偏转。

电子束在偏转电场作用下的运动规律可用图 15-2 来分析（以垂直偏转板为例），其偏转距离可由式(15-1)来表示。

$$y = S_y U_y \tag{15-1}$$

式中，$S_y$ 为示波管垂直偏转灵敏度，单位是厘米/伏（cm/V），有时也用格/伏（div/V）表示；$U_y$ 为加于垂直偏转板上的电压，V。

$S_y$ 表示加在垂直偏转板上的每伏电压所能引起的偏转距离。对于确定的示波管，$S_y$ 是已知的，且其值可在一定范围内调节。对于一个给定的 $S_y$，电子束在屏幕上的偏转距离正比于加到偏转板上的电压。这是示波测量法的理论基础。

通常，人们称 $S_y$ 的倒数 $D_y (= 1/S_y)$ 为示波管垂直偏转因数，单位为 V/cm 或 V/div，表示光点在 Y 方向偏转 1cm(1div) 所需加在垂

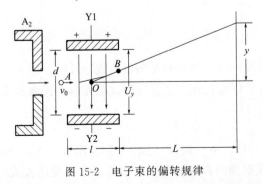

图 15-2　电子束的偏转规律

直偏转板上的电压值（峰-峰值）。

（3）荧光屏

示波管的荧光屏是在其管面内壁涂上一层磷光物质制成的。这种由磷光物质组成的荧光膜在受到高速电子轰击后将产生辉光。电子束消失后，辉光仍可保持一段时间，称为余辉时间。正是利用荧光物质的余辉效应以及人眼的视觉滞留效应，当电子束随信号电压发生偏转时，才使我们看到由光点的移动轨迹形成的整个信号的波形。

当高速电子束轰击荧光屏时，其动能除转变成光外，也将产生热。所以，当过密的电子束长时间集于屏幕同一点时，由于过热会减弱磷光质的发光效率，严重时可能把屏幕上的这一点烧成一个黑斑。所以在使用示波器时不应当使亮点长时间停留于一个位置。

荧光屏中间平整部分的面积称为有效面积。一般，矩形荧光屏较之圆形荧光屏平整，有效面积较大。使用示波器时，应尽量使波形呈现在有效面积内。

为了定量地进行电压大小和时间长短的测量，通常在荧光屏的外边加一块用有机玻璃制成的外刻度片，标有垂直和水平方向的刻度。有的示波器将刻度线刻在荧光屏的内侧，称为内刻度，它可以消除波形与刻度线不在同一平面上所造成的视觉误差。通常情况下，水平方向为 10div，垂直方向为 8div。

## 15.1.2 波形显示原理

（1）波形显示

波形显示是电子束受 $u_x$、$u_y$ 共同作用的结果。示波器之所以能用来观测信号波形是基于示波管的线性偏转特性，即电子束（从观测效果看，也即屏幕上的光点）在垂直和水平方向上的偏转距离正比于加到相应偏转板上的电压大小。电子束沿垂直和水平两个方向的运动相互独立，打在荧光屏上的亮点位置取决于同时加在两副偏转板上的电压。

当两副偏转板上不加任何信号（或分别为等电位）时，光点处于荧光屏的中心位置。若只在垂直偏转板上加一个随时间作周期性变化的被测电压，则电子束沿垂直方向运动，其轨迹为一条垂直线段。若只在水平偏转板上加一个周期性电压，则电子束运动轨迹为一条水平线段。这两种情况分别如图 15-3(a) 和 （b）所示。

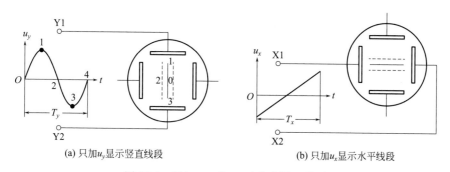

(a) 只加 $u_y$ 显示竖直线段 　　　　(b) 只加 $u_x$ 显示水平线段

图 15-3　只加 $u_x$ 或 $u_y$ 时荧光屏上波形

被测电压是时间的函数，可用式 $u_y = f(t)$ 表示。对于任一时刻，它都有确定的值与之相对应。要在荧光屏上显示被测电压波形，就要把屏幕作为一个直角坐标系，其垂直轴作为电压轴，水平轴作为时间轴，使电子束在垂直方向偏转距离正比于被测电压的瞬时值，沿水平方向的偏转距离与时间成正比，也就是使光点在水平方向作匀速运动。要达到此目的，就必须在示波管的水平偏转板上加随时间线性变化的扫描锯齿波电压。

（2）扫描

前已述及，在观察信号时，应在水平偏转板上加锯齿波电压，我们称为扫描电压。当仅在水平偏转板加锯齿波电压时，亮点沿水平方向从左向右作匀速运动。当扫描电压达到最大值时，亮点也达最大偏转，然后从该点迅速返回起始点。若扫描电压重复变化，在屏幕上就显示一条亮线，这个过程称为"扫描"。光点由左边起始点到达最右端的过程称为"扫描正程"，而迅速返回到起始点的过程称为"扫描回程"或"扫描逆程"，理想锯齿波的扫描回程时间为零。上述水平亮线称为"扫描线"。

在水平偏转板加扫描电压的同时，若在垂直偏转板上加被测信号电压，就可以将其波形显示在荧光屏上，如图 15-4 所示。

在图 15-4 中，被测电压 $u_y$ 的周期为 $T_y$，如果扫描电压的周期 $T_x$ 正好等于 $T_y$，则在 $u_y$ 与 $u_x$ 共同作用下，亮点移动的光迹正好是一条与 $u_y$ 相同的曲线（在此为正弦曲线），亮点从 0 点经 1～4 点的移动为正程。从 4 点迅速返回 0′点的移动为回程。在图 15-4 中设回程时间为零。由于扫描电压 $u_x$ 随时间作线性变化，所以屏幕的水平轴就成为时间轴。亮点在水平方向偏转的距离大小代表了时间长短，故也称扫描线为时间基线。

上面是 $T_x = T_y$ 的情况。如果使 $T_x = 2T_y$，则在荧光屏上显示如图 15-5 所示的波形。由于波形多次重复出现，而且重叠在一起，所以可观察到一个稳定的图像（如图 15-5 所示中显示两个周期的波形）。

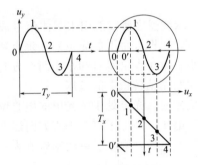

图 15-4　波形显示原理

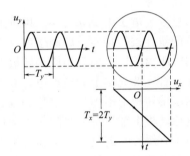

图 15-5　$T_x = 2T_y$ 时显示的波形

由此可见，如果想增加显示波形的周期数，则应增大扫描电压 $u_x$ 的周期，即降低 $u_x$ 的扫描频率。荧光屏显示被测信号的周期个数就等于 $T_x$ 与 $T_y$ 之比 $n$（$n$ 为正整数）。

（3）同步

当 $T_x = nT_y$ 时，可以稳定显示 $n$ 个周期的 $u_y$ 波形。如果 $T_x$ 不是 $T_y$ 的整数倍，结果又会怎样呢？图 15-6 是 $T_x = 7T_y/8$ 时的情况。设 $u_y$ 为正弦电压，$u_x$ 为周期性的锯齿波电压。第一个扫描周期显示出 0～4 点之间的曲线，并在 4 点迅速跳到 4′点，再开始第二个扫描周期，显示出从 4′点至 8 点之间的曲线……每次显示的波形都不重叠，产生向右"跑动"的现象。如果 $T_x = 9T_y/8$，则产生波形向左"跑动"的现象。这两种情况，显示的波形都不稳定，这是在调节过程中经常出现的现象。因为 $T_x$ 与 $T_y$ 不成整数倍的关系，使得每次扫描的起点不能对应于被测信号的相同相位点。所以，为了在屏幕上获得稳定的波形显示，应保证每次扫描的起始点都对应信号的相同相位点，这个过程称为"同步"。

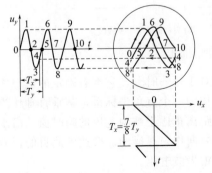

图 15-6　$T_x = 7T_y/8$ 时显示的波形

　　总之，电子束在被测电压与同步扫描电压的共同作用下，亮点在荧光屏上所描绘的图形反映了被测信号随时间变化的过程，当多次重复时，就构成了稳定的图像。

　　若加在水平偏转板上不是由示波器内部产生的扫描锯齿波信号，而是另一路被测信号，则示波器工作于 X-Y 显示方式，它可以反映加在两副偏转板上的电压信号之间的关系。图15-7 所示为两个偏转板都加正弦波时显示的图形，称为李沙育图形。若两信号频率相同，初相位也相同，则显示一条斜线；若相位相差 $90°$，则显示为一个圆。

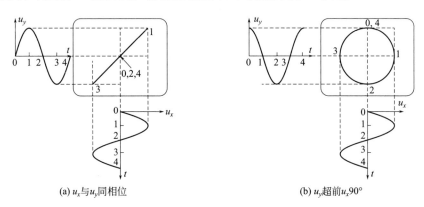

(a) $u_x$ 与 $u_y$ 同相位　　　　　　　　　　(b) $u_y$ 超前 $u_x90°$

图 15-7　两个同频率信号构成的李沙育图形

# 15.2　通用示波器

## 15.2.1　基本组成及主要性能

（1）组成框图

　　通用示波器的种类繁多，但都应包括图 15-8 所示的几个组成部分。

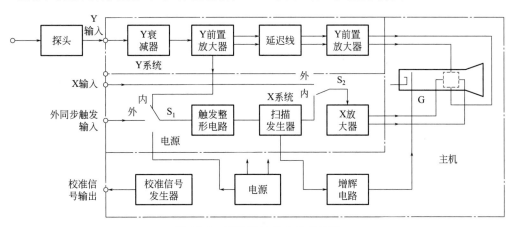

图 15-8　示波器的基本组成框图

　　① Y 系统（垂直系统）　Y 系统由衰减器、放大器及延迟线等组成。其主要作用是放大、衰减被测信号电压，使之达到适当幅度，以驱动电子束作垂直偏转。

　　② X 系统（水平系统）　X 系统由触发整形电路、扫描发生器及 X 放大器等组成。其作用是产生与被测信号同步的扫描锯齿波并加以放大，以驱动电子束进行水平扫描，显示稳定的波形。

③ 主机系统　主机系统主要包括示波管、增辉电路、电源和校准信号发生器等。

（2）主要技术性能

① Y 通道的频域与时域响应

a. 频域响应（频带宽度）：示波器的频带宽度（在不加说明的情况下均指 Y 通道）是指上限频率 $f_H$ 与下限频率 $f_L$ 之差。示波器的 $f_L$ 一般可延伸到 0Hz（直流），所以频带宽度通常用上限频率 $f_H$ 来表示。

b. 瞬态响应（时域响应）：用瞬态响应表示 Y 通道放大电路在方波脉冲输入信号作用下的过渡特性。表示参数有上升时间（$t_r$）、下降时间（$t_f$）等。

Y 通道的频带宽度 $f_H$ 与上升时间 $t_r$ 之间有确定的内在联系，一般有

$$f_H t_r \approx 0.35 \qquad (15\text{-}2)$$

式中，$f_H$ 为示波器的频带宽度，MHz；$t_r$ 为 Y 通道的上升时间，$\mu s$。

上述两个指标在很大程度上决定了示波器可以观察的最高信号频率（指周期性连续信号）和脉冲的最小宽度。

② 偏转因数　偏转因数是指输入信号在无衰减的情况下，亮点在屏幕的 Y 方向上偏转单位距离所需的电压峰-峰值，单位为 $V_{p-p}/cm$ 或 $V_{p-p}/div$，偏转因数的下限表征示波器观测微弱信号的能力，而其上限则表示示波器输入所允许加的最大电压（峰-峰值）。

③ 输入阻抗　Y 通道的输入阻抗包括输入电阻 $R_i$ 和输入电容 $C_i$。$R_i$ 越大越好，$C_i$ 越小越好。它为使用者提供了估算示波器输入电路对被测电路产生影响的依据。

④ 扫描速度　扫描速度常用时基因数表示。在无扩展情况下，亮点在 X 方向偏转单位距离所需的时间称为时基因数，单位为 $t/cm$ 或 $t/div$；$t$ 可取 $\mu s$、ms 或 s。

扫描速度越高（即 $t/div$ 值越小），表征示波器能够展开高频信号或窄脉冲信号的能力越强；反之，为了观测缓慢变化的信号，则要求示波器具有极慢的扫描速度。为了观测很宽频率范围的信号，就要求示波器的扫描速度能在很宽范围内调节。

## 15.2.2　垂直系统（Y 通道）

用示波器观测信号时，欲使荧光屏显示的波形尽量接近被测信号本身所具有的波形，则要求 Y 通道必须准确地再现输入信号。Y 通道要探测被测信号，并对它进行不失真的衰减和放大，还要具有倒相作用，以便将被测信号对称地加到 Y 偏转板。另外，为了和 X 通道相配合，Y 通道还应有延时功能，并能向 X 通道提供内触发源。因此，Y 通道必须具有以下几个组成部分，如图 15-9 所示。

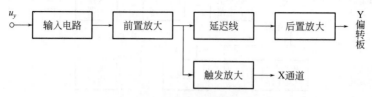

图 15-9　Y 通道的基本组成

（1）输入电路

输入电路的基本作用是引入被测信号，并为前置放大器提供良好的工作条件。它在输入信号与前置放大器之间起着阻抗变换、电压变换的作用。输入电路必须有适当的通频带、输入阻抗、较高的灵敏度、大的过载能力、适当的耦合方式，尽可能靠近被测信号源，一般采取平衡对称输出。根据以上要求，输入电路组成框图如图 15-10 所示。

① 探头　探头的作用是便于直接探测被测信号，提供示波器的高输入阻抗，减小波形

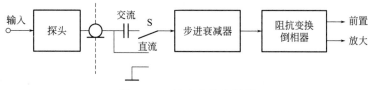

图 15-10　输入电路方框图

失真及展宽示波器的工作频带等。探头分有源探头及无源探头两种（有源探头内部有放大电路，频率响应宽，频率可以达几吉赫兹以上，有源探头可以通过探头或示波器校准放大准确性及补偿；无源探头内部只有衰减电阻及补偿电容，只能通过电容调节来补偿一下频率损失，或修正过补），这里只讨论无源探头。

无源探头由 $RC$ 电路组成，其原理电路如图 15-11 所示。其中 $C$ 是可变电容，调整 $C$ 对频率变化的影响进行补偿。无源探头对信号的衰减系数一般有 1 和 10 两种，可根据被测信号大小进行选择。

② 耦合方式选择开关　耦合方式选择开关有三个挡位：DC（直流耦合）、AC（交流耦合）、⊥（接地）。将开关置于直流耦合位，信号可直接通过。在交流耦合位，信号必须经电容 $C$ 耦合至衰减器，只有交流分量才可通过。若处于接地位，则可在不断开被测信号的情况下，为示波器提供接地参考电平。

③ 步进衰减器　步进衰减器的作用是在测量较大信号时，先经衰减再输入，使信号在 Y 通道传输时不至于因幅度过大而失真。电路采用具有频率补偿的阻容衰减器，如图 15-12 所示。对于不同的衰减量，Y 通道中都有一个与之对应的阻容衰减器，这样，当需要改变衰减量时，便由切换开关切换不同的衰减电路来实现。

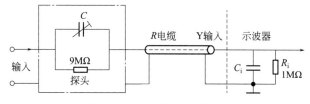

图 15-11　无源探头原理电路

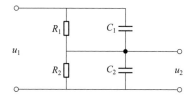

图 15-12　阻容衰减器原理图

电路中 $R_1$ 和 $R_2$ 主要对直流及低频交流信号进行衰减，$C_1$ 和 $C_2$ 主要对较高频率信号进行衰减。为了对同一信号中的不同频率分量进行相同的衰减，应满足

$$\frac{R_2}{R_1+R_2}=\frac{C_1}{C_1+C_2} \tag{15-3}$$

化简后得

$$R_1 C_1 = R_2 C_2 \tag{15-4}$$

此时分压电路的衰减量与信号频率无关，其值恒为 $R_2/(R_1+R_2)$。

值得注意的是，衰减开关的转换在仪器面板上标注的不是衰减倍率，而是示波器的偏转因数（或偏转灵敏度）。

（2）延迟线

延迟线电路能够无失真并有一定延迟地传送信号。Y 通道中插入延迟线的目的是补偿 X 通道中固有的时间延迟，使被测信号在时间上比扫描信号稍迟一些到达偏转板。这样就可从荧光屏上观察到被测信号的起始部分。

（3）Y 通道中的放大电路

为了保证示波器的频带宽度，Y通道放大器为宽带放大器，多采用带有高频补偿网络的多级差动反馈放大电路。其基本任务是将被测信号不失真地放大到足够幅度，使电子束在Y方向获得足够的偏转。另外，在Y放大器中还设有极性倒换、移位、寻迹等功能。

（4）触发放大电路

设置此放大电路的目的是使从延迟线之前引出的被测信号，先经过此电路加以放大，以便有足够幅度驱动触发整形电路。

## 15.2.3 水平系统（X通道）

示波器X通道的主要任务是：产生并放大一个与时间成线性关系的锯齿波电压。该电压使电子束沿水平方向随时间线性偏移，形成时间基线并且能选择适当的触发或同步信号，并在此信号作用下产生稳定的扫描电压，以确保显示波形的稳定；与此同时还要能产生增辉或消隐信号，去控制示波器的Z通道。

为了完成上述功能，通用示波器的X通道最少包括如图15-13所示的触发整形电路、扫描发生器电路和X放大电路。

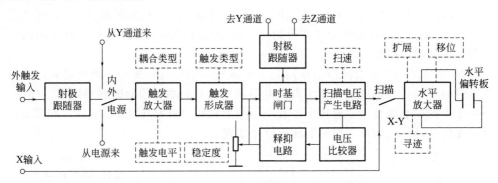

图 15-13　水平系统方框图

（1）触发整形电路

触发整形电路的任务是将不同来源、波形、幅度、极性及频率的触发源信号转变成具有一定幅度、宽度、陡峭度和极性的触发脉冲，去触发时基闸门以实现同步扫描。触发整形电路的原理框图如图15-14所示。

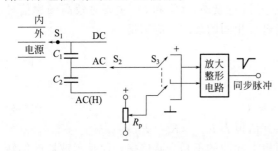

图 15-14　触发整形电路原理框图

① 触发源选择　由转换开关 $S_1$ 选择不同的触发信号源。

a. 内触发：采用来自Y通道的被测信号作触发信号源。

b. 外触发：采用由外触发输入端输入的外接信号触发扫描。当被测信号不适宜作触发信号源或为了比较两个信号的时间关系等用途时，外接一个与被测信号有严格同步关系的信号来触发扫描电路。

c. 电源触发：采用市电降压以后的 $50Hz$ 正弦波作触发信号源。在有些示波器上，也把电源作为内触发源的一种。

② 触发耦合方式　由开关 $S_2$ 选择不同的触发耦合方式。

a. DC：直流耦合，用于接入直流或变化缓慢的信号，或者频率很低且含有直流成分的信号。一般用于外触发或连续扫描方式。

　　b. AC：交流耦合，用于观察由低频到较高频率的信号，"内""外""电源"触发均可使用，是常用的一种耦合方式。

　　c. AC（H）：高频耦合，属低频抑制状态。用于观察高频信号。

　　③ 触发极性　开关 $S_3$ 称为触发极性开关。当 $S_3$ 置于"＋"时，则在触发源信号（用内触发讨论，则为被测信号，以下同）的上升部分某时刻开始产生锯齿波，即此时刻开始扫描；若 $S_3$ 置于"－"时，则在被测信号的下降部分某时刻开始扫描。

　　④ 触发电平　电位器 $R_p$ 为"触发电平"电位器。调节它可以选择合适的触发点，以控制锯齿波电压的起始时刻。设输入信号为正弦波，"触发极性"开关置于"＋"，如 $R_p$ 置于零电平，则当被测信号上升过零时刻，放大整形电路的输出端产生触发脉冲的下降沿，触发时基闸门，使扫描开始，如图 15-15（a）所示；调节 $R_p$ 为正电平，则在信号正半周的上升部分起扫，如图 15-15（b）所示；调节 $R_p$ 为负电平时，在信号负半周的上升部分起扫，如图 15-15（c）所示。在图 15-15（c）中，虽然在 a 点信号电平也等于 $R_p$ 的预置电平，但由于信号的极性不对，不会产生触发脉冲启动扫描。如欲在 a 点起扫，则应将触发极性开关置于"－"。

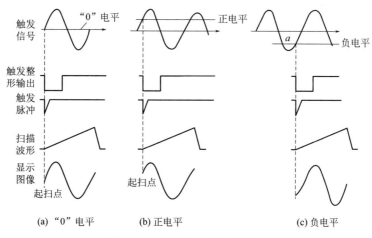

图 15-15　触发电平的调节作用

　　⑤ 放大整形电路　放大整形电路一般由电压比较器、施密特电路、微分及削波电路组成。电压比较器将触发信号与 $R_p$ 确定的电平进行比较，其输出信号再经整形产生矩形脉冲，经微分、削波电路之后变为扫描发生器所要求的触发脉冲。

　　（2）扫描发生器（时基发生器）电路

　　扫描发生器电路在触发脉冲启动下，产生线性变化的锯齿波扫描电压。为使显示的波形清晰稳定，要求扫描电压线性度好、频率稳定、幅度相等且同步良好。根据测试要求，扫描时基因数应能调节。扫描发生器原理框图见图 15-13 中有关部分。它由时基闸门、扫描电压产生电路、电压比较电路及释抑电路组成，它们组成一个闭环，故也称其为扫描发生器环。

　　① 扫描发生器的基本工作过程　触发脉冲开启扫描闸门，使扫描正程开始。扫描电压产生电路开始产生并输出锯齿波扫描电压至 X 放大器，同时也将此电压送至电压比较电路。当扫描电压达到预定幅度时，电压比较电路的输出经释抑电路，产生停止信号并送至时基闸门，令闸门关闭，使扫描电压产生电路进入逆程期。在此后一段时间，释抑电路起"抑止"作用，防止后续触发脉冲去启动闸门，直到闸门输入端及扫描电压产生电路完全恢复到初始状态，才释放闸门。从扫描逆程开始到闸门释放为止的这一段时间称为释抑期，它比逆程期长。由此可见，一次扫描至少应包括扫描正程期和释抑期。在释抑期内既完成扫描回程，又

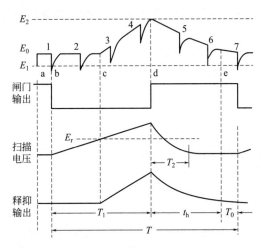

图 15-16　扫描发生器环相关点的工作波形图

$T_1$—锯齿波正程；$T_2$—锯齿波回程；$t_h$—释抑时间；

$T_0$—休止期；$T$—锯齿波周期

应保证电路恢复到初始状态，使每次有效触发都发生在释抑期结束之后，否则会引起扫描晃动。

② 用工作波形图分析环路工作过程　下面用扫描发生器环路中的工作波形图来说明其工作过程。调节稳定度电位器，使时基闸门输入端的起始电平稍高于下触发电平（设时基闸门由施密特电路组成）。此时，时基闸门关闭，扫描发生器不工作，环路中有关位置的电平如图 15-16 中 a 点所示。触发整形电路输出触发脉冲至时基闸门输入端，使其瞬间电平低于下触发电平，时基闸门打开，扫描发生器开始产生锯齿波（图中的 b 点），此锯齿波同时输出至 X 放大器及电压比较电路。当锯齿波的瞬时值达到预定值时（图中 c 点），比较电路有输出，释抑电路同时也有输出，使时基闸门输入端瞬时电位随着锯齿波的增长而升高。当锯齿波达到规定值时（图中 d 点），时基闸门输入端的电平升至上触发电平，使闸门关闭，扫描电压产生电路产生的扫描锯齿波正程结束，开始短暂的回程。时基闸门输入端在释抑电路的影响下，缓慢地向初始电平变化，保证在扫描电压产生电路输出端电平恢复到起始电平后，时基闸门输入端才回到初始电平（图中 e 点）。直到此时，闸门才有可能被后续触发脉冲有效触发，开始下一次扫描。

在使用示波器时，经常要选择合适的扫描速度（时基因数），实际上是改变扫描电压产生电路中定时电路的时基电阻和时基电容的大小，从而改变扫描正程 $T_1$ 的长短。

（3）X 放大器

X 放大器的作用主要是放大扫描电压，使电子束在水平方向获得足够偏转，同时还兼设扩展扫速、水平位移、寻迹等功能。当示波器工作于 X-Y 方式时，X 放大器则为 X 外接输入信号的传输通道。

（4）扫描方式

在通用示波器中，电子束的扫描方式通常有连续扫描、触发扫描、自动扫描和单次扫描等扫描方式。

在连续扫描时，扫描发生器环工作于自激状态，无论触发源是否存在（如采用内触发，则无论被测信号是否存在），它总是连续输出扫描锯齿波，经 X 放大器放大加到 X 偏转板，使扫描连续进行。在这种扫描方式下，要使荧光屏上显示的波形稳定，必须由触发整形电路输出同步脉冲，使每次扫描都从被测信号的相同相位点开始。

在某些情况下，不适宜采用连续扫描，必须采用触发扫描。触发扫描时，扫描发生器环工作于他激状态，由触发脉冲控制是否扫描。触发整形电路在被测信号的相同相位点输出触发脉冲，启动扫描发生器电路输出扫描锯齿波，经放大后驱动电子束扫描。注意：不一定每个触发脉冲都能启动扫描。

在自动扫描方式下，无触发信号时，锯齿波发生器工作于自激状态下，即无信号输入时仍有扫描；一旦有触发信号且其频率高于自激振荡频率，则振荡器由触发信号同步而形成触发扫描。

单次扫描只在第一个触发脉冲到来时启动扫描一次。

使用示波器时，应根据被测信号波形及测试要求选择适当的扫描方式。一般来说，当测量正弦波等连续波形时应采用连续扫描；而测量脉冲信号特别是脉宽较窄的脉冲时宜选用触发扫描。单次扫描主要用于观察非周期性信号，如单次脉冲等。

## 15.2.4 主机系统

通用示波器的主机系统由高低压电源、阴极射线示波管及其显示电路、$Z$ 轴电路和校准信号发生器等组成。

（1）高低压电源

低压电源为示波器中的电子线路提供所需的直流电压。根据所需电压的种类通常分成若干组，一般采用串联线性稳压电路。

高压电源用于提供示波管所需的高压，其电路一般采用变换器，将直流低压变换为高频高压（其频率通常为几十千赫），然后再经倍压整流而得到所需的直流高压。

（2）显示电路和 $Z$ 轴电路

显示电路和 $Z$ 轴电路包括阴极射线示波管和为示波管各个电极提供电压的电路、光迹旋转电路及 $Z$ 轴电路。由示波管工作原理可知，要使管内的电子枪产生自由电子并形成高速和聚束的电子流，各电极必须加上适当的电压。所以，显示电路也称为电子束控制电路。

为了保证在荧光屏上能显示出清晰而明亮的被测信号波形，示波管还设有 $Z$ 轴电路。$Z$ 轴电路的作用是：

① 扫描正程期间让电子束通过，在荧光屏上显示被测信号波形。必要时，可在 $Z$ 轴电路上外加信号对显示图形进行加亮，即增辉。其原理是在扫描正程期间由扫描闸门开关电路提供一个与扫描正程等宽的方波脉冲信号，经 $Z$ 轴电路放大后以正极性加至示波管栅极，以提高栅极电压，增强电子束。

② 在扫描逆程开始至触发脉冲到来并启动扫描之前（即一个扫描周期中除扫描正程以外的时间），使电子束截止，这样荧光屏上无迹线显示，称为消隐。此外，在双踪示波器及双扫描示波器中，还要对波形转换过程中的光迹进行消隐处理。消隐信号也加至示波管栅极，但它是负极性的，从而使电子束截止。

在实际电路中，增辉和消隐信号以及人工增辉信号混合在一起，统称为增辉信号，经 $Z$ 轴放大电路放大后加至栅极电路，对示波管的辉度进行控制。

（3）校准信号发生器电路

示波器的校准信号发生器电路一般由集成电路和一些电子元器件组成，可产生频率为 1kHz、幅度为 $2V_{p-p}$（或其他数值）的基准方波信号，用以对示波器的探极补偿、垂直灵敏度和扫描时间因数进行校准。

## 15.2.5 多波形显示

所谓多波形显示，就是在同一台示波器上"同时"显示多个既相关又相互独立的被测信号的波形。多波形显示中最常见的是双波显示。双波显示示波器一般可分为三类：双线示波器、双踪示波器和双扫描示波器。

（1）双线示波器

双线示波器是把两个相互独立的电子枪和偏转系统封装在同一个示波管内，利用同一荧光屏加以显示。水平偏转板靠近阴极，通常是共用的。在两副垂直偏转板之间以及它们与水平偏转板之间都有静电屏蔽。所有偏转板都有独立的引线。

如图 15-17 所示为双线示波器的基本组成原理框图。其水平通路是共同的，但有两个垂直通路。两条电子束的辉度、聚焦、位移、幅度等均可独立调节，信号之间交叉干扰小。

双线示波器适于观测同一时间出现的两个瞬变信号，且图像清晰、无间断现象，但制造工艺要求高，使其应用受到一定限制。

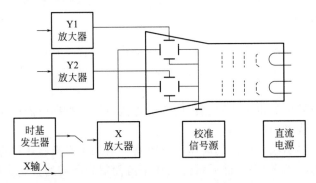

图 15-17　双线示波器基本组成原理框图

（2）双踪示波器

双踪示波器使用单束示波管，利用 Y 轴电子开关，采用时间分割方法轮流地将两个信号接至同一垂直偏转板，实现双踪显示。双踪示波器仍属通用示波器，但较之一般的单踪示波器，其不同之处在于：在 Y 通道中多设了一个前置放大器、两个门电路和一个电子开关。如图 15-18 所示是双踪示波器的简化结构图。双踪示波器的显示方式有五种：$Y_A$、$Y_B$、$Y_A \pm Y_B$、交替和断续。前三种均为单踪显示，$Y_A$、$Y_B$ 与普通示波器相同，只有一个信号；$Y_A \pm Y_B$ 显示的波形为两个信号的和或差；交替和断续是两种双踪显示方式。

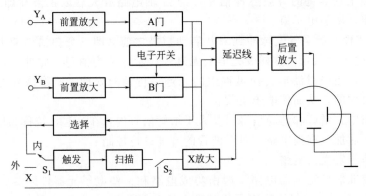

图 15-18　双踪示波器的简化结构图

① 交替　双踪示波器工作于此显示方式时，电子开关的转换频率受扫描电路的控制，以一个扫描周期为间隔，电子开关轮流接通 $Y_A$ 和 $Y_B$。假如第一个扫描周期，电子开关接通 $Y_A$ 的信号 $u_A$，使其显示在荧光屏上，则第二个扫描周期接通 $Y_B$ 的信号 $u_B$，使其显示在荧光屏上。第三个扫描周期再接通 $Y_A$，显示 $u_A$……即每隔一个扫描周期，交替轮换一次，如此反复。若扫描频率较高，两个信号轮流显示的速度很快，便会由于荧光屏的余辉效应和人眼的视觉滞留效应，而获得两个波形"同时"显示的效果，如图 15-19 所示。但当扫描频率较低时，就可能看到交替显示波形的过程，即会出现波形

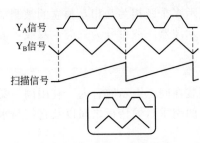

图 15-19　交替显示示意图

闪烁现象。因此，这种显示方式只适用于被测信号频率较高的场合。

需要注意的是：用交替显示方式容易产生所谓的"相位误差"。若示波器处于交替触发状态，即显示 $Y_A$ 信号时，用 $Y_A$ 信号触发，显示 $Y_B$ 信号时，用 $Y_B$ 信号触发，则原来有相位差的两个信号会显示为相位相同的信号。例如，以交替方式显示图 15-20(a) 所示的相位差为 180° 两个被测信号 $u_{x1}$、$u_{x2}$，若采用交替触发方式（设触发条件为 0 电平，＋极性，下同），则显示效果如图 15-20(b) 所示，此时观察到的相位差为 0，即产生了"相位误差"。解决的办法是用相位超前的信号作固定的内触发源，或者改用"断续"显示方式，取 $u_{x1}$ 作固定内触发源的显示效果如图 15-20(c) 所示。

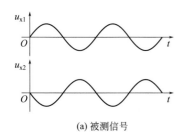 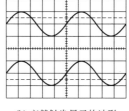 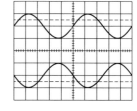

(a) 被测信号　　　　　　　(b) 交替触发显示的波形　　　　　(c) 固定信号($u_{x1}$)触发显示的波形

图 15-20　交替触发方式产生的相位误差

② 断续　在此种显示方式下，示波器的电子开关工作在自激振荡状态（不受扫描电路控制），将两个被测信号分成很多小段轮流显示，如图 15-21 所示。由于其转换频率比被测信号频率高得多，间断的亮点靠得很近，人眼看到的波形好像是连续波形。如果被测信号频率较高或脉冲信号的宽度较窄时，则信号的断续现象比较显著，即波形出现断裂现象。因此，这种显示方式只适用于被测信号频率较低的场合。

（3）双扫描显示

前面讨论的示波器只有一个扫描系统，即只有一种时基。而这里讨论的双扫描显示有两个扫描电路。其构成方式可以是相互独立的两个扫描电路，也可以是其中一个为主（称为 A 扫描），另一个（称为 B 扫描）只有在 A 扫描开始后的某一

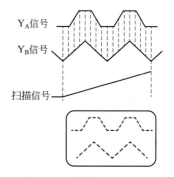

图 15-21　断续显示示意图

时刻才开始扫描，即要被 A 扫描所延迟。二者的扫描速度一般不同，甚至相差很多倍，即有两种时基。其基本组成如图 15-22 所示，如图 15-23 所示是其工作波形。

图 15-23 中列举的情况是希望观测由四个脉冲组成的脉冲序列，同时，还希望在同一荧光屏上仔细观察其中的第三个脉冲。这时可用 A 扫描去显示整个脉冲序列，用 B 扫描去加亮或展开第三个脉冲。现对照波形加以讨论。首先脉冲①达到触发电平，产生 A 触发，继而产生 A 扫描，这个扫描电压将脉冲①~④显示在荧光屏上端。与此同时，将 A 扫描电压与另一直流电位（该直流电位可调）在比较器中进行比较，当电位一致时，产生 B 触发，开始 B 扫描。B 扫描比 A 扫描延迟的时间可通过改变直流电位来调整。B 扫描的速度可以调节，这里使其正程略大于脉冲③的周期，于是，在 B 扫描期间，只有脉冲③被显示，且被"拉"得很宽，可以看清其前后沿、上下冲等细节。

根据对 A、B 两种扫描信号的不同处理，双扫描一般分为四类：

① B 加亮 A 扫描方式　在此方式中，加至 X 偏转板的只有 A 扫描信号，被延迟的 B 扫描只起加亮作用。由 A 和 B 扫描电路输出的增辉信号（矩形脉冲）叠加后送至 $Z$ 轴电路。

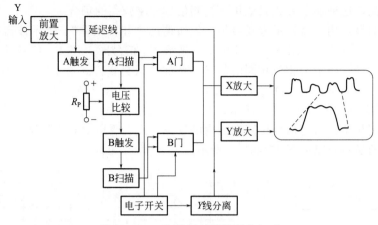

图 15-22　双扫描示波器的基本组成

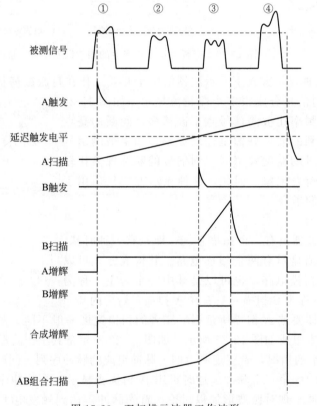

图 15-23　双扫描示波器工作波形

对应于 B 扫描的工作期间，增辉信号幅度较大，因而脉冲③被加亮显示。因此，这种双扫描方式的特点是，既显示信号的全貌，又以较亮辉度来突出欲仔细观测的部分波形。显示波形如图 15-24 所示。

　　② A 延迟 B 扫描方式　这种扫描方式中 A 扫描仅起延迟作用，其基线不在屏幕上显示。加在偏转板上的只有 B 扫描信号，这时 B 扫描可以选用较高的扫描速度，使被观测波形有较大的扩展，从而便于观察波形的细节。由于延迟时间 $t_d$ 及扫描速度均可调，所以可观测复杂波形中的任何部分。显示波形如图 15-25 所示。

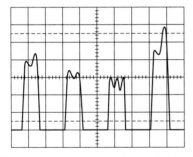

图 15-24 B 加亮 A 扫描方式显示的波形

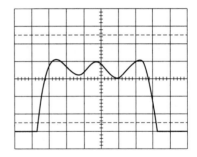

图 15-25 A 延迟 B 扫描方式显示的波形

③ AB 组合扫描方式 在这种扫描方式下，A 扫描电压产生后送至控制门，当 B 扫描未起扫时，A 扫描信号经控制门送入 X 放大器。当 B 扫描开始后，控制门则阻断 A 扫描的输出。然后，B 扫描在 A 扫描的基础上继续扫描。这种显示方式的特点是：在同一个波形上有两种时基，A 扫描用于显示波形全貌，B 扫描用于将其中某一片断拉宽显示。显示波形如图 15-26 所示。

④ AB 交替扫描显示方式 在 X 系统设置电子开关，将两套扫描电路的输出交替地接入 X 放大器，这样就把同一个被测信号用不同扫描速度在荧光屏上"同时"显示成两个波形，一个波形是信号的全貌，另一个波形是信号经水平扩展后的某一局部。借助 Y 轴的分离作用，在屏幕的上半部为 B 加亮 A 显示，下半部为 A 延迟 B 显示。显示波形如图 15-27 所示。

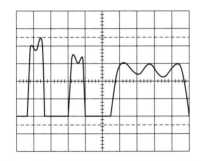

图 15-26 AB 组合扫描方式显示的波形

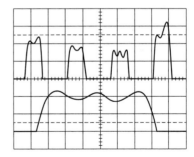

图 15-27 AB 交替扫描显示方式显示的波形

## 15.2.6 典型产品介绍

现在介绍 CACTEK CA8020A 型通用示波器。

（1）概述

CACTEK CA8020A 型通用示波器具有以下特点：交替扫描功能可以同时观察扫描扩展波形和未被扩展的波形，实现双踪四线显示；峰值自动同步功能可在多数情况下无须调节触发电平旋钮就可获得同步的稳定波形；释抑控制功能可以方便地观察多重复周期的复杂波形；具有电视信号同步功能；交替触发功能可以观察两个频率不相关的信号波形。

（2）主要技术指标

① 垂直系统。

灵敏度：5mV/div～5V/div，按 1-2-5 顺序分 10 挡。

上升时间：17.5ns。

带宽（-3dB）：DC～20MHz。

输入阻抗：直接输入时为 $1M\Omega\pm3\%$、$(25\pm5)$ pF，经 10∶1 探极输入时为 $10M\Omega\pm5\%$、$(16\pm2)$ pF。

最大输入电压：400V(DC＋AC 峰值)；

工作方式：Y1、Y2、ADD、交替、断续。

② 触发系统。

外触发最大输入电压：160V(DC＋AC 峰值)。

触发源：内、外。

内触发源：Y1、Y2、电源、交替触发。

触发方式：常态、自动、电视场、峰值自动。

③ 水平系统。

扫描速度：$0.5s/div\sim0.2\mu s/div$，按 1-2-5 顺序分 20 挡。

扩展×10，最快扫描速度 $20ns/div\pm8\%$。

④ 校正信号。

波形：对称方波。

幅度：$0.5V\pm2\%$。

频率：$1kHz\pm2\%$。

（3）前面板装置及操作说明

CA8020A 型电子示波器前面板如图 15-28 所示。

① 电源和显示部分

a. 辉度（INTENSITY）旋钮：调节光迹的亮度，顺时针调节使光迹变亮，逆时针调节，使光迹变暗，直到熄灭。

b. 聚焦（FOCUS）旋钮：用以调节光迹的清晰度。辅助聚焦（ASTIG）旋钮：与"聚焦"旋钮配合调节，提高光迹的清晰度。

c. 光迹旋转（ROTATION）：调节扫描线使之绕屏幕中心旋转，达到与水平刻度线平行的目的。

d. 电源指示灯：用以指示电源通断，灯亮表示电源接通，反之电源断。

e. 电源开关（POWER）：按键开关。按下（ON）使电源接通；弹起（OFF）使电源断开。

f. 校准信号（CAL）：仪器内部提供大小为 $0.5V_{p-p}$、频率为 1kHz 的方波信号，用于校正 10∶1 探极的补偿电容器和检测示波器垂直与水平的偏转因数。

② Y 系统

a. Y1 移位/Y2 移位（POSITION）旋钮：调节 Y1（通道 1）/Y2（通道 2）光迹在屏幕上的垂直位置，顺时针调节使光迹上移，逆时针调节则使光迹下移。

b.（垂直）方式（MODE）选择开关：四个互锁按键开关，可选择五种不同工作方式。

Y1：按下 Y1 按键，单独显示通道 1 信号。

Y2：按下 Y2 按键，单独显示通道 2 信号。

交替（ALT）：按下 ALT 按键，两个通道信号交替显示。交替显示的频率受扫描周期控制。

断续（CHOP）：按下 CHOP 按键，两个通道断续显示。Y1 和 Y2 的前置放大器受仪器内电子开关的自激振荡频率控制（与扫描周期无关），实现双踪信号显示。

叠加（ADD）：四个按键全部弹起为此方式，用以显示两个通道信号的代数和。当"Y2 反相"开关弹起时为"Y1＋Y2"，"Y2 反相"开关按下时为"Y1－Y2"。

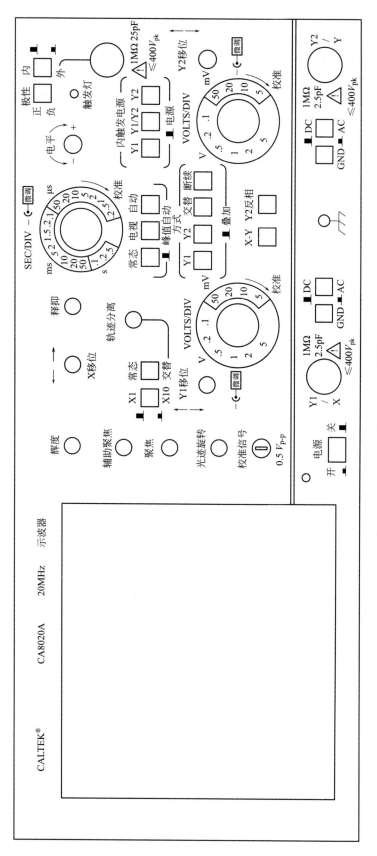

图 15-28 CA8020A型电子示波器前面板

c. Y2 反相（CH2 INV）开关：按键开关，为 Y2 反相开关，在叠加（ADD）方式时，使 Y1－Y2 或 Y1＋Y2。此开关按下时为 Y1－Y2，弹起时为 Y1＋Y2。

d. 垂直衰减开关（VOLTS/DIV）：调节 Y1（通道 1）/Y2（通道 2）的垂直偏转灵敏度，调节范围为 5mV/div～5V/div 按 1-2-5 顺序分 10 挡。

e. 垂直微调（VAR）旋钮：连续调节 Y1（通道 1）/Y2（通道 2）的垂直偏转灵敏度，顺时针旋足为校正位置，此时"VOLTS/DIV"开关指示值就是 Y 偏转灵敏度实际值。在对电压大小作定量测量时，应将微调旋钮置于校正位置。微调（VAR）调节范围大于 2.5：1。

f. 耦合方式（AC-DC-GND）：用以选择 Y1（通道 1）/Y2（通道 2）中被测信号输入垂直通道的耦合方式。

"接地"（GND）：此时"接地"（GND）键按下，通道输入端接地（输入信号断开），用于确定输入为零时光迹所处位置。当"接地"开关弹起时可选择输入耦合方式如下。

直流（DC）耦合：此时"耦合"键弹起，适用于观察包含直流成分的被测信号，如信号的逻辑电平和静态信号的直流电平；当被测信号的频率很低时，也必须采用这种方式。

交流（AC）耦合：此时"耦合"键按下，信号中的直流分量被隔断，用于观察信号的交流分量，如观察较高直流电平上的小信号。

g. Y1/X 插座：信号输入插座，测量波形时为通道 1 信号输入端；X-Y 工作时为 X 信号输入端。输入电阻≥1MΩ，输入电容≤25pF，输入信号≤400V$_{pk}$。

h. Y2/Y 插座：信号输入端，测量波形时为通道 2 信号输入端；X-Y 工作时为 Y 信号输入端。输入电阻≥1MΩ，输入电容≤25pF，输入信号≤400V$_{pk}$。

③ X 系统

a. X 移位（POSITION）旋钮：调节光迹在屏幕上的水平位置，顺时针调节光迹右移，反之则左移。

b.（触发）电平（LEVEL）旋钮：调节被测信号在某一电平触发扫描。顺时针旋转使触发电平提高，逆时针旋转则使触发电平降低。如触发电平位置越过触发区域时，扫描不启动，屏幕上无被测波形显示。

c.（触发）极性（SLOPE）开关：按键开关。选择信号的上升沿或下降沿触发扫描，按键按下时触发极性为"－"，在触发源波形的下降部分触发启动扫描；按键弹起时，触发极性为"＋"，在触发源波形的上升部分触发启动扫描。

d. 触发方式（TRIG MODE）：三个联锁的按键开关，共有四种触发方式：常态（NORM）、自动（AUTO）、电视（TV）、峰值自动（P-P AUTO）。

常态（NORM）：按下 NORM 键。无信号时，屏幕上无显示；有信号时，与电平控制配合显示稳定波形。自动（AUTO）：按下 AUTO 键。无信号时，屏幕上显示扫描线，有信号时，与电平控制配合显示稳定波形。电视（TV）：按下 TV 键，用于显示电视场信号。峰值自动（P-P AUTO）：几个按键全部弹起为此触发方式。无信号时，屏幕上显示扫描线；有信号时，无须调节电平即能获得稳定波形显示。

e. 触发灯（TRIG′D）：在触发同步时，指示灯亮。

f. 水平扫速（SEC/DIV）选择开关：调节扫描速度，调节范围为 0.5s/div～0.2μs/div，按 1-2-5 顺序分 20 挡。

g. 水平微调（VAR）旋钮：连续调节扫描速度，顺时针旋足为校正位置，此时"SEC/DIV"的指示值为扫描速度的实际值，在对时间进行测量时水平微调旋钮应置于"校正"位。微调范围＞2.5：1。

h. 内触发电源（INTSOURCE）：三个互锁的按键开关。

Y1：触发源选自通道 1。

Y2：触发源选自通道 2。

Y1/Y2（交替触发）：触发源受垂直方式开关控制。当垂直方式开关置于"Y1"，触发源自动切换到通道 1；当垂直方式开并置于"Y2"，触发源自动切换到通道 2；当垂直方式开关置于"交替"（ALT）时，触发源与通道 1、通道 2 同步切换。在这种状态使用时，两个被测信号频率之间关系应有一定要求，同时垂直输入耦合应置于"AC"，触发方式应置于"自动"（AUTO）或"常态"（NORM）。当垂直方式开关置于"断续"（CHOP）和"叠加"（ADD）时，内触发源选择应置于"Y1"或"Y2"。

三个键全部弹起为电源触发。

i.触发源选择开关：按键开关，用于选择内（INT）或外（EXT）触发，开关按下为"外（EXT）"，弹起为"内（INT）"。

j.接地：与机壳相连的接地点。

k.外触发输入（EXT）插座：当触发源选择"外（EXT）"时，外触发信号由此插座输入。输入电阻$\geqslant 1M\Omega$，输入电容$\leqslant 25pF$，输入信号$\leqslant 400V_{pk}$。

l.X-Y 方式开关（Y1－X）：按键开关，用以选择 X-Y 工作方式。

m.扫描扩展开关：按键开关，按键弹起时扫速正常（×1）；按下时扫速提高 10 倍（×10），可用来观察信号细节。

n.交替扫描扩展开关：接键开关。按键弹起时，波形正常显示（常态）；按下时，屏幕上"同时"显示扩展后的波形和未被扩展的波形（交替）。

o.轨迹分离（TRAC SEP）：交替扫描扩展时，调节扩展前、后两波形的相对距离。

p.释抑（HOLD OFF）旋钮：用以改变扫描的休止时间，以同步多周期复杂波形。

# 15.3 取样示波器

由前面介绍的示波器显示波形的过程可知，无论是连续扫描还是触发扫描，它们都是在信号经历的实际时间内显示信号波形，即测量时间（一个扫描正程）与被测信号的实际持续时间相同，故称为实时测量方法。这种示波器称为实时示波器，一般通用示波器均属于实时示波器。由于受到示波管上限工作频率、Y 通道放大器带宽、时基电路扫描速度等因素的限制，实时示波器的上限工作频率一般只能达到几十兆赫。取样技术在示波测量中的应用，使得示波器的频带得到大大扩展。

## 15.3.1 基本工作原理

（1）从实时取样到非实时取样

欲观察一个波形，可以把这个波形在示波器上连续显示，也可以在这个波形上取很多样点，把连续波形变换成离散波形，只要取样点数足够多，显示这些离散点也能够反映原波形的形状，这正如可以用实线画图又可以用虚线画图一样。

如图 15-29 所示，对被测信号的取样过程通常用电子开关——取样门来实现。取样门受重复周期为 $T_0$ 的取样脉冲（开关信号）控制，在取样脉冲出现的瞬间，取样门接通，输入信号被取样，形成离散的取样信号。

上述取样方法是在信号经历的实际时间内对一个信号波形进行取样，故称为"实时取样"。其特点是：取样一个波形所得脉冲列的时间等于被取样信号实际经历的时间。这种取样方式不能解决示波器在观测高频信号时所遇到的频带限制的困难。

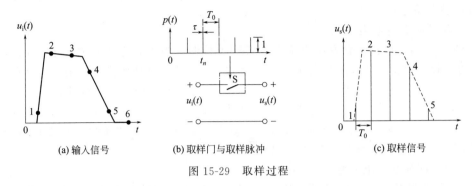

图 15-29　取样过程

要解决示波器上限频率不够高的问题，应采用非实时取样。非实时取样与实时取样的主要区别在于，非实时取样不是在一个信号波形上完成全部取样过程，而是取自被测信号多个波形的不同位置，如图 15-30 所示。

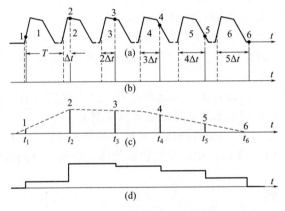

图 15-30　非实时取样过程

在图 15-30 中，在 $t_1$ 时刻进行第一次取样，对应于第一个信号波形上为取样点 1；第二次取样在 $t_2$ 时刻进行，$t_1$ 和 $t_2$ 可以相隔很多个信号周期（为了作图方便，图中只相隔一个信号周期），重要的是相对于前一次取样时间，第二次取样延迟了 $\Delta t$，这样，可取得取样点 2。很显然，只要每次取样比前一次延迟时间 $\Delta t$，那么取样点将按顺序取遍整个信号波形。

取样后的信号虽然也是一串脉冲序列，但是这段脉冲序列的持续时间却被大大拉长，这是因为在非实时取样方式下，两个取样脉冲之间的时间间隔变为 $mT + \Delta t$，其中 $m$ 为两个取样脉冲之间被测信号的周期个数。

由以上讨论可知，采用非实时取样所得到的取样信号脉冲序列，其包络波形同样可以重现原信号波形。而且，由于包络波形的持续时间变长，可以用一般低频示波器来显示。由于显示一个取样信号包络波形的所需时间（称为测量时间）远远大于被测信号波形实际经历的时间，故这种示波方法通常称为"非实时示波方法"。

（2）显示信号的合成过程

为了在荧光屏上显示由不连续光点构成的波形，应该给示波器的两副偏转板加上什么样的电压呢？如图 15-31 所示给出了由取样点合成信号波形的过程。图中合成波形每两点间的时间虽然代表 $\Delta t$，但实际上要经过 $mT + \Delta t$，也就是说要在每一点停留 $mT + \Delta t$ 的时间，然后跳至下一点。由此可见，X、Y 偏转板上都应该加阶梯波，且每个阶梯持续的时间为 $mT + \Delta t$。加在 Y 偏转板各阶梯的电压值对应信号的取样值，而 X 偏转板各阶梯的电压值

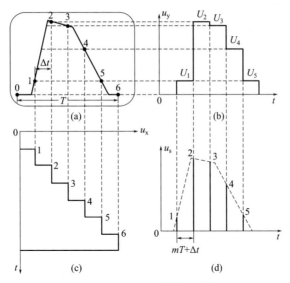

图 15-31 取样点合成信号波形的过程

与时间成正比变化。于是，在屏幕上显示出由一系列不连续光点构成的信号波形，当 $\Delta t$ 足够小时，人眼看到的则是连续波形。

## 15.3.2 基本结构组成

与通用示波器类似，取样示波器主要也是由主机系统、X 通道、Y 通道三部分组成。取样示波器中要解决的问题是每隔 $mT + \Delta t$ 取样一次，X、Y 偏转板上的电压改变一次数值。典型取样示波器的组成框图如图 15-32 所示。

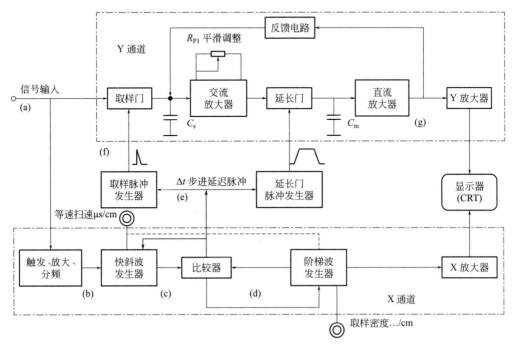

图 15-32　典型取样示波器组成框图

（1）取样示波器的 Y 通道

Y 通道最关键的电路是取样电路，由取样电路产生正比于取样值的阶梯电压。如图 15-32 所示，该电路由取样门、取样电容 $C_s$、交流放大器、延长电路（由延长门、保持电容 $C_m$ 和高输入阻抗直流放大器组成）、反馈电路构成一个闭环，故又称为闭环取样电路。

取样门是一个电子开关，在很窄的取样脉冲控制下接通输入信号，对取样电容 $C_s$ 进行充电。该充电电压经交流放大器放大后送至延长电路。延长门在脉宽较宽的延长门脉冲控制下接通，对保持电容 $C_m$ 充电，从而保持直流放大器的输出电压在两次取样之间基本保持不变。反馈电路用于在取样门断开后仍维持 $C_s$ 上的电压不变，这样下次取样时，以被测信号和 $C_s$ 上电压的差值对 $C_s$ 充电。这种取样方式称为差值取样。延长电路的输出经 Y 放大器放大后即可驱动 Y 偏转板。

（2）取样示波器的 X 通道

取样示波器的 X 通道主要用来产生每隔 $mT+\Delta t$ 上升一级的阶梯波。此外，X 通道还要产生 $\Delta t$ 步进延迟脉冲，用来形成取样脉冲和延长门脉冲。

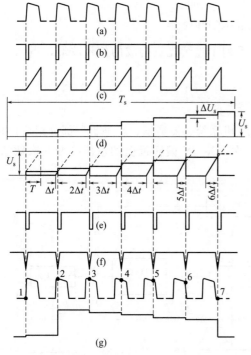

图 15-33　取样示波器各相关点的波形

由组成框图可见，X 通道主要包括触发、放大、分频单元，快斜波发生器，比较器，阶梯波发生器和 X 放大器。如图 15-33 所示为各相关点的工作波形。

如图 15-33（a）所示为被测信号波形，图中虚线表示中间还有若干周期波形。被测信号进入 X 通道后经过触发、放大、分频单元得到频率较低的触发脉冲图 15-33（b），其周期为被测信号的 $m$ 倍。在触发脉冲作用下，快斜波发生器产生线性良好的快斜波图 15-33（c），并加到电压比较器，由阶梯波发生器产生的阶梯电压图 15-33（d）作为比较器的参考电压。当两电压相等时，比较器的输出产生跳变，并经脉冲形成电路形成脉冲图 15-33（e）。此脉冲具有以下几个方面的作用：①作为 $\Delta t$ 的步进延迟脉冲，分别去触发取样脉冲发生器和延长门脉冲发生器；②触发阶梯波发生器，使阶梯电压上升一级；③加到快斜波发生器，使快斜波产生回程。当下一个触发脉冲到来时，由于参考电压已上升一级，故快斜波将在较迟的时刻与已上升的阶梯电压相遇，从而使形成的脉冲延迟一个 $\Delta t$。由于快斜波具有良好的线性，而阶梯波每级电压 $\Delta U_s$ 又相等，这样，比较器每次的输出脉冲的延迟时间逐步增加 $\Delta t$，即两个取样脉冲之间的时间间隔为 $mT+\Delta t$。与 $\Delta t$ 步进延迟脉冲同步的取样脉冲图 15-33（f）加到取样门，对被测信号波形图 15-33（a）进行非实时取样，最后可从延长电路输出端得到与被测信号波形相当的取样电压图 15-33（g）。

## 15.3.3　主要性能参数

（1）取样示波器的带宽

取样示波器能观测频率很高的信号，带宽可高达上百吉赫。由于取样后的信号频率已经很低，因此对取样示波器的频带限制主要在取样门，取样门所使用元器件的高频特性要足够好；另外，取样脉冲本身要足够窄，以保证在取样期间被测信号的电压基本不变。

（2）取样密度

取样密度常用每厘米的光点数来表示，记为 $n/\text{cm}$。图 15-34 说明了取样密度与 $X$ 轴阶梯电压的关系。示波管荧光屏的有效宽度和 $X$ 方向偏转灵敏度是固定的，它所要求的 $X$ 方向最大偏转电压 $\Delta U_s$ 也基本固定。那么，只要阶梯波每级上升的电压 $\Delta U_s$ 确定，屏上的总点数 $n = U_s/\Delta U_s$ 也随之确定。对应一定的屏幕宽度，取样密度即每厘米的点数也被确定。

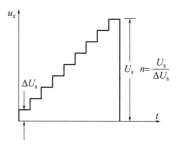

图 15-34　取样密度与 $u_x$ 的关系

调整水平通道中阶梯波发生器的元件参数，使 $\Delta U_s$ 变小，可使取样密度变大。过小的取样密度使取样点过稀，可能使重现的波形产生失真。但过大的取样密度也不合理，会使一次扫描所用的时间过长，可能导致波形闪烁。

（3）等效扫描速度

在通用示波器中，扫描速度（时基因数）为荧光屏上每厘米代表的时间（$t/\text{cm}$）。在取样示波器中，虽然在屏幕上显示 $n$ 个亮点需要 $n(mT+\Delta t)$ 的时间，但它等效于被测信号经历了 $n\Delta t$ 的时间，或者说，若显示的波形不是由很多波形上的取样点"拼"成的，而是在一个波形上进行实时取样获得的，则只需 $n\Delta t$ 的时间。因此，把等效扫描速度定义为等效的被测信号经历时间 $n\Delta t$ 与水平方向展开的距离 $L$ 之比，即：$S_{es} = n\Delta t/L$。取样示波器对观测高频信号有特殊的作用，但它只能观测周期信号，这使其应用受到一定限制。

# 15.4　数字存储示波器

数字存储示波器是近年来逐步普及使用的新型示波器。它可以方便地实现对模拟信号进行长期存储，并可利用机内微处理器系统对存储的信号作进一步处理，例如对被测波形的频率、幅值、前后沿时间、平均值等参数的自动测量以及多种复杂的处理。数字存储示波器的出现，使传统示波器的功能发生了重大变革。

## 15.4.1　主要特点

与模拟示波器相比，数字存储示波器具有以下特点：

（1）对信号波形的取样、存储与波形的显示可以分离

在存储工作阶段，对快速信号采用较高的速率进行取样和存储，对慢速信号则采用较低速率进行取样和存储。而在显示工作阶段，对不同频率的信号，却可以采用一个固定的速率将数据读出，不受取样速率的限制。它可以无闪烁地观测极慢信号，这是模拟示波器无能为力的。观测极快信号时，数字存储示波器采用低速显示，可以使用一般带宽、高精确度、高可靠性而低造价的光栅扫描式示波管。

（2）能长期存储信号

数字存储示波器是把波形用数字方式存储起来，其存储时间在理论上可以无限长。这种特性对观察单次出现的瞬变信号，如单次冲击波、放电现象等尤其有用。同时，还可利用这种特性进行波形比较。由于数字存储示波器通常是多通道的，可利用其中一个通道存储标准或参考波形并加以保护，其他通道用来观察需要比较的信号。

（3）具有先进的触发功能

与普通示波器不同，数字存储示波器不仅能显示触发后的信号，而且能显示触发前的信号，并且可以任意选择超前或滞后的时间。一般数字存储示波器可以提供边沿触发和 TV 触发，新型的数字存储示波器还提供码型触发、脉冲宽度触发、序列触发、SPI（Serial Peripheral Interface，串行协议接口）触发、USB（Universal Serial Bus，通用串行总线）触发、CAN（Controller Area Network，控制域网络）触发等多种高级触发方式。

（4）具有很强的处理能力

数字存储示波器内含微处理器，因而能自动实现多种波形参数，例如上升时间、下降时间、脉宽、频率、峰-峰值等参数的测量与显示；能对波形实现取平均值、取上下限值、频谱分析功能以及进行加、减、乘、除等运算处理；还具有自检与自校等多种自动操作功能。

（5）便于观测单次过程和缓慢变化的信号

数字存储示波器只要对波形进行一次取样存储，就可长期保存、多次显示，且取样、存储和读出、显示的速度可在很大范围内调节，因此它便于捕捉和显示单次瞬变或缓慢变化的信号。只要设置好触发源和取样速度，就能在现象发生时将其采集下来并存入存储器。这一特点使数字存储示波器在很多非电测量中得到广泛应用。

（6）多种显示方式

为了适应对不同波形的观测，数字存储示波器具有多种灵活的显示方式，主要有存储显示、滚动显示、双踪显示和插值显示等。还可利用深存储技术和多亮度等级显示技术，提高示波器的清晰度。

（7）可用字符显示测量结果

荧光屏上的每个光点都对应存储区内确定的数据，可用面板上的控制装置（如游标）在荧光屏上标示两个被测点，算出两点间的电压和时间差。另外，计算机有一套成熟的字符显示功能，因此可以直接在荧光屏上用字符显示出测量结果。

（8）便于程控和用多种方式输出

数字存储示波器的主要部分是一个微机系统，并装有专用或通用的操作系统（如 Windows 等），因此便于通过通用的接口总线接受程序控制。在存储区中存储的数据，可在计算机控制下通过多种接口，用各种方式输出。例如，可以通过 GPIB（General-Purpose Interface Bus，通用接口总线）接口或串行接口与绘图仪、打印机连接，进行数据输出，也可输出 BCD 码或进行较远距离传递，如通过 Internet 进行远程控制等。

（9）便于进行功能扩展

数字存储示波器中微计算机的应用为仪器的功能扩展提供了条件。例如运用计算机的运算功能，可对存储的时域数据进行快速傅里叶变换，计算出它的频域特性。利用快速傅里叶变换功能，还可以对信号进行谐波失真度分析、调制特性分析等多种分析。对存储区的数字量进行加工，可以把数字存储示波器和数字电压表结合起来。此外，在存储区存入按某种规律变化的数据再循环调出，经 D/A 转换和锁存输出，还能构成一个信号源。可通过更新软件对示波器功能进行升级。

（10）实现多通道混合信号测量

这种数字示波器除了具有 2~4 个模拟输入通道外，还具有若干位（比如 16 位）数字信号输入通道，可实现对数字模拟混合电路信号的观测，兼有示波器和逻辑分析仪的功能。

（11）便携式示波器携带方便

数字存储示波器采用大规模集成电路、液晶显示器等元器件，使其体积大大缩小，重量大大降低。最小的万用示波表仅有一般的数字万用表那么大，且兼有万用表和示波器的功能。这种示波表配有优良的充电电源，可连续工作四五个小时，便于野外工作。

## 15.4.2　主要技术指标

数字存储示波器中与波形显示部分有关的技术指标和模拟示波器相似，下面仅分析与波形存储部分有关的主要技术指标。

（1）最高取样速率

数字存储示波器的基本工作原理是在被测模拟信号上取样，以有限的取样点来表示整个波形。最高取样速率是指单位时间内取样的次数，也称为数字化速率，用每秒钟完成的 A/D 转换的最高次数来衡量，单位为取样点/秒（Sa/s），也常以频率来表示。取样速率愈高，示波器捕捉信号的能力愈强。取样速率主要由 A/D 转换速率来决定。目前，数字存储示波器的最高取样率可达几十吉取样点/秒。

（2）存储带宽

数字存储示波器的存储带宽由示波器的前端硬件（输入探头等）和 A/D 转换器的最高转换速率决定。存储带宽主要反映在最大数字化速率（取样速率）时，还要能分辨多位数（精确度要求）。最大存储带宽由取样定理确定，即当取样速率大于被测信号中最高频率分量频率的两倍时，即可由取样信号无失真地还原出原模拟信号。通常信号都是有谐波分量的，一般用最高取样速率除以 25 作为有效的存储带宽。

（3）分辨力

分辨力是指示波器能分辨的最小电压增量和最小时间增量，即量化的最小单元。它包括垂直分辨力（电压分辨力）和水平分辨力（时间分辨力）。垂直分辨力与 A/D 转换器的分辨力相对应，常以屏幕每格的分级数（级/div）或百分数来表示，也可以用 A/D 转换器的输出位数来表示。目前，数字示波器的垂直分辨力可达 14 位。时间分辨力由 A/D 转换器的转换速率来决定，常以屏幕每格含多少个取样点或用百分数来表示。A/D 转换器的精度与速度是一对矛盾量，一般在这两者之间取一个折中值。

（4）存储容量

存储容量又称为存储深度，它由采集存储器（主存储器）的最大存储容量来表示，常以字（word）为单位。早期数字存储器常采用 256、512K、1K、4K 等容量的高速半导体存储器。新型的数字存储示波器采用快速响应深存储技术，存储容量可达 2M 以上。

（5）读出速度

读出速度是指将数据从存储器中读出的速度，常用 $t$/div 来表示。其中，时间 $t$ 为屏幕中每格内对应的存储容量×读脉冲周期。在实际使用过程中，应根据显示器、记录装置或打印机等对读出速度进行选择。

## 15.4.3　结构组成及工作原理

数字存储示波器的组成框图如图 15-35 所示，其工作原理可分为波形的取样与存储、波形的显示、波形的测量与处理等几部分。其工作过程一般分为存储和显示两个阶段。在存储工作阶段，模拟输入信号先经适当的放大和衰减，送入 A/D 转换器进行数字化处理，转换为数字信号，最后，将 A/D 转换器输出的数字信号写入存储器中。

在显示阶段，一方面将信号从存储器中读出，送入 D/A 转换器转换为模拟信号，经垂直放大器放大后加到示波管的垂直偏转板。与此同时，CPU 的读地址信号加至 D/A 转换器，得到一阶梯波电压，经水平放大器放大后加示波管的水平偏转板，从而达到在示波管上以稠密的光点重现输入模拟信号的目的。

现在许多数字示波器已不再使用阴极射线示波管作为显示器件，取而代之的是液晶显示

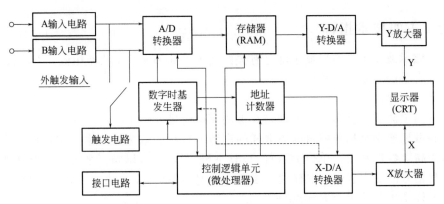

图 15-35　数字存储示波器原理框图

器（LCD）。使用液晶显示器显示波形时不需将存储的数字信号再转换为模拟信号，而是将存储器中的波形数据和读地址信号送入 LCD 驱动器，驱动 LCD 显示波形。

I/O 接口电路有 GPIB、USB 等接口总线，用于和计算机、打印机、互联网等进行数据交换，以构成自动测试系统或是实现远程控制等。

对被测信号的波形进行特定的取样、转换和存储是存储示波器最基础的工作，也是本节讨论的主要内容。下面详细介绍其工作原理。

（1）取样与 A/D 转换

将连续波形离散化是通过取样来完成的，取样原理可参见取样示波器部分。取样可分为实时取样和等效实时取样（非实时取样）两种方式，主要取决于取样脉冲的产生方法。将每一个离散模拟量进行 A/D 转换，就可以得到相应的数字量。再把这些数字量按顺序存放在 RAM 中。A/D 转换器是波形存储的关键部件，它决定了示波器的最高取样速率、存储带宽以及垂直分辨力等多项指标。目前采用的 A/D 转换形式有逐次比较型、并联型、串并联型以及 CCD（Charge-coupled Device，电荷耦合器件）与 A/D 转换器相配合的形式等。

（2）数字时基发生器

用于产生取样脉冲信号，以控制 A/D 转换器的取样速率和存储器的写入速度。其组成依取样方式的不同而有所差别。示波器工作于实时取样状态时，时基发生器相当于扫描时间因数 $t/div$ 控制器，它实际上是一个时基分频器，先由晶振产生时钟信号，再用若干分频器将其分频，即可得到各种不同的时基信号。由该时基信号来控制 A/D 转换器即可得到不同的取样速率。示波器工作于等效实时取样方式时，不能由时基控制器直接控制 A/D 转换速率，而是由间隔为 $mT+\Delta t$ 的取样脉冲来控制 A/D 转换速率和存储器的写入速率。该脉冲的产生方法跟模拟取样示波器相似，可参见取样示波器部分。数字存储示波器的工作是先将模拟信号经 A/D 转换后存入存储器，然后再从存储器中读出。数据写入存储器的速度与扫描时间因数有关，例如对于 1K×8 存储器，水平方向有 1024 个点。若扫描线长度控制在 10.24div，则每分格为 100 个取样点。若控制 A/D 转换速率为 20MSa/s，则完成 100 次转换需 $5\mu s$，即对应扫描时间因数为 $5\mu s/div$；若控制 A/D 转换速率为 2kSa/s，则完成 100 次转换需 50ms，即对应扫描时间因数为 5ms/div。

（3）地址计数器

地址计数器用来产生存储器地址信号，它由二进制计数器组成。计数器的位数由存储容量来决定。当存储器执行写入操作时，地址计数器的计数频率应该与控制 A/D 转换器取样时钟的频率相同，即计数器时钟输入端应接取样脉冲信号。而执行读出操作时，可采用较慢的时钟频率。

（4）存储器

为了实现对高速信号的测量，应该选用存储速度较高的 RAM，若要测量的时间长度较长，则应选存储容量较大的 RAM。要想断电后能长期存储波形数据，则应配 $E^2PROM$，新型数字示波器还配有硬盘和软驱，可将波形数据以文本文件的形式长期保存。

（5）预置触发功能

预置触发功能含有延迟触发和负延迟触发两种情况。在数字存储示波器中可以通过控制存储的写操作过程来实现预置触发。在常态触发状态下，被测信号经衰减、放大后，同时接入取样与 A/D 转换电路以及触发电路。当它大于预置电平时，便产生触发信号，由控制电路产生写控制信号，存储器就从零地址开始写入新数据，同时把旧内容覆盖，到写满规定个数（如 1024 个）单元后，停止写操作。显示时，也是从零地址开始读数据，在示波器屏幕上的信号便是触发点开始后的十分格波形。

在单次正延迟（即延迟触发点 $N$ 个取样点时间）时，触发信号来到后，存储器要延迟 $N$ 次取样之后才从存储器的零地址开始写入数据。显示时，仍然从零地址开始读数据，于是示波器屏幕上显示的信号便是触发点之后第 $N$ 次取样开始的十分格波形，这等效于示波器的时间窗口右移。

在单次负延迟（即超前触发点 $N$ 个取样点时间）时，首先使存储器一直处于从 0 单元至 1023 单元不断循环写入的过程。当写满 1024 个单元后，再回到存储器的起始部分（0 单元），用新内容将旧内容覆盖继续写入，直到触发信号到来。当触发信号来到后，使存储器再写入（$1024-N$）个取样点，然后停止写操作。显示时，以停止写操作时地址的下一个地址作为显示首地址连续读 1024 个单元的内容。这样，示波器屏幕上显示的便是触发点之前 $N$ 次取样时开始的十分格波形，这等效于示波器的时间窗口左移。

## 15.4.4 显示方式

为了适应对不同波形的观察，数字存储示波器有多种灵活的显示方式。

（1）存储显示

存储显示是数字存储示波器最基本的显示方式。它显示的波形是由一次触发捕捉到的信号片断，即在一次触发形成并完成信号数据存储之后，再依次将数据读出，经 D/A 转换为模拟信号，加到 Y 偏转板，从而将波形稳定地显示在 CRT 上。存储显示依照其读出方法的不同，又分为 CPU 控制方式和直接控制方式。

① CPU 控制方式　CPU 控制方式的显示过程是将存储器中的数据按地址顺序取出，经输出指令送到 D/A 转换器转换，还原为模拟量送至 Y 偏转板；与此同时，将地址按同样顺序取出，经 D/A 转换器转换为阶梯波送至 CRT 的 X 偏转板，这样就能把被测波形显示在 CRT 屏幕上。CPU 控制方式显示的特点是：无论是 Y 轴还是 X 轴的数据，都必须通过 CPU 传送，数据传送速度受到一定的限制。因此，当波形数据较多或其他显示内容较多时应采用直接控制方式。

② 直接控制方式　直接控制方式的数据传送不经过 CPU 而直接对内存进行输入、输出操作，因此其传送速度很快。在这种控制方式下，显示地址计数器在显示时钟的驱动下产生连续的地址信号，该地址信号一方面用于控制 RAM，依次将存于其中的波形数据取出送到 D/A 转换器，转换后的模拟量送至 CRT 的 Y 偏转板；另一方面，显示地址计数器提供的地址信号经另一 D/A 转换器形成阶梯波电压送至 CRT 的 X 系统作同步的扫描信号。于是，在 CRT 屏幕上便形成了被测模拟信号的波形。很显然，这种显示方式的数据传送速度取决

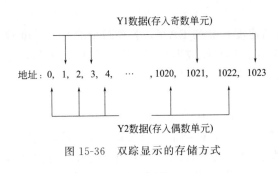

图 15-36　双踪显示的存储方式

于显示时钟的速率，而不是由软件决定，因此速度较快。

（2）双踪显示

双踪显示与存储方式密切相关。存储时，为了使两条复现的波形在时间上保持原有的对应关系，常采用交替存储技术。可以利用写地址的最低位 A0 来控制通道开关，使取样和 A/D 转换电路轮流对两通道输入信号进行取样和转换。于是，两个通道的数据分别存入奇地址单元和偶地址单元，如图 15-36 所示。

（3）锁存和半存显示

锁存显示就是把一组波形数据存入存储器后，只允许从存储器中读出数据进行显示，不准新数据再写入。半存显示是指波形被存储之后，只允许存储器奇数（或偶数）地址中的内容更新，但偶数（或奇数）地址中的内容保持不变。于是屏幕上便出现两个波形，一个是已存储的波形信号，另一个是实时测量的波形信号。这种显示方法可以实现将当前波形与过去存储下来的波形进行比较的功能。

（4）滚动显示

滚动显示是数字存储示波器一种很有特点的显示方式。其表现形式是被测波形连续不断地从屏幕（显示器）右端进入，从屏幕左端移出。示波器犹如一台图形记录仪，记录笔在屏幕的右端，记录纸由右向左移动。当发现欲研究的波形部分时，即可将波形存储或固定在屏幕上，以作进一步的观察与分析。

（5）插值显示

一般情况下，数字存储示波器屏幕显示的波形由一些密集的点构成，称其为点显示。但是在点显示的情况下，当取样频率低于被测信号频率的 1/4 时，就会引起人视觉上的混淆现象。为了有效地克服混淆现象，同时又不降低带宽指标，数字示波器往往采用插值显示。所谓插值显示，就是在被测信号相邻两个取样点之间进行估值。数字存储示波器广泛采用的插值方法有矢量插值法和正弦插值法。矢量插值法是用斜率不同的直线段来连接相邻的点，当被测信号频率在取样频率的 1/10 以下时，采用矢量插值可以得到比较满意的效果。正弦插值法是用以正弦规律计算出的曲线连接各数据点的显示方式，它能较好地显示频率在取样频率 2/5 以下的被测信号波形。对每周期取样点数比较少的正弦波显示，若采用正弦插值处理可得到比较满意的显示效果。

## 15.4.5　典型产品介绍

下面介绍 TDS220 数字实时示波器。TDS220 数字实时示波器具有示波器设置和波形的存储调出功能；提供快速设置的自动设定功能，可自动获得稳定的波形显示；具有周期、频率、峰-峰值、平均值、有效值五种参数的自动测量功能；光标测量可测量波形上任意两点的电压值、时间值，并计算两点间的电压差、时间差；具有视频触发功能，可用于观察全电视信号中一场或一行的波形；提供 RS-232、GPIB 和 Centronics 通信接口（Centronics 通信接口共有 36 针，分为两排，8 位，有点像并行口，它可以连接的设备数目最多。它是现行 PC 机的主机与打印机之间最常用的接口），可与计算机、打印机等设备相连；配备 9 种语言的用户接口，由用户选择。其前面板如图 15-37 所示。

（1）主要技术性能

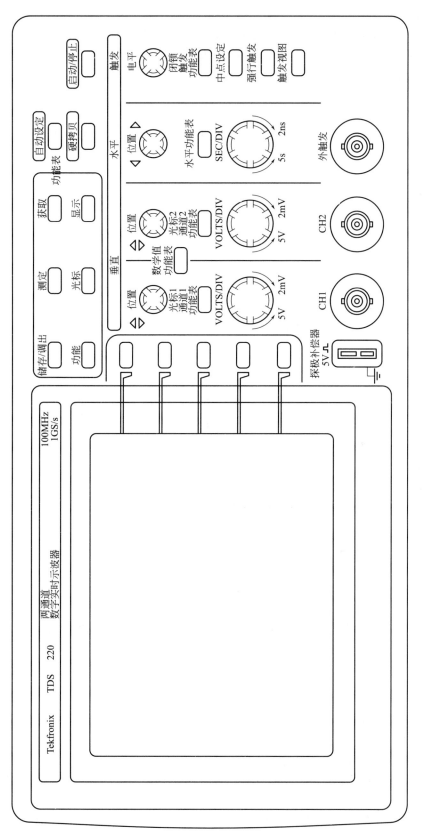

图15-37 TDS220数字实时示波器前面板图

① 垂直系统

a. 带宽：100MHz，带有 20MHz 带宽限制，由用户选择；

b. 精确度：8bit A/D 转换器，两个通道同时取样；

c. 灵敏度（偏转因数）：2mV/div～5V/div；

d. 上升时间：<3.5ns；

e. 最大输入电压：在输入 BNC 信号端（BNC 接头是一种用于同轴电缆的连接器，全称是 Bayonet Nut Connector——刺刀螺母连接器，这个名称形象地描述了这种接头外形，又称为 British Naval Connector）与公共端为 $300V_{RMS}$。

② 水平系统

a. 取样率：50Sa/s～1GSa/s；

b. 记录长度：每个通道 2500 个取样点；

c. 扫速（时基因数）：5ns/div～5s/div，以 1-2-5 进制方式步进转换。

③ 触发系统

a. 触发源：CH1、CH2、EXT（外触发）、EXT/5（外触发信号除以 5 作触发信号）、LINE（50Hz 电源触发）；

b. 触发类型：边沿触发，上升沿或下降沿；TV 触发、场或行触发；

c. 触发电平范围：内触发时为距屏幕中心±8div。

（2）显示区

TDS220 数字实时示波器的显示区如图 15-38 所示。左侧显示图像，右侧显示功能表。

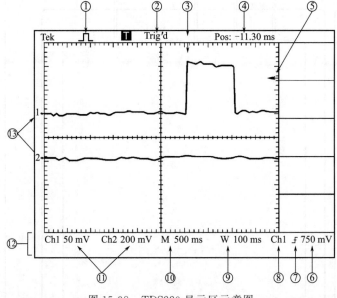

图 15-38　TDS220 显示区示意图

显示图像中主要内容是波形。波形依据其类型用三种不同的形式显示，即黑线、点线和虚线，如图 15-39 所示。黑色实线波形表示活动波形显示；基准波形和等幅波形以点线显示；虚线表示波形显示精确度不稳定。

图 15-38 所示显示图像中除了波形外，还包含许多有关波形和仪器控制设定值的细节，介绍如下：

序号①：获取状态，用不同的图标表示取样、峰值检测和平均值三种获取状态。

序号②：触发状态，表示是否具有充足的触发源或获取是否已停止。

序号③：指针表示水平触发位置。

序号④：触发位置，显示屏幕中心与触发位置之间的时间偏差。

序号⑤：指示触发电平位置。

序号⑥：表示触发电平的电压值。

序号⑦：图标表明边沿触发的所选触发斜率，上升沿或下降沿。

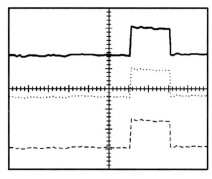

图15-39　不同类型波形的表示形式

序号⑧：显示触发源，有通道1、通道2、电源、外部触发等。

序号⑨：显示窗时基设定值。

序号⑩：显示主时基设定值。

序号⑪：显示通道1和通道2的偏转因数。

序号⑫：显示区短暂地显示当前信息。

序号⑬：屏幕上指针表示波形的零电平基准点，如果没有指针，就说明没有打开相应通道。

（3）基本操作常识

① 垂直（VERTICAL）控制钮　垂直控制钮除了与模拟示波器相同的通道选择、垂直移位、垂直偏转灵敏度（V/DIV）等外，还设有：

a.光标位置（CURSOR POSITION）：用于在光标测量模式下移动光标位置。

b.数学值功能表（MATH MENU）：显示波形的数学运算功能表。

c.通道功能表（CHx MENU）：显示通道输入功能表选择。

② 水平（HORIZONTAL）控制钮　水平控制钮除了水平位置（POSITION）、扫描时间因数（SEC/DIV）外，还有水平功能表（HORIZONTAL MENU），用以显示水平功能表。

③ 触发（TRIGGER）控制钮　除触发电平（LEVEL）外，还有：

a.闭锁（HOLD OFF）：即释抑时间，用于设定接受下一个触发事件之前要等待的时间。

b.触发功能表（TRIGGER MENU）：显示触发功能表。

c.中点设定（SET LEVEL TO 50%）：触发电平设定在信号电平的中点。

d.强行触发（FORCE TRIGGER）：按下此按钮时，不管是否有足够的触发信号，都会自动启动获取信号。

e.触发视图（TRIGGER VIEW）：按下此钮后，显示触发波形，取代通道波形。

④ 控制钮　控制钮有下列选项：

a.储存/调出（SAVE/RECALL）：显示储存/调出功能表，用于存储和调出示波器设置参数和信号波形。

b.测定（MEASURE）：显示自动测定功能表。

c.获取（ACQUIRE）：显示获取功能表。

d.显示（DISPLAY）：显示显示类型功能表。

e.光标（CURSOR）：显示光标功能表。当显示光标功能表时，垂直位置控制钮调整光标位置，退出光标功能表后，光标仍保持显示（除非关闭），但不能进行调整。

f. 功能（UTILITY）：显示辅助功能表。

g. 自动设定（AUTOSET）：自动设定仪器各参数值，一般情况下可获得稳定的波形显示。

h. 硬拷贝（HARDCOPY）：启动打印操作，需要带有 Centronics、RS-232 和 GPIB 端口的扩展模块。

i. 启动/停止（RUN/STOP）：启动波形获取和停止波形获取。

⑤ 连接器

a. 探极补偿器（PROBE COMP）：用于输出校准信号，以对探极补偿进行调整，校准示波器的垂直灵敏度和水平扫速。

b. 通道 1（CH1）和通道 2（CH2）：输入被测信号。

c. 外部触发（EXT TRIG）：用于输入外触发信号。

（4）功能介绍

① 获取（ACQUIRE）　按此钮以选择波形获取方式：

a. 取样：每次获取波形时等间隔采集 2500 个点，并在"SEC/DIV"设定值上将其显示出来。

b. 峰值检测：用峰值检测获取方式可限制混淆，也可用峰值检测来检测窄至 10ns 的短时脉冲波形干扰。

c. 平均值：用平均值获取方式可减少所显示信号中的杂音或无关噪声。在取样状态下获取波形数据（获取次数有 4、16、64 或 128），然后计算各波形平均值。

② 自动设定（AUTOSET）　自动设定功能用于自动设定各种控制值，一般可获得稳定的波形显示。自动设定涉及的项目有：获取方式、垂直耦合方式、偏转因数、水平位置、时基因数、触发类型、触发源、触发斜率、触发电平、显示方式、触发状态等。

③ 光标（COUSOR）　按 CURSOR（光标）钮，即出现测定光标和光标功能表，可调节或设定下述内容：

a. 光标类型：可设定为时间、电压或关闭。

b. 信号源：可设定为通道 1、通道 2、数学值、基准 A 和基准 B。

在光标功能表显示时，可移动光标，用垂直波形位置钮来移动光标 1 和光标 2。此时屏幕上的信息发生变化的有：增量，显示两光标间的差值；光标 1（或 2），显示光标 1（或 2）的位置。

④ 显示（DISPLAY）　按 DISPLAY（显示）钮，即可选择波形的显示方式并改变整个显示外观。显示功能表中有下列内容：

a. 显示类型：选择矢量显示或点显示。

b. 持续时间：设定波形在屏幕上的存留时间，相当于模拟示波器的余辉时间。

c. 格式：选择 Y-T 或 X-Y 方式。

d. 对比度：调节荧光屏的对比度。

⑤ 硬拷贝（HARDCOPY）　按 HARDCOPY（硬拷贝）钮，即可将显示的波形打印输出。

⑥ 水平控制（HORIZONTAL）　可使用水平控制钮来改变时基因数、水平位置及波形的水平扩展。其中：

a. 视窗区域：用两个光标来确定视窗区域；用水平位置控制钮和 SEC/DIV 控制钮来调节视窗区域。视窗区域用来放大一段波形，以便查看图像细节，如图 15-40 所示。

b. 触发钮：用于调节触发电平和闭锁（释抑）时间两种控制值，也用于显示释抑时间

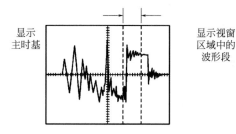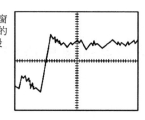

图 15-40  用光标确定视窗区域

值。闭锁功能用来稳定波形显示，如图 15-41 所示，仪器识别一个触发事件以后，开始闭锁，即禁止触发系统运动，直至获取操作完成为止。闭锁时间里，触发系统保持为禁止状态，即在闭锁期间示波器不能识别触发。

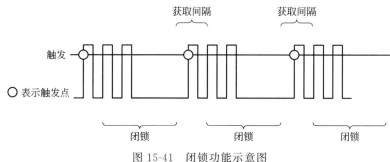

图 15-41  闭锁功能示意图

⑦ 数学值（MATH MENU）  按 MATH MENU（数学值功能表）钮，即显示波形数学值操作。波形数学值操作有以下内容：通道1-通道2，通道2-通道1，通道1＋通道2，通道1反相，通道2反相。

⑧ 测定（MEASURE）  按 MEASURE（测定）钮，即进入自动测定操作。本仪器具有五项测定功能，在同一时间中最多可显示四项。

a.信号源：选择要测量的通道，CH1 或 CH2。

b.类型：选择要测量的参数名称。参数类型有均方根值、平均值、周期、峰-峰值、频率和无。

⑨ 储存/调出（SAVE/RECALL）  按 SAVE/RECALL（储存/调出）钮，即可储存或调出仪器设置参数或信号波形。

⑩ 触发（TRIGGER）  触发有两种方式：边沿触发和视频触发。每类触发使用不同的功能表。

a.边沿触发具有下列选项：斜率、触发源、触发方式、耦合。

b.视频触发：选择视频触发后，即可在 NTSC（National Television Standards Committee，是指"美国国家电视标准委员会"，在此是指其负责开发的一套美国标准电视广播传输和接收协议）、PAL（Phase Alternating Line，逐行倒相，是一种用于大多数欧洲和亚洲、南亚、中亚等国家的视频标准）或 SECAM（Sequence de Couleurs avec Memoire，顺序与存储彩色电视系统，即法国的色康彩色电视系统）标准视频信号的视频场或视频行上触发。视频触发有下列选项：极性（正常或反相）、触发源。

⑪ 辅助功能（UTILITY）  按 UTILITY（辅助功能）钮，即显示辅助功能表。有下列选项：系统状态、自校正、故障记录和语言。

⑫ 垂直控制（VERTICAL）  使用垂直控制钮来显示波形，调节垂直标尺和位置以及

设定输入参数。垂直功能表包括通道 1、通道 2 的下列项目：耦合方式、带宽限制、伏/格、探极衰减系数。

## 15.5　示波器的选择与使用

在电子测量中，电子示波器是最常用的仪器之一。因此，如何合理选择和正确使用示波器是个值得研究的重要问题。

### 15.5.1　选择一般原则

示波器的选择可根据被观测信号的特点和示波器的性能来考虑。

（1）根据被测信号特性选择

被观测的信号是多种多样的，因此对测量的要求也各不相同。下面就通常遇到的一些情况予以说明。

如果只定性观察一般的正弦波或其他重复信号的波形，被测信号频率也不高，可选用普通示波器或简易示波器等；如果观察非周期信号、很窄的脉冲信号，应当选用具有触发扫描或单次扫描功能的宽频带示波器，其扫描速度应能使显示的脉冲信号占有荧光屏的大部分面积；如果观察快速变化的非周期性信号，则应选用高速示波器；如果观察低频缓慢变化的信号，可选用低频示波器或长余辉慢扫描示波器；如果需要对两个被测信号进行比较，则应选用双踪示波器；如果需要同时观测多个被测信号，则应采用多通道示波器，例如四踪或八踪示波器；如果希望将被测信号波形的局部突出显示，则可采用双时基示波器，利用延迟扫描功能来突出显示波形细节；如果希望将波形存储起来供以后进行分析研究，可选择存储示波器；如果希望在野外进行示波测量，应采用便携式示波器，如万用示波表。

（2）根据示波器性能选择

要结合用途考虑所需示波器的性能，然后慎重选择示波器。示波器的性能指标较多，这里只讨论其中主要的几个。

① 频带宽度和上升时间　频带宽度和上升时间决定了示波器可以观测的被测信号的最高频率 $f_{max}$ 或脉冲信号的最小宽度。通常示波器给出的带宽 $B_y$ 为 3dB 带宽。如要得到在幅度上基本不衰减的显示，要求 $B_y$ 应不小于 $f_{max}$ 的 3 倍，即要求 $B_y \geqslant 3f_{max}$。示波器的带宽与上升时间 $t_r$ 有以下关系：$B_y t_r \approx 0.35$。为了能较好地观测脉冲信号的上升沿，通常要求示波器的上升时间 $t_r$ 应不大于被测信号上升时间 $t_{ry}$ 的 1/3，即 $t_r \leqslant t_{ry}/3$。例如，若被测信号上升时间为 60ns 时，要求选用 $t_{ry} \leqslant 20$ns 的示波器，或 $B_y \geqslant 0.35/20 = 17.5$MHz 的示波器。

② 垂直偏转灵敏度（垂直偏转因数）　垂直偏转灵敏度决定了对被测信号在垂直方向的展示能力。通用示波器一般最高灵敏度只可达 20mV/div。当需观测极其微弱的信号时，如电生理研究领域，可选用高灵敏度二线示波器，如 XJ-4610，其最高灵敏度为 $50\mu$V/div。

③ 输入阻抗　输入阻抗是被测电路的额外负载，使用时须选择输入电阻大而输入电容小的示波器，以免影响被测电路的工作状态。尤其在观察上升时间短的矩形脉冲时更应特别注意。

④ 扫描速度（扫描时间因数）　扫描速度决定了示波器在水平方向上对被测信号的展示能力。扫描速度越高，展示高频信号或窄脉冲波形的能力越强。扫描速度低，则观察缓慢变化信号的能力越强。

## 15.5.2 正确使用方法

使用示波器时应注意使用要点和基本操作程序。

（1）使用技术要点

示波器是电子测量仪器的一种，因此一般测量仪器使用时的注意事项，对示波器也同样适用。例如：机壳必须接地；开机前，应检查电源电压与仪器工作电压是否相符等。此外，示波器还有其独特之处，因此应注意其特殊的使用技术要点。

① 辉度　使用示波器时亮点辉度要适中，不宜过亮，且光点不应长时间停留在同一点上，以免损坏荧光屏。应避免在阳光直射下或明亮的环境中使用示波器，这样可用较暗的辉度工作。如果必须在亮处使用示波器，则应使用遮光罩。

② 聚焦　应该使用光点聚焦，不要用扫描线聚焦。如果用扫描线聚焦，很可能只在垂直方向上聚焦，而在水平方向上并未聚焦。

③ 测量　应该在示波管屏幕的有效面积内进行测量，最好将波形的关键部位移至屏幕中心区域观测，这样可以避免因示波管的边缘弯曲而产生测量误差。

④ 连接　示波器与被测电路的连接应特别注意。当被测信号为几百千赫以下的连续信号时，可以用一般导线连接；当信号幅度较小时，应当使用屏蔽线以防外界干扰信号影响；当测量脉冲和高频信号时，必须用高频同轴电缆连接。

⑤ 探头　探头要专用，且使用前要校正。利用探头可以提高示波器的输入阻抗，从而减小对被测电路的影响。尤其测量脉冲信号时必须用探头。

目前常用的探头为无源探头——一个具有高频补偿功能的 $RC$ 分压器，其衰减系数一般有 1 和 10 两挡，使用时可根据需要选择。调节探头中的微调电容以获得最佳频率补偿。

使用前可将探头接至"校正信号"输出端，对探头中的微调电容进行校正。

探头要专用，否则易增加分压比误差或高频补偿等不良现象。对示波器输入阻抗要求高的地方，可采用有源探头，它更适合测量高频及快速脉冲信号。

⑥ 灵敏度　合理使用灵敏度选择开关。$Y$ 轴偏转因数 "V/div" 的最小数值挡（即最高灵敏度挡）反映观测微弱信号的能力。而允许的最大输入信号电压的峰值是由偏转因数最大数值挡（即最低灵敏度挡）决定的。如果接入输入端的电压比说明书规定的输入电压（峰-峰值）大，则应先衰减再接入，以免损坏示波器。一般情况下，使用此开关调节波形，使之在 $Y$ 方向上充分展开，既不要超出荧光屏的有效面积，又不因波形太小而引起较大的视觉误差。

⑦ 稳定度　注意扫描"稳定度"、触发电平和触发极性等旋钮的配合调节使用。有些新型的示波器面板上可能没有"稳定度"旋钮。

（2）示波器使用前的自校

下面以 CA8020A 型示波器为例，介绍示波器在正式测量前进行自校的步骤。

① 光迹水平位置调整　调节示波器，使之出现清晰的扫描基线。如果显示的光迹与水平刻度不平行，则可用小的"一"字形螺丝刀调整前面板上的"光迹旋转"（TRACE ROTATION）电位器，使扫描线与水平刻度线平行。

② 仪器自校及探极补偿　用示波器自带附件中的探极接到 CH1 连接插座，探极的头勾在校准信号输出插座上，垂直方式开关置于"CH1"，调节 CH1 移位和 X 移位及其他控制装置，使显示波形如图 15-42 所示。调整探极上的微调电容器，使显示波形如图 15-42（a）中的正确平顶所示。然后将附件中的另一根探极接到 CH2 输入连接器，探极的头勾在校准信号输出插座上，并将垂直方式开关置于"CH2"。调节 CH2 移位使显示波形居中，调整探

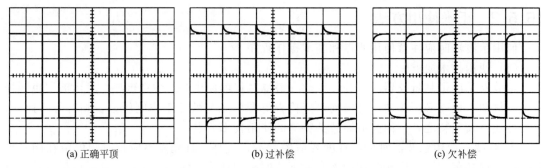

|  (a) 正确平顶  |  (b) 过补偿  |  (c) 欠补偿  |

图 15-42　调整探极补偿电容时校准信号波形

极上的微调电容器，使显示波形如图 15-42（a）中的正确平顶所示。当偏转因数为 0.1V/div，时基因数为 0.5ms/div 时，观察到显示波形的幅度为 5div，周期为 2div。

## 15.5.3　基本测量方法

示波器的基本测量技术就是进行时域分析。可以用示波器测量电压、时间、相位及其他物理量。下面分别讲述模拟示波器和数字存储示波器的测量方法。

（1）模拟示波器测量方法

由于示波器可将被测信号显示在屏幕上，因此可以借助其 $X$、$Y$ 坐标标尺测量被测信号的许多参量，如幅度、周期、脉冲的宽度、前后沿、调幅信号的调幅系数等。

① 电压测量　利用示波器可测量直流电压，也可测量交流电压；可测量各种波形电压的瞬时值，也可测量脉冲电压波形各部分的电压，如上冲量等。

电压测量方法是先在示波器屏幕上测出被测电压的波形高度，然后与相应通道的偏转因数相乘即可。测量时应注意将偏转因数的微调旋钮置于"校准"位置（顺时针旋到底），还要注意输入探头衰减开关的位置。于是可得电压测量换算公式为

$$U = yD_yK_y \tag{15-5}$$

式中　$U$——欲测量的电压值（V），可以是正弦波的峰-峰值（$U_{P-P}$）、脉冲的幅值（$U_A$）等；

　　　$y$——欲测量波形的高度，单位为厘米（cm）或格（div）；

　　　$D_y$——偏转因数，单位为伏/厘米（V/cm）或伏/格（V/div）；

　　　$K_y$——探头衰减系数，一般为 1 或 10。

【例 15-1】　直流电压测量。

【解】　用于测量直流电压的示波器，其通频带必须从直流（DC）开始，若其下限频率不是零，则不能用于直流电压测量。

测量方法如下：

① 示波器各旋钮调到适当位置，使屏幕上出现扫描线，将电压输入耦合方式开关置于"⊥"位置，然后调节 Y"移位"旋钮使扫描线位于荧光屏幕中间。如使用双踪示波器，应将垂直方式开关置于所使用的通道。

② 确定被测电压极性。接入被测电压，将耦合方式开关置于"DC"位，注意扫描光迹的偏移方向，若光迹向上偏移，则被测电压为正极性，否则为负极性。

③ 将耦合方式开关再置于"⊥"位，然后按照直流电压极性的相反方向，将扫描线调到荧光屏刻度线的最低或最高位置上，将此定为零电平线，此后不再调动 Y"移位"旋钮。

④ 测量直流电压值。将耦合方式开关再拨到"DC"位置，选择合适的 Y 轴偏转因数

（V/div），使屏幕显示尽可能多的覆盖垂直分度（但不要超过有效面积），以提高测量准确度。

如在测量时，示波器的 $Y$ 轴偏转因数开关置于 $0.5\text{V/div}$，被测信号经衰减 10 倍的探头接入，屏幕上扫描光迹向上偏移 $5.5\text{div}$，如图 15-43 所示。则被测电压极性为正，大小为

$$U = yD_yK_y = 5.5\text{div} \times 0.5\text{V/div} \times 10 = 27.5\text{V}$$

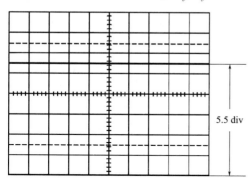

图 15-43　直流电压测量

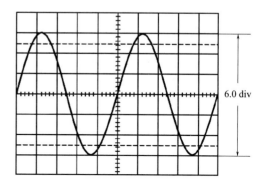

图 15-44　正弦电压测量

【例 15-2】　正弦波峰-峰值测量。

【解】　使用示波器测量电压的优点是在确定其大小的同时可观察波形是否失真，还可同时显示其频率和相位，但示波器只能测出被测电压的峰值、峰-峰值、任意时刻的电压瞬时值或任意两点间的电位差值，如要求电压有效值或平均值，则必须经过换算。

测量时先将耦合方式开关置于"⊥"位置，调节扫描线至屏幕中心（或所需位置），以此作为零电平线，以后不再调动。

将耦合方式开关置"AC"位置，接入被测电压，选择合适的 $Y$ 轴偏转因数（V/div），使显示的波形的垂直偏转尽可能大但不要超过屏幕有效面积，还应调节有关旋钮，使屏幕上显示一个或几个稳定波形。

如偏转因数为 $1\text{V/div}$，探头未衰减，被测正弦波峰-峰值如图 15-44 所示占 $6.0\text{div}$，则其峰-峰值为

$$U_{\text{p-p}} = 0.6\text{div} \times 1\text{V/div} = 6.0\text{V}$$

幅值为

$$U_{\text{m}} = U_{\text{p-p}}/2 = 6.0\text{V}/2 = 3.0\text{V}$$

有效值为

$$U = U_{\text{m}}/\sqrt{2} \approx 2.1\text{V}$$

【例 15-3】　合成电压测量。

在实际测量中，除了单纯的直流或交流电压测量外，往往需要测量既有交流分量又有直流分量的合成电压和脉冲电压，测量方法如下。

先确定扫描光迹的零电平线位置，此后不要再调动 Y "移位"。

接入被测电压，将输入耦合开关置于"DC"位，调节有关旋钮使荧光屏上显示稳定的波形，选择合适的 $Y$ 轴偏转因数（V/div），使光迹获得足够偏转但不超过有效面积。测量电压方法与前面介绍的相同。

若荧光屏显示的波形图如图 15-45 所示，用 10∶1 探头，"V/div"开关在 $2\text{V/div}$ 挡，"微调"旋钮置于"校准"位。则得：

交流分量电压峰-峰值为

$$U_{\mathrm{p-p}} = 4\,\mathrm{div} \times 2\mathrm{V/div} \times 10 = 80\mathrm{V}$$

直流分量电压为

$$U_{\mathrm{D}} = yD_yK_y = 3.0\,\mathrm{div} \times 2\mathrm{V/div} \times 10 = 60\mathrm{V}$$

由于波形在零电平线的上方，所以测得的直流电压为正电压。

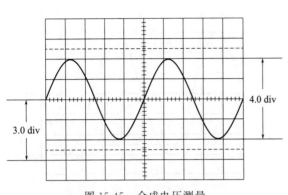

图 15-45　合成电压测量

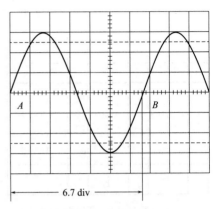

图 15-46　波形周期测量

② 时间测量　时间测量包括测量信号周期（频率也可由周期计算出）、脉冲宽度、前后沿等。

用示波器测量时间时，应注意时基因数的微调应置于"校准"位置（顺时针旋到底），同时还要注意有没有扫描扩展。计算公式如下：

$$T = \frac{xD_x}{K_x} \tag{15-6}$$

式中　$T$——欲测量的时间值，可以是周期、脉冲宽度等，s。

　　$x$——欲测量波形的宽度，单位为厘米（cm）或格（div）。

　　$D_x$——时基因数（扫描因数），单位为秒/厘米（s/cm）或秒/格（s/div）。

　　$K_x$——水平扩展倍数（$X$轴扩展倍率），一般为 1 或 10。

【例 15-4】　正弦周期测量。

【解】　当接入被测信号后，调节示波器有关旋钮，使波形高度和宽度均比较合适，并移动波形至屏幕中心区和选择表示一个周期的被测点 $A$、$B$，将这两点移到刻度线上以便读取具体长度值，如图 15-46 所示。读出 $\overline{AB} = x\,\mathrm{div}$，扫描因数 $D_x$（$t$/cm）及 $X$ 轴扩展倍率 $K_x$，则可推算出被测信号周期。

在图 15-46 中，若知道信号一个周期的 $x = 6.7\,\mathrm{div}$，$D_x = 10\mathrm{ms/div}$，扫描扩展置于常态（即不扩展），求被测信号周期。则

$$T = 6.7\,\mathrm{div} \times 10\mathrm{ms/div} = 67\mathrm{ms}$$

根据信号频率和周期互为倒数的关系，则其频率为：

$$f = 1/T = 1/67 \approx 14.9\,(\mathrm{Hz})$$

这种测量精确度不太高，常用作频率的粗略测量。

【例 15-5】　矩形脉冲宽度和上升时间测量。

【解】　对于同一被测信号中任意两点间的时间间隔的测量方法与周期测量法相同。下面以测量矩形脉冲的上升沿时间与脉冲宽度为例进行讨论。

接入被测信号后，正确操作示波器有关旋钮，使脉冲相应部分在水平方向充分展开，并在垂直方向有足够幅度。图 15-47（a）和（b）是测量脉冲上升沿和脉冲宽度的具体实例。

在图 15-47(a) 中，脉冲幅度占 5.0div，并且 10％和 90％电平处于网格上，很容易读出上升沿的时间。在图 15-47(b) 中，脉冲幅度占 6.0div，50％电平也正好在网格横线上，很容易确定脉冲宽度。

若测脉冲宽度和上升时间时的时基因数为 1μs/div，脉冲宽度占 6.0div，上升时间占 1.5div，扫描扩展均为 10 倍，则该上升时间为

$$t_r = \frac{1.5\mathrm{div} \times 1\mu s/\mathrm{div}}{10} = 0.15\mu s$$

脉冲宽度为

$$t_W = \frac{6.0\mathrm{div} \times 1\mu s/\mathrm{div}}{10} = 0.60\mu s$$

测量时需注意，示波器的 Y 通道本身存在固有的上升时间，这对测量结果有影响，尤其是当被测脉冲的上升时间接近于仪器本身固有上升时间时，测量时的误差会更大，此时必须加以修正。可按下式进行：

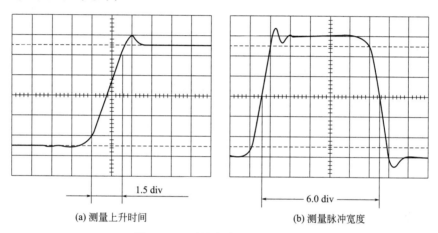

(a) 测量上升时间          (b) 测量脉冲宽度

图 15-47    测量脉冲上升沿和宽度

$$t_r = \sqrt{t_{rx}^2 - t_{r0}^2} \tag{15-7}$$

式中　$t_r$——被测脉冲实际上升时间；

　　　$t_{rx}$——屏幕上显示的上升时间；

　　　$t_{r0}$——示波器本身固有上升时间。

一般当示波器本身固有上升时间小于被测信号上升时间的三分之一时，可忽略 $t_{r0}$ 的影响；否则，必须按上式修正。

【例 15-6】   测量两个信号（主要指脉冲信号）的时间差。

用双踪示波器测量两个脉冲信号之间的时间间隔很方便。将两个被测信号分别接到 Y 轴两个通道的输入端（如 CA8020A 型双踪四线示波器的 CH1 和 CH2），采用"断续"或"交替"显示。注意，要采用内触发，且触发源选择时间领先的信号所接入的通道，要注意在"交替"显示时不得采用 CH1 和 CH2 交替触发。

荧光屏上显示如图 15-48 中的两个波形，根据波形的时刻 $t_1$ 与波形的时刻 $t_2$ 在屏幕上的位置及所选用的扫描因数确定时间间隔。若时基因数为 5ms/div，时间间隔 $x$ 为 1.0div，扫描扩展置于常态，则该时间间隔为

$$t_d = 1.0\mathrm{div} \times 5\mathrm{ms/div} = 5.0\mathrm{ms}$$

注意，当脉冲宽度很窄时，不宜采用"断续"显示。

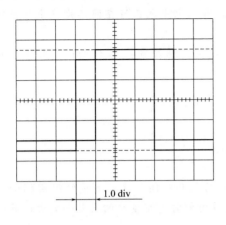

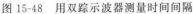

图 15-48　用双踪示波器测量时间间隔

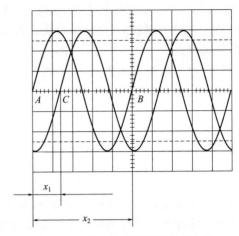

图 15-49　用双踪示波器测量相位差

③ 比值测量　　有些参数可通过计算两个电压或时间之比的方法获得。此时，若分子、分母上所使用的时基因数和偏转因数相同，则在计算中可将其约去。因此，测量这些参数时只要将波形上两个宽度或高度相比即可，不需要将时基因数或偏转因数代入计算。于是，时基因数和偏转因数的微调无须置于"校准"位置，将波形调至合适大小即可。但应注意，在读取波形上两个宽度值或高度值之间时，时基因数或偏转因数不应再调整。可通过求比值测量的参数包括相位差、调幅系数等，李沙育图形法测量也可归为此类。

【例 15-7】　正弦波相位差测量。

【解】　相位差指两个频率相同的正弦信号之间的相位差，即其初相位之差。

对于任意两个同频率不同相位的正弦信号，设其表达式为

$$u_1 = U_{m1}\sin(\omega t + \varphi_1) \tag{15-8}$$

$$u_2 = U_{m2}\sin(\omega t + \varphi_2) \tag{15-9}$$

若以 $u_1$ 为参考电压，则 $u_2$ 相对于 $u_1$ 的相位差 $\Delta\varphi$ 为

$$\Delta\varphi = (\omega t + \varphi_2) - (\omega t + \varphi_1) = \varphi_2 - \varphi_1 \tag{15-10}$$

可见，它们的相位差是一个常量，即其初相位之差。若以 $u_1$ 作为参考电压，当 $\Delta\varphi > 0$ 时，认为 $u_2$ 超前 $u_1$；若 $\Delta\varphi < 0$ 时，认为 $u_2$ 滞后 $u_1$。

相位差的测量，本质上与两个脉冲信号之间时间间隔的测量相同，故其测量方法也相同，一般用双踪示波器进行测量。

使用双踪示波器测量相位时，可将被测信号分别接入 Y 系统的两个通道输入端，选择相位超前的信号作触发源，采用"交替"或"断续"显示。适当调整"Y 位移"，使两个信号重叠起来，如图 15-49 所示。这时可从图中直接读出 $x_1 = AC$ 和 $x_2 = AB$ 的长度，则可按式（15-11）计算相位差，则

$$\Delta\varphi = \frac{x_1}{x_2} \times 360° \tag{15-11}$$

若 $x_1$ 为 1.4div，$x_2$ 为 5.0div，则相位差为

$$\Delta\varphi = \frac{x_1}{x_2} \times 360° = \frac{1.4\,\text{div}}{5.0\,\text{div}} \times 360° = 100.8°$$

在测量相位时，X 轴扫描因数"微调"旋钮不一定要置于"校准"位置，但其位置一经确定，在整个测量过程中不得更动。

注意，在采用"交替"显示时，一定要采用相位超前的信号作固定的内触发源，而不是使 X 系统受两个通道的信号轮流触发；否则，会产生相位误差。如被测信号的频率较低，应尽量采用"断续"显示方式，也可避免产生相位误差。

**【例 15-8】** 调幅系数测量。

**【解】** 单音调制时，调幅波可表示为

$$u = U_m(1 + m\sin\Omega t)\sin\omega t \tag{15-12}$$

式中，$U_m$ 为载波振荡的振幅；$\Omega$ 为低频调制信号的频率；$\omega$ 为载波振荡的频率；$m$ 为调幅系数。

测量调幅系数的方法很多，一种是将调幅波信号直接加至示波器予以观察，如图 15-50 所示。注意，图中虚线（称为包络）是为了便于说明画上去的，并不会在示波器屏幕上显示出来。调幅系数计算式为

$$m = \frac{\Delta U}{U_m} = \frac{y_1 - y_2}{y_1 + y_2} \times 100\% \tag{15-13}$$

若图 15-50 中，$y_1$ 为 6.0div，$y_2$ 为 2.0div，则该调幅波的调幅系数为

$$m = \frac{\Delta U}{U_m} = \frac{y_1 - y_2}{y_1 + y_2} \times 100\% = \frac{6.0\text{div} - 2.0\text{div}}{6.0\text{div} + 2.0\text{div}} \times 100\% = 50\%$$

另一种是将已调波加至 Y 轴，X 轴接入低频调制信号，采用 X-Y 显示方式，这时如果调制信号与加至 X 轴的信号同相，则上下呈一条斜线，图形为梯形，如图 15-51 所示，因此这种方法也称为梯形法。需说明的是，由于一般情况下被测调幅信号中的载波频率远大于调制信号，且两者间相位关系不确定，所以实际上显示的是以包络为边界的明亮区域。

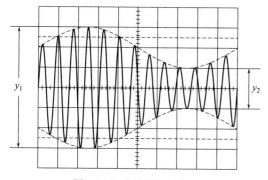

图 15-50 调幅系数测量

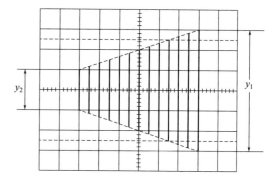

图 15-51 梯形法测调幅系数

**【例 15-9】** 李沙育图形法测量。

**【解】** 当示波器工作于 X-Y 方式，并从 X 轴和 Y 轴输入正弦波时，可在屏幕上显示李沙育图形，根据图形，可测量两信号的频率比和相位差。

① 频率比测量 在 X-Y 显示方式时，如果 X 轴和 Y 轴信号电压为零，则荧光屏仅在中心位置显示一个光点，它对应于坐标原点。加上正弦信号后，由于信号每周期内会有两次信号值为零，因此通过水平轴的次数应等于加在 Y 轴信号周期数的两倍，通过垂直轴的次数应等于加在 X 轴信号周期数的两倍。设水平线和垂直线与李沙育图形的交点分别为 $n_H = m$，$n_V = n$，则

$$\frac{T_x}{T_y} = \frac{f_y}{f_x} = \frac{n_H}{n_V} = \frac{m}{n} \tag{15-14}$$

例如，图 15-52 中，在"8"字正中间分别作一条水平线和一条垂直线，可见，通过水

平线的次数为 4 次，通过垂直线的次数为 2 次，可得

$$\frac{T_x}{T_y} = \frac{f_y}{f_x} = \frac{n_H}{n_V} = \frac{m}{n} = \frac{4}{2} = 2$$

若已知其中一个信号的频率，则可算得另一个信号的频率。注意，当所作的水平线和垂直线与图形的交点是两条光迹的交点（如图中的 $O$ 点）时，应算作相交两次。

当两个信号的周期不成整数倍时，显示的波形不稳定，且会周期性变化。此法准确度较差，一般只用于进行粗测和频率比较。

② 相位差测量　将两同频率的正弦信号分别输入到示波器的 $X$ 轴和 $Y$ 轴，则可在屏幕上显示一个椭圆，如图 15-53 所示。此时，可算得两信号的相位差为

$$\Delta\varphi = \arcsin\left(\frac{x_1}{x_2}\right) = \arcsin\left(\frac{y_1}{y_2}\right) \tag{15-15}$$

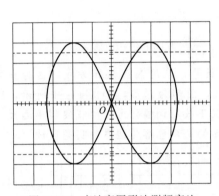

图 15-52　李沙育图形法测频率比

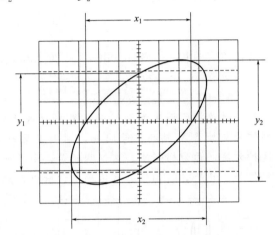

图 15-53　李沙育图形法测相位差

此法只能算出相位差的绝对值，而不能决定其符号。

若图中 $y_1 = 4.8\text{div}$，$y_2 = 6.0\text{div}$，则

$$\Delta\varphi = \arcsin\left(\frac{x_1}{x_2}\right) = \arcsin\left(\frac{y_1}{y_2}\right) = \arcsin\left(\frac{4.8\text{div}}{6.0\text{div}}\right) = 53°$$

（2）数字存储示波器测量方法

与模拟示波器相比较，数字示波器的主要特点是信号存储和数据处理能力。因此，利用数字存储示波器进行测量时不仅方便，而且有许多测量功能是模拟示波器所不能胜任的，例如测量信号的有效值和频谱等。

从使用角度来说，数字存储示波器面板布置简洁，键盘和显示器的人机接口以及操作菜单化，经常提示操作方法和步骤，直至显示测量结果，给操作者带来很大方便，能大大提高测量的效率。

在数字存储示波器中，一旦信号被采集、存储，就可以在仪器内部按测量要求进行数据处理，最后给出测量和分析结果。

下面以 TDS220 为例讲解数字存储示波器的使用。TDS220 除了可像模拟示波器一样利用显示的波形、时基因数、偏转因数进行间接测量外，还有一些更高级的测量功能。

① 自动测量　TDS220 可对大多数显示信号进行自动测量。测量信号频率、周期和峰-峰值可按如下步骤操作。

按下 TDS220 型数字存储示波器的 MEASURE 按钮以显示测量菜单；按下顶部菜单按

钮以显示"信源"；选择"CH1"进行上述三种测量；按下顶部菜单按钮选择"类型"；按下一个"CH1"菜单框按钮以选择"频率"；按下第二个"CH1"菜单框按钮选择"周期"；按下第三个"CH1"菜单框按钮选择"峰-峰值"。频率、周期和峰-峰值的测量结果将显示在菜单中，并被周期性地修改，如图15-54所示。

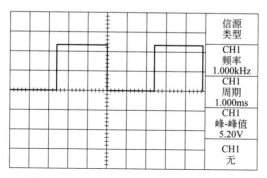

图 15-54　数字存储示波器自动测量功能

② 光标测量

a. 测量脉冲上升时间。调整秒/格旋钮以显示波形的上升沿；调整伏/格以设置波形的幅值大约占5div；若通道1菜单未显示，则按下CH1菜单按钮使之显示；按下伏/格按钮以选择"细调"；调整伏/格旋钮以设置波形幅值精确地占据5div；使用垂直位置旋钮将波形调至屏幕中心，使波形的基线在屏幕中心线下方的2.5div处；按下CURSOR菜单以显示光标按钮；按下顶部菜单按钮将类型设为"时间"；旋转光标1旋钮将光标置于波形与屏幕中心线下方第二条格线的交叉点，该点为波形的10％点；旋转光标2旋钮将另一光标置于波形与屏幕中心上方第二条格线的交叉点，该点是波形的90％点。则光标菜单的增量读数即为波形的上升时间。图15-55中测得上升时间为5.400μs。

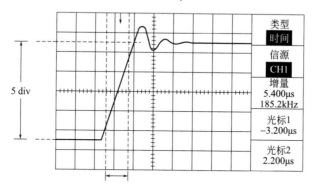

图 15-55　测量脉冲上升时间

b. 测量脉冲上冲幅值。按下CURSOR按钮以显示光标菜单；按下顶部菜单框按钮以选择电压；旋转光标1旋钮将光标置于上冲的波峰；旋转光标2旋钮将光标置于上冲的波谷。光标菜单中将显示下列测量值：增量电压（上冲的峰-峰电压），光标1处的电压，光标2处的电压。图15-56中测得上冲幅值为120mV。

③ 捕捉单次信号　某个继电器的触点可靠性差，可能是由于转换状态时的接触电弧所致。可用单次触发方式获取继电器转换状态过程中的电压。步骤如下：调整伏/格和秒/格旋钮为观察的信号建立合适的垂直与水平范围；按ACQUIRE按钮以显示采集菜单；按"峰值检测"按钮；按TRIGGER菜单按钮以显示触发菜单；按"触发方式"按钮以选择单次

触发；按"斜率"按钮以选择上升沿；旋转电平旋钮以调整触发电平至继电器的打开电压与关闭电压的中间值。若屏幕上方没有显示 Armed 或 Ready，则按"运行/停止"按钮以启动获取。当打开继电器时，示波器被触发并且捕捉事件。图 15-57 为某次测量时的波形图。

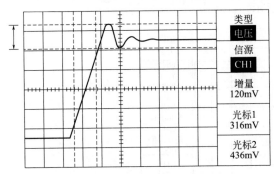

图 15-56　测量脉冲上冲的幅值

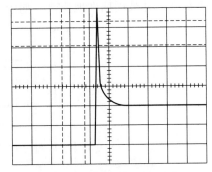

图 15-57　捕捉单次信号实例

# 第**16**章
# 信号发生器

　　信号发生器又称为信号源，它能够产生不同频率、不同幅度的规则或不规则的波形信号，是电子测量中最常用的仪器之一。归纳起来，信号源有三方面的用途：①激励源，作为某些电气设备的激励信号，如激励扬声器发出声音等；②信号仿真，当研究一个电气设备在某种实际环境下所受的影响时，需施加与实际环境相同特性的信号，如高频干扰信号等；③校准源，用于对一般信号源或其他测量仪器进行校准。

　　信号发生器种类很多，按其性能指标可分为普通信号发生器和标准信号发生器。前者用于对输出信号的频率、幅度的准确度、稳定度以及波形失真度等要求不高的场合；后者对上述参数要求较为严格，并且要读数准确，屏蔽良好。信号发生器按输出波形又可分为正弦信号发生器和非正弦信号发生器。非正弦信号发生器又进一步分为合成信号发生器、函数信号发生器、脉冲信号发生器、任意波形发生器、扫频信号发生器、数字信号发生器、图形信号发生器、噪声信号发生器等。本章重点讨论正弦信号发生器、合成信号发生器、函数信号发生器、脉冲信号发生器和任意波形发生器的组成、工作原理及其应用。

## 16.1　正弦信号发生器

　　正弦信号发生器是应用最广泛的一类信号发生器，按其输出信号频率可分为低频信号发生器和高频信号发生器。其主要技术指标包括频率特性、输出特性和调制特性。

　　（1）频率特性

　　① 有效频率范围　有效频率范围指各项指标都能得到满足的输出信号的频率范围。在有效频率范围内，频率调节可以是离散的，也可以是连续的。当频率范围很宽时，常划分为若干频段。表 16-1 列出了各类常用正弦信号发生器的频率范围。

表 16-1　常用正弦信号发生器的频率范围

| 分类名称 | 频率范围 | 分类名称 | 频率范围 |
|---|---|---|---|
| 超低频信号发生器 | 0.0001～1000Hz | 高频信号发生器 | 100kHz～30MHz |
| 低频信号发生器 | 1Hz～1MHz | 甚高频信号发生器 | 30～300MHz |
| 视频信号发生器 | 20Hz～10MHz | 超高频信号发生器 | 300MHz 以上 |

② 频率准确度　频率准确度是指信号发生器输出频率的指示值的实际相对误差。对于用刻度盘指示频率的信号发生器，其频率准确度通常在±10％范围内；标准信号发生器优于±1％；合成信号发生器优于±$10^{-6}$。

③ 频率稳定度　信号发生器在一定时间内维持其输出信号频率不变的能力称为频率稳定度，用一定时间内的相对频率偏移来表示。由于信号发生器的频率稳定度是频率准确度的基础，所以要求信号发生器的频率稳定度应该比频率准确度高 1～2 个数量级。

（2）输出特性

① 输出电平调节范围　指输出信号幅度的有效范围，可用电压有效值（V、mV、μV）或绝对电平（dB）表示。一般信号发生器输出电平调节范围都比较宽，可达 7 个数量级。

② 输出电平的准确度　指信号发生器输出电平指示器的显示值与实际值之间的偏差，常用相对误差表示，一般在±10％范围内。

③ 输出阻抗　信号发生器的输出阻抗因信号发生器的类型不同而各异。低频信号发生器电压输出端的输出阻抗一般为 600Ω 或 1kΩ，功率输出端要根据输出匹配变压器的设计而定，通常有以下五个挡位：50Ω、75Ω、150Ω、600Ω 和 5kΩ。高频信号发生器一般仅有50Ω 或 75Ω 挡。使用高频信号发生器时要注意阻抗匹配。

（3）调制特性

① 调制信号　调制用的调制信号可以由内调制振荡器产生，也可以由外部输入。调制信号的频率可以是固定的，也可以是连续调节的。

② 调制类型　调制类型一般有调幅（AM）、调频（FM）、脉冲调制（PM）等。

③ 调制系数的有效范围　信号发生器的各项指标都能得到保证的调制系数的范围称为调制系数的有效范围。调幅时的调制系数（调幅度）一般为 0％～80％，调频时的最大频偏不小于 75kHz。

## 16.1.1　低频信号发生器

低频信号发生器用来产生 1Hz～1MHz 的低频正弦信号。这种信号在模拟电子线路与系统的设计、测试和维修中得到了广泛应用，也可用作高频信号发生器的外调制信号源。

（1）低频信号发生器主要性能指标

① 有效频率范围：1Hz～1MHz 连续可调；

② 频率稳定度：（0.1％～0.4％）/h；

③ 频率准确度：±（1％～2％）；

④ 输出电压：0～10V 连续可调；

⑤ 输出功率：0.5～5W 连续可调；

⑥ 非线性失真：0.1％～1％；

⑦ 输出阻抗：通常有五个挡位，即 50Ω、75Ω、150Ω、600Ω 和 5kΩ。

（2）低频信号发生器的基本组成原理

低频信号发生器的组成框图如图 16-1 所示。它主要由主振器、电压放大器、输出衰减

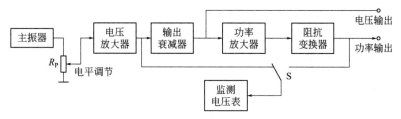

图 16-1　低频信号发生器组成框图

器、功率放大器、阻抗变换器（输出变压器）和监测电压表等组成。

① 主振器　低频信号发生器中主振器的作用是产生低频的正弦波信号，并实现频率调节功能。它是低频信号发生器的主要部件，一般采用 $RC$ 振荡器，尤以文氏桥振荡器为多。如图 16-2 所示是文氏桥振荡器的原理电路。图中 $R_1$、$C_1$、$R_2$、$C_2$ 组成正反馈网络，负温度系数的热敏电阻 $R_t$ 和电阻 $R_f$ 组成负反馈支路，二者共同构成文氏电桥。文氏电桥和放大器组成的放大环路称为文氏桥振荡器。为了方便起见，一般取 $R_1 = R_2 = R$，$C_1 = C_2 = C$。为了满足振幅平衡条件和相位平衡条件，要求放大器的闭环增益等于 3，这时振荡器的输出频率为

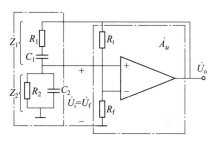

图 16-2　文氏桥振荡器的原理电路

$$f_0 = \frac{1}{2\pi RC}$$

热敏电阻 $R_t$ 具有加速振荡建立和稳幅作用。起振时，$R_t$ 处于冷态，其阻值比 $R_f$ 大得多，负反馈量很小，因而闭环增益很高，有利于迅速建立起振荡。振荡建立以后，$R_t$ 在电路中起幅度调节作用。当由于某些因素使振荡器的输出电压升高时，流过 $R_t$ 的电流增大，其温度升高，而阻值降低，于是负反馈量增大，使输出电压减小，趋于稳定。反之，当输出电压变小时，通过 $R_t$ 的调节作用可使其向相反方向变化。电路中频率粗调（频段转换）和细调分别通过切换电阻和调节可变电容来实现。

② 电压放大器和功率放大器　电压放大器的作用是放大主振级产生的振荡信号，满足信号发生器对输出信号幅度的要求，并将振荡器与后续电路隔离，防止因输出负载变化而影响振荡器频率的稳定性。功率放大器提供足够的输出功率。为了保证信号不失真，要求放大器频率特性好，非线性失真小。

③ 衰减器和匹配器　衰减器的作用是调节输出电压使之达到所需的值。低频信号发生器中采用连续衰减器和步级衰减器配合进行衰减。如图 16-3 所示电路就是一个步级衰减器，其衰减倍数有 1（0dB）、10（20dB）、100（40dB）、1000（60dB）、10000（80dB）五种。匹配器实际上是一个变压器，其作用是使输出端连接不同的负载时都能得到最大的输出功率。一般在低频（20Hz～2kHz）和高频（2～20kHz）采用不同的匹配变压器，以便在高、低频

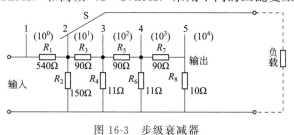

图 16-3　步级衰减器

段分别与不同的负载匹配。

④ 监测电压表　用于监测信号源输出电压或输出功率的大小。

## 16.1.2　高频信号发生器

高频信号发生器主要用来向各种高频电子设备和电路提供高频信号能量或高频标准信号，以便测试其电气性能，如各种接收机的灵敏度、选择性等。

（1）高频信号发生器主要性能指标

① 频率范围：100kHz～300MHz 连续可调；

② 频率稳定度：应优于 $1 \times 10^{-4}/15\text{min}$；

③ 频率准确度：$\leqslant \pm(0.5\% \sim 1\%)$；

④ 输出电压范围：$0.1\mu\text{V} \sim 1\text{V}$ 连续可调；

⑤ 功率输出：$\geqslant 100\text{mW}$；

⑥ 输出电压（功率）准确度：$\leqslant \pm(3\% \sim 10\%)$；

⑦ 输出阻抗：$50\Omega$；

⑧ 调制方式：30MHz 以下采用调幅，30MHz 以上采用调频或矩形脉冲调制；

⑨ 调制系数及其准确度：对于 400Hz 或 1000Hz 内调幅的信号发生器，调幅系数为 0%～80%，误差为 5%～10%；调频信号发生器频偏为 0～75kHz，误差为 5%～7%。

（2）高频信号发生器的基本组成原理

早期的高频信号发生器由主振级、调制级、内调制振荡器、输出级、调幅度指示、输出载波电压指示等组成。此方案的缺点是没有调频功能，调制级的输入阻抗低，易造成主振级频率不稳定和产生寄生调频。故现代的高频信号发生器组成框图如图 16-4 所示。

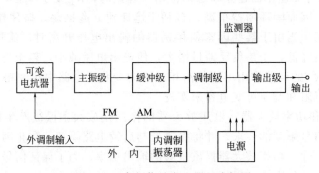

图 16-4　高频信号发生器组成框图

① 主振级　高频信号发生器主振级的作用是产生频率可在一定范围内调节的高频正弦波信号。信号发生器的频率特性，如频率范围、频率稳定度和准确度、频谱纯度等主要由主振级决定。为了保证信号发生器有较高的频率稳定度，一般采用电感反馈或变压器反馈的单管振荡电路或双管推挽振荡电路。

② 缓冲级　缓冲级的主要作用有：放大主振级输出的高频信号；在主振级和后续电路间起隔离作用，以提高振荡频率的稳定性。

③ 调制级　调制级的主要作用是：用外调制信号或内调制信号对主振信号调幅，输出调幅信号，以适应某些测量的需要。

④ 调制信号发生器　高频信号发生器使用的调制信号有内调制信号和外调制信号两种。内调制信号一般由 $RC$ 振荡器产生，频率一般为 400Hz 和 1000Hz 两种。外调制信号则通过面板接线柱输入。外调制和内调制的转换通过开关控制。

⑤ 输出级 高频信号发生器中的输出级电路的作用有：放大、衰减调制器的输出信号，使信号发生器输出电平有足够的调节范围；滤除不需要的频率分量；保证输出端有固定的输出阻抗（50Ω）。它一般由放大器、滤波器和粗、细衰减器等组成。为了适应不同的使用条件，要求输出电平既能步级衰减，又能连续调节。

⑥ 可变电抗器 高频信号发生器中可变电抗器与主振级的谐振电路耦合，使主振级产生调频信号。在高频信号发生器中多采用变容二极管调频电路。

## 16.1.3 典型产品介绍

（1）XD-2 型低频信号发生器

低频信号发生器种类很多，使用方法大同小异，这里以 XD-2 型低频信号发生器为例来说明。XD-2 型低频信号发生器面板如图 16-5 所示。

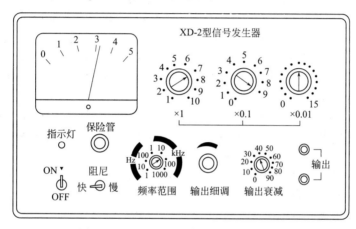

图 16-5 XD-2 型低频信号发生器面板图

① 面板介绍

a. 电源开关。电源开关用来接通和切断仪器内部电路的电源。当开关拨向"ON"时指示灯亮，当开关拨向"OFF"时切断电源。

b. 电源指示灯。电源指示灯用于指示仪器是否接通电源。当电源开关拨向"ON"时指示灯亮，当电源开关拨向"OFF"时指示灯灭。

c. 保险管。当仪器内部电路出现过电流时保险管熔断，保护内部电路。

d. 交流电压表。交流电压表用来指示输出低频信号电压的大小。

e. 阻尼开关。阻尼开关用来调节电压表表针的摆动阻力。当开关拨向"快"时，表针受到阻力小，摆动速度快；当开关拨向"慢"时，表针受到阻力大，摆动速度慢。

f. 频率范围选择开关。频率范围选择开关用来调节输出信号的频率范围。它有 1～10Hz、10～100Hz、100Hz～1kHz、1～10kHz、10～100kHz、100～1000kHz 共 6 个挡位。

g. 输出衰减开关。输出衰减开关用来调节输出信号的衰减程度，衰减越大，输出信号越小。它有 0、10、20、30、40、50、60、70、80、90 共 10 个衰减挡位，这里的衰减大小以分贝（dB）为单位，衰减分贝数与衰减倍数的关系是

$$衰减分贝数 = 20\lg(衰减倍数)$$

例如，选择衰减分贝数为 10dB，则输出信号被衰减了 3.16 倍。衰减分贝数与衰减倍数的关系见表 16-2。

表 16-2　衰减分贝数与衰减倍数的对应关系

| 衰减分贝数/dB | 电压相对应衰减倍数 | 衰减分贝数/dB | 电压相对应衰减倍数 |
|---|---|---|---|
| 0 | 0 | 50 | 316 |
| 10 | 3.16 | 60 | 1000 |
| 20 | 10 | 70 | 3160 |
| 30 | 31.6 | 80 | 10000 |
| 40 | 100 | 90 | 31600 |

h. 输出细调旋钮。输出细调旋钮用来调节输出信号电压的大小。在调节输出信号电压大小时，需要将输出衰减开关和输出细调旋钮配合使用，先调节输出衰减开关，选择大致的输出信号电压范围，然后通过输出细调旋钮精确调节输出信号的电压。

i. 频率调节旋钮（信号发生器的右上方的三个旋钮）。频率调节旋钮用来调节输出信号的频率。频率调节旋钮有 3 个，第 1 个旋钮（从左至右）有 10 个挡位（倍数为"×1"），第 2 个旋钮有 10 个挡位（倍数为×"0.1"），第 3 个旋钮有 16 个挡位（倍数为"×0.01"）。

j. 输出接线柱。输出接线柱用来将仪器内部的信号输出。它有红、黑两个接线柱，红接线柱为信号输出端，黑接线柱为接地端。

② 使用说明　XD-2 型低频信号发生器可以输出频率为 1Hz～1MHz、电压为 0～5V 的低频信号。下面以输出电压为 0.6V，频率为 13.8kHz 的低频信号为例来说明 XD-2 型低频信号发生器的使用方法，具体操作步骤如下。

第 1 步：开机前将输出细调旋钮置于最小值处（即逆时针旋到底），目的是防止开机时输出信号幅度过大而打弯表针。

第 2 步：接通电源。将电源开关拨到"ON"位置，接通仪器内部电路的电源，同时电源指示灯亮。

第 3 步：调节输出信号的频率。先调节频率范围选择开关选择输出信号的频率范围，再调节面板上的 3 个频率调节旋钮，使输出信号的频率为 13.8kHz，具体过程如下。

首先将频率范围选择开关拨至"10～100kHz"挡；然后将倍数为"×1"的旋钮旋至"1"位置，将倍数为"×0.1"的旋钮旋至"3"位置，将倍数为"×0.01"的旋钮旋至"8"位置，这样输出的信号频率为

$$f = (1 \times 1 + 0.1 \times 3 + 0.01 \times 8) \times 10\text{kHz} = 13.8\text{kHz}$$

第 4 步：调节输出信号的电压。先调节输出衰减开关选择适当的衰减倍数，再调节输出细调旋钮，使输出信号电压为 0.6V，具体过程如下。

首先根据表 16-2 可知，当衰减分贝数为 10dB 时衰减倍数为 3.16，该挡可以输出 0～1.58V（5V/3.16＝1.58V）的信号，因此将输出衰减开关拨至"10dB"挡；然后调节输出细调旋钮，同时观察电压表表针所指数值。根据

表针指示电压值＝衰减倍数/实际输出电压＝3.16×0.6V＝1.896V

由此可知，当调节输出细调旋钮，让电压表表针指在 1.896V（接近 2V）处时，仪器就会输出 0.6V 的信号。

通过以上操作过程，XD-2 型低频信号发生器就从接线柱端输出：电压为 0.6V、频率为 13.8kHz 的低频信号。

（2）YB1051 型高频信号发生器

高频信号发生器种类很多，使用方法大同小异，这里以 YB1051 型高频信号发生器为例来说明其使用方法。YB1051 型高频信号发生器面板如图 16-6 所示。

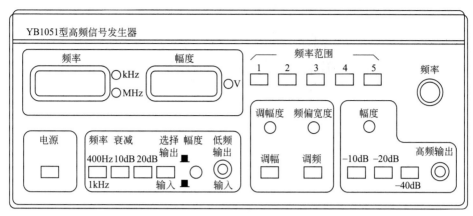

图 16-6　YB1051 型高频信号发生器面板图

① 面板介绍

a. 电源开关。电源开关用来接通和切断仪器内部电路的电源。按下时接通电源，弹起时切断电源。

b. 频率显示屏。频率显示屏用于显示输出信号的频率。它旁边有"kHz"和"MHz"两个单位指示灯，当某个指示灯亮时，表示频率选择该单位。

c. 幅度显示屏。幅度显示屏用来指示输出信号电压的大小，它的单位是伏特（V）。

d. 低频频率选择按钮。低频频率选择按钮用来选择低频信号的频率。它能选择两种低频信号：400Hz 和 1kHz。当按钮弹起时，内部产生 400Hz 的低频信号；当按钮按下时，内部产生 1kHz 的低频信号。

e. 低频衰减选择按钮。低频衰减选择按钮用来选择低频信号的衰减大小。它有 10dB 和 20dB 两个按钮，按下相应按钮时分别选择衰减分贝数为 10dB 和 20dB。

f. 输入/输出选择按钮。输入/输出选择按钮用来选择低频输入/输出插孔的信号输入、输出方式。当按钮弹起时，低频输入/输出插孔会输出低频信号；当按钮按下时，可以往低频输入/输出插孔输入外部低频信号。

g. 低频幅度调节旋钮。低频幅度调节旋钮用来调节输出低频信号的幅度。

h. 低频输入/输出插孔。低频输入/输出插孔是低频信号输入、输出的通道，当输入/输出选择按钮弹起时，该插孔输出低频信号；当输入/输出选择按钮按下时，外部低频信号可以从该插孔进入仪器。

i. 调幅选择按钮。调幅选择按钮用来选择调幅调制方式。该按钮按下时选择内部调制方式为调幅调制。

j. 调幅度调节旋钮。调幅度调节旋钮用来调节输出高频调幅信号的幅度。调幅度是指调制信号幅度与高频载波的幅度之比。如图 16-7（a）所示，图中的 $U_1$ 为调制信号半个周期的幅度，$U_2$ 为高频载波半个周期的幅度。该调幅波的调幅度为

$$调幅度 = \frac{U_1}{U_2} \times 100\%$$

k. 调频选择按钮。调频选择按钮用来选择调频调制方式。该按钮按下时选择内部调制方式为调频调制。

l. 频偏宽度调节旋钮。此旋钮用来调节输出高频调频信号的频率偏移范围。频偏宽度是指调频信号的频率偏离中心频率的范围。如图 16-7（b）所示，该高频调频信号的中心频率为 $f_0$，其频偏宽度为 $\Delta f$。

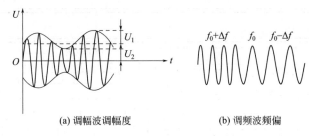

(a) 调幅波调幅度　　　　　　(b) 调频波频偏

图 16-7　调幅度与频偏

m. 高频衰减按钮。高频衰减按钮用来选择输出高频信号的衰减程度。它有－10dB、－20dB和－40dB 三个按钮，按下不同的按钮时选择不同的衰减分贝数。

n. 高频幅度调节旋钮。高频幅度调节旋钮用来调节输出高频信号的幅度。

o. 高频输出插孔。高频输出插孔用来输出仪器产生的高频信号。高频等幅信号、高频调幅信号和高频调频信号都由这个插孔输出。

p. 频率范围选择按钮。频率范围选择按钮用来选择信号的频率范围。

q. 频率调节旋钮。频率调节旋钮用来调节输出高频信号的频率。

② 使用说明　YB1051 型高频信号发生器可以输出频率为 100kHz～44MHz、电压为 0～1V 的高频信号（高频等幅信号、高频调幅信号和高频调频信号），另外还能输出 0～2.5V 的 400Hz 和 1kHz 的低频信号。下面以产生 0.3V、30MHz 的各种高频信号和 1V、400Hz 的低频信号为例来说明高频信号发生器的使用方法。

a. 0.3V、30MHz 高频等幅信号的产生。产生 0.3V、30MHz 高频等幅信号的操作过程如下：

第 1 步：接通电源。按下电源开关接通电源，使仪器预热 5min。

第 2 步：选择频率范围。使调幅选择按钮和调频选择按钮处于弹起状态，再按下频率范围选择按钮中的最大值按钮。

第 3 步：调节输出信号频率。调节频率调节旋钮，同时观察频率显示屏，直到显示频率为 30MHz。

第 4 步：调节输出信号的幅度。按下－10dB 的高频衰减按钮（信号被衰减 3.16 倍），再调节高频幅度调节旋钮，同时观察幅度显示屏，直到显示电压为 0.3V。

这样就会从仪器的高频输出端输出 0.3V、30MHz 的高频等幅信号。

b. 0.3V、30MHz 高频调幅信号的产生。产生 0.3V、30MHz 高频调幅信号的操作过程如下。

第 1 步：接通电源。按下电源开关接通电源，使仪器预热 5min。

第 2 步：选择频率范围并调节输出信号频率。按下频率范围选择按钮中的最大值按钮，然后调节频率调节旋钮，同时观察频率显示屏，直到显示频率为 30MHz。

第 3 步：选择内/外调制方式。让输入/输出选择按钮处于弹起状态，选择调制方式为内调制；若按下调制方式按钮，则表示选择了外调制方式，需要从低频输入/输出插孔输入低频信号作为调制信号。

第 4 步：选择调幅方式并调节调幅度调节旋钮。按下调幅选择按钮选择调幅方式，然后调节调幅度调节旋钮，调节调幅信号的幅度。

第 5 步：调节输出信号幅度。按下－10dB 的高频衰减按钮，再调节该旋钮，同时观察幅度显示屏，直到显示电压为 0.3V。

这样就会从仪器的高频输出端输出 0.3V、30MHz 的高频调幅信号。

c. 0.3V、30MHz 高频调频信号的产生。产生 0.3V、30MHz 高频调频信号的操作过程如下。

第 1 步：接通电源。按下电源开关接通电源，使仪器预热 5min。

第 2 步：选择频率范围并调节输出信号频率。按下频率范围选择按钮中的最大值按钮，然后调节频率调节旋钮，同时观察频率显示屏，直到显示频率为 30MHz。

第 3 步：选择内/外调制方式。使输入/输出选择按钮处于弹起状态，选择调制方式为内调制；若按下输入/输出选择按钮，则表示选择了外调制方式，需要从低频输入/输出插孔输入低频信号作为调制信号。

第 4 步：选择调频方式，并调节频偏宽度。按下调频选择按钮选择调频方式，然后调节频偏宽度调节旋钮，调节调频信号的频率偏移范围。

第 5 步：调节输出信号幅度。按下 −10dB 的高频衰减按钮，再调节该旋钮，同时观察幅度显示屏，直到显示电压为 0.3V。

这样就会从仪器的高频输出端输出 0.3V、30MHz 的高频调频信号。

d. 1V、400Hz 低频信号的产生。产生 1V、400Hz 低频信号的操作过程如下。

第 1 步：接通电源。按下电源开关接通电源，使仪器预热 5min。

第 2 步：选择低频信号的频率和输入/输出方式。使低频频率选择按钮处于弹起状态，内部产生 400Hz 的低频信号，再使输入/输出选择按钮处于弹起状态，选择方式为输出，这时低频输入/输出插孔就会有 400Hz 的低频信号输出。

第 3 步：调节输出信号的幅度。调节低频幅度调节旋钮，使输出低频信号幅度为 1V。

这样就会从仪器的低频输入/输出端输出 1V、400Hz 的低频信号。

③ 特点与技术指标

a. 特点：输出频率和幅度采用数字显示；具有载波稳幅、调频、调幅功能；有较高的载波幅度和频率稳定度。

b. 技术指标：工作频率：0.1～40MHz；输出幅度范围：1V 有效值，衰减 0～70dB（细调衰减 10dB）；输出幅度误差：±2dB（当频率大于 30MHz 时，另加 ±0.5dB）；输出幅度显示误差：±5%；控制方式：单片机控制；调幅范围：0～60% 连续可调；内调幅频率：400Hz 和 1kHz；频偏范围（载波频率不小于 0.3MHz）：0～100kHz 连续可调；内调频频率：400Hz 和 1kHz；音频频率：400Hz 和 1kHz；音频输出幅度：最大 1V（有效值），衰减 0～40dB（细调衰减 10dB）。

# 16.2　合成信号发生器

随着科技的不断发展，对信号的频率稳定度和准确度提出了越来越高的要求，普通信号发生器已不能满足此要求，而频率合成信号发生器可从根本上解决这个问题。合成信号发生器是用频率合成器代替信号发生器中的主振器，它既有一般信号发生器良好的输出特性和调制特性，又具有频率合成器的高稳定度、高分辨力的优点，同时输出信号的频率、电平、调制深度等均可程控，是一种先进的信号发生器。为了保证良好的性能，合成信号发生器的电路一般都相当复杂，其核心是频率合成器。

## 16.2.1　主要技术指标

合成信号发生器的主要工作特性包括频率特性、频谱纯度、输出特性、调制特性等，下面对频率特性和频谱纯度作进一步叙述。

① 频率准确度和稳定度 取决于内部基准源，一般能达 $10^{-8}$ 或更好的水平。

② 频率分辨力 由于合成信号源的频率稳定度比较高，所以其分辨力也较好，可达 $0.01\sim10\mathrm{Hz}$。

③ 相位噪声 信号相位的随机变化称为相位噪声，它会引起频率稳定度下降。

④ 相位杂散 在频率合成过程中常常会产生各种寄生频率分量，称为相位杂散。需要说明的是：在频域里，相位杂散是在信号谱两旁呈对称的离散谱线分布；而相位噪声则在两旁呈连续分布。

⑤ 频率转换速度 指信号源的输出从一个频率转换到另一个频率所需要的时间。直接合成信号源的转换时间为微秒量级，而间接合成为毫秒量级。

## 16.2.2 基本工作原理

从频率合成技术的发展历程看，大致可分为三个阶段：第一阶段是模拟直接频率合成技术，第二阶段是间接合成技术（又称锁相合成技术），第三阶段是数字直接频率合成技术。模拟直接合成法和数字直接合成法统称直接合成法。

（1）模拟直接合成法

模拟直接合成法是将一个或多个基准频率通过倍频、分频、混频技术实现算术运算（加、减、乘、除）合成所需频率，并用窄带滤波器将其选出。

如图 16-8 所示为直接合成法的原理框图，将石英晶体振荡器产生的 1MHz 振荡信号通过谐波发生器产生 1MHz、2MHz、3MHz、……、9MHz 等基准频率，然后通过 10 分频器（完成 ÷10 运算）、混频器（完成加法和减法运算）和滤波器，最后产生 4.628MHz 的输出信号。只要选取不同谐波进行适当组合，就能得到所需频率的高稳定度信号。

模拟直接合成法的频率转换速度快，频谱纯度高，但需要大量的混频器、分频器和窄带滤波器，因而其体积比较大。

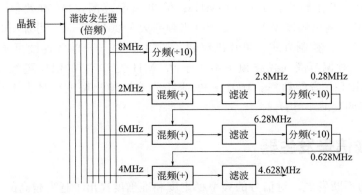

图 16-8 直接频率合成器原理框图

（2）间接合成法

间接合成法是通过锁相环来完成频率的加、减、乘、除运算，得到所需频率的。锁相环具有滤波作用，其通带可以做得很窄，并且中心频率易调，又能自动跟踪输入频率，因而可以省去直接合成法中使用的大量混频器、分频器和滤波器，有利于简化结构、降低成本，便于集成。锁相就是自动实现相位同步，而锁相环就是能完成两个电信号相位同步的自动控制系统。基本锁相环是由鉴相器（Phasedetector，PD）、低通滤波器（Low-pass Filter，LPF）、压控振荡器（Voltage-controlled Oscillator，VCO）组成的，如图 16-9 所示。

鉴相器是相位比较装置，它将输入信号 $u_\mathrm{i}(t)$ 和输出信号 $u_\mathrm{o}(t)$ 进行比较，其输出是与两信号的相位差成正比例的误差电压 $u_\varphi(t)$。低通滤波器滤除误差电压 $u_\varphi(t)$ 中的高频分量和噪声，以保证环路所要求的性能，并提高系统的稳定性。压控振荡器接受滤波器输出电压 $u_f(t)$ 的控制，使其振荡频率向输入信号频率靠近，直至锁定。环路锁定后，压

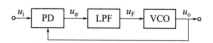

图 16-9 基本锁相环的方框图

控振荡器 VCO 的振荡频率等于输入信号频率，其相位与输入信号相位相同或相差某一个常数。因此，当环路锁定时，鉴相器 PD 的输出电压是直流电压。

锁相环的电路形式很多，频率合成器中常用的有以下几种：倍频式锁相环、分频式锁相环、混频式锁相环和组合式锁相环，如图 16-10 所示。其中图 16-10（d）能在 71～100.9MHz 的频率范围内产生 300 个输出频率，最小间隔为 100kHz。

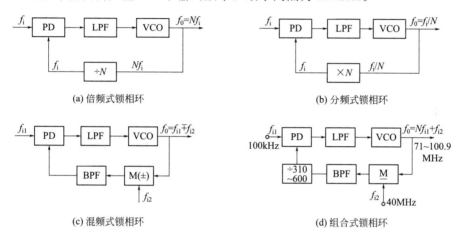

图 16-10 几种锁相环电路

（3）数字直接合成法

数字直接合成法（Direct Digital Frequency Synthesizer DDFS，直接数字频率合成器）突破了前面两种频率合成法的原理，从"相位"概念出发进行频率合成。这种合成方法不仅可以给出不同频率的正弦波，而且可以给出不同的初始相位，甚至可以输出任意波形。后面两种性能是前面两种合成法无法实现的。数字直接合成法的原理框图如图 16-11 所示。以合成正弦波为例，首先，把一个周期的正弦波按一定的相位间隔分成若干离散点。若离散点数用 $A$ 位二进制数表示，则可分成 $2^A$ 个间隔点。于是可得两个离散点之间的间隔为：

$$\theta_{\min} = 2\pi/2^A$$

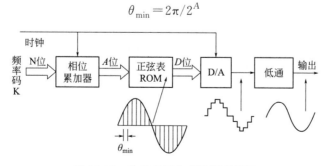

图 16-11 数字直接合成法原理框图

求出相应点的正弦函数值（设正弦波幅值为 1），并用 $D$ 位二进制数表示。将这些数值依次写入 ROM 中，构成一个正弦表。

频率合成过程中，在标准时钟（CLK）的作用下，相位累加器按一定的间隔（设间隔用 $K$ 表示）递增，其输出 $A$ 位二进制数作为地址码对 ROM 中的存储单元寻址。ROM 输出相应相位点的正弦函数值（$D$ 位二进制数），经 D/A 转换器转换为阶梯状的正弦波。最后，用低通滤波器对阶梯正弦波进行平滑滤波，即可输出较为标准的正弦波。在特定的时钟频率 $f_c$ 下，输出正弦波的频率取决于相位累加器每次累加数值 $K$ 的大小，即

$$f_o = K \frac{f_c}{2^A}$$

由上式可知，$K$ 值越大，取完一个正弦周期所用的时钟周期越少，即输出正弦波的频率越大。对输出信号的相位控制是通过给相位累加器设置不同的初始值来完成的。

## 16.2.3 典型产品介绍

下面介绍间接式频率合成器 PQ12 型频率合成器。

(1) 主要技术指标

① 频率范围：100kHz～500MHz，由八位数码管显示，可以手控，也可用 BCD8421 码进行遥控（32 线并行输入）。

② 基准晶振频率：5MHz，频率稳定度 $3×10^{-9}$。

③ 分辨率：最小频率步进 10Hz，插入连续振荡器后分辨率可达 0.5Hz。

④ 输出阻抗：50Ω。

⑤ 最高电平输出：+10dBm。

⑥ 输出衰减器：可将最高输出信号衰减 70dB，由 1dB、2dB、2dB、5dB、10dB、10dB、20dB、20dB 八级组成。

⑦ 谐波含量：低于 -30dB。

(2) 组成原理

PQ12 型频率合成器的组成原理如图 16-12 所示。由图可以看出，它主要由基准频率发生器、内插振荡器（频率 20～21MHz）、七级十进锁相合成单元（末一级十进合成单元少一个固定的十进分频电路）、倍频器、输出混频器、输出放大器和输出衰减器等组成。

单元①：由一个高精度、高稳定度的石英晶体振荡器产生 5MHz 频率信号，经倍频或分频后分别输出 100kHz、2MHz、15MHz、100MHz 的基准频率。

单元②：由六个相同的合成单元相串接，完成 "×10Hz" "×100Hz" "×1kHz" "×10kHz" "×100kHz" 和 "×1MHz" 位的频率合成。每一个合成单元的组成都相同，图 16-13 就是其中一个合成单元。每一级输入信号都是 2.0～2.1MHz 的频率，该信号在第一个混频器中同 15MHz 频率信号进行加法运算后，得到 17～17.1MHz 频率信号；再在第二混频器中同数字振荡器送来的 3.0～3.9MHz 频率的信号进行加法运算，混频后的信号再经分频器十分频，其输出频率仍然为 2.0～2.1MHz。显然每经过一级合成单元，其最小频率间隔将缩小 10 倍。

单元③：完成 "×10MHz" 位的频率合成。

单元④：10 倍频锁相环。将前一单元送来的 20～21MHz 频率倍乘到 200～210MHz。

单元⑤：是一个 10 倍频电路。将前一单元送来的 200～210MHz 频率信号倍增至 2.0～2.1GHz 信号。

单元⑥：将单元①送来的 100MHz 基准频率信号通过倍频器倍频后再由带通滤波器选取 1.6GHz、1.7GHz、1.8GHz、1.9GHz、2.0GHz 五个频率的信号。

单元⑦：该单元内部由微波混频、宽带放大和衰减器组成。来自单元⑤的 2.0～

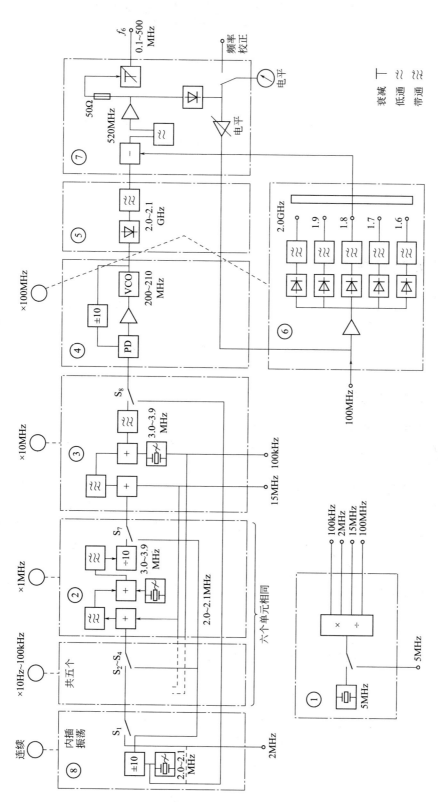

图 16-12 PQ12型频率合成器组成原理框图

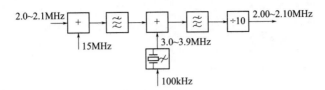

图 16-13　十进制锁相合成单元

2.1GHz 信号分别与单元⑥的 1.6GHz、1.7GHz、1.8GHz、1.9GHz、2.0GHz 的信号在混频器中混频，取其差频分量，经低通滤波器输出 500MHz 以下的合成频率信号。此信号经宽带放大器和自动增益电路，保证获得平坦的输出频率响应。衰减器可在 70dB 范围内改变输出电平。

单元⑧：这是一个可连续变化的插入振荡器。既可连续改变频率，又可作扫频之用。它可在 100MHz 位以下任意插入。

# 16.3　函数信号发生器

函数信号发生器输出波形均可用数学函数描述，故得名。它能够输出正弦波、方波、三角波（锯齿波）等多种波形的信号。有的函数信号发生器还具有调制功能，可进行调幅、调频、调相、脉冲调制和 VCO 控制。函数信号发生器有比较宽的频率范围（从几赫到几十兆赫），使用范围广，是一种不可缺少的通用信号源。

## 16.3.1　基本工作原理

函数信号发生器产生信号的方法有三种：第一种是用施密特电路产生方波，然后经变换得到三角波和正弦波；第二种是先产生正弦波再得到方波和三角波；第三种是先产生三角波再转换为方波和正弦波。

（1）由方波产生三角波、正弦波的方案

由方波产生三角波、正弦波的方案如图 16-14 所示。由图可以看出，函数发生器的工作过程如下：双稳态触发器产生方波信号；用积分器将方波信号变为三角波信号；用函数变换网络（如二极管整形网络）将三角波变换成正弦波信号；各种信号通过各自独立的输出电路同时输出，或使用同一输出电路，用开关实现输出波形的转换。

① 方波-三角波变换原理　函数信号发生器中常用的方波-三角波变换电路如图 16-15(a)

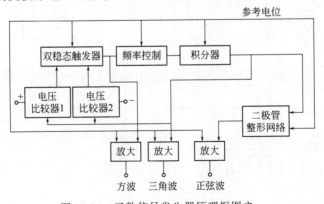

图 16-14　函数信号发生器原理框图之一

所示。它主要由双稳态触发器、米勒积分器和两个电压比较器组成。其工作原理如下：假如双稳态触发器输出端的电压为正，则积分器的输出电压 $u_2$ 将线性下降，当 $u_2$ 下降到等于参考电动势 $E_{r2}$ 时，电压比较器2使双稳态触发器翻转，此时，输出电压 $u_1$ 由正变负，积分器的输出电压 $u_2$ 将线性上升。当上升到等于参考电动势 $E_{r1}$ 时，电压比较器1使双稳态触发器又翻回原来状态，完成一个循环周期。因此，从双稳态触发器输出端可得到方波信号；从积分器输出端可得到三角波信号。其振荡波形如图 16-15(b) 所示。

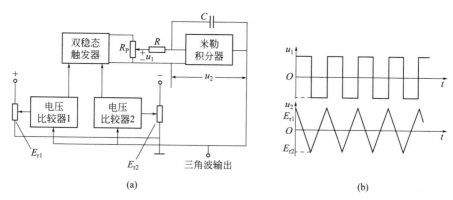

图 16-15　方波-三角波变换电路和波形

② 三角波-正弦波变换原理　三角波到正弦波的变换一般利用函数变换网络完成。函数变换网络利用分段逼近法来实现波形变换，如图 16-16 所示。其中，图 16-16(a) 是某一个电路的输入-输出特性曲线；图 16-16(b) 是该电路输入信号；图 16-16(c) 是该电路的输出信号。较之输入信号，输出信号向正弦波逼近了一大步。显然，特性曲线中折线的段数越多，电路输出波形越接近正弦波。

如图 16-17 所示为实际的正弦波形成网络。电路中使用了六对二极管。正、负直流稳压电源和电阻 $R_1 \sim R_7$ 以及 $R_1' \sim R_7'$ 为二极管提供适当的偏压，以控制三角波逼近正弦波时转折点的位置。随着输入电压的变化，六对二极管依次导通和截止，并把电阻 $R_8 \sim R_{13}$ 依次接入电路或从电路中断开。电路中每个二极管可产生一个转折点。在正半周时，一对二极管可获得三段折线；负半周时，同样可获得三段折线；即：使用一对二极管可获得六段折线。以后每增加一对二极管，正负半周各增加两段折线。因此，用 6 对二极管可产生 26 段折线。由这种正弦波形成网络所获得的正弦信号失真小，用 6 对二极管时可小于 $0.25\%$。

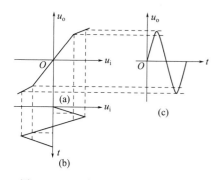

图 16-16　三角波变换正弦波示意图

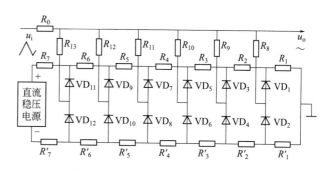

图 16-17　三角波-正弦波函数变换网络

（2）由正弦波产生方波和三角波方案

由正弦波产生方波和三角波的方案如图 16-18 所示。其工作频率为 1Hz～1MHz。此方案中，振荡器通常采用文氏桥振荡器，能输出较好的正弦波，在 $20\mathrm{Hz}\sim20\mathrm{kHz}$ 范围内，谐波失真度可小于 $0.1\%$。正弦信号送至整形电路限幅，再经微分、单稳态调宽、放大，便得到幅度可调的正负矩形脉冲，其宽度可在 $0.1\sim10000\mu\mathrm{s}$ 内连续调节，脉冲前沿小于 $40\mathrm{ns}$。负矩形脉冲送至锯齿波产生电路，得到扫描时间可连续调节的锯齿波信号，其扫描时间为 $0.1\sim10000\mu\mathrm{s}$。负矩形脉冲再经微分、放大后，可输出宽度小于 $0.1\mu\mathrm{s}$ 的正、负尖脉冲。

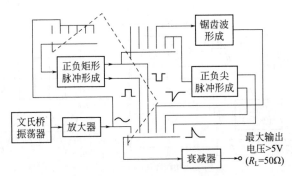

图 16-18　函数信号发生器原理框图之二

（3）由三角波产生方波和正弦波方案

先产生三角波，然后产生方波和正弦波是近年来比较流行的一种方案，其原理框图如图 16-19 所示。该方案利用正、负电流源对积分电容充放电，产生线性很好的三角波。如果改变正、负电流源的激励电压，就能够改变电流源的输出电流值，从而改变积分电容的充、放电速度，使三角波的重复频率得到改变，实现频率调谐。正、负电流源的工作转换受电平检测器的控制，它可用来交替切换送往积分器的充电电流正、负极性，使缓冲放大器输出一定幅度的三角波信号。同时，电平检测器输出一定幅度的方波。三角波再经正弦波形成网络整形，可输出正弦波。三角波、方波和正弦波信号经选择开关送往输出放大器放大后输出。输出端接有衰减器，以调整输出电压的大小。

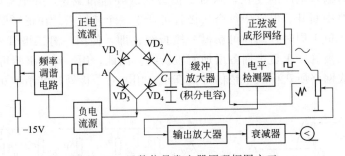

图 16-19　函数信号发生器原理框图之三

## 16.3.2　典型产品介绍

函数信号发生器种类很多，但使用方法大同小异，这里以 VC2002 型函数信号发生器为例来讲述其使用方法。VC2002 型函数信号发生器可以输出正弦波、方波、矩形波和三角波（锯齿波）等基本函数信号，这些信号的频率和幅度都可以连续调节。

（1）面板介绍

VC2002 型函数信号发生器的前、后面板如图 16-20 所示。

面板各部分功能说明如下。

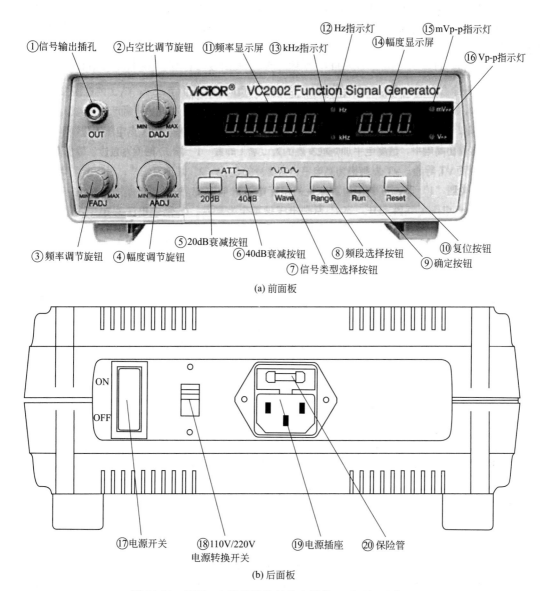

图 16-20 VC2002 型函数信号发生器前、后面板示意图

① 信号输出插孔。信号输出插孔用于输出仪器产生的信号。

② 占空比调节旋钮。占空比调节旋钮用来调节输出信号的占空比。本仪器的占空比调节范围为 20％～80％（注：占空比是指一个信号周期内高电平时间与整个周期时间的比值，占空比为 50％的矩形波称为方波）。

③ 频率调节旋钮。频率调节旋钮用来调节输出信号的频率。

④ 幅度调节旋钮。幅度调节旋钮用来调节输出信号的幅度。

⑤ 20dB 衰减按钮。当该按钮按下时，输出信号会被衰减 20dB（即衰减 10 倍）输出。

⑥ 40dB 衰减按钮。当该按钮按下时，输出信号会被衰减 40dB（即衰减 100 倍）输出。

⑦ 信号类型选择按钮。信号类型选择按钮用来选择输出信号的类型。当反复按压该按钮时，5 位 LED 频率显示屏的最高位会循环显示 "1" "2" "3"，显示 "1" 表示选择输出信号为正弦波，"2" 表示方波，"3" 表示三角波。

⑧ 频段选择按钮。频段选择按钮用来选择输出信号的频段。当反复按压该按钮时，5位 LED 频率显示屏的最低位会循环显示频段"1""2""3""4""5""6""7"，各频段的频率范围如下。

1 挡：$0.2\sim2Hz$；2 挡：$2\sim20Hz$；3 挡：$20\sim200Hz$；4 挡：$200Hz\sim2kHz$；5 挡：$2\sim20kHz$；6 挡：$20\sim200kHz$；7 挡：$200kHz\sim2MHz$。

在使用仪器时，先操作频段选择按钮选择好频段，再调节频率调节旋钮就可使仪器输出本频段频率范围内任一频率的信号。

⑨ 确定按钮。当仪器的各项参数调节好后，再按下此按钮，仪器开始运行，按设定信号输出，同时在显示屏上显示输出信号的频率和幅度。

⑩ 复位按钮。当出现显示错误或死机时，按下此按钮，仪器复位启动重新开始工作。

⑪ 频率显示屏。频率显示屏用来显示输出信号的频率。它由 5 位 LED 数码管组成，是一个多功能显示屏。在进行信号类型选择时，最高位显示"1""2""3"分别代表正弦波、方波、三角波；在进行频段选择时，最低位显示"1""2""3""4""5""6""7"分别代表不同的频率范围；在输出信号时，显示输出信号的频率。

⑫ Hz 指示灯。当该灯亮时，表示输出信号频率以"Hz"为单位。

⑬ kHz 指示灯。当该灯亮时，表示输出信号频率以"kHz"为单位。

⑭ 幅度显示屏。幅度显示屏用来显示输出信号的幅度。

⑮ $mV_{p\text{-}p}$ 指示灯。当该灯亮时，表示输出信号的峰-峰值幅度以"mV"为单位，$V_{p\text{-}p}$ 表示峰-峰值。

⑯ $V_{p\text{-}p}$ 指示灯。当该灯亮时，表示输出信号的峰-峰值幅度以"V"为单位。

⑰ 电源开关。电源开关用来接通和切断仪器的电源。

⑱ 110V/220V 电源转换开关。110V/220V 电源转换开关的功能是使仪器能在 110V 或 220V 两种交流电源供电时都正常使用。

⑲ 电源插座。电源插座用来插入配套的电源插线，为仪器引入 110V 或 220V 电源。

⑳ 保险管。当仪器内部出现过载或短路时，保险管内熔丝熔断，使仪器得到保护。该保险管熔丝的容量为 $500mA/250V$。

（2）使用说明

VC2002 型函数信号发生器的使用方法如下。

第 1 步：开机并接好输出测试线。将仪器后面板上的 110V/220V 电源转换开关拨至"220V"位置，然后将电源插座插入电源线并接通 220V 电源，再按下电源开关，仪器开始工作，接着在仪器的信号输出插孔上接好输出测试线。

第 2 步：设置输出信号的频段。反复按压频段选择按钮，同时观察频率显示屏最低位显示的频段号（1~7），选择合适的输出信号频段。

第 3 步：设置输出信号的波形类型。反复按压信号类型选择按钮，同时观察频率显示屏最高位显示的波形类型代码（1 表示正弦波，2 表示方波，3 表示三角波），据此选择好输出信号的类型。

第 4 步：按下"确认"按钮，仪器开始运行，在频率显示屏上显示信号的频率，在幅度显示屏上显示信号的幅度。

第 5 步：调节频率调节旋钮的同时观察频率显示屏，使信号频率满足要求；调节幅度调节旋钮并观察幅度显示屏，使信号幅度满足要求。

第 6 步：调节占空比调节旋钮，使输出信号的占空比满足要求。方波的占空比为 50%，大于或小于该值为矩形波；三角波的占空比为 50%，大于或小于该值为锯齿波。

第7步：将仪器的信号输出测试线与其他待测电路连接，若连接后仪器的输出信号频率或幅度等发生变化，可重新调节仪器，直至输出信号满足要求。

（3）特点与技术指标

① 特点

a. 频率范围：0.2Hz～2MHz。

b. 波形：正弦波、三角波、方波、矩形波、锯齿波。

c. 5位LED频率显示，3位LED幅度显示。

d. 频率、幅度、占空比连续可调。

e. 二段式固定衰减器：20dB/40dB。

② 技术指标

a. 频率范围：0.2Hz、2Hz、20Hz、200Hz、2kHz、20kHz、200kHz、2MHz。

b. 幅度：$(2V_{p-p}～20V_{p-p})\pm20\%$。

c. 阻抗：50Ω。

d. 衰减：20dB/40dB。

e. 占空比：20%～80%（±10%）。

f. 显示：5位LED频率显示，同时3位LED幅度显示。

g. 正弦波：失真度<2。

h. 三角波：线性度>99%。

i. 方波：上升沿/下降沿时间<100ns。

j. 时基：标称频率为12MHz，频率稳定度为$\pm5\times10^{-5}$。

k. 信号频率稳定度：<0.1%/min。

l. 测量误差：0.5%。

m. 电源：220V/110V±10%，50Hz/60Hz±5%，功耗<15W。

# 16.4　脉冲信号发生器

脉冲信号发生器是专门用来产生脉冲波形的信号源，它广泛应用于电子测量系统以及数字通信、雷达、激光、航天、计算机技术、自动控制等领域。

## 16.4.1　矩形脉冲信号参数

脉冲信号通常是指持续时间较短、有特定变化规律的电压或电流信号。常见的脉冲信号波形有矩形、锯齿形、钟形、阶梯形、数字编码序列等。其中，最基本的脉冲信号是矩形脉冲信号，如图16-21所示。下面对其主要参数进行简要介绍。

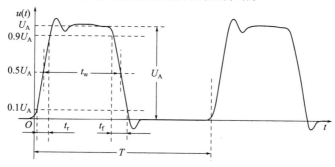

图16-21　矩形脉冲信号参数

① 脉冲幅度 $U_A$：脉冲顶量值和底量值之差。

② 脉冲周期和重复频率：周期性脉冲相邻两脉冲相同位置之间的时间间隔称为脉冲周期，用 $T$ 表示。脉冲周期的倒数称为重复频率。

③ 脉冲宽度 $t_w$（或 $\tau$）：脉冲前后沿 50% 处的时间间隔。

④ 脉冲的占空比 $\varepsilon$：脉冲宽度 $t_w$ 与脉冲周期 $T$ 的比值称为占空比或空度系数，即

$$\varepsilon = t_w / T$$

⑤ 上升时间 $t_r$：由 $10\% U_A$ 电平处上升到 $90\% U_A$ 电平处所需的时间，也称脉冲前沿。

⑥ 下降时间 $t_f$：由 $90\% U_A$ 电平处下降到 $10\% U_A$ 电平处所需的时间，也称脉冲后沿。

## 16.4.2　产品主要类型

按照脉冲用途和产生方法的不同，脉冲信号发生器可分为通用脉冲信号发生器、快沿脉冲信号发生器、函数信号发生器、数字可编程脉冲信号发生器及特种脉冲信号发生器等。

① 通用脉冲信号发生器　通用脉冲信号发生器是最常用的脉冲信号发生器，其输出脉冲频率、延迟时间、脉冲宽度、脉冲幅度均可在一定范围内连续调节，一般输出脉冲都有"＋""－"两种极性，有些还具有前后沿可调、双脉冲、群脉冲、闸门、外触发及单次触发等多种功能。

② 快沿脉冲信号发生器　以快速前沿为其特征，主要用于各类瞬态特性测试，特别是测试示波器的瞬态响应。

③ 函数信号发生器　在前面已经介绍。由于它可输出多种波形信号，已成为通用性极强的一种信号发生器。但作为脉冲信号源，其上限频率不够高（50MHz 左右），前后沿也较长，因此不能完全取代通用脉冲信号发生器。

④ 数字可编程脉冲信号发生器　这是随着集成电路技术、微处理器技术的发展而产生的一种脉冲信号发生器，可通过编程控制输出信号。

⑤ 特种脉冲信号发生器　是指那些具有特殊用途，对某些性能指标有特定要求的脉冲信号源，如稳幅、高压、精密延迟等脉冲信号发生器以及功率脉冲信号发生器和数字序列发生器等。

## 16.4.3　工作原理分析

通用脉冲信号发生器的原理框图如图 16-22 所示。各部分功能如下。

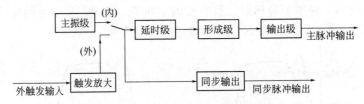

图 16-22　脉冲信号发生器原理框图

① 主振级　该单元是脉冲信号源的核心，它决定着输出脉冲的重复频率。主振级应具有较高的频率稳定度、较宽的频率范围、陡峭的前沿和足够的幅度，通常采用恒流源射极耦合多谐振荡器产生矩形波。调节振荡器中的电容和钳位电压可进行振荡频率粗调（频段）和细调。

②　延时级　对主振级输出脉冲延时，使仪器输出的同步脉冲略超前于主脉冲。一般采用单稳态电路来延时，延迟时间可以调节。

③　形成级　在延时脉冲作用下，产生宽度准确、波形良好的矩形脉冲。脉冲宽度应能独立调节，具有较高的稳定性。

④　输出级　用于调节输出脉冲的幅度，选择输出脉冲的极性，进行阻抗变换等。

⑤　同步输出级　输出供测试用的同步信号。该信号由于在时间上超前于主脉冲，能用于提前触发某些观测用仪器（如示波器），所以该脉冲又称为前置脉冲。

## 16.4.4　典型产品介绍

XC16B 型脉冲信号发生器除功率放大级外，主要电路采用 CMOS 集成电路，具有输出幅度大，波形失真小，前后沿及脉冲周期、延迟、脉宽调节范围大等优点。其前面板图如图16-23 所示。

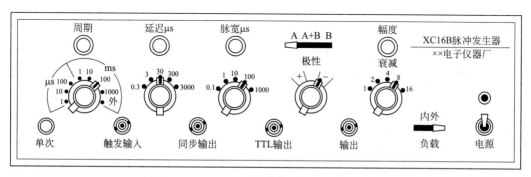

图 16-23　XC16B 型脉冲信号发生器前面板图

其主要技术指标如下所示：

①　脉冲频率：1Hz～1MHz，分七挡连续可调。

②　脉冲宽度：0.1～1000$\mu$s，分五挡连续可调。

③　输出脉冲：可输出正极性或负极性的单脉冲或双脉冲。输出双脉冲时，第二个脉冲（称 B 脉冲）相对于第一个脉冲（称 A 脉冲）的延迟时间为 0.3～3000$\mu$s，分五挡连续可调。

④　输出幅度：150mV～20V（在内接或外接 50$\Omega$ 负载时），可连续调节。

⑤　脉冲前后沿：≤40ns。

## 16.5　任意波形发生器

自然界有很多无规律的现象，例如雷电、地震、动物的心脏跳动、工程机械运转时的振动现象等都是无规律的。为了对这些问题进行研究，就要模仿这些信号的产生。过去，由于信号源只能产生正弦波、脉冲波或介于这两者之间的函数波形，只能采用等效或模拟的手段进行研究。20 世纪 70 年代后期，由于直接数字频率合成技术（Direct Digital Frequency Synthesis，DDFS）的发展，产生了一种新型的信号源，即任意波形发生器（Arbitrary Function Generator，AFG；有时也简称其为 AWG：Arbitrary waveform generator）。它现在已经广泛应用于通信测试、汽车工业、医用仪器、材料测试等领域。

### 16.5.1　主要技术特性

①　输出幅度　指在波形不失真时的输出峰-峰值。在最小输出时应该符合信噪比的要

求。通常输出幅度为 1mV～5V，负载为 50Ω。

② 幅度分辨力　幅度分辨力是指信号发生器输出电压在幅度上的分辨能力，在很大程度上取决于 D/A 转换器的性能。D/A 转换器的输入位数越多，则电压分辨力就越高，比如 10bit 的 D/A 转换器的分辨力为 1/1024，12bit 的为 1/4096。D/A 转换器的幅度分辨力和转换速度是互相制约的。

③ 相位分辨力　相位分辨力即输出波形的时间分辨力，通常指波形存储器存储样点的个数，也可定义为存储器的深度或容量。一个波形的样点越多，所产生波形的失真越小，即相位分辨力越高。

④ 最高取样率　在任意波形发生器中最高取样率是指输出波形样点的速率，它表征任意波形发生器输出波形的最高频率分量。按照取样定理，取样率达到信号中最高频率分量频率的 2 倍以上时，即可还原出原信号。但实际应用中，通常取 4 倍以上。

⑤ 输出通道数　任意波形发生器可单通道输出，也可双通道或多通道输出，还可以是模拟信号通道及数字信号通道输出。

⑥ 频谱纯度　指在输出正弦波情况下，谐波和噪声应比基波小得多。

⑦ 直流偏移　即给信号波形叠加直流电压，一般为 0～±5V。

## 16.5.2　工作原理分析

（1）任意波形发生器的组成

任意波形发生器是在微机控制下工作的，一般有两种结构形式。

① 单机结构　由微处理器系统和信号产生部分组成独立仪器。

② 插卡结构　任意波形发生器以板卡形式插入 PC 机插槽，或将 PC 机总线引出机外与插卡相连。

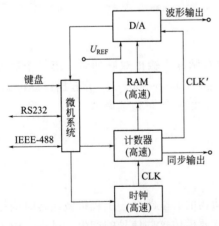

图 16-24　任意波形发生器的组成框图

如图 16-24 所示是单机结构任意波形发生器的组成框图。微机系统将波形数据送至波形存储器 RAM（高速）。当输出波形时，由高速时钟发生器（CLK）和高速计数器产生 RAM 地址信号，并从 RAM 中读出数据，经 D/A 转换器转换后得输出波形。

（2）任意波形的产生方法

从前述可知，任意波形发生器的输出波形取决于波形存储器中的数据，因此，产生波形的方法取决于向波形存储器（RAM）提供数据的方法，有如下几种。

① 表格法　将波形数据（经量化编码）按顺序存入波形存储器中。对于经常使用的波形，可将其数据固化于 ROM 或非易失性 RAM 中，以便反复使用。表格法还可将不同波形存入到 RAM 的不同区域中，以产生多种波形。

② 数学方程法　先将描述波形的数学方程（算法）存入计算机，在使用时输入方程中的有关参数，由计算机运算得到波形数据。

③ 折线法　用若干线段来逼近任意波形。只要知道每一段的起点和终点的坐标位置就可以计算出中间各点的数值。

④ 作图法　通过移动显示屏上的光标作图，生成所需的波形数据，然后将此数据送入波形存储器。

⑤ 输入法 将其他仪器仪表（数字存储示波器、数据记录仪等）获得的波形数据通过微机系统总线或 GPIB（General Purpose Interface Bus，通用接口总线）传输给波形数据存储器。这种方法很适于复现单次的信号波形。

## 16.5.3 典型产品介绍

Agilent 33250A 型函数/任意波形发生器不仅可提供所有标准的函数波形，还能得到 12bit 分辨率和 200MSa/s（MSa/s 为采样率的单位，意思是每秒能采样多少兆个样本，其中：M 是兆，Sa 是样本，s 是秒）采样率的任意波形。内置的调制和线性及对数扫描功能进一步扩大其测试能力。此外，外时钟基准时基提高了频率稳定度，可以产生精密的相位偏置信号，以锁定到另一台 33250A 或是 10MHz 频标。其主要性能指标如下。

（1）波形

① 标准波形：正弦波、方波、脉冲、斜波、三角波、噪声、$\sin(x)/x$、指数上升和下降、心律波、直流电压。

② 任意波形：波形长度为 1～64000 点；非易失性存储器可存储 4 个波形，每个波形 1～64 点；幅度分辨力为 12bit；取样率为 200MSa/s。

（2）频率特性

① 频率范围：正弦波为 $1\mu Hz$～80MHz；方波为 $1\mu Hz$～80MHz；三角波为 $1\mu Hz$～1MHz；斜波为 $500\mu Hz$～50MHz；白噪声为 50MHz 带宽。

② 频率准确度：$0.3\times10^{-6}$。

③ 频率分辨力：$1\mu Hz$，除脉冲外为五个字。

④ THD（总谐波失真）（DC-20kHz） $<0.2\%+1mV_{rms}$。

（3）调制特性

① AM（调幅，Amplitude Modulation）：调制信号为任何内部波形；调制信号频率为 2mHz～20kHz；调制深度为 0%～120%。

② FM（调频，Frequency Modulation）：调制信号为任何内部波形；调制信号频率为 2mHz～20kHz；频率偏移为 DC～80MHz。

③ FSK（频移键控，Frequency-shiftkeying，也称频率偏移调变，是利用载波的频率变化来传递数字信息。它是利用基带数字信号离散取值特点去键控载波频率以传递信息的一种数字调制技术。其主要优点是：实现起来较容易，抗噪声与抗衰减的性能较好）：内部速率为 2mHz～1MHz；频率范围为 $1\mu Hz$～80MHz。

④ 脉冲列：波形频率为 $1\mu Hz$～80MHz；计数为 1～1000000 或无穷多个周期；起始/停止相位为 $-360°$～$+360°$。内部周期为 $1\mu s$～500s。

（4）扫描

① 扫描类型：线性或对数。

② 扫描方向：向上或向下。

③ 扫描时间：1ms～500s。

（5）时钟基准

① 外时钟锁定范围：10MHz±35kHz。

② 内部频率：10MHz。

Agilent 33250A 型函数/任意波形发生器的前面板图如图 16-25 所示。

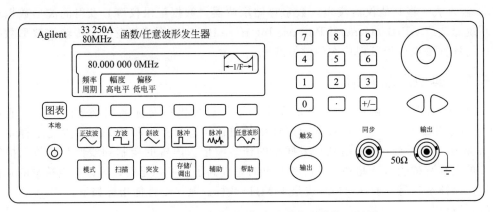

图 16-25　33250A 型函数/任意波形发生器前面板图

# 第17章
# 频域测量仪器

　　频域测量是把信号作为频率的函数进行分析，主要讨论线性系统频率特性的测量和信号的频谱分析。

　　一般情况下，线性系统的频率特性测量包括幅频特性测量和相频特性测量。本章只讨论幅频特性的测量。目前，幅频特性测量多采用扫频技术。扫频技术是20世纪60年代发展起来的一种技术，目前已获得广泛应用。用这种测量方法可以直接在示波管屏幕上显示出被测电路（或器件）的幅频特性或信号源的频谱特性等，还可测量网络的参数。在电子技术中，经常使用依据扫频技术制成的扫频仪（即频率特性测试仪）对放大器、衰减器及谐振网络等的频率特性进行直接显示和快速测量，不但简化了测试过程，而且更接近实际工作状态。它已经成为一种半自动测试方法，在很多领域特别是生产线上获得了广泛应用。

　　信号所含的各种频率分量（频谱分布）可以用频谱分析仪来测量。这里所说的"谱"，是指按一定规律列出的图表或绘制的图像。而频谱是指对信号按频率顺序排列起来的各种成分，当只考虑其幅值时，称为幅度频谱，简称频谱。对于任意电信号的频谱所进行的研究，称为频谱分析。

　　正弦波信号是在时域中定义的，但波形失真参数却是用正弦波形通过傅里叶变换后在频域中各谐波分量相对于基波幅度的大小来表示的。因此本章讨论的内容包括：幅频特性测量及频率特性测试仪、频谱分析及频谱分析仪和谐波失真度测量及其所用的仪器。

## 17.1　线性系统频率特性的测量

　　线性网络对正弦输入信号的稳态响应，称为网络的频率响应，也称频率特性。一般情况下，网络的频率特性是复函数，其绝对值表示频率特性的幅度随频率变化的规律，称为幅频特性；其相位表明网络的相移随频率变化的规律，称为相频特性。频率特性测量包括幅频特性测量和相频特性测量，但平时讨论最多的还是幅频特性的测量。

## 17.1.1 测量方法

最早对线性系统幅频特性的测量是采用点频测量法：在固定频率点上逐点进行测试。这种方法烦琐、费时，且不直观，有时误差很大，会漏掉一些突变点。用扫频仪测量幅频特性曲线，采用的是扫频法。下面来讨论扫频测量法的工作原理。

如果一个正弦信号的频率在一定范围内随时间按一定规律反复连续变化，这个过程称为扫频。这种频率扫动的信号，称为扫频信号。利用扫频信号的测量称为扫频测量。扫频测量法是将扫频信号加至被测电路的输入端，然后用示波器来显示信号通过被测电路后振幅的变化。由于扫频信号的频率是连续变化的，在示波器屏幕上直观显示出被测电路的幅频特性，这种测量方法又称为动态测量法。

扫频测量法的仪器连接如图 17-1 所示。扫描电压发生器一方面为示波器 $X$ 轴提供扫描信号，一方面又用来控制扫频振荡的频率，使其产生频率从低到高周期性重复变化的扫频信号输出。扫频信号加至被测电路，其输出电压由峰值检波器检波，以反映输出电压随频率变化的规律。

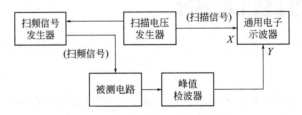

图 17-1 扫频测量法的仪器连接

与点频测量法相比较，由于扫频信号频率是连续变化的，不存在测试频率的间断点，因此不会漏掉突变点，且能够观察到电路存在的各种冲激变化，如脉冲干扰等，这是一种半自动测试。在调试电路过程中，可以一边调整电路元件，一边观察显示的曲线，随时判明元件变化对幅频特性产生的影响，迅速查找电路存在的故障。

## 17.1.2 频率特性测试仪工作原理

频率特性测试仪（简称扫频仪）根据扫频测量法的原理设计、制造而成，其组成框图如图 17-2 所示。它是将扫频信号源及示波器的 X-Y 显示功能结合为一体，并增加了某些附属电路而构成的一种通用仪器，用于测量网络的幅频特性。

（1）基本工作原理

如图 17-2 所示，扫描电压发生器产生的扫描电压既加至 $X$ 轴，同时又加至扫频信号发生器，使扫频信号的频率变化规律与扫描电压一致，从而使得每个扫描点与扫频信号输出的频率之间存在着一一对应的确定关系。扫描信号的波形可以是锯齿波，也可以是正弦波或三角波。这些信号一般由 50Hz 工频电压经降压、限幅、整形后获得。因为光点的水平偏移与加至 $X$ 轴的电压成正比，即光点的水平偏移位置与 $X$ 轴上所加电压有确定的对应关系，而扫描电压与扫频信号的输出瞬时频率又有一一对应关系，故 $X$ 轴相应地成为频率坐标轴。

扫频信号加至被测电路，检波探头对被测电路的输出信号进行峰值检波，并将检波所得信号送往示波器 $Y$ 轴电路。该信号的幅度变化正好反映了被测电路的幅频特性，因而在屏幕上能直接观察到被测电路的幅频特性曲线。

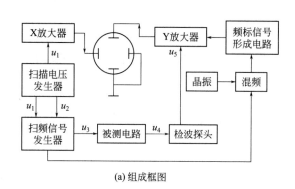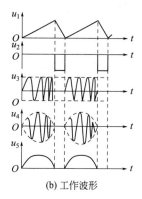

（a）组成框图　　　　　　　　　（b）工作波形

图 17-2　扫频仪的组成框图及工作波形图

为了标出 $X$ 轴所代表的频率值，需另加频标信号。该信号由作为频率标准的晶振信号与扫频信号混频得到。其形成过程将在后面讨论，图 17-2(b) 中未画出频标的波形。

用动态法测试幅频特性时，由于扫描的正程时间和逆程时间不同，即正程和逆程的扫描速度不同，因此正程扫出的曲线和逆程扫出的曲线不重合。为了便于测试和读出，一般要在电路中采取措施，使扫频发生器在逆程期间停振，即采用单向扫频，因而在逆程期屏幕上显示的是零基线，如图 17-3 所示。图 17-2(b) 中的 $u_2$ 就是用来使扫频振荡器停振的信号。

（2）扫频信号源的主要工作特性

① 有效扫频宽度和中心频率　有效扫频宽度是指在扫频线性和振幅平稳性符合要求的前提下，一次扫频能达到的最大频率覆盖范围。即

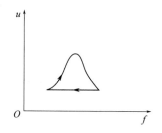

图 17-3　单向扫频回扫
显示零基线

$$\Delta f = f_{max} - f_{min} \tag{17-1}$$

式中，$\Delta f$ 为有效扫频宽度；$f_{max}$ 为一次扫频时能获得的最高瞬时频率；$f_{min}$ 为一次扫频时能获得的最低瞬时频率。

扫频信号就是调频信号。在线性扫频时，频率变化是均匀的，称 $\Delta f/2$ 为频偏。中心频率 $f_0$ 为

$$f_0 = (f_{max} + f_{min})/2 \tag{17-2}$$

中心频率范围是指 $f_0$ 的变化范围，也就是扫频仪的工作频率范围。

相对扫频宽度定义为有效扫频宽度与中心频率之比，即

$$\frac{\Delta f}{f_0} = 2\frac{f_{max} - f_{min}}{f_{max} + f_{min}} \tag{17-3}$$

通常把有效扫频宽度 $\Delta f$ 远小于信号瞬时频率的扫频信号称为窄带扫频，有效扫频宽度 $\Delta f$ 和瞬时频率可以相比拟的称为宽带扫频。

② 扫频线性　扫频线性指扫频信号瞬时频率变化和调制电压瞬时值变化之间的吻合程度。吻合程度越高，其扫频线性越好。

③ 振幅平稳性　在幅频特性测试中，必须保证扫频信号的幅度恒定不变。扫频信号的振幅平稳性通常用其寄生调幅来表示，寄生调幅越小，表示振幅平稳性越高。

④ 频标　为了使幅频特性容易读数，应有多种频率标记（简称频标），必要时频标可外接。

（3）产生扫频信号的方法

在扫频仪中，一般采用以下几种扫频形式产生等幅的扫频信号。

① 变容二极管扫频　变容二极管扫频是用改变振荡回路中的电容量，以获得扫频的一种方法。它将变容二极管作为振荡器选频电路中电容的一部分。扫频振荡器工作时，将调制信号反向地加到变容二极管上，使二极管的电容随调制信号变化而变化，进而使振荡器的振荡频率也随着变化，达到扫频的目的。改变调制电压的幅度可以改变扫频宽度，即改变扫频振荡器的频偏。改变调制电压的变化速率可改变扫频速度。

② 磁调制扫频　磁调制扫频是用改变振荡回路中带磁芯电感线圈的电感量，以获得扫频的一种方法。在磁调制扫频电路中，通常调制电流为正弦波，即采用正弦波扫频。由于磁性材料存在一定的磁滞，在调制电流 $i_M$ 的一个周期内，磁导率的变化并非按同一轨迹往返，即正向调制和反向调制的扫频线性是不同的。为了使观察时图形清晰，必须使扫频振荡器工作在单向扫频状态，回扫时令振荡器停振，屏幕显示零基线。磁调制振荡电路会产生寄生调幅，这是因为高频线圈的 $Q$ 值在扫频振荡中会随调制电流的变化而变化，因此需要增加自动稳幅电路来使扫频信号的振幅保持恒定。

③ 宽带扫频　在测试幅频特性曲线时，往往既要求扫频信号的中心频率在很宽的范围内变化，又要求在任一固定的中心频率附近有足够大的扫频宽度。前两种扫频方法难以同时满足要求，它们的有效扫频宽度总是受到种种限制。一般用差频法来扩展扫频宽度。

（4）频率标记电路

频率标记电路简称频标电路，其作用是产生具有频率标记的图形，叠加在幅频特性曲线上，以便读出各点频率值。频标的产生通常采用差频法，其原理框图如图 17-4 所示。

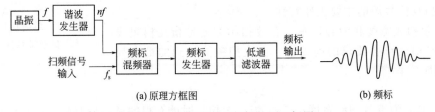

(a) 原理方框图　　　　　　　　　　　　　(b) 频标

图 17-4　差频法产生频标的原理框图

在图 17-4 中，对晶体振荡器输出的正弦波进行限幅、整形、微分，形成含有丰富谐波成分的尖脉冲，再与扫频信号混频而得到菱形频标。设晶体振荡器频率为 $f$，其谐波为 $nf$，扫频信号的频率为 $f_s$，$f_s$ 是一个频率大范围变化的信号。晶振谐波与扫频信号在混频器中混频，$f_s = nf$ 时得到零差点。混频后的信号在零差点附近，两频率之差迅速变大。该信号通过低通滤波器时，由于受通频带的限制，其高频成分被滤波，使零差点附近的信号幅度迅速衰减而形成菱形频标。5MHz 频标的形成过程如图 17-5 所示。

当扫频信号经过一系列晶振频率的谐波点时，则会产生一列频标，形成频标群。把这些频标信号加至 Y 放大器与检波后的信号混合，就能得到加有频标的幅频特性曲线，如图 17-6 所示。为了提高分辨力，在低频扫频仪中常采用针形频标。在显示曲线上，针形频标是一根细针，宽度比菱形频标窄，在测量低频电路时有较高的分辨力。只要在菱形频标产生电路后面增加整形电路，使每个菱形频标信号产生一个单窄脉冲，便可形成针形频标。

## 17.1.3　扫频仪典型产品介绍

BT3C-A 型频率特性测试仪是利用示波管直接显示被测设备幅频特性曲线的仪器。由于采用晶体管和集成电路，因此功耗低、体积小、重量轻、输出电压高、寄生调幅小、扫频非线性系数小、衰减器精确度高、频谱纯度好、显示灵敏度高。其主要特点是：扫频宽度和中

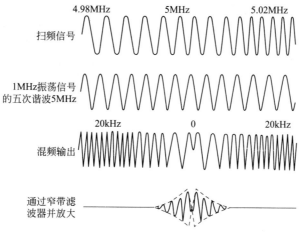

图 17-5　5MHz 频标的形成过程

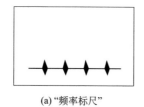

(a)"频率标尺"

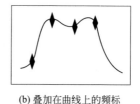

(b) 叠加在曲线上的频标

图 17-6　荧光屏上的频标

心频率均可在 1～300MHz 内连续调节。其可用来测定无线电设备的频率特性。

（1）主要技术性能

① 中心频率：1～300MHz 连续调节；

② 扫频频偏：分全扫和窄扫，全扫扫频范围为 1～300MHz，窄扫扫频范围以中心频率为中心，频率偏移为 ±0.5～±15MHz；

③ 扫频非线性系数：扫频频偏在 ±15MHz 范围内不大于 10%；

④ 扫频输出电压：≥500mV（75Ω）；

⑤ 扫频信号输出阻抗：75Ω；

⑥ 扫频输出寄生调幅：不大于 7%；

⑦ 输出衰减：10dB×7，1dB×10 步进；

⑧ 频标：1MHz、10MHz（复合）、50MHz 及外接；

⑨ Y 输入衰减：分 1、10、100 三挡；

⑩ Y 输入灵敏度：不低于 $2.5mV_{p-p}/cm$。

（2）面板图及控制装置功能说明

BT3C-A 型扫频仪的前面板图如图 17-7 所示。

各控制装置及其功能说明如下：

① 电源、辉度旋钮（含开关）：辉度调节旋钮兼电源开关，控制电源的通断及曲线辉度。逆时针旋到底，电源关；顺时针转一个小的角度，即打开电源；打开电源后，即可用此旋钮调节光迹（扫描线或曲线）亮度。顺时针旋转时，亮度增加，反之则亮度减弱，直至熄灭。

② 聚焦旋钮：调节光迹清晰度。

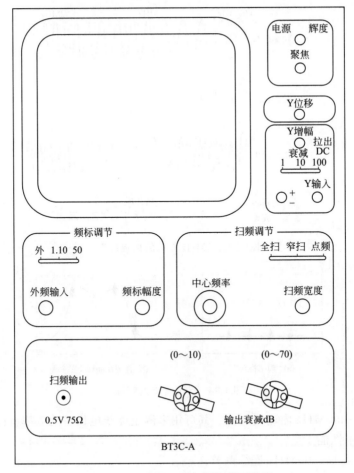

图 17-7　BT3C-A 型扫频仪前面板图

③ Y 位移旋钮：控制曲线的上下移动，顺时针调节曲线上移，反之则下移。

④ Y 衰减开关：控制输入至通道的包络信号的幅度，有 1、10、100 三挡衰减，改变衰减器可步级控制曲线幅度。

⑤ Y 输入插座：接收被测网络经检波后的包络信号。

⑥ Y 增幅旋钮：控制 Y 通道的增益，调节此旋钮可连续控制曲线幅度。顺时针调节使曲线幅度变大，反之则变小。该电位器轴柄拉出为"DC"输入，按下为"AC"输入。

⑦ 鉴频 "＋""－" 按键开关：控制鉴频特性曲线极性的按键开关。

⑧ 频标选择开关：控制频标的频率值，有 "1MHz 和 10MHz""50MHz""外"三挡，其中 10MHz 和 1MHz 同时显示，10MHz 频标幅度较大。

⑨ 频标幅度旋钮：控制屏幕上频标幅度的大小，顺时针调节频标幅度增大，反之减小。

⑩ 外频标插座：接收外部频标输入信号，从此处输入的频标信号必须不小于 50mV。

⑪ 输出衰减开关：用以控制输出扫频电压的大小。此开关有两个，可分别称为粗衰减和细衰减。粗衰减按 10dB 步进衰减，细衰减按 1dB 步进衰减。两开关配合使用，最大衰减量为 80dB，最小衰减量为 0dB。

⑫ 扫频输出插座：仪器的扫频信号由此输出。

⑬ 中心频率旋钮：调节扫频信号的中心频率。调节范围为 0～300MHz。

⑭ 扫频宽度旋钮：调节扫频信号的频偏量。顺时针调节，使频偏增大，反之减小。

⑮ 全扫、窄扫、点频开关：此为扫频方式选择开关，扫频方式有"全扫""窄扫""点频"三种。"全扫"扫频范围为 $1\sim300\text{MHz}$。"窄扫"扫频范围以中心频率为中心，频率偏移为 $\pm0.5\sim\pm15\text{MHz}$。"点频"状态时仪器输出点频信号，此时可作为一般信号发生器用。

（3）扫频仪的应用

① 使用时的注意事项

a. 仪器在测量之前应进行电气性能的检查。

b. 扫频输出电缆和检波输入电缆在接入被测网络时，地线应尽量短，以免产生误差。

c. 对于输出端带有检波电路的待测网络，与 Y 输入端相连接的电缆线不应带有检波探头；当被测网络输出端带有直流电位时，Y 输入应选用 AC 耦合方式；当被测网络输入端带有直流电位时，应在扫频输出电缆上串接容量较小的隔直电容。

d. 扫频仪工作在高频状态时，应注意扫频信号的输出和被测网络（或设备）间的阻抗匹配。如被测网络的输入阻抗不是 $75\Omega$，为了减小测试误差，应在仪器的扫频输出与被测网络输入端之间加入一个阻抗匹配器。此外，连接线的公共接地点要牢靠。

e. 观察鉴频输出的 S 曲线时，要注意"＋""－"极性转换。

f. 被测件要注意屏蔽，否则由于受到分布参数及输出与输入之间反馈等影响，会引起较大的测量误差。

g. 当需要特殊频率的频标时，可将频标选择开关置于"外接"，在外接输入插座上加入所需的信号电压（$\geqslant50\text{mV}$）。

h. 将面板上的扫频方式选择置于"点频"位置，此时可作为一般信号发生器使用。

i. 零频的确定：将频标选择开关置于"1MHz、10MHz"（以 BT3C-A 型扫频仪为例），频标增益旋钮置于合适位置，调节中心频率旋钮，使中心频率在起始附近变化。此时，在众多的频标中可看到一个特殊标记，即菱形的上顶部凹陷；如果将频标选择开关置于"外接"位，其他频标消失，而此特殊标记仍然存在，即可确定它为零频标记（或称起始频标）。

j. 在使用扫频仪进行测量时，要特别注意被测电路（或设备）增益的读法，可结合实际测量熟练掌握。

② 测量幅频特性 根据被测网络的工作频率及测试条件，调节扫频仪面板上的有关旋钮，如中心频率、输出衰减等，并如图 17-8 所示进行连接，则可从荧光屏上获得被测网络的幅频特性曲线。图 17-9 所示为几种常见网络的幅频特性曲线。从屏幕所显示的曲线可求得被测网络的有关参数。

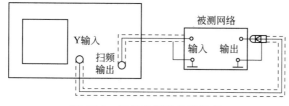

图 17-8　测量幅频特性连接图

a. 测量增益：如图 17-9(d) 所示，若此时扫频信号输出衰减的读数为 $C\text{dB}$，图形高度为 $H$。当检波探测器和扫频输出端直接短接，再改变输出衰减，使电压线的高度仍为 $H$，此时输出衰减的读数若为 $D\text{dB}$，则该放大器的增益为

$$A=C-D \quad (\text{dB}) \tag{17-4}$$

b. 测量带宽：使用扫频仪上的频标，可以方便地读出所显示频率特性曲线的带宽。有时为了更精确地测量，可使用外接频标。无论是内接或外接频标，都是根据频率标记叠加在

特性曲线带宽范围上的数目乘以频率标记值而得到结果的。

　　c. 测量回路 $Q$ 值：若扫频仪显示的单调谐回路幅频特性曲线如图 17-10 所示。为了求得被测调谐回路的 $Q$ 值，可采用外接频标方式来测试。调节外接信号发生器的频率，使其频标点分别处于图 17-10 中的 $a$、$b$、$c$ 三点上，再分别读出外接信号发生器相对应的频率值 $f_1$、$f_0$ 和 $f_2$，则根据回路 $Q$ 值的定义，得出

$$Q = f_0 / (f_2 - f_1) \tag{17-5}$$

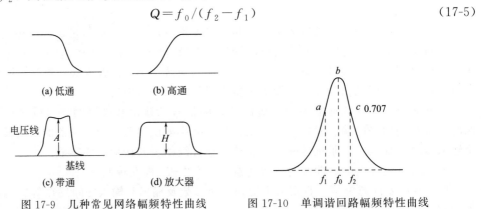

图 17-9　几种常见网络幅频特性曲线　　　图 17-10　单调谐回路幅频特性曲线

## 17.1.4　光栅图示仪

　　扫频仪是将扫频信号发生器与通用示波器的 X-Y 显示功能相结合的仪器，显示屏幕面积较小。光栅图示仪使用大屏幕的显像管作显示器，和扫频信号发生器一起配合使用，连接成如图 17-11 所示电路，组成用光栅图示仪显示的频率特性测试仪。可将扫频信号源置于光栅图示仪内，如同扫频仪一样合为一体。

图 17-11　仪器连接图

　　光栅图示仪有多种电路型式。用来产生光栅的扫描信号，有的使用锯齿波，有的使用三角波或正弦波，但电路的基本组成大体相同，这里以图 17-12 所示电路为例，讨论它的基本工作原理。光栅图示仪也称光栅显示器，由光栅形成电路、待显示频率特性检波器及放大电路（即 Y 输入电路）、增辉脉冲产生与调制电路、电子电平刻度线及频率刻度线电路等组成。

　　（1）光栅形成电路

　　与电视机产生光栅的工作原理相同，光栅形成电路包括控制电子束运动的水平扫描电路和垂直扫描电路。在光栅图示仪里水平扫描电压的频率比较低，一般为 $0.01 \sim 50\mathrm{Hz}$ 的三角波信号；垂直扫描信号的频率高达几十千赫。波形可以是锯齿波或正弦波。光栅图示仪形成的光栅不是水平光栅，而是垂直光栅，光栅平时看不见，称为暗光栅。

　　光栅振荡器用于提供垂直扫描信号，电路产生的正弦波信号（或锯齿波信号）送至垂直偏转线圈 $W_Y$，使显像管内的电子束产生垂直方向的偏转。扫频信号源内的扫描电压（通常为三角波或锯齿波）既用来对扫频信号发生器调频，同时也送至光栅图示仪的 X 输入端，

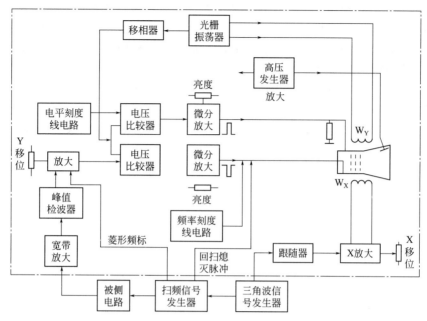

图 17-12　光栅式频率特性图示仪原理框图

经水平扫描放大器放大后送至水平偏转线圈 $W_X$，作为水平扫描信号，控制显像管内电子束在水平方向的偏转。由于水平扫描信号的频率较垂直扫描信号的频率低得多，电子束一方面进行垂直扫描，同时在水平方向上产生移动，形成密集的垂直光栅。可像调节电视机一样调节光栅显示器背景亮度，改变显像管的阴极或栅极电压可使电子束截止，因而得到暗光栅。水平扫描采用三角波信号，逆程期间仍需使之熄火。

（2）待显示幅频特性检波器及放大电路（Y 输入电路）

扫频信号发生器输出的等幅扫频信号输入至被测电路后，其振幅受到被测电路的作用以反映被测电路的幅频特性。输出信号经峰值检波、放大后，得到相应于被测电路待显示幅频特性的视频信号。信号的形成过程与在扫频仪中的情况完全相同，该信号放大后被加到比较器的一端。

在光栅图示仪里，可以具有多个 Y 输入通道。通道放大特性可以是线性的，也可具备对数放大特性，以显示大动态范围的幅频特性曲线。不同通路的输入信号分别加到多个比较器上。在图 17-12 所示电路中具有两个 Y 输入通道。一个用于显示待测信号，一个用于显示频率刻度线。不同通路的信号可以并联后加至显像管同一电极，也可以如图中那样，分别加至显像管的阴极和栅极。

（3）增辉脉冲产生与调制电路

光栅图示仪平时为暗光栅，这与电视机的情况不同；屏幕上显示的图形是由被显示信号所调制的增辉脉冲在每条光栅的不同高度处产生的增辉点所组成的。对应每条光栅可产生一个光点，由于扫描光栅的条数足够多，所有增辉点可以连成一条看起来完全连续的曲线。屏幕上的光栅条数与水平扫速（扫描速度）有关，水平扫速愈快，其光栅条数愈少。例如，若光栅振荡器频率为 $50kHz$（周期 $20\mu s$），当水平扫描信号为三角波、扫描频率为 $1Hz$ 时，扫描正程为 $0.5s$。正程期包括的垂直振荡周期为 $0.5/(20\times10^{-6})=25000$ 个，每个周期产生一个增辉点，构成图形的曲线由 25000 个密集光点组成。如同示波器断续显示时一样，当观看图形时不会有间断感，是足够清晰的。

　　显示图形的亮点由电路产生的增辉脉冲加至显像管阴极（或栅极）而形成。平时阴-栅之间电压高于截止栅偏压，电子束截止，屏上无亮点，即为暗光栅。当阴极加上负增辉脉冲（或在栅极加上正增辉脉冲）后，阴-栅之间电压减少，在脉冲作用期间，阴极能向屏幕发射一束电子，从而产生一个亮点。

　　增辉脉冲是怎样产生的呢？首先讨论增辉脉冲产生电路中比较器的性能。

　　当仅有一个 Y 通道时，增辉脉冲产生电路的比较器可采用如图 17-13 所示电路。接至比较器的参考电压是由被测电路送来的，经检波、放大后得到待显示幅频特性信号；另一输入端则加上由光栅振荡器输出通过移相器送来的垂直扫描信号。比较器输出正脉冲，它是光栅扫描信号在由小逐渐增大过程产生的，工作波形如图 17-14 所示。正脉冲经微分、放大，则可得到增辉脉冲，增辉脉冲的个数恰好等于垂直振荡的周期数。

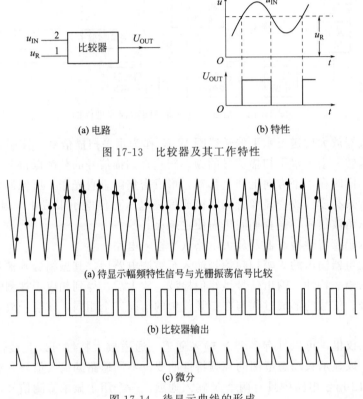

(a) 电路　　　　　　　　　　(b) 特性

图 17-13　比较器及其工作特性

(a) 待显示幅频特性信号与光栅振荡信号比较

(b) 比较器输出

(c) 微分

图 17-14　待显示曲线的形成

　　由于增辉脉冲出现的时刻都是垂直扫描信号与待显示幅频特性信号相等的时刻，即增辉脉冲的相位受到了待显示幅频特性信号的调制，增辉亮点出现的时刻及其在扫描信号上所处的对应位置完全由待显示特性曲线决定。如图 17-14（b）所示，比较器输出信号为一串不等宽的矩形脉冲，经微分、削波，可得到一串间距不等的尖脉冲。对尖脉冲放大就形成增辉信号。受到调制的点以不同的相位出现在垂直扫描的不同位置上。亮点构成的图形便与被测电路的频率响应特性曲线完全一致。

　　通常在微分放大级加有可调节的直流电压，用以改变输出的增辉脉冲幅度，以调节图形的亮度，在 Y 放大器中还接有 Y 移位旋钮，通过改变 Y 输出信号的直流分量，改变增辉脉冲比较点所在位置，达到移位目的。

　　电路中垂直扫描信号经移相器后再加到比较器；由于偏转线圈中的扫描电流滞后于两端

电压，需加移相器予以补偿。

（4）电子电平刻度线电路

显示幅频特性时，$Y$ 方向表示信号的增益或衰减，为了便于观测待测信号在 $Y$ 方向的电平，光栅图示仪的屏幕上产生水平方向刻度的亮线，且可通过调整使亮线沿着垂直方向上下任意移动。当用扫频信号发生器的输出衰减器对横亮线定度以后，每条水平亮线则代表一定的电平，用来直接读出 $Y$ 增益值。此亮线的位置也可用标准电压来定度。

由电平刻度线电路产生的增辉脉冲可和由待显示幅频特性信号产生的增辉脉冲合并在一起加至显像管阴极，也可以分别加至阴极和栅极。屏幕上可同时显示出电平刻度线和被测幅频特性曲线。由于电子电平刻度线和被显示的图形曲线在同一屏幕显示，可消除视差，提高测量的准确度。

（5）电子频率刻度线

在光栅显示器的屏幕上，一般可显示 2～4 条垂直的频率刻度线。这些刻度线能在水平方向任意左右移动，并用频标加以校准。

电子频率刻度线的形成方法与电子电平刻度线的形成方法相似。只是加到比较器上的电压 $u_{IN}$ 为水平扫描用的三角波电压。

频率刻度线需要用频标线校准；频标的产生方法与扫频仪中产生频标的方法相同。扫频信号与频标信号混频，经低通滤波后得到菱形频标，并使之触发单稳态电路产生窄脉冲，该脉冲经整形后得到增辉脉冲。作为频标的增辉脉冲和水平回扫熄灭脉冲一起加到显像管的阴极，控制电子束的发射。每个脉冲在屏幕上产生一条垂直的频标线。其频率值可从频标信号发生器的频率度盘上读出。改变频标发生器的频率，频标线会左右移动，以便用来校准频率刻度线。

如果要打上不同频率间隔的线频标，如 1MHz、10MHz 等，则可分别控制不同频标的脉冲宽度，这时在屏幕上显示的线频标的亮度不同，频标越宽则越亮，可以把其区别开来。

另外，由扫频信号发生器内产生的菱形频标信号，还可以和待显示（频率响应）信号一起在 Y 放大器中相混合，从而在显示的图形上打上频率标记。

由于光栅图示仪采用大屏幕显示，并且在屏幕上可以显示电子电平刻度线以及频率刻度线，从而大大地提高了测量的准确度。但必须注意，为了使显示的图形正确，必须根据被测网络的带宽和扫频宽度来确定水平扫描速度。如果扫速太快，因建立时间不够，陡峭的跳变会变缓，使图形失真。

在实际测量中，可以先用慢速扫描进行测量，屏幕上显示出图形后逐渐提高扫速，以图形不出现失真为限。

## 17.2 频谱分析仪

在研究信号时，可以把信号作为时间的函数进行分析，即对信号进行时域分析。用电子示波器观察信号波形是典型的时域分析方法。也可以把信号作为频率的函数进行分析，即对信号进行频域分析。其本质上是共通的，图 17-15 表明了信号时域与频域间的关系。

在图 17-15 中，电压 $u$ 是基波和二次谐波之和。用示波器显示时，能观察到电压的时域特性 $u(t)$，就是该信号电压在时域平面的合成曲线即波形；用频谱分析仪分析时，可观察到信号所包含的频率分量就是该信号电压在频域平面的频谱图。

在分析信号质量时，频谱分析仪和电子示波器可以从不同侧面反映信号的情况，各有其优缺点，因而可相互配合使用。例如，当信号中所含各频率分量相互间相位关系不同时，其

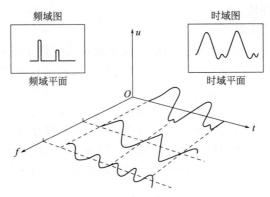

图 17-15　时域与频域的关系

波形是不同的，用示波器很容易观察出来；但在频谱仪上显示的频谱却是一样的，反映不出各频率分量间的相位变化。另外，当信号中各频率分量的幅度间比例关系略有不同时，其波形的变化不很明显，但在频谱上却有明显的变化。用示波器很难看出一个正弦信号的微小失真，但用频谱仪却可很容易地测出该信号的微小谐波分量。用频谱分析仪分析信号能同时显示出较宽范围的频谱，但只能给出幅度频谱或功率谱，不能直接给出相位信息。

## 17.2.1　基本工作原理

频谱分析仪（简称频谱仪）是最重要的、精度较高的频域分析仪器，可用来测量信号电平、谐波失真、频率、频率响应、调制系数、频率稳定度及频谱纯度等。

频谱仪根据其工作原理可分为数字式和模拟式两大类。模拟式频谱仪可分为顺序滤波式、扫频滤波式、扫频外差式等，目前最常用的是以扫频技术为基础的扫频外差式频谱仪。

扫频外差式频谱仪是按外差方式来选择所需频率分量的，其中频固定，通过改变本机振荡器的振荡频率达到选频的目的。

如图 17-16 所示为扫频外差式频谱分析仪的原理框图。从图中可以看出，这种频谱仪主要由外差式接收机和示波器两部分组成。

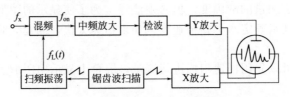

图 17-16　扫频外差式频谱仪原理框图

在图 17-16 中，扫频振荡器是仪器内部的振荡源，相当于接收机的本机振荡器，但是它要受到锯齿波扫描电压的调制（调频）。当扫频振荡器的频率 $f_L(t)$ 在一定范围内扫动时，输入信号中的各个频率分量 $f_{xn}$（比如 $f_{x1}$、$f_{x2}\cdots$）和扫频信号在混频器中产生的差频信号 $f_{on}=f_{xn}-f_L(t)$ 依次落入中频放大器的通频带内（这个通频带是固定的），获得中频增益后，经检波加到 Y 放大器放大后再送至示波管的 Y 偏转系统，使亮点在屏幕上垂直方向的偏移正比于该频率分量的幅值。

由于示波器的扫描电压就是扫频振荡器的调制电压，所以水平轴已变成频率轴，因而在屏幕上显示出被测信号的频谱图。

应该指出的是：外差法是以扫频振荡信号同被测信号进行差频，因此被测信号中的各频率分量以扫频速度依次落入中放的带宽内。由于中放的窄带滤波器总有一定的通带宽度，故在屏幕上看到的谱线实际上是一个窄带滤波器的动态幅频特性曲线图形。为了得到高的分辨力，则希望中频滤波器的带宽很窄。同样因为被测信号中的各频率分量是顺序依次通过中频滤波器、检波器送到显示器的，所以扫频外差式频谱仪分析法是一种顺序分析法（即在时间上有先后地测出被测信号中的各谱线成分），它不能得到实时频谱。

实际的频谱仪的组成结构要比如图 17-16 所示的原理框图复杂得多，其组成结构与选频电平表相类似。为了获得高的灵敏度和频率分辨力，要采用多次变频的方法，以便在几个中间频率上进行电压放大。为了使幅值坐标"对数化"，还应在 Y 通道的检波器和 Y 放大器之间，接入对数放大器。

## 17.2.2　主要工作特性

（1）扫频宽度与分析时间

扫频宽度又称分析谱宽，是指频谱仪在一次测量分析过程中（即一个扫描正程）显示的频率范围。为了观察被测信号频谱的全貌，需要较宽的扫频宽度；为了分析频谱图中的某些细节，则需要窄带扫频。因此，频谱仪的扫频宽度是可调的。通常将每厘米相对应的扫频宽度称为频宽因数。

每完成一次频谱分析所需要的时间称为分析时间。此即本机的振荡频率扫完整个扫频宽度所需要的时间，实际上就是扫描正程时间。

扫频宽度与分析时间之比称为扫频速度。

（2）频率分辨力

频率分辨力是指频谱仪能够分辨的最小谱线间隔。它表征了频谱仪能把频率相互靠近的信号区分开来的能力。

实际上，在频谱仪屏幕上看到的被测信号谱线是一个窄带滤波器的动态幅频特性曲线图形，因此分辨力取决于这个幅频特性的带宽。一般定义：幅频特性的 3dB 带宽为频谱仪的分辨力。但由于窄带滤波器幅频特性曲线的形状与扫频速度有关，所以分辨力也与扫频速度有关。根据幅频特性的带宽和扫频速度这两个因素决定的分辨力，有两种情况：

① 扫频速度为零时，静态幅频特性曲线的 3dB 带宽为静态分辨力。

② 在扫频工作时（扫频速度不为零），动态幅频特性曲线的 3dB 带宽为动态分辨力。一般，静态分辨力在仪器说明书中已给出，而动态分辨力则与使用情况有关。很明显，动态分辨力低于静态分辨力，而且扫频速度越快，动态分辨力越低（带宽越宽）。

如何获得高的动态分辨力是正确使用频谱仪的一个重要问题。从上述可知，动态分辨力不仅取决于静态分辨力，还在很大程度上取决于扫频速度。所以在使用中力求工作在最佳的配合状态，以便获得较高的动态分辨力。

（3）灵敏度和动态范围

频谱仪的灵敏度是指在最佳分辨带宽测量时显示微小信号的能力。一般定义，显示幅度为满度时输入信号的电平值，称为频谱仪的灵敏度。灵敏度取决于仪器内部的噪声。尤其是在测量小信号时，信号谱线是显示在噪声频谱之上的，为了从噪声频谱中看清楚信号谱线，一般信号电平应比内部噪声高出 10dB。另外，在扫频工作时，灵敏度还与扫频速度有关，扫频速度越快，动态幅频特性峰值越低（曲线越钝），导致灵敏度越低，并产生幅值误差。

频谱仪的动态范围是表征它同时显示大信号和小信号的真实频谱的能力。动态范围的上限受到非线性失真的制约，一般在 60dB 以上，有时可达 90dB。频谱仪的幅值显示方式有两种：线性式和对数式。为了在有限的屏幕高度范围内获得较大的动态范围，一般采用对数式显示。

## 17.2.3　典型产品介绍

HM5010 型频谱分析仪具有频谱宽、幅度分辨力高、动态范围大、频响好等特点，可用于无线电信号的分析和测量。

（1）主要技术性能

① 频率范围：0.15～1050MHz（−3dB），准确度为 ±100kHz，频率显示分辨力为100kHz（4 位半 LED）；

② 标志频率准确度为 ±（0.1%扫描＋100kHz）；

③ 扫频宽度有零扫及每格扫（100kHz/div～100MHz/div，按 1、2、5 分挡）；

④ 中频带宽（−3dB）：分辨力为 400kHz 和 20kHz，视频滤波器为 4kHz；

⑤ 幅度测量范围为−100～+13dBm；

⑥ 屏幕显示范围为 80dB（10dB/div）；

⑦ 参考电平为−27～+13dBm（按 10dBm 步进），对数刻度保真度为 ±2dBm（不衰减），基准频率 250MHz；

⑧ 输入阻抗：50Ω；

⑨ 最大输入电平：+10dBm，±25$V_{DC}$（0dB 衰减）；

⑩ 输入衰减器：0～40dB（4×10dB 步进）。

（2）仪器前面板图及其说明

HM5010 型频谱分析仪前面板图如图 17-17 所示。

各控制装置作用介绍如下：

① 聚焦（FOCUS）旋钮：调节光迹清晰度。

② 亮度（INTENS）旋钮：调节光迹亮度。

③ 电源（POWER）开关：控制电源通断。开关置于"开"位置，约 10s 后在屏幕上看到光迹。

④ 光迹旋转（TR TRACE ROTATION）：调节光迹，使基线与水平轴平行。

⑤ 标志-开/关（MARKER-ON/OFF）：当标志按钮置于"关"（OFF）位置时，中心频率（CF）指示灯亮，显示器显示中心频率（中心频率是显示在 CRT 水平中心的频率）；当开关处于"开"（ON）位置，标志频率（MK）灯亮，显示器显示标志频率。该标志在屏幕上显示为一个尖峰。标志频率可用"标志"（MARKER）旋钮进行调节并以一根谱线排列。

注意：在读取正确幅值前应关断标志。

⑥ 中心频率/标志频率（CF/MK）：当数字显示器显示中心频率时"CF"LED 亮，显示标志频率时"MK"LED 亮。

⑦ 数字显示器（DIGITAL DISPLAY）：中心频率/标志频率显示器。此数字显示器为七段显示器，其分辨力为 100kHz。

⑧ 不校正（UNCAL）：如 LED 闪烁指示，则所显示的幅度不正确，此时给出的幅度读数偏低。当扫描频率宽度（SCANWIDTH）和中频滤波器带宽（20kHz）或视频滤波器带宽（4kHz）相比过大时会出现这种情况。

⑨ 中心频率-粗调/细调（CENTER FREQUENCY-COARSE/FINE）：用粗调/细调两个旋钮互相配合设置中心频率。

⑩ 带宽（BANDWIDTH）：在 400kHz 和 20kHz 中频带宽中选择。如选择 20kHz 带宽，可减小噪声电平，改善灵敏度，可以分辨相对密集的谱线。如扫描宽度设置于过宽的频率范围则会引起错误的幅度数值，"UNCAL"LED 将指示此情况。

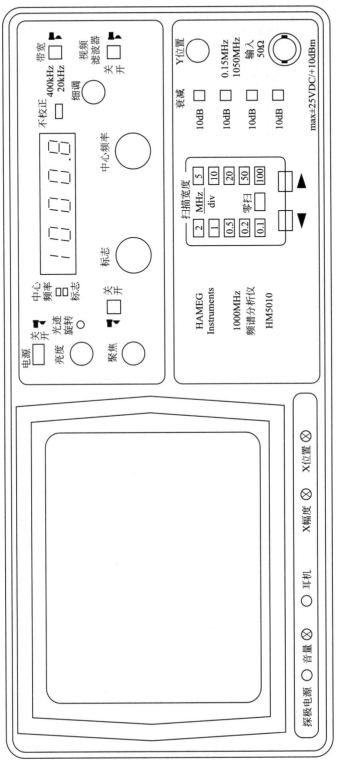

图 17-17 MH5010 型频谱分析仪前面板图

⑪ 视频滤波器（VIDEO FILTER）：视频滤波器可用来减小屏幕上的噪声，它能使处于噪声中间或刚刚高于中间噪声电平的低电平谱线变为明显可见。滤波器带宽为 4kHz。

⑫ Y 位置（Y-POSITION）：调节光迹的垂直位置。

⑬ 输入（INPUT）：频谱仪 BNC 50Ω 输入端［BNC 插头又叫 Q9 头，是一种标准的同轴电缆连接器，一般用于视频监控工程和网络工程中。用于实现从设备到电缆或从电缆到设备之间的抗干扰连接。其全称是 Bayonet Nut Connector（刺刀螺母连接器，这个名称形象地描述了这种接头外形）］。不衰减时最大允许输入电压为 ±25V DC 或 +10dBm AC。仪器的最大动态范围为 70dB，超过参考电平的高输入电压会引起信号压缩和互调，这些影响将导致错误显示。如输入电平超过参考电平，则必须增加输入电平衰减。

⑭ 衰减器（ATTENUATOR）：输入衰减器由 4 个 10dB 衰减器组成。选择的衰减系数，参考电平和基线电平（噪声电平）间的关系如表 17-1 所示。

表 17-1　参考电平和基线电平间的关系

| 衰减/dB | 参考电平 | | 基线/dBm |
|---|---|---|---|
| 0 | −27dBm | 10mV | −107 |
| 10 | −17dBm | 31.6mV | −97 |
| 20 | −7dBm | 0.1mV | −87 |
| 30 | +3dBm | 316mV | −77 |
| 40 | +13dBm | 1V | −67 |

⑮ 按钮◀、▶（SCANWIDTH< >）：扫描宽度（SCANWIDTH）选择器，控制水平轴每格扫描宽度。可以依靠"▶"按钮使扫描宽度增加，也可依靠"◀"按钮使之减小。在 100kHz/div～100MHz/div 范围内以 1-2-5 步进完成转换。扫描宽度范围以 MHz/div 为单位显示，并参照网格线上每一水平格。中心频率由水平轴中间的垂直网络格线指示。如果中心频率和扫描宽度设置正确，则 X 轴具有 10div 的长度。如扫描宽度设置低于 100MHz，则仅显示整个频率范围的一部分。当扫描宽度设置为 100MHz/div 且中心频率设置为 500MHz，则显示的频率范围以 100MHz/div 延伸到右边，在 1000MHz（500MHz+5×100MHz）处结束。用类似的方法使频率减少到左边。在这种情况下，左边的网格线对应 0Hz。由于这些设置，可以看到参照为"零频"的谱线。显示在"零频点"左边的谱线称为映像（image）频率。在零扫模式中，频谱分析仪以一台可选择带宽的接收机工作。通过中心频率（CENTER FREQ）旋钮选择频率，通过中频滤波器的谱线产生电平显示（即选频电压表功能），所选择的 MHz/div 设置由"扫描宽度"按钮上方的 LED 显示。

⑯ X 位置（X-POSITION）。

⑰ X 幅度（X-AMPLITUDE）。

注意：只有校正仪器时才需要这些控制，在正常使用中不需要调节。如果需要调节这些控制中的任何一种，必须要有非常准确的射频（RF）发生器。

⑱ 耳机（PHONE）（3.5mm 耳机连接器）：耳机插孔。用以连接耳机或阻抗大于 16Ω 的扬声器。

⑲ 音量（VOLUME）：设置耳机输出音量。

⑳ 探极电源（PROBE POWER）：输出端提供 +6V 直流电源，供 HZ530 探极使用。

# 17.3　谐波失真度的测量

正弦波信号通过电路后，如果该电路中存在非线性，则输出的信号中除包含原基波分量外，还会含有其他谐波分量，这就是电路产生的谐波失真，也称非线性失真。用谐波失真度（非线性失真度）来描述信号波形失真的程度。

## 17.3.1　谐波失真度的定义

信号的谐波失真度是信号的全部谐波能量与基波能量之比的平方根值。对于纯电阻负载，则定义为全部谐波电压（或电流）有效值与基波电压（或电流）有效值之比，即

$$D_0 = \frac{\sqrt{U_2^2 + U_3^2 + \cdots + U_n^2}}{U_1} \times 100\%$$

$$= \frac{\sqrt{\sum_{i=2}^{n} U_i^2}}{U_1} \times 100\% \tag{17-6}$$

式中，$U_1$ 为基波电压有效值；$U_2$、$U_3$、$\cdots$、$U_n$ 为各次谐波电压的有效值；$D_0$ 为谐波失真度，也可简称为失真系数或失真度。

谐波失真度的测量一般采用失真度测量仪进行。失真度测量仪从测量原理和研究方法上可分三类：单音法、双音法和白噪声法。其中，单音法由于其测量是用抑制基波来实现的，故又称为基波抑制法，是用得最多的方法。由于基波难于单独测量，为了方便起见，在基波抑制法中，通常按下式来测量失真度：

$$D = \frac{\sqrt{U_2^2 + U_3^2 + \cdots + U_n^2}}{U} \times 100\%$$

$$= \frac{\sqrt{\sum_{i=2}^{n} U_i^2}}{U} \times 100\% \tag{17-7}$$

式中，$U$ 为信号总的有效值；$D$ 为实际测量的失真度，称为失真度测量值，而 $D_0$ 称为谐波失真度的定义值。

可以证明，定义值 $D_0$ 与测量值 $D$ 之间存在如下关系：

$$D_0 = \frac{D}{\sqrt{1-D^2}} \tag{17-8}$$

当失真小于 $10\%$ 时，可以认为 $D_0 \approx D$，否则应按上式换算。

失真度是一个量纲为 1 的量，通常以百分数表示。测量失真度时，要求信号源本身的失真度很小，否则应按下式计算被测电路的失真度 $D$：

$$D = \sqrt{D_1^2 - D_2^2} \tag{17-9}$$

式中，$D_1$ 为被测电路输出信号失真的测量值；$D_2$ 为信号源失真。

## 17.3.2　基波抑制法测量原理

所谓基波抑制法就是将被测信号中的基波分量滤除，测量出所有谐波分量总的有效值，再确定与被测信号总有效值相比的百分数即为失真度值。

根据基波抑制法组成的失真度测量仪的简化原理框图如图 17-18 所示，它由输入信号调节器、基波抑制电路和电子电压表组成。

图 17-18　失真度测量仪的简化原理框图

测量分两步进行：

第一步：校准。首先使开关 S 置于"1"位，此时测量的结果是被测信号电压的总有效值。适当调节输入电平调节器，使电压表指示为某一规定的基准电平值，该值与失真度 100％相对应。实际上就是使式(17-8) 中分母为 1。

第二步：测量失真度。使开关 S 置于"2"位，调节基波抑制电路有关元件，使被测信号中的基波分量得到最有效抑制，使电压表的指示最小。此时测量的结果为被测信号谐波电压的总有效值。由于第一步测量已校准，所以，此时电压表的数值可定度为 $D$ 值。

### 17.3.3　失真度测量仪的误差

① 理论误差　理论误差是由于 $D$ 与 $D_0$ 并不完全相等而产生的误差。其相对误差为

$$r = (D - D_0)/D_0 = \sqrt{1 - D^2} - 1 \tag{17-10}$$

理论误差是系统误差，可由式(17-8) 予以纠正。

② 基波抑制度不高引起的误差　由于基波抑制网络特性不理想，在测量谐波电压总有效值时含有基波成分在内，使测量值增大而引进误差。

③ 电平调节和电压表的指示误差　在校准过程中，要求把电压表的指示值校准到规定的基准电平上，使其能表示 100％失真度值。如果电平调节有误差或电压表指示值有误差，都将影响最后的测量结果。

④ 其他尚有杂散干扰等引入的误差。

### 17.3.4　失真度测量仪典型产品介绍

BS1 型失真度测量仪主要用来测量音频信号的谐波失真程度，也可以单独作为平衡或不平衡电子电压表测量交流电压和噪声。

（1）主要技术性能

① 失真度的测量

a. 频率范围：不平衡 2Hz～200kHz，分 5 挡连续可调；平衡 20Hz～2kHz，分三挡连续可调。

b. 失真度范围：0.1％～100％（满刻度），共分 7 挡。

c. 输入信号电压：不平衡 300mV～300V；平衡 300mV～10V。

d. 频率刻度准确度：优于 ±5％。

e. 失真度准确度：±10％（满刻度） ±0.01％。

f. 干扰噪声：优于 0.25mV（输入端短路）。

② 电压的测量

a. 电压范围：不平衡 1mV～300V（满刻度），共分 12 挡；平衡 1mV～10V（满刻度），共分 9 挡。

b. 频率范围：不平衡 4Hz～100kHz±1dB，2Hz～1MHz±1.5dB；平衡 20Hz～60kHz ±1.5dB。

c. 输入阻抗：不平衡 $1M\Omega \pm 20\%$；平衡 $600\Omega \pm 3\%$，$10k\Omega \pm 10\%$。

d. 电压表准确度：$\pm 5\%$（满刻度），以 $1kHz$ 为准。

e. 干扰噪声：优于 $0.05mV$（输入端短路）。

（2）基本工作原理

BS1 型失真度测量仪方框图如图 17-19 所示。它由输入调节电路、电桥电路和电子电压表三部分组成。

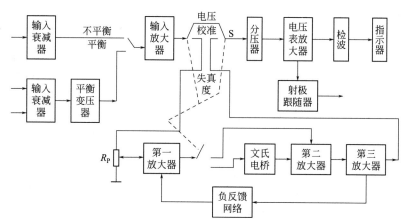

图 17-19　BS1 型失真度测量仪的方框图

输入调节电路由不平衡衰减器、平衡衰减器、平衡变压器和输入（前置）放大器四部分组成。它能适应不平衡信号输入和平衡信号输入这两种情况，其中不平衡衰减器的衰减量为 $0\sim50dB$；平衡衰减器的衰减量为 $0\sim20dB$。

仪器采用文氏电桥作为基波抑制网络，电桥的平衡调整由手动方式完成。文氏电桥结构简单，调节平衡方便，选择性好，其选择性曲线如图 17-20 所示。在 BS1 的文氏电桥中，用波段转换开关分五挡转换桥路中的电阻实现频率的粗调；用调节双联可变电容实现频率的连续调谐；调节并联在双连电容器其中一连上的微调电容器实现频率的微调；调节电位器（代替电阻）实现相位平衡。

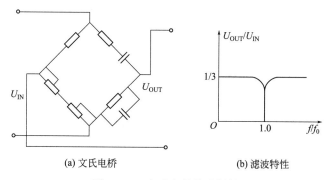

(a) 文氏电桥　　　　　　　(b) 滤波特性

图 17-20　文氏电桥的选择性

电压表是该仪器的指示部分，它由分压器、电压表、放大器、检波器、电流表（指示器）和射极跟随器组成。它既能指示被测信号的电压值，又能指示其谐波失真度值，还能通过射极跟随器输出接示波器显示被测信号波形。

基本工作原理：工作开关置于"电压"位置，被测信号经过输入调节电路，直接进入电子电压表指示电压有效值，同时也可以外接示波器观察被测电压的波形。测量谐波失真度分两步进行：第一步，工作开关 S 置于"校准"位置，被测信号经过输入调节电路，再经过校准电位器、第一放大器进入电压表指示，调节 $R_P$ 使电压表指示在 100%（1V 挡）；第二步，工作开关 S 置于"失真度"位置，被测信号经过输入调节电路进入电桥电路，调节文氏电桥使其基波分量被充分抑制，所有谐波分量都送入电压表指示其总的有效值。两次测量结果之比就是失真系数。由于"校准"时测出的被测信号有效值为 1V（失真度 100%），所以测量"失真度"时测出的谐波总有效值可直接表示为谐波失真度。

（3）使用方法

① 测量电压　这里以测量不平衡电压为例讨论。

a. 将工作开关 S 置于"电压"位置，分压器开关置于"1V"位置，输入衰减开关置于"不平衡输入 50dB"位置，接通电源，指示灯亮，待表针稳定 3～5min 后，方可测试。

b. 将被测信号用不平衡电缆接入不平衡输入端。

c. 改变衰减器开关的挡位，使电压表表针指示到明显的位置，直到"0dB"。若衰减器开关已衰减到"0dB"时，电压表指针仍偏转很小，则应继续改变分压器开关的挡位，直到电压表指示明显为止。

d. 根据衰减器开关及分压器开关的位置标记，直接读出被测信号电压的有效值。

例如，测量某一不平衡电压，其输入衰减开关置于"20dB"，其分压器开关置于"1V"挡，电压表指针读数为 0.5V，则被测信号的有效值为 0.5V×10＝5V。

又如，若输入衰减开关置于"0dB"，其分压器开关置于"30mV"挡，电压表读数为 20mV，则被测信号的有效值为 20mV。

注意：当被测电压频率在 2～10Hz 时，应把"阻尼开关"拨在"慢"挡，以减小表头指针的晃动。高于 10Hz 时，阻尼开关均置于"快"挡。

e. 测量完毕，应将各开关恢复到原始位置，以免突然有大信号接入损坏电压表。

测量平衡电压的方法同上，但应由平衡电缆将被测信号接入平衡输入端，输入衰减器开关应置于"平衡 20dB"位置，参照前述步骤进行测量，测量完毕后恢复到初始位置。

② 失真度测量　以测量不平衡电压的失真度为例进行讨论。

a. 按上面测量电压的方法，测出被测信号的有效值。

b. 旋小"校准电位器" $R_P$（左旋到底），再把工作开关 S 置于"校准"位置，缓慢调节 $R_P$，使电压表指示满度（1V 挡或 300mV 挡）。

c. 将工作开关 S 置于"失真度"位置，改变波段开关到被测信号频率所在的波段，然后反复仔细调节"调谐""微调"及"相位"旋钮，使电压表指示最小（在指示值逐渐减小的过程中，要相应地改变分压器开关的位置，使其指示明显）。

d. 根据分压器开关的位置，从电压表上直接读出失真度的百分数。

注意：如果校准时满度指示为 300mV 时，那么以下各挡对应的失真度逐一提高一挡。如 300mV 为 100%，则 100mV 对应 30%，30mV 对应 10%，10mV 对应 3%……

e. 测试完毕后，应先将分压器开关置于 100%满度位置，再将工作开关 S 置于"校准"位置，检查其指针是否仍指在满度。若有差异，则认为以上测量失真度不准，仍需重复前述测量步骤，直到符合要求为止。

测量平衡电压失真度的方法同上，只需将被测信号用平衡电缆接入平衡输入端即可。

为了获得高性能，要求基波抑制网络具有高 Q 值，且能对基波准确调谐。新型失真度测量仪已可自动设置基准电平、自动对基波进行调谐，基波抑制度可优于 100dB，失真度测量范围可达 0.01%～100%。图 17-21 为新型失真度测量仪工作原理框图。谐波电压的

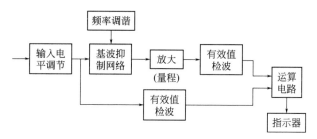

图 17-21　新型失真度测量仪工作原理框图

总有效值与被测信号的有效值经检波后都送往运算电路进行比值计算，计算结果送指示器显示。

## 17.3.5　白噪声法测量谐波失真度

使用单频信号时，采用基波抑制法测量失真度不能很好地反映电路的实际工作情况。因此，又提出了谐波失真度的动态测量方法，即白噪声法。

采用动态法测量时要使用噪声信号源，此信号源能产生具有均匀频谱密度分布的白噪声，可把这种噪声信号看成是无穷多个不同频率、相位、幅度的正弦波集合，测试时相当于把一系列不同频率、相位、幅度的正弦波加到被测电路上，从而给出动态测试结果。使用白噪声法测量失真度时，可以得出被测电路在通频带范围内任何频率分量所产生的谐波及互调结果。使用白噪声法测量失真度的原理如图 17-22 所示。

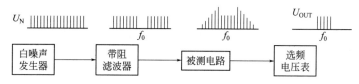

图 17-22　谐波失真度的动态测量法

白噪声发生器输出振幅为 $U_N$ 的广谱噪声信号，经中心频率为 $f_0$ 的带阻滤波器，使 $f_0$ 及附近的频率分量被滤去，输出频谱产生了缝隙，该信号通过被测电路。若被测电路不存在谐波失真，则不产生新的频率分量，输出信号的频谱应和输入信号频谱相同。当被测电路存在谐波失真时，由于噪声各分量产生互调，会产生大量的组合频率分量，因而使得输出信号中产生 $f_0$ 及其附近频率分量，经选频电压表选出 $f_0$ 分量 $U_{OUT}$。这时可定义一个新的谐波失真度 $D$：

$$D = \frac{U_{OUT}}{U} \times 100\% \tag{17-11}$$

式中，$U_{OUT}$ 为选频电压表在 $f_0$ 时的示值；$U$ 为选频电压表在同一带宽下，当 $f \neq f_0$ 时的示值。

要求带阻滤波器的带宽应小于被测电路带宽的 1/10。此处 $D$ 的定义与式(17-6) 是不同的，但它也可用于衡量被测电路谐波失真的程度。

# 第 *18* 章
# 电子仪器维修基础

　　电子仪器通常泛指一切利用电子学原理进行测量的仪表、仪器、装置、系统和其他辅助设备，其中常用的有万用表、电子电压表、电子示波器、信号发生器、频谱分析仪、阻抗电桥、$Q$ 表、频率计、失真度测量仪、频率特性测试仪、晶体管特性图示仪和稳压电源等。随着电子测量技术的发展和电子工业水平的提高，国产电子仪器的品种不断增多，类型也日新月异，并朝着多功能化、数字化、集成化、自动化和系统化的方向发展。

　　电子仪器具有功能多、量程广、频率宽、精度高、测速快及便于实现遥控遥测等许多优点，应用换能技术又可将温度、压力、振动、速度等各种非电量，转变为便于观察、记录和测量的电量，因此电子仪器的使用范围已扩大到几乎所有的科技领域和国民经济部门，成为教学、科研、生产、通信、医疗和国防等方面不可或缺的测量工具。电子仪器是由电阻、电容、电感等元件和电子管、晶体管、集成电路等器件连接成的各种电子线路，以及相应的指示器、显示器、记录器、终端装置组合而成的测量仪器。由于其电路复杂，结构精巧，定量准确度要求高，并且受温度、湿度、电磁场等环境条件的影响很大，因此，对电子仪器的使用要正确、维护要周到、检修要得法。

　　如果对电子仪器使用不当，比如不注意检查其工作电压，而将 220V 交流电源加到电源电压为 110V 的电子仪器上（部分进口电子仪器的额定工作电压为 100V），可能发生烧坏仪器的严重事故；操作过快、过猛，就可能导致面板上的旋钮、开关、刻度盘、插口、插头、接线柱等发生松动、滑位、断裂等现象，由此牵动内部电路，造成其内部线路断线、短路、接触不良等人为事故。如果对电子仪器维护不周到，比如对其外表不加防护，将会使其积尘沾污，损害油漆镀层，使一台新的仪器很快脱漆生锈，破旧不堪；如果不注意防潮、防热，将会使其内部的电源变压器、电路元器件、支架、接线等的绝缘强度下降，因而产生漏电、变值、击穿、烧坏等严重故障。如果检修电子仪器不得法，比如对电子仪器的故障现象不加以研究分析就瞎摸乱碰，甚至随意变动电路的工作点，势必会造成其故障愈修愈多，终至无法修复；或者不懂得电子仪器的检修方法，害怕动手而盲目猜测，即使产生故障的原因仅仅是由于个别元器件损坏，个别接点开断，也将束手无策，造成时间上和经济上很大的损失。因此，为了使电子仪器保持良好的备用状况，防止由于使用不当而造成损坏，以及按照科学的方法进行检修，就必须重视使用电子仪器的注意事项，采取维护电子仪器的基本措施，遵循检修电子仪器的一般程序。

在维修电子仪器中，经常要检测其内部的电路参数是否正确，工作波形是否正常，元器件性能是否合格等。因此，单凭万用表、电烙铁和螺钉旋具是很难完成任务的。特别是专门的电子仪器修理部门，更要具备必要的物质条件，即配置一定品种、规格、数量的测试仪器仪表、装修工具、维修器材和参考资料，才能有效地进行工作。

综上所述，要搞好电子仪器的维修工作，应该熟悉使用电子仪器的注意事项、维护电子仪器的基本措施和检修电子仪器的一般程序等电子仪器维护基本知识。

# 18.1　维护基本知识

## 18.1.1　使用注意事项

电子仪器如果使用不当，很容易发生人为故障，轻则影响测量工作，重则造成仪器严重损坏。各种电子仪器的说明书上都规定有操作规程和使用方法，必须严格遵循。在使用前后以及在使用过程中，一般都应注意下述事项，以确保安全，防止事故，减少故障。

（1）仪器开机前注意事项

① 在开机通电前，应检查仪器的工作电压跟市电交流电压是否相符（尤其是进口电子仪器）；检查仪器的电源电压变换装置是否正确地插置在相应电压的部位（通常有 110V、127V 和 220V 三种电源电压部位）。有些电子仪器的熔丝管插塞还兼作电源电压的变换装置，应特别注意在调换熔丝管时不能插错位置（如果使用 220V 电源而误插到 110V 位置，开机通电时就会烧断熔丝，甚至会损坏仪器内部的电路元器件）。

② 在开机通电前，应检查仪器面板上各种开关、旋钮、刻度盘、接线柱、插孔等是否松脱或滑位，如果发生这些现象应加以紧固或整位，以防止因此而牵断仪表内部连线，甚至造成开断、短路以及接触不良等人为故障。

仪器面板上的"增益""输出""辉度""调制"等旋钮，应逆时针向左转到底，即旋置于最小部位，防止由于仪器通电后可能出现的冲击而造成损坏或失常。如辉度太强，会使示波管荧光屏烧毁；增益过大，会使指示电表受到冲击等。当被测量值事先无法估计时，应把仪器的"衰减"或"量程"选择开关扳置于最大挡级，防止仪器过载受损。

③ 在开机通电前，应检查仪器接"地"是否良好，这关系到测量的稳定性、可靠性和人身安全，特别是多台仪器联用的场合，最好使用金属编织线作为各仪器的接"地"连线，不要使用实芯或多芯的导线作为接地线，否则，由于杂散电磁场的感应作用，可能引进干扰信号，这对灵敏度较高的电子仪器影响尤大。

（2）仪器开机时注意事项

① 在开机通电时，有"低压"与"高压"开关的仪器，应先接通"低压"开关，待仪器预热 3min 左右后，再接通"高压"开关，否则可能引起仪器内部整流电路的元器件（整流管或滤波电解电容器等）产生跳火、击穿等故障。对于采用单一电源开关的仪器，开机通电后，也应预热 3min 左右，待仪器工作稳定后使用。

② 在开机通电时，应注意观察仪器工作情况，即用眼看、耳听、鼻闻来检查仪器是否有不正常的现象。如果发现仪器内部有响声、臭味、冒烟等异常现象，应立即切断电源。在尚未查明原因前，应禁止再行开机通电，以免故障扩大。只用单一电源开关的仪器设备，由于没有"低压"预热的过程，开机通电时可能出现短暂的冲击现象（例如指示电表短暂的冲击，或者偶尔出现一两次声响），可不急于切断电源，待仪器稳定后再视情而定。

③ 在开机通电时，如发现仪器的熔丝烧断，应调换相同规格的熔丝管后再进行开机通电。如果第二次开机通电又烧断熔丝，应立即检查，不应再调换熔丝管进行第三次通电，更不要随意加大熔丝的规格或者用铜线代替，否则可能会导致仪器内部的故障扩大，甚至会烧坏电源变压器或其他元器件。

④ 对于内部有通风设备的电子测量仪器，在开机通电后，应注意仪器内部电风扇是否运转正常。如发现电风扇有碰片声或旋转缓慢，甚至停转，应立即切断电源进行检修，否则通电时间过久，将会使仪器的工作温度过高，甚至会烧坏电风扇或其他电路元器件（如大功率的晶体管等）。

（3）使用仪器时注意事项

① 在使用仪器的过程中，对于面板上各种旋钮、开关、刻度盘等的扳动或调节动作，应缓慢稳妥，不可猛扳猛转。当遇到转动困难时，不能硬扳硬转，以免造成松脱、滑位、断裂等人为故障，此时应切断电源进行检修。仪器通电工作时，应禁止敲打机壳。对于笨重的仪器设备，在通电工作的情况下，不应用力拖动，以免受振损坏。对于输出、输入电缆的插接或取离应握住套管，不应直接拉扯电线，以免拉断内部导线。

② 对于消耗电功率较大的电子仪器，应避免在使用过程中，切断电源后立即再行开机使用，否则可能会引起熔丝烧断。如有必要，应等待仪器冷却 3min 后再开机。

③ 信号发生器的输出端，不应直接连到有直流电压的电路上，以免电流注入仪器的低阻抗输入衰减器，烧坏衰减器电阻。必要时，应串联一个相应工作电压和适当电容量的耦合电容器后，再引接信号电压到测试电路上。

④ 使用电子仪器进行测试工作时，应先连接"低电位"的端子（即地线），然后再连接"高电位"的端子（如探测器的探针等）。反之，测试完毕应先拆除高电位的端子，然后再拆除低电位的端子，否则可能会导致仪器过载，甚至打坏指示电表。

（4）仪器使用后注意事项

① 仪器使用完毕，应先切断"高压"开关，然后切断"低压"开关，否则由于电子管灯丝的余热，可能使电路工作在不正常的条件下，造成意外故障。

② 仪器使用完毕，应先切断仪器的电源开关，然后取离电源插头。应禁止只拔掉电源插头而不切断仪器电源开关的做法，也反对只切断电源开关而不取离电源插头的习惯。前一情况使再次使用仪器时，容易忽略开机前的准备工作，而使仪器产生不应有的冲击现象；后一情况可能导致忽略仪器局部电路的电源切断，而使这一部分的电路一直处于通电状态（例如数字频率计的主机电源开关和晶体振荡器部分的电源开关一般都是分别装置的）。

③ 仪器使用完毕，应将使用过程中暂时取离或替换的零附件（如接线柱、插件、探测器、测试笔等）整理并复位，以免散失或错配而影响工作和测量准确度。必要时应将仪器加罩，以免灰尘落入仪器内部。

## 18.1.2 维护基本措施

认真做好电子仪器的日常维护工作，对延长仪器使用寿命、减少仪器故障、确保安全使用和保证测量准确度等方面，都具有十分重要的作用。其主要维护措施如下：

（1）防尘、去尘

要保证电子仪器处于良好的备用状态，首先应保持其外表的整洁。因此，防尘与去尘是一项最基本的维护措施。

大部分的电子仪器都备有专用的防尘罩，仪器使用完毕后应注意加罩。在使用塑料罩的情况下，应等待设备温度下降至常温后再加罩。如果没有专用的仪器罩，应设法盖好，或将仪器放进柜橱内。玻璃纤维罩布不仅对使用者的健康有危害，而且进入仪器内部后也不易清除，甚至会引起元器件的接触不良等问题，因此严禁使用。此外应禁止将电子仪器无遮盖地长期搁置在水泥地或靠墙的地板上。平时要常用毛刷、干布或蘸有绝缘油（如废弃的变压器油）的抹布纱团，将仪器的外表擦刷干净，但不要使用蘸水的湿布抹擦，避免水汽进入仪器内部以及防止机壳脱漆部分生锈。如果发现仪器外壳粘附松香，切忌用刀口铲刮，应该使用蘸有酒精的棉花擦除；如果粘附的有焊油，应该使用汽油或四氯化碳擦除；如果粘附的有焊锡，可用刀口小心地剔下来。

对于电子仪器内部的积灰，通常利用检修仪器的机会，使用"皮老虎"或长毛刷吹刷干净。应当指出，在清理仪器内部积尘时，最好不要变动电路元器件与接线的位置，以及避免拔出电子管、石英晶体等插件器件。必要时应事先做好记号，以免复位时插错位置。

（2）防潮、驱潮

电子仪器内部的电源变压器和其他线绕元件（如线绕电阻器、电位器、电感线圈、表头动圈等）的绝缘强度，经常会由于受潮而下降，发生漏电、击穿，甚至霉烂断线，使仪器发生故障，因此，对于电子仪器，必须采取有效的防潮与驱潮措施。

电子仪器存放的地点，最好选择比较干燥的房间，室内门窗应利于阳光照射、通风良好。在精密仪器内部，或者存放仪器的柜橱里，应放置"硅胶"布袋，以吸收空气中的水分。应定期检查硅胶是否干燥（正常应呈白色半透明颗粒状），如果发现硅胶结块变黄，表明其吸水功能已经下降，应调换新的硅胶袋，或者把结块硅胶加热烘干，使其恢复颗粒状后继续使用。在新购仪器的木箱内，经常附有存放硅胶的塑料袋，应扯开取出改装布袋后使用。此外，在仪器橱内，也可装置 100W 左右的普通灯泡，或者 25W 左右的红外线灯泡，定期通电驱潮。长期搁置不用的电子仪器，在使用前应排潮烘干。通常可把仪器放置在大容积的恒温箱内，用 60℃ 左右温度加热 2～4h。在缺少大容积恒温箱或者需要大量进行排潮工作时，可使用适当电功率的调压自耦变压器，先将市电交流电源的电压降低到 190V 左右，使仪器在较低的电源电压下通电 1～2h，然后再将交流电源电压升高至 220V 额定值继续通电 1～2h。这样同样可起到排潮烘干的效果，否则，受潮的电子仪器在使用 220V 交流电源供电时，往往会发生内部电源变压器或整流电路跳火、击穿或局部短路等故障现象。

根据气候变化的规律，控制仪器存放的房间门窗启闭时间，是一种经济的防潮方法。通常在本室内装可换算"相对湿度"的干、湿球温度计。当室内湿度大于 75％ 时，特别是在大雨前后，应关闭门窗。一般早晨的湿度较大，不宜过早开窗，待雾气消失、太阳出来后，再打开门窗为宜。当天气晴朗时，应敞开门窗通风。有时也可利用阳光驱潮，但应避免强烈的阳光直接照射。在梅雨季节，如果室内存放的仪器比较集中，可关闭门窗，并使用辐射式电炉，以提高室温，排除室内潮气。

（3）防热、排热

绝缘材料的介电性能会随着温度的升高而下降，而电路元器件的参量也会受温度变化的影响（例如，碳质电阻和电解电容器等往往由于过热而变值、损坏），特别是半导体器件的特性，受温度变化的影响比较明显，例如，晶体管的电流放大系数和集电极穿透电流，都会随着温度的上升而增大。这些情况将导致电子仪器工作的不稳定，甚至发生故障。因此，对于仪器的"温升"都有一定的限制，一般不得超过 40℃；而仪器的最高工作温度一般不应超过 65℃，即以不烫手为限。通常室内温度以保持在 20～25℃ 最为合适。如果室温超过35℃，应采取通风排热或开启空气调节系统（空调）等人工降温措施，也可适当缩短仪器连续工作的时间，必要时，应取下机壳盖板，以利散热。但应特别指出：应禁止在存放电子仪器的室内，用洒水或放置冰块的方式来降温，以免水汽侵蚀仪器而受潮。

许多电子仪器，特别是消耗电功率较大的设备，大多在内部装置有排气电风扇，以辅助通风冷却。对于这类仪器，应定期检查电风扇的运转情况。如果运转缓慢或干涩停转，将会导致仪器温升过高而损坏。此外，还要防止电子仪器长时间受阳光暴晒，以免使仪器机壳的漆层受热变黄、开裂甚至翘起，特别是仪器的刻度盘或指示电表，往往因久晒受热，而导致刻度漆面开裂或翘起，造成显示不准确甚至无法使用。所以，放置或使用电子仪器的场所如有东、西向的窗户，应装置窗帘，特别是在炎夏季节，应注意挂窗帘。

（4）防振、防松

大部分电子仪器的机壳底板上，都安装有防振用的橡胶垫脚。如果发现橡胶垫脚变形硬化或者脱落，应随时调换更新。在搬运或移动仪器时应轻拿轻放，严禁剧烈振动或者碰撞，以免损坏仪器的插件和表头等元器件。在检修仪器的过程中，不应漏装弹簧垫圈、电子管屏蔽罩以及弹簧压片等紧固用的零件，特别在搬运笨重仪器之前，应注意检查仪器上的把手是否牢靠。对于装有塑料或人造革把手的仪器设备，在搬运的时候应手托底部，以免把手断裂而摔坏仪器。

在放置电子仪器的桌面上，不应进行敲击锤打的工作。靠近仪器集中存放的地方，不应装置或放置振动很大的机电设备，对仪器的开关、旋钮、刻度盘、接合器等的锁定螺钉、螺母应注意紧固，必要时可加点清漆，以免松脱。新仪器开箱启用时，应注意保存箱内原有的防振器材（如万连纸盒、泡沫塑料匣、塑料气垫、纸筋、木花等），以备重新装箱搬运时使用。

（5）防腐蚀

电子仪器应避免靠近酸性或碱性物体（如蓄电池、石灰桶等）。仪器内部如装有电池，应定期检查，以免发生漏液或腐烂。如果长期不用，应取出电池另行存放。对于附有标准电池的电子仪器（如数字式直流电压表、补偿式电压表等），在搬运过程中应防止倒置，装箱搬运时，应取出标准电池另行运送。电子仪器如果需要较长时间的包装存放，应使用凡士林或黄油涂擦仪器面板的镀层部件（如钮子开关、面板螺钉、把手、插口、接线柱等）和金属的附配件，并用油纸或蜡纸包封，以免受到腐蚀。使用时，可用干布把涂料抹擦干净。

（6）防漏电

由于电子仪器大都使用交流市电来供电，因此，防止漏电是一项关系到使用安全的重要维护措施，特别是对于采用双芯电源插头，而仪器的机壳又没有接地的情况，如果仪器内部电源变压器的一次绕组与机壳之间严重漏电，则仪器机壳与地面之间就可能有相当大的交流电压（100～200V）。这样，人手碰触仪器外壳时，可能发生触电事故。所以，对于各种电子仪器必须定期检查其漏电程度，即在仪器不插市电交流电源的情况下，把仪器的电源开关扳置于"通"部位，然后用绝缘电阻表（俗称兆欧表）检查仪器电源插头与机壳之间的绝缘是否符合要求。根据相关规定，电气用具的最小允许绝缘电阻不得低于 500kΩ，否则应禁止使用，进行检修或处理。如果没有绝缘电阻表，也可在预先采取防电措施的条件下，如带上橡胶手套或站在橡胶垫板上操作，把被测仪器接通市电交流电源，然后使用万用表的 250V交流电压挡进行漏电程度的检查，具体做法如图 18-1 所示，即用万用表测试棒之一接到被测电子仪器的机壳与"地"线接线柱上，而将另一根测试棒，碰触双孔电源插座的一端，如果无交流电压指示或者电压指示很小，再将这根测试棒调换碰触双孔电源插座的另一端，如图 18-1 虚线部位所示。此时，如果交流电压指示值大于 50V，则表明被测仪器的漏电程度超过允许的安全值，应禁止使用，并进行检修。应当指出，由于仪器内部电源变压器的静电感应作用，有时电子仪器的机壳与"地"线之间会有相当大的交流感应电压，某些电子仪器的电源变压器一次侧采用了电容平衡式的高频滤波电路，如图 18-2 所示，其机壳与"地"线之间也会有 100V 左右的交流电压。如果使用普通的验电笔碰触仪器的机壳，验电笔内的氖管会发亮而指示机壳带电。但是上述机壳电压都没有负载能力，如果使用内阻较小的低量程交流电压表检查，其电压值就会下降到很小。因此，在使用验电笔检测电子仪器的机壳带电情况时，最好再用万用表的交流电压挡来进一步检测其负载能力，这样做才比较可靠。

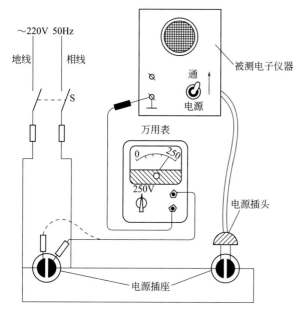

图 18-1 用万用表检测仪器漏电接线图

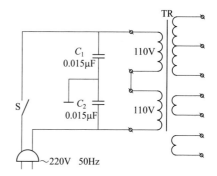

图 18-2 变压器一次侧电容平衡式
高频滤波电路

（7）定性测试

电子仪器在使用前应进行定性测试，即粗略地检查仪器设备的工作情况是否正常，以便及时发现问题进行检修或校正。定性测试的项目不要过多，测试方法也应简便可靠，只要能确定仪器设备的主要功能以及各种开关、旋钮、刻度盘、表头、示波管等表面元器件的作用情况是否正常即可。例如，对电子电压表的定性测试，要求各电压挡级的"零位"调节正常和电压"校正"准确即可；如果无"校正"电压装置，可将量程开关扳置在"3V"挡级，并用手指碰触电子电压表的输入端，如果表头有指示，即表明仪表测电压功能正常。又如，对电子示波器的定性测试，要求示波管的"辉度""聚焦""位移"等调节正常，以及利用本机的"试验电压"或"比较信号"能观测相应的波形即可。再如，对信号发生器，要求各波段均有输出指示即可。

（8）周期检定

因为电子仪器都有一定的寿命和精确度，所以仪器使用时间长了，其主要性能就会逐渐下降，这就要求对仪器主要性能指标进行定期检定。对于一般的电子仪器，在使用了一定期限（一般一年左右）或者大修以后，应根据仪器说明书所给出的主要技术数据，借助标准仪器或者同类型的新仪器进行对比和校准，以确定仪器设备的性能是否下降，这就是所谓的定量测试。精密的标准电子仪器，例如标准信号发生器、补偿式标准电压表、精密万用电桥以及数字频率计等，连续工作 1000h 或存放时间达到一年以上，就有可能丧失其原有的精确度和可靠性，必须到法定标准计量单位进行"法定检定"。通过法定检定后的标准精密仪器可作为精确度等级较低的电子仪器的实用标准仪器。

## 18.1.3　检修一般程序

像所有的电子产品一样，电子仪器在使用一定时间达到大修期，或者是由于使用维护不当，仪器内部的元件器件、分挡开关、指示电表、电源变压器等有可能出现老化、变值、漏电、击穿、开路或接触不良等，导致仪器性能下降和出现各种故障，这就需要及时地进行检修。检修仪器是一项理论性与实践性要求较高的技术工作，检修者既不能单凭经验，也不能也不应纸上谈兵，更不能瞎摸乱碰以图侥幸成功。否则将一无所获，甚至越修故障越多。因此，要做好电子仪器的检修工作，必须具备一定的电工基础和电子线路的理论知识，了解和掌握仪器的基本工作原理和正确的使用方法。此外，还应遵循一定的检修程序。现将检修电子仪器的一般程序归纳如下：

（1）了解故障情况

检修仪器就像医生给病人看病一样，首先要了解病情，即需在动手对仪器检修之前了解发生故障的经过、原因及故障现象，这对于分析和检修故障大有帮助。

（2）观察故障现象

检修电子仪器，要首先从观察故障现象入手，对待修的仪器设备进行定性测试和定量分析，再进一步观察和记录故障的现象及其轻重程度，这对于判断故障的性质和故障点都有帮助和启发。但必须指出：对于烧熔丝、跳火、冒烟、焦味等故障现象，更要小心行事，以防扩大故障范围而给检修增加难度。

（3）初步表面检查

表面检查是指在不通电的情况下作检查，检查方法应从表及里进行。先检查待修仪器面板的开关、旋钮、刻度盘、插头、插座、接线柱、表头和探测器等是否有松脱、滑位、断线和接触不良的问题，如有发现异常当即先行修复。然后打开仪器外壳盖板，检查内部电路的元器件（电阻、电容、电感、电子管、石英晶体、电源变压器等）有无变色、异样，熔丝有无烧断，内附连接螺钉有无松脱等不正常现象。一经发现应先予以修复，待表面故障排除后方能进入通电检查程序。

（4）熟悉工作原理

经初步表面检查后，如果没有发现问题，或者对已发现的故障经检修后设备仍不能正常工作，即可对仪器的整机工作原理作进一步的了解和分析，应认真阅读和研究说明书所提供的技术资料，如电路结构、方框图和电路原理详图等，以便分析产生故障的可能原因，然后分析、压缩、判断，确定需要检查的电路部位和应测量的有关数据等。这项工作做得扎实细致，就能对设备检修工作起事半功倍的效果。

（5）测试性能参数

根据电子仪器的故障现象，从仪器工作原理出发，初步拟定寻查故障原因的方法、步骤以及需要测试的参数，做到心中有数，这是检查工作中的一个重要程序。测试的内容主要包括各工作点的波形、电压与输入输出点的总体指标等。切记在刚加电时必须密切注意元器件有无异常现象，一旦发现有不正常现象应马上关断电源，以免故障范围扩大。

（6）分析测试结果

根据测试所得到的数据、波形及反应等，进一步分析产生故障的原因和部位。通过反复的分析测试，确定仪器完好部分和有故障部分，再逐步缩小故障范围，直至查出损坏、变值或虚焊的故障元器件为止。分析测试结果是检修电子仪器整个过程中最关键、最费时，而又最能反映出仪器维修人员理论水平和实践能力的一个环节。

（7）查出故障修理

根据上述分析推理，基本上可判断出故障部分，继而找出故障元器件，即可对该元器件或故障点进行必要的选配、更换、焊接或复制等整修工作，使仪器恢复正常功能。

由于故障的复杂程度不同，上述第5、第6、第7三个程序有时一次成功，但有时可能要反复进行多次，甚至要走些弯路，经历多次失败挫折才能成功。这对维修人员的意志、能力、耐心和细心等素质也是一种考验。

另外，在实施修理时要注意工艺的严谨性和焊接的牢固程度，以确保仪器仪表能长期可靠地工作，避免故障复发等不良后果。

（8）修后性能检定

对修复后的电子仪器要进行定性测试。首先粗略检查其主要功能是否恢复，功能是否齐全。对修整更新后的仪器在保持原有仪器的主要性能前提下，还应进一步做定量测试，以便进行必要的调整校正，保持应有的测量精度，使仪器能尽量恢复原来的性能指标。

（9）填写维修记录

一台仪器经修复后，在整个维修过程中，维修人员或多或少都会有一些体会，也积累了维修经验，为了能在理论和实践上不断提高，最好能做一些维修记录，这些记录既可作为维修的经验积累，也可作为该台仪器的维修情况，登记档案资料，为今后仪器维修提供一定的参考。每台仪器应配置一个记录本，检修记录的内容没有统一的模式，但一般说来应包括如下内容：仪器名称、型号、厂家、机号、送修日期、委托单位、故障现象、原因分析、检修结果、使用器材、修后性能、修复日期、检修人和验收人等。

# 18.2 焊接工具

在电气和电子装配与维修过程中，少不了焊接工作。常用的焊接方式有电烙铁焊（简称锡焊）和手工电弧焊两种，而电烙铁焊更为常见和常用，因此本节着重讲述电烙铁焊的基本方法。虽说焊接技术本身并不复杂，但其重要性却不可忽视。如果我们在装配和维修工作中不按工艺要求，不认真焊接，往往会造成元器件虚焊、假焊或使印制电路板铜箔起泡脱落等人为故障，甚至损坏电子元器件。因此，作为一个从事电子（气）技术的工作人员，必须认真学习焊接的有关基础知识，掌握焊接的技术要领，并能熟练地进行焊接操作，这样才能保证焊接质量，提高工作效率。

## 18.2.1 电烙铁的构造与维修

（1）基本构造

常用的电烙铁有内热式和外热式两大类，随着焊接技术的不断发展，后来又研制出了恒温电烙铁和吸锡电烙铁。无论哪种电烙铁，其工作原理基本相似，都是在接通电源后，电流使电阻丝发热，并通过传热筒加热烙铁头，当其达到焊接温度后即可进行工作。对电烙铁的基本要求是：热量充足、温度稳定、耗电少、效率高、安全耐用、漏电流小并对电子元器件不应有磁场影响。

① 内热式电烙铁　内热式电烙铁常见规格有20W、30W、35W和50W等几种。其外形和组成如图18-3所示，主要由烙铁头、发热元件、连接杆和手柄等组成，各部分作用

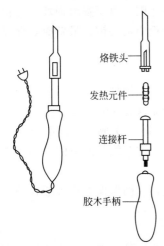

图 18-3　内热式电烙铁的
外形及其组成

如下。

　　a. 烙铁头。烙铁头是由紫铜制作的，是电烙铁用于焊接的工作部分。根据不同装配物体的焊接需要，烙铁头可以制成各种不同的形状，可用锉刀改变烙铁头刃口的形状，以满足不同焊接物面的要求。

　　b. 发热元件（烙铁芯）。它是用电阻丝绕在细瓷管上制成的，以满足不同焊接物面，其作用是通过电流并将电能转换成热能，使烙铁头受热温度升高。

　　c. 连接杆。为一端带有螺纹的铁质圆筒，内部固定烙铁芯，外部固定烙铁头，既起支架作用，又起传热筒的作用。

　　d. 胶木手柄。由胶木压制成，使用时手持胶木手柄，既不烫手，又安全。

　　由于内热式电烙铁的发热器装置于烙铁头空腔内部，所以称为内热式电烙铁。因为发热器是在烙铁头内部，热量能完全传到烙铁头上，所以这种电烙铁的特点是热得快，加热效率高（可达 85%～90% 以上），加热到熔化焊锡的温度只需 3min 左右，而且具有体积小、重量轻、耗电少、使用灵巧等优点，最适用于晶体管等小型电子元器件和印制电路板的焊接。但内热式电烙铁同时具有烙铁头温度高时容易"烧死"、怕摔、烙铁芯易断等缺点，所以在使用过程中应特别小心。

　　② 外热式电烙铁　外热式电烙铁通常按功率分为 25W、45W、75W、100W、150W、200W 和 300W 等多种规格。其结构如图 18-4 所示，各部分的作用与内热式电烙铁基本相同。其传热筒为一个铁质圆筒，内部固定烙铁头，外部缠绕电阻丝，其作用是将发热器的热量传递到烙铁头，支架（木柄和铁壳）为整个电烙铁的支架和壳体，起操作手柄的作用。

　　③ 恒温电烙铁　恒温电烙铁借助于电烙铁内部的磁控开关自动控制通电时间而达到恒温的目的。其外形和内部结构如图 18-5 所示。这种磁控开关是利用软金属被加热到一定温度而失去磁性作为切断电源的控制方式。

　　在电烙铁头 1 附近装有软磁金属块 2，加热器 3 在烙铁头外围，软磁金属块平时总是与磁控开关接触，非金属薄壁圆筒 5 的底部有一小块永久磁铁 4，用小轴 7 将永久磁铁 4、接触簧片 9 连接在一起构成磁控开关。

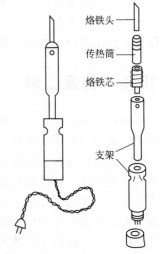

图 18-4　外热式电烙铁外形
及其组成

　　电烙铁通电时，软磁金属块 2 具有磁性，吸引永久磁铁 4、小轴 7 带动接触簧片 9 与触点 8 闭合，使发热器通电升温，当烙铁头温度上升到一定值，软磁金属块失磁，永久磁铁 4 在支架 6 的吸引下脱离软磁金属块，小轴 7 带动接触簧片 9 离开触点 8，发热器断电，导致电烙铁温度下降。在温度降到一定值时，软磁金属块 2 恢复磁性，永久磁铁 4 又被吸回，接触簧片 9 又与触点 8 闭合，发热器电路又被接通。如此断续通电，可以把电烙铁的温度始终控制在一定范围内。

　　恒温电烙铁的优点是，比普通电烙铁省电二分之一，焊料不易氧化，烙铁头不易过热氧化，更重要的是能防止元器件因温度过高而损坏。

　　④ 吸锡电烙铁　吸锡电烙铁外形如图 18-6 所示，主要用于电工和电子装修中拆换元器

件。操作时先用吸锡电烙铁头部加热焊点，待焊锡熔化后，按动吸锡装置，即可把锡液从焊点上吸走，便于拆下零件。利用这种电烙铁，拆焊效率高，不会损伤元器件，特别是拆除焊点多的元器件，如集成块、波段开关等，尤为方便。

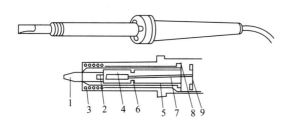 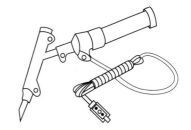

图 18-5 恒温电烙铁的外形及其内部结构

1—烙铁头；2—软磁金属块；3—加热器；4—永久磁铁；
5—非金属圆筒；6—支架；7—小轴；8—触点；9—接触簧片

图 18-6 吸锡电烙铁外形

（2）电烙铁的拆装与维修

① 电烙铁的拆装 电烙铁在使用过程中，会出现这样或那样的故障。为了排除故障，往往需要将电烙铁拆卸分解，因此，掌握电烙铁的正确拆装方法和步骤十分必要。下面以内热式电烙铁为例说明其拆装步骤。

拆卸时，首先拧松手柄上顶紧导线的制动螺钉，旋下手柄，然后从接线柱上取下电源线和烙铁芯引线，取出烙铁芯，最后拔下烙铁头。安装顺序与拆卸刚好相反，只是在旋紧手柄时，勿使电源线随手柄扭动，以免将电源线接头部位绞坏，造成短路。

② 电烙铁的维修 电烙铁的电路故障一般有短路和开路两种。如果是短路，一接电源就会烧断熔丝，短路点通常在手柄内的接头处和插头中的接线处。这时如果用万用表电阻挡检查电源插头两插脚间的电阻，阻值将趋于零。如果接上电源几分钟后，电烙铁还不发热，一定是电路不通。如果电源供电正常，通常是电烙铁的发热器、电源线及有关接头有开路点。这时旋开手柄，用万用表 $R \times 100$ 挡测烙铁芯两接线柱间的电阻值，如果阻值在 $2k\Omega$ 左右，一定是电源线接线松动或接头脱焊，应更换电源线或重新连接。如果两接线柱间的电阻无穷大，且烙铁芯引线与接线柱接触良好，一定是烙铁芯电阻丝断路，应更换烙铁芯。

要注意对电烙铁进行经常性维修，除了用万用表欧姆挡测量插头两端是不是有短路或开路现象外，还要用 $R \times 1k$ 或 $R \times 10k$ 挡测量插头和外壳间的电阻。如果指针指示无穷大，或电阻大于 $2 \sim 3M\Omega$，就可以使用，若电阻值小，说明有漏电现象，应查明漏电原因，加以排除之后才能使用。

发现木柄松动要及时拧紧，否则容易使电源线破损，造成短路。发现烙铁头松动，要及时拧紧，否则烙铁头脱落可能造成事故。电烙铁使用一段时间后，要将烙铁头取下，去掉与连接杆接触部分的氧化层或锈污，再将烙铁头重新装上，避免以后取不下烙铁头。当电烙铁头使用时间过久，出现腐蚀、凹坑、失去原有形状时，即会影响正常焊接，应用锉刀对其整形、加工成符合要求的形状，再镀上锡。

③ 使用电烙铁的注意事项 使用电烙铁一定要注意人身安全，避免发生触电事故。使用前，应检查两股电源线与保护接地线的接头，确保没有接错，这种接线错误很容易使操作人员触电。电源线及电源插头要完好无损，对于塑料皮导线，应仔细检查烫伤处，如果有损伤或出现导线裸露现象，应用绝缘胶布包扎好，以防止触电和发生短路。

对于初次使用和长期放置未用的电烙铁，使用前最好将电烙铁内的潮气烘干，以防止电烙铁出现漏电现象。

新电烙铁的烙铁头刃口表面有一层氧化铜，使用前需先给烙铁头镀上一层锡。镀锡的方法是：将电烙铁通电加热，用锉刀或砂纸将刃口表面氧化层打磨掉，在打磨干净的地方，涂上一层焊剂（例如松香），当松香冒烟、烙铁头开始熔化焊锡时，把烙铁头放在有少量松香和焊锡的砂纸上研磨，各个面都要研磨到，使烙铁头的刃口镀上一层锡。镀上焊锡，不但能够保护烙铁头不被氧化，而且能使烙铁头传热快，在使用过程中，还要经常蘸一些松香，以便及时清除烙铁头上的氧化锡，使镀上的焊锡能长期保留在烙铁头上。

在使用过程中不宜使烙铁头长时间空热，以免烙铁头被"烧死"和电热丝加速氧化而烧断。焊接时使用的焊剂一般为松香或中性焊剂，不宜选用酸性焊剂，以免腐蚀电子元器件及烙铁头与发热器。烙铁头要保持清洁，使用中可常在石棉毡上擦几下，以擦除氧化层和污物。当松香等积垢过多时，应趁热用破布等用力将其擦去，并重新镀锡。若烙铁头出现不能上锡的现象（即"烧死"），要用刮刀刮去焊锡，再用锉刀清除表面黑灰色的氧化层，将烙铁头刃口磨亮，涂上焊剂，镀上焊锡。

当电烙铁工作后暂时闲置不用（焊接间隙）时，最好放在特制的烙铁架上，这样既使用方便，又避免烫坏其他物品。烙铁架可以自制，在拿放电烙铁时，应当轻拿轻放，不能任意敲击，以免损坏内部加热器件。

（3）电烙铁的选用

电烙铁的选用应从下列四个方面来考虑。

① 烙铁头的形状要适应被焊物面的要求和焊点及元器件的密度　烙铁头有直轴式和弯轴式两种。功率大的电烙铁，烙铁头的体积也大。常用外热式电烙铁的头部大多制成錾子式样，而且根据被焊物面的要求，錾式烙铁头头部角度有 $10°\sim25°$、$45°$等，錾口的宽度也各不相同，如图 18-7(a)、(b) 所示。对焊接密度较大的产品，可用图 18-7(c)、(d) 所示烙铁头。内热式电烙铁常用圆斜面烙铁头，适合于焊接印制线路板和一般焊点，如图 18-7(e) 所示。在印制线路板的焊接中，采用图 18-7(f) 所示的凹口烙铁头更为方便。

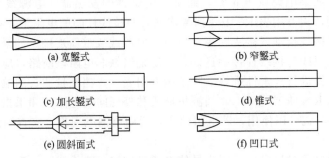

(a) 宽錾式　　(b) 窄錾式

(c) 加长錾式　　(d) 锥式

(e) 圆斜面式　　(f) 凹口式

图 18-7　各种烙铁头外形

② 烙铁头顶端温度应能适应焊锡的熔点　烙铁头顶端温度通常应比焊锡的熔点高 $30\sim80℃$，而且此温度不应包括烙铁头接触焊点时下降的温度。

③ 电烙铁的热容量应能满足被焊件的要求　热容量太小，温度下降快，使焊锡熔化不充分，焊点强度低，表面发暗而无光泽，焊锡颗粒粗糙，甚至成虚焊。热容量过大，会导致元器件和焊锡温度过高，不仅会损坏元器件和导线绝缘层，还可能使印制线路板铜箔起泡，焊锡流动性太大而难于控制。

④ 烙铁头的温度恢复时间能满足被焊件的热量要求　所谓烙铁头的温度恢复时间，是指烙铁头接触焊点温度降低后，重新恢复到原有最高温度所需要的时间。要使这个恢复时间恰当，必须选择功率、热容量、烙铁头形状、长短等适合的电烙铁。

由于被焊件的热量要求不同，对电烙铁功率的选择应注意以下几个方面。

a. 焊接较精密的元器件和小型元器件，宜选用 20W 的内热式电烙铁或 25～45W 的外热式电烙铁。

b. 对连续焊接、热敏元件焊接，应选用功率偏大的电烙铁。

c. 对大型焊点及金属底板的接地焊片，宜选用 100W 及以上的外热式电烙铁。

## 18.2.2 焊接原理与焊料、焊剂的选用

（1）焊接原理

利用加热或其他方法，使焊料与被焊金属（母材）原子间互相吸引（互相扩散），依靠原子间的内聚力使两种金属永久地牢固结合，这种方法称为焊接。焊接可分为熔焊、钎焊及接触焊三大类。在电子设备装配与维修中，主要采用的是钎焊。所谓钎焊，就是加热把作为焊料的金属熔化成液态，再把另外被焊的固态金属连接在一起，并在焊点发生化学变化的一种方法。在钎焊中起连接作用的金属材料称为钎料，即焊料。作为焊料的金属的熔点必须低于被焊金属材料的熔点，按照使用焊料的熔点不同，钎焊分为硬焊和软焊。

采用锡铅焊料进行焊接称为锡铅焊，它是软焊的一种。锡铅焊点的形成，是将加热熔化为液态的锡铅焊料，借助于焊剂的作用，熔于被焊接金属材料的缝隙。如果熔化的焊锡和被焊接金属的结合面上，不存在其他任何杂质，那么焊锡中的锡和铅的任何一种原子便会进入被焊接金属材料的晶格，在焊接面间形成金属合金，并使其连接在一起，得到牢固可靠的焊接点。被焊接的金属材料与焊锡之所以能生成合金，必须具备一定的条件，归纳起来，主要有以下几点：

① 被焊接的金属材料应具有良好的可焊性，所谓可焊性是指被焊接的金属材料与焊锡在适当的温度和助焊剂的作用下，焊锡原子容易与被焊接的金属原子相结合，以便生成良好的焊点。

② 被焊金属材料表面与焊锡应保持清洁接触，应清除被焊金属表面的氧化膜，因为氧化膜会阻碍焊锡金属原子与被焊金属间的结合，在焊接处难以生成真正的合金，容易形成虚焊与假焊。

③ 应选用助焊性能好的助焊剂，助焊剂性能一定要适合被焊金属材料的性能，使其在熔化时能熔解被焊金属表面的氧化膜和污垢，并增强熔化后焊锡的流动性，保证焊点获得良好的焊接。

④ 焊锡的成分及性能应在被焊金属材料表面产生浸润现象，使焊锡与被焊金属原子之间因内聚力的作用而融为一体。

⑤ 焊接时要具有足够的温度使焊锡熔化，使其向被焊金属缝隙渗透，并向其表层扩散，同时使被焊接金属材料的温度上升到焊接温度，以便与熔化焊锡生成金属合金。

⑥ 焊接的时间要掌握适当，时间过长，易损坏焊接部位和元器件；时间过短，则达不到焊接要求，不能保证焊接质量。

此外，对于锡焊本身，包括被焊接金属材料与焊锡间应有足够的温度，在助焊剂作用下的化学和物理过程，就能在焊接处生成合金，形成焊点。锡焊接头应具有良好的导电性，一定的机械强度，以及对焊锡加热后可方便地拆焊等优点。但是要得到具有良好的导电性、足够的机械强度，清洁美观的高质量焊点，除保证上述几个条件，在实际焊接中，还要掌握好焊接工具的正确使用方法和一系列工艺要求，才能达到目的。

（2）焊料的选用

电烙铁钎焊的焊料是锡铅焊料，由于其中的锡铅及其他金属所占比例不同而分为多种牌号，常用锡铅焊料的特性及主要用途见表 18-1。

表 18-1　常用锡铅焊料的特性及主要用途

| 名称牌号 | 主要成分[①]/% | | | 熔点/℃ | 杂质 | 电阻率/×10⁻³ Ω·m | 抗拉强度/MPa | 主要用途 |
|---|---|---|---|---|---|---|---|---|
| | 锡 | 锑 | 铅 | | | | | |
| 10 锡铅焊料 HISnPb10 | 79～91 | <20.15 | 余量 | 220 | 铜、铋、砷 | | 4.3 | 钎焊食品器皿及医药卫生物品 |
| 39 锡铅焊料 HISnPb39 | 59～61 | <20.8 | 余量 | 183 | 铁、硫、锌、铅 | 0.145 | 4.7 | 钎焊电子元器件等 |
| 58-2 锡铅焊料 HISnPb58-2 | 39～41 | 1.5～2 | 余量 | 235 | | 0.170 | 3.8 | 钎焊电子元器件、导线、钢皮镀锌件等 |
| 68-2 锡铅焊料 HISnPb68-2 | 29～31 | 1.5～2.2 | 余量 | 256 | | 0.182 | 3.3 | 钎焊电金属护套 |
| 90-6 锡铅焊料 HISnPb90-6 | 3～4 | 5～6 | 余量 | 256 | | | 5.9 | 钎焊黄铜和铜 |

① 主要成分是指材料的质量百分数。

在表 18-1 中所列的各种锡铅焊料的性能和用途是不同的，在焊接中应根据被焊件的不同要求去选用，选用时应考虑如下因素：焊料必须适应被焊接金属的性能，即所选焊料应能与被焊金属在一定温度和助焊剂的作用下生成合金。也就是说，焊料和被焊金属材料之间应有很强的亲和性。

焊料的熔点必须与被焊金属的热性能相适应，焊料熔点过高或过低都不能保证焊接的质量。焊料熔点太高，被焊元器件、印制电路板焊盘或接点无法承受；如果焊料熔点过低，助焊剂不能充分活化，起不到助焊作用，被焊件的温升也达不到要求。

由焊料形成的焊点应能保证良好的导电性能和机械强度。

在具体施焊过程中，根据上述原则，对焊料可做如下选择：

① 焊接电子元器件、导线、镀锌钢皮等，可选用 58-2 锡铅焊料。

② 手工焊接一般焊点、印制电路板上的焊盘及耐热性能差的元件和易熔金属制品，应选用 39 锡铅焊料。

③ 浸焊与波峰焊接印制电路板，一般用锡铅比为 61/39 的共晶焊锡。

（3）焊剂的选用

金属在空气中，特别是在加热的情况下，表面会生成一层比较薄的氧化膜，阻碍焊锡的浸润，影响焊接点合金的形成。采用焊剂（又称助焊剂）能改善焊接的性能，因为焊剂有破坏金属氧化层使氧化物漂浮在焊锡表面的作用，有利于焊锡的浸润和焊缝合金的生成；它又能覆盖在焊料表面，防止焊料或金属继续氧化；它还能增强焊料和被焊金属表面的活性，进一步增加浸润能力。

但若对焊剂选择不当，会直接影响焊接的质量。选用焊剂时，除了考虑被焊金属的性能及氧化、污染情况外，还应从焊剂对焊接物面的影响，如焊剂的腐蚀性、导电性及对元器件损坏的可能性等方面全面考虑。例如：对于铂、金、锡及表面镀锡的其他金属，其可焊性较强，宜用松香酒精溶液作为焊剂。

由于铅、黄铜、铍青铜及镀镍层的金属焊接性能较差，应选用中性焊剂。

对于板金属，可选用无机系列焊剂，如氧化锌和氧化铵的混合物。这类焊剂有很强的活性，对金属的腐蚀性很强，其挥发的气体对电路元器件和电烙铁有破坏作用，施焊后必须清洗干净。在电子线路的焊接中，除特殊情况外，不能使用这类焊剂。

对于焊接半密封器件，必须选用焊后残留物无腐蚀性的焊剂，以防止腐蚀性焊剂渗入被焊件内部而产生不良影响。

几种常用焊剂的配方见表 18-2。

表 18-2 几种焊剂的配方

| 名 称 | 配 方 |
| --- | --- |
| 松香酒精焊剂 | 松香 15～20g，无水酒精 70g，溴化水杨酸 10～15g |
| 中性焊剂 | 凡士林(医用)100g，三乙醇胺 10g，无水酒精 40g，水杨酸 10g |
| 无机焊剂 | 氧化锌 40g，氯化铵 5g，盐酸 5g，水 50g |

## 18.2.3 手工焊接技能

（1）焊接前的准备工作

做好被焊金属材料焊接处表面的焊前清洁和搪锡工作。例如，在对元器件引线表面处理时，一般是用砂纸擦去引线上的氧化层，也可以用小刀轻轻刮去引线上的氧化层、油污或绝缘漆，直到露出紫铜表面，使其上面不留一点脏物为止。清理完的元器件引线上应立即涂上少量的焊剂，然后用热的电烙铁在引线上镀上一层很薄的锡层（也可以在锡锅内进行），避免其表面重新氧化，提高元器件的可焊性，元件搪锡是为了防止虚焊、假焊等隐患的重要工艺步骤，切不可马虎大意。

对于有些镀金、镀银的合金引出线，不能将其镀层刮掉，可以用粗橡皮擦去其表面的脏物。对于扁平形状的集成电路引线，焊前一般不做清洁处理，但要求元器件在使用前妥善保存，不要弄脏引线。

（2）焊接时的姿势和烙铁的握法

电烙铁的握法一般有两种，第一种是常见的"握笔式"，如图 18-8（a）所示。这种握法使用的电烙铁头一般是直型的，适合于小型电子设备和印制电路板的焊接。第二种握法是"拳握式"，如图 18-8（b）所示。通常这种握法使用的电烙铁功率大，烙铁头一般为弯形。它适合于大型电子设备的焊接和电气设备的安装维修等。

因为焊接物通常是直立在工作台上的，所以一般应坐着焊接。焊接时要把桌椅的高度调整适当，挺胸端坐，操作者的鼻尖与烙铁头的距离应保持在 20cm 以上。

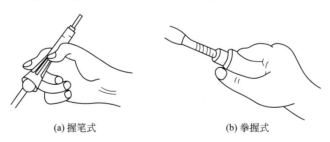

(a) 握笔式　　　　　　　　(b) 拳握式

图 18-8 电烙铁的握法

（3）手工焊接的操作

① 两种焊接对象的装置方法

a. 一般结构。一般结构焊接前焊点的连接方式有网绕、钩接、插接和搭接等四种，如图 18-9 所示。采用这四种连接方式的焊接依次称为网焊、钩焊、插焊和搭焊。

b. 印制电路板。在印制电路板上装置的元件一般有阻容元件、晶体二极管、晶体三极

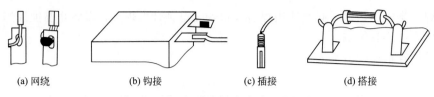

(a) 网绕　　　　　(b) 钩接　　　　(c) 插接　　　(d) 搭接

图 18-9　一般结构焊接前的连接方式

管和集成电路等。如图 18-10 所示为阻容元件装置。如图 18-11 所示为小功率晶体管装置。如图 18-12 所示为集成电路装置。

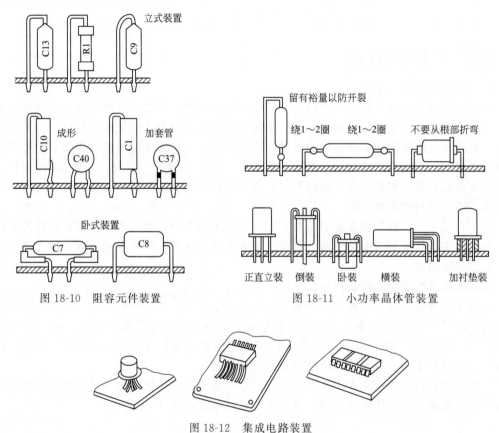

图 18-10　阻容元件装置　　　　　图 18-11　小功率晶体管装置

图 18-12　集成电路装置

② 手工焊接要领

a. 带锡焊接法。这是初学者最常使用的方法。在焊接前，将准备好的元器件插入印制电路板规定的位置，经检查无误后，在引线和印制电路板铜箔的连接处再涂上少量的焊剂，待电烙铁加热后，用烙铁头的刃口沾带上适量的焊锡，沾带的焊锡的多少，要根据焊点的大小而定。焊接时要注意烙铁头的刃口与焊接印制电路板的角度，如图 18-13 所示。如果烙铁头的刃口与印制电路板的角度 θ 小，则焊点大；如果 θ 角度大，则焊点小。焊接时要将烙铁头的刃口确实接触印制电路板上的铜箔焊点与元件引线。

b. 点锡焊接法。把准备好的元器件插入印制电路板上需要焊接的位置。调整好元器件的高度，逐个点涂上焊剂，右手握着电烙铁（采用握笔式），将烙铁头的刃口放在元器件的引线焊接位置，固定好烙铁头刃口与印制电路板的角度。左手捏着焊锡丝，用它的一端去接触焊点位置上的烙铁刃口与元器件引线的接触点，根据焊点的大小来控制焊锡的多少。这种点锡焊接方法必须是左、右手配合，如图 18-14 所示，才能保证焊接的质量。

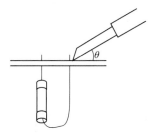

图 18-13 烙铁头刃口与印制电路板的角度

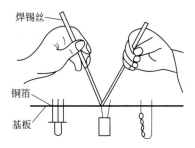

图 18-14 点锡焊接方法

③ 烙铁温度和焊接时间要适当 不同的焊接对象需要烙铁头的工作温度不同。焊接温度实际上要比焊料的熔点要高，但也不是越高越好。如果烙铁头温度过高，焊锡则易滴淌，使焊接点上存不住锡，还会使被焊金属表面与焊料加速氧化，焊剂焦化，焊点不足以形成合金，润湿不良。如果烙铁头温度过低，焊锡流动性差，易凝固，会出现焊锡拉接现象，焊点内存在杂质残留物，甚至会出现假焊、虚焊现象，严重影响焊接质量。通常情况下，焊接导线接头时的工作温度以 360～480℃ 为宜；焊接印制电路板导线上的元件时，一般以 430～450℃ 为宜。因为过量的热量会降低铜箔的粘接力，甚至会使铜箔脱落。焊接细线条印制电路板或极细导线时，烙铁头工作温度应以 290～370℃ 为宜；而在焊接热敏元器件时，其温度至少需要 480℃，这样才能保证烙铁头接触器件的时间尽可能短。

焊接时判断烙铁头的温度是否合适，可采用一种简单可行的方法，即：当烙铁头碰到松香时，应有"刺"的声音，说明温度合适；如果没有声音，仅能使松香勉强熔化，说明温度过低；如果烙铁头一碰到松香，冒烟过多，说明温度太高。

不同功率的电烙铁，工作温度差别较大，通常情况下，电源电压在 220V 时，20W 电烙铁的工作温度为 290～400℃；40W 电烙铁的工作温度为 400～510℃。焊接时一定要选择好合适的电烙铁。

焊接时，在 2～5s 内使焊点达到规定温度，而且在焊好时，热量不至于大量散失，这样才能保证焊点的质量和元器件的安全。初学者往往担心自己焊接得不牢固，焊接时间过长，这样做会使焊接的元器件因过热而损坏。但也有的初学者怕把元件烫坏，在焊接时烙铁头就像蜻蜓点水一样，轻轻点几下就离开焊接位置。虽然焊点上也留有焊锡，但这样的焊接是不牢固的，容易造成假焊或虚焊。

④ 掌握好焊点形成的火候 焊接是靠热量而不是靠用力使焊锡熔化的，所以焊接时不要将烙铁头在焊点上来回用力磨动，应将烙铁头的搪锡面紧贴焊点，焊锡全部熔化并因表面张力紧缩而使表面光滑后，轻轻转动烙铁头带去多余焊锡，从斜上方 45° 的方向迅速脱开，留下一个光亮、圆滑的焊点。烙铁头脱开后，焊锡不会立即凝固，要注意不能移动焊件，焊件应夹牢，要扶稳不晃。如果焊锡在凝固过程中，焊件晃动了，焊锡会凝成粒状，或附着不牢固，形成虚焊。也不能向焊锡吹气散热，应使其慢慢冷却凝固。烙铁头脱开后，如果使焊点带上了锡峰，这是焊接时间过长，焊剂气化引起的，这时应重新焊接。

⑤ 其他注意事项

a. 使用前应检查电源线是否良好，有无被烫伤；

b. 焊接电子类元件（特别是集成块）时，应采用防漏电等安全措施；

c. 当焊头因氧化而不"吃锡"时，不可硬烧；

d. 当焊头上锡较多不便焊接时，不可甩锡，不可敲击；

e. 焊接完毕，应拔去电源插头，将电烙铁置于金属支架上，防止烫伤或火灾发生；

f.焊接电子元器件时，最好选用低温焊丝，头部涂上一层薄锡后再焊接。焊接电力晶体管、功率场效应晶体管、绝缘栅双极晶体管等器件时，应将电烙铁电源线插头拔下，利用余热去焊接，以免温度过高，将其损坏。

## 18.3  常用检修方法

检修电子仪器的关键在于用适当的检查方法，发现判断并确定故障的部位和原因。发现和确定电子仪器故障原因的基本方法，一般可归纳为：直接观测、测量电压、测量电阻、器件替代、信号寻迹、波形观察、模拟检查、分割电路、短接电路、整机对比、参数测量和改变现状等。只要根据仪器的故障现象和工作原理，针对各种电路特点，交叉灵活地运用上述方法，就能有效而迅速地修复电子仪器故障。

### 18.3.1  直接观察法

直接观察法是指不使用任何仪器，也不改动电路，而直接观察待修仪器外部和内部，发现问题并找到故障的检查方法，可分为不开机观察和开机观察两种。

不开机观察就是在待修设备不通电的情况下，观察仪器面板上的开关、旋钮、测试探头和接线柱等元器件的状况，然后再打开仪器的外壳盖板，观察内部线路，及时发现诸如电子管漏气裂碎、元件脱焊、电容器漏液、变压器烧焦、晶体管断极等问题，这样不但可以排除某些故障，而且还可以预防一些故障的发生。

如果在不通电观察时未能发现问题，或发现问题并修复后，就可采用通电观察法进行检查。为了避免仪器故障扩大，以及便于重复观察，可使用自耦调压器（0～240V，500V·A）逐步加压供电，如图18-15所示。在自耦调压器 TA 的输出端，应并接一个适当量程的交流电压表，以及换一个大量程的交流电流表，然后使用带有夹头的导线，引接交流电源至被修电子仪器的电源接头上。通电观察时，应将被修仪器的电源开关扳到"通"部位，然后自"0V"开始逐步升高 TA 输出交流电压值，这时既要注意电流表的指示，又要观察被修仪器内部有无异常现象发生。

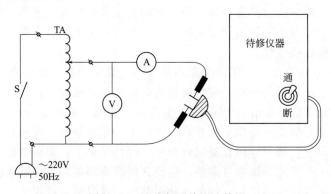

图 18-15  逐步加压检查连接图

通电观察的方法特别适用于检查跳火、冒烟、异味、烧熔丝等故障现象，这些故障通常发生在仪器的电源电路部分。在通电观察时，若电解电容器发出"吱吱"的响声，或者电源变压器、电阻器等元件有发烫、发臭、发黑、冒烟、跳火等现象时，应立即切断仪器的电源，并将调压自耦变压器的输出电压退回至零位。如果一时还看不清楚损坏器件的部位，可再开机逐步升压观察。应当指出：通常在出现明显故障现象前，电流表指示已明显增大，因此应注意电流表指示不要超量程，否则会出现仪器未修好，反而烧坏电表的现象。

应指出的是，在修理电子仪器时不能单纯地调换某个损坏的元器件就算了，而应进一步研读仪器电路原理图，搞清损坏元件的部位和作用，从而分析导致元器件损坏的原因及可能涉及的范围，查出导致故障发生的真正原因以及连带损坏的其他元件，这样才能彻底修好仪器。否则真正的故障没有排除，待仪器开机后，刚被换新的元器件可能又会损坏。

## 18.3.2　测量电压法

检查电子仪器内部电路各处电压是否正常，是查找和分析故障原因的基础。因此，检修电子仪器时，应先测量待修仪器中各处的电压值是否正常，即使在已经确定为故障所在的电路部位，也经常需要进一步测量有关电路工作点电压是否正常。这对于分析故障原因和发现损坏的器件都是很有帮助的，此外，对于电路中通过电流的测试，往往是通过该支路的已知电阻器两端的电压降，然后借助欧姆定律进行换算而得到的；所以，测量电压法是查找电子仪器故障原因的最基本方法。比较完善的仪器说明书大多会有相关点（比如：晶体管各个电极）的工作电压数据表，或者在仪器的电路原理图上，标注有主要部位的工作电压值。在检修电子仪器的过程中，经常需要对照所给出的电压数据，进行必要的电压测量，这样就能很快地查明故障产生的原因和损坏变值的元器件。如果没有现成的电压数据供参考对照，也应当根据电路工作原理加以分析和估算。

## 18.3.3　测量电阻法

检修电子仪器时，经常会发现由于电路元器件的插脚或滑动接点接触不良，个别接点虚焊，电阻变值，以及电容器漏电等，从而导致故障的发生。以上问题均可在待修仪器不通电的情况下，采用测量电阻的方法进行检查，以寻找故障所在之处。

对于接触电阻或通路电阻的测量，要使用万用表的最小电阻挡，即 R×1 挡。对连接在电路中的电阻器件的测试，要考虑到被测试元件与其他电路之间的连通关系，如果没有其他回路的连通，则可用万用表的相应电阻挡，直接在待测电阻的两端进行测量，否则应焊脱被测电阻的一端，然后才能进行阻值的正确测量。对于高阻值的测试，应避免手指触碰测试棒的金属探针，以免影响测试结果而引起错觉。对于整流输出短路的情况，也可通过测量负载电阻的阻值加以判断。

对于电容器的漏电程度、绝缘击穿以及电容量变值等情况，一般都可采用测量电阻的方法查出，但必须脱焊被测电容器一端。在检测电解电容时，应注意电表的测试棒极性不能接反（电表拨到电阻挡），即红表笔接电容器的"−"端，黑表笔接电容器的"＋"端。

对于电感线圈和变压器绕组的通断，也可采用测量电阻法进行检查。在没有专门的晶体管测试仪时可用电阻测量法来粗略判断其好坏。即用万用表适当测阻挡级来检测相应于 $I_{ceo}$、$I_{cbo}$ 和 $I_c$ 量值的电阻指示值，并加以比较或估算。譬如若 PN 结的正反向电阻都很小，则表明晶体管已被击穿短路；反之，若正反向电阻都很大，则表明晶体管已烧坏断路。

电阻测量法可根据实际情况选用"在线测量法"或"离线测量法"。

① 在线测量法　使用在线测量方式，不用将元件从电路上拆下来，而直接在电路上对元件进行测量，根据所测量阻值的大小即可判断出故障所在。当某电阻在电路工作正常时其值为某一定值，现怀疑变值（变大）或开路时，就最适宜用此法对电阻进行测量。对于一些原阻值不为零（阻值不可忽略不计）的元件，也可采用在线测量的方法进行估测。

② 离线测量法　在线测量法对于阻值不为零的元件的测量只是一种粗略的检测方法，要准确测量其阻值，还应焊开被测元件的一端才能准确测量，这就是离线测量法。

值得一提的是，在采用测量电阻法检查故障时，应交替使用上述两种方法。对被怀疑的元件应首先采用在线测量法，进行粗略的判别，若要证实该元件变值，还要用离线测量法来对该元件进行确认，不能只根据在线测量的结果就轻易给元件判"死刑"，也不应不分青红皂白就将被怀疑的元件统统拆下来，用离线测量法进行检测，这样既费时费力，还会在拆卸过程中损坏原本正常的元器件，损坏印刷电路板，造成更大的损失。

## 18.3.4　器件替代法

这是一种不改动电路，通过更换一些元器件或部分电路来发现故障的检查方法。

在检修电子仪器时，最好不要拆卸电路中的元器件。特别是精密仪器，更不应该随便拆卸，通常先使用相同型号、相同规格、相同结构的元器件或印刷电路板等来临时替代有疑问的部分，以便观测其对故障现象的影响，如果故障现象消失，表明被替代部分存在问题，然后再进行脱焊更新，或者进一步寻找产生故障的原因。

器件替代法可有多种形式，可以是局部环节，也可以是单元电路和单个元器件；可以是信号源，也可以是主机和接插件等。

应当引起注意的是，采用器件替代法时，应尽量做到行动快速，因为假如欲要替代的器件的损坏，不是由本身质量原因所引起的，而是由外围元件的损坏所导致的，若此时换上新的器件，由于外部电路的不正常也会进一步导致新器件损坏。所以若替换新元器件后故障仍不消除，则应马上关掉电源，重新检查电路，以免造成更大的损失。

## 18.3.5　信号寻迹法

在检修具有工作于同一信号的多级放大器的电子仪器（诸如测量放大器、电子示波器的 $X$ 轴或 $Y$ 轴放大系统、晶体管毫伏表）时，常采用"信号寻迹法"进行故障原因的寻找，从而迅速准确定位发生故障的部位。其具体方法是将适当频率和振幅的外部信号所产生的电压测试信号，加到待修仪器的输入端（如多级放大器的前置输入端），然后利用电子示波器从信号输入端开始，逐一观察各级放大器的输入和输出信号的波形和振幅，以寻找反常迹象。如果某一级放大器输入端信号正常，而其输出端信号电压出现反常现象（例如电压反而变小，或者出现波形限幅或失真），则表明故障很可能存在于这一放大器的电路中。由此可见，"信号寻迹法"的特点是只需使用单一的测试信号，并且要借助外部的电子示波器寻迹。

## 18.3.6　观察波形法

维修电子仪器内部电路工作于特殊波形（例如锯齿波等脉冲波形）的设备时常采用本检查方法。本方法的要领是用示波器观察待修电路和故障部位（或有关部位）的电压波形，通过观察波形的形状（包括幅度、周期等参量），并与正常波形相比较，从而查出故障。工作于特殊波形的设备最常见的是示波器，示波器的触发电路、扫描发生器线路、电子开关电路等多为脉冲电路，各有不同的电压波形。用其他方法检查脉冲电路的工作状态比较困难，而用观察波形法比较有效。

例如，某待修示波器的扫描线性不好，这时就可采用观察波形的办法检查。可首先观察扫描电路输出的锯齿波线性如何，如果锯齿波正程线性良好，则说明故障不在扫描电路，而是发生在输出电路或水平放大器；接着，可依次观察各级电路的锯齿波波形，如果在某一级锯齿波电压波形的正程线性不良，故障即发生于该级。又如某待修示波器扫描不工作，此时也可采用观察波形法检查触发信号是否正常，检查触发电路输出的触发脉冲是否正常，以及检查有无正常的闸门脉冲和锯齿波等，如果在某一环节波形失真或无波形，则故障可能发生在该级，可对该环节做进一步的检查。

### 18.3.7　分割电路法

分割电路法是一种常用的行之有效的检查方法，此方法是把与故障有牵连的部分分割开来，通过检查，逐步缩小查找范围，从而找到故障点。此法特别适用于查找大电流故障，根据并联电路总电流等于各支路电流之和的原理，若在断开被怀疑的某一支路电路后，总电流立即降为正常，故障就在刚刚断开的这一分支电路中，若总电流降不下来，则可再逐一断开其他支路，最后总能找到故障之所在。

对于电源来说，此法可看作是断开负载的一种检查方法。当遇到负载电流增大甚至烧断熔丝的故障，用这种方法检查就较为方便，只要将各路负载逐一断开，就可以找到短路故障发生在哪一部分。用分割电路检查法还能有效地区分故障是出在电源部分还是出在负载部分，如果将负载断开后，电源电压恢复正常，那故障就出现在负载电路上，如果将负载断开后，电路仍不正常，则故障出在电源本身。

有些电子仪器的电路比较复杂，涉及的器件较多，而且相互牵连影响，当发现短路或超载现象，用分割电路法检修就更为上策。分割时可脱去电路连线的一端，或者拔出有关的电子元器件和单元板插件，然后观察其对故障现象的影响，并测试被分割电路的功能，这样就能发现问题所在之处，便于进一步检查引起故障的原因。

用分割电路法检查大电流时动作要迅速。因为过大电流可能会引起新的损坏或故障，若断开电路不是故障所在电路时，总电流仍很大，此时应立即关机，重新断开其他电路，一旦找到故障电路，可通过测量该电路的供电线对地电阻，进一步找出故障元件。

### 18.3.8　短接旁路法

将电路某两点或几点暂时连接起来，或把一适当的电容器接到电路中的某一部位，滤掉该处的交流成分，此方法称为"短路旁路法"。这是一种比较迅速快捷的检查方法。

例如，若采用观察波形法观察电路某一部位的信号波形是正常的，而在同电位的另一点波形却不正常，这时就可将此同电位的两点用导线直接连接起来，即越过原来的接插线路，看此时波形是否正常，从而找到故障原因。再比如，当发现待修示波器噪声电压较高时便可用不同容量的电容器对电源或电路的某一部位旁路来消除噪声。

在检查出现寄生振荡或寄生调幅故障现象的电子仪器时，用一个有适当容量和耐压的电容器，临时跨接在地线和有疑问电路的输入端，使输入信号对地旁路，观察其对故障现象的影响，如果故障现象消失了，表明问题存在于前面的各级电路中；反之若故障不消失，表明问题存在于本级电路或后级电路。

一般情况下，寄生调幅大都是由于整流电路的滤波电容器，或者是有关电路部分的电源输入滤波电容器和去耦电容器等变值、虚焊、断线。检查时，应选用有相应工作电压的大容量电解电容器，临时跨接在有疑问的电容器两端进行旁路，以观察其对故障现象的影响，如果寄生调幅现象消失，则表明有关电容器有问题，必须重焊或更新。

### 18.3.9　整机比较法

检修电子仪器时，需要有电路工作正常时的工作点电压值和工作波形的资料作参考，以便采用测量电压法和观察波形法来比较其差别和发现问题，因此，在缺少有关技术资料，并且已使用多种检测方法仍然难以找出发生故障的原因，或者难以确定有问题的部位时，可以采用整机比较的方法。即利用同一类型的完好仪器，对可能存在故障的电路部分进行工作点测定和波形观察，以找出好坏两台仪器之间的差别，从而快速地发现问题，并有助于故障原因的分析。例如，在维修示波器时，可以将待修示波器与同类型号正常工作的示波器进行比较，或把待修示波器的故障电路部分与无故障的相同电路相比较，从电压幅度、波形、元件参数、对地电阻、走线工艺等的差异中找出故障原因。整机比较法特别适用于检查波形种类多、变化大的脉冲电路。

## 18.3.10 改变现状法

"改变现状法"是指在检修电子仪器时，有意变动有关电路中的半可调元件，包括有意触动有关器件的引脚、管座、焊片、开关触点等，或者把有关插件拔出来再插进去，以及轻轻敲击有疑问的电阻、电容、晶体管或电路的其他工作点等，以观察对故障现象的影响，往往就会使元器件接触不良、虚焊、变值、性能下降等问题暴露出来，以便加以修复或更换即可排除故障。

严格地说，在检修电子仪器时，一般不应随便变动半可调器件的旋置部分，例如振荡线圈、补偿电感或中周变压器的可调磁芯，各种频率补偿微调电容器以及各种电路参数调整电阻器和电位器等。但是，如果事先采取复位措施，如在未变动之前做好定位标志，或者先测得阻值，或者使用外部示波器、频率计、电压表等监视变动前后的参数等，这样，必要时还是允许变动有关的半可调器件的旋置位置部位的。尤其是对于使用已久的设备，或者在其他检查方法都已试过而未能查出故障原因的设备，不妨一试。

在上述各种检查电子仪器故障原因的基本方法中，直接观察法有利于尽快地发现损坏的器件与部位，测量电压法则是检修仪器的基础。只有在电源电压和工作点电压正常时，才能有效地进行测试与分析，并考虑选用其他方法。

应当指出，检修仪器设备时，往往并不一定只用一种检修方法就能解决全部问题，通常需要交替采用多种方法，才能真正找出故障之所在。

# 参考文献

［1］ 杨贵恒.电气工程师手册（专业基础篇）.北京：化学工业出版社，2019.
［2］ 强生泽.电工技术基础与技能.北京：化学工业出版社，2019.
［3］ 强生泽，杨贵恒，常思浩.通信电源系统与勤务.北京：中国电力出版社，2018.
［4］ 杨贵恒，张颖超，曹均灿，等.电力电子电源技术及应用.北京：机械工业出版社，2017.
［5］ 杨贵恒，杨玉祥，王秋虹，等.化学电源技术及其应用.北京：化学工业出版社，2017.
［6］ 聂金铜，杨贵恒，叶奇睿.开关电源设计入门与实例剖析.北京：化学工业出版社，2016.
［7］ 杨贵恒，卢明伦，李龙.通信电源设备使用与维护.北京：中国电力出版社，2016.
［8］ 文武松，王璐，杨贵恒.单片机原理及应用.北京：机械工业出版社，2015.
［9］ 杨贵恒，常思浩，贺明智.电气工程师手册（供配电）.北京：化学工业出版社，2014.
［10］ 文武松，杨贵恒，王璐.单片机实战宝典.北京：机械工业出版社，2014.
［11］ 杨贵恒，刘扬，张颖超.现代开关电源技术及其应用.北京：中国电力出版社，2013.
［12］ 杨贵恒，张海呈，张寿珍.柴油发电机组实用技术技能.北京：化学工业出版社，2013.
［13］ 杨贵恒，王秋虹，曹均灿.现代电源技术手册.北京：化学工业出版社，2013.
［14］ 杨贵恒，龙江涛，龚伟.常用电源元器件及其应用.北京：中国电力出版社，2012.
［15］ 王俊鹍.电路基础.第3版.北京：人民邮电出版社，2013.
［16］ 曾令琴，徐思成.电路分析基础.第3版.北京：人民邮电出版社，2012.
［17］ 童诗白，华成英.模拟电子技术基础.第5版.北京：高等教育出版社，2015.
［18］ 华成英.模拟电子技术基本教程.北京：清华大学出版社，2006.
［19］ 华成英，叶朝辉.模拟电子技术基本教程习题解答.北京：清华大学出版社，2006.
［20］ 阎石.数字电子技术基础.第6版.北京：高等教育出版社，2016.
［21］ 毛端海.常用电子仪器维修.北京：机械工业出版社，2004.
［22］ 李明生.电子测量与仪器.北京：机械工业出版社，2004.
［23］ 赵广林.常用电子元器件识别/检测/选用一读通.北京：电子工业出版社，2007.
［24］ 李序葆，赵永健.电力电子器件及其应用.北京：机械工业出版社，2000.
［25］ 史平君.实用电源技术手册（电源元器件分册）.沈阳：辽宁科学技术出版社，1999.
［26］ 陈永真，线性功率集成电路原理与应用.北京：机械工业出版社，2009.
［27］ 沙占友，马洪涛，王书海，等.特种集成电源设计与应用.北京：中国电力出版社，2007.
［28］ 王昊，谢文阁，杜颖，等.线性集成电源应用电路设计.北京：清华大学出版社，2009.
［29］ 沈任元，吴勇.常用电子元器件简明手册.北京：机械工业出版社，2000.
［30］ 陈梓城.电源技术与通信电源设备.北京：高等教育出版社，2005.
［31］ 程勇，刘纯锐.实用稳压电源DIY，福州：福建科学技术出版社，2004.
［32］ 漆逢吉.通信电源.第4版，北京：北京邮电大学出版社，2015.
［33］ 龙志文.电力电子技术.北京：机械工业出版社，2005.
［34］ 吴培生.电子元器件及其检测技能问答.北京：机械工业出版社，2008.
［35］ 刘午平.用万用表检测电子元器件与电路从入门到精通.北京：国防工业出版社，2003.